ESV
ERICH
SCHMIDT
VERLAG

AF545870

Öffentliches Rechnungs- und Prüfungswesen – Band 3

Jahresabschlussprüfung

Von
Herbert K. Heidler
und
Prof. Dr. Katharina Dillkötter

ERICH SCHMIDT VERLAG

Bibliografische Information der Deutschen Nationalbibliothek
Die Deutsche Nationalbibliothek verzeichnet diese Publikation in der Deutschen Nationalbibliografie; detaillierte bibliografische Daten sind im Internet über https://dnb.d-nb.de abrufbar.

Weitere Informationen zu diesem Titel finden Sie im Internet unter
ESV.info/978-3-503-20605-6

Gedrucktes Werk: ISBN 978-3-503-20605-6
eBook: ISBN 978-3-503-20606-3

www.ESV.info

Druck und Bindung: docupoint, Barleben

Vorwort

Die Lehrbücher „Öffentliches Rechnungs- und Prüfungswesen" richten sich an **Beschäftigte**, die in den Bereichen **Finanzen, Rechnungslegung, Prüfungswesen und Controlling** tätig sind, aber auch an Mandatsträger, Studierende an Universitäten und Fachhochschulen, Teilnehmer in Aus- und Fortbildungskursen und können zur Prüfungsvorbereitung für **Finanzbuchhalter, Bilanzbuchhalter und Rechnungsprüfer** im öffentlichen Bereich genutzt werden.

Band 1 befasst sich mit den Regelungen des Dritten Buches Handelsgesetzbuch (HGB) und deren Anwendung in der staatlichen und kommunalen Doppik. Die kommunale Doppik wird schwerpunktmäßig anhand der gesetzlichen Regelungen zum Neuen Kommunalen Finanzmanagement (NKF) behandelt, wobei der Bezug zum HGB hergestellt wird. HGB-Kenntnisse sind zum Verständnis des öffentlichen Rechnungswesens notwendig, da die Regelungen zur kommunalen Doppik überwiegend aus dem HGB abgeleitet sind.

Band 2 beinhaltet in Teil A die Kosten- und Leistungsrechnung mit Anwendungsbeispielen aus dem öffentlichen Bereich. Teil B stellt nach einer Einleitung zu den Begriffen der Außen- und Innenfinanzierung die statischen und dynamischen Methoden der Wirtschaftlichkeits- bzw. Investitionsrechnung dar. Spezielle Ausführungen zu Nutzen-Kosten-Untersuchungen, zur Berücksichtigung der Unsicherheit und zur Unternehmensbewertung vervollständigen die Darstellung.

Der vorliegende Band 3 behandelt die Jahresabschlussprüfung von Gebietskörperschaften, die nach den Regeln der kfm. Buchführung buchen. Im Einzelnen werden dargestellt: Planung und Durchführung der Jahresabschlussprüfung nach dem risikoorientierten Prüfungsansatz, Prüfung des internen Kontrollsystems, Prüfung der Buchführung und der Inventur, Prüfung der einzelnen Bilanz- und Ergebnisrechnungsposten, Prüfung des Anhangs und des Lageberichts, Prüfung des kommunalen Konzern-/Gesamtabschlusses, Prüfungsbericht und Bestätigungsvermerk, Prüfung von Corporate-Governance-Systemen, Wirtschaftlichkeits- und Zweckmäßigkeitsprüfungen sowie die Prüfung nach dem Haushaltsgrundsätzegesetz.

Rechtliche Grundlagen für die kommunale Rechnungsprüfung sind in den jeweiligen landesgesetzlichen Vorschriften enthalten, teilweise mit unmittelbaren Verweisen auf das HGB zum Prüfungsbericht und zum Bestätigungsvermerk. Da die kommunalrechtlichen Regelungen insgesamt weniger umfassend sind als die entsprechenden Vorschriften des HGB, wird sich der Prüfer in der Praxis auch am

HGB orientieren müssen. In diesem Lehrbuch wird deshalb auch auf die jeweiligen HGB-Regelungen verwiesen.

Ebenso verhält es sich mit den Prüfungsstandards des Instituts der Rechnungsprüfer (IDR). Hier empfiehlt es sich ebenfalls für den Prüfer, ergänzend die Verlautbarungen des Instituts der Wirtschaftsprüfer (IDW) heranzuziehen, obwohl es für den kommunalen Prüfer keine gesetzliche Verpflichtung gibt, diese Standards anzuwenden. Sie stellen allerdings allgemeine Grundsätze ordnungsmäßiger Abschlussprüfungen dar. In diesem Lehrbuch wird an zahlreichen Stellen auf die IDW Standards sowie auf die neuen Prüfungsstandards ISA [DE] verwiesen. Zudem gibt es Verweise auf die Fachliteratur zum Prüfungswesen, die zum Ziel haben, den Mitarbeitern der öffentlichen Verwaltungen einen Zugang zu dieser Literatur zu verschaffen, um bei Bedarf notwendige Spezialfragen selbst abzuklären bzw. sich selbst das entsprechende Wissen anzueignen. Für beauftragte Wirtschaftsprüfer und Wirtschaftsprüfungsgesellschaften stellt der vorliegende Band 3 die Verbindung zu den kommunalen Besonderheiten her.

Die Lehrbuchreihe „Öffentliches Rechnungs- und Prüfungswesen“ gliedert sich in

Band 1: Doppelte Buchführung, Jahresabschluss und Neues Kommunales Finanzmanagement,

Band 2: Kosten- und Leistungsrechnung, Finanzierungs- und Wirtschaftlichkeitsrechnung,

Band 3: Jahresabschlussprüfung.

Für die kritische Durchsicht des Manuskripts bedanken wir uns bei Christian Kotysch, Leiter eines Rechnungsprüfungsamtes einer kreisfreien Stadt in NRW.

Zudem danken wir Univ.-Prof. Dr. rer. pol. habil. Gerrit Brösel, Ordinarius und Inhaber des Lehrstuhls für Betriebswirtschaftslehre, insb. Wirtschaftsprüfung, an der FernUniversität in Hagen für seine Unterstützung zu diesem Band.

Katharina Dillkötter
Herbert K. Heidler

Hagen, im Juli 2021

Inhaltsverzeichnis

Abbildungsverzeichnis

Abkürzungsverzeichnis

AfA	Absetzung für Abnutzung
AHK	Anschaffungs- und Herstellungskosten
AktG	Aktiengesetz
AV	Anlagevermögen
BewG	Bewertungsgesetz
BHO	Bundeshaushaltsordnung
BMF	Bundesministerium der Finanzen
bspw.	beispielsweise
BStBl.	Bundessteuerblatt
BS WP/vBP	Berufssatzung der Wirtschaftsprüfer und vereidigten Buchprüfer
CGS	Corporate-Governance-Systeme
CMS	Compliance-Management-System
CSR	Corporate Social Responsibility
DRS	Deutscher Rechnungslegungs Standard
DRSC	Deutsches Rechnungslegungs Standard Committee
EBIT	Earnings before interest and taxes
EBITDA	Earnings before interest, taxes, depreciation and amortization
EigVO	Eigenbetriebsverordnung
EK	Eigenkapital
EStG	Einkommenssteuergesetz
EStH	Amtliches Einkommenssteuer-Handbuch (www.bmf-esth.de)
EStR	Einkommenssteuer-Richtlinie
Fifo	First in, first out (Verbrauchsfolgeverfahren)
GG	Grundgesetz
GO	Gemeindeordnung
GoA	Grundsätze ordnungsmäßiger Abschlussprüfung
GoB	Grundsätze ordnungsmäßiger Buchführung
GuV	Gewinn- und Verlustrechnung
GWG	Geringwertige Wirtschaftsgüter/Geringwertige Anlagegüter
HGB	Handelsgesetzbuch
HGrG	Haushaltsgrundsätzegesetz
i.d.R.	in der Regel
i.S.d.	im Sinne des
i.V.m.	in Verbindung mit
IDR	Institut der Rechnungsprüfer
IDR L	Leitlinie des Instituts der Rechnungsprüfer
IDW	Institut der Wirtschaftsprüfer

IDW EPS	IDW Entwurf eines Prüfungsstandards
IDW-HFA	Hauptfachausschuss des Instituts der Wirtschaftsprüfer
IDW PH	IDW Prüfungshinweis
IDW PS	IDW Prüfungsstandard
IDW RH	IDW Rechnungslegungshinweise
IDW RS	IDW Stellungnahmen zur Rechnungslegung
IFAC	International Federation of Accountants
IFRS	International Financial Reporting Standard
IKS	Internes Kontrollsystem
IRS	Internes Revisionssystem
ISA	International Standards on Auditing
ISQC 1	International Standard on Quality Control 1
ISQM	International Standard on Quality Management
ISSAI	International Standards of Supreme Audit Institutions
KAG	Kommunalabgabengesetz
KGSt	Kommunale Gemeinschaftsstelle für Verwaltungsmodernisierung
KLR	Kosten- und Leistungsrechnung
KomHVO	Kommunalhaushaltsverordnung
KomPrüfVO	Kommunalprüfungsverordnung (Sachsen)
KUV	Kommunalunternehmensverordnung
LHO	Landeshaushaltsordnung
Lifo	Last in, first out (Verbrauchsfolgeverfahren)
LV	Landesverfassung
MU	Mutterunternehmen
NKF	Neues Kommunales Finanzmanagement (NRW)
NRW	Nordrhein-Westfalen
PPP	Public Private Partnership
PWB	Pauschalwertberichtigung
RAP	Rechnungsabgrenzungsposten
Rd.	Randnummer
RMS	Risikomanagementsystem
RW	Restwert
S.	Seite
SsD	Standards staatliche Doppik
Tz.	Teilziffer
TU	Tochterunternehmen
u.a.	unter anderem
USt	Umsatzsteuer
UV	Umlaufvermögen
VFE-Lage	Vermögens-, Finanz- und Ertragslage
WPO	Wirtschaftsprüferordnung
z.B.	zum Beispiel

1 Grundlagen

1.1 Warum erfolgt eine kommunale Abschlussprüfung?

Prüfungen des Jahresabschlusses und des Lageberichts sind in erster Linie für die Privatwirtschaft gesetzlich vorgeschrieben. Der Grund für eine **verpflichtende Prüfung** liegt darin, dass ab einer bestimmten Größe und Relevanz eines Unternehmens ein Schutz derjenigen natürlichen und juristischen Personen erfolgen muss, die Beziehungen zu diesem Unternehmen haben. Dies sind bspw. Kunden, die an einer langfristigen Geschäftsbeziehung interessiert sind oder Lieferanten und Banken, die anhand von Jahresabschluss und Lagebericht beurteilen müssen, ob das Unternehmen kreditwürdig ist. Auch ein Arbeitnehmer möchte sich vielleicht vorab informieren, ob er aufgrund der wirtschaftlichen Lage langfristig bei seinem Wunscharbeitgeber arbeiten kann. Ein Investor möchte wissen, ob sich eine Investition in das Unternehmen lohnt. All diese Informationen können diese **Adressaten aus dem Jahresabschluss und Lagebericht** ziehen. Die Jahresabschlüsse im privatwirtschaftlichen Bereich haben eine **Dokumentations-, Zahlungsbemessungs- und Informationsfunktion.**[1]

Allerdings müssen die Adressaten sich auf die Zahlen und die Erläuterungen verlassen können. Wenn sie die Befürchtung haben, dass das Unternehmen die Zahlen absichtlich schönt oder nicht korrekt handelt, haben die Daten keinen Nutzen für sie. Um der Erstellung und Veröffentlichung unrichtiger Jahresabschlüsse und Lageberichte entgegenzuwirken, hat der Gesetzgeber für bestimmte Unternehmen eine **verpflichtende Jahresabschlussprüfung** kodifiziert (vgl. Kap. 1.3). Die Jahresabschlussprüfung soll die **Erfüllung der o.g. Funktionen des Jahresabschlusses sicherstellen.**[2] Damit hat sie in erster Linie eine Kontroll- (Bestätigung der Richtigkeit) und Informationsfunktion (Information der Adressaten).[3]

Gemeinden haben seit Einführung der Doppik ebenfalls Jahresabschlüsse und Lageberichte zu erstellen und zu veröffentlichen, für die eine Prüfung gesetzlich vorgeschrieben ist (vgl. z.B. § 59 Abs. 3 GO NRW). Die Gemeinden, die zu den Ge-

---

1 Vgl. Wöhe, G./Döring, U./Brösel, G., Einführung in die Allgemeine Betriebswirtschaftslehre, 27. Aufl. 2020, S. 654.

2 Vgl. Berberich, J./Haaf, P., Prüfung und Feststellung des Jahresabschlusses sowie Ergebnis- und Gewinnverwendung, in: Drinhausen, F./Eckstein, H.-M. (Hrsg.): Beck'sches Handbuch der AG, 3. Aufl. 2018, Tz. 16.

3 Hinzu kommt eine Beglaubigungsfunktion durch die Erstellung des Bestätigungsvermerks, vgl. Graumann, M., Wirtschaftliches Prüfungswesen, 6. Aufl. 2020, S. 126.

bietskörperschaften[4] gehören, haben zwar nicht direkt mit Investoren zu tun, sie haben aber viele andere Adressaten wie ihre Bürger, die Öffentlichkeit, Banken, deren Kreditverbindlichkeiten sie tilgen müssen, sowie ggf. Stellen, die Zuschüsse und Zuwendungen an die Gebietskörperschaft zahlen und natürlich den Steuerzahler, der möchte, dass sein Geld zweckentsprechend und wirtschaftlich von der Gebietskörperschaft verwendet wird.

Die Funktion des Jahresabschlusses im **öffentlichen Bereich** besteht somit darin, dass über die Nutzung öffentlicher Mittel des Steuerzahlers **Rechenschaft** abgegeben werden soll.[5] Es ist sicherzustellen, dass **Recht- und Ordnungsmäßigkeit sowie Wirtschaftlichkeit des Verwaltungshandelns** gewährleistet sind. Zudem besteht auch hier eine Informations-, Dokumentations- und Zahlungsbemessungsfunktion. Die Prüfung im öffentlichen Bereich sichert auch diese Funktionen.

MERKE: Gebietskörperschaften müssen ihre Jahresabschüsse prüfen lassen. Die Jahresabschlussprüfung beinhaltet hier eine Recht-, Ordnungsmäßigkeits- und Wirtschaftlichkeitsprüfung. Die Notwendigkeit resultiert aus einer Rechenschafts-, Informations-, Dokumentations- und Zahlungsbemessungsfunktion des Jahresabschlusses.

1.2 Kontrollmechanismen bei Gebietskörperschaften

Die Jahresabschlussprüfung ist nicht der einzige Kontrollmechanismus, dem eine Gebietskörperschaft unterliegt. Neben der (externen) Jahresabschlussprüfung gibt es interne Kontrollmechanismen. Diese internen Kontrollmechanismen sollen anhand des **Three-Lines-of-Defense-Modells** gezeigt werden. Das Modell geht davon aus, dass es in Unternehmen drei „Verteidigungslinien" gibt, um Verstößen vorzubeugen.[6] Die drei Verteidigungslinien lassen sich auch auf Gebietskörperschaften übertragen.

Die **erste Verteidigungslinie** (sog. **First Line of Defense)** liegt beim **operativen Management** als unterste, ausführende oder vollziehende Ebene. Die primäre Aufgabe besteht in der Bereitstellung von Produkten und Dienstleistungen für Kunden und dem Management von Risiken.[7] Um den Risiken zu begegnen werden Kontrol-

---

4 Gebietskörperschaften gehören nach den International Standards on Auditing (vgl. Kap. 1.4.3.3) zu den sog. Einheiten des öffentlichen Sektors. Zu den Gebietskörperschaften zählen der Bund, die Bundesländer und die Gemeinden. In einigen IDW Standards (z.B. IDW PS 400er Reihe) werden Gebietskörperschaften den „anderen Einheiten" zugeordnet, die zu den Unternehmen zählen.

5 Vgl. Neitz, G., Die kommunale Rechnungsprüfung, 1969, S. 4.

6 Vgl. IIA, IIA Position Paper, The Three-Lines-of-Defense In Effective Risk Management and Control, 2013, S. 2 sowie die aktualisierte Fassung IIA, Drei-Linien-Modell, 2020. Eine prägnante Erläuterung findet sich auch im gemeinsamen Positionspaier von DIIR (Deutsches Institut für Interne Revision e.V.) und RMA (Risk Management and Rating Association e.V.).

7 Vgl. IIA, Drei-Linien-Modell, 2020, S. 4.

len eingerichtet. Es handelt sich hier um Kontrollen im Rahmen des Tagesgeschäfts, bspw. das Abzeichnen einer Bestellgenehmigung durch den Vorgesetzten. Die handelnden Personen schätzen durch das interne Kontrollsystem Risiken ab und wollen sicherstellen, dass die Arbeitsprozesse planmäßig ablaufen und eventuelle Schwachstellen aufgedeckt und behoben werden. Es besteht ein ständiger Dialog mit dem Leitungsorgan.[8]

In den §§ 59 Abs. 3, 104 Abs. 1 Nr. 6 GO NRW wird auf das interne Kontrollsystem für Kommunen verwiesen. Es ist **ausdrückliche Aufgabe der örtlichen Rechnungsprüfung**, die Wirksamkeit interner Kontrollen im Rahmen des internen Kontrollsystems zu prüfen.[9] Nach der Gesetzesbegründung zu § 104 GO NRW wird das **interne Kontrollsystem** (IKS) wie folgt definiert: „Das interne Kontrollsystem stellt die Gesamtheit aller Maßnahmen, Grundsätze und Verfahren dar, die zur systematischen Prüfung von Geschäftsprozessen eingesetzt werden und die damit Einfluss auf das kommunale Haushalts- und Rechnungswesen haben; die Buchführung ist Teil des internen Kontrollsystems."[10] Die genauere Erläuterung des internen Kontrollsystems und die Erklärung der Relevanz für die Jahresabschlussprüfung erfolgen in den Kapiteln 2.4 und 3.

Die zweite Verteidigungslinie (sog. **Second Line of Defense)** ist ebenfalls beim Management angesiedelt. Die **zweite Verteidigungslinie** hilft durch Expertise, Unterstützung, Überwachung und Bewältigung von Aufgaben in risikorelevanten Angelegenheiten. Sie unterscheidet sich von der ersten dahingehend, dass es bei den genannten Funktionen um übergeordnete Management- bzw. Aufsichtsfunktionen geht.[11] Konkret soll die zweite Verteidigungslinie zur Entwicklung, Implementierung und kontinuierlichen Verbesserung des Risikomanagements beitragen, die Risikomanagement-Ziele erreichen und darüber Bericht erstatten.[12]

Herauszugreifen ist hier insbesondere das **Risikomanagement**.[13] Das Risikomanagementsystem bildet zusammen mit dem IKS einen Bestandteil des **Corporate Governance Systems** (CGS) eines Unternehmens (vgl. Kap. 12.4). Auf den ersten

---

8 Vgl. IIA, Drei-Linien-Modell, 2020, S. 5.

9 Diese Regelung korrespondiert nur teilweise mit § 107 Abs. 3 AktG, nach dem der Aufsichtsrat einer Aktiengesellschaft die Wirksamkeit des internen Kontrollsystems, des Risikomanagementsystems und des Internen Revisionssystems zu überwachen hat.

10 Landtag NRW, Gesetzesbegründung 2. NKF-Weiterentwicklungsgesetz – 2. NKFWG NRW, Drucksache 17/3570, S. 95 f.

11 Vgl. WP Handbuch, Wirtschaftsprüfung und Rechnungslegung, 17. Aufl. 2021, Kap. L, Tz. 240.

12 Vgl. IIA, Drei-Linien-Modell, 2020, S. 6.

13 Zur weiteren Vertiefung von Compliance und Risikomanagementsystemen sei auf die Standards des Instituts der Wirtschaftsprüfer IDW PS 980 (Compliance Management Systeme) und IDW PS 981 (Risikomanagementsysteme) sowie auf die Ausführungen in Kap. 12.4 verwiesen.

Blick könnte man denken, dass solche Systeme für Gebietskörperschaften keine Vorteile bieten. So steht eine Gebietskörperschaft nicht den typischen Geschäftsrisiken eines Unternehmens gegenüber. Es können jedoch andere Ereignisse negative Auswirkungen auf die Aufgabenerfüllung oder die finanzielle Lage der Gebietskörperschaft haben. Die Relevanz eines Risikomanagementsystems spiegelt sich auch in Befragungen wider, in denen 98 % der Kommunen bestätigen, dass ein systematisches Risikomanagement, speziell im Finanzbereich, sehr wichtig ist. Weniger als 10 % der Kommunen verfügen jedoch nur über ein angemessenes Risikomanagementsystem. Die Relevanz eines Risikomanagementsystems leitet sich aber schon daraus ab, dass viele Kommunen berichten, dass durch das fehlende Risikomanagementsystem vermeidbare Fehler entstehen.[14]

Der Ablauf eines Risikomanagement-Prozesses ist in Abbildung 1 dargestellt. Nachdem die Risiken erkannt und systematisiert wurden, werden diese analysiert und dahingehend beherrschbar gemacht. Diese erkannten, analysierten und beherrschbar gemachten Risiken müssen laufend überwacht werden. In regelmäßigen Abständen oder ggf. ad hoc muss überlegt werden, ob weitere Risiken erfasst werden müssen.

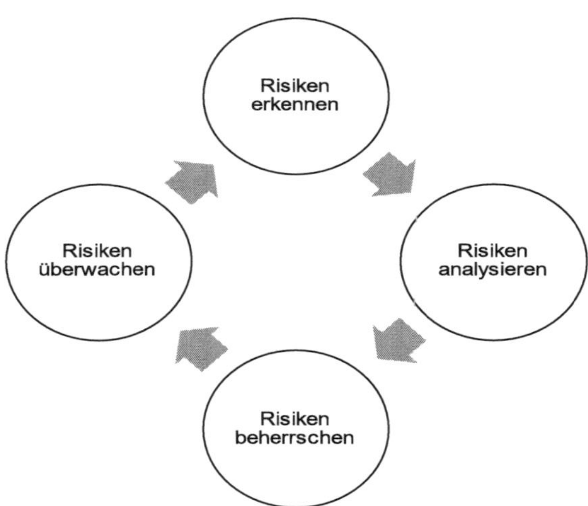

Abbildung 1: Risikomanagement in der öffentlichen Verwaltung[15]

Den Handlungsbedarf, der sich aus den Risiken ableitet, zeigt Abbildung 2. Dabei wird nach dem Ausmaß der Folgen (geringe Folgen/schwere Folgen) und nach der Eintrittswahrscheinlichkeit (niedrige/hohe Eintrittswahrscheinlichkeit) unterschieden.

14 Vgl. KGSt, Umsetzungsstand des kommunalen Risikomanagements. Ergebnisse einer Umfrage: Schlussfolgerungen und Handlungsempfehlungen (1/2019), 2019, S. 1.

15 Trips, M., Risikomanagement in der öffentlichen Verwaltung, Zur Möglichkeit der Einführung eines Risikomanagementsystems im öffentlichen Sektor, 2003, S. 804.

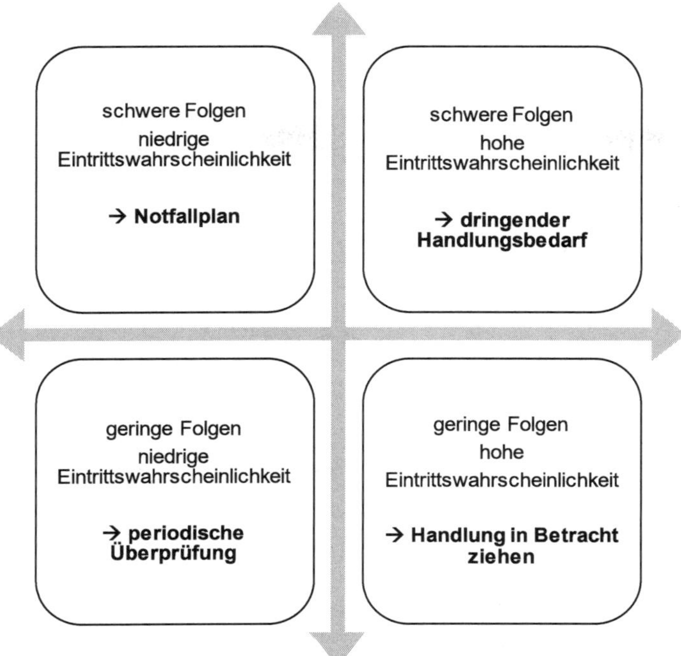

Abbildung 2: Handlungsempfehlungen als Basis des Risikomanagementsystems[16]

Nach § 317 Abs. 4 HGB hat der Abschlussprüfer börsennotierter Aktiengesellschaften bei der Abschlussprüfung auch zu beurteilen, ob der Vorstand im Rahmen des Risikomanagements geeignete Maßnahmen getroffen hat, insbesondere ein Überwachungssystem eingerichtet hat, damit die den Fortbestand des Unternehmens gefährdenden Entwicklungen früh erkannt werden (**Risikofrüherkennungssystem**) und ob dieses Überwachungssystem seine Aufgaben erfüllen kann. Es können jedoch auch andere Unternehmen oder Gebietskörperschaften ein eingerichtetes Risikofrüherkennungssystem freiwillig prüfen lassen. Für diesen Fall liegt eine Erweiterung des Prüfungsauftrages vor.

Die **Prüfung des Risikofrüherkennungssystems** geht insoweit über die Prüfung des rechnungslegungsbezogenen internen Kontrollsystems hinaus, da auch nicht rechnungslegungsbezogene Feststellungen zu treffen sind. Über das Ergebnis der Prüfung ist in einem gesonderten Abschnitt im Prüfungsbericht zu berichten (vgl. Kap.11.1). Mängel bei den getroffenen Maßnahmen haben keine Auswirkung auf den Bestätigungsvermerk.

16 Trips, M., Risikomanagement in der öffentlichen Verwaltung, Zur Möglichkeit der Einführung eines Risikomanagementsystems im öffentlichen Sektor, 2003, S. 806.

Die **dritte Ebene** (sog. **Third Line of Defense)** bildet die Interne Revision.[17] Die Interne Revision nimmt Prüfungs- und Beratungstätigkeiten wahr, damit die Ziele des Unternehmens erreicht werden.[18] Sie ist eine aus betriebsangehörigen Personen bestehende Institution, die innerhalb eines Unternehmens oder einer Gebietskörperschaft Strukturen und Aktivitäten prüft und beurteilt. Diese Tätigkeiten sollen die Überwachung, das IKS und das Risikomanagement verbessern. Die Interne Revision zeichnet aus, dass sie von den vorgenannten Prozessen unabhängig agiert. Die Ergebnisse ihrer Prüfung und Beurteilung werden an die Geschäfts-/ Verwaltungsleitung kommuniziert.[19] Die Interne Revision darf weder in den Arbeitsablauf integriert noch für das Ergebnis des überwachten Prozesses verantwortlich sein. Sie hat im Einzelnen folgende Aufgaben zu erfüllen:

- Gewährleistung der Verlässlichkeit und Aussagefähigkeit des Rechnungswesens (z.B. Kontrolle der Buchführung),
- Schutz des Vermögens,
- Sicherung der Durchführung von Entscheidungen der Entscheidungsträger,
- Förderung der Effizienz (z.B. Organisations- und Wirtschaftlichkeitsuntersuchungen, Verbesserungsvorschläge),
- Überwachung des internen Kontrollsystems sowie
- Beratung und gutachterliche Tätigkeit.[20]

Risikomanagement (Ebene 2) und Interne Revision (Ebene 3) werden oftmals zusammen genannt. Deshalb sollen nochmals die wesentlichen Unterschiede betrachtet werden: Im Risikomanagement besteht bspw. eine quantitative Einschätzung der Risiken, in der Internen Revision erfolgt dagegen eine qualitative Betrachtung. Es sollen Schwachstellen sowie Verbesserungspotential im Unternehmen identifiziert werden.[21] Das Risikomanagement ist als Zyklus angelegt. Die Interne Revision erfolgt anhand einer Prüfungsplanung.[22] Bezüglich der Abstimmung und Zusammenarbeit von Interner Revision und Risikomanagement gibt es unterschiedliche Ansätze. Diese reichen von einer Empfehlung zu sehr enger Zusammenarbeit (Hauptargument für diese Position: Vermeidung von Doppelarbeiten) bis zur strikten Trennung (Hauptargument für diese Position: Unabhängigkeit).[23]

Zudem kann das Risiko durch **externe Prüfungsanbieter** wie den Abschlussprüfer oder den Gesetzgeber (bspw. gesetzliche Vorgabe von weiteren Kontrollen im

---

17 Zur weiteren Vertiefung sei auf den Standard des Instituts der Wirtschaftsprüfer IDW PS 982 (Interne Revisionssysteme) sowie auf Kap. 12.4.3 verwiesen.

18 Vgl. IIA, Drei-Linien-Modell, 2020, S. 6.

19 Vgl. WP Handbuch, Wirtschaftsprüfung und Rechnungslegung, 17. Aufl. 2021, Kap. L, Tz. 243.

20 Vgl. Berwanger, H./Hahn, U., Interne Revision und Compliance, 2012, S. 57, 58, 78.

21 Vgl. dazu DIIR/RMA, Positionspapier Interne Revision und Risikomanagement, 2020, S. 7.

22 Vgl. dazu DIIR/RMA, Positionspapier Interne Revision und Risikomanagement, 2020, S. 8.

23 Vgl. dazu DIIR/RMA, Positionspapier Interne Revision und Risikomanagement, 2020, S. 9 ff.

Finanzsektor) begrenzt werden. Der Abschlussprüfer kann die Prüfungshandlungen der Internen Revision bei seiner eigenen Prüfung berücksichtigen, um zusätzliche Sicherheit zu erlangen. Für sein Prüfungsurteil ist er aber allein verantwortlich. Mit dieser dreifachen parallel agierenden Absicherung von Risiken stehen dem Management und der Geschäfts-/Verwaltungsleitung die notwendigen Instrumente zur Verfügung, um sicherzustellen, dass das verbleibende Restrisiko minimiert wird.

MERKE: Die Kontrolle der Finanzen wird auf mehreren Ebenen ausgeführt. Dabei sind der Jahresabschlussprüfung noch insbesondere das IKS, das Risikomanagement und ggf. die Interne Revision vorgelagert.

Abbildung 3 enthält eine Zusammenfassung des Three-Lines-of-Defense-Modells. Die Abbildung zeigt, dass die drei Linien weiterführend von den externen Prüfungsanbietern flankiert werden.

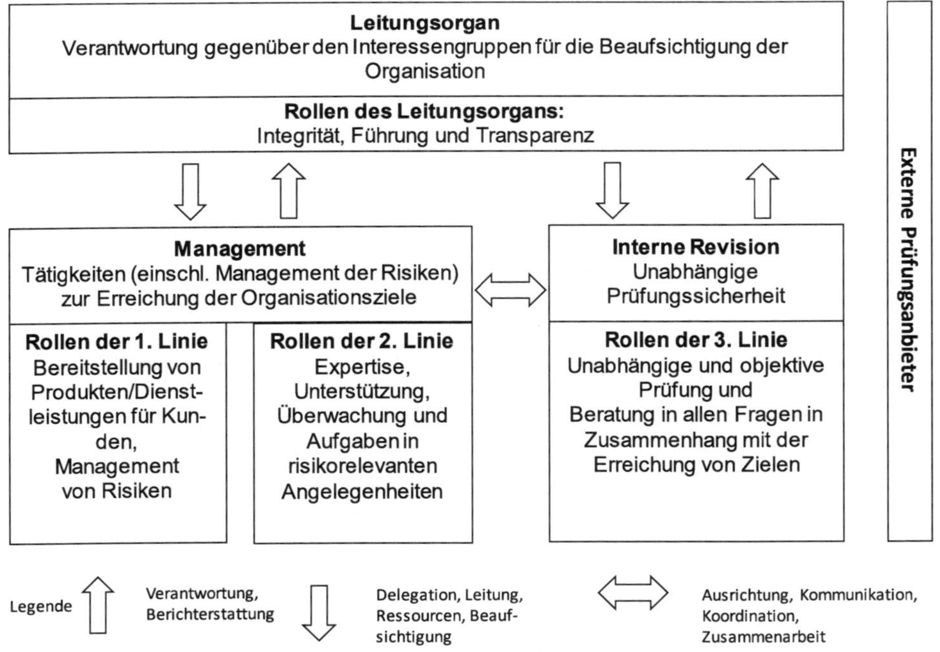

Abbildung 3: Kontrollmechanismen nach dem Three-Lines-of-Defense-Model[24]

[24] In Anlehnung an IIA, Drei-Linien-Modell, 2020, S. 4.

1.3 Pflicht zur Jahresabschlussprüfung

Die zentrale Regelung zur Jahresabschlussprüfung findet sich im Handelsgesetzbuch (HGB): Der Jahresabschluss und der Lagebericht von mittelgroßen und großen **Kapitalgesellschaften** i.S. des § 267 Abs. 1 müssen durch einen Abschlussprüfer geprüft werden (§ 316 Abs. 1 Satz 1 HGB). Mittels der Abschlussprüfung sollen die Verlässlichkeit und die Glaubhaftigkeit der Informationen aus Jahresabschluss und Lagebericht erhöht werden (vgl. IDW PS 200, Tz. 8). Entsprechende Prüfungspflichten gelten für Personengesellschaften nach § 264a Abs. 1 HGB (z.B. GmbH & Co. KG ohne persönlich haftende Gesellschafter), publizitätspflichtige Unternehmen (vgl. Publizitätsgesetz), Genossenschaften sowie Unternehmen bestimmter Wirtschaftszweige, wie z.B. Kreditinstitute oder Versicherungen.

Es bestehen aber auch Vorschriften für **Gebietskörperschaften und andere juristische Personen des öffentlichen Rechts unmittelbar** und bei **Beteiligung an einem Unternehmen**. Die Bestimmung, ob eine Prüfungspflicht vorliegt, wird im öffentlichen Bereich dadurch komplizierter, dass sich die Regelungen jeweils in Einzelgesetzen finden. Eine Übersicht bestehender Prüfungspflichten zeigt Abbildung 4:

1. Prüfungsvorschriften für Gebietskörperschaften

Prüfung des Jahresabschlusses, des Lageberichts der Kommunen, Prüfung der Ordnungsmäßigkeit der Haushaltswirtschaft sowie der Ordnungsmäßigkeit der Verwaltungsführung (vgl. z.B. §§ 128 HGO, 156 NKomVG, 102 GO NRW, IDW PS 730, PS 731)
Prüfung der Haushalts- und Wirtschaftsführung des Bundes und der Länder durch Rechnungshöfe (vgl. § 42 HGrG, § 88 BHO/LHO)

2. Prüfungsvorschriften bei Beteiligung einer Gebietskörperschaft an einem Unternehmen in der Rechtsform des privaten Rechts

bei Beteiligung des Bundes:
Prüfung des Jahresabschlusses, des Lageberichts sowie der Ordnungsmäßigkeit der Geschäftsführung (vgl. § 53 Abs. 1 HGrG; § 65 Abs. 1 Nr. 4 bzw. § 67 BHO)
bei Beteiligung eines Landes:
Prüfung des Jahresabschlusses, des Lageberichts sowie der Ordnungsmäßigkeit der Geschäftsführung (vgl. § 53 Abs. 1 HGrG; § 65 Abs. 1 Nr. 4 bzw. § 67 LHO des Landes)
bei Beteiligung einer Gemeinde bzw. eines Gemeindeverbands:
Prüfung des Jahresabschlusses, des Lageberichts sowie der Ordnungsmäßigkeit der Geschäftsführung (vgl. § 53 Abs. 1 HGrG sowie Gesetze der einzelnen Länder, z.B. §§ 108, 112 GO NRW)

3. Prüfungsvorschriften für Unternehmen in der Rechtsform einer juristischen Person des öffentlichen Rechts

des Bundes:
Prüfung des Jahresabschlusses, des Lageberichts sowie der Ordnungsmäßigkeit der Geschäftsführung (vgl. § 55 Abs. 2 HGrG, § 112 Abs. 2 i.V.m. § 65 Abs. 1 Nr. 4 BHO)
sonstiger Gebietskörperschaften:
Prüfung des Jahresabschlusses, des Lageberichts sowie der Ordnungsmäßigkeit der

Geschäftsführung (vgl. § 55 Abs. 2 HGrG; § 112 Abs. 2 i.V.m. § 65 Abs. 1 Nr. 4 LHO) **Sparkassen:** Prüfung des Jahresabschlusses gemäß Sparkassengesetze der Länder (z.B. § 24 SpkG NRW), **Rundfunkanstalten:** - Prüfung des Jahresabschlusses, der Ordnungsmäßigkeit und der Wirtschaftlichkeit der Haushalts- und Wirtschaftsführung gemäß Rundfunkgesetze der Länder (z.B. § 42, § 43 Abs. 2 WDRG) - Prüfung der Marktkonformität nach § 43 Abs. 1 Satz 2 Medienstaatsvertrag als Erweiterung der Abschlussprüfung (vgl. IDW PS 721)
4. Prüfungsvorschriften für Wirtschaftsbetriebe ohne eigene Rechtspersönlichkeit der Länder: Prüfung des Jahresabschlusses, z.B. gemäß § 113 i.V.m. § 65 LHO **sonstiger Gebietskörperschaften:** Erweiterte Prüfung des Jahresabschlusses um die Ordnungsmäßigkeit der Geschäftsführung und der wirtschaftlichen Verhältnisse (vgl. z.B. für Eigenbetriebe § 103 GO NRW)

Abbildung 4: Prüfungspflichten im Bereich der öffentlichen Wirtschaft[25]

Die Vorschriften zur Prüfungspflicht für die Gemeinden sind in den jeweiligen Bundesländern unterschiedlich. In diesem Lehrbuch werden überwiegend die Regelungen aus Nordrhein-Westfalen (NRW) dargestellt.[26] Diese finden sich in der Gemeindeordnung (GO NRW) und der Kommunalhaushaltsverordnung (KomHVO NRW). Die grundlegenden Prinzipien sind auf andere Bundesländer übertragbar. Die Zuständigkeit für die **Jahresabschlussprüfung von Kommunen** wird in den Rechtsgrundlagen der einzelnen Länder der örtlichen Rechnungsprüfung bzw. einem Rechnungsprüfungsamt (RPA), einem Rechnungsprüfungsausschuss oder einer anderen öffentlichen Prüfungseinrichtung übertragen.

Für NRW ist in § 59 Abs. 3 GO NRW geregelt, dass der **Rechnungsprüfungsausschuss** den Jahresabschluss und den Gesamtabschluss der Gemeinde prüft, wobei dieser sich der örtlichen Rechnungsprüfung bedient. Die Pflicht zur jährlichen Durchführung von Jahresabschlussprüfungen der Kommunen **folgt dem Referenzmodell der Jahresabschlussprüfung von Kapitalgesellschaften** gemäß §§ 316 ff. HGB.

Die Gemeinde kann mit der Durchführung der Jahresabschlussprüfung nach vorheriger Beschlussfassung durch den Rechnungsprüfungsausschuss einen **Wirtschaftsprüfer, eine Wirtschaftsprüfungsgesellschaft oder die Gemeindeprü-**

25 Mit geringfügigen Änderungen und Aktualisierungen entnommen aus: Graumann, M., Wirtschaftliches Prüfungswesen, 6. Aufl. 2020, S. 118.

26 Die Heterogenität der kommunalen Haushaltsvorschriften in den einzelnen Bundesländern ist ein Grund dafür, dass es bisher keine Darstellung gibt, welche die rechtlichen Regelungen aller Bundesländer umfassend berücksichtigt. Eine solche Darstellung wäre auch zu umfangreich und unübersichtlich.

fungsanstalt beauftragen (§ 102 Abs. 2 Satz 1 GO NRW). Die Beauftragung kann auch nur für einzelne Bereiche (z.B. für Pensionsrückstellungen, Bewertungsfragen, Schnittstellen Hauptbuch – Nebenbuch) erfolgen; insofern können sich die örtlichen Rechnungsprüfungseinrichtungen bei ihrer Tätigkeit z.B. auch durch einen Wirtschaftsprüfer unterstützen lassen. Die Möglichkeiten zur Durchführung der Jahresabschlussprüfung zeigt Abbildung 5:

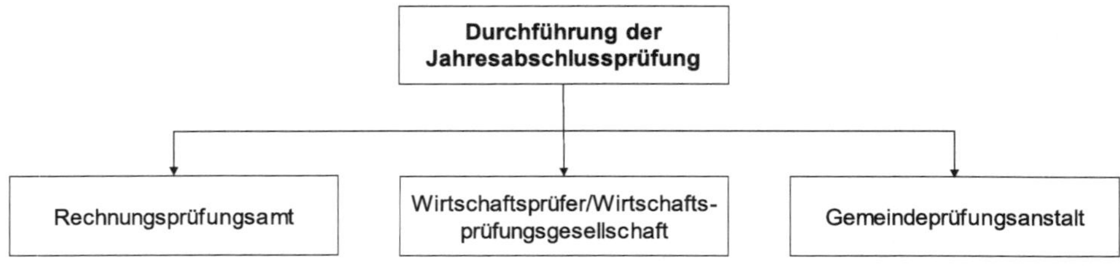

Abbildung 5: Durchführung der Jahresabschlussprüfung

Gemeinden ohne **eigene Rechnungsprüfung** können sich zudem für die Durchführung der Jahresabschlussprüfung einer **anderen örtlichen Rechnungsprüfung** bedienen (§ 102 Abs. 2 Satz 2 GO NRW). Kreisfreie Städte, Große und Mittlere kreisangehörige Städte müssen verpflichtend eine örtliche Rechnungsprüfung einrichten. Große und Mittlere kreisangehörige Städte können sich allerdings durch eine öffentlich-rechtliche Vereinbarung zur Erfüllung dieser Pflicht einer anderen örtlichen Rechnungsprüfung bedienen. Gemeinden ohne örtliche Rechnungsprüfung können einen geeigneten **Bediensteten als Rechnungsprüfer** bestellen oder sich eines anderen kommunalen Rechnungsprüfers, eines Wirtschaftsprüfers oder einer Wirtschaftsprüfungsgesellschaft bedienen (§ 101 Abs. 1 GO NRW). Die Beauftragung eines anderen kommunalen Rechnungsprüfers soll die Zusammenarbeit der Gemeinden stärken und die Prüfungsqualität steigern.[27] Die Möglichkeiten zur Beauftragung im Rahmen der Rechnungsprüfung zeigt Abbildung 6:

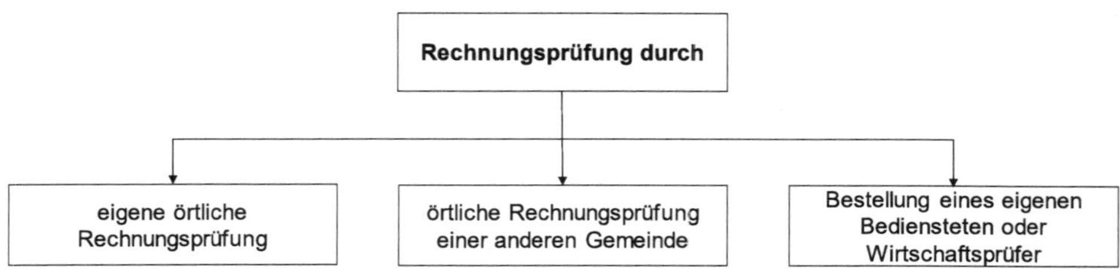

Abbildung 6: Durchführung der Rechnungsprüfung

Um die Rechnungsprüfung im kommunalen Bereich sachgerecht durchführen zu können, bedarf es speziell ausgebildeter Prüfer, die Kenntnisse aus dem kommuna-

27 Landtag NRW, Gesetzesbegründung 2. NKF-Weiterentwicklungsgesetz – 2. NKFWG NRW, Drucksache 17/3570, S. 90 f.

len Haushaltsrecht mit Kenntnissen aus der kaufmännischen Wirtschaftsprüfung vereinen. Eine spezielle Rechtsvorschrift dazu gibt es allerdings nicht.

Erfolgt trotz der gesetzlichen Prüfungspflicht keine Abschlussprüfung, kann der Jahresabschluss nicht festgestellt werden, was zur Nichtigkeit des Jahresabschlusses führt. Die Prüfung muss sich nach der zentralen Prüfungsnorm (§ 316 HGB) auf den Jahresabschluss und den Lagebericht erstrecken.

MERKE: Durch wen die Jahresabschlüsse von Gebietskörperschaften geprüft werden, richtet sich nach den jeweiligen landesrechtlichen Regelungen.

1.4 Prüfungsnormen

1.4.1 Gesetze, Verordnungen und Satzungen

Für die kommunale Jahresabschlussprüfung sind vielfältige **Rechtsnormen** zu beachten. Rechnungsprüfer in NRW und beauftragte Wirtschaftsprüfer müssen zunächst die **GO NRW** und die **KomHVO NRW** beachten. Daneben gelten in mehreren Fällen, bspw. durch direkte Verweise in den kommunalen Regelungen, die Vorschriften des **HGB.** Die wichtigsten Regelungen im HGB zur Prüfung sind in den §§ 316–324a und 332 ff. enthalten. Wirtschaftsprüfer müssen zusätzlich die WPO und die BS WP/vBP beachten. Die rechtlichen Regelungen beinhalten Vorschriften dazu, **ob** geprüft wird und **wer** durch **wen** geprüft wird (bspw. die Pflicht zur Jahresabschlussprüfung der Gemeinde durch die örtliche Rechnungsprüfung). Die rechtlichen Regelungen enthalten allerdings wenige konkrete Vorschriften dazu, **wie** die Prüfung zu erfolgen hat.

Die Rechtsquellen der Privatwirtschaft und des Kommunalrechts haben zudem gemeinsam, dass sie keine Prüfung jedes auftretenden Geschäftsvorfalls erfordern. Vielmehr erfolgt die Prüfung im Rahmen eines **risikoorientierten Prüfungsansatzes**. Das heißt Geschäftsvorfälle, die als risikoreich eingeschätzt werden (z.B. die Bildung von Rückstellungen), werden eingehender geprüft als Geschäftsvorfälle, die weniger risikoreich sind (z.B. die Buchung des Zinsaufwands). Eine ordnungsgemäße Prüfung beinhaltet also immer ein **Prüfungsrisiko**, nämlich das Risiko, **ein uneingeschränktes oder eingeschränktes Prüfungsurteil abzugeben, obwohl wesentliche Fehler in der Rechnungslegung bestehen**, die bei der Prüfung jedoch nicht erkannt wurden (ausführlicher zum Prüfungsrisiko vgl. Kap. 2.1.2).

Die Prüfung eines Jahresabschlusses unterteilt sich in mehrere Phasen, von der Auftragsannahmen und Prüfungsplanung bis zur Berichterstattung über die durchgeführte Abschlussprüfung. Die **Dokumentation** soll die gesammelten Informationen, die Prüfungsfeststellungen und das daraus abgeleitete, Prüfungsurteil nachvollziehbar darstellen (vgl. Kap. 11.5).

MERKE: Rechtliche Regelungen zur Jahresabschlussprüfung in der Privatwirtschaft finden sich überwiegend im HGB und der WPO. Die Regelungen für Gebietskörperschaften in NRW finden sich hauptsächlich in der GO NRW und der KomHVO NRW mit entsprechenden Verweisen auf das HGB.

1.4.2 Grundsätze ordnungsmäßiger Abschlussprüfung

Allerdings sind nicht alle Einzelschritte einer Abschlussprüfung in Gesetzen, Verordnungen und Satzungen geregelt. Die gesamte Durchführung der Abschlussprüfung dort zu regeln, wäre zu umfangreich. Für die Abschlussprüfungen haben sich daher die „**Grundsätze ordnungsmäßiger Abschlussprüfungen (GoA)**" entwickelt.[28] Die Grundsätze ordnungsmäßiger Abschlussprüfung wurden vom Gesetzgeber nicht ausdrücklich in der WPO oder im HGB normiert, sondern finden sich überwiegend in den Vorschriften der BS WP/vBP und in den Prüfungsstandards.

Die GoA beinhaltenen Festlegungen zur Durchführung von Abschlussprüfungen sowie zu den Prüfungshandlungen. Es bestehen noch weitere Ergänzungen durch die „**Grundsätze ordnungsmäßiger Berichterstattung bei Abschlussprüfungen**" (vgl. IDW PS 450) sowie die „**Grundsätze für die ordnungsmäßige Erteilung von Bestätigungsvermerken bei Abschlussprüfungen**" (u.a. IDW PS 400).

MERKE: Die Grundsätze ordnungsmäßiger Abschlussprüfung enthalten Regelungen zur Durchführung der Abschlussprüfung. Hierzu gehören die vom IDW herausgegebenen Prüfungsstandards sowie die übersetzten International Standards on Auditing, ergänzt um die nationalen Besonderheiten in Deutschland (ISA [DE]).

1.4.3 Prüfungsstandards

1.4.3.1 Überblick

Damit der Prüfer seine ordnungsgemäße Prüfung belegen kann, muss er sich an bestimmte Grundsätze und Standards für die Prüfung halten. Die Standardisierung[29] dient unter anderem

- zur Strukturierung des Prüfungsprozesses,
- zur Nutzung als Leitfaden für Prüfungstätigkeiten,
- zur besseren Nachvollziehbarkeit von Prüfungstätigkeiten,
- zur Nutzung als Nachschlagewerk sowie
- als Instrument zur Qualitätssicherung.

---

[28] Zu den Grundsätzen ordnungsmäßiger Abschlussprüfungen vgl. Brösel, G./Freichel, C., Prüfungsgrundsätze – quo vadis? in: WP Praxis, 7. Jg. 2018, S. 273.

MERKE: Typische Fragen, die in den Grundsätzen ordnungsmäßiger Abschlussprüfung geregelt sind, lauten:
Wie wird ein Prüfungsprozess strukturiert?
Wie wird die Durchführung der Abschlussprüfung dokumentiert?

Da es für die o.g. Grundsätze nur wenige gesetzliche Grundlagen gibt, wurden von Vereinigungen und Verbänden von Prüfern Prüfungsgrundsätze und Prüfungsstandards formuliert. Grundsätze auf nationaler Ebene werden vom **Institut der Wirtschaftsprüfer e.V.** (IDW) erlassen. Auf internationaler Ebene befasst sich die International Federation of Accountants (IFAC), genauer gesagt das Gremium International Auditing and Assurance Standards Board (IAASB), mit der Standardsetzung. In jüngster Zeit haben sich zudem eigene auf die speziellen Bedürfnisse des öffentlichen Bereichs ausgerichtete Standards entwickelt. Auf internationaler Ebene wurden sog. Internationale Standards für Oberste Rechnungskontrollbehörden von der International Organization of Supreme Audit Institutions (INTOSAI) veröffentlicht. In Deutschland wurde das Institut der Rechnungsprüfer e.V. (IDR) gegründet. Es hat sich zum Ziel gesetzt, Leitlinien und Arbeitshilfen für Rechnungsprüfer zu erstellen. In den folgenden Unterkapiteln werden die genannten Organisationen und die von diesen entwickelten Standards genauer vorgestellt.

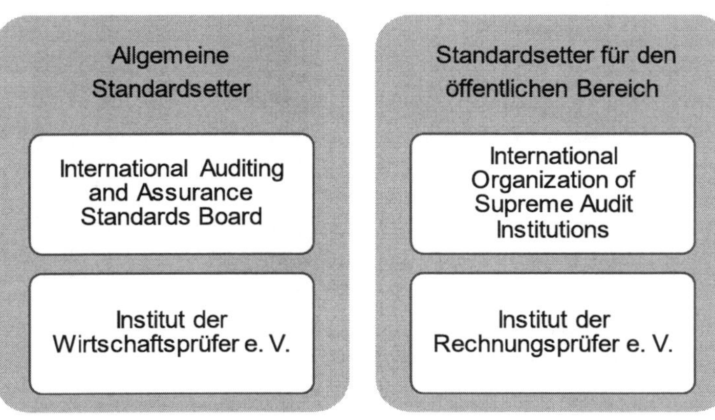

Abbildung 7: Standardsetter

MERKE: Prüfungsstandards werden durch private Gremien entwickelt und veröffentlicht. Der Gesetzgeber ist in diesen Prozess nicht involviert.

[29] Zur kritischen Betrachtung der Standardisierung in der Wirtschaftsprüfung siehe weiterführend Dillkötter, K., Die Neufassung des IDW PS 140, in: WP Praxis, 7. Jg. 2018, S. 190.

1.4.3.2 Verlautbarungen des Instituts der Wirtschaftsprüfer

Die bekanntesten nationalen Verlautbarungen werden vom **Institut der Wirtschaftsprüfer e.V.** (IDW) erlassen. Wie oben bereits erwähnt, ist es eine der Hauptaufgaben des IDW, Verlautbarungen zu entwickeln, die als Leitfaden für die Ausgestaltung der Prüfung dienen. Die Verlautbarungen haben keine den gesetzlichen Regelungen entsprechende Bindungswirkung, weil sie nicht vom Gesetzgeber, sondern von privatrechtlichen Gremien erlassen werden. Die Mitglieder des IDW haben die IDW-Prüfungsstandards nach § 4 Abs. 9 der Satzung des Instituts der Wirtschaftsprüfer e.V. zu beachten. Abweichungen müssen sorgfältig geprüft und eingehend begründet werden. Es besteht eine hohe Verbreitung der Standards, da der weit überwiegende Teil der Wirtschaftsprüfer Mitglied im IDW ist. Zudem können die Regelungen in Gerichtsverfahren als gängige berufliche Praxis ausgelegt werden, sodass bei Nichtbeachtung eine Pflichtverletzung angenommen wird.[30]

Die Wirtschaftsprüfer, die **nicht Mitglied des IDW** sind, müssen die Standards **nicht verpflichtend anwenden**. Aber auch für diese haben die Standards eine gewisse Relevanz. Nach § 4 Abs. 1 BS WP/vBP sind Wirtschaftsprüfer bei der Erfüllung ihrer Aufgaben an das Gesetz gebunden, haben sich über die für ihre Berufsausübung geltenden Bestimmungen zu unterrichten sowie diese und fachliche Regeln zu beachten. Als fachliche Regeln gelten insbesondere die Grundsätze ordnungsmäßiger Abschlussprüfungen (GoA) einschließlich der Prüfungsstandards. Eine Einzelnorm kann allerdings trotzdem eine hohe faktische Bindungswirkung entfalten, wenn sie die Strukturmerkmale „Widerspruchsfreiheit, Vollständigkeit, Operationalität, Eindeutigkeit sowie Konkretheit“[31] aufweist.

Kommunale und staatliche Prüfer orientieren sich in der Regel **freiwillig** an den Standards. Durch gesetzliche Verweise auf Vorschriften des HGB (z.B. in § 102 Abs. 8 GO NRW) oder andere Vorgaben[32] sind sie jedoch faktisch gezwungen, die grundlegenden Standards anzuwenden. Die Verlautbarungen sind allerdings nicht öffentlich zugänglich. Sie können lediglich direkt beim IDW erworben werden.

Die **Verlautbarungen des IDW** unterteilen sich in bestimmte Kategorien. Es bestehen Standards, jeweils für die Rechnungslegung und die Prüfung, Hinweise, jeweils wiederum zur Rechnungslegung und zur Prüfung sowie Standards zu weiteren Bereichen, bspw. der Unternehmensbewertung. Die Verlautbarungen werden unter folgenden Bezeichnungen veröffentlicht (Abbildung 8):

---

30 Vgl. Graumann, M., Wirtschaftliches Prüfungswesen, 6. Aufl. 2020, S. 29.

31 Siehe zu den GoA Brösel, G./Freichel, C., Prüfungsgrundsätze – quo vadis?, 2018, S. 273.

32 Vgl. z.B. Muster des Bestätigungsvermerks der Gemeindeprüfungsanstalt NRW (ausführlicher siehe Kap. 11.2). Auf die Standards darf im Bestätigungsvermerk nicht verwiesen werden, wenn der Abschlussprüfer nicht die Anforderungen sämtlicher Standards eingehalten hat, welche die deutschen GoA bilden (ISA [DE] 200, Tz. D.20.1).

IDW Prüfungsstandards (IDW PS)	Verlautbarungen zur Prüfung
IDW Stellungnahmen zur Rechnungslegung (IDW RS)	Verlautbarungen zur Rechnungslegung
IDW Prüfungshinweise (IDW PH)	Ergänzende Verlautbarungen der Fachgremien zu einzelnen Prüfungsfragen
IDW Rechnungslegungshinweise (IDW RH)	Ergänzende Verlautbarungen der Fachgremien zu einzelnen Rechnungslegungsfragen
IDW Standards (IDW S)	Regelungen zu anderen Tätigkeitsbereichen der Wirtschaftsprüfer

Abbildung 8: Verlautbarungen des Instituts der Wirtschaftsprüfer

Es gibt sehr allgemeine Verlautbarungen, wie IDW PS 200 zu den Zielen und allgemeinen Grundsätzen der Durchführung von Jahresabschlussprüfungen, Verlautbarungen, die den **Prüfungsprozess** betreffen, z.B. IDW PS 240 zur Planung der Jahresabschlussprüfung oder zu spezielleren Themen wie der Internen Revision (IDW PS 321). Das IDW stellt seiner Sammlung der Prüfungsstandards eine Gliederung voran, die die Orientierung erleichtern soll. Die Nummerierung der Prüfungsstandards erfolgt sachorientiert in loser Anlehnung an das Schema der International Standards on Auditing (ISA):

IDW PS 100 Zusammenfassender Standard
IDW PS 120 – 199 Qualitätssicherung
IDW PS 200 – 249 Prüfungsgegenstand und Prüfungsauftrag
IDW PS 250 – 299 Prüfungsansatz
IDW PS 300 – 399 Prüfungsdurchführung
IDW PS 400 – 499 Bestätigungsvermerk, Prüfungsbericht und Bescheinigungen
IDW PS 500 – 799 Abschlussprüfung von Unternehmen bestimmter Branchen
IDW PS 800 – 999 andere Reportingaufträge

Die wichtigsten **Prüfungsstandards** für die Prüfung des Jahresabschlusses einer Gebietskörperschaft sind (Abbildung 9):

IDW PS 200	Ziele und allgemeine Grundsätze der Durchführung von Abschlussprüfungen
IDW PS 201	Rechnungslegungs- und Prüfungsgrundsätze für die Abschlussprüfung
IDW PS 203	Ereignisse nach dem Abschlussstichtag
IDW PS 205	Prüfung von Eröffnungsbilanzwerten im Rahmen von Erstprüfungen
IDW PS 210	Zur Aufdeckung von Unregelmäßigkeiten im Rahmen der Abschlussprüfung
IDW PS 240	Grundsätze der Planung von Abschlussprüfungen
IDW PS 250	Wesentlichkeit im Rahmen der Abschlussprüfung
IDW PS 255	Beziehungen zu nahe stehenden Personen im Rahmen der Abschlussprüfung
IDW PS 260	Das interne Kontrollsystem im Rahmen der Abschlussprüfung

IDW PS 261	Feststellung und Beurteilung von Fehlerrisiken und Reaktionen des Abschlussprüfers auf die beurteilten Fehlerrisiken
IDW PS 270	Die Beurteilung der Fortführung der Unternehmenstätigkeit im Rahmen der Abschlussprüfung
IDW PS 300	Prüfungsnachweise im Rahmen der Abschlussprüfung
IDW PS 301	Prüfung der Vorratsinventur
IDW PS 302	Bestätigungen Dritter
IDW PS 310	Repräsentative Auswahlverfahren (Stichproben) in der Abschlussprüfung
IDW PS 312	Analytische Prüfungshandlungen
IDW PS 314	Die Prüfung von geschätzten Werten in der Rechnungslegung einschließlich von Zeitwerten
IDW PS 320	Besondere Grundsätze für die Durchführung von Konzernabschlussprüfungen (einschließlich der Verwertung der Tätigkeit von Teilbereichsprüfern)
IDW PS 321	Interne Revision und Abschlussprüfung
IDW PS 330	Abschlussprüfung bei Einsatz von Informationstechnologie
IDW PS 340	Die Prüfung des Risikofrüherkennungssystems
IDW PS 345	Auswirkungen des Deutschen Corporate Governance Kodex auf die Abschlussprüfung
IDW PS 350	Prüfung des Lageberichts im Rahmen der Abschlussprüfung
IDW PS 400	Grundsätze für die ordnungsmäßige Erteilung von Bestätigungsvermerken bei Abschlussprüfungen
IDW PS 401	Mitteilung besonders wichtiger Prüfungssachverhalte im Bestätigungsvermerk
IDW PS 405	Modifizierungen des Prüfungsurteils im Bestätigungsvermerk
IDW PS 406	Hinweise im Bestätigungsvermerk
IDW PS 450	Grundsätze ordnungsmäßiger Berichterstattung bei Abschlussprüfungen
IDW PS 460	Arbeitspapiere des Abschlussprüfers
IDW PS 720	Berichterstattung über die Erweiterung der Abschlussprüfung nach § 53 HGrG
IDW PS 730	Prüfung des Jahresabschlusses und Lageberichts einer Gebietskörperschaft
IDW PS 731	Prüfung der Ordnungsmäßigkeit der Haushaltswirtschaft als Erweiterung der Abschlussprüfung bei Gebietskörperschaften
IDW PS 850	Projektbegleitende Prüfung bei Einsatz von Informationstechnologie
IDW PS 880	Die Prüfung von Softwareprodukten
IDW PS 951	Prüfung des internen Kontrollsystems bei Dienstleistungsunternehmen
IDW PS 980	Grundsätze ordnungsmäßiger Prüfung von Compliance Management Systemen
IDW PS 981	Grundsätze ordnungsmäßiger Prüfung von Risikofrüherkennungssystemen
IDW PS 982	Grundsätze ordnungsmäßiger Prüfung des internen Kontrollsystems des internen und externen Berichtswesens
IDW PS 983	Grundsätze ordnungsmäßiger Prüfung von Internen Revisionssystemen

Abbildung 9: Prüfungsstandards des Instituts der Wirtschaftsprüfer

Die wichtigsten **Rechnungslegungsstandards** für die Prüfung des Jahresabschlusses einer Gebietskörperschaft sind in der nachfolgenden Abbildung (Abbildung 10) aufgeführt. Eine zentrale Verlautbarung ist RS ÖFA 1 zur Rechnungslegung der öffentlichen Verwaltung nach den Grundsätzen der doppelten Buchführung.

RS HFA 4	Zweifelsfragen zum Ansatz und zur Bewertung von Drohverlustrückstellungen
RS HFA 10	Anwendung der Grundsätze des IDW S 1 bei der Bewertung von Beteiligungen und sonstigen Unternehmensanteilen für die Zwecke eines handelsrechtlichen Jahresabschlusses
RS HFA 11	Bilanzierung entgeltlich erworbener Software beim Anwender
RS HFA 23	Bilanzierung und Bewertung von Pensionsverpflichtungen gegenüber Beamten und deren Hinterbliebenen
RS HFA 31	Aktivierung von Herstellungskosten
RS HFA 35	Handelsrechtliche Bilanzierung von Bewertungseinheiten
RS FAIT 1	Grundsätze ordnungsmäßiger Buchführung bei Einsatz von Informationstechnologie
RS ÖFA 1	Rechnungslegung der öffentlichen Verwaltung nach den Grundsätzen der doppelten Buchführung
IDW S 1	Grundsätze zur Durchführung von Unternehmensbewertungen

Abbildung 10: Rechnungslegungsstandards des IDW mit Relevanz für den öffentlichen Bereich

Seit Ende 2018 verfolgt das IDW die Strategie, die Verlautbarungen noch weiter an die internationalen Standards anzupassen, indem die sog. International Standards on Auditing der IFAC übersetzt und um Besonderheiten der nationalen Regelungen ergänzt werden (sog. D-Kennziffern).

MERKE: Einige Prüfungsstandards des IDW wurden durch sog. ISA[DE] ersetzt. Sie sind künftig für die Prüfung von Abschlüssen anzuwenden.[33]

1.4.3.3 Prüfungsstandards und Hinweise der International Federation of Accountants

Die International Federation of Accountants (IFAC) veröffentlicht durch den Standardsetter **International Auditing and Assurance Standards Board** (IAASB) u.a. die **ISA**.

Nach § 317 Abs. 5 HGB hat der Abschlussprüfer die internationalen Prüfungsstandards, also insbesondere die ISA anzuwenden, sofern diese von der Europäischen Kommission mittels delegierter Rechtsakte angenommen worden sind. Durch die Annahme (sog. *adoption*) erhalten die ISA Gesetzescharakter und sind in Deutsch-

33 Die verpflichtende erstmalige Anwendung der ISA[DE] gilt für die Prüfung von Abschlüssen, die am oder nach dem 15.12.2021 beginnen, mit der Ausnahme von Rumpfgeschäftsjahren, die vor dem 31.12.2022 enden.

land unmittelbar für den Abschlussprüfer verbindlich. Bis heute (Stand: 30.06.2021) ist eine Annahme durch die Europäische Kommission noch nicht erfolgt, sodass in Deutschland bisher **keine gesetzlich kodifizierten** Grundsätze ordnungsmäßiger Abschlussprüfung existieren. Das **IDW ist Mitglied der IFAC**. Dadurch verpflichtet es sich, die Inhalte der International Standards on Auditing (ISA) in seinen eigenen Verlautbarungen, den Prüfungsstandards und Hinweisen, zu berücksichtigen.[34] Da bisher eine unmittelbare Annahme der ISA noch nicht erfolgt ist, hat sich das IDW entschlossen, die ISA zu übersetzen und um sog. **D.-Textziffern** zu erweitern, um die deutschen Besonderheiten zu berücksichtigen. Die übersetzten ISA [DE] lösen nach und nach die bisherigen IDW-Standards ab, wobei nach derzeitigem Kenntnisstand die IDW PS zur Abschlussprüfung, zum Lagebericht oder zu anderen nationalen Besonderheiten (z.B. zur Prüfung der Ordnungsmäßigkeit der Haushaltswirtschaft von Gebietskörperschaften oder zum Risikofrüherkennungssystem) bestehen bleiben.

Daher sollen an dieser Stelle nur die Standards aufgeführt werden, die durch das IDW als sog. **ISA [DE]** bisher veröffentlicht wurden (Abbildung 11). Die ISA [DE] als ergänzte deutsche Übersetzungen sind ebenfalls nicht frei zugänglich. Sie müssen beim IDW erworben werden. Eine Auflistung der gültigen ISA [DE] sowie der weiterhin gültigen IDW PS, die zusammen die vom IDW festgestellten deutschen GoA bilden, gibt die Anlage D.1 des ISA [DE] 200.

Die ISA sind nach einem einheitlichen Format aufgebaut, das folgende Struktur bzw. Gliederung der Standards aufweist:

- Einleitung (Introduction) samt Anwendungsbereich und erstmaligem Anwendungszeitpunkt,
- Ziel (Objective),
- Definitionen (Definitions),
- Anforderungen/Prüfungshandlungen (Requirements),
- Anwendungshinweise (Application Material) und
- sonstige Erläuterungen samt Anlagen.

Soweit für **Prüfungen im öffentlichen Sektor** Besonderheiten gelten, werden diese in den Anwendungshinweisen eines ISA dargestellt.

ISA [DE] 200	Übergeordnete Ziele des unabhängigen Prüfers und Grundsätze einer Prüfung in Übereinstimmung mit den International Standards on Auditing
ISA [DE] 210	Vereinbarung der Auftragsbedingungen für Prüfungsaufträge
ISA [DE] 230	Prüfungsdokumentation
ISA [DE] 240	Verantwortlichkeiten des Abschlussprüfers bei dolosen Handlungen

[34] Vgl. Canipa-Valdez, M./Velte, P., Standardsetting internationaler Prüfungsnormen und deren Umsetzung, 2013, S. 203.

ISA [DE] 250	Berücksichtigung von Gesetzen und anderen Rechtsvorschriften bei einer Abschlussprüfung
ISA [DE] 300	Planung einer Abschlussprüfung
ISA [DE] 315	Identifizierung und Beurteilung der Risiken wesentlicher falscher Darstellungen aus dem Verständnis von der Einheit und ihrem Umfeld
ISA [DE] 320	Wesentlichkeit bei der Planung und Durchführung einer Abschlussprüfung
ISA [DE] 330	Reaktionen des Abschlussprüfers auf beurteilte Risiken
ISA [DE] 402	Überlegungen bei der Abschlussprüfung von Einheiten, die Dienstleister in Anspruch nehmen
ISA [DE] 450	Beurteilung der während der Abschlussprüfung identifizierten falschen Darstellungen
ISA [DE] 500	Prüfungsnachweise
ISA [DE] 501	Prüfungsnachweise – Besondere Überlegungen zu ausgewählten Sachverhalten
ISA [DE] 505	Externe Bestätigungen
ISA [DE] 510	Eröffnungsbilanzwerte bei Erstprüfungsaufträgen
ISA [DE] 520	Analytische Prüfungshandlungen
ISA [DE] 530	Stichprobenprüfungen
ISA [DE] 540	Prüfung geschätzter Werte in der Rechnungslegung und damit zusammenhängender Abschlussangaben
ISA [DE] 550	Nahe stehende Personen
ISA [DE] 560	Nachträgliche Ereignisse
ISA [DE] 580	Schriftliche Erklärungen
ISA [DE] 600	Besondere Überlegungen zu Konzernabschlussprüfungen (einschließlich der Tätigkeit von Teilbereichsprüfern)
ISA [DE] 610	Nutzung der Tätigkeit interner Revisoren
ISA [DE] 620	Nutzung der Tätigkeit eines Sachverständigen des Abschlussprüfers
ISA [DE] 710	Vergleichsinformationen – Vergleichsangaben und Vergleichsabschlüsse
ISA [DE] 720	Verantwortlichkeiten des Abschlussprüfers im Zusammenhang mit sonstigen Informationen

Abbildung 11: ISA [DE] zum Stand 30.06.2021

MERKE: Nach § 317 Abs. 5 HGB besteht die Möglichkeit die ISA direkt in nationales Recht zu übernehmen. Bisher wurde allerdings kein ISA im Rahmen dieses Verfahrens übernommen. Ab 2022 sind Wirtschaftsprüfer verpflichtet, die für deutsche Rechtserfordernisse modifizierten ISA [DE] als Grundsätze ordnungsmäßiger Abschlussprüfung anzuwenden. Einige IDW Prüfungsstandards (z.B. zum Lagebericht oder zu Bestätigungsvermerken) werden jedoch weiterhin ihre Gültigkeit behalten.

1.4.3.4 Internationale Standards für Oberste Rechnungskontrollbehörden

Internationale Standards für Oberste Rechnungskontrollbehörden (International Standards of Supreme Audit Institutions – ISSAI) wurden von der **International Organisation of Supreme Audit Institutions** erlassen. Sie haben Empfehlungscharakter für oberste Rechnungskontrollbehörden, zu denen in Deutschland der Bundesrechnungshof gehört. Für die Prüfung von Gebietskörperschaften sind sie somit nicht direkt anwendbar. Nichtsdestotrotz bieten aber auch diese die beschriebenen Vorteile der Standardsetzung. Bedeutsam sind u.a. (Abbildung 12):

ISSAI 100	Allgemeine Grundsätze der staatlichen Finanzkontrolle
ISSAI 200	Allgemeine Grundsätze der Prüfung der Rechnungsführung
ISSAI 300	Allgemeine Grundsätze der Wirtschaftsprüfung
ISSAI 400	Allgemeine Grundsätze der Prüfung der Einhaltung rechtlicher Normen – Recht- und Ordnungsmäßigkeitsprüfung
ISSAI 1230	Prüfungsdokumentation
ISSAI 1300	Planung von Abschlussprüfungen
ISSAI 1320	Die Wesentlichkeit bei der Planung und Durchführung einer Abschlussprüfung
ISSAI 1500	Prüfungsnachweise
ISSAI 1520	Analytische Prüfungshandlungen
ISSAI 1530	Stichprobenprüfungen
ISSAI 1560	Ereignisse nach dem Abschlussstichtag
ISSAI 3000	Grundsätze für die Durchführung von Wirtschaftlichkeitsprüfungen
ISSAI 3100	Leitlinien zur Wirtschaftlichkeitsprüfung: Grundsätze
ISSAI 4000	Leitlinien Ordnungsmäßigkeitsprüfung – Allgemeine Einführung
ISSAI 4100	Leitlinien Ordnungsmäßigkeitsprüfung für Prüfungen, die außerhalb von Abschlussprüfungen durchgeführt werden
ISSAI 4200	Leitlinien Ordnungsmäßigkeitsprüfung – Ordnungsmäßigkeitsprüfungen im Rahmen von Abschlussprüfungen
ISSAI 5210	Richtlinien über das beste Vorgehen bei der Prüfung von Privatisierungen
ISSAI 5240	Richtlinien über das beste Vorgehen bei der Risikoprüfung von Public Private Partnerships (PPP)
ISSAI 5300-5399	Richtlinien über die Prüfung von IT
ISSAI 5400-5499	Richtlinien über die Prüfung von Staatsschuld

Abbildung 12: International Standards of Supreme Audit Institutions

1.4.3.5 Prüfungsleitlinien und Prüfhilfen des Instituts der Rechnungsprüfer

Das 2006 gegründete **Institut der Rechnungsprüfer** hat für die kommunale Rechnungsprüfung Prüfungsleitlinien und Prüfhilfen erlassen, die zwar ebenfalls nicht verbindlich sind, die Rechnungsprüfer aber bei ihrer Arbeit unterstützen sollen.[35]

[35] Vgl. Fiebig, H./Zeis, A. Kommunale Rechnungsprüfung, 5. Aufl. 2018, Rd.-Nr. 137.

Das Institut der Rechnungsprüfer ist als ein eingetragener Verein (e.V.) nach deutschem Recht organisiert. Es erhebt Beiträge und Gebühren, um seine Aufgaben zu erfüllen.[36]

Ziele sind bspw. die **Unterstützung von Rechnungsprüfern** bei fachlichen Fragen sowie die allgemeine Facharbeit. Darüber hinaus sollen der Austausch und die Vernetzung zwischen den Rechnungsprüfern verbessert werden. Als Mittel zur Zielerreichung sollen u.a. Weiterbildungen angeboten werden.[37] Das IDR verfasst zudem Stellungnahmen zu Fachthemen.

Die **Mitgliedschaft** im IDR ist für Gebietskörperschaften, sondergesetzliche Körperschaften sowie Behörden und Verbände möglich. Leiter und Mitarbeiter der Rechnungsprüfung sowie ehemalige Rechnungsprüfer können ebenfalls Mitglied werden bzw. bleiben.[38]

Die Standards des IDR unterteilen sich in **Leitlinien** (IDR L) und **Hinweise** (IDR H). Da es bisher keine inhaltlich umfassenden Verlautbarungen zu allen Teilbereichen der Abschlussprüfung gibt, haben sie derzeit (noch) eine nachgeordnete praktische Bedeutung.

Die Prüfungsleitlinien und Prüfhilfen sind an die IDW-Verlautbarungen angelehnt. Sie enthalten zudem kommunale Besonderheiten, die sich im kommunalen doppischen Rechnungswesen insbesondere aus den vom HGB abweichenden Regelungen ergeben, woraus auch unterschiedliche Prüfungsaufgaben und Prüfungsschwerpunkte resultieren können. Die derzeitigen Fassungen orientieren sich noch an den IDW-Prüfungsstandards, weshalb in diesem Buch nur vereinzelt Verweise auf die Standards des IDR erfolgen. Verabschiedet wurden bisher u.a. (Stand: 30.06.2021):

IDR L 10	Leitbild der Rechnungsprüfung
IDR L 100	Die Grundsätze der Rechnungsprüfung
IDR L 110	Die Integrierte Durchführung der Rechnungsprüfung
IDR L 111	Die IKS-Prüfung in der Rechnungsprüfung
IDR L 112	Der Planungsprozess der Rechnungsprüfung
IDR L 113	Digitale Prüfungsunterstützung und Dokumentation der Rechnungsprüfung
IDR L 114	Die Prozessprüfung in der Rechnungsprüfung
IDR L 120	Methoden und Kommunikation in der Rechnungsprüfung
IDR L 200	Durchführung von kommunalen Jahresabschlussprüfungen
IDR L 260	Berichterstattung bei kommunalen Abschlussprüfungen

36 Vgl. IDR (Hrsg.), Beitrags- und Gebührenordnung 2019.

37 Vgl. IDR (Hrsg.), Satzung, 2015, § 2, Nr. 2 und 3.

38 Vgl. IDR (Hrsg.), Satzung, 2015, § 3, Nr. 1 und 2. Darüber hinaus ist die Mitgliedschaft auch für andere Personen und Vereinigungen möglich.

IDR L 300	Durchführung von kommunalen Gesamtabschlussprüfungen
IDR L 720	Prüfung der Ordnungsmäßigkeit der Haushaltswirtschaft
IDR H 2140	Anforderungen an die Mitarbeiter der Rechnungsprüfung
IDR H 2141	Definitionen zu Anforderungen an die Mitarbeiter der Rechnungsprüfung
IDR H 2180	Fortbildungskonzept für die Rechnungsprüfung
IDR H 2220	Einheitliche Normen für die Rechnungsprüfung
IDR H 2300	Vollständigkeitserklärung
IDR H 2400	Strukturierung der Arbeitspapiere
IDR H 2600	Leitfaden zur Erstellung einer Prüfungscheckliste
IDR H 2800	Einstieg in die Massendatenanalyse

Abbildung 13: Prüfungsleitlinien und Prüfhilfen des IDR

MERKE: Auch die Leitlinien des IDR sind nicht verpflichtend anzuwenden. Trotzdem bilden sie eine wertvolle Hilfestellung bei der Prüfung von Jahresabschlüssen. Sie orientieren sich stark an den Prüfungsstandards des IDW und noch nicht an den ISA [DE].

1.5 Gegenstand, Umfang und Ziele der Jahresabschlussprüfung

1.5.1 Gegenstand der Prüfung

Die Abschlussprüfung hat sich darauf zu erstrecken, ob die für die **Rechnungslegung geltenden gesetzlichen Vorschriften einschließlich der Grundsätze ordnungsmäßiger Buchführung und die ergänzende Bestimmungen des Gesellschaftsvertrages oder der Satzung** beachtet worden sind. Hierzu gehören die Vorschriften über die Buchführung und das Inventar, über den Ansatz, die Bewertung und die Gliederung der Posten des Jahresabschlusses sowie über die Angaben in Anhang und Lagebericht. Die Prüfung der **Einhaltung anderer gesetzlicher Vorschriften** gehört nur insoweit zur Abschlussprüfung, als sich hieraus Rückwirkungen auf den Jahresabschluss ergeben oder ergeben würden.

Der Abschlussprüfer hat auch nicht speziell zu prüfen, ob die gesetzlichen Vertreter oder Arbeitnehmer in irgendeiner Form gegen Gesetz, Gesellschaftsvertrags- oder Satzungsbestimmungen verstoßen haben, wenn die Ordnungsmäßigkeit des Jahresabschlusses dadurch nicht beeinträchtigt wird. Er hat jedoch nach § 321 Abs. 1 Satz 3 HGB darüber zu berichten, wenn er Tatsachen feststellt, die schwerwiegende Verstöße gegen Gesetz, Gesellschaftsvertrag oder Satzung erkennen lassen, die sich nicht auf die Rechnungslegung beziehen (sog. **Redepflicht**).

Bei Kapitalgesellschaften und diesen gleichgestellten Unternehmensformen sowie Gebietskörperschaften gehört zur Prüfung, ob der Jahresabschluss klar, übersichtlich, in der korrekten Form und mit den verpflichtenden Angaben aufgestellt ist und ein den tatsächlichen Verhältnissen entsprechendes Bild der **Vermögens-, Finanz-**

und Ertragslage (VFE-Lage) nach § 264 Abs. 2 HGB (für Kommunen in NRW vgl. § 95 Abs. 1 GO) vermittelt (§ 317 Abs. 1 HGB). Der Lagebericht und der Konzernlagebericht sind darauf zu prüfen, ob der Lagebericht mit dem Jahresabschluss, [...] und der Konzernlagebericht mit dem Konzernabschluss sowie mit den bei der Prüfung gewonnenen Erkenntnissen des Abschlussprüfers in Einklang stehen und ob der Lagebericht insgesamt ein zutreffendes Bild von der Lage des Unternehmens und der Konzernlagebericht insgesamt ein zutreffendes Bild von der Lage des Konzerns vermittelt (§ 317 Abs. 2 Satz 1 HGB).

Gemäß § 317 Abs. 4a HGB erstreckt sich die Prüfung im Regelfall **nicht** darauf, ob der Fortbestand des geprüften Unternehmens oder die Wirksamkeit und Wirtschaftlichkeit der Geschäftsführung zugesichert werden kann.

Prüfungsgegenstand des **Einzelabschlusses von Kapitalgesellschaften** sind nach § 317 Abs. 1 i.V.m. § 264 Abs. 1 HGB der **Jahresabschluss** bestehend aus

- Bilanz,
- GuV,
- Anhang sowie
- zusätzlich der **Lagebericht**.

Die Prüfung der **Bilanz** erstreckt sich auf die einzelnen Bilanzpositionen und unterteilt sich im Allgemeinen in eine Bilanzierungs-, Gliederungs- und Bewertungsprüfung (vgl. Kap. 5). Die Prüfung der **Gewinn- und Verlustrechnung** (GuV-Rechnung) bezieht sich insbesondere auf den richtigen Ausweis und die vollständige und periodengerechte Erfassung der Erträge und Aufwendungen (vgl. Kap. 7). Bei der Prüfung des **Anhangs** ist hauptsächlich festzustellen, ob dieser die gesetzlich geforderten Angaben vollständig, klar und verständlich enthält sowie ein den tatsächlichen Verhältnissen entsprechendes Bild der VFE-Lage vermittelt (Kap. 9.1). Der **Lagebericht** (Kap. 9.2) ist darauf zu prüfen, ob er mit dem Jahresabschluss in Einklang steht und ob seine sonstigen Angaben ein zutreffendes Bild von der VFE-Lage vermitteln. Es ist auch darauf einzugehen, ob die **Chancen und Risiken für die künftige Entwicklung** zutreffend dargestellt sind. Die Prüfung des Lageberichts hat sich ebenfalls darauf zu erstrecken, ob die gesetzlichen Vorschriften zu seiner Aufstellung beachtet wurden (vgl. § 317 Abs. 2 HGB).[39] Eine ähnliche Formulierung findet sich in § 102 Abs. 5 GO NRW.

In die Prüfung des Jahresabschlusses ist die **Buchführung** mit einzubeziehen. Zur Buchführung gehören nicht nur die Finanzbuchhaltung, sondern auch Nebenbuchhaltungen wie Anlagenbuchhaltung, Lohn- und Gehaltsbuchhaltung, Debitoren- und Kreditorenbuchhaltung sowie Lagerbuchhaltung. Es muss sich um eine nachvollziehbare, unveränderliche, vollständige, richtige, zeitgerechte und geordnete

[39] Siehe dazu im Einzelnen Kapital 9.2 zum Lagebericht.

Buchführung handeln. Die Kostenrechnung ist kein unmittelbarer Gegenstand der Abschlussprüfung; dient sie jedoch als Grundlage für den Ansatz und die Bewertung einzelner Bilanzposten (z.B. selbst erstelltes Anlagevermögen), ist sie in die Prüfung einzubeziehen.

Für **kapitalmarktorientierte Kapitalgesellschaften** erweitert sich der Gegenstand der Prüfung um eine **Kapitalflussrechnung** und einen **Eigenkapitalspiegel**, sofern sie nicht zur Aufstellung eines Konzernabschlusses verpflichtet sind. Bei **börsennotierten Aktiengesellschaften** gehört zum Gegenstand der Prüfung gemäß § 317 Abs. 4 HGB zusätzlich das **Risikofrüherkennungs- und Überwachungssystem**.

Für große kapitalmarktorientierte Kapitalgesellschaften mit mehr als 500 Arbeitnehmern (§ 289b Abs. 1 HGB) ist eine **nichtfinanzielle Erklärung** oder ein gesonderter nichtfinanzieller Bericht als Erweiterung des Lageberichtes vorgesehen. Die nichtfinanzielle Erklärung bezieht sich auf Umwelt-, Arbeitnehmer- und Sozialbelange sowie die Achtung der Menschenrechte und die Bekämpfung von Korruption und Bestechung. Hier ist gemäß § 317 Abs. 2 S. 4 HGB lediglich zu prüfen, ob die Erklärung bzw. der gesonderte Bericht vorgelegt wurden.

Neben dem Einzelabschluss rechtlich selbstständiger Einheiten muss unter bestimmten Voraussetzungen ein **Konzernabschluss** erstellt werden. Dabei werden die Einzelabschlüsse als wirtschaftliche Einheit dargestellt. Prüfungsgegenstand des Konzernabschlusses sind nach § 297 HGB:

- die Konzernbilanz,
- die Konzern-GuV,
- der Konzernanhang,
- die Konzern-Kapitalflussrechnung,
- der Konzern-Eigenkapitalspiegel,
- ggf. optional die Segmentberichterstattung sowie
- zusätzlich der **Konzernlagebericht**.

Bei den kommunalen Abschlüssen sehen die zu erstellenden und damit auch die zu prüfenden Elemente sehr ähnlich aus. Prüfungsgegenstand des **kommunalen Einzelabschlusses** in NRW sind der **Jahresabschluss** bestehend aus:

- Bilanz (Vermögensrechnung),
- Ergebnisrechnung,
- Finanzrechnung,
- Teilergebnis- und Teilfinanzrechnungen,
- Anhang sowie
- zusätzlich der **Lagebericht**[40].

40 In einigen Bundesländern hat der Lagebericht die Bezeichnung „Rechenschaftsbericht“.

(vgl. § 102 Abs. 1 i.V. mit § 95 Abs. 2 GO NRW). In die Prüfung ist auch beim kommunalen Einzelabschluss die Buchführung einzubeziehen (§ 102 Abs. 3 GO NRW). Insofern ergeben sich für den Aufbau der Prüfung keine größeren notwendigen Abweichungen im Vergleich zur Jahresabschlussprüfung nach HGB.

Der kommunale Konzernabschluss im NKF wird als Gesamtabschluss bezeichnet. Seine Elemente sind in § 116 Abs. 2 GO NRW und § 50 Abs. 1 KomHVO NRW geregelt. Prüfungsgegenstand des **kommunalen Konzernabschlusses (Gesamtabschluss)**[41] sind:

- Gesamtbilanz,
- Gesamtergebnisrechnung,
- Gesamtanhang,
- Kapitalflussrechnung,
- Eigenkapitalspiegel sowie
- zusätzlich der **Gesamtlagebericht**.

Die Gesamtabschlussprüfung schließt dabei grundsätzlich eine Prüfung der im Gesamtabschluss zusammengefassten Einzelabschlüsse ein. Die Prüfung des kommunalen Konzernabschlusses wird in Kap. 10 näher erläutert. Sie orientiert sich an der Prüfung des Konzernabschlusses nach HGB.

MERKE: Der Jahresabschluss und der Konzernabschluss nach HGB auf der einen Seite sowie der kommunale Einzelabschluss und der kommunale Konzernabschluss auf der anderen Seite enthalten ähnliche Elemente. Die kommunalen Prüfungsgegenstände unterscheiden sich damit nicht wesentlich von HGB-Prüfungen.

Inhaltlich unterscheidet sich die Prüfung kommunaler Jahresabschlüsse aber deutlich von der Prüfung von HGB-Jahresabschlüssen. Eine ordnungsgemäße Rechnungslegung muss bei Gebietskörperschaften zusätzlich gewährleisten, dass im Rahmen der Bewirtschaftung öffentlicher Ressourcen neben der **Ordnungsmäßigkeit der Rechnungslegung** auch die Prinzipien der **Rechtmäßigkeit und Wirtschaftlichkeit des Verwaltungshandelns** eingehalten werden. Öffentlichkeit und Politik erwarten hier besondere Rechenschaftspflichten, da Gebietskörperschaften Haushaltsmittel aus öffentlichen Abgaben (Steuern, Gebühren, Beiträge etc.) verwalten und für Dienstleistungen an Bürger oder andere Leistungsempfänger verausgaben; ansonsten könnte möglicherweise ein „prüfungsfreier Raum" entstehen: Vorgänge, die zwar auf einer falschen Grundlage, aber dennoch richtig gebucht wurden, würden bei der Prüfung des Jahresabschlusses nicht zu Einwendungen füh-

---

41 In einigen Bundesländern gibt es abweichende Bezeichnungen wie „konsolidierter Jahresabschluss" oder „konsolidierter Gesamtabschluss".

ren.[42] Rechtmäßigkeits- und Wirtschaftlichkeitsprüfungen erfolgen im kommunalen Bereich i.d.R. **unterjährig** und **als Vorbereitung auf die Jahresabschlussprüfung** (vgl. z.B. § 104 Abs. 1 Nr. 1 GO NRW). Wesentliche Ergebnisse dieser Prüfungen können jedoch in die Abschlussprüfung einfließen. Auf die Kap. 12.1 und 12.6 wird verwiesen.

In einigen Bundesländern gibt es in den **kommunalen Haushaltsvorschriften** zu den Inhalten einer Jahresabschlussprüfung teilweise konkretere Aussagen. So ist z.B. gemäß **§ 128 Hessische Gemeindeordnung (HGO)** zu prüfen, ob

- der Haushaltsplan eingehalten ist,
- die einzelnen Rechnungsbeträge sachlich und rechnerisch vorschriftsmäßig begründet und belegt sind,
- bei den Erträgen, Einzahlungen, Aufwendungen und Auszahlungen sowie bei der Vermögens- und Schuldenverwaltung nach den geltenden Vorschriften verfahren worden ist,
- die Anlagen zum Jahresabschluss vollständig und richtig sind,
- der Jahresabschluss ein den tatsächlichen Verhältnissen entsprechendes Bild der Vermögens-, Finanz- und Ertragslage der Gemeinde darstellt und
- ob die Berichte (Anhang, Lage- bzw. Rechenschaftsbericht) eine zutreffende Vorstellung von der Lage der Gemeinde vermitteln.

Nach **§ 156 Abs. 1 Niedersächsisches Kommunalverfassungsgesetz (NKomVG)** ist der Jahresabschluss dahingehend zu prüfen, ob

- der Haushaltsplan eingehalten worden ist,
- die Grundsätze ordnungsmäßiger Buchführung eingehalten worden sind,
- bei den Erträgen und Aufwendungen sowie bei den Einzahlungen und Auszahlungen des kommunalen Geld- und Vermögensverkehrs nach den bestehenden Gesetzen und Vorschriften unter Beachtung der maßgebenden Verwaltungsgrundsätze und der gebotenen Wirtschaftlichkeit verfahren worden ist und
- sämtliche Vermögensgegenstände, Schulden, Rechnungsabgrenzungsposten, Erträge, Aufwendungen, Einzahlungen und Auszahlungen enthalten sind und der Jahresabschluss die tatsächliche Vermögens-, Ertrags- und Finanzlage darstellt.

Unabhängig von den Formulierungen in den einzelnen Bundesländern erstreckt sich die kommunale Jahresabschlussprüfung auf Fragen der **Ordnungsmäßigkeit der Rechnungslegung sowie der Rechtmäßigkeit und Wirtschaftlichkeit des**

[42] KGST-Bericht 7/2007: Rechnungsprüfung im neuen Haushalts- und Rechnungswesen, Band I, S. 27. Der Grundsatz der Rechtmäßigkeit des Verwaltungshandelns ist in Art. 20 Abs. 3 GG verankert, wonach die vollziehende Gewalt an Gesetz und Recht gebunden ist. Auch aus diesem Grund muss bei der Prüfung die Rechtmäßigkeit des Handelns einbezogen werden.

Verwaltungshandelns, also u.a. darauf, dass der Haushaltsplan einzuhalten ist und die Buchungen den gesetzlichen Vorschriften entsprechen. Da wirtschaftliches und sparsames Verwaltungshandeln gesetzlich vorgeschrieben sind (vgl. z.B. § 6 Abs. 1 HGrG, § 75 Abs. 1 GO NRW), stellt eine Verletzung dieser Grundsätze gleichzeitig einen Rechtsverstoß dar – damit umfasst der Grundsatz der Rechtmäßigkeit auch den Grundsatz der Wirtschaftlichkeit (einschließlich Sparsamkeit) des Verwaltungshandelns. So regelt z.B. § 131 Abs. 1 Nr. 4 HGO ausdrücklich, dass im Rahmen der Prüfung des Jahresabschlusses auch zu prüfen ist, ob zweckmäßig und wirtschaftlich verfahren wird. Die kommunale Jahresabschlussprüfung geht somit über den Umfang der Abschlussprüfung nach §§ 317 ff. HGB (Prüfung der Rechnungslegung) hinaus, indem die Rechtmäßigkeit aller Vorgänge, die sich im Jahresabschluss niederschlagen, zu prüfen ist.

Soweit **Wirtschaftsprüfer** mit der Prüfung des kommunalen Jahresabschlusses beauftragt werden, ist im Hinblick auf die Ordnungsmäßigkeit der Haushaltswirtschaft eine **Erweiterung des Prüfungsauftrags** notwendig, da diese nach der Definition des IDW nicht explizit Gegenstand der Abschlussprüfung ist.[43] Die **kommunale Jahresabschlussprüfung i.S.v. §§ 317 ff. HGB** erstreckt sich gemäß **IDW PS 730** darauf, ob die für die Rechnungslegung geltenden gesetzlichen Vorschriften einschließlich der Grundsätze ordnungsmäßiger Buchführung und die ergänzenden Bestimmungen der Satzungen (z.B. die jährliche Haushaltssatzung) und sonstigen ortsrechtlichen Bestimmungen beachtet worden sind (vgl. IDW PS 730, Tz. 7). Nach IDW PS 730, Tz. 16 ist die **Ordnungsmäßigkeit der Haushaltsführung (auch: Ordnungsmäßigkeit der Haushaltswirtschaft)**[44] nur insoweit Gegenstand der Jahresabschlussprüfung, wie die Ordnungsmäßigkeit der Rechnungslegung selbst betroffen ist. Die Ordnungsmäßigkeit der Haushaltsführung umfasst damit bei Beauftragung eines Wirtschaftsprüfers nicht die Ordnungsmäßigkeit und Rechtmäßigkeit des gesamten Verwaltungshandelns, wozu auch Fragen der Wirtschaftlichkeit, Sparsamkeit und Effektivität einzelner Maßnahmen gehören.

Zur inhaltlichen Prüfung der Ordnungsmäßigkeit der Haushaltswirtschaft als Erweiterung der Abschlussprüfung von Gebietskörperschaften bei Beauftragung eines Wirtschaftsprüfers wird auf IDW PS 731 mit einem entsprechenden Fragenkatalog verwiesen (vgl. Kap. 4.4).

Von der Prüfung der früheren kameralen Jahresrechnung unterscheidet sich die Prüfung des doppischen kommunalen Jahresabschlusses insbesondere hinsichtlich

---

43 Die Prüfung der Ordnungsmäßigkeit der Haushaltsführung stellt eine gesetzliche Erweiterung des Prüfungsauftrags dar. Eine gesonderte Beauftragung ist nicht erforderlich, die Erweiterung ist aber im Prüfungsauftrag zu vereinbaren (vgl. Kap. 2.2).

44 Ordnungsmäßigkeit der Haushaltsführung und Ordnungsmäßigkeit der Haushaltswirtschaft sind synonyme Begriffe; so wird in IDW PS 731 der letztere Begriff verwandt. Die Ordnungsmäßigkeit der Haushaltsführung entspricht teilweise der Ordnungsmäßigkeit der Geschäftsführung nach § 53 HGrG (vgl. Kap. 12.5).

der Frage, ob der Jahresabschluss ein den tatsächlichen Verhältnissen entsprechendes Bild der **VFE-Lage der Kommune** unter Beachtung der Grundsätze ordnungsmäßiger Buchführung (GoB) ergibt (vgl. z.B. § 128 HGO, § 156 Abs. 1 NKomVG, § 102 Abs. 3 GO NRW). Diese Formulierung findet sich sinngemäß auch in § 317 Abs. 1 HGB. Hinsichtlich der Prüfung von Ordnungsmäßigkeit, Rechtmäßigkeit und Wirtschaftlichkeit des Verwaltungshandelns ergeben sich somit durch die Einführung der kommunalen Doppik keine Änderungen für die örtliche Rechnungsprüfung.

MERKE: Bei Beauftragung eines Wirtschaftsprüfers zur Durchführung einer kommunalen Jahresabschlussprüfung ist eine ausdrückliche Erweiterung des Prüfungsauftrags im Hinblick auf die Ordnungsmäßigkeit der Haushaltswirtschaft erforderlich. Die Ordnungsmäßigkeit des Verwaltungshandelns, die eine Rechtmäßigkeitsprüfung des gesamten Handelns umfasst, das sich im Jahresabschluss niederschlägt, ist nicht Gegenstand der erweiterten Prüfung nach IDW PS 731.

1.5.2 Umfang der Prüfung

Während der Prüfungsgegenstand also unmittelbar bestimmt ist, ist der Umfang der Prüfung nicht direkt geregelt. Aus der GO NRW und der KomHVO NRW ergeben sich insoweit keine direkten Anhaltspunkte. § 102 Abs. 8 GO NRW verweist auf die §§ 321 und 322 HGB. Der Umfang der Prüfung ergibt sich indirekt daraus, dass die Prüfung so gestaltet sein muss, dass sich der Pflichtinhalt des Prüfungsberichts gemäß § 321 Abs. 1 bis 3 HGB aus den in den Arbeitspapieren des Prüfers dokumentierten Prüfungshandlungen herleiten und notfalls beweisen lässt. Hinweise ergeben sich darüber hinaus aus § 317 Abs. 1 Satz 3 HGB, der bestimmt, wie die Prüfung anzulegen ist. Ferner müssen alle Prüfungsziele gemäß § 317 Abs. 1 HGB ebenfalls erreicht und damit als Ergebnis der Prüfung im Bestätigungsvermerk gemäß § 322 Abs. 1 bis 4 HGB durch die vorerwähnten Prüfungshandlungen belegt sein. Im Übrigen ergeben sich Art und Umfang der Prüfung aus den **Grundsätzen ordnungsmäßiger Abschlussprüfung** (GoA),[45] die im Gegensatz zu den GoB nicht gesetzlich geregelt sind, aber durch die IDW-Verlautbarungen (inkl. der ISA [DE]) als Teil der GoA schriftlich fixiert sind. Art und Umfang der Prüfung sind damit eigenverantwortlich und nach pflichtgemäßem Ermessen des Prüfers in Abhängigkeit von Größe, Komplexität und Risiko der zu prüfenden Einheit zu bestimmen (sog. **skalierte Prüfung**).[46]

MERKE: Die gesetzlichen Regelungen enthalten keine Vorschriften zum Umfang der Abschlussprüfung.

45 Siehe zu den GoA Brösel, G./Freichel, C., Prüfungsgrundsätze – quo vadis?, 2018, S. 272 ff.

46 Siehe hierzu auch die spezifischen Überlegungen zu kleineren Einheiten in den ISA.

Die Abschlussprüfung ist möglichst wirtschaftlich durchzuführen und folgt daher ebenso dem **Grundsatz der Wesentlichkeit**. Der Grundsatz der Wesentlichkeit gemäß ISA [DE] 320, Tz. A1 kann folgendermaßen auf die Prüfung von Gebietskörperschaften angewandt werden: Der Abschlussprüfer soll mit **hinreichender Sicherheit** sagen können, ob der Abschluss der Gebietskörperschaft als Ganzes ohne wesentliche falsche Darstellungen ist. Für die Beurteilung der Ordnungsmäßigkeit des Jahresabschlusses ist damit eine hinreichende Sicherheit erforderlich, damit der Abschlussprüfer ein **positives Prüfungsurteil** abgeben kann. Für Fragen der Rechtmäßigkeit und Wirtschaftlichkeit des gesamten Verwaltungshandelns außerhalb der Rechnungslegung kann aus praktischen Gründen diese hinreichende Sicherheit nicht für jede jährliche Abschlussprüfung erreicht werden.[47] Sie lässt sich nur in mehrjährigen Prüfungen mit wechselnden Schwerpunkten erreichen.

Die Prüfung soll **nicht als Vollprüfung**, sondern in Schwerpunkten erfolgen. Eine hinreichende Sicherheit ist ausreichend. Unter einer **hinreichenden Sicherheit** wird dabei eine Sicherheit verstanden, die hoch ist. Es handelt sich aber nicht um eine absolute oder 100%-ige Sicherheit (ISA [DE] 200, Tz. 13).[48] Schwerpunkte werden nicht willkürlich festgelegt, sondern orientieren sich an den vom Prüfer bei der geprüften Einheit (Unternehmen oder Gebietskörperschaft) **identifizierten Risken**. Dieses Vorgehen wird **risikoorientierter Prüfungsansatz** genannt. Es wird in Kapitel 2.1 genauer dargestellt.

MERKE: Eine Prüfung erfolgt nicht als Vollprüfung. Vielmehr wird anhand eines sog. risikoorientierten Prüfungsansatzes vorgegangen.

1.5.3 Ziele der Prüfung

Das Ziel der Abschlussprüfung ist die Aufdeckung von Unrichtigkeiten und Verstößen gegen die gesetzlichen Vorschriften sowie gegen ergänzende Satzungen und sonstige ortsrechtliche Bestimmungen bzw. bei Unternehmen gegen die Bestimmungen des Gesellschaftsvertrags oder der Satzung, die sich auf das Bild der VFE-Lage wesentlich auswirken (§ 317 Abs. 1 Satz 2 HGB). Mit der Prüfung soll ein Urteil darüber ermöglicht werden, ob der Jahresabschluss in allen wesentlichen Punkten den relevanten Rechnungslegungsnormen entspricht (ISA [DE] 200, Tz. 3). Nach § 317 Abs. 1 Satz 3 HGB ist die Prüfung so anzulegen, dass **Unrichtigkeiten und Verstöße** gegen die in Satz 2 aufgeführten (gesetzlichen) Bestim-

47 Insofern ist hier nur eine begrenzte Prüfungssicherheit zu erreichen. Bei begrenzter Prüfungssicherheit erfolgt lediglich ein negatives Prüfungsurteil, z.B. dass „im Verlauf der Prüfung keine Sachverhalte bekannt wurden, die zu der Annahme veranlassen, dass der Prüfungsgegenstand nicht den rechtlichen Vorgaben entspricht (ISSAI 100, Tz. 33)“.

48 Bei der Berichterstattung ist auf das verbleibende Restrisiko bei hinreichender Prüfungssicherheit hinzuweisen (vgl. Kap. 11).

mungen, die sich wesentlich auswirken, **bei gewissenhafter Berufsausübung erkannt** werden.[49]

Auch § 102 Abs. 3 Satz 3 der GO NRW enthält dieselbe Formulierung. Hinter dieser Formulierung versteckt sich ein umfangreiches Arbeitspensum, das nur durch eine sachgerechte Vorbereitung der Prüfung und ein planmäßiges Prüfungsvorgehen fachgerecht durchgeführt werden kann. ISA [DE] 320, Tz. A1 formuliert ergänzend als Ziel der Abschlussprüfung, dass **hinreichende Sicherheit** darüber erlangt werden soll, ein Urteil zu ermöglichen, ob der Jahresabschluss „[...] frei von wesentlichen falschen Darstellungen aufgrund von dolosen Handlungen oder Irrtümern [...]“ ist.

Nach ISA [DE] 200, Tz. 7 und 15 sollen Prüfungen mit einer sog. **kritischen Grundhaltung**[50] geplant und durchgeführt werden. Das heißt, dass der Abschlussprüfer nicht ohne Weiteres von der Richtigkeit der Aussagen der gesetzlichen Vertreter und Mitarbeiter der geprüften Einheit ausgehen darf. Er muss ihre Aussagen kritisch würdigen und sich bei Anhaltspunkten entsprechende weitere **Prüfungsnachweise** vorlegen lassen. Der Prüfer sollte aufmerksam sein und bspw. darauf achten, ob Prüfungsnachweise sich **widersprechen** oder ob die zur Verfügung gestellten Unterlagen als **verlässliche** Prüfungsnachweise genutzt werden können (ISA [DE] 200, Tz. A20). Ein über die kritische Grundhaltung hinausgehendes besonderes Misstrauen wird bei Jahresabschlussprüfungen nicht verlangt.

Beispiele:

Widersprechen von Prüfungsnachweisen: Bei einer Befragung wird von einem hohen Zahlungseingang im Dezember gesprochen, laut Bankkontoauszug ist die Zahlung aber erst im Folgejahr eingegangen.

Verlässlichkeit der Prüfungsnachweise: Im vorgenannten Sachverhalt sollten die Informationen der Person, die bereits einmal eine falsche Angabe gemacht hat, kritisch betrachtet werden.

Unrichtigkeiten und Verstöße stellen Unregelmäßigkeiten dar. **Unrichtigkeiten** sind unbeabsichtigte falsche Darstellungen im Abschluss. **Verstöße** liegen vor, wenn falsche Darstellungen im Abschluss auf einem **beabsichtigten** (vorsätzlichen) Zuwiderhandeln gegen gesetzliche Vorschriften oder Rechnungslegungs-

---

49 Bei dieser Formulierung handelt es sich um einen Auszug aus dem Handelsgesetzbuch. Die Begrifflichkeiten in den ISA [DE] können abweichen, weil die Übersetzung der ISA zeitlich nach Veröffentlichung des Gesetzestextes erfolgt ist.

50 Die konkrete Definition aus ISA [DE] 200, Tz. 13 lautet: „Eine Einstellung, zu der eine hinterfragende Denkweise, eine Aufmerksamkeit für Umstände, die auf mögliche falsche Darstellungen aufgrund von Irrtümern oder dolosen Handlungen hindeuten können, und eine kritische Beurteilung von Prüfungsnachweisen gehören.“

grundsätze beruhen.[51] Verstöße können sich dabei in Form von Täuschungen und Vermögensschädigungen ergeben. **Täuschungen** sind bewusst falsche Darstellungen im Abschluss oder im Lagebericht. **Vermögensschädigungen** sind Handlungen, die darauf gerichtet sind, sich Betriebsvermögen insbesondere durch Unterschlagung oder Diebstahl widerrechtlich anzueignen oder zu vermindern. In IDW PS 210 werden die Verstöße in den Gesamtkontext der auftretenden Unregelmäßigkeiten eingeordnet und mit den Konsequenzen – entweder für den Prüfungsbericht oder für den Bestätigungsvermerk – verbunden.

In den ISA [DE] sind die genannten Begriffe nicht mehr exakt in dieser Form zu finden. **ISA [DE] 200** nutzt nun den Begriff der **„falschen Darstellung"**. Es handelt sich dabei um eine „Abweichung zwischen dem/der im Abschluss abgebildeten Betrag, Ausweis, Darstellung oder Angabe eines/einer Abschlusspostens/-angabe und dem/der für den/die Abschlussposten/-angaben zur Übereinstimmung mit den maßgebenden Rechnungslegungsgrundsätzen erforderlichen Betrag, Ausweis, Darstellung oder Angabe" (ISA [DE] 200, Tz. 13i). Es wird nun zwischen falschen Darstellungen aufgrund von **dolosen Handlungen** oder aufgrund von **Irrtümern** unterschieden (ISA [DE] 200, Tz. 13i).[52]

MERKE: Dolose Handlungen (Manipulationen der Rechnungslegung sowie Vermögensschädigungen) gemäß ISA entsprechen beabsichtigten Verstößen i.S.v. § 317 Abs. 1 Satz 3 HGB, Irrtümer gemäß ISA entsprechen Unrichtigkeiten i.S.v. § 317 Abs. 1 Satz 3 HGB.

Unregelmäßigkeiten können danach unterschieden werden, ob es sich überhaupt um falsche Darstellungen im Abschluss handelt oder nicht. **Falsche Darstellungen** im Abschluss können in Verstöße i.e.S. und Unrichtigkeiten eingeteilt werden.[53] **Verstöße i.e.S** liegen vor, wenn die falsche Darstellung beabsichtigt war, **Unrichtigkeiten (Irrtümer)** liegen dagegen vor, wenn die falsche Darstellung nicht beabsichtigt war (ISA [DE] 240, Tz. 2 i.V.m. D.3.1).

---

51 Eine Begriffserklärung der Unregelmäßigkeiten erfolgt in IDW PS 210: „Zur Aufdeckung von Unregelmäßigkeiten im Rahmen der Abschlussprüfung". Der Begriff Korruption gilt ebenfalls als Verstoß gegen gesetzliche Vorschriften oder Rechnungslegungsgrundsätze; zur genaueren Abgrenzung vgl. WP Handbuch, Wirtschaftsprüfung und Rechnungslegung, 17. Aufl. 2021, Kap. L, Tz. 489.

52 ISA [DE] 240 enthält in Anlage 1 Beispiele für Risikofaktoren für dolose Handlungen, mit denen Abschlussprüfer in vielen unterschiedlichen Situationen konfrontiert werden können, wobei Beispiele für Manipulationen der Rechnungslegung und für Vermögensschädigungen, separat aufgeführt sind. In Anlage 2 sind mögliche Prüfungshandlungen aufgeführt, um den beurteilten Risiken wesentlicher falscher Darstellungen aufgrund von dolosen Handlungen zu begegnen. In Anlage 3 zu ISA [DE] 240 sind Beispiele für Umstände aufgeführt, die möglicherweise darauf hindeuten, dass der Abschluss aus dolosen Handlungen resultierende falsche Darstellungen enthalten kann.

53 Vgl. Marten, K.-U./Quick, R./Ruhnke, K., Wirtschaftsprüfung, 6. Aufl. 2020, S. 581.

Die **Verstöße i.w.S** lassen sich in **fraud** (Manipulationen der Rechnungslegung, Vermögensschädigungen) sowie **Verstöße gegen Gesetze und andere Rechtsvorschriften** und **sonstige Verstöße** gegen Gesetze und andere Rechtsvorschriften (non-compliance with laws and regulations) unterteilen – vgl. § 321 Abs. 1 Satz 3 HGB. Die Verstöße gegen Gesetze und andere Rechtsvorschriften können unmittelbar den Abschluss betreffen oder sich mittelbar auf Beträge und Darstellungen im Abschluss auswirken; sie fallen in den Anwendungsbereich des ISA [DE] 250. Verstöße gegen Gesetze und andere Rechtsvorschriften, die sich weder unmittelbar oder mittelbar auf den Abschluss auswirken, werden nicht von ISA [DE] 250 erfasst (ISA [DE] 250, Tz. D.1.1); nichtsdestotrotz ist der Abschlussprüfer verpflichtet, auch über solche schwerwiegende Verstöße, die bei der Durchführung der Prüfung bekannt werden, gemäß § 321 Abs. 1 Satz 3 HGB zu berichten. Unter fraud werden beabsichtigte Handlungen einer oder mehrerer Personen aus dem Kreis der gesetzlichen Vertreter, der Mitglieder des Aufsichtsorgans, der Mitarbeiter oder Dritter verstanden, die darauf ausgerichtet sind, sich ungerechtfertigte oder rechtswidrige Vorteile zu verschaffen (ISA [DE] 240, Tz. 12).[54] Im öffentlichen Bereich kommen sie vor allem in den Bereichen Beschaffung, Zuwendungen und Privatisierung vor (ISSAI 200, Tz. 108). Da Gebietskörperschaften öffentliche Gelder verausgaben, wird vom Prüfer i.d.R. eine erhöhte Wachsamkeit erwartet, auch wenn die Aufdeckung betrügerischer Handlungen nicht das Hauptziel der Prüfung ist.

Beispiele:

Unrichtigkeiten: Schreibfehler, Rechenfehler, falsche Datenerfassung, unbeabsichtigte falsche Anwendung von Rechtsvorschriften zur Rechnungslegung, Übersehen von Sachverhalten.
Manipulationen der Rechnungslegung: Manipulation/Fälschung/Änderungen von Buchführungsaufzeichnungen, absichtliches Weglassen von Informationen, vorsätzlich falsche Anwendung von Rechnungslegungsnormen (ISA [DE] 240, Tz. A2 ff.).
Vermögensschädigungen: Unterschlagungen/Diebstahl (ISA [DE] 240, Tz. A5).
Verstöße gegen Gesetze und andere Rechtsvorschriften (mit unmittelbarer Auswirkung auf den Abschluss): Verstöße gegen Ansatzvorschriften von Pensionsverpflichtungen (ISA [DE] 250, Tz. 6a, A12).
Verstöße gegen Gesetze und andere Rechtsvorschriften (mit mittelbarer Auswirkung auf den Abschluss): Verstöße gegen Steuer- oder Umweltgesetze (ISA [DE] 250, Tz. 6b, A13).
Sonstige Verstöße gegen Gesetze und Rechtsvorschriften (ohne unmittelbare oder mittelbare Auswirkung auf den Abschluss): Verstöße gegen Genehmigungs-, Mitbestimmungs- oder Veröffentlichungsvorschriften.

[54] In ISSAI 200, Tz. 106 werden solche vorsätzlichen Handlungen als betrügerische Handlungen bezeichnet, die sich wiederum in Manipulationen der Rechnungslegung und Vermögensschädigungen unterteilen.

Abbildung 14 visualisiert die unterschiedlichen Begriffe zu den Unregelmäßigkeiten:

<table>
<tr><th colspan="4">Unregelmäßigkeiten</th></tr>
<tr><td colspan="3">falsche Darstellungen im Abschluss</td><td>keine falschen Darstellungen im Abschluss</td></tr>
<tr><td>unbeabsichtigt</td><td>beabsichtigt</td><td colspan="2">beabsichtigt /unbeabsichtigt</td></tr>
<tr><td rowspan="3">Error: Unrichtigkeiten (unbeabsichtigte Normenverstöße, die zu falschen Darstellungen im Abschluss führen), u.a. ISA 315, 330:</td><td>Fraud: Manipulationen der Rechnungslegung (Täuschungen), Vermögensschädigungen (ISA 240)</td><td>Verstöße gegen Gesetze und andere Rechtsvorschriften (ISA 250)</td><td>sonstige Verstöße gegen Gesetze oder andere Rechtsvorschriften (§ 321 Abs. 1 Satz 3 HGB)</td></tr>
<tr><td colspan="2">Verstöße i. e. S.</td><td></td></tr>
<tr><td colspan="3">Verstöße i. w. S.</td></tr>
<tr><td colspan="3">Berichterstattung im Prüfungsbericht (IDW PS 450.45-47) und (sofern wesentlicher Einfluss auf den Abschluss) im Bestätigungsvermerk (ISA 450 und ISA 700)</td><td>Berichterstattung nur im Prüfungsbericht (IDW PS 450.48-50a)</td></tr>
</table>

Abbildung 14: Begrifflichkeiten zur Unregelmäßigkeit in der Rechnungslegung[55]

MERKE: Für Vermögensschädigungen und Manipulationen der Rechnungslegung (dolose Handlungen) ist ISA [DE] 240 anzuwenden. ISA [DE] 250 gilt für Verstöße gegen Gesetze und Rechtsvorschriften, die sich unmittelbar oder mittelbar auf den Abschluss auswirken. Über sonstige Verstöße gegen Gesetze und andere Rechtsvorschriften oder schwerwiegende Verstöße der gesetzlichen Vertreter oder Arbeitnehmer, die dem Abschlussprüfer während der Prüfung bekannt werden, hat er gemäß § 321 Abs. 1 Satz 3 HGB im Prüfungsbericht zu berichten.

Welche Art der Unregelmäßigkeit vorliegt, hat Auswirkungen auf die Berichterstattung des Abschlussprüfers. Bei falschen Darstellungen im Abschluss erfolgt eine Berichterstattung im Prüfungsbericht (IDW PS 450 n.F., Tz. 45-47). Falls ein „wesentlicher" Einfluss auf den Abschluss vorliegt, erfolgt zusätzlich eine Berichterstattung im Bestätigungsvermerk (IDW EPS 405 n.F. 04/2021, Tz. 40 ff.). Handelt es sich nicht um falsche Darstellungen im Abschluss, erfolgt lediglich eine Berichterstattung im Prüfungsbericht (IDW PS 450 n.F., Tz. 48-50a).

MERKE: Die Art der Unregelmäßigkeit hat Auswirkungen auf die Berichterstattung im Prüfungsbericht und im Bestätigungsvermerk.

55 In enger Anlehnung an Marten, K.-U./Quick, R./Ruhnke, K., Wirtschaftsprüfung, 6. Aufl. 2020, S. 582.

Abbildung 15 enthält eine Zusammenfassung der Prüfungsgegenstände mit Umfang und Zielen für den kommunalen Bereich, wie sie sich aus §§ 95 und 102 GO NRW ergeben:

Prüfungsgegenstand	Prüfungsumfang und Ziele der Prüfung
Buchführung Bilanz Ergebnisrechnung Finanzrechnung Teilrechnungen Anhang	• Einbeziehen der Buchführung • Einhaltung der gesetzlichen Vorschriften und der sie ergänzenden ortsrechtlichen Bestimmungen oder sonstigen Satzungen • Die Prüfung ist so anzulegen, dass Unrichtigkeiten und Verstöße, die sich auf die Darstellung des sich nach § 95 Abs. 1 Satz 4 GO NRW ergebenden Bildes der VFE-Lage der Gemeinde wesentlich auswirken, bei gewissenhafter Berufsausübung erkannt werden (vgl. § 102 Abs. 3 GO NRW). • Prüfungsplanung und -durchführung dahingehend, dass mit hinreichender Sicherheit beurteilt werden kann, ob der Jahresabschluss in allen wesentlichen Punkten den relevanten Rechnungslegungsnormen entspricht.
Lagebericht	• im Einklang mit dem Jahresabschluss und den bei der Prüfung gewonnenen Erkenntnissen des Abschlussprüfers • Vermittlung eines zutreffenden Bildes von der Lage der Kommune • Zutreffende Darstellung aller Chancen und Risiken der künftigen Entwicklung • Beachtung der gesetzlichen Vorschriften bei der Aufstellung (vgl. § 102 Abs. 5 GO NRW)

Abbildung 15: Prüfungsgegenstand, Umfang und Ziel [56]

MERKE: Die Prüfung im NKF ist so anzulegen, dass Unrichtigkeiten und Verstöße, die sich auf die Darstellung des sich nach § 95 Abs. 1 Satz 4 GO NRW ergebenden Bildes der VFE-Lage der Gemeinde wesentlich auswirken, bei gewissenhafter Berufsausübung erkannt werden (§ 102 Abs. 3 GO NRW). Die Vorschrift beinhaltet damit eine risikoorientierte Prüfung.

[56] In Anlehnung an Bitz, M./Schneeloch, D./Wittstock, W./Patek, G., Der Jahresabschluss, 6. Aufl. 2014, S. 367.

2 Planung und Durchführung der Jahresabschlussprüfung

2.1 Risikoorientierter Prüfungsansatz

2.1.1 Überblick

Eine Prüfung könnte im Hinblick auf den Umfang einerseits als Vollprüfung erfolgen, d.h. dass jeder Geschäftsvorfall (z.B. jede Buchung) vollumfänglich geprüft wird, andererseits könnte sich die Prüfung auch auf eine bloße grobe Durchsicht des Jahresabschlusses und des Lageberichts beschränken. Beide Möglichkeiten sind für die Jahresabschlussprüfung nicht sinnvoll. Das Prüfungsurteil muss sich darauf beziehen können, ob der Jahresabschluss eine **sachgerechte Gesamtdarstellung** vermittelt (vgl. ISA [DE] 200, Tz. 3). Um diese Voraussetzung zu erfüllen, ist in den meisten Fällen keine lückenlose Prüfung erforderlich. Eine bloße Durchsicht würde den gesetzlichen Anforderungen allerdings nicht genügen.

Der risikoorientierte Prüfungsansatz[57] dient zu dazu, den Ansatz oder Ablauf der Prüfung so zu bestimmen, dass die Risiken adressiert werden. Voraussetzung für die Anwendung des risikoorientierten Prüfungsansatzes ist zunächst, dass der Prüfer ein **Verständnis von der zu prüfenden Einheit,** deren Umfeld sowie dem rechnungslegungsbezogenen internen Kontrollsystem erlangt. Auf Basis dieses Verständnisses erfolgt eine Einschätzung der Risiken (Kap. 2.1.2). Auf Grundlage dieser Risikoeinschätzung werden Wesentlichkeitsüberlegungen angestellt (Kap. 2.1.3).

MERKE: Ein Vollprüfung des kommunalen Jahres-/Konzernabschlusses ist nicht erforderlich.

2.1.2 Prüfungsrisiko

Das Konzept der risikoorientierten Prüfung geht davon aus, dass es für den Prüfer immer das Prüfungsrisiko gibt, dass er den Jahresabschluss oder ein Prüffeld billigt, obwohl wesentliche Fehler oder falsche Darstellungen enthalten sind, und er somit

57 In der Literatur ist auch die Bezeichnung „geschäftsrisikoorientierter Prüfungsansatz" geläufig. Beide Bezeichnungen werden in diesem Buch synonym verwandt.

ein falsches bzw. unangemessenes Prüfungsurteil abgibt. Fehler können hierbei sowohl unabsichtlich als auch absichtlich entstanden sein.

MERKE: Das Prüfungsrisiko ist das Risiko, dass der Abschlussprüfer ein unangemessenes Prüfungsurteil abgibt, obwohl der Jahresabschluss wesentliche falsche Darstellungen enthält (vgl. ISA [DE] 200, Tz. 13c).

Dem Prüfungsrisiko begegnet der Prüfer durch Anwendung eines in sich schlüssigen risikoorientierten Prüfungsansatzes (auch: risikoorientierter Prüfungsprozess). Eine mögliche Abfolge wird in Kap. 2.1.4 gezeigt.

Nach dem Handelsrecht (§ 317 Abs. 1 Satz 3 HGB) ist die Prüfung so anzulegen, dass Unrichtigkeiten und Verstöße, die sich auf die Darstellung des sich nach § 264 Abs. 2 ergebenden Bildes der VFE-Lage wesentlich auswirken, bei gewissenhafter Berufsausübung erkannt werden. Gleiches gilt für die kommunale Abschlussprüfung (§ 102 Abs. 3 GO NRW). Die Abschlussprüfung ist somit darauf auszurichten, dass die Prüfungsaussagen mit **hinreichender Sicherheit** getroffen werden können. Das Risiko der Abgabe eines positiven Prüfungsurteils trotz vorhandener Fehler in der Rechnungslegung (Prüfungsrisiko) muss auf ein akzeptables Maß reduziert werden (IDR L 200, Tz. 40). Die Aufmerksamkeit soll dabei auf kritische Prüfungsgebiete, d.h. auf Prüffelder mit hohem Risiko wesentlicher falscher Darstellungen, gelenkt werden. Dem liegt folgender Gedanke zugrunde: Der Prüfer wird sein Risiko nur bedingt reduzieren können, wenn er sich auf Bereiche konzentriert, in denen er ohnehin keine Fehler erwartet. Stattdessen wird er die risikoreicheren Gebiete genauer untersuchen.

Im Rahmen des risikoorientieren Prüfungsansatzes sind Art und Umfang der im Einzelfall erforderlichen Prüfungshandlungen vom Prüfer im Rahmen der Eigenverantwortlichkeit **nach pflichtgemäßem Ermessen** (prüferisches Ermessen) zu bestimmen. Das heißt, dass der Prüfer für Entscheidungen sein Wissen aus der Aus- und Fortbildung sowie seine Kenntnisse und Erfahrungen anwendet und die Prüfungs-, Rechnungslegungs- und berufsständischen Standards heranzieht, um Entscheidungen über sein Prüfungsvorgehen zu treffen (ISA [DE] 200, Tz. 13k). Das Ermessen des Prüfers kann jedoch durch gesetzliche Regelungen, andere Normen sowie dem Prüfungsauftrag selbst begrenzt sein.

Der Prüfer muss bestimmen, welches Prüfungsrisiko für ihn akzeptabel ist. Bei der Jahresabschlussprüfung wird das Prüfungsrisiko meist mit 5 % angegeben.[58] Die Grenze von 5 % ist willkürlich gewählt.[59] Mangels einer praktikablen besseren Vorgehensweise wird in der Praxis aber häufig mit dieser Grenze gearbeitet.

---

58 Vgl. Ruhnke, K., Berichterstattung, 2014, S. 59. Für diese Grenze wird keine Begründung angegeben.

59 Es ist allerdings kritisch zu sehen, dass für das Prüfungsrisiko keine exakte Grenze angegeben werden kann, vgl. Zaeh, P. E., Abschlussprüfung 2.0, 2018, S. 447.

MERKE: Beim risikoorientierten Prüfungsansatz wird den weiteren Prüfungsphasen eine Analyse der Risiken vorangestellt. Aus der Risikobeurteilung werden Prüfungsstrategie und Prüfungsprogramm ermittelt. Für jedes Prüffeld ist eine Risikobeurteilung vorzunehmen.

Das Prüfungsrisiko (*audit risk*) lässt sich aufteilen in das **Risiko wesentlicher falscher Darstellungen** (Fehlerrisiko nach IDW PS 261) und das **Entdeckungsrisiko**. Das Risiko wesentlicher falscher Darstellungen ergibt sich aus der zu prüfenden Einheit selbst. Es unterteilt sich wiederum in das inhärente Risiko und das Kontrollrisiko (ISA [DE] 200, Tz. A39). Abbildung 16 gibt zunächst einen Überblick über die Bestandteile des Prüfungsrisikos und fasst die Definitionen zusammen.

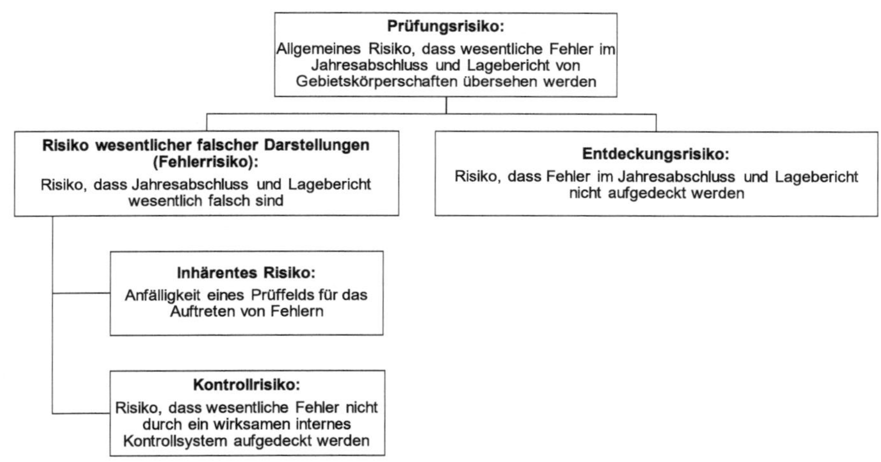

Abbildung 16: Risiken der Abschlussprüfung[60]

Das **Risiko wesentlicher falscher Darstellungen** (Fehlerrisiko) gibt das Risiko an, „dass der Abschluss vor der Abschlussprüfung wesentliche falsche Darstellungen enthält.“[61] Es beinhaltet das inhärente Risiko und das Kontrollrisiko:

- Mit dem **inhärenten Risiko** wird die „Anfälligkeit einer Aussage über eine Art von Geschäftsvorfällen, Kontensalden oder Abschlussangaben für eine falsche Darstellung, die entweder einzeln oder in der Summe mit anderen falschen Darstellungen wesentlich sein könnte, vor Berücksichtigung von damit zusammenhängenden Kontrollen“[62] verstanden. Konkret bedeutet dies für die Prüfung, dass das inhärente Risiko aussagt, wie hoch – ohne Berück-

---

60 Die Abbildung beruht auf IDW PS 261 Tz. 6, ist aber mangels materieller Änderungen ebenfalls auf ISA [DE] 200 anwendbar.

61 ISA [DE] 200, Tz. 13(n).

62 ISA [DE] 200, Tz. 13(n)(i).

sichtigung des internen Kontrollsystems – die **Anfälligkeit** eines Prüffeldes (z.B. das Sachanlagevermögen) oder eines Postens (z.B. bebaute und unbebaute Grundstücke, Infrastrukturvermögen, BGA, techn. Anlagen, Sonderposten) **für das Auftreten eines Fehlers** ist. Mit dem inhärenten Risiko wird bspw. angenommen, dass der Ansatz und die Bewertung von Geldbeständen insgesamt weniger mit potenziellen Fehlern behaftet sind als der Ansatz und die Bewertung von Forderungen oder Rückstellungen. Das Risiko ist hoch, wenn Prüffelder einen hohen Ermessens- oder Beurteilungsspielraum aufweisen, weil z.B. Beträge auf Schätzungen beruhen (Forderungsausfälle, Bildung von Rückstellungen etc.) oder komplexe Berechnungen erfordern (Bewertung von Unternehmensanteilen, bebauten Grundstücken etc.). Das inhärente Risiko ist auch hoch, wenn eine Tätigkeit eher anfällig für Korruption oder Untreue ist. Entsprechend ist das inhärente Risiko niedriger, wenn es sich um Routinetätigkeiten oder Entscheidungen mit geringem Beurteilungsspielraum handelt.

- Das **Kontrollrisiko** beschreibt „das Risiko, dass eine falsche Darstellung, die bei einer Aussage über eine Art von Geschäftsvorfällen, Kontensalden oder Abschlussangaben auftreten könnte und die entweder einzeln oder in der Summe mit anderen falschen Darstellungen wesentlich sein könnte, vom IKS der Einheit nicht verhindert oder zeitgerecht aufgedeckt und korrigiert wird".[63] Das Kontrollrisiko ist das Risiko, dass **Fehler in der Rechnungslegung nicht durch das interne Kontrollsystem verhindert werden können**. Das Kontrollrisiko ist höher, wenn es keine angemessenen internen Kontrollen gibt oder wenn Kontrollen nicht durchgeführt werden und somit die Fehler nicht aufgedeckt oder verhindert werden können.

ISA [DE] 315 nennt folgende Prüfungshandlungen, um die Risken einschätzen zu können (vgl. ISA [DE] 315, Tz. 5 sowie A1-A155). Die genannten Prüfungshandlungen ergänzen die Vorgängerregelung des IDW PS 210, Tz. 26 (ausführlicher zu den Prüfungshandlungen vgl. Kap. 2.4):

- Befragungen des Managements, der Internen Revision sowie weiterer Personen innerhalb der Einheit (Tz. 6(a), A6-A13),
- Analytische Prüfungshandlungen (Tz. 6(b), A14-A17) ,
- Beobachtung und Inaugenschein-/Einsichtnahme (Tz. 6(c), A18),
- Nutzung von in früheren Berichtszeiträumen erlangten Informationen (Tz. 9, A19, A20) ,
- Diskussion im Prüfungsteam (Tz. 10, A21-A24) und
- Erlangung des erforderlichen Verständnisses von der Einheit und ihrem Umfeld einschließlich ihres IKS (Tz. 11-13, A25-A121).

---

63 ISA [DE] 200, Tz. 13(n)(ii).

Den ersten Schritt zur Einschätzung des Prüfungsrisikos bildet die Erlangung eines **Verständnisses von der Einheit und ihrem Umfeld**. Um dieses Verständnis zu erlangen und dementsprechend die inhärenten Risiken einschätzen zu können sind bspw. folgende allgemeine und spezifische Faktoren der zu prüfenden Einheit zu berücksichtigen (bei der Prüfung von Gebietskörperschaften dürfte die örtliche Rechnungsprüfung gegenüber einem externen Wirtschaftsprüfer hier einen Informationsvorsprung haben, da sie in der Praxis in die Abläufe der Einheit eingebunden ist und oft wesentliche Veränderungen begleitet):[64]

- Gesamtwirtschaftliche Rahmenbedingungen (ISA 315.A27 und 315.A30)

Risken können sich insbesondere aus der konjunkturellen Lage, dem Zinsniveau, der Inflationsrate, der Verfügbarkeit von Finanzierungsmitteln, den Arbeitsmarktverhältnissen und aus den rechtlichen Rahmenbedingungen ergeben. Negative finanzielle Auswirkungen ungünstiger gesamtwirtschaftlicher Rahmenbedingungen können sich auch bei Gebietskörperschaften ergeben, bspw. durch sinkende Gewerbesteuereinnahmen und/oder steigende Transferaufwendungen.

- Branchenspezifische Faktoren (ISA 315.A25)

Zu beachten sind hier die Markt- und Wettbewerbssituation, technologische Aspekte und Kundenbeziehungen. Ein erhöhtes inhärentes Risiko kann auch bei kapitalintensiven Unternehmen vorliegen, da sich hier hohe Fixkosten ergeben. Bei Gebietskörperschaften können sich erhöhte Risiken aufgrund des hohen Anteils sowie der Altersstruktur des Infrastrukturvermögens (Straßen, Kanäle, Brücken etc.) ergeben.

- Spezifische Faktoren der zu prüfenden Einheit (ISA 315.A31-A33 sowie Appendix 2)

  – Komplexe Strukturen
  Risken ergeben sich häufiger bei komplexen oder undurchsichtigen Organisationsstrukturen. Bei einer großen Einheit mit komplexen Strukturen, bspw. vielen Tochtergesellschaften, werden die Risiken höher eingeschätzt als bei einer kleinen Einheit ohne oder mit wenigen Tochtergesellschaften.

  – Wirtschaftliche Lage der zu prüfenden Einheit
  In der Privatwirtschaft kommen kritische Unternehmenssituationen wie ein Rückgang der Geschäftstätigkeit aufgrund geringerer Nachfrage, einer hohen Abhängigkeit von Kapitalgebern oder von wenigen Kunden und Lieferanten vor. Eine Gebietskörperschaft ist von diesen Risiken zunächst einmal nicht direkt in ihrer Existenz betroffen. Trotzdem bestehen vergleichbare kritische Situ-

64 Die Gliederung der allgemeinen und spezifischen Faktoren der zu prüfenden Einheit erfolgt hier in Anlehnung an ISA 315 und Marten, K.-U./Quick, R./Ruhnke, K., Wirtschaftsprüfung, 6. Aufl. 2020, S. 380-391.

ationen, wie z.B. unzureichende Kapitalausstattung, Abhängigkeit von bestimmten Kreditgebern, Abhängigkeit von großen Unternehmen bzgl. der Gewerbesteuereinnahmen, Verringerung des Eigenkapitals oder Zwang zur Erstellung eines Haushaltssicherungskonzeptes. Solche Situationen können die Verantwortlichen ebenso zu Verstößen gegen Ausweis-, Bilanzierung- oder Bewertungsregeln bewegen. Beispiele hierfür sind die Unterlassung von erforderlichen Abschreibungen und Wertberichtigungen auf zweifelhafte Forderungen, die Aktivierung von Reparatur- und Wartungsaufwand anstatt einer ergebniswirksamen Buchung oder die Unterlassung von Rückstellungsbildungen bzw. eine unzulässige Auflösung von Rückstellungen. Durch die Verstöße soll hier die tatsächliche wirtschaftliche Lage besser dargestellt werden. Weiterhin können sich Risiken ergeben, wenn Wahlrechte sehr stark in eine bestimmte Richtung (zur guten oder schlechten Darstellung der wirtschaftlichen Lage) genutzt werden.

– Art und Größe der zu prüfenden Einheit

Insbesondere die Rechtsform, die maßgebenden Rechnungslegungsgrundsätze, das politische Umfeld, die Organisationsstruktur und die Zahl der Standorte beeinflussen das inhärente Risiko. So erhöht eine starke Dezentralisierung und damit die erhöhte Anzahl der zu überwachenden Teileinheiten das Risiko. Dies trifft ebenfalls für die Anzahl von Hierarchieebenen zu. Der Einfluss der Unternehmensgröße auf das inhärente Risiko lässt sich jedoch nicht eindeutig beschreiben. Es kann mit zunehmender Größe der Einheit sinken, aber auch steigen.[65] Gebietskörperschaften können bspw. einem erhöhten Risiko aufgrund einer rückläufigen Bevölkerungsentwicklung oder einer ungünstigen geografischen Lage ausgesetzt sein.

– Risikofaktoren des Mandanten

Indizien für ein erhöhtes Risiko können sich auch aus ungewöhnlichen Geschäften ergeben. Beispielsweise wäre es ungewöhnlich, wenn Transaktionen mit hohen Gewinnauswirkungen gerade gegen Jahresende stattfinden, bestimmte Geschäfte nicht genügend dokumentiert sind oder mit nahe stehenden Unternehmen und Personen abgeschlossen werden. Hinweise für ein erhöhtes Risiko können sich auch aus ausweichenden Auskünften der Ansprechpartner der zu prüfenden Einheit (insbesondere Personal im Rechnungswesen) ergeben. Auch eine fehlende Dokumentation von Buchungsvorgängen oder das Fehlen von Nachweisen bei ansonsten korrekter Arbeitsweise sind Indizien für ein erhöhtes Risiko.

– Sonstige Faktoren

Hierzu zählen z.B. Verbreitung von Integrität und ethischen Werten, Führungsstil, Kompetenz der Führung, erfolgsabhängige Vergütungssysteme, behördli-

65 Vgl. hierzu Marten, K.-U./Quick, R./Ruhnke, K., Wirtschaftsprüfung, 6. Aufl. 2020, S. 387.

che Untersuchungen, eine nicht bestehende oder nicht gut arbeitende Interne Revision, eine mangelhafte Wahrnehmung von Aufsichtsaufgaben durch politische Gremien, eine hohe Personalfluktuation im Management oder im Rechnungswesen, eine dauerhafte personelle Unterbesetzung in der Finanzbuchhaltung, ein fehlendes Verständnis für betriebswirtschaftliche Fragestellungen, hohe Fehlzeiten, eine geringe Qualifikation des Personals, ein fehlendes Personalkonzept, fehlende Fortbildungsmittel, häufige Änderungen der Organisation oder unklare Zuständigkeiten.

ISA [DE] 315 enthält zudem spezifische Überlegungen für den öffentlichen Sektor. Demnach ist es für den Abschlussprüfer wichtig, sich zu vergewissern, ob bezüglich des IKS zusätzliche Pflichten bestehen, die sich aus Gesetzen oder Rechtsverordnungen für den öffentlichen Sektor ergeben Es wird ausdrücklich empfohlen auch geeignete Personen aus der Internen Revision zu befragen (ISA [DE] 315, A13). Appendix 2 des ISA [DE] 315 führt ebenfalls konkrete Sachverhalte auf, aus denen hohe Risiken resultieren können. Folgende Risiken sind u.a. genannt:

- Mangel an Mitarbeitern mit angemessenen Kenntnissen in Buchführung und Bilanzierung,
- Zahlungen für nicht einzeln aufgeführte Leistungen an Mitarbeiter oder nahe stehende Personen,
- Veränderungen im IT-Umfeld (z.B. Programmänderungen, die nicht dokumentiert, genehmigt oder getestet sind),
- kein angemessenes und wirksames IKS,
- neue IT-Systeme für die Rechnungslegung,
- Anwendung neuer Verlautbarungen in der Rechnungslegung,
- anhängige Rechtsstreitigkeiten,
- Art des Unternehmens,
- Größe des Unternehmens,
- Integrität und Qualität des Managements sowie
- hohe Personalfluktuation/Fehlzeiten des Personals im Rechnungswesen.

Zusätzlich ist anzumerken, dass ein häufiger Wechsel des Abschlussprüfers darauf hinweist, dass ggf. Meinungsverschiedenheiten mit der geprüften Einheit bestehen, woraus sich ebenfalls Risiken ergeben können.

Spezielle inhärente Risiken bei der Prüfung einzelner Bilanzposten und Prüffelder werden in Kap. 6 dargestellt.

MERKE: Eine risikoorientierte Prüfungsplanung sollte sich an den vom Prüfer identifizierten Indizien für Risiken ausrichten.

Um das **Kontrollrisiko** beurteilen zu können, hat sich der Abschlussprüfer im Rahmen einer Systemprüfung Kenntnisse über den Aufbau und den Ablauf der

Verwaltung der zu prüfenden Stelle, d.h. der Verwaltungsorganisation sowie der Prozesse bzw. den dort eingesetzten Instrumenten und Verfahren anzueignen, sowie dessen Aufbau und Funktion zu überprüfen.[66] Es muss somit das sog. **interne Kontrollsystem (IKS)** geprüft werden (siehe dazu Kap. 3). Zur Beurteilung des Kontrollsystems hat sich der Prüfer im Rahmen einer Systemprüfung Kenntnisse über das IKS anzueignen, er muss die Kontrollstrukturen verstehen sowie dessen **Aufbau** (Angemessenheit) und **Funktion** (Wirksamkeit) prüfen. Je zuverlässiger die interne Organisation den gesetzlichen Anforderungen entspricht, d.h. je wirksamer das interne Kontrollsystem ist, desto niedriger ist das Kontrollrisiko. Das IKS wirkt in zweierlei Hinsicht:

- Es sollen Fehler vermieden werden, bevor diese entstehen,
- bereits aufgetretene Fehler können frühzeitig korrigiert werden.[67]

Ein IKS ist dann wirksam, wenn es mit hinreichender Sicherheit verhindert, dass sich Unternehmensrisiken wesentlich auf die Normenkonformität des Jahresabschlusses oder des Lageberichts auswirken. Ob beispielsweise die Aussagen zur Werthaltigkeit der Forderungen in der Bilanz korrekt sind, kann durch die Art und Weise der internen Kontrollen einschließlich Mahn- und Vollstreckungsverfahren bestimmt werden. Wenn das IKS angemessen und wirksam ist, brauchen weniger aussagebezogene Prüfungshandlungen durchgeführt werden. Wenn das IKS weniger angemessen und wirksam ist, müssen mehr aussagebezogene Prüfungshandlungen durchgeführt werden.[68] Weil interne Kontrollen im Rahmen des IKS nie eine vollständige Sicherheit bieten können, dass alle wesentlichen Fehler verhindert oder aufgedeckt werden (z.B. unverständliche Anweisungen, menschliches Versagen, betrügerisches Verhalten), kann das Kontrollrisiko **nie Null** werden. Das Kontrollrisiko kann wie das inhärente Risiko vom Prüfer nur geschätzt, aber nicht unmittelbar beeinflusst werden. Durch Systemprüfungen erlangt der Prüfer jedoch Nachweise zur Funktion bestimmter Teile des IKS, die seine Einschätzung möglich machen.

Das **Entdeckungsrisiko** ist das Risiko, dass eine falsche Darstellung nicht durch die Prüfungshandlungen des Abschlussprüfers aufgedeckt wird (vgl. ISA [DE] 200, Tz. 13e). Während das Risiko wesentlicher falscher Darstellungen unabhängig von der Prüfung existiert, d.h. kurzfristig nicht vom Prüfer beeinflussbar ist, kann der Prüfer das Entdeckungsrisiko durch Art, Umfang und zeitlichem Ablauf seiner Prüfungshandlungen selbst beeinflussen. Ziel des Abschlussprüfers muss es sein, das Entdeckungsrisiko zu minimieren. Die folgende Abbildung 17 zeigt, dass das inhä-

---

66 Vgl. ISA [DE] 315, Tz. 12, 13, A74-A76. In ISA [DE] 315 wird der Begriff „Systemprüfung" nicht mehr verwandt, stattdessen wird von der Gewinnung eines Verständnisses über die zu prüfende Einheit, deren Umfeld einschließlich der internen Kontrollen, der Risikoidentifikation und -beurteilung sowie der Reaktionen durch Prüfungshandlungen gesprochen.

67 Vgl. Marten, K.-U./Quick, R./Ruhnke, K., Wirtschaftsprüfung, 6. Aufl. 2020, S. 396.

68 Vgl. Marten, K.-U./Quick, R./Ruhnke, K., Wirtschaftsprüfung, 6. Aufl. 2020, S. 398.

rente Risiko und das Kontrollrisiko der Sphäre der zu prüfenden Einheit (z.B. der Gebietskörperschaft) zuzurechnen sind, das Entdeckungsrisiko jedoch in der Sphäre des Prüfers liegt. Die beiden Sphären beeinflussen sich aber gegenseitig. Wenn also in der Rechnungslegung der zu prüfenden Einheit hohe Risiken bestehen und/oder die Risiken wahrscheinlich nicht durch das interne Kontrollsystem verhindert oder aufgedeckt werden, ist auch für den Prüfer das Risiko höher, dass er einen Fehler nicht entdeckt.

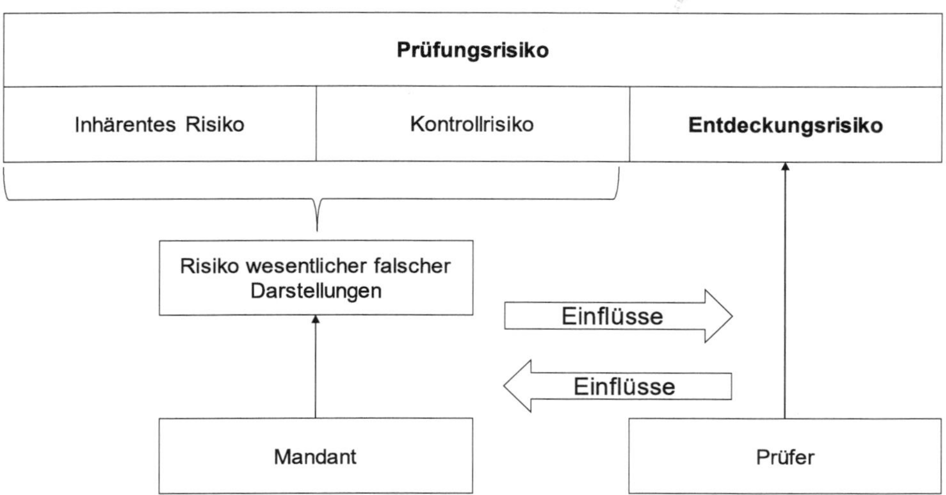

Abbildung 17: Einflüsse auf das Prüfungsrisiko[69]

MERKE: Inhärentes Risiko und Kontrollrisiko sind der Sphäre der zu prüfenden Einheit zuzurechnen. Das Entdeckungsrisiko liegt in der Sphäre des Prüfers und ist direkt durch seine Tätigkeit beeinflussbar, und zwar durch die Variation von Art, Umfang, Dauer und Zeitpunkt der Prüfungshandlungen.

Da das Management (gesetzliche Vertreter und andere Führungskräfte) üblicherweise durch die Ausgestaltung eines wirksamen internen Kontrollsystems auf die bestehenden inhärenten Risiken reagiert, besteht in vielen Fällen auch **zwischen den Kontrollrisiken und den inhärenten Risiken ein enger Zusammenhang**. Eine separate Beurteilung von inhärenten Risiken und Kontrollrisiken kann deshalb u.U. zu einer falschen Beurteilung der Fehlerrisiken führen.[70]

---

69 Entnommen aus Brösel, G./Freichel, C./Toll, M./Buchner, R., Wirtschaftliches Prüfungswesen, 3. Aufl. 2015, S. 254.

70 Inhärentes Risiko und Kontrollrisiko müssen nicht unbedingt getrennt ermittelt werden; es ist auch eine kombinierte Beurteilung der „Risiken wesentlicher falscher Darstellungen" möglich (ISA [DE] 200, Tz. A42).

Bei einem weniger wirksamen internen Kontrollsystem, d.h. einem höheren Kontroll- und damit höherem Risiko wesentlicher falscher Darstellungen, müssen mehr aussagebezogene Prüfungshandlungen durchgeführt werden als bei einem wirksamen internen Kontrollsystem, d.h. einem niedrigeren Kontroll- und damit niedrigerem Risiko wesentlicher falscher Darstellungen.

Aussagen einer Prüfung sollen unter Beachtung des **Grundsatzes der Wirtschaftlichkeit** nach dem Konzept der hinreichenden Sicherheit getroffen werden. **Hinreichende Sicherheit** bedeutet nicht absolute Sicherheit, dass der Jahresabschluss frei von Mängeln ist. Dem Prüfer muss bewusst sein, dass aufgrund seiner begrenzten Erkenntnis- und Feststellungsmöglichkeiten auch bei einer ordnungsmäßigen Prüfungsdurchführung ein „Restrisiko" besteht und er wesentliche falsche Aussagen nicht entdeckt.

Sind **inhärentes Risiko und Kontrollrisiko niedrig** (unkritische Prüfungsgebiete), kann der Prüfer ein hohes Entdeckungsrisiko in Kauf nehmen und nur in **geringem Umfang Prüfungshandlungen** vornehmen. Er wird sich deshalb vorwiegend auf analytische aussagebezogene Prüfungshandlungen stützen. Dies entspricht dem Grundsatz der Wirtschaftlichkeit der Prüfung. Sind **inhärentes Risiko und Kontrollrisiko hoch** (kritische Prüfungsgebiete), wird der Prüfer seine **Prüfungshandlungen ausweiten** und insbesondere Einzelfallprüfungen vornehmen, um das Entdeckungsrisiko zu minimieren.

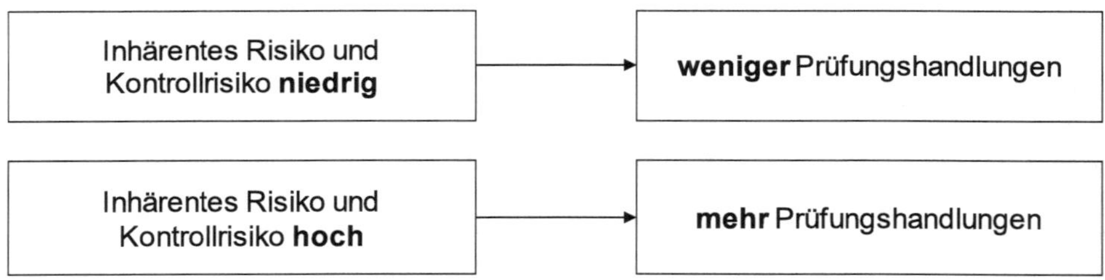

Abbildung 18: Auswirkung der Risikoeinschätzung auf den Umfang der Prüfungshandlungen

MERKE: Im Rahmen des risikoorientierten Prüfungsansatzes werden für jedes Prüfungsgebiet inhärente Risiken und Kontrollrisiken eingeschätzt. Darauf aufbauend erfolgt die Bestimmung des Entdeckungsrisikos und als Ergebnis dessen die Festlegung von Art und Umfang der Prüfungshandlungen (analytische Prüfung, Einzelfallprüfung).

Der risikoorientierte Prüfungsansatz kann auch mit **Nachteilen** verbunden sein. So können bspw. keine Aussagen zu Zeit und Kosten der Prüfungshandlungen gemacht werden.[71] Oft werden z.B. unterschiedliche Risiken gleich gewichtet. Die Komponenten inhärentes Risiko, Kontrollrisiko und Entdeckungsrisiko werden un-

[71] Vgl. Mochty, L., Zur theoretischen Fundierung des risikoorientierten Prüfungsansatzes, 1997, S. 737.

abhängig voneinander dargestellt. Die Unabhängigkeit der Teilrisiken entspricht allerdings nicht immer der Realität.[72] Der risikoorientierte Prüfungsansatz berücksichtigt keine Reihenfolgebedingungen, d.h. es kann nicht berechnet werden, in welcher Reihenfolge Prüfungshandlungen optimalerweise durchzuführen sind. Für eine vollumfängliche Prüfungsplanung erscheint der risikoorientierte Prüfungsansatz in der Form des Prüfungsrisikomodells allein somit ungeeignet. Zum Zeitpunkt der Planung liegen die Informationen – wenn überhaupt – aus vorherigen Prüfungen vor.[73] Unter Berücksichtigung der genannten Nachteile gewährleistet der risikoorientierte Prüfungsansatz aber trotzdem ein sinnvolles Prüfungsvorgehen.

Ein spezielles Risiko in der Abschlussprüfung ist das **Fraud-Risiko**. Um dieses Risiko einschätzen zu können, nutzen Abschlussprüfer das sog. Fraud-Triangle (auch: doloses Dreieck). Die drei Bestandteile des Dreiecks sind Anreiz/Druck (Motivation), Gelegenheit und innerliche Rechtfertigung (vgl. ISA [DE] 240, Tz. A1). Der Abschlussprüfer schätzt das Risiko, Fälle von Fraud zu finden als hoch ein, wenn hoher Druck oder hohe Anreize gegeben sind, eine Gelegenheit besteht und eine innerliche Rechtfertigung für die dolose Handlung zu finden ist.

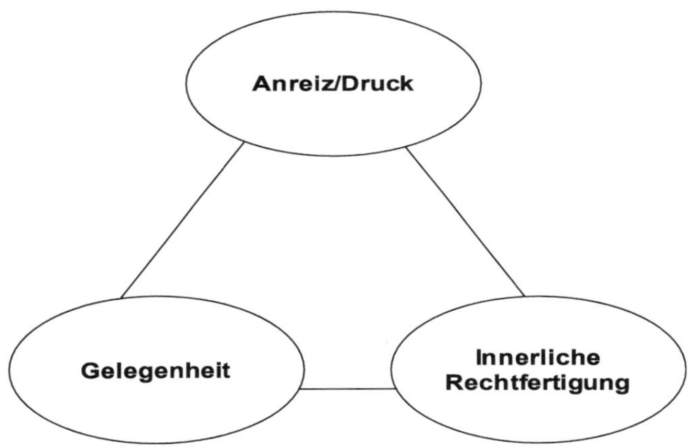

Abbildung 19: Fraud-Triangle

Beispiele:

Anreiz/Druck: Es muss einen Anreiz oder Druck geben, einen Verstoß zu begehen (ISA [DE] 240, Tz. A1). Der Anreiz oder Druck für eine Vermögensschädigung kann bspw. auf privaten Schulden beruhen. Der Anreiz, die Rechnungslegung zu manipulieren, kann auf einem hohen Ergebnisdruck der Geschäftsleitung oder der Öffentlichkeit beruhen.

---

72 Vgl. Brösel, G./Freichel, C./Toll, M./Buchner, R., Wirtschaftliches Prüfungswesen, 3. Aufl. 2015, S. 257.

73 Vgl. Stibi, E., Prüfungsrisikomodell, 1995, S. 106.

Gelegenheit: Die Umstände im Unternehmen oder in Gebietskörperschaften müssen Gelegenheit zum Fraud geben (ISA [DE] 240, Tz. A1). Beispiel: Das interne Kontrollsystem lässt es zu, dass dieselbe Person Stammdaten und damit Bankkontodaten anlegt, Rechnungen schreibt und Zahlungen anweist – in diesem Prozess kann der betreffende Mitarbeiter sich selbst Geld überweisen. Eine weitere Gelegenheit besteht, wenn interne Kontrollen leicht umgangen werden können.

Innerliche Rechtfertigung: Das Management oder Mitarbeiter können es mit sich vereinbaren, Vermögensschädigungen zu begehen oder die Rechnungslegung zu manipulieren. Dies kann einerseits auf einer bereits bestehenden inneren Einstellung beruhen oder durch das Unternehmensumfeld begünstigt werden (ISA [DE] 240, Tz. A1).[74] Eine Begünstigung der innerlichen Rechtfertigung durch das Unternehmensumfeld kann bspw. bei sehr niedrigen Gehältern oder unterlassener Beförderung erfolgen („Wenn ich das, was mir zusteht, nicht ausgezahlt bekomme, nehme ich es mir selbst.“).

Um die Situation bezüglich Anreiz/Druck und der innerlichen Rechtfertigung einzuschätzen, muss der Prüfer Gespräche mit dem Management, mit relevanten Mitarbeitern (z.B. der Internen Revision) oder Mitgliedern des Aufsichtsorgans führen (ISA [DE] 240, Tz. 17). Hilfreich kann auch die Einrichtung einer sog. **Whistleblower Hotline** sein.[75] Um das Bestehen von Gelegenheiten zu beurteilen, erfolgt eine Prüfung des internen Kontrollsystems (vgl. Kap. 3). Auf spezielle Prüfungshandlungen im Rahmen der Abschlussprüfung wird in Kap. 2.4.3 eingegangen.

MERKE: Zur Einschätzung des Fraud-Risikos sollte auf die Elemente Anreiz/Druck, Gelegenheit und innerliche Rechtfertigung geachtet werden.

2.1.3 Wesentlichkeit

Nach dem risikoorientierten Prüfungsansatz hat sich das Vorgehen des Prüfers auf die als wesentlich beurteilten Fehlerrisiken auszurichten. Es werden als Fehler nur solche falschen Angaben bezeichnet, die wesentlich sind.[76] Unwesentliche Fehler können ohne Folgen für das Prüfungsurteil akzeptiert werden. Bei der Wesentlichkeit (materiality) handelt es sich sozusagen um den „Gegenspieler“ des Prüfungsrisikos. Zur Bestimmung der Wesentlichkeit muss der Prüfer eine **Wesentlichkeitsgrenze** festlegen (vgl. § 317 Abs. 1 Satz 3 HGB, im NKF: § 102 Abs. 3 Satz 3 GO

74 Weiterführende Beispiele finden sich bei Peemöller, V. H./Krehl, H./Hofmann, S., Bilanzskandale, 2. Aufl. 2016.

75 Vgl. WP Handbuch, Wirtschaftsprüfung und Rechnungslegung, 17. Aufl. 2021, Kap. L, Tz. 509.

76 Vgl. Brösel, G./Freichel, C./Toll, M./Buchner, R., Wirtschaftliches Prüfungswesen, 3. Aufl. 2015, S. 292.

NRW). Obwohl die Wesentlichkeitsgrenze primär quantitativ ermittelt wird, müssen ggf. auch qualitative Kriterien berücksichtigt werden (ISA [DE] 320, Tz. 6, ISA [DE] 450, Tz. A20-21).[77]

Die Wesentlichkeit eines Mangels ist immer aus Sicht des Adressaten des Jahresabschlusses zu beurteilen. Ein Mangel ist immer dann wesentlich, wenn er die **Adressaten zu einer anderen Entscheidung führen würde** (ISA [DE] 320, Tz. 10 und A11-A12). Bei **gewinnorientierten Einheiten** wäre dies bspw. die Entscheidung, ob in ein bestimmtes Unternehmen investiert werden soll oder nicht.

In der Praxis haben sich zur Bestimmung der Wesentlichkeit bestimmte Vorgehensweisen durchgesetzt. So orientieren sich gewinnorientierte Unternehmen meist an einem bestimmten **Prozentsatz**

- **des Jahresüberschusses vor Steuern,**
- **der Umsatzerlöse oder**
- **der Bilanzsumme.**[78]

Bei **nicht gewinnorientierten Einheiten**, wie bspw. Gebietskörperschaften, sind Jahresüberschuss oder Umsatzerlöse als Basis für eine Wesentlichkeitsgrenze nicht zielführend. Hier wird häufig ein Prozentsatz der **Bilanzsumme** oder des **Anlagevermögens** als Wesentlichkeitsgrenze gewählt. ISA [DE] 320, Tz. A10 enthält einen Passus zu spezifischen Überlegungen zu Einheiten des öffentlichen Sektors – allerdings ohne konkrete Vorgaben. Es wird lediglich angeraten zu beachten, dass die **Gesamtaufwendungen** oder die **Nettoaufwendungen** (Aufwendungen abzüglich Erträge) bzw. **Nettoausgaben** (Ausgaben abzüglich Einnahmen) geeignete Bezugsgrößen für zweckbezogene Aufgaben sind.

Im INTOSAI-Leitfaden werden die Gesamteinnahmen oder die Gesamtausgaben als mögliche Bezugsgrößen für die Festlegung der Wesentlichkeit im öffentlichen Sektor vorgeschlagen. Eine angemessene Wesentlichkeitsgrenze könnte beispielsweise zwischen 0,5 % und 2 % liegen. Letztendlich hat der Abschlussprüfer im Rahmen seines **pflichtgemäßen Ermessens** über die geeignete Bezugsgröße und den Prozentsatz zu entscheiden,[79] da es weder im Gesetz noch in Prüfungsstandards allgemein verbindliche Wesentlichkeitsgrenzen gibt. Der Bestimmung des Prozentsatzes liegt damit im prüferischen Ermessen des Prüfers (ISA [DE] 320, Tz. 4).

---

77 Hierzu gehören z.B. die unrichtige Anwendung von Rechnungslegungsgrundsätzen oder die Nichteinhaltung von rechtlichen Anforderungen. Eine qualitative Wesentlichkeit könnte sich bei Gebietskörperschaften u.a an der Relation der fehlerhaften Bescheide zu allen Bescheiden orientieren (vgl. auch ISSAI 4100, Tz. 60 ff.).

78 Siehe dazu die Zusammenstellung bei Quick, R., Die Risiken der Jahresabschlussprüfung, 1996, S. 205 f., ISA [DE] 320, Tz. A5 sowie die erweiterte Darstellung bei Marten, K.-U./ Quick, R./Ruhnke, K., Wirtschaftsprüfung, 6. Aufl. 2020, S. 332 f.

79 European Implementing Guidelines for the INTOSAI Auditing Standards (1998), S. 21-22 (Tz. 3.1).

Die nachfolgende Abbildung 20 zeigt mögliche Bezugsgrößen:

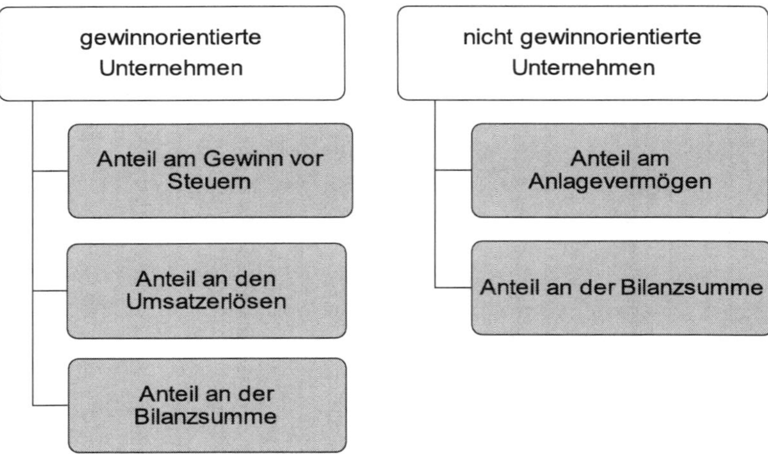

Abbildung 20: Bestimmung der Wesentlichkeitsgrenze in der Praxis[80]

Konkret kann die Wesentlichkeitsgrenze 0,25% bis 4% der Bilanzsumme, 0,5% bis 3% der Umsatzerlöse sowie 3% bis 10% des Gewinns vor Steuern betragen.[81] Bei den angegebenen Prozentsätzen handelt es sich um Bandbreiten, die in der Praxis zu finden sind. Die Höhe des Prozentsatzes kann nach bestimmten Risikofaktoren ermittelt werden:[82]

- Struktur der Gesellschafter und des Managements,
- Finanzierungsstruktur,
- Geschäftsumfeld,
- sonstige Faktoren.

Je höher das Risiko eingeschätzt wird, desto höher ist auch der Prozentsatz.

MERKE: Wesentlichkeitsgrenzen dienen zur Festlegung von Art und Umfang der Prüfungshandlungen und zur Entscheidung, ob der Jahresabschluss trotz der festgestellten Fehler (noch) ordnungsgemäß ist. Die Wesentlichkeitsgrenze kann sich u.a. ergeben aus

- einer absoluten Größe (Fixierung eines prozentualen Wertes) oder
- falschen Angaben oder Fehlern, die sich zusammen mit anderen Fehlern wesentlich auswirken.

---

80 Vgl. IDW, F & A zu ISA [DE] 320 bzw. IDW PS 250 n.F., Frage 3.2.1.

81 Vgl. IDW, F & A zu ISA [DE] 320 bzw. IDW PS 250 n.F., Frage 3.3.3.

82 Vgl. IDW, F & A zu ISA [DE] 320 bzw. IDW PS 250 n.F., Frage 3.3.3.

Wesentlichkeit und Prüfungsrisiko stehen in einem **wechselseitigen Zusammenhang**. Wird z.B. die Wesentlichkeitsgrenze gesenkt, dann steigt das Prüfungsrisiko und umgekehrt (IDW PS 261 n.F., Tz. 9, allgemeiner formuliert ISA [DE] 320, Tz. A1). Je niedriger diese Grenze ist, desto höher ist die Aussagesicherheit hinsichtlich der Aufdeckung von Unregelmäßigkeiten. Dies bedeutet aber mehr Prüfungshandlungen und damit entsteht ein Konflikt zum Grundsatz der Wirtschaftlichkeit.

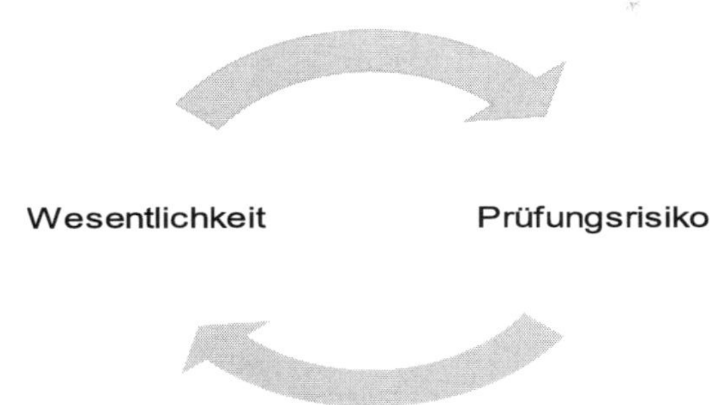

Abbildung 21: Wechselwirkung zwischen Wesentlichkeit und Prüfungsrisiko

Wichtig ist zudem, dass nicht nur eine Wesentlichkeitsgrenze bestimmt werden sollte. Üblich ist es, zumindest zwischen **der Wesentlichkeit auf Ebene des Gesamtjahresabschlusses** und der Wesentlichkeit unterhalb der abschlussbezogenen Wesentlichkeit, der sog. **Toleranzwesentlichkeit**, zu unterscheiden. Die Wesentlichkeit auf Ebene des gesamten Jahresabschlusses ist die Grenze, die im Rahmen der Festlegung der Prüfungsstrategie für den gesamten Abschluss festgelegt wird (ISA [DE] 320, Tz. 10). Die Toleranzwesentlichkeit wird nicht für den gesamten Abschluss, sondern für einzelne Bereiche (Prüffelder, Posten, Salden) festgelegt. Die Toleranzwesentlichkeit liegt demnach betragsmäßig unter der Wesentlichkeit für den Abschluss als Ganzes (ISA [DE] 320, Tz. 9). Der Hintergrund der Festlegung ist, dass die einzelnen nicht korrigierten und nicht aufgedeckten falschen Darstellungen auch berücksichtigt werden sollen, wenn sie nicht über der Wesentlichkeit als Ganzes liegen. Sie können nämlich in der Summe die Wesentlichkeit für den Abschluss als Ganzes überschreiten und somit wesentlich sein.[83]

Als Bandbreiten der Toleranzwesentlichkeit werden in der Praxis Beträge zwischen **50 bis 80 % der Wesentlichkeitsgrenze für den Abschluss als Ganzes** angenommen.[84] Zu beachten ist, dass in wichtigen Prüffeldern, unabhängig vom einzuschätzenden Risiko wesentlicher falscher Darstellungen, immer in einem gewissen Umfang Prüfungshandlungen durchzuführen sind. Bestimmte Prüffelder sollten mit einer Wesentlichkeit von „Null" geprüft werden, weil selbst eine geringe Abweichung von einem sachverständigen Dritten schnell erkannt werden kann und Fehler

[83] Vgl. WP Handbuch, Wirtschaftsprüfung und Rechnungslegung, 17. Aufl. 2021, Kap. L, Tz. 40.

[84] Vgl. IDW, F & A zu ISA [DE] 320 bzw. IDW PS 250 n.F., Frage 4.4.

in diesem Bereich auf große Schwächen im internen Kontrollsystem und bei der Abschlusserstellung hinweisen. Dies gilt bspw. für die Posten Kasse/Bank sowie Eigenkapital. Weiterhin gibt es in diesem Zusammenhang eine sog. **Nichtaufgriffsgrenze**, unterhalb deren Betrag falsche Darstellungen „zweifelsfrei unbeachtlich" sind und auch nicht in die Nachbuchungsliste aufzunehmen sind (ISA [DE] 450, Tz. 5). Liegen die falschen Angaben über der Nichtaufgriffsgrenze, erfolgt eine Aufnahme und die zu prüfende Einheit ist aufzufordern, die Fehler zu korrigieren (ISA [DE] 450, Tz. 8). Wie deutlich wird, gibt es nicht die eine richtige Wesentlichkeitsgrenze; vielmehr muss der Prüfer auf Basis seiner ersten Risikobeurteilung eine oder mehrere sinnvolle Wesentlichkeitsgrenzen ermitteln.

Beispiel:

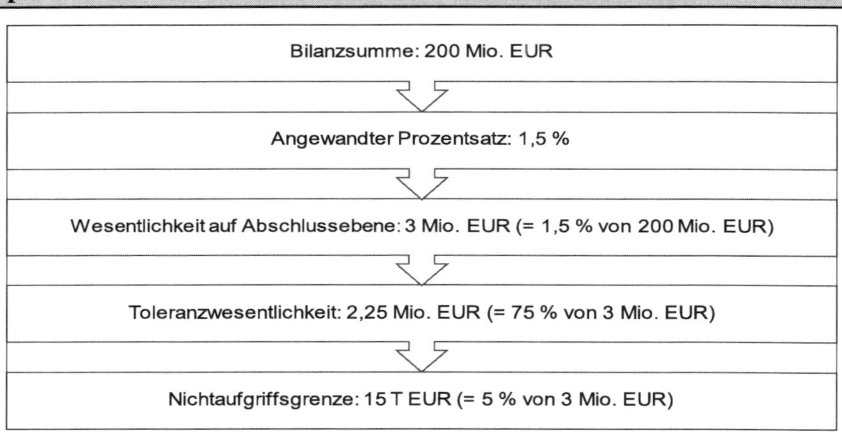

Abbildung 22: Bestimmung der Wesentlichkeit[85]

Nach Festlegung der Wesentlichkeitsgrenze wird der risikoorientierte Prüfungsansatz umgesetzt. Dazu müssen nach Art und Umfang hinreichende **Prüfungshandlungen** vorgenommen werden, um das Prüfungsrisiko entsprechend zu adressieren. Hier stehen dem Prüfer Systemprüfungen und aussagebezogene Prüfungshandlungen zur Verfügung.

MERKE: Die Wesentlichkeitsgrenze muss für jede zu prüfende Einheit und für jede Abschlussprüfung neu festgelegt werden. Auch während einer Prüfung sollte untersucht werden, ob die Wesentlichkeitsgrenze ggf. anzupassen ist. Hinweise für Bezugsgrößen und Prozentsätze, anhand derer eine oder mehrere Wesentlichkeitsgrenzen bestimmt werden können, sollten nicht pauschal genutzt werden; es muss jeweils für den Einzelfall geprüft werden, ob Bezugsgröße und Prozentsatz angemessen sind. Die Ermittlung der Wesentlichkeitsgrenze muss dokumentiert werden. Auch etwaige Anpassungen im Prüfungsverlauf müssen erkennbar sein.

85 Vgl. WP Handbuch, Wirtschaftsprüfung und Rechnungslegung, 17. Aufl. 2021, Kap. L, Tz. 406.

2.1.4 Umsetzung des risikoorientierten Prüfungsansatzes

Die Jahresabschlussprüfung erfolgt nicht planlos, sondern nach entsprechenden Anleitungen für die Planung und Durchführung von Abschlussprüfungen, die sich aus den Prüfungsstandards sowie der Literatur ergeben. Die Abschlussprüfung kann dabei in fünf Phasen eingeteilt werden, die im folgenden Schaubild zu sehen sind.[86]

Zu beachten ist, dass sich der Prüfer bereits im Vorfeld – also schon **vor Auftragsannahme** – Kenntnisse über die Tätigkeit und das Umfeld sowie das IKS der zu prüfenden Einheit verschaffen sollte, um ein **Verständnis von der Einheit** (vgl. Kap. 2.1.2) zu erlangen.

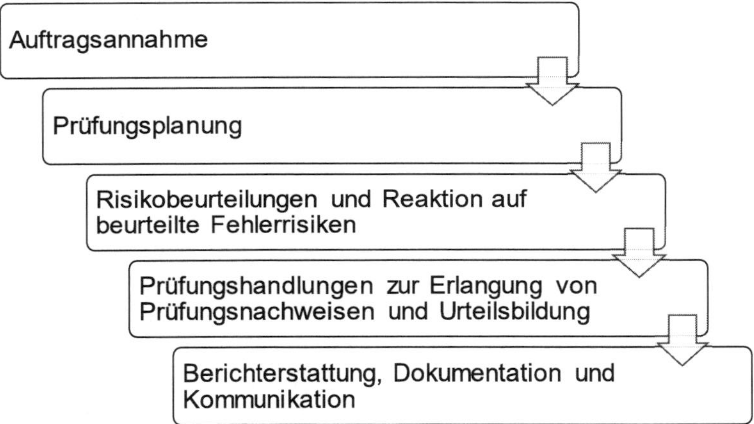

Abbildung 23: Phasen der Prüfung[87]

Für die Prüfung von kommunalen Gebietskörperschaften enthalten diese fünf Phasen bspw. folgende Arbeiten (die einzelnen Phasen sind in den folgenden Kapiteln ausführlich dargestellt):

---

86 Das Institut der Wirtschaftsprüfer (IDW) setzt seine Empfehlungen zum risikoorientierten Prüfungsansatz in ein Vorgehensmodell um, das vier Phasen umfasst, die in neun sog. Meilensteine (M) unterteilt sind: **Phase 1 (Auftragsannahme- und Fortführung)**: Auftrags- und Mandatsmanagement M1; **Phase 2 (Informationsbeschaffung und Risikobeurteilung)**: Informationsbeschaffung und vorläufige Risikoeinschätzung M2, vorläufige Festlegung der Wesentlichkeit und Beurteilung der Fehlerrisiken M3, Auswertung der rechnungslegungsrelevanten Prozesse und internen Kontrollen (Aufbauprüfung) M4; **Phase 3 (Reaktion auf beurteilte Risiken)**: Festlegung der Prüfungsstrategie und des Prüfungsprogramms M5, Validierung der internen Kontrollen (Funktionsprüfungen) M6, aussagebezogene Prüfungshandlungen M7; **Phase 4 (abschließende Beurteilung und Berichterstattung)**: abschließende Prüfungshandlungen M8, Berichterstattung und Archivierung M9; vgl. Institut der Wirtschaftsprüfer (Hrsg.), Prüfungspraxis, Leitfaden für Prüfungsmitarbeiter, 2. Aufl. 2020.

87 Entnommen aus Marten, K.-U./Quick, R./Ruhnke, K., Wirtschaftsprüfung, 6. Aufl. 2020, S. 194.

➢ **Auftragsannahme (Kap. 2.2):**[88]
- bei der Ausführung durch einen Wirtschaftsprüfer: vorläufige Risikoanalyse, um zu entscheiden, ob er den Auftrag annehmen soll;
- bei der Ausführung durch einen Wirtschaftsprüfer: Erweiterung des Prüfungsgegenstandes zur Prüfung der Ordnungsmäßigkeit der Haushaltsführung gemäß IDW PS 731;
- Abstimmung von Zusatzaufträgen.

➢ **Prüfungsplanung (Kap. 2.3):**
- Vertiefung des bereits vor der Auftragsannahme verschafften Verständnisses über die Tätigkeit und das rechtliche und wirtschaftliche Umfeld der zu prüfenden Gebietskörperschaft;
- Durchführung vorbereitender analytischer Prüfungshandlungen zum Erkennen kritischer Prüffelder und Prüfungsschwerpunkte;
- Anforderung und schriftliche Zusammenfassung von Unterlagen zur Aufbau- und Ablauforganisation (z.B. Geschäftsverteilungsplan, Geschäftsordnungen von Gemeindevertretung, Ausschüssen und Vorstand, Zusammenstellung aller geltenden Dienst-, Organisations- und ähnlichen Anweisungen, Prozess- und IT-Beschreibungen);
- Durchsicht von Kennzahlen und Eckdaten der Haushaltswirtschaft der Gebietskörperschaft (vgl. z.B. NKF-Kennzahlenset), Auswertung von Gremienbeschlüssen, Sitzungsprotokollen und Einteilung in „gut" (Risiko gering), „normal" (Risiko mittel), „ungünstig" (Risiko hoch); Wechsel in Vorstand oder politischen Gremien erhöhen das Risiko; Außenverhältnisse zu Aufsichtsbehörden, überörtlichen Prüfungseinrichtungen (in NRW: Gemeindeprüfungsanstalt), Banken etc. prägen das Risiko ebenso wie örtliche Großprojekte oder Skandale;
- vorläufige Einschätzung des IKS;
- vorläufige Prüfung der Rechtsstreitigkeiten;
- Auswertung der Ergebnisse unterjähriger Prüfungen;
- vorläufige Einschätzung des inhärenten Risikos und Kontrollrisikos von Unrichtigkeiten und Verstößen;
- vorläufige Festlegung von Wesentlichkeitsgrenzen und Festlegung wesentlicher Jahresabschlussposten und Arten von Geschäftsvorfällen;
- vorläufige Beurteilung der festgestellten Fehlerrisiken und gesonderte Erfassung der bedeutsamen Risiken, bei denen analytische Prüfungshandlungen nicht hinreichend sind;
- Entwicklung einer Prüfungsstrategie und eines hieraus abgeleiteten Prüfungsprogramms;
- Festlegung von Prüfungsschwerpunkten, Prüfungsvorbereitung;

---

88 Eine Auftragsannahme ist hinfällig, wenn die örtliche Rechnungsprüfung die Prüfung des Jahresabschlusses der Gebietskörperschaft selbst durchführt.

- Einteilung des gesamten Prüfungsgegenstandes in Prüffelder; Erstellung von Prüfprogrammen in sachlicher, zeitlicher und personeller Hinsicht (sog. Planungsmemorandum/Prüffeld);
- erste Abstimmung des Prüfungsvorgehens mit den an der Prüfung beteiligten Personen;
- Zuordnung der Prüffelder auf die verfügbaren Prüfer.

➢ **Risikobeurteilungen und Reaktion auf beurteilte Fehlerrisiken (Kap. 2.4 und 3):**

- genauere Abstimmung des Prüfungsvorgehens mit den an der Prüfung beteiligten Personen;
- Aufnahme (Ausgestaltung und Einrichtung) sowie Beurteilung des IKS auf Angemessenheit (Aufbauprüfung);
- Aufnahme und Beurteilung des (IT-gestützten) Buchführungssystems;
- genauere Einschätzung der Fehlerrisiken je Prüffeld auf Grundlage des vorgefundenen IKS;
- Zusammenfassung der Maßnahmen zur Steuerung und Bewältigung von Risiken;
- Festlegung der Prüfungshandlungen als Reaktion auf festgestellte Risiken.

➢ **Prüfungshandlungen zur Erlangung von Prüfungsnachweisen und Urteilsbildung:**

Funktionsprüfungen (Kap. 3)

- Durchführung von Funktionsprüfungen und Nachweis über die Funktionsfähigkeit von Kontrollen über den gesamten Prüfungszeitraum;
- Durchführung von Funktions- bzw. Kontrolltests (z.B. Testbuchungen).

Aussagebezogene Prüfungshandlungen (Kap. 4, 5, 6 und 7):

- Prüfung der Eröffnungsbilanzwerte, Inventurprüfung;
- analytische Prüfungshandlungen, Einzelfallprüfungshandlungen (z.B. Inventurbeobachtung, Einholung von Bestätigungen Dritter).

Abschließende Prüfungshandlungen (Kap. 9)

- Prüfung des Anhangs und des Lageberichts;
- abschließende Abstimmungsarbeiten, abschließende Durchsicht der Protokolle von Sitzungen/Versammlungen und abschließende Prüfung der Rechtsstreitigkeiten, abschließende Beurteilung der Zusammenfassung „Berichtigungen" und der wesentlichen Fehler;
- Überprüfung der festgelegten Wesentlichkeitsgrenzen, ggf. Anpassung;
- Beurteilung der Auswirkungen von wertaufhellenden und wertbegründeten Ereignissen nach dem Abschlussstichtag und zusätzlicher mit dem Jahresabschluss veröffentlichter Informationen;
- Beurteilung der nicht korrigierten Fehler;
- abschließende Beurteilung der Risiken wesentlicher falscher Darstellungen in der Rechnungslegung sowie abschließende Würdigung, ob hinreichende

Sicherheit für jedes Prüffeld erzielt wurde und der Gesamtdarstellung des Abschlusses entspricht;
- Einholung der Vollständigkeitserklärung;
- Beurteilung der Gesamtdarstellung der Rechnungslegung und der erlangten Prüfungsnachweise.

➢ **Berichterstattung, Dokumentation und Kommunikation (Kap. 11):**
- Erstellung des Prüfberichts;
- Bildung der Prüfungsurteile zu den Prüfungsgegenständen;
- Erteilung des Bestätigungsvermerks;
- Kommunikation mit dem Auftraggeber und ggf. dem Prüfungsausschuss sowie den für die Überwachung Verantwortlichen;
- Management Letter, Schlussbesprechung;
- Fertigstellung der Arbeitspapiere/Dokumentation.

Die ISA und damit auch die ISA [DE] folgen bei der Umsetzung der risikoorientierten Prüfung einem **skalierten Prüfungsansatz**. Der Begriff der Skalierung leitet sich aus dem Wort „Skala“ mit der Bedeutung „Treppe“ ab.[89] Im weitesten Sinne versteht man unter skalierter Prüfung eine **verhältnismäßige Prüfungsdurchführung**.

Die Bestimmung von Art und Umfang der Prüfungsdurchführung meint bspw. „die Bestimmung von Wesentlichkeiten, die Festlegung von Art und Anzahl von Prüfungsaktivitäten, den Umfang der Prüfungsnachweise sowie die Festlegung von Stichproben und Stichprobenverfahren“.[90] Die **Skalierungskriterien** sind Größe, Komplexität und Risiko, d.h. bei gleicher Prüfungsqualität und Urteilssicherheit bestimmen sich Art, Umfang und Dokumentation der Prüfungsdurchführung in Abhängigkeit von Größe, Komplexität und Risiko des Prüfungsgegenstandes.

- **Größe**: Es handelt sich hierbei um ein quantitatives Kriterium. Ist die zu prüfende Einheit größer als eine andere, sind tendenziell mehr Prüfungshandlungen vorzunehmen. Im Fokus stehen aber die qualitativen Kriterien Komplexität und Risiko.
- **Komplexität**: „Unter Komplexität wird in erster Linie die Kompliziertheit der bilanziellen und außerbilanziellen Sachverhalte (abgeleitet aus der Komplexität der Geschäftstätigkeit) verstanden.“[91]

---

89 Vgl. Hoffmann, W. D., Skalierte Prüfung, 2012, S. 89.

90 WPK, Erläuterungen zur Satzung der Wirtschaftsprüferkammer über die Rechte und Pflichten bei der Ausübung der Berufe des Wirtschaftsprüfers und des vereidigten Buchprüfers, 2016, S. 89.

91 WPK, Erläuterungen zur Satzung der Wirtschaftsprüferkammer über die Rechte und Pflichten bei der Ausübung der Berufe des Wirtschaftsprüfers und des vereidigten Buchprüfers, 2016, S. 90.

- **Risiko**: „Unter Risiko ist die Möglichkeit einer wesentlichen falschen Darstellung im zu prüfenden Abschluss zu verstehen. Dieses leitet sich wiederum unter anderem aus dem Risiko der Geschäftstätigkeit, der Komplexität der Geschäftsvorfälle und der Art der Buchführung des Mandanten ab."[92]

MERKE: Die Prüfungsdurchführung richtet sich nach Größe, Komplexität und Risiko der zu prüfenden Einheit.

Damit stellt die Skalierung keinen Widerspruch zum risikoorientierten Prüfungsansatz dar. Sie entspricht sogar dem risikoorientierten Prüfungsansatz. Der Abschlussprüfer hat nach seinem pflichtgemäßen Ermessen die Aspekte Größe, Komplexität und Risiko zu beurteilen und anhand einer sachgerechten Gewichtung den Grad der Skalierbarkeit der Prüfungsdurchführung abzuleiten.[93] Die Wirkung der Skalierungskriterien liegt darin, konkrete Skalierungsanlässe erkennen und deren Reichweite beurteilen zu können. Die **Bestimmung der Reichweite** kann in folgender Abstufung erfolgen:[94]

1. Eine Regelung wird im Gesamten nicht angewandt, bspw. der gesamte ISA [DE] 300.
2. Einzelregelungen aus einer Gesamtregelung werden nicht angewandt, bspw. ISA [DE] 300, Tz. 2.
3. Durch allgemein gehaltene Regelungen besteht ein Spielraum.

2.2 Auftragsannahme

Entscheidet sich die Gebietskörperschaft, einen Wirtschaftsprüfer oder eine Wirtschaftsprüfungsgesellschaft zu beauftragen, müssen diese entscheiden, ob sie den Auftrag annehmen. Anschließend wird der Prüfungsvertrag abgeschlossen. Dabei ist insbesondere darauf zu achten, ob Zusatzaufträge (z.B. Erweiterung des Prüfungsauftrags) einbezogen werden müssen. Im kommunalen Bereich stellt die Prüfung der **Ordnungsmäßigkeit der Haushaltswirtschaft** eine **gesetzliche Erweiterung des Prüfungsumfangs** dar, für die es keiner besonderen Beauftragung bedarf (vgl. Kap. 4.4); die Erweiterung muss jedoch im Prüfungsauftrag vereinbart werden (ISA [DE] 210, Tz. D.10.1).[95]

92 WPK, Erläuterungen zur Satzung der Wirtschaftsprüferkammer über die Rechte und Pflichten bei der Ausübung der Berufe des Wirtschaftsprüfers und des vereidigten Buchprüfers, 2016, S. 90.

93 WPK, Erläuterungen zur Satzung der Wirtschaftsprüferkammer über die Rechte und Pflichten bei der Ausübung der Berufe des Wirtschaftsprüfers und des vereidigten Buchprüfers, 2016, S. 90.

94 Vgl. WPK, Hinweis zur skalierten Prüfungsdurchführung auf Grundlage der ISA, 2012, S. 5; Freichel, C., Skalierte Jahresabschlussprüfung, 2016, S. 68.

95 Zur Auftragsannahme bei gesetzlich vorgeschriebenen abweichenden Rechnungslegungsgrundsätzen vgl. ISA [DE] 210, Tz. 19.

Erfolgt die Jahresabschlussprüfung durch die örtliche Rechnungsprüfung selbst, ist auf Folgendes hinzuweisen: Für den Leiter der örtlichen Rechnungsprüfung besteht in NRW die Voraussetzung, dass er hauptamtlich bei der Gemeinde beschäftigt sein muss (§ 101 Abs. 3 GO NRW). Er wird von der Gemeindevertretung bestellt bzw. abberufen. Der Leiter und die Prüfer können nicht Mitglieder der Gemeindevertretung sein und dürfen eine andere Stellung in der Gemeinde nur innehaben, wenn dies mit ihren Prüfungsaufgaben vereinbar ist (§ 101 Abs. 4 GO NRW). Der Leiter der örtlichen Rechnungsprüfung kann nur durch Beschluss der Gemeindevertretung und nur dann abberufen werden, wenn die ordnungsgemäße Erfüllung der Aufgaben nicht mehr gewährleistet ist. Der Beschluss muss mit einer Mehrheit von zwei Dritteln der Stimmen aller Mitglieder der Gemeindevertretung gefasst werden und ist der Aufsichtsbehörde anzuzeigen (§ 101 Abs. 5 GO NRW).

In den kommunalrechtlichen Vorschriften der Bundesländer sind ebenfalls **konkrete Ausschlussgründe** normiert. Der Leiter und die Prüfer der örtlichen Rechnungsprüfung dürfen z.B. nicht zum Bürgermeister, zu einem Beigeordneten, einem Stellvertreter des Bürgermeisters, zum Kämmerer und zu anderen Bediensteten der Finanzbuchhaltung in einem die Befangenheit begründenden Verhältnis stehen (§ 101 Abs. 6 GO NRW).[96]

Sollen die Gemeindeprüfungsanstalt bzw. ein Wirtschaftsprüfer oder eine Wirtschaftsprüfungsgesellschaft beauftragt werden, muss eine Beauftragung durch den Rechnungsprüfungsausschuss erfolgen (§ 102 Abs. 2 GO NRW). Hat eine Gebietskörperschaft beschlossen, dass sie als Abschlussprüfer einen externen **Wirtschaftsprüfer** beauftragen möchte, sind insbesondere folgende Anforderungen gemäß dem HGB und der Wirtschaftsprüferordnung (WPO) zu beachten:

Zum einen müssen die **persönlichen und fachlichen Voraussetzungen des Abschlussprüfers** vorliegen. Er muss als Wirtschaftsprüfer bestellt sein. Dies setzt wiederum voraus, dass der Wirtschaftsprüfer das Wirtschaftsprüferexamen bestanden hat. Weiterhin muss der Wirtschaftsprüfer **auch für die spezifische Prüfung geeignet** sein. Neben den Unabhängigkeitsvoraussetzungen und den allgemeinen fachlichen Voraussetzungen müssen Spezialkenntnisse nicht zwingend vorliegen oder durch eine Fortbildung nachgewiesen werden. Der Wirtschaftsprüfer sollte Informationen einholen, ob die spezifische Prüfung für ihn risikoreich ist. Wirtschaftsprüfer dürfen Leistungen zudem nur anbieten und Aufträge nur übernehmen, wenn sie über die dafür erforderliche Sachkunde und die zur Bearbeitung nötige Zeit verfügen (§ 4 Abs. 2 BS WP/vBP).

---

[96] Sofern von der Möglichkeit des § 102 Abs. 2 und 10, des § 103 Abs. 2 Satz 2 oder des § 103 Abs. 5 GO NRW Gebrauch gemacht wird, erstreckt sich Satz 1 auch auf die jeweiligen Leitungen sowie auf die Bediensteten der Finanzbuchhaltung der dort genannten Sondervermögen, Eigenbetriebe oder Einrichtungen. Sie dürfen eine andere Stellung in der Gemeinde nur innehaben, wenn dies mit der Unabhängigkeit und den Aufgaben der Rechnungsprüfung vereinbar ist. Sie dürfen Zahlungen für die Gemeinde weder anordnen noch ausführen.

Nach § 319 Abs. 2 HGB ist ein Prüfer von der Tätigkeit als Abschlussprüfer ausgeschlossen, wenn Gründe vorliegen, aus denen die **Besorgnis der Befangenheit** erwächst und daher davon auszugehen ist, dass der Prüfer nicht mehr unbefangen arbeiten kann. Unbefangenheit eines Prüfers ist gegeben, wenn er sich sein Urteil frei von unsachgemäßen Erwägungen bildet. Die Unbefangenheit kann z.B. durch eigene Interessen, Selbstprüfung, Interessenvertretung oder persönliche Vertrautheit beeinträchtigt sein. Befangenheit kann aus geschäftlichen, finanziellen oder persönlichen Beziehungen resultieren. Besorgnis der Befangenheit liegt vor, sofern die genannten Faktoren aus Sicht eines verständigen Dritten geeignet sind, die Urteilsbildung unsachgemäß zu beeinflussen (§ 29 Abs. 3 Satz 1 BS WP/vBP).

In § 319 Abs. 3 HGB sind **besondere Ausschließungsgründe** aufgeführt bei:

- finanziellen Interessen,
- Funktionen in der zu prüfenden Einheit,
- Mitwirkung bei der Führung der Bücher oder bei der Aufstellung des Jahresabschlusses,
- Mitwirkung bei der Durchführung der Internen Revision,
- Erbringung von Unternehmensleitungs- oder Finanzdienstleistungen,
- Erbringung eigenständiger versicherungsmathematischer oder Bewertungsleistungen,
- Einsatz von befangenen Mitarbeitern im Rahmen der Prüfung oder
- Umsatzabhängigkeit.

Die **persönlichen** Voraussetzungen und Anforderungen an den Abschlussprüfer, die auch für **kommunale Abschlussprüfer** gelten, sind in IDW PS 201, Tz. 25 sowie IDR L 200, Tz. 20 wie folgt zusammengefasst:[97]

- Unabhängigkeit bzw. Weisungsfreiheit, Unparteilichkeit und Vermeidung der Besorgnis der Befangenheit,
- Gewissenhaftigkeit einschließlich der beruflichen Kompetenz (Sachkunde) und der berufsüblichen Sorgfalt sowie der Beachtung fachlicher Rechnungslegungs- und Prüfungsgrundsätze,
- Verschwiegenheit,
- Eigenverantwortlichkeit,
- berufswürdiges Verhalten einschließlich Verantwortung gegenüber dem Berufsstand.

[97] Es handelt sich hier um die allgemeinen Berufspflichten der Wirtschaftsprüfer gemäß der Berufssatzung der WPK. ISA [DE] 200, Tz. A17 enthält vergleichbare berufliche Verhaltensanforderungen bei Abschlussprüfungen, die sich aus Teil A des *Code of Ethics for Professional Accountants* des International Ethics Standards Board for Accountants (IESBA-Kodex) für Abschlussprüfungen ergeben. Diese fundamentalen Grundsätze sind: Integrität, Objektivität, berufliche Kompetenz und erforderliche Sorgfalt, Verschwiegenheit und berufswürdiges Verhalten. Zur Vertiefung vgl. auch: Marten, K.-U./Quick, R./Ruhnke, K., Wirtschaftsprüfung, 6. Aufl. 2020, S. 206 ff.

Neben den landesgesetzlichen Regelungen zur Unabhängigkeit bzw. Weisungsfreiheit und weiterer zentraler Anforderungen an kommunale Jahresabschlussprüfer können u.a. die §§ 43, 44 und 49 der WPO, die Vorschriften der §§ 318, 319, 323 und 324 HGB sowie die in der Berufssatzung der Wirtschaftsprüferkammer[98] geregelten Berufsgrundsätze und die persönlichen und fachlichen Anforderungen an Abschlussprüfer herangezogen werden.[99]

Die Abschlussprüfung basiert auf der **kritischen Grundhaltung** eines Prüfers gegenüber der zu prüfenden Einheit und allen Personen, mit denen er im Verlauf der Prüfung seitens der zu prüfenden Einheit zu tun hat.

Der Prüfer darf dabei seine Erfahrungen hinsichtlich Ehrlichkeit und Integrität von Management und Aufsichtsrat im Rahmen der Prüfung berücksichtigten (ISA [DE] 200, Tz. 15 und A24; ISA [DE] 240, Tz. 13 und A9). Dies gilt insbesondere, wenn er in der Vergangenheit schlechte Erfahrungen gemacht hat. In der Vergangenheit gemachte positive Erfahrungen sollen nicht vergessen werden, trotzdem darf sich der Prüfer nicht von diesen leiten lassen. Er darf von der Echtheit der zur Verfügung gestellten Unterlagen des Mandanten ausgehen, wenn keine besonderen Gründe für Zweifel bestehen. Wenn dem Prüfer Indizien vorliegen, dass Dokumente nicht echt sind oder verändert wurden, muss er weitere Nachforschungen anstellen (ISA [DE] 240, Tz. 13). Auch wenn bei Befragungen des Managements Inkonsistenzen auftauchen, ist der Prüfer in der Pflicht, Nachforschungen anzustellen (ISA [DE] 240, Tz. 14).

Der Prüfer hat sich auch mit den **Überwachungstätigkeiten des Aufsichtsorgans** zur Aufdeckung von Unregelmäßigkeiten und Verstößen auseinandersetzen. Hierzu muss er bereits während der Prüfungsplanung Befragungen (z.B. Gespräche mit dem Management, mit Mitgliedern des Aufsichtsorgans, mit Mitarbeitern der Internen Revision und mit Mitarbeitern außerhalb der Führungsebene) durchführen.

Für kapitalmarktorientierte Aktiengesellschaften ist im Aktiengesetz vorgeschrieben, dass mindestens ein unabhängiges **Mitglied des Aufsichtsrates über Sachverstand auf dem Gebiet der Rechnungslegung oder Abschlussprüfung** verfügen muss (§ 100 Abs. 5 AktG). Auch für Aufsichtsorgane von nicht kapitalmarktorientierten Unternehmen und öffentlichen Verwaltungen dürfte die analoge Anwendung dieser Regelung dringend geboten sein.

98 Satzung der Wirtschaftsprüferkammer über die Rechte und Pflichten bei der Ausübung der Berufe des Wirtschaftsprüfers und des vereidigten Buchprüfers (Berufssatzung für Wirtschaftsprüfer/vereidigte Buchprüfer – BS WP/vBP) vom 21. Juni 2016 (BAnz AT 22.07.2016 B1) in Kraft getreten am 23. September 2016 (BAnz AT 04.10.2016 B2).

99 Vgl. IDR L 200, Tz. 21. Eine ausführliche Darstellung der Berufspflichten enthält z.B. Graumann, M., Wirtschaftliches Prüfungswesen, 6. Aufl. 2020, S. 38 ff.

2.3 Prüfungsplanung

2.3.1 Aufgabe der Prüfungsplanung

Aufgabe der Prüfungsplanung ist es, die Prüfung so zu gestalten, dass der Prüfer nach einer geeigneten Prüfungsdurchführung ein verlässliches Prüfungsurteil abgeben kann. Wie bereits oben ausgeführt wurde, ist die Prüfung so zu planen und durchzuführen, dass **Unrichtigkeiten und Verstöße**, die sich auf die Darstellung des durch den Jahresabschluss unter Beachtung der Grundsätze ordnungsmäßiger Buchführung und durch den Lagebericht vermittelten Bildes der VFE-Lage wesentlich auswirken, bei gewissenhafter Berufsausübung **erkannt** werden.

Die Prüfungsplanung ist in ISA [DE] 300 sowie den z.Zt. noch geltenden IDW PS 240 geregelt. Die Standards haben dieselbe Zielrichtung. Sie enthalten allerdings teilweise abweichende Formulierungen. Die Funktion der Prüfungsplanung wird in ISA [DE] 300, Tz. 2 dargestellt. Die Prüfungsplanung unterstützt den Abschlussprüfer, damit

- alle wichtigen Prüfungsbereiche betrachtet werden,
- die Organisation des Prüfungsauftrags eine Prüfung gewährleistet, die wirksam und gleichzeitig wirtschaftlich erfolgt,
- passende Mitglieder für das Prüfungsteam gefunden werden können,
- eine angemessene Einführung und Überwachung der Mitglieder des Prüfungsteams erfolgen kann und
- die notwendigen Abstimmungen mit Sachverständigen und Teilbereichsprüfern im Rahmen des Zeitplans möglich sind.[100]

Die Prüfungsplanung ist in einem Prüfungsplanungsvermerk schriftlich zu **dokumentieren**. Die Unterlagen über die Planung gehören zur Prüfungsdokumentation des Abschlussprüfers (ISA [DE] 300, Tz. 12, IDW PS 240, Tz. 28).

MERKE: Die Prüfung ist so zu planen und durchzuführen, dass Unrichtigkeiten und Verstöße, die sich auf die Darstellung des durch den Jahresabschluss unter Beachtung der Grundsätze ordnungsmäßiger Buchführung und durch den Lagebericht vermittelten Bildes der VFE-Lage wesentlich auswirken, bei gewissenhafter Berufsausübung erkannt werden.

2.3.2 Art und Umfang der Prüfungsplanung

Die erforderliche Intensität der Prüfungsplanung hängt von der **Größe und Komplexität** der zu prüfenden Einheit (Gebietskörperschaft, Unternehmen), dem **Fehlerrisiko** des Prüfungsgegenstandes, dem **Schwierigkeitsgrad der Prüfung**,

[100] Eine ähnliche Beschreibung der Funktionen der Prüfungsplanung findet sich in IDW PS 240, Tz. 7-10.

den **Erfahrungen** des Prüfers mit der zu prüfenden Einheit – insbesondere mit dessen rechnungslegungsbezogenen internen Kontrollsystem – und den **Kenntnissen** (Verständnis) des Prüfers über die Einheit ab. Gleichwohl sind alle für die Rechnungslegung wichtigen Sachverhalte unabhängig davon, ob es sich um eine erstmalige Prüfung des Jahresabschlusses und des Lageberichts durch den Abschlussprüfer (Erstprüfung) oder um eine Folgeprüfung handelt, bei jeder Prüfung jeweils neu zu beurteilen (vgl. ISA [DE] 300, Tz. 1). Die Berücksichtigung von Größe, Komplexität und Risiko entspricht dem Gedanken des **skalierten Prüfungsvorgehens** (vgl. Kap. 2.1.4).[101]

MERKE: Die Skalierung ist in ISA [DE] 300 an unterschiedlichen Stellen geregelt. ISA [DE] 300, Tz. A16 besagt bspw., dass Art, zeitliche Einteilung und Umfang der Anleitung und Überwachung der Mitglieder des Prüfungsteams abhängen von der „Größe und Komplexität der Einheit, dem Prüfungsbereich, den beurteilten Risiken wesentlicher falscher Darstellungen […], den Fähigkeiten und der Kompetenz der einzelnen Teammitglieder, welche die Prüfungsarbeiten durchführen".

Nach dem in ISA [DE] 300, Tz. 7 ff. und IDW PS 240, Tz. 11 ff. vertretenen Konzept ist die Prüfungsplanung für eine Abschlussprüfung **zweistufig** durchzuführen (vgl. auch IDR L 200 Tz. 37 ff.). Sie umfasst zunächst die **Entwicklung der Prüfungsstrategie** (Kap. 2.3.3) und hierauf aufbauend die **Erstellung eines Prüfungsprogramms** in dem Art, Umfang und Zeitpunkt der Prüfungshandlungen im Einzelnen festgelegt werden (Kap. 2.4.1).

MERKE: Die Prüfungsplanung besteht aus der Entwicklung der übergeordneten Planung zur Prüfungsstrategie sowie der detaillierten Prüfungsprogrammplanung.

Gemäß ISA [DE] 300, Tz. 7 und IDW PS 240, Tz. 14 ff. wird durch die **Prüfstrategie** eine **Grundsatzentscheidung** getroffen, welche Richtung der Prüfer verfolgen möchte. Die Prüfungsstrategie muss in der Beschreibung des Ansatzes der Prüfung und dem erwarteten Ausmaß der Prüfungshandlungen ausreichend detailliert sein, um ein Prüfungsprogramm erstellen zu können. Hierbei sollen die Identifikation und die Analyse der Risikofaktoren, denen die zu prüfende Einheit unterliegt, Anhaltspunkte für die Beurteilung liefern, welche Prüfungsgebiete potenziell mit wesentlichen Fehlern oder mit Verstößen gegen die Rechnungslegungsvorschriften behaftet sein können. Damit wird eine Differenzierung zwischen kritischen und weniger kritischen Prüfungsgebieten und eine risikoorientierte Prüfungsstrategie für die einzelnen Prüfgebiete ermöglicht. Bei der **Prüfungsprogrammplanung** handelt es sich um die konkrete und detaillierte Form der Prüfungsplanung. Um hier Entscheidungen in sachlicher, personeller und zeitlicher Hinsicht zu treffen, können analytische Prüfungshandlungen genutzt werden.

101 Vgl. Freichel, C., Skalierte Jahresabschlussprüfung, 2016, S. 74.

Für die Prüfungsplanung sollte auf **Erkenntnisse aus den Vorjahren** zurückgegriffen werden. Dies darf aber nicht dazu führen, die Prüfung exakt wie im Vorjahr zu planen. Die Prüfungsplanung des Vorjahres ist kritisch zu hinterfragen und neue Erkenntnisse, bspw. aus Gesprächen mit der zu prüfenden Einheit oder aus einer ersten analytischen Durchsicht des Jahresabschlusses, sollten genutzt werden.

2.3.3 Prüfungsstrategie

Die Entwicklung der Prüfungsstrategie beinhaltet nach ISA [DE] 300, Tz. A8[102] folgende Fragestellungen:

- **Welche Ressourcen** (Teammitglieder, Sachverständige) werden benötigt?
- **In welchem Umfang** werden die Ressourcen benötigt? Anzahl der eingesetzten Teammitglieder (Anzahl insgesamt, Anzahl für die Inventurbeobachtung, Prüfung von Einzelabschlüssen/Gesamtabschluss etc.)?
- **Wann** werden diese Ressourcen eingesetzt? Einsatz bei der Vorprüfung, Einsatz bereits in der Prüfungsplanung (Prüfungsleiter) oder ggf. erst, wenn Stichproben zur Auswertung vorliegen (weitere Teammitglieder)?
- **Wie** werden diese Ressourcen eingesetzt? Wie wird angeleitet und überwacht? Zu welchen Zeitpunkten erfolgen bspw. Teambesprechungen? Wann werden Arbeitsergebnisse durch eine verantwortliche Person durchgesehen? Erfolgt eine weitergehende Qualitätssicherung durch eine dritte Person?

MERKE: Die Prüfungsstrategie umfasst grundsätzliche Entscheidungen des Abschlussprüfers über die prinzipielle Ausrichtung der Prüfung.

Bei **Prüfungen von Gebietskörperschaften** weist die Prüfungsmaterie folgende **Besonderheiten** auf, welche die Prüfungsstrategie beeinflussen:

1. Die Prüfungsmaterie beinhaltet Elemente der kaufmännischen Rechnungslegung nach dem HGB, wie z.B. die Grundsätze ordnungsgemäßer Buchführung, die Technik der doppelten Buchführung, die Bilanz, die Ergebnisrechnung, den Anhang sowie den Lagebericht.
2. Die Prüfungsmaterie besteht darüber hinaus aus Elementen des kameralistischen Rechnungswesens wie z.B. Haushaltssatzung, Haushaltsplan, Bewirtschaftungsregelungen, Haushaltsüberwachung sowie Haushaltsausgleich.
3. Außerdem umfasst die Prüfungsmaterie Inhalte wie z.B. Teilpläne und Teilrechnungen, interne Leistungsverrechnungen sowie Leistungskennzahlen und -kennziffern.

Damit die Abschlussprüfung einer **Gebietskörperschaft** sachgerecht durchgeführt werden kann, sind Prüfer erforderlich, die neben dem notwendigen Verständnis von

102 Die Prüfungsstrategie war bereits in IDW PS 240, Tz. 14-17 geregelt.

der zu prüfenden Einheit über Kenntnisse aus dem kaufmännischen Rechnungswesen, aus der Wirtschaftsprüfung und aus dem doppischen Öffentlichen Rechnungswesen verfügen.

Im Rahmen der Prüfungsstrategie wird auch festgelegt, inwieweit zur Steigerung der Wirtschaftlichkeit und Qualität der Prüfungsdurchführung **technische Hilfsmittel** eingesetzt werden sollen. Bei der Prüfung verwendete technische Hilfsmittel werden auch mit dem Begriff „Prüfungstechnik" bezeichnet. Dabei ist zwischen manuellen und **IT-gestützten Prüfungstechniken** zu unterscheiden. Im Wesentlichen kommen der Einsatz schriftlicher Prüfungsanleitungen, vor allem von Prüfungshandbüchern und Checklisten, sowie die Nutzung von DV-Verfahren wie spezielle Prüfungssoftware oder Plausibilitätssoftware in Betracht. **Prüfungschecklisten** helfen, die Vollständigkeit der Prüfungshandlungen zu gewährleisten. Zudem geben sie eine Orientierung; es ist aber zu beachten, dass sie sehr schematisch und damit kreativitätshemmend sind. Nichtsdestotrotz stellen Checklisten ein sinnvolles Hilfsmittel für die Prüfungsdurchführung dar.

2.3.4 Prüfungsprogramm

Auf der Grundlage der Prüfungsstrategie wird ein Prüfungsprogramm **in sachlicher, zeitlicher und personeller Hinsicht** erstellt. Ein solches Prüfungsprogramm beinhaltet Prüfungsanweisungen an die einzelnen mit der Durchführung der Prüfung befassten Prüfer. Das Prüfungsprogramm soll ferner Anweisungen zur **Überwachung und Dokumentation** der Prüfungsdurchführung enthalten. Erforderlichenfalls sind die der Entwicklung der Prüfungsstrategie zugrunde liegenden Aspekte für Zwecke des Prüfungsprogramms detaillierter zu analysieren (ISA [DE] 300, Tz. A12, IDW PS 240 Tz. 18).

ISA [DE] 300, Tz. A12 enthält eine Beschreibung des Prüfungsprogramms. Demnach ist das **Prüfungsprogramm** eine Konkretisierung der Prüfungsstrategie. Sie ist detaillierter als die Prüfungsstrategie, weil Art der Prüfungshandlungen, zeitliche Organisation sowie Umfang der Prüfungshandlungen abgebildet werden. Die Aufgaben werden zudem auf die Mitglieder des Prüfungsteams verteilt.

MERKE: Aufgabe der Prüfungsprogrammplanung ist die Sicherstellung eines in sachlicher, zeitlicher, personeller und wirtschaftlicher Hinsicht ablaufenden Prüfungsprozesses.

Nachfolgend werden die Bereiche der sachlichen, personellen und zeitlichen Planung näher betrachtet. Dies erfolgt in Anlehnung an IDW PS 240, der genauere Informationen zur Prüfungsprogrammplanung als ISA [DE] 300 liefert.

- ***Sachliche Planung***

Hier geht es um die Frage, **was geprüft werden soll**. Es ist zweckmäßig, die Prüfungsgebiete zur Erstellung eines **Prüfungsprogramms** in Teilbereiche (Prüffelder) aufzuteilen, die einheitlich zu prüfen sind. Prüffelder können dabei **tätigkeitsorientiert** gebildet werden (sog. **Tätigkeits-** oder **Transaktionskreise**), wobei ihrer Natur nach zusammengehörige Abschlussposten nicht isoliert, sondern zusammen geprüft werden.[103] Zu jedem **Prüffeld** werden dann Art und Umfang der Prüfungshandlungen unter Berücksichtigung des erwarteten Fehlerrisikos (inhärentes Risiko und Kontrollrisiko) und des akzeptierbaren Entdeckungsrisikos bestimmt. Unterstützt wird häufig durch Fragebögen, Checklisten oder Prüfprogramme (IDW PS 240, Tz. 19).

Prüffelder sollten so beschaffen sein, dass sich ein sinnvoller zeitlicher und sachlicher Zusammenhang eröffnet. So bilden z.B. bei der Prüfung des kommunalen Sachanlagevermögens, die Anschaffungen, die Abschreibungen, die Sonderposten für Investitionen und deren Auflösung sowie die in diesem Zusammenhang auszuweisenden Angaben im Anhang und Lagebericht ein Prüffeld. Abbildung 24 zeigt beispielhafte Prüffelder und die jeweiligen Zuordnungen.

Prüffeld	zugehörige IKS Prüfung	zugehörige Posten der Bilanz	zugehörige Posten der Ergebnisrechnung
Rechnungswesen	Organisation des Rechnungswesens	alle, insbesondere Jahresabschlussbuchungen	alle
Sachanlagevermögen	Anlagen-/ Investitionsmanagement	bebaute und unbebaute Grundstücke, Infrastruktur, BGA, techn. Anlagen etc. Sonderposten	planmäßige und außerplanmäßige Abschreibungen, Auflösung Sonderposten
Einkauf/Beschaffung	Einkauf	Verbindlichkeiten L+L, Vorräte, Rückstellungen für ungewisse Verbindlichkeiten	z.B. Aufwendungen für Sach- und Dienstleistungen
Verkauf/Leistungserbringung Abgabenerhebung	Forderungsmanagement	Forderungen	z.B. Steuern, Gebühren, Beiträge, Verkaufserlöse, Wertberichtigungen
Personal	Personalmanagement	Verbindlichkeiten, personalbezogene Rückstellungen	Personalaufwand
Finanzierung	Zahlungsverkehr	Bank, Kreditverbindlichkeiten	Zinsaufwand, Zinsertrag

Abbildung 24: Bildung von Prüffeldern

[103] Vgl. Marten, K.-U./Quick, R./Ruhnke, K., Wirtschaftsprüfung, 6. Aufl. 2020, S. 501.

Bei einer **abschlusspostenorientierten Prüfung** stehen Einzelfallprüfungen zwar im Vordergrund, jedoch sind auch Systemprüfungen und analytische Prüfungen zwingend.[104] Die Praxis hat teilweise abschlusspostenorientierte **Standardprüfungsprogramme** mit Checklistencharakter entwickelt. Zu beachten ist, dass die Verwendung von **Checklisten** nur auf Basis einer Einbindung in das systematische Vorgehen im Rahmen des risikoorientierten Prüfungsansatzes erfolgen sollte (vgl. Kap. 6.1.1).

Sowohl bei der tätigkeitsorientierten als auch bei der abschlusspostenorientierten Abschlussprüfung werden die im Abschluss enthaltenen Aussagen oder Erklärungen der zu prüfenden Einheit zu den Arten von Geschäftsvorfällen und Ereignissen, Kontensalden und dazugehörigen Abschlussangaben gemäß ISA [DE] 315 auf mögliche falsche Darstellungen untersucht. Die Aussagen dienen der Einhaltung der wichtigsten GoB und sind deshalb stets sicherzustellen. Für die abschlusspostenorientierte Prüfung sind hauptsächlich die Aussagen zu den **Kontensalden und dazugehörige Abschlussangaben** relevant.[105]

Die **Aussagen über Geschäftsvorfälle und Ereignisse** und dazugehörige Abschlussinformationen umfassen Aussagen zu:[106]

- Vorkommen (Eintritt): Die in den Büchern aufgezeichneten Geschäftsvorfälle und Ereignisse sind tatsächlich passiert und auch der Einheit zuzurechnen.
- Vollständigkeit: Sämtliche Geschäftsvorfälle und Ereignisse sind vollzählig erfasst und in den Jahresabschluss der Einheit aufgenommen.
- Genauigkeit: Die Geschäftsvorfälle und Ereignisse sind richtig, also willkürfrei erfasst, d.h. sie entsprechen den tatsächlichen Gegebenheiten.
- Periodenabgrenzung: Die angesprochenen Geschäftsvorfälle und Ereignisse sind der richtigen Periode, also dem richtigen Geschäftsjahr, zugeordnet.
- Kontenzuordnung: Die Geschäftsvorfälle und Ereignisse sind auf den richtigen Konten erfasst.
- Darstellung: Die Geschäftsvorfälle und Ereignisse sind in angemessener Form und klar dokumentiert.

Die **Aussagen über Kontensalden** (am Periodenende) und dazugehörige Abschlussinformationen umfassen Aussagen zu:[107]

- Vorhandensein: Die Vermögensgegenstände und Schulden sind tatsächlich vorhanden.

---

104 Vgl. Marten, K.-U./Quick, R./Ruhnke, K., Wirtschaftsprüfung, 6. Aufl. 2020, S. 515.

105 Vgl. Marten, K.-U./Quick, R./Ruhnke, K., Wirtschaftsprüfung, 6. Aufl. 2020, S. 515.

106 In Anlehnung an ISA [DE] 315, A129 und Marten, K.-U./Quick, R./Ruhnke, K., Wirtschaftsprüfung, 6. Aufl. 2020, S. 165.

107 In Anlehnung an ISA [DE] 315, A129 und Marten, K.-U./Quick, R./Ruhnke, K., Wirtschaftsprüfung, 6. Aufl. 2020, S. 166.

- Rechte und Verpflichtungen (Zurechnung): Die Einheit ist im Hinblick auf die Aktiva tatsächlich berechtigt (wirtschaftliches Eigentum) und im Hinblick auf die Passiva tatsächlich verpflichtet.
- Vollständigkeit: Alle Aktiv- und Passivposten, die zu bilanzieren sind, wurden erfasst und mit den zugehörigen Angaben in den Abschluss aufgenommen.
- Genauigkeit, Bewertung und Zuordnung: Die Aktiv- und Passivposten sind im Abschluss mit den zutreffenden Beträgen ausgewiesen und damit verbundene Anpassungen der Bewertung oder Zuordnung erfolgten in angemessener Weise. Die entsprechenden Abschlussangaben wurden angemessen bewertet und beschrieben. Vereinfachungen oder Zusammenfassungen von einzelnen Posten der Bilanz und GuV-Rechnung führen nicht zu Ungenauigkeiten.
- Ausweis: Vermögensposten, Schulden und Eigenkapital wurden auf den zutreffenden Konten erfasst.
- Darstellung: Vermögensposten, Schulden und Eigenkapital sind in angemessener Form und klar dokumentiert. Die entsprechenden Angaben sind relevant und verständlich.

MERKE: Aussagen über Geschäftsvorfälle betreffen in der Regel die GuV-Rechnung, Aussagen über Kontensalden primär die Bilanz; dazugehörige Abschlussinformationen betreffen den Anhang und den Lagebericht. Je Prüffeld oder Posten ist dabei nur ein Teil der Aussagen relevant. Einzelne Aussagen können auch kombiniert werden

Bei der Darstellung der einzelnen Prüfungshandlungen in den Kapiteln 5 und 6 sind die einzelnen Aussagen zur Rechnungslegung zusammengefasst. Es wird dort unterschieden in eine **Bilanzierungsprüfung** (Periodenabgrenzung, Vorhandensein, Vollständigkeit, wirtschaftliche Zurechnung), **Gliederungsprüfung** (Ausweis und Zuordnung) und **Bewertungsprüfung** (Bewertung, Darstellung und Genauigkeit). Sowohl bei einer abschlusspostenorientierten Prüfung als auch bei einer Prüfung nach Prüffeldern sollten die entsprechenden Bilanzpositionen mit den jeweils korrespondierenden Positionen der Erfolgsrechnung (ggf. auch Finanzrechnung) und den entsprechenden Angaben im Anhang und Lagebericht verknüpft werden. Die Prüfungsaussagen zur **Rechtmäßigkeit und Wirtschaftlichkeit** des Verwaltungshandelns bei Gebietskörperschaften sind in das jeweilige Prüffeld bzw. die jeweilige Abschlussposition einzubeziehen.

- ***Personelle Planung***

Im Rahmen der Prüfereinsatzplanung erfolgt die Zuordnung des Personals zu den einzelnen Prüffeldern. Dabei ist zu berücksichtigen, dass **Qualifikation und Vorgehensweise** der verschiedenen Prüfer, aber auch deren Vorkenntnisse über die zu prüfende Einheit und deren Tätigkeitsbereiche und Leistungen differieren. Der Prüfer muss wissen, wo Bilanzierungswahlrechte bestehen und welche Möglichkeiten das Management hat, durch geschickte Auswahl von Wahlrechten die Bilanz oder die GuV-Rechnung entweder schlechter oder besser darzustellen.

Die Zuordnung der Prüfer zu den einzelnen Prüffeldern ist daher nicht nur eine Frage der Organisation, sie ist auch davon abhängig, ob und inwieweit die Prüfer in der Lage sind, die z.T. recht heterogenen Prüfungsaufgaben zu lösen. Deshalb kann die Prüfereinsatzplanung auch nicht unabhängig von der sachlichen Planung erfolgen – vielmehr erfordert sie eine enge Verknüpfung. Im Rahmen der personellen Planung hat der Abschlussprüfer auch zu überlegen, ob sachverständige Dritte einbezogen werden.

IDW PS 240, Tz. 20 konkretisiert passende Kriterien für die personelle Planung. In den ISA [DE] werden diese Kriterien nicht mehr in dieser zusammengefassten Form genannt. Vielmehr werden sie nun in unterschiedlichen Standards aufgeführt. Die genannten Kriterien sind:

- die persönliche Qualifikation der Mitarbeiter,
- die Kenntnisse der Mitarbeiter über die zu prüfende Einheit,
- Kontinuität bzw. Fluktuation im Prüfungsteam,
- Verfügbarkeit von Prüfern, die unabhängig sind,
- Erfahrungen des Prüfungsleiters in der Führung der Mitarbeiter.

- ***Zeitliche Planung***

Weiterhin wird festgelegt, in welcher **zeitlichen Reihenfolge** Prüffelder bearbeitet werden und welcher **Zeitraum** für ein Prüffeld zur Verfügung steht. Die zeitliche Planung soll die Einhaltung der vorgegebenen Prüfungszeit gewährleisten und Leerläufe vermeiden. Zudem sollte der Prüfer organisatorische Planungen vornehmen, um den Zeitplan für die Prüfung einhalten zu können:

- Die Prüfungsplanung sollte für bestimmte Tätigkeiten vorab festgelegte Termine vorsehen. So müssen externe Bestätigungen wie Saldenbestätigungen, Bankbestätigungen, Rechtsanwaltsbestätigungen sowie Bestätigungen externer Lagerhalter mit Vorlauf angefordert werden. Bestenfalls sollten die Termine so geplant werden, dass im Vorfeld der eigentlichen Prüfung noch eine Erinnerung bei nicht erhaltenen Antworten auf Bestätigungsanfragen erfolgen kann. Auch die Inventurteilnahme muss im Vorfeld geplant werden, damit eine Teilnahme eines Prüfers bei Wesentlichkeit des Prüffeldes gewährleistet ist.
- Der Prüfer kann der zu prüfenden Einheit bereits vorab eine Liste zur Verfügung stellen, welche Unterlagen in jedem Fall benötigt werden. Beispiele dafür sind Sachkontenzusammenstellungen, Anlagenspiegel, Rückstellungsspiegel, Bilanz und GuV/Ergebnisrechnung, Saldenlisten sowie Zusammenstellungen der Debitoren/Kreditoren. Dieses Vorgehen stellt im ersten Schritt sicher, dass der Prüfer zu Beginn der Prüfung die **Prüfungsbereitschaft** beurteilen kann, d.h. ob Mitarbeiter für Auskünfte zur Verfügung ste-

hen und Nachweise zeitnah bereitgestellt werden können. Besteht diese Prüfungsbereitschaft nicht, kann es für den Prüfer sinnvoll sein, die Prüfung insgesamt auf einen späteren Zeitpunkt zu verschieben oder mit geringerer personeller Besetzung zu beginnen. Im zweiten Schritt stellt das Vorgehen bei Prüfungsbereitschaft sicher, dass der Prüfer direkt beginnen und weitere Prüfungsnachweise anfordern kann.

- Wartezeiten entstehen dadurch, dass bestimmte Personen bei der geprüften Einheit für die Bereitstellung der Unterlagen verantwortlich sind. Sie müssen oft in kurzer Zeit Unterlagen aus verschiedenen Abteilungen zur Verfügung stellen und zusätzlich ihrem Tagesgeschäft nachgehen. Anforderungen zu weiteren Prüfungsnachweisen, bspw. Stichproben zu Unterlagen zum Anlagevermögen oder den Umsatzerlösen, sollten möglichst frühzeitig weitergegeben werden.
- Letztlich sollte bereits im Vorfeld eingeplant werden, dass Personal für Qualitätssicherungsmaßnahmen (z.B. das Gegenlesen des Prüfungsberichts) am Ende der Prüfung zur Verfügung steht.

Bei zeitkritischen Jahresabschlussprüfungen hat es sich als sinnvoll erwiesen, eine sog. **Vorprüfung** durchzuführen (§ 320 Abs. 2 Satz 2 HGB). Dabei wird ein Zeitraum vor der eigentlichen Abschlussprüfung und vor Erstellung des Jahresabschlusses festgelegt, in dem der Abschlussprüfer und seine Mitarbeiter alle Prüfungshandlungen durchführen, die vorab möglich sind, z.B. Risikobeurteilungen, Beurteilungen des gesamtwirtschaftlichen Umfeldes, vorläufige analytische Prüfungshandlungen zu einem vorgezogenen Stichtag, Gespräche mit dem Management, Gespräche mit der zu prüfenden Einheit über wesentliche oder neue Geschäftsvorfälle sowie Systemprüfungen. Vorprüfungen stellen auch die unterjährige laufende Prüfung der Vorgänge der Finanzbuchhaltung sowie die dauernde Überwachung der Zahlungsabwicklung durch die örtliche Rechnungsprüfung dar (vgl. Kap. 12.1 und 12.2).

Die **Reihenfolge** der Bearbeitung der Prüffelder kann auch rein praktische Gründe, wie die Verfügbarkeit eines Ansprechpartners, haben. In anderen Prüffeldern müssen bspw. bei Einzelfallprüfungshandlungen von der geprüften Einheit umfangreiche Vorbereitungen erledigt werden (Zusammenstellen von Eingangsrechnungen und Zahlungsbelegen als Prüfungsnachweise im Anlagevermögen u.a.). Hier kann es sich anbieten, zunächst die nötigen Prüfungsnachweise von der zu prüfenden Einheit anzufordern und in der Zeit, in der die Vorbereitungen für ein Prüffeld durch die geprüfte Einheit erfolgen, mit einem anderen Prüffeld zu beginnen.

Probleme bei der Zeitplanung ergeben sich insbesondere bei **Erstaufträgen.** Es wird geschätzt, dass bei Erstprüfungen 25 % der Prüfungszeit für die Prüfungsplanung verwendet wird, bei Folgeprüfungen dagegen nur noch 10 %.[108] Der Grund

108 Vgl. Zaeh, P. E., Die Planung der Prüfungsmethoden in einer problem- und risikoorientierten Abschlussprüfung, 1999, S. 276.

dafür ist, dass dem Abschlussprüfer der Prüfungsstoff und die bei seiner Bewältigung auftretenden Schwierigkeiten noch unbekannt sind. Beispielsweise besteht noch Unsicherheit, ob man sich auf die Wirksamkeit der internen Kontrollsystems und die Funktionsweise der Buchführung verlassen kann.[109] Hat bereits im Vorjahr eine Prüfung stattgefunden, kann der Prüfer unter Beachtung des Grundsatzes der Eigenverantwortlichkeit Prüfungsergebnisse des Vorjahresprüfers nutzen. Hat zuvor keine Prüfung stattgefunden, ist die Prüfung besonders aufwendig. Hinweise zur Durchführung finden sich in ISA [DE] 510, Tz. A6 und A7 (Eröffnungsbilanzwerte bei Erstprüfungsaufträgen). Zur Prüfung von erstmalig aufgestellten Abschlüssen aufgrund von Neugründung, Verschmelzung oder Spaltung ist ebenfalls ISA [DE] 510 heranzuziehen.[110]

Bei **Folgeprüfungen** muss eine Aktualisierung und erneute Beurteilung der Sachverhalte erfolgen, allerdings kann bereits auf Dokumentationen und unterstützende Unterlagen zurückgegriffen werden. Wichtige Sachverhalte müssen stets neu beurteilt und dokumentiert werden (ISA 300 [DE], Tz. A20). Bei großen und mittelgroßen Einheiten ist es unmöglich, sämtliche Gebiete der Rechnungslegung in jedem Jahr mit gleicher Intensität zu prüfen. Hier ist es üblich, einen **mehrjährigen Prüfungsplan** mit wechselnden Schwerpunkten aufzustellen.

Auch für **Systemprüfungen** bietet sich eine mehrjährige Prüfungsplanung an, in der bspw. das interne Kontrollsystem im Bereich Personal besonders genau und andere Teilgebiete, bspw. das interne Kontrollsystem im Bereich Einkauf, weniger intensiv geprüft werden. Bei darauffolgenden Prüfungen liegt dann die Intensität auf den Teilgebieten, die in den Vorjahren weniger intensiv geprüft wurden. Es sollte ein Zeitraum festgelegt werden, innerhalb dessen alle Gebiete abgedeckt werden, um prüfungsfreie Räume zu vermeiden.[111] Zur Beurteilung des Risikos kann vereinfacht bspw. anhand der von Erdmann (2014) speziell für die kommunale Rechnungsprüfung ermittelten Kriterien Zeitabstand seit der letzten Prüfung, Ergebnisse der letzten Prüfung, Zustand des internen Kontrollsystems, Komplexität des Prüffeldes, Finanzvolumen, Anzahl der Buchungen, Organisationsveränderungen, Hinweise und Beschwerden, Außenwirkung (Reputation), politische Bedeutung und Korruptionsrisiko abgestellt werden.[112] Der mehrjährige Prüfungsplan sollte der zu prüfenden Einheit nicht bekanntgegeben werden.

---

109 Vgl. Marten, K.-U./Quick, R./Ruhnke, K., Wirtschaftsprüfung, 6. Aufl. 2020, S. 368.

110 Vgl. Marten, K.-U./Quick, R./Ruhnke, K., Wirtschaftsprüfung, 6. Aufl. 2020, S. 369.

111 Vgl. Selchert, F. W., Jahresabschlußprüfung der Kapitalgesellschaften, Teil 5: Planung und Vorbereitung der Jahresabschlußprüfung von Kapitalgesellschaften, 2. Aufl. 1996; Brösel, G./Freichel, C./Toll, M./Buchner, R., Wirtschaftliches Prüfungswesen, 3. Aufl. 2015, S. 342.

112 Vgl. Erdmann, C., Risikoorientierte (Mehr)Jahresprüfungsplanung in der kommunalen Rechnungsprüfung, 2014, S. 110 sowie IDR L 112, Tz. 14 ff.

MERKE: Die Dauer von Abschlussprüfungen und damit auch deren Kosten werden wesentlich davon mitbestimmt, in welchem Umfang und zu welchem Zeitpunkt der Auftraggeber, also die zu prüfende Einheit, mitwirkt.

Für die zeitliche Planung ist es günstig, wenn der einzelne Prüfer **mehrere Prüffelder parallel** abarbeitet. Eine zeitliche Planung der Prüfung kann auch bedeuten, dass mehrere **Prüfungsaufträge gleichzeitig** bearbeitet werden, um Wartezeiten zu verhindern.[113] Eine abschließende Übersicht der Maßnahmen zur sachlichen, personellen und zeitlichen Planung zeigt Abbildung 25:

Sachliche Planung	Personelle Planung	Zeitliche Planung
• Einteilung in Prüffelder • Planung von Prüfungsschwerpunkten • Bereitstellung passender Prüfungsanweisungen • Überwachung der Gesamtprüfung • Beobachtung des Prüfungsfortschritts • Durchsicht der Arbeitsergebnisse des Prüfungsteams • Planung des Abschlusses der Prüfungshandlungen	• Zusammensetzung des Prüfungsteams (Kriterien: Ausbildung, Erfahrung und ggf. Spezialkenntnisse) • Zuordnung der Prüfer zu den Prüffeldern • Kenntnisse über die zu prüfende Einheit und ggf. auch die Branche (Eigenbetrieb als Entsorgungsbetrieb, Stadtwerke etc.) • Sicherstellung der Verfügbarkeit der Mitarbeiter • Prüfung der Unabhängigkeitsanforderungen	• Terminierung der Prüfungstätigkeiten • Festlegung von Zeitvorgaben für die einzelnen Prüfungsaufgaben • Sicherstellung der Prüfungsbereitschaft des Mandanten • Berücksichtigung von Zeitreserven für unerwartete erforderliche Änderungen des Prüfungsvorgehens • Sicherstellung einer zeitnahen Durchsicht der Prüfungsergebnisse nach Ende der Prüfungshandlungen

Abbildung 25: Sachliche, personelle und zeitliche Prüfungsplanung[114]

113 Vgl. Fiebig, H./Zeis, A., Kommunale Rechnungsprüfung, 5. Aufl. 2018, Rd.-Nr. 202.

114 In Anlehnung an IDW PS 240, Tz. 20, Anlage zu ISA [DE] 300 sowie Graumann, M., Wirtschaftliches Prüfungswesen, 6. Aufl. 2020, S. 77.

2.4 Durchführung der Prüfungshandlungen

2.4.1 Prüfungsmethoden

Prüfungsmethoden sind die von den Prüfern realisierten **Verfahrensweisen zur Erlangung des Prüfungsurteils**. Zunächst ist zwischen einer Vollprüfung und einer Stichprobenprüfung zu unterscheiden. Bei einer **Vollprüfung (lückenlose Prüfung)** basiert das Prüfungsurteil auf der Bearbeitung aller Elemente einer Grundgesamtheit (z.B. alle Geschäftsvorfälle, alle Buchungen eines Postens). Das Prüfungsurteil weist deshalb einen entsprechend hohen Sicherheitsgrad auf. Eine Vollprüfung erfolgt z.B. bei der Prüfung der Einhaltung der Gliederungsvorschriften für die Bilanz, die GuV-/Ergebnisrechnung oder für die Prüfung der Pflichtangaben im Anhang.

Andere mögliche Gründe für eine Vollprüfung können eine undurchsichtige, im Gesamten nicht ordnungsgemäß geführte Buchführung, Hinweise auf dolose Handlungen oder die Prüfung besonders wertvoller Objekte sein. In der Praxis wird die Vollprüfung (wenn überhaupt) nicht auf den gesamten Abschluss angewandt, sondern nur auf einzelne Prüfgebiete, wie z.B. eine lückenlose Prüfung aller Bankkonten durch Abgleich mit externen Bankbestätigungen oder die lückenlose Prüfung der Eigenkapitalposten. Der hohe Sicherheitsgrad bei einer Vollprüfung steht jedoch in Konkurrenz zum Grundsatz der Wirtschaftlichkeit der Prüfung.

Bei Anwendung des risikoorientierten Prüfungsansatzes ist eine Vollprüfung in der Regel nicht notwendig, da sich hier die Prüfungssicherheit in weiten Teilen aus einer Risikoanalyse aufgrund der Prüfung des IKS ergibt. Dies gilt auch für die Prüfung von Gebietskörperschaften.[115] So ist z.B. in NRW das IKS gemäß § 104 Nr. 6 GO NRW auf Wirksamkeit zu prüfen; nach § 59 Abs. 3 GO NRW ist dem Rechnungsprüfungsausschuss über wesentliche Schwächen des internen Kontrollsystems im Hinblick auf die Rechnungslegung zu berichten.

MERKE: Eine Vollprüfung führt zu einem hohen Grad der Prüfungssicherheit. Aus Wirtschaftlichkeitsgründen erfolgt in der Regel keine Vollprüfung. Auch Gebietskörperschaften wenden i.d.R. den risikoorientierten Prüfungsansatz an. Dies zeigt nicht zuletzt die Kodifizierung der IKS-Prüfung in den kommunalrechtlichen Vorschriften.

Im Fall der **Stichprobenprüfung** werden dagegen nicht alle einzelnen Elemente einer Grundgesamtheit geprüft. Das Prüfungsurteil wird durch einen Repräsentationsschluss gebildet. Das heißt: Wenn die gezogenen Stichproben keine Fehler aufweisen, wird darauf geschlossen, dass auch die weiteren Elemente der Grundge-

[115] Beispielsweise ist nach § 6 SächsKomPrüfVO der risikoorientierte Prüfungsansatz ausdrücklich anzuwenden. Die Prüfung kann sich dabei auf Stichproben (Ausnahme: Kassenbestandsaufnahme) beschränken; es können auch Schwerpunkte gebildet werden.

samtheit keine Fehler aufweisen. Die Stichprobenprüfung hat den Nachteil, dass keine vollständige Sicherheit besteht, dass das Ergebnis richtig ist. Die Prüfung kann nicht so exakt und genau sein wie eine Vollprüfung. Die stichprobenweise Prüfung bietet sich insbesondere bei umfangreichen Arbeitsgebieten an und ist bei einer Jahresabschlussprüfung die Regel und nicht die Ausnahme.[116]

Für die Durchführung von Stichprobenprüfungen ist insbesondere ISA [DE] 530 zu beachten.[117]

MERKE: Mittels der Stichprobenprüfungen möchte der Abschlussprüfer eine hinreichende Information über die Grundgesamtheit erlangen (ISA [DE] 530, Tz. 4).

Die Stichprobenauswahl selbst kann **bewusst** oder **zufallsgesteuert** erfolgen.[118] Die zufallsgesteuerte Stichprobenprüfung erfordert Kenntnisse über die verschiedenen statistischen Verfahren.

Voraussetzung für die **Zufallsauswahl** ist, dass jedes Element der Grundgesamtheit mit derselben Wahrscheinlichkeit ausgewählt werden kann.[119] Möchte man bspw. eine Stichprobe der neu angeschafften Anlagenzugänge bei der Prüfung des Sachanlagevermögens ziehen, muss sichergestellt werden, dass die Zugangsliste (Grundgesamtheit) auch vollständig ist und dass das genutzte Verfahren diese Voraussetzungen sicherstellt. Bei der Auswahl der Geschäftsvorfälle ist also darauf zu achten, dass alle Sachverhalte die gleiche Chance haben, geprüft zu werden. Die Aussage, dass sich ein „Vorgang im Umlauf“ befindet, ist keine Begründung dafür, dass eine Akte dem Prüfer nicht vorgelegt werden muss. Der Vorteil der Zufallsauswahl ist, dass die Fehler auf die Grundgesamtheit hochgerechnet werden können.[120] Es werden, zumindest in Auszügen, auch als nicht risikoträchtig eingeschätzte Gebiete abgedeckt.[121] Der Nachteil der Zufallsauswahl liegt darin, dass Auswahl und Vorbereitung der Zufallsstichprobe einen hohen Zeitaufwand mit sich bringen.[122]

Die **bewusste Auswahl** erfolgt nach pflichtgemäßem Ermessen.[123] Bei der bewussten Auswahl haben nicht alle Elemente dieselbe Wahrscheinlichkeit der Auswahl. Vielmehr wird ein Kriterium ermittelt, anhand dessen die Auswahl erfolgen soll.

116 Vgl. Fiebig, H./Zeis, A., Kommunale Rechnungsprüfung, 5. Aufl. 2018, Rd.-Nr. 193.

117 IDW PS 310 war die entsprechende Vorgängerregelung.

118 Vgl. ISA [DE] 530, Anlage 4.

119 Vgl. Brösel, G./Freichel, C./Toll, M./Buchner, R., Wirtschaftliches Prüfungswesen, 3. Aufl., 2015, S. 314. Die mathematisch-statistischen Grundlagen sind hier ab S. 501 ff. dargestellt.

120 Vgl. Hömberg, R, Stichprobenprüfung mit Zufallsauswahl, 2002, Sp. 2288; Schmidt, G., Stichprobenprüfung mit bewusster Auswahl, 2002, Sp. 2280.

121 Vgl. Freichel, C., Jahresabschlussprüfung, 2016, S. 212.

122 Vgl. Marten, K.-U./Quick, R./Ruhnke, K., Wirtschaftsprüfung, 6. Aufl. 2020, S. 455.

123 Vgl. Brösel, G./Freichel, C./Toll, M./Buchner, R., Wirtschaftliches Prüfungswesen, 3. Aufl. 2015, S. 314.

Bei der Jahresabschlussprüfung werden häufig Geschäftsvorfälle mit hohen Beträgen ausgewählt. Weiterhin kann eine detektivische Auswahl, also eine Auswahl von Stichproben aus fehleranfälligen Bereichen erfolgen.[124] Die bewusste Auswahl kann sich auch auf qualitative Merkmale (z.B. von Personen, Gruppen, Aktivitäten oder Abläufen) beziehen.

Abbildung 26 fasst die genannten Punkte zusammen. Wichtig ist in diesem Zusammenhang der Verweis auf ein unvermeidbares Restrisiko, dass wesentliche falsche Darstellungen wegen der Prüfung in Stichproben unentdeckt bleiben.

Stichprobenweise Prüfung
bewusste Auswahl nach unterschiedlichen Kriterien wie z.B.
• Größenordnungen (Vorfälle, die eine bestimmte Wertgrenze überschreiten, Bsp.: Debitoren > 500 €)
• Abteilungen (z.B. Anlagenbuchhaltung, Zahlungsabwicklung)
• Internes Kontrollsystem (z.B. werden Stichproben dort angesetzt, wo Lücken/ Schwachstellen vorhanden sind)
Zufallsauswahl
• systematisch auf der Basis mathematisch-statistischer Verfahren (Vorsicht: ohne Kenntnis über derartige Verfahren, besteht die Gefahr, falsche Rückschlüsse zu ziehen)
• ohne bestimmtes System (in der deutschen Prüfungspraxis i.d.R. nicht angewandt und nach h.M. nicht zulässig)

Abbildung 26: Beispiele zur Prüfung in Stichproben

Eine Prüfung kann zudem progressiv oder retrograd erfolgen. Bei der **progressiven Prüfung** beginnt der Prüfer beim Geschäftsvorfall (z.B. Urbeleg einer Eingangsrechnung) und geht schrittweise über alle vorhandenen Bearbeitungsstufen bis zum richtigen Ausweis im Jahresabschluss (z.B. als Verbindlichkeit in der Bilanz). Bei der **retrograden Prüfung** beginnt der Prüfer bei den Posten des Jahresabschlusses und verfolgt diese zurück bis zu den Geschäftsvorfällen (z.B. wird ausgehend von einer Verbindlichkeit in der Bilanz geprüft, ob zur kreditorischen Buchung eine ordnungsgemäße Eingangsrechnung vorliegt). Nachteil der retrograden Prüfung ist, dass der Prüfer u.U. nicht auf alle relevanten Geschäftsvorfälle stößt (z.B. lässt sich bei einer retrograden Prüfung der Rückstellungen nicht feststellen, ob alle rückstellungspflichtigen Sachverhalte erfasst wurden. In der Praxis werden beide Methoden in der Regel kombiniert angewendet.

Eine weitere Unterteilung der Prüfungsmethoden kann in Hinblick auf direkte und indirekte Prüfungen erfolgen. Bei einer **direkten Prüfung** (materielle Prüfung)

124 Vgl. Brösel, G./Freichel, C./Toll, M./Buchner, R., Wirtschaftliches Prüfungswesen, 3. Aufl. 2015, S. 313.

bildet der Prüfer sein Urteil, indem er sich unmittelbar mit den zu prüfenden Geschäftsvorfällen und Ereignissen befasst (Beispiel: Prüfung einer außerordentlichen Wertminderung bei einem Gebäude aufgrund eines Wasserschadens).

Eine **indirekte Prüfung** (formelle Prüfung) liegt dagegen vor, wenn nicht die Geschäftsvorfälle und Ereignisse selbst, sondern andere Gegebenheiten bearbeitet werden, die in einer kausalen oder funktionalen Beziehung dazu stehen. Als Beispiel für eine indirekte Prüfung kann die Prüfung des IT-Systems im Fall einer DV-Buchführung oder die Prüfung des internen Kontrollsystems gelten. Wird das IT-System als ordnungsmäßig befunden, so ist daraus der Schluss zulässig, dass auch die Verarbeitung der einzelnen Daten, also etwa die Verbuchung der einzelnen Geschäftsvorfälle, ordnungsmäßig ist. Hat sich der Prüfer von der Wirksamkeit der internen Kontrollen überzeugt, kann er seine auf dieser Einschätzung beruhenden (Einzelfall-)Prüfungen einschränken und die Prüfung evtl. insgesamt schneller abschließen. Andere Möglichkeiten indirekter Prüfung sind vor allem Verprobungen (Plausibilitätsanalysen) und summarische Abstimmungen. Mithilfe von **Verprobungen und summarischen Abstimmungen** kann der Prüfer nachvollziehen, inwieweit kausal oder (wirtschaftlich-technisch) funktional miteinander zusammenhängende Sachverhalte im Jahresabschluss richtig wiedergegeben werden. Verprobungen und summarische Abstimmungen basieren in der Regel auf Kennzahlenanalysen und -vergleichen (z.B. Verhältnis von Umsatzerlösen zu Umsatzsteuer, Materialverbrauch zu abgesetzter Produktmenge oder Verhältnis der Besucherzahlen zur Gesamtsumme der erzielten Einnahmen in öffentlichen Einrichtungen). Sie können dem Prüfer lediglich pauschale und erste Hinweise auf eine korrekte Erfassung der Geschäftsvorfälle und Ereignisse im Jahresabschluss liefern. Auch analytische Prüfungshandlungen (vgl. Kap. 2.4.3.3) stellen indirekte Prüfungen dar.

Wird das Prüfungsrisiko bei der Prüfung berücksichtigt, handelt es sich um eine **risikoorientierte Prüfung**, andernfalls um eine **risikoneutrale Prüfung**.

Bei den Prüfungsmethoden unterscheidet man noch – wie bereits ausgeführt – zwischen einer **abschlusspostenorientierten Prüfung** (vgl. Kap. 6) und einer **prüffeld- oder tätigkeitsorientierten Prüfung**. Die abschlusspostenorientierte Prüfung betrachtet die einzelnen Jahresabschlussposten sowie die darin enthaltenen Aussagen insbesondere hinsichtlich Vorhandensein, wirtschaftlicher Zugehörigkeit, Vollständigkeit, Bewertung und Ausweis.[125] Eine prüffeld- oder tätigkeitsorientierte Prüfung betrachtet betriebliche Teilbereiche wie Rechnungswesen, Einkauf, Verkauf, Personal (Personalwesen) sowie Finanzierung (Finanzwesen).

125 In Kap. 6 werden die Aussagen über Geschäftsvorfälle und Ereignisse sowie die Aussagen über Kontensalden den Begriffen „Bilanzierung, Bewertung und Ausweis" zugeordnet.

2.4.2 Prüfungsnachweise

Der Abschlussprüfer hat durch **geeignete Prüfungshandlungen ausreichende und angemessene Prüfungsnachweise** einzuholen, um darauf aufbauend die geforderten Prüfungsaussagen treffen zu können (ISA [DE] 500, Tz. 4).

Die unterschiedlichen Prüfungsnachweise können sich nach ISA [DE] 500 aus den folgenden Prüfungshandlungen ergeben:[126]

Einsichtnahme/Inaugenscheinnahme (ISA [DE] 500, Tz. A14-A16)	
	Einsichtnahme von Dokumenten, z.B. Rechnungen, Genehmigungen
	Inaugenscheinnahme von z.B. Vorräten, Sachanlagen
Beobachtung (ISA [DE] 500, Tz. A17)	
	Beobachtung von Kontrollhandlungen, bspw. Abschlussprüfer beobachtet, wie die Inventur in einer öffentlichen Bibliothek durchgeführt wird: Ist z.B. sichergestellt, dass alle Bücher gezählt und in die Bilanz übernommen werden bzw. ist sichergestellt, dass nicht mehr Vermögensgegenstände übernommen werden als vorhanden sind?
Externe Bestätigungen (ISA [DE] 500, Tz. A18)	
	Der Abschlussprüfer lässt sich die Richtigkeit von Posten bestätigen, bspw. bestätigt eine Bank, dass der Saldo von 300.000 EUR auf dem Sachkonto mit dem Kontensaldo auf dem Bankkonto beim Kreditinstitut übereinstimmt oder ein Lieferant bestätigt, dass Verbindlichkeiten in einer bestimmten Höhe vorliegen.
Nachrechnen (ISA [DE] 500, Tz. A19)	
	Überprüfen der rechnerischen Richtigkeit, z.B. korrekte Berechnung einer Rückstellung
Nachvollziehen (ISA [DE] 500, Tz. A20)	
	Nachvollziehen von Kontrollhandlungen im IKS: Ist bspw. sichergestellt, dass nicht dieselbe Person Debitoren anlegen, Rechnungen ausstellen und Auszahlungen durchführen kann?
Analytische Prüfungshandlungen (ISA [DE] 500, Tz. A21)	
	Verplausibilisieren von Daten: Ist der Anstieg des Personalaufwands um 10 % plausibel?
Befragungen (ISA [DE] 500, Tz. A22-A25)	
	Befragung der Geschäftsführung, des Bürgermeisters, des Finanzdezernenten

Abbildung 27: Prüfungshandlungen zur Erlangung von Prüfungsnachweisen

Die unterschiedlichen Prüfungshandlungen haben einen **unterschiedlichen Einfluss auf das Prüfungsziel**. So leistet eine Befragung regelmäßig einen geringeren Beitrag zur Prüfungssicherheit als eine externe Bestätigung.

Beispiel:

Möchte der Prüfer wissen, ob die Verbindlichkeiten gegenüber Kreditinstituten in richtiger Höhe in der Bilanz verzeichnet sind, könnte er den Buchhalter fragen.

[126] Siehe dazu die Anwendungshinweise und sonstigen Erläuterungen in ISA [DE] 500.

Diese Frage wird der Buchhalter bewusst oder unbewusst mit ja beantworten. Eine Bank hat dagegen kein Interesse daran, einen falschen Wert mitzuteilen. Daher wird eine externe Bestätigung der Bank angefordert. Die Prüfungssicherheit ist dadurch höher als bei einer Befragung.

Der Prüfer muss bei der Wahl der Prüfungsnachweise berücksichtigen, welche Relevanz und welche **Verlässlichkeit** die erlangten Informationen haben werden (ISA [DE] 500, Tz. A26). Unterlagen, welche die geprüfte Einheit selbst bereitgestellt hat, müssen bspw. genauer auf ihre Verlässlichkeit hin geprüft werden (ISA [DE] 500, Tz. A31).

Nach ISA [DE] 200, Tz. A20 soll der Abschlussprüfer aufmerksam sein für:

- Prüfungsnachweise, die anderen erlangten Prüfungsnachweisen widersprechen,
- Informationen, die Zweifel an der Verlässlichkeit von Prüfungsnachweisen aus Dokumenten und Befragungen auslösen,
- Gegebenheiten, die auf dolose Handlungen hindeuten,
- Umstände, die weitere Prüfungshandlungen nahelegen.

MERKE: Bei der Wahl der zu erlangenden Prüfungsnachweise spielt die Verlässlichkeit des Prüfungsnachweises eine große Rolle. Die erforderliche Anzahl richtet sich nach dem Risiko wesentlicher Falschangaben in den Informationen zum Prüfungsgegenstand (je höher das Risiko, desto mehr Prüfungsnachweise sind erforderlich).

Beispiel:

Bei der Sonderprüfung der Wirecard AG konnten keine verlässlichen Prüfungsnachweise von Treuhandkonten mit Beträgen in Höhe von rund 1,9 Mrd. EUR erlangt werden. Es konnten (und das nur für einzelne Konten) lediglich Scans von Bankbestätigungen an den vorherigen Abschlussprüfer eingesehen werden. Diese wurden nicht als verlässliche Prüfungsnachweise eingestuft.[127]

Im Rahmen der Prüfungsdurchführung geben die gesetzlichen Vertreter mündliche oder schriftliche **Erklärungen** gegenüber dem Abschlussprüfer ab. Dazu zählen alle Aufklärungen und Nachweise, die für eine sorgfältige Prüfung notwendig sind (§ 320 Abs. 2 HGB). Diese Erklärungen sind für sich genommen keine ausreichenden Prüfungsnachweise; sie sind auch kein Ersatz für andere Prüfungsnachweise. Betreffen die Erklärungen der gesetzlichen Vertreter Sachverhalte, die für die Rechnungslegung wesentlich sind, hat der Abschlussprüfer zusätzliche Nachweise aus anderen Quellen zu suchen und zu beurteilen, ob die von den gesetzlichen Ver-

[127] Vgl. KPMG, Bericht über die unabhängige Sonderuntersuchung, Wirecard AG, 27. April 2020, München.

tretern abgegebenen Erklärungen plausibel sind und nicht im Widerspruch zu den anderen Prüfungsnachweisen stehen. Stehen allerdings Nachweise im Widerspruch zueinander, muss eine eingehendere Prüfung und eine Aufklärung des Sachverhalts erfolgen (ISA [DE] 500, Tz. A58). Die Abschlussaussagen nach ISA [DE] 315, Tz. 25b i.V.m A129 (vgl. Kap. 2.3.4) stellen ebenfalls Erklärungen der gesetzlichen Vertreter zur Rechnungslegung dar.

§ 102 Abs. 7 GO NRW regelt dazu ausdrücklich, dass die Prüfer, die mit der Jahresabschlussprüfung beauftragt sind, **alle Aufklärungen und Nachweise verlangen dürfen, die für eine sorgfältige Prüfung notwendig sind**. Soweit es die Vorbereitung der Jahresabschlussprüfung erfordert, haben die mit der Jahresabschlussprüfung Beauftragten die Rechte auch schon vor Aufstellung des Jahresabschlusses und auch gegenüber Mutter- und Tochterunternehmen (§ 320 Abs. 2 HGB Satz 2 und 3 HGB). Geben die gesetzlichen Vertreter eine vom Prüfer für das Prüfungsurteil als notwendig erachtete Erklärung nicht ab, liegt ein Prüfungshemmnis vor, das ggf. zu einer Einschränkung oder Versagung des Bestätigungsvermerks führt, IDW EPS 405 n.F. (04.2021), Tz. 14-16 – vgl. Kap. 11.2.

Schriftliche Erklärungen sind ebenfalls die Unterzeichnung des Jahresabschlusses durch die gesetzlichen Vertreter und die sog. **Vollständigkeitserklärung.** Die Vollständigkeitserklärung ist eine schriftliche Erklärung der gesetzlichen Vertreter, dass alle Auskünfte und Nachweise sowie Zugangsnachweiseberichtigungen vollständig erteilt sowie alle Geschäftsvorfälle in der Buchführung erfasst und im Jahresabschluss berücksichtigt wurden (ISA [DE] 580, Tz. 11). Sowohl das IDW als auch die IFAC haben Vorlagen erarbeitet, die nach entsprechender Anpassung genutzt werden können.[128] Wird die Vollständigkeitserklärung nicht erteilt, muss eine Versagung des Bestätigungsvermerks erfolgen (ISA [DE] 580, Tz. 20 i.V.m. IDW PS 405).

Soweit eine **Interne Revision** eingerichtet ist, können auch deren Ergebnisse als Prüfungsnachweise berücksichtigt werden.[129] Auch können die Ergebnisse eines anderen externen Prüfers einbezogen werden (vgl. z.B. § 317 Abs. 3 Satz 2 HGB). Eine Befragung der Internen Revision wird bei Einheiten des öffentlichen Sektors ausdrücklich empfohlen (ISA [DE] 315, Tz. A13).

MERKE: Die mit der Prüfung Beauftragten dürfen alle Aufklärungen und Nachweise verlangen, die für eine sorgfältige Prüfung notwendig sind.

---

[128] Ein Beispiel für eine Vollständigkeitserklärung für Abschlussprüfungen ausschließlich nach den ISA ist in Anlage 2 zu ISA [DE] 580 „Schriftliche Erklärungen" abgedruckt.

[129] Zur Verbreitung einer eigenständigen Internen Revision im öffentlichen Sektor und deren Ausgestaltung und Professionalisierung siehe weiterführend Angermüller, N. O., Interne Kontroll- und Revisionssysteme im öffentlichen Sektor, Zeitschrift Interne Revision, 2020, S. 180–184.

Inwieweit die **Arbeit von Sachverständigen** (z.B. Versicherungsmathematiker, Ingenieure, IT-Spezialisten) bei der Bewertung von Vermögensgegenständen und Schulden oder der rechtlichen Würdigung komplexer Sachverhalte bei der Prüfung verwertet werden kann, ist in ISA [DE] 620 sowie IDW PS 322 geregelt.

Der Abschlussprüfer muss sich von Kompetenz, Fähigkeiten und Objektivität des Sachverständigen überzeugen (ISA [DE] 620, Tz. 9). Er muss also bspw. nachvollziehen, ob ein Versicherungsmathematiker einen entsprechenden Hochschulabschluss hat, seit wann er auf diesem Gebiet tätig ist, ob er in entsprechenden Berufsvertretungen organisiert ist, sich zur Einhaltung bestimmter Standards verpflichtet hat oder ob er zertifiziert ist. Zu beachten ist, dass der Abschlussprüfer die **alleinige Verantwortung** für die Prüfung hat (ISA [DE] 620, Tz. 3).

Im Rahmen der Abschlussprüfung befragt der Abschlussprüfer auch **außerhalb der zu prüfenden Einheit stehende Dritte** zu in der Rechnungslegung enthaltenen Aussagen (z.B. zu Forderungen oder zu Verbindlichkeiten) oder zu Geschäftsbeziehungen (z.B. zu Bankguthaben oder -schulden). **Bestätigungen Dritter** (externe Bestätigungen) sind besonders wichtige Prüfungsnachweise. Dabei handelt es sich um Antworten Dritter auf schriftliche Anfragen des Abschlussprüfers im Rahmen von Einzelfallprüfungen. Der Abschlussprüfer hat nach seinem prüferischen Ermessen zu entscheiden, inwieweit er Bestätigungen aus externen Quellen einholt, um hinreichende Sicherheit darüber zu erlangen, ob die in der Rechnungslegung enthaltenen Angaben keine wesentlich falschen Darstellungen aufweisen. Anhaltpunkte zur Nutzung **externer Bestätigungen** geben ISA [DE] 505 sowie ergänzend ISA [DE] 500. ISA [DE] 505 enthält weniger konkrete Regelungen zu den einzelnen externen Prüfungsnachweisen als die Vorgängerregelungen des IDW PS 300 und IDW PS 302. Es wird in weiten Teilen auf die Anwendung des risikoorientierten Prüfungsansatz im Allgemeinen sowie das pflichtgemäße Ermessen des Abschlussprüfers verwiesen. Die Vorgängerregelungen werden daher in diesem Kapitel entsprechend mit angeführt, um die Orientierung zu erleichtern.

Bei der Entscheidung sollte das Wesentlichkeitskriterium und das Ausmaß des inhärenten Risikos sowie des Kontrollrisikos insgesamt und für einzelne Prüffelder ausschlaggebend sein. Im Hinblick auf die **Verlässlichkeit der Nachweise** kann sich der Abschlussprüfer an folgenden Anhaltspunkten des ISA [DE] 500, Tz. A31 orientieren:

- Prüfungsnachweise sind verlässlicher, wenn diese aus unabhängigen Quellen stammen;
- die Verlässlichkeit von aussagebezogenen Prüfungsnachweisen ist höher, wenn diese aus einem wirksamen internen Kontrollsystem hervorgehen;
- wenn der Abschlussprüfer etwas persönlich in Augenschein nimmt oder persönlich eine Kontrolle durchführt, ist dieser Prüfungsnachweis verlässlicher als eine Befragung;

- schriftliche Prüfungsnachweise sind verlässlicher als mündliche Prüfungsnachweise;
- die Verlässlichkeit von Originaldokumenten ist höher als bei Kopien und Scans.

Externe Prüfungsnachweise können nach zwei Methoden erlangt werden, der sog. positiven Methode und der sog. negativen Methode. Bei der **positiven Methode** werden die befragten Dritten aufgefordert, entweder eine nachgefragte Information (offene Methode) oder die Übereinstimmung oder Nichtübereinstimmung mit einer angegebenen Information (geschlossene Methode) schriftlich mitzuteilen. Bei der **negativen Methode** der Bestätigungsanfrage werden die befragten Dritten aufgefordert, nur dann zu antworten, wenn sie mit der angegebenen Information nicht einverstanden sind (ISA [DE] 505, Tz. 6). Die unterschiedlichen Methoden der Bestätigungsanfrage können kombiniert werden, z.B. dann, wenn der Gesamtbestand der Forderungen aus einer kleinen Anzahl hoher und einer großen Anzahl niedriger Salden besteht. Es kann dann zweckmäßig sein, bei allen bzw. ausgewählten hohen Forderungsbeträgen die positive Methode und bei einer Stichprobe der vielen niedrigen Salden die negative Methode anzuwenden.[130] Die Methoden zeigt Abbildung 28:

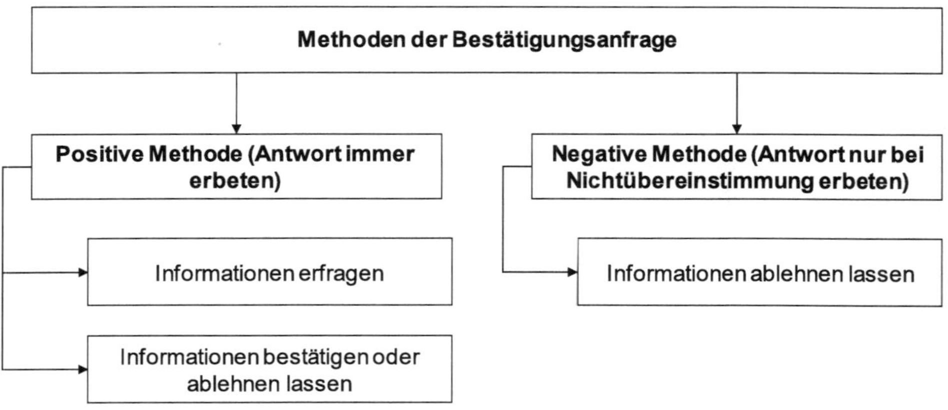

Abbildung 28: Methoden der Bestätigungsanfrage

Wichtig ist zudem, dass der Prüfer die Hoheit über das Verfahren der externen Bestätigungen behält. Er bestimmt die Auswahl, legt die zu bestätigenden Informationen fest und gestaltet die Anfragen. Darüber hinaus werden die Anfragen vom Prüfer versandt und müssen auch bei ihm eingehen, um Manipulationen zu verhindern (ISA [DE] 505, Tz. 7).

130 So beschrieben in den IDW F & A zu ISA 505 bzw. IDW PS 302 n.F.

Externe Bestätigungen sind u.a.:

- Saldenbestätigungen,
- Bestätigungen für von Dritten verwahrte Vorräte,
- Bankbestätigungen,
- Rechtsanwaltsbestätigungen,
- Bestätigungen von Zuwendungsempfängern (im öffentlichen Bereich).

➢ **Saldenbestätigungen**

Saldenbestätigungen sind schriftliche Anfragen des Abschlussprüfers an Kunden (Debitoren) oder Lieferanten (Kreditoren) mit dem Ziel, den jeweiligen Kontensaldo, also das Bestehen und die Höhe einer Forderung oder Verbindlichkeit, zu verifizieren. Die Anfrage kann wie oben beschrieben nach der positiven oder der negativen Methode erfolgen.[131]

Im Allgemeinen wird der Abschlussprüfer Saldenbestätigungen **nicht lückenlos**, sondern nur für bestimmte Forderungen und Verbindlichkeiten einholen. Für eine **bewusste Auswahl** kommen als Anzeichen für ein erhöhtes Risiko wesentlicher falscher Darstellungen vor allem folgende Kriterien in Betracht:[132]

- Höhe der einzelnen Forderung oder Verbindlichkeit,
- Umfang des Geschäftsverkehrs,
- Überschreitungen des Zahlungsziels oder
- Struktur und Ordnungsmäßigkeit des Kontokorrents.

Daneben können **Verfahren der mathematisch-statistischen Auswahl** zur Anwendung kommen.

Ob Saldenbestätigungen eingeholt werden, liegt im prüferischen Ermessen des Abschlussprüfers. ISA [DE] 330, Tz. A48-51 enthält Kriterien zur Abwägung, ob externe Bestätigungen im Allgemeinen angefordert werden sollten. Hierzu gehört bspw. die Bereitschaft und Objektivität des Dritten, Auskünfte zu erteilen. Spezifische Kriterien für Saldenbestätigungen gibt es nicht. Forderungen einer Gebietskörperschaft bestehen häufig aus vielen Einzelforderungen gegenüber Privatpersonen. Eine Kenntnis über den Zweck der Saldenbestätigungen und eine damit verbundene Bereitschaft zur Antwort kann hier regelmäßig nicht erwartet werden, insofern ist eine individuelle Abwägung erforderlich.

[131] Ein Muster einer nach der positiven Methode erfolgenden Saldenbestätigung ist enthalten in: WP Handbuch, Wirtschaftsprüfung und Rechnungslegung, 17. Aufl. 2021, Kap. L, Tz. 972.

[132] Vgl. Marten, K.-U./Quick, R./Ruhnke, K., Wirtschaftsprüfung, 6. Aufl. 2020, S. 546.

➢ **Bestätigungen für von Dritten verwahrte Vorräte u.a.**

Hat die zu prüfende Einheit nicht die **von Dritten verwahrten Vorräte** selbst körperlich aufgenommen, so sind die Vorräte durch Bestätigungen der Verwahrer nachzuweisen. Bei Gegenständen von besonderer Bedeutung sollte der Abschlussprüfer Erkundigungen über den Verwahrer einholen. Der Abschlussprüfer hat ebenfalls die Möglichkeit, die verwahrten Vorräte selbst in Augenschein zu nehmen oder andere externe Prüfer einzuschalten. Auch Gegenstände des Anlagevermögens können von Dritten verwahrt werden (z.B. Kunstgegenstände eines Museums).

➢ **Bankbestätigungen**

Mithilfe von Bankbestätigungen werden alle Arten der geschäftlichen Beziehungen mit Kreditinstituten und anderen Finanzinstituten erfragt. Zu den durch Bankbestätigungen festzustellenden Angaben gehören nach ISA [DE] 505, Tz. D.A1.1 insbesondere:

- „bestehende Konten und Kontenstand,
- bestehende Kreditlinien,
- gestellte Sicherheiten,
- Avale, Gewährleistungen, Indossamentverpflichtungen und sonstige Gewährleistungen,
- Geschäfte über Finanzderivate und
- Unterschriftsberechtigungen."

Über die Notwendigkeit der Einholung von Bankbestätigungen kommt es häufig zu Meinungsverschiedenheiten, insbesondere, weil Kreditinstitute für die Ausstellung hohe Gebühren fordern, die sich bei Geschäftsbeziehungen zu mehreren Banken summieren. ISA [DE] 505 verweist hierzu auf das pflichtgemäße Ermessen des Abschlussprüfers sowie die konsequente Anwendung des risikoorientieren Prüfungsansatzes.[133] Diese Regelung gilt nicht nur für Bankbestätigungen, sondern für alle Bestätigungen von externen Dritten. Nach IDW PS 302 n.F., Tz. 20 besteht grundsätzlich eine Pflicht zur Einholung von Bankbestätigungen – Ausnahmen sind jedoch zugelassen. Welche Faktoren eine Rolle bei der Entscheidung spielen, ob externe Bestätigungen als aussagebezogene Prüfungshandlungen angefordert werden, ist in ISA [DE] 330, Tz. A51 aufgeführt. Hierzu gehören:

- **Höhe der Fehlerrisiken**: Je höher die Fehlerrisiken in den zu prüfenden Posten „Bank" und „Verbindlichkeiten ggü. Kreditinstituten" sind, desto eher sollte eine Bestätigung angefordert werden. Fällt dem Abschlussprüfer bspw. auf, dass die Salden der Sachkonten nicht mit den Bankkontoauszü-

---

[133] Vgl. Fragen & Antworten zu ISA 505 bzw. IDW PS 302 n.F., Frage 2.8. Weiterführende Informationen zum Thema Bankbestätigung finden sich bei Farr, W.-M., Bank- und Rechtanwaltsbestätigungen als Prüfungsnachweis, 2019, S. 753 ff.

gen übereinstimmen, sollten in jedem Fall Bankbestätigungen angefordert werden.

- **Weitere Möglichkeiten Prüfungsnachweise zu erlangen**: Werden keine Bankbestätigungen eingeholt, muss der Prüfer alternative Prüfungshandlungen durchführen. Beim Fehlen von Bankbestätigungen kommt dazu insbesondere die Einsichtnahme in Bankkontoauszüge oder Kreditverträge mitsamt der Tilgungspläne in Betracht.
- **Zugang zu adäquaten Ansprechpartnern**: Als Ansprechpartner kommen insbesondere Mitarbeiter aus den Bereichen Finanzbuchhaltung/Zahlungsabwicklung in Betracht.
- **Bereitschaft und Objektivität des Dritten**: Bei Kreditinstituten im Inland besteht gegen Zahlung einer Gebühr in der Regel die Bereitschaft, eine Bankbestätigung auszustellen und an den Abschlussprüfer zu versenden. Auch die notwendige Objektivität wird in der Regel gegeben sein. Kreditinstitute im Ausland stellen nicht durchgängig Bestätigungen aus.

Insgesamt kommt der Bankbestätigung eine hohe Bedeutung zu. Als externer Prüfungsnachweis weist sie eine hohe Prüfungssicherheit auf, denn mittels einer Bankbestätigung liegt i.d.R. ein verlässlicher und in kurzer Zeit prüfbarer Nachweis für die Position „Bank" auf der Aktivseite, die Position „Verbindlichkeiten ggü. Kreditinstituten" sowie ggf. weitere Anhangangaben vor.

MERKE: Weder nach dem HGB, der WPO noch nach den ISA [DE] muss verpflichtend eine Bankbestätigung eingeholt werden. Vielmehr liegt die Entscheidung im prüferischen Ermessen des jeweiligen Abschlussprüfers. Die Bankbestätigung als externer Nachweis gewährleistet eine hohe Prüfungssicherheit und stellt einen sehr verlässlichen Prüfungsnachweis dar.

➢ Rechtsanwaltsbestätigungen

Der Abschlussprüfer hat ebenfalls zu untersuchen, ob die Risiken aus drohenden und schwebenden Rechtsstreitigkeiten zutreffend im Jahresabschluss und ggf. im Lagebericht berücksichtigt und entsprechend dargestellt sind. Hier wird es häufig erforderlich sein, zusätzlich zu den Erklärungen der Rechtsabteilungen, Rechtsanwaltsbestätigungen einzuholen. Dabei werden alle Rechtsanwälte, mit denen im zu prüfenden Jahr Geschäftsbeziehungen bestehen oder bestanden, vom Abschlussprüfer aufgefordert, die ihnen bekannten Rechtsstreitigkeiten anzugeben und eine Einschätzung der Erfolgsaussichten und finanziellen Auswirkungen abzugeben. Diese Informationen sind insbesondere wichtig, um das Bestehen und die Bewertung von Rückstellungen zu überprüfen.

Weitere Hinweise im Hinblick auf Rechtsstreitigkeiten finden sich in ISA [DE] 501. Das Einholen von Rechtsanwaltsbestätigungen ist nicht in jedem Fall erforderlich. Zunächst sind Rechtsstreitigkeiten und Ansprüche zu identifizieren, bspw. durch Befragungen innerhalb der zu prüfenden Einheit, Durchsicht wichtiger Sitzungsprotokolle sowie der Sachkonten, auf denen der Aufwand für Rechtsanwälte/Notare gebucht wird (ISA [DE] 501, Tz. 9). Falls der Prüfer nach Beurteilung der erlangten Informationen zu dem Schluss kommt, dass ein Risiko wesentlicher falscher Darstellungen besteht oder die Informationen auf weitere, bisher nicht in der Buchhaltung erfasste Risiken hindeuten, muss der Prüfer Kontakt zu den Rechtsanwälten aufnehmen.

Beispiele:

Im Gespräch mit dem Finanzdezernenten einer Gemeinde fragt der Abschlussprüfer nach bestehenden Rechtsstreitigkeiten. Der Finanzdezernent gibt an, dass aktuell keine Streitigkeiten bestehen. Die Durchsicht des entsprechenden Kontos „Rechts- und Beratungsaufwand“ zeigt, dass regelmäßig Rechtsanwälte beauftragt werden. Der Abschlussprüfer sollte Rechtsanwaltsbestätigungen anfordern, um sicherzustellen, dass keine Risiken im Abschluss übersehen werden.

Im Gespräch mit dem Bauamt kommt zur Sprache, dass es einen Rechtsstreit, verbunden mit der Erschließung eines Gewerbegebiets, gibt. Das Bauamt gibt an, dass es sich um „geringe Beträge“ handelt. In der örtlichen Tageszeitung und im Internet ist dagegen von „Millionenbeträgen“ die Rede. Das Abschussprüfer sollte aufgrund der widersprüchlichen Informationen eine Rechtsanwaltsbestätigung einholen.

MERKE: Auch das Einholen von Rechtsanwaltsbestätigungen liegt im prüferischen Ermessen des Abschlussprüfers. Dabei ist insbesondere in die Überlegung einzubeziehen, dass es sich bei einer Rechtsanwaltsbestätigung um einen verlässlichen Prüfungsnachweis handelt. Der Prüfungsnachweis deckt zudem das Risiko ab, Rechtsstreitigkeiten, die im Jahresabschluss berücksichtigt werden müssen, gänzlich zu übersehen.

➢ Bestätigungen von Zuwendungsempfängern

Von den Zuwendungsempfängern wird bestätigt, dass sie die nach den Angaben der geprüften Stelle ausgezahlten Zuwendungen oder sonstigen Finanzmittel erhalten haben oder dass die Mittel gemäß den Förderbedingungen bzw. Finanzierungsvereinbarungen eingesetzt wurden (ISSAI 4000, Tz. 164). Das Einholen der Bestätigungen liegt wiederum im prüferischen Ermessen des Abschlussprüfers

➢ **Sonderfall: Fraud-Risiko**

Nachdem das Risiko für Fraud im Rahmen der Planung eingeschätzt wurde, müssen die identifizierten Risiken entsprechend adressiert werden. Dazu sind keine vollkommen anderen Prüfungshandlungen notwendig. Die bestehenden Prüfungshandlungen müssen nur stärker auf die identifizierten Risiken fokussiert werden. ISA [DE] 240 gibt dazu in Appendix 2 Beispiele für identifizierte Risiken und konkrete Möglichkeiten, diese zu adressieren. Folgende gezielte Einzelfallprüfungen können bei bedeutsamen Fraud-Risiken infrage kommen:[134]

- Ausweis fiktiver Umsatzerlöse: Einholung von Informationen über bedeutsame Kunden,
- Manipulierte Umsatzrealisierung: Einsichtnahme von Speditionsbelegen, Kundenbestätigungen des Gefahrenübergangs, Durchsicht der Umsatzkonten im Hinblick auf Stornierungen von Umsatzerlösen nach dem Stichtag,
- Zahlungen an fiktive Arbeitnehmer: Einsichtnahme und Abgleich von Lohnsteuerkarten mit den Lohnkonten und Bankverbindungen,
- Zahlung an fiktive Zuwendungs- oder Sozialleistungsempfänger bei Gebietskörperschaften: Abgleich mit Melde- oder Steuerdaten, Überprüfung vor Ort,
- Verifizierung von Kunden und Lieferanten: Anforderung von Saldenbestätigungen (vom Prüfer selbst verschickt).

MERKE: Die Verlässlichkeit der Bestätigungen Dritter hängt neben der Verlässlichkeit der Quelle insbesondere ab von der Zuverlässigkeit der befragten Personen, ihrer Kompetenz, Objektivität, Stellung in der Organisationshierarchie der zu prüfenden Einheit sowie ihrer Sachkenntnis über den jeweiligen Einzelfall. Daher hat der Abschlussprüfer darauf zu achten, Bestätigungsanfragen an solche Personen zu richten, von denen eine qualifizierte Beantwortung zu erwarten ist.

2.4.3 Prüfungshandlungen

2.4.3.1 Überblick

Mit den zur Verfügung stehenden Prüfungshandlungen hat der Prüfer in dem Umfang und in der Art die Prüfung durchzuführen, dass dem gesamten Prüfungsrisiko begegnet wird. Dazu stehen ihm **Systemprüfungen** (auch: systemorientierte Prüfungshandlungen), also Aufbau- und Funktionsprüfungen, sowie **aussagebezogene Prüfungshandlungen** (analytische Prüfungshandlungen und Einzelfallprüfungshandlungen) zur Verfügung. Die Arten der Prüfungshandlungen können wie folgt systematisiert werden:

[134] Teilweise in Anlehnung an Marten, K.-U./Quick, R./Ruhnke, K., Wirtschaftsprüfung, 6. Aufl. 2020, S. 593 f.

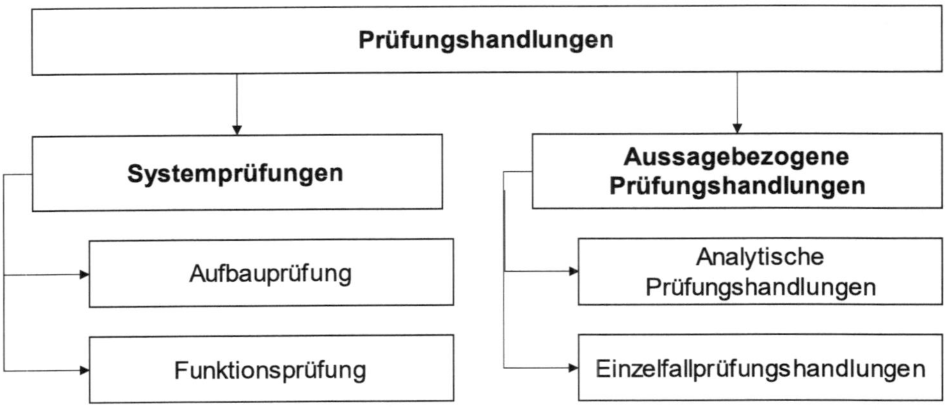

Abbildung 29: Systematik der Prüfungshandlungen[135]

Nicht jede Prüfungshandlung muss in jedem Prüffeld genutzt werden. Der Prüfer muss **insgesamt genügend Prüfungssicherheit** erlangen. Er hat in einer angemessenen Kombination sowohl Systemprüfungen als auch aussagebezogene Prüfungshandlungen durchzuführen.

Die Auswahl der Prüfungshandlungen erfolgt durch den Prüfer im Rahmen seines Ermessensspielraums. Solche Ermessensspielräume ergeben sich hinsichtlich der Erlangung von Prüfungsnachweisen (Art, Umfang, Zeitpunkt etc.) und den daraus zu ziehenden Schlussfolgerungen. Die Auswahl von Prüfungshandlungen basiert wesentlich auf den folgenden Grundlagen:

- Kenntnisse über die Geschäftstätigkeit und das Umfeld (sog. **Verständnis** von der zu prüfenden Einheit),
- Erwartungen über mögliche Fehler sowie
- Beurteilung der Wirksamkeit des internen Kontrollsystems.

Nach ISA [DE] 330, Tz. 18 ist sicherzustellen, dass ungeachtet der beurteilten Risiken für alle wesentlichen Arten von Geschäftsvorfällen, Kontensalden und Abschlussangaben aussagebezogene Prüfungshandlungen erfolgen müssen.

MERKE: Die notwendige Prüfungssicherheit soll durch eine Kombination von systemorientierten Prüfungshandlungen, analytischen Prüfungshandlungen und Einzelfallprüfungshandlungen erlangt werden.

In der nachfolgenden Abbildung wird verdeutlicht, dass sich mit steigender Prüfungszeit, die für Prüfungshandlungen eingesetzt wird, die Prüfungskosten (z.B. Personalkosten) erhöhen. Die Urteilssicherheit (in %) steigt, je mehr Prüfungshandlungen durchgeführt werden.

135 Vgl. v. Wysocki, K., Wirtschaftliches Prüfungswesen Band III, 2003, S. 62.

Der Verlauf der Abbildung zeigt aber zusätzlich, dass die Urteilssicherheit am Anfang bei der Risikoanalyse noch sehr stark steigt, ohne dass viel Prüfungszeit eingesetzt werden muss. Bei den Einzelfallprüfungen ist es genau umgekehrt. Es wird viel Prüfungszeit eingesetzt und wenig zusätzliche Urteilssicherheit erlangt.

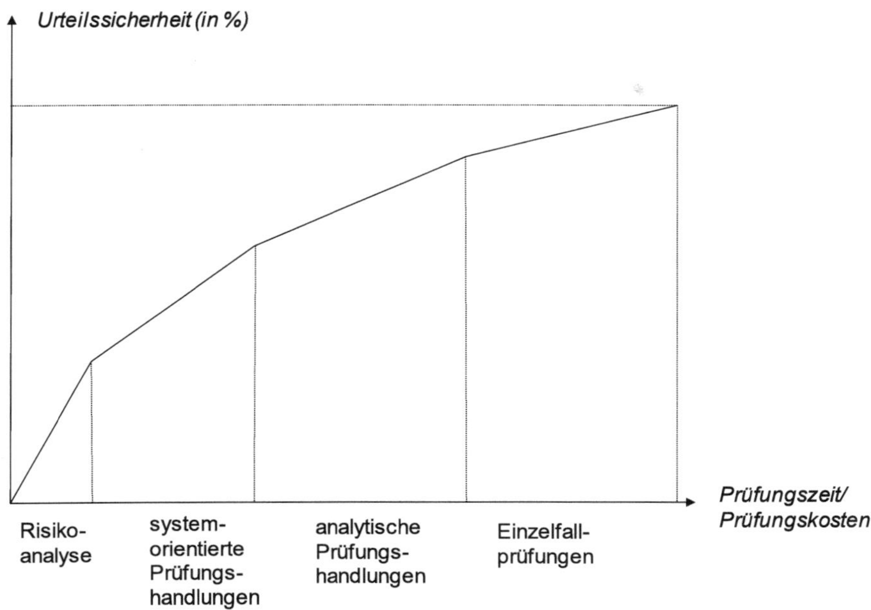

Abbildung 30: Verhältnis von Urteilssicherheit und eingesetzter Zeit[136]

2.4.3.2 Systemprüfungen

Systemprüfungen geben dem Prüfer Nachweise über die angemessene Ausgestaltung und Einrichtung (Aufbauprüfung) sowie über die Wirksamkeit (Funktionsprüfung) des auf die Rechnungslegung bezogenen **internen Kontrollsystems** (vgl. Kap. 3). Daneben stellen Prüfungen des **IT-Systems** (vgl. Kap. 4.3) oder des **Risikomanagementsystems** (vgl. Kap. 12.4) ebenfalls Systemprüfungen dar. Der Prüfer muss das eingerichtete interne Kontrollsystem nutzen, um Prüfungsnachweise für die Qualität der vom Kontrollsystem wirksam abgedeckten Ist-Objekte der Prüfung zu gewinnen. Der dabei benutzte Syllogismus (Rückschluss) geht von der Ausgangshypothese (Majorprämisse) aus, dass in den Bereichen, in denen ein internes Kontrollsystem nicht nur eingerichtet, sondern auch wirksam ist, **Unregelmäßigkeiten weniger wahrscheinlich** sind als dort, wo ein internes Kontrollsystem entweder nicht vorhanden ist oder Wirksamkeitslücken aufweist.[137]

136 In Anlehnung an Dörner, D., Prüfungsansatz, risikoorientierter, 2002, Sp. 1759.

137 Vgl. v. Wysocki, K., Wirtschaftliches Prüfungswesen Band III, 2003, S. 62.

Wenn der Prüfer das interne Kontrollsystem auf **Vorhandensein und Ausgestaltung** (Aufbauprüfung) sowie auf **Wirksamkeit** (Funktionsprüfung) in den zu prüfenden Bereichen untersucht hat, kann er also den Schluss ziehen, dass der vom internen Kontrollsystem abgedeckte Bereich (wahrscheinlich) fehlerfrei ist. Damit kann das auf seine Wirksamkeit untersuchte interne Kontrollsystem als Prüfungsnachweis für die Ordnungsmäßigkeit des durch das interne Kontrollsystem abgedeckten Prüfbereichs herangezogen werden.[138] Die entsprechende Schlussfolgerung ist in Abbildung 31 beispielhaft dargestellt:[139]

Majorprämisse (Obersatz):	**Wenn** das interne Kontrollsystem (z.B. im Bereich der Lohn- und Gehaltsbuchführung) wirksam ist, **dann** ist dort das Auftreten von Fehlern wenig wahrscheinlich.
Minorprämisse (Untersatz):	Prüferfeststellung: Das interne Kontrollsystem ist während des Untersuchungszeitraums nicht nur eingerichtet, sondern auch wirksam gewesen (Prüfungsnachweis).
Konklusion (Schlussfolgerung):	Prüfungsergebnis: Im untersuchten Bereich (der Lohn- und Gehaltsbuchführung) werden (wahrscheinlich) keine wesentlichen Fehler vorhanden sein.

Abbildung 31: Schlussfolgerungen im Rahmen der indirekten Prüfung

Ob ein so gewonnener Prüfungsnachweis **hinreichend und verlässlich** ist, ist jedoch von der benutzten Ausgangshypothese und von der Richtigkeit der „wenn“-Komponente abhängig. Eine absolute Sicherheit lässt sich hier nicht erreichen. Dies gilt auch, wenn interne Kontrollen nicht bestehen, nicht wirksam sind oder Lücken aufweisen.[140]

MERKE: Wird als Ergebnis der Systemprüfung festgestellt, dass die Kontrollen angemessen und wirksam sind, können die aussagebezogenen Prüfungshandlungen reduziert werden.

2.4.3.3 Analytische Prüfungshandlungen

Beurteilt der Prüfer Finanzinformationen mithilfe sinnvoller Beziehungen zu anderen finanziellen und nichtfinanziellen Daten, spricht man von analytischen Prüfungshandlungen. Analytische Prüfungshandlungen stellen somit **Plausibilitätsbeurteilungen** dar. Dabei werden Schwankungen oder Beziehungen zwischen diesen Daten untersucht. Analytische Prüfungshandlungen eigenen sich besonders, wenn

138 Vgl. v. Wysocki, K., Wirtschaftliches Prüfungswesen Band III, 2003, S. 63.

139 Vgl. v. Wysocki, K., Wirtschaftliches Prüfungswesen Band III, 2003, S. 63 und 152.

140 Vgl. v. Wysocki, K., Wirtschaftliches Prüfungswesen Band III, 2003, S. 63.

vorhersehbare Beziehungen zwischen Darstellungen bestehen.[141] Die Entscheidung, welche analytische Prüfungshandlungen ausgewählt werden, trifft der Prüfer nach seinem pflichtgemäßen Ermessen. Infrage kommen z.B.

- Vergleiche mit den Daten aus Vorjahren, mit den geplanten Daten, mit den Erwartungen des Prüfers über bestimmte Entwicklungen der Zahlen oder Vergleiche mit anderen Unternehmen/Gebietskörperschaften der gleichen Branche (Benchmarking),
- Beurteilungen von Zusammenhängen oder Kennzahlen, wie bspw. das Verhältnis der Personalaufwendungen zur Anzahl der Mitarbeiter[142] oder Jahresabschlusskennzahlen,
- summarische Kontrollrechnungen, wie z.B. Abstimmung von Hauptbuch und Nebenbüchern, Abstimmung von Anlagenbuchführung, Anlagenkartei, Sachkonten und Anlagenspiegel oder Prüfung entsprechend der Zuschreibungsformel,[143]
- Trend- und Regressionsanalysen.

Beispiele:

Der Anstieg des Personalaufwandes einer Gemeinde ist vorhersehbar, wenn es eine Erhöhung der Gehälter um einen bestimmten Prozentsatz gab. Konkret erfolgt im Rahmen von analytischen Prüfungshandlungen z.B. ein Jahresvergleich (Vergleich Personalaufwand Jahr 2020 mit dem Personalaufwand im Jahr 2021). Für die Verprobung der Einnahmen aus der Gewerbe- oder Grundsteuer können ebenfalls vorhersehbare Beziehungen aufgebaut werden. Bei Abschlussprüfungen werden häufig auch Branchenvergleiche durchgeführt. So kann z.B. die Entwicklung des Gewerbesteueraufkommens einer Gemeinde mit der Entwicklung des Aufkommens in Nachbargemeinden verglichen werden.

Für die Durchführung analytischer Prüfungshandlungen eignet sich nicht nur ein Vergleich mit dem Vorjahr, sondern auch mit den geplanten Zahlen (Beispiel: Vergleich der Höhe des Personalaufwands in der Ergebnisrechnung und im Ergebnisplan). Weicht bspw. ein gut planbarer Aufwand im Ergebnisplan erheblich von den Istwerten ab, sollte an dieser Stelle genauer geprüft werden. Der Abschlussprüfer bildet ebenfalls Erwartungen; so wird er bei einem Anstieg des abnutzbaren Anlagevermögens von einem Anstieg der Abschreibungen ausgehen (vgl. auch ISA [DE] 520, Tz. A1).

---

141 Vgl. ISA [DE] 520, Tz. A6.

142 ISSAI 1520, P 12 definiert Kennzahlen für den öffentlichen Bereich, die sich für analytische Prüfungshandlungen eignen.

143 Die Zuschreibungsformel lautet: **Anfangsbestand + Zugang – Abgang = Endbestand**. Die Formel lässt sich nach allen Größen auflösen, um auf einfache Weise mengen- oder wertmäßige Bestände zu überprüfen und ggf. Differenzen mit den Inventurbelegen festzustellen.

Die analytischen Prüfungshandlungen beruhen – ähnlich wie die Systemprüfungen – auf dem Prinzip der indirekten Informationsermittlung. Sie zählen deshalb zu den **indirekten Prüfungen** (vgl. Kap. 2.4.1). Es werden (Ersatz-)Tatbestände herangezogen, von denen angenommen werden kann, dass sie mit dem zu beurteilenden Ist-Objekt in einem begründbaren (plausiblen) Zusammenhang stehen.[144] Der vorgefundene Zusammenhang dient somit als Prüfungsnachweis für die Vollständigkeit, Genauigkeit und Richtigkeit von Daten des Rechnungswesens. Die Ausgangshypothese, die den analytischen Prüfungshandlungen zugrunde liegt, besteht ebenfalls aus einer oder mehreren „wenn-dann-Beziehungen", die einen Zusammenhang zwischen den Merkmalsausprägungen eines Ist-Objekts und den Merkmalsausprägungen anderer Daten herstellen (oder unterstellen). Aus diesem Zusammenhang lassen sich dann wiederum Rückschlüsse von den (Ersatz-)Daten auf die Merkmalsausprägungen des unmittelbar nicht beobachtbaren Ist-Objekts ziehen.

Stellt der Prüfer auf der Grundlage der analytischen Prüfungshandlungen keine **Besonderheiten/Abweichungen** fest, so zieht er den Schluss, dass die indirekt geprüften Bereiche wahrscheinlich keine Auffälligkeiten oder Unregelmäßigkeiten aufweisen. Eine absolute Sicherheit für eine so getroffene Schlussfolgerung besteht allerdings auch hier nicht; die mit analytischen Verfahren gewonnenen Aussagen über die nicht direkt beobachtbaren Ist-Objekte stehen und fallen nämlich mit der Frage, ob die unterstellten „wenn-dann-Beziehungen" (Hypothesen) die jeweiligen Gegebenheiten in dem zu prüfenden Bereich zutreffend abbilden. Stellt der Prüfer Abweichungen fest, so versagen die analytischen Prüfungshandlungen, weil die Ursachen der Abweichung regelmäßig nicht lokalisiert werden können. Er muss dann andere Prüfungshandlungen einsetzen.[145]

Man könnte gegen analytische Prüfungshandlungen einwenden, dass sie eine **geringere Prüfungssicherheit bieten als Einzelfallprüfungshandlungen**. Manipulationen in der Rechnungslegung könnten in der Weise erfolgen, dass sie sich nicht im Rahmen von analytischen Prüfungshandlungen aufdecken lassen. Allerdings können analytische Prüfungshandlungen **viel wirtschaftlicher durchgeführt** werden, da der Umfang der oft aufwendigen Belegprüfungen eingeschränkt werden kann. Konkret können analytische Prüfungshandlungen zu Beginn der Prüfung, während der Prüfung und zum Ende der Prüfung eingesetzt werden. Zu Beginn der Prüfung werden sie genutzt, um bei der Auftragsannahme erste Risiken einzuschätzen und die Prüfung zu planen. Bei einem Einsatz der analytischen Prüfungshandlungen zu Beginn der Prüfung empfiehlt sich eine Kombination mit ersten Befragungen. Während der Prüfungsplanung können analytische Prüfungshandlungen eingesetzt werden, um kritische Prüffelder zu erkennen.

---

144 Vgl. v. Wysocki, K., Wirtschaftliches Prüfungswesen Band III, 2003, S. 63.

145 Vgl. v. Wysocki, K., Wirtschaftliches Prüfungswesen Band III, 2003, S. 64.

Beispiel:

Im Rahmen der analytischen Prüfungshandlungen ist dem Prüfer aufgefallen, dass die Verbindlichkeiten gegenüber Kreditinstituten stark gestiegen sind. Im Gespräch mit der Finanzbuchhaltung konnte der Prüfer bereits klären, dass ein neuer Kredit aufgenommen wurde, was den Anstieg erklärt. Für die detailliertere Prüfung kann der Prüfer eine Einsichtnahme in den Kreditvertrag verlangen.

Beispiel:

Bei der Prüfung des Personalaufwandes könnte der Prüfer einen Vergleich zum Vorjahr anstellen, indem er aufgrund der Anzahl der Mitarbeiter und der Lohn- und Gehaltssteigerung einen Erwartungswert für das zu prüfende Geschäftsjahr ermittelt. Die Informationen über die Anzahl der Mitarbeiter und zu einer etwaigen Tariferhöhung kann der Prüfer vergleichsweise schnell erlangen. Müsste er dagegen alle einzelnen Personalabrechnungen als Einzelfall prüfen, wäre dies ein höherer Aufwand. In diesem Beispiel weiß er, dass der Personalaufwand im Vorjahr 2021 700.000 EUR betragen hat und dass 14 Vollzeitmitarbeiter beschäftigt waren. Zum 01.01.2022 wurden zwei weitere Mitarbeiter mit derselben Einstufung eingestellt. Es gab zum 01.01.2022 eine Gehaltserhöhung von 5 %. Daher erwartet der Prüfer einen Personalaufwand zum Jahresabschluss 2022 in Höhe von 840.000 EUR.

Es kann zudem nützlich sein, gegen Ende der Abschlussprüfung nochmal eine analytische Durchsicht des Abschlusses vorzunehmen. Dazu kann bspw. auch auf die **Jahresabschlusskennziffern** verwiesen werden, die als Grundlage für analytische Prüfungshandlungen herangezogen werden können (zu einzelnen Jahresabschlusskennziffern vgl. Band 1, Kap. A.17).

Bei wesentlichen Posten darf der Abschlussprüfer das Prüfungsurteil nicht ausschließlich auf die Ergebnisse analytischer Prüfungshandlungen stützen. Er muss also wenigstens eine stichprobenweise Einzelfallprüfung vornehmen. Eine **Voraussetzung für aussagefähige analytische Prüfungshandlungen** ist die Beachtung des **Grundsatzes der Bilanzstetigkeit**. Die den analytischen Prüfungshandlungen zugrunde liegenden Zusammenhänge können nämlich durch bilanzpolitische Maßnahmen beeinflusst werden. Die Ausübung von Wahlrechten (z.B. die Inanspruchnahme von Abschreibungswahlrechten) und von Schätzungsspielräumen (z.B. bei der Bewertung von Rückstellungen) kann die tatsächlichen Beziehungen zwischen einzelnen Kennzahlen verändern. Der Prüfer muss solche Gestaltungsmöglichkeiten berücksichtigen, um keine falschen Schlussfolgerungen zu ziehen. Zu beachten ist außerdem, dass die Qualität analytischer Prüfungshandlungen immer von der **Zuverlässigkeit der vorhandenen Daten** abhängt.

MERKE: Analytische Prüfungshandlungen können zu Beginn (bei der Prüfungsplanung), während (bei der Prüfungsdurchführung) und zum Ende (bei der abschließenden Gesamtdurchsicht) der Abschlussprüfung genutzt werden. Prüfungsnachweise auf Basis analytischer Prüfungshandlungen haben eine relativ geringe Verlässlichkeit, können aber sehr wirtschaftlich durchgeführt werden. Es empfiehlt sich die Kombination mit anderen Prüfungshandlungen.

2.4.3.4 Einzelfallbezogene Prüfungshandlungen

Wenn der Prüfer mithilfe von Systemprüfungen bzw. analytischen Prüfungshandlungen keine verlässlichen und ausreichenden Prüfungsnachweise erlangt, ist er auf **Einzelfallprüfungen** angewiesen. Sie bieten in der Regel eine höhere Prüfungssicherheit, sind aber weniger wirtschaftlich. Bei der Einzelfallprüfung werden einzelne Geschäftsvorfälle, Bestände oder Aussagen (insbesondere zu „Vorhandensein", „Vollständigkeit" und „Eintritt")[146] in der Rechnungslegung mit Belegen oder anderen Nachweisen verglichen, um Falschdarstellungen zu erkennen.

Als Einzelfall-Prüfungshandlungen kommen in Betracht (vgl. ISA [DE] 500, Tz. A14 ff. sowie Kap. 2.4.2):

- Einsichtnahme/Inaugenscheinnahme,
- Beobachtung,
- externe Bestätigungen (Bestätigungen Dritter),
- Nachrechnen,
- Nachvollziehen sowie
- Befragungen.

Kann der Prüfer durch Systemprüfungen und analytische Prüfungshandlungen in weniger kritischen Prüfungsbereichen (d.h. in solchen mit geringem Risiko wesentlicher falscher Darstellungen) aussagefähige Ergebnisse erzielen, reicht in diesen Bereichen eine **geringe Anzahl von Einzelfallprüfungen** aus, weil ein höheres Entdeckungsrisiko in Kauf genommen werden kann. Je geringer z.B. die Qualifikation der Mitarbeiter, desto mehr wird eine Einzelfallprüfung erforderlich sein. Dies gilt umso mehr, wenn Vorgesetzte auch nicht über ausreichende Fachkenntnisse verfügen und ihrer Funktion als Entscheidungsträger nicht gerecht werden.

Beispiele für Einzelfallprüfungshandlungen:

Vorräte: Einholung von Prüfungsnachweisen zur Beurteilung des Vorhandenseins und des Zustandes als externe Betätigungen (Lagerhalterbestätigungen), Beobachtung der Inventur durch den Prüfer, Nachrechnen der Bewertung der Vorräte, Ab-

146 Vgl. ISA [DE] 330, Tz. A45.

stimmung der Berechnung des Gesamtwertes der Vorräte mit den Kontensalden, Befragung der Lagerleitung;
Anlagevermögen: Einsichtnahme in Lieferscheine und Eingangsrechnungen, Inaugenscheinnahme von angeschafften Vermögensgegenständen, Prüfung der rechnerischen Richtigkeit des Anlagenspiegels und Abstimmung der Werte mit den Kontensalden;
Forderungen/Verbindlichkeiten: Einholung von Saldenbestätigungen als externe Nachweise, Einsicht in Zahlungsnachweise (Bankkontoauszüge), Abstimmung der Offene-Posten-Listen der Debitoren und Kreditoren mit den Kontensalden, Nachrechnen der Abschreibungen auf Forderungen, Einsicht in Abgaben-, Zuwendungsbescheide etc. einer Gebietskörperschaft sowie in Eingangsrechnungen, Abstimmung der Zins- und Tilgungspläne von Krediten mit den Kontensalden;
Rückstellungen: Durchsicht von Protokollen, Einsicht in Schriftverkehr, Kontaktaufnahme mit Gutachtern, Rechtsanwälten etc., Nachrechnen von Rückstellungen, Abstimmung des Rückstellungsspiegels mit den Kontensalden.

In jedem Fall erfordert die Zielsetzung der Jahresabschlussprüfung auch im Rahmen der Einzelfallprüfungen **keine lückenlose Prüfung**, sondern die Prüfungshandlungen werden unter Berücksichtigung der festgelegten Wesentlichkeit und der Einschätzung des Risikos wesentlicher falscher Darstellungen auf der Grundlage von **Stichproben** durchgeführt.

MERKE: Einzelfallprüfungen gehören wie analytische Prüfungshandlungen zu den aussagebezogenen Prüfungshandlungen. Sie haben eine hohe Prüfungssicherheit, sind aber weniger wirtschaftlich. Sie sollten insbesondere in den Bereichen eingesetzt werden, die bedeutsame Risiken aufweisen. Typische Einzelfallprüfungen sind die Einsichtnahme/Inaugenscheinnahme, die Beobachtung, die Befragung, externe Bestätigungen, das Nachrechnen sowie Abstimmungen.

2.5 Zusammenwirken von Prüfungsplanung und Prüfungsdurchführung

Die **Risikoeinschätzung** ist als **permanenter Prozess** zu verstehen; sie beginnt zwar in der Planungsphase, kann sich aber im Laufe der Prüfung durch neue Einschätzungen von Fehlerrisiken ändern (Planung als fortdauernder und rückgekoppelter Prozess). Wird zum Beispiel deutlich, dass viele Fehler im Bereich der Bilanzierung der Sachanlagen gemacht wurden, sind hier mehr Prüfungshandlungen vorzunehmen.

Prüfungsplanung und **Prüfungsdurchführung** sind somit als kontinuierlicher rückgekoppelter Prozess miteinander verzahnt.[147] Das bedeutet, dass Erkenntnisse aus der laufenden Prüfungsdurchführung zu einer Modifizierung der weiteren Pla-

[147] Vgl. ISA [DE] 300, Tz. 10; IDW PS 240, Tz. 21.

nung führen können. Die Planung ist erst mit Abschluss der Prüfungsdurchführung beendet. Die Prüfungsplanung muss demnach abgeändert werden, wenn

- Sachverhalte sich ändern oder nicht erwartete Ereignisse eintreten,
- zusätzliche Informationen zu neuen Erkenntnissen führen (dem Prüfer fällt durch ein Gespräch mit der Rechtsabteilung auf, dass ggf. wesentliche Rückstellungen nicht gebildet wurden),
- die geplanten Prüfungshandlungen zu unerwarteten Erkenntnissen führen (das Prüffeld Personal wurde als wenig risikoreich eingestuft, bereits nach den ersten Stichproben zeigt sich eine Reihe von Fehlern),
- Prüfungsnachweise widersprüchlich sind (die Personalabteilung berichtet von vielen ausgeschiedenen Mitarbeitern, der Personalaufwand ist aber im Vergleich zum Vorjahr gestiegen),
- Schwächen im internen Kontrollsystem erkannt werden (Genehmigungsprozesse werden nicht eingehalten) oder
- Anhaltspunkte für Betrugsfälle bestehen.[148]

Zudem sollte auch am Ende der Prüfungsdurchführung noch einmal kritisch geprüft werden, ob die Prüfungsplanung insgesamt passend erfolgt ist oder ob ggf. noch nachträglich weitere Prüfungshandlungen vorgenommen werden.

MERKE: Die einmal festgelegte Prüfungsplanung muss in jedem Schritt der Prüfungsdurchführung überdacht und ggf. angepasst werden.

---

[148] Vgl. ISA [DE] 300, Tz. A15; IDW PS 240, Tz. 21, ergänzt um weitere konkrete Beispiele.

3 Prüfung des internen Kontrollsystems

3.1 Begrifflichkeiten und Grundlagen

In Kapitel 1 wurde das interne Kontrollsystem im kommunalen Bereich erläutert. Die Gesetzesbegründung zu § 104 GO NRW enthält folgende Definition: „Das interne Kontrollsystem stellt die Gesamtheit aller Maßnahmen, Grundsätze und Verfahren dar, die zur systematischen Prüfung von Geschäftsprozessen eingesetzt werden und die damit Einfluss auf das kommunale Haushalts- und Rechnungswesen haben; die Buchführung ist Teil des internen Kontrollsystems.“[149] Die Prüfungsstandards enthalten ähnliche Definitionen des internen Kontrollsystems, die in Abbildung 32 gegenübergestellt sind.

ISA [DE] 315 Tz. 4 c	IDW PS 261, Tz. 19	IDR L 111, Tz. 4
• „Der Prozess, der von den für die Überwachung Verantwortlichen, vom Management und von anderen Mitarbeitern konzipiert, eingerichtet und aufrechterhalten wird, um mit hinreichender Sicherheit die Ziele der Einheit im Hinblick auf die Verlässlichkeit der Rechnungslegung, die Wirksamkeit und Wirtschaftlichkeit der Geschäftstätigkeit sowie die Einhaltung der maßgebenden gesetzlichen und anderen rechtlichen Bestimmungen zu erreichen.“	• „Das Interne Kontrollsystem (IKS) umfasst alle von der Unternehmensleitung festgelegten Grundsätze, Maßnahmen und Verfahren, die gerichtet sind auf die organisatorische Umsetzung der Entscheidungen der Unternehmensleitung.“	• „Ein Internes Kontrollsystem (IKS) besteht aus systematisch gestalteten organisatorischen (Sicherungs-) Maßnahmen und Kontrollen in der Kommune zur Einhaltung von Richtlinien und zur Abwehr von Schäden, die durch das eigene Personal oder böswillige Dritte verursacht werden können. Die Maßnahmen beruhen auf technischen und organisatorischen Prinzipien. Sie umfassen Aktivitäten und Einrichtungen zur verwaltungsinternen Kontrolle sowie ihre Beziehungen zueinander.“

Abbildung 32: Definitionen des internen Kontrollsystems

149 Landtag NRW, Gesetzesbegründung 2. NKF-Weiterentwicklungsgesetz – 2. NKFWG NRW, Drucksache 17/3570, S. 95 f.

Diese Definitionen wirken zunächst recht abstrakt, sie haben aber gemeinsam, dass es sich beim IKS

- um Maßnahmen handelt,
- die vom Management verbindlich, bspw. durch Richtlinien, festgelegt werden und
- die als Ziel die Einhaltung von rechtlichen Regelungen oder Entscheidungen des Managements haben.

Bei den folgenden Überwachungsmaßnahmen handelt es sich um Bestandteile des internen Kontrollsystems:

- bauliche Zutrittskontrollen, Sicherung der IT durch Zugriffsbeschränkungen und Maßnahmen bei der Systempflege (u.a. Notfallpläne bei Systemausfällen),
- Richtlinien und Anweisungen für die Ablauforganisation sowie die Festlegung eindeutiger Zuständigkeiten, Kompetenzen und Entscheidungsbefugnisse (z.B. Organisationsplan, Stellenbeschreibungen, Unterschriftsbefugnis),
- schriftliche Weisungen z.B. zur Sicherheit, zur Geheimhaltung, zur Kommunikation mit der Öffentlichkeit und Presse,
- Maßnahmen zum Schutz der materiellen und immateriellen Vermögenswerte (in Gebietskörperschaften z.B. Inventurrichtlinien, Dienstanweisungen für die Finanzbuchhaltung und die Zahlungsabwicklung[150]),
- Maßnahmen zur Abwehr von Korruption und Vermögensschäden (z.B. Funktionstrennung, Vieraugen-, Rotationsprinzip, Anzeige-, Informationspflichten, Mitwirkungsverbote) sowie
- Beratung, wie z.B. geeignete Prüf- und Kontrollmechanismen nach dem Korruptionsbekämpfungsgesetz ausgebaut werden.[151]

In Gebietskörperschaften sind diverse **Sicherungsmaßnahmen** in Form von Unterrichtungs-, Vorlage- und Genehmigungspflichten, Entscheidungsvorbehalte, Funktionstrennungen, Qualifikationsvoraussetzungen für Bedienstete in bestimmten Funktionen sowie Gebote und Verbote **gesetzlich vorgegeben**.

Allgemein besteht das IKS aus Regelungen zur Steuerung der Unternehmensaktivitäten (**internes Steuerungssystem**) und Regelungen, die der Überwachung der Einhaltung dienen (**internes Überwachungssystem**). Das **interne Überwachungssystem** lässt sich wiederum in **prozessintegrierte** (organisatorische Sicherungs-

---

150 In § 32 KomHVO NRW sind konkrete Anforderungen an das IKS für die Finanzbuchhaltung und den Zahlungsverkehr genannt.

151 In Anlehnung an IDR L 111, Tz. 4 und Katczynski, S., Die Prüfung des Internen Kontrollsystems im Rahmen der kommunalen Abschlussprüfung, 2008, S. 3.

maßnahmen, Kontrollen) und **prozessunabhängige** Überwachungsmaßnahmen unterteilen. **Organisatorische Sicherungsmaßnahmen** sind in die Aufbau- und Ablauforganisation eines Unternehmens oder einer Gebietskörperschaft eingebunden und werden oft durch IT-Systeme unterstützt. Sie sollen Fehler verhindern und ein vorgegebenes Sicherheitsniveau gewährleisten (IDW PS 261 n.F., Tz. 20).

Kontrollen sind dagegen solche Maßnahmen, die direkt im Arbeitsprozess erfolgen. Es können auch bestimmte Personen zur Überwachung eingesetzt werden. Kontrollen sollen vor allem die Wahrscheinlichkeit für das Auftreten von Fehlern in den Arbeitsabläufen vermindern oder aufgetretene Fehler aufdecken (IDW PS 261 n.F., Tz. 20). Zu Kontrollen zählen z.B. Überprüfung der Vollständigkeit und Richtigkeit von erhaltenen oder weitergegebenen Daten, Soll-Ist-Vergleiche oder programmierte Plausibilitätsprüfungen.

Prozessunabhängige Überwachungsmaßnahmen sind z.B. übergeordnete Kontrollen (High-level-controls) durch die gesetzlichen Vertreter und Überwachungsmaßnahmen der Internen Revision (IDW PS 261 n.F., Tz. 20). Die folgende Abbildung 33 veranschaulicht den Aufbau des IKS:

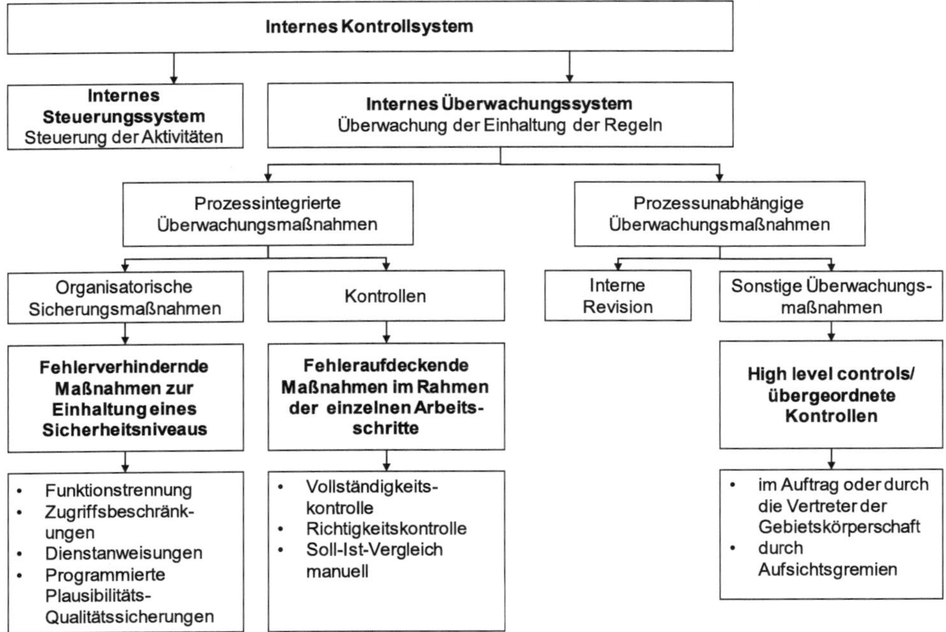

Abbildung 33: Aufbau des IKS[152]

[152] Entnommen aus IDW PS 261, Tz. 20 mit Ergänzungen.

3.2 Bedeutung des IKS für die Jahresabschlussprüfung

Die Überprüfung des internen Kontrollsystems (IKS) ist eine der wichtigsten Aufgaben im Rahmen der Jahresabschlussprüfung **bei der Anwendung des risikoorientierten Prüfungsansatzes**. Wie bereits dargestellt, muss der Prüfer das **Kontrollrisiko aus dem IKS einschätzen,** um daraus zusammen mit weiteren Informationen auf das Risiko wesentlicher falscher Darstellungen schließen zu können.

Die IKS-Prüfung besteht aus einer Aufbauprüfung, einer Funktionsprüfung, einer abschließenden Systembeurteilung und der Bestimmung von Art und Umfang der aussagebezogenen Prüfungshandlungen. Der Zusammenhang wird in Abbildung 34 gezeigt und in den nachfolgenden Kapiteln erläutert:

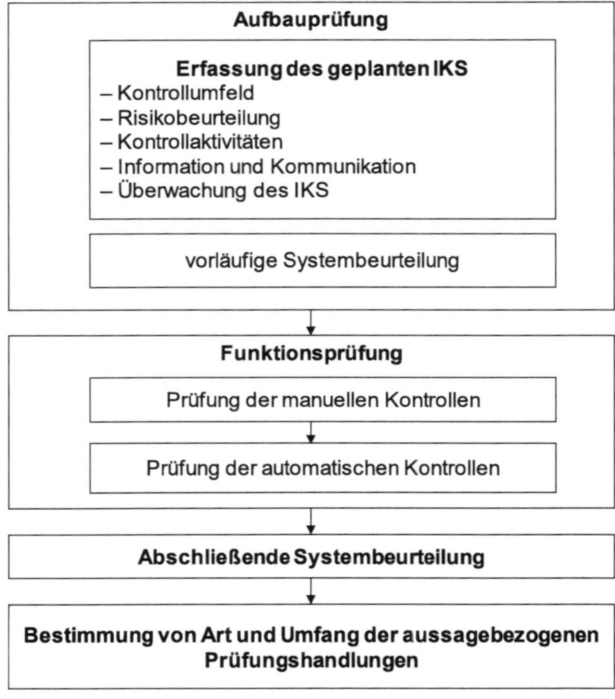

Abbildung 34: Ablauf der Systemprüfung[153]

Für den Abschlussprüfer sind nicht alle Teilbereiche des IKS relevant, sondern insbesondere die Teile, welche die **Ordnungsmäßigkeit der Rechnungslegung** betreffen. Die anderen Teile des IKS, die sich z.B. auf die Wirtschaftlichkeit der Geschäftstätigkeit beziehen oder Vermögensschädigungen verhindern sollen, haben

[153] In enger Anlehnung an Marten, K.-U./Quick, R./Ruhnke, K., Wirtschaftsprüfung, 6. Aufl. 2020, S. 407.

für den Abschlussprüfer nur dann eine Bedeutung, wenn dadurch die Prüfungsgegenstände zur Rechnungslegung betroffen sind (zum IKS vgl. auch Kap. 12.4.2).

MERKE: Die Prüfung des internen Kontrollsystems ist Bestandteil des risikoorientierten Prüfungsansatzes. Das Ergebnis dieser Prüfung hat Auswirkung auf Art und Umfang der weiteren Prüfungshandlungen. Der Abschlussprüfer untersucht nur die Teile des IKS, die für die Rechnungslegung relevant sind.

3.3 Prüfungsablauf

3.3.1 Aufbauprüfung

Im Rahmen der Aufbauprüfung[154] erfolgt zunächst die **Aufnahme** (Erfassung) des IKS, d.h. der Abschlussprüfer muss ein **Verständnis von den Komponenten des IKS** gewinnen. Die Komponenten (Elemente) des IKS umfassen nach ISA [DE] 315, Tz. 14 ff. i.V.m. Anlage 1[155]

- das **Kontrollumfeld** (Rahmenbedingungen für Kontrollen, wie z.B. Ehrlichkeit, ethisches Verhalten, fachliche Kompetenz, Führungsstil des Managements, Regelungen und Gepflogenheiten im Personalbereich),
- den **Risikobeurteilungsprozess** (hierzu gehören Verfahren zur Identifikation von Risiken, Einschätzung der Risiken, Beurteilung deren Eintrittswahrscheinlichkeit und Reaktion auf die Risiken),
- das rechnungslegungsbezogene **Informationssystem** einschließlich der damit verbundenen Geschäftsprozesse sowie **Kommunikation** (hierzu ist die Verständnisgewinnung zu den IT-gestützten Verfahren, der Art, Erfassung und Darstellung der Geschäftsvorfälle sowie zum Prozess zur Aufstellung des Abschlusses relevant),
- die für die Abschlussprüfung relevanten **Kontrollaktivitäten** (hierzu gehören Leistungskontrollen i.S.v. Soll-Ist-Vergleichen, Funktionstrennungen, Genehmigungen oder physische Kontrollen, wie z.B. Zugangsbeschränkungen),[156]
- die **Überwachung** von Kontrollen (hierzu gehören das Verstehen der Aktivitäten des Managements zur Überwachung des IKS und das Verstehen der Arbeit der Internen Revision).

Bei der **Aufbauprüfung** geht es um die Frage, ob die von der zu prüfenden Einheit eingerichteten internen **Kontrollen prinzipiell angemessen** sind. Ein internes Kon-

154 In den ISA [DE] wird die Aufbauprüfung als zur „Erlangung eines Verständnisses von den für die Abschlussprüfung relevanten Kontrollen" betitelt.

155 Eine geringfügig abweichende Darstellung der Komponenten des IKS ergibt sich aus IDW PS 982, vgl. Kap. 12.4.2.

156 IT-Kontrollen werden wegen ihrer besonderen Bedeutung speziell in Kap. 4.3 dargestellt.

trollsystem wäre nicht angemessen, wenn notwendige Kontrollen von vornherein nicht vorgesehen (implementiert) sind.

Beispiel:

Ein **nicht angemessenes** internes Kontrollsystem in der Buchhaltung liegt vor, wenn dieselbe Person Lieferantenstammdaten anlegen, die Rechnungen prüfen und Auszahlungen in jeder Höhe tätigen darf. Hier bestünde das Risiko, dass diese Person die eigenen Bankkontodaten angelegt, falsche Rechnungen freigibt und sich daraufhin selbst Geld überweist.

Nicht alle Regelungsbereiche des internen Kontrollsystems sind für die Abschlussprüfung von gleicher **Bedeutung**. Der Abschlussprüfer muss diejenigen Kontrollen beurteilen, die für die Abschlussprüfung relevant sind (ISA [DE] 315, Tz. 13). Es handelt sich hier um jene Teile des IKS, die die **Ordnungsmäßigkeit und Verlässlichkeit der Rechnungslegung** (Buchführung, Abschluss und Lagebericht) gewährleisten sollen. Die für die Abschlussprüfung relevanten Kontrollaktivitäten sind in ISA [DE] 315, Tz. 20 ff. und Tz. A.99-109 sowie in IDW PS 261 n.F., Tz. 22 aufgeführt.

Die auf die **Einhaltung sonstiger gesetzlicher Vorschriften** gerichteten Teile des internen Kontrollsystems sind für die Abschlussprüfung nur insoweit von Bedeutung, wie sich daraus üblicherweise **Rückwirkungen auf den geprüften Jahresabschluss und Lagebericht** ergeben können. **Typische Bereiche**, in denen ein IKS notwendig ist und geprüft wird, sind bspw.

- Einkauf, Verkauf,
- Personal,
- Anlagenbuchhaltung sowie
- Finanzbuchhaltung (Buchführung und Zahlungsabwicklung).

Bei Gebietskörperschaften sind **darüber hinaus** folgende Bereiche bedeutsam:

- Gewährung von Leistungen,
- Erhebung von Steuern und anderen Abgaben sowie
- Vergabe von Aufträgen.

Weiterführende Beispiele für interne Kontrollsysteme in unterschiedlichen Bereichen finden sich in der Literatur.[157] Innerhalb dieser Bereiche muss nun festgestellt werden, wie der Prozess laufen müsste, damit die Regelungen eingehalten werden. In der Praxis werden sog. **Kontroll-Matrizen** aufgestellt. Sie dienen als Orientie-

[157] Vgl. z.B. Bungartz, O., Handbuch Interne Kontrollsysteme (IKS), 6. Aufl. 2020, S. 163 ff., Marten, K.-U./Quick, R./Ruhnke, K., Wirtschaftsprüfung, 6. Aufl. 2020, S. 507 ff., WP Handbuch, Wirtschaftsprüfung und Rechnungslegung, 17. Aufl. 2021, Kap. L, Tz. 802 ff.

rung, um den Gesamtprozess abzudecken. Die Kontroll-Matrizen sollen nach Bungartz[158] Antworten auf folgende Fragen geben:

- „Wer führt die Kontrolle aus?
- Wer ist verantwortlich?
- Wie häufig wird die Kontrolle durchgeführt?
- Wie wird die Kontrolle dokumentiert?
- Welche Prüfungshandlungen werden zur Überprüfung der Funktionsfähigkeit vorgenommen?
- Wie wird die Funktionsprüfung dokumentiert?"

Weiterhin können die Matrizen für einen sog. **Walkthrough** genutzt werden, d.h. der Prüfer stellt sich vor, den gesamten Prozess in der Einheit von Anfang bis Ende zu „durchlaufen", also bspw. von der Einstellung eines Mitarbeiters bis zu seinem Austritt. Ein Walkthrough lässt erkennen, ob der gesamte Prozess tatsächlich so abläuft und die Kontrollen so stattfinden, wie es den internen Regelungen oder den Angaben der zu prüfenden Einheit entspricht; zudem lassen sich Lücken im IKS finden. Der Walkthrough sollte möglichst mit den in der jeweiligen Abteilung verantwortlichen Mitarbeitern durchgeführt werden. Gleichzeitig kann sich der Prüfer ein Bild von dem zugrunde liegenden IT-System machen.

Beispiele für eine Kontrollmatrix, unter Einbezug des zugeordneten Risikos als **Kontroll-Risiko-Matrix**, finden sich ebenfalls bei Bungartz.[159] Fragen zur Strukturierung des IKS, aufgeteilt in die einzelnen Bereiche, sind im WP-Handbuch dargestellt.[160] Auf eine Einzeldarstellung in diesem Lehrbuch wird aufgrund des Umfangs verzichtet. Es wird hier nur ein beispielhafter Aufbau anhand des Bereichs „Personal" veranschaulicht.

Beispiel:

Es bietet sich an, die Dokumentation der Aufnahme des IKS ebenfalls entsprechend des Walkthrough zu gestalten. Im Falle des Bereichs Personal würde man bspw. nach der Beschreibung der übergeordneten Prozessschritte beim Abschluss eines Arbeitsvertrages beginnen und mit dem Austritt des Mitarbeiters enden. Abschließend werden Sondersachverhalte wie interne und externe Prüfungen sowie Auslagerungen berücksichtigt.

Die Ergebnisse können entsprechend gegliedert nach der anfänglichen Beurteilung der Angemessenheit und der späteren Beurteilung der Wirksamkeit aufgeführt werden.

---

158 Vgl. Bungartz, O., Handbuch Interne Kontrollsysteme (IKS), 6. Aufl. 2020, S. 206.

159 Vgl. Bungartz, O., Handbuch Interne Kontrollsysteme (IKS), 6. Aufl. 2020, S. 206 ff.

160 Vgl. WP Handbuch, Wirtschaftsprüfung und Rechnungslegung, 17. Aufl. 2021, Kap. L, Tz. 802 ff.

Bereich Personal				
Prozessschritt	**Erfassen und Verstehen**	**Angemessenheitsprüfung**	**Wirksamkeitsprüfung**	**Teilergebnis**
Allgemeine Voraussetzungen	Funktionstrennungen/ Unterschriftenregelungen			
Einstellung	Korrekte Unterzeichnung der Verträge			
	Anlage von Personalstammdaten			
	Übernahme von Personaldaten in die Abrechnung			
Laufende Verbuchung	Übernahme von Abrechnungsdaten in die FiBu			
Rückstellung	Korrekte Übernahme der Daten zur Bildung von Urlaubs-, Überstunden-, Pensionsrückstellungen			
Austritt von Mitarbeitern	Sicherstellung, dass alle Beteiligten vom Austritt erfahren			
	Umgang mit Stammdaten			
	Berücksichtigung des Austritts im Zahllauf			
Zusätzliche interne Prüfungen	Interne Revision			
Zusätzliche externe Prüfungen	Lohnsteuer-/Sozialversicherungsprüfung			
Inanspruchnahme von Dienstleistern	Sicherstellung einer korrekten Übernahme der Daten durch den Dienstleister			

Abbildung 35: Beispielhafter Aufbau der Stufenprüfung des IKS[161]

Für die Beurteilung der Angemessenheit ist es wichtig festzuhalten, dass es nicht das eine richtige interne Kontrollsystem gibt. Es wird beurteilt, ob die einzelnen Komponenten des IKS für den Einsatzbereich bzw. die Größe der zu prüfenden Einheit angemessen sind. Dabei kann bspw. ein Prozess, der ein manuelles Abzeichnen von Rechnungen vorsieht, für eine kleine Gemeinde angemessen sein, für

161 In Anlehnung an Katczynski, S., Die Prüfung des Internen Kontrollsystems im Rahmen der kommunalen Abschlussprüfung, 2008, S. 11 und S. 12 und ergänzt anhand WP Handbuch, Wirtschaftsprüfung und Rechnungslegung, 17. Aufl. 2021, Kap. L, Tz. 812.

eine Großstadt aber nicht mehr. Weiterhin müssen die Elemente zum Gesamtsystem der zu prüfenden Einheit passen.

In **kleineren Unternehmen oder Einheiten** werden die vorgesehenen Kontrollen oft nicht ausreichend dokumentiert, was aber für die Einschätzung des IKS durch den Abschlussprüfer nicht unbedingt nachteilig sein muss. Die Kontrollen können trotzdem wirksam sein, wenn der für die Kontrollen Verantwortliche (z.B. Eigentümer, Geschäftsführer) die Kontrollen tatsächlich wirksam durchführt.

Als Ziel muss jeweils gelten, dass wesentliche Fehler vermieden werden. Im obigen Beispiel kann bei einer kleinen Gebietskörperschaft ein kurzer Anruf ausreichen, wenn der Vertrag eines Mitarbeiters endet. Bei Einheiten mit mehreren tausend Mitarbeitern ist ein solcher Prozess nicht mehr angemessen. In kleineren und mittelgroßen Einheiten gibt es in der Regel nur ein einfaches internes Kontrollsystem bzw. ein wenig komplexes IT-System. Eine Funktionstrennung wird aufgrund der geringeren Mitarbeiterzahl oft nur bedingt möglich sein (ISA [DE] 315, Tz. A57). Dieser Nachteil kann ausgeglichen werden, wenn die Geschäftsleitung stärker in den Überwachungsprozess eingebunden ist. Es besteht aber ein höheres Risiko, dass Kontrollen durch die Geschäftsleitung oder geschäftsführende Eigentümer umgangen werden (ISA [DE] 315, Tz. A58). Ähnliche Risiken können für kleinere Gemeinden bestehen. Trotzdem ist auch hier der risikoorientierte Prüfungsansatz anzuwenden, und es sind Prüfungen des internen Kontrollsystems durchzuführen, wobei der Prüfungsumfang geringer ausfallen dürfte.[162]

MERKE: Es existiert nicht das eine richtige interne Kontrollsystem. Der Prozess des IKS richtet sich nach dem jeweiligen Teilbereich der zu prüfenden Einheit. Art und Umfang des IKS richten sich nach Größe, Komplexität und Risiko.

3.3.2 Funktionsprüfung

Im Rahmen der Funktionsprüfung soll festgestellt werden, ob die eingerichteten organisatorischen Vorkehrungen wirksam sind.

Die **Funktionsprüfung** ist nach der Definition in ISA [DE] 330, Tz. 4b „eine Prüfungshandlung, die darauf ausgerichtet ist, die **Wirksamkeit von Kontrollen** zur Verhinderung oder Aufdeckung und Korrektur wesentlicher falscher Darstellungen auf Aussageebene zu beurteilen". **Unwirksamkeit** der internen Kontrollen liegt dagegen dann vor, wenn prinzipiell ein angemessenes internes Kontrollsystem besteht, die Kontrollen aber nicht oder nicht durchgängig erfolgen.

---

162 Näheres vgl. IDW PH 9.100.1: "Besonderheiten der Abschlussprüfung kleiner und mittelgroßer Unternehmen".

Beispiel:

Gibt es zwar eine Regel, dass jede Zahlung über einem bestimmten Betrag freigegeben werden muss, lassen die Mitarbeiter die entsprechenden Zahlungen aber nicht durch die zuständige Person freigeben (weil sie z.B. selbst das Passwort kennen), so ist das interne Kontrollsystem **nicht wirksam**.

MERKE: Die theoretischen Regelungen und Reglementierungen müssen tatsächlich in der Praxis „gelebt" werden. Ist dies nicht der Fall, muss dies bei der Risikoabschätzung und -beurteilung berücksichtigt werden.

Eine mögliche Struktur für das Vorgehen bei einer Funktionsprüfung lässt sich aus ISA [DE] 330, Tz. 8 ff. ableiten. Ähnlich dem Vorgehen bei der Prüfung der Angemessenheit muss zunächst festgelegt werden, in welchen Bereichen überhaupt Funktionsprüfungen erfolgen sollen. In nicht relevanten Bereichen kann eine Funktionsprüfung unterbleiben. Ist die Kontrolle relevant und deckt ein **bedeutsames Risiko** ab, muss in jedem Jahr eine Funktionsprüfung erfolgen (ISA [DE] 330, Tz. 15). Wurde eine betreffende Kontrolle seit der letzten Abschlussprüfung geändert, muss ebenfalls eine Funktionsprüfung durchgeführt werden. Erfolgte hingegen in einer der Vorperioden eine Funktionsprüfung und eine Änderung der Kontrolle ist nicht eingetreten, kann bei nicht bedeutsamen Risiken auf eine Funktionsprüfung im Berichtsjahr verzichtet werden. Es muss dann ein mehrjähriger Prüfungsplan aufgestellt werden, um sicherzustellen, dass die Kontrolle mindestens in jeder dritten aufeinanderfolgenden Abschlussprüfung geprüft wird (ISA [DE] 330, Tz. 14b).

Bei der Wirksamkeitsprüfung kommen als Prüfungsnachweise insbesondere die Beobachtung, die Befragung, die Einsichtnahme in Unterlagen und der Nachvollzug der Wirksamkeit der Kontrollen durch Anwendung von Testfällen (sog. **Funktionstests**) in Betracht. Wiederum gilt, dass insgesamt die erforderliche Prüfungssicherheit erreicht werden muss. Es ist nicht notwendig, jede mögliche Art des Prüfungsnachweises zu nutzen.

Beispiele:

- Am System wird getestet, ob derselbe Mitarbeiter Stammdaten anlegen und Zahlungen vornehmen kann.
- Anhand von Stichproben wird überprüft, ob die Genehmigungen für Ausgaben ordnungsgemäß unterschrieben wurden.
- Anhand von Stichproben wird überprüft, ob der Zahllauf für die Auszahlungen der Löhne und Gehälter von der richtigen Person kontrolliert und abgezeichnet wurde.
- Anhand einer Stichprobe der Arbeitsverträge wird überprüft, ob diese von den zeichnungsberechtigten Personen unterschrieben wurden.

Art und Umfang der Funktionstests sind nicht leicht zu ermitteln. In der Praxis erfolgt die Ermittlung anhand der Art und der Häufigkeit der zugrundeliegenden Kontrollen. Art der Kontrolle meint, ob sie manuell oder automatisch erfolgt. **Manuelle Kontrollen**, wie z.B. Nachrechnen, Vergleichen etc. erfolgen durch Personen, **automatische** bzw. **automatisierte Kontrollen** erfolgen durch technische Hilfsmittel (z.B. Stechuhren, Registrierkassen, Fahrtenschreiber) oder sie sind **IT-gestützt**. Bei einer automatischen Kontrolle ist regelmäßig ein Umfang von 1 ausreichend, d.h. die Kontrolle erfolgt einmal im Berichtszeitraum. Bei manuellen Kontrollen ist ein höherer Umfang erforderlich. Der Umfang der Funktionsprüfungen orientiert sich hier u.a. an der Häufigkeit (z.B. jährlich, vierteljährlich, monatlich, täglich, mehrmals täglich), mit der die zu prüfende Einheit Kontrollen während des Berichtszeitraums durchgeführt hat.[163]

Das IDW hat Umfänge für Funktionsprüfungen aus einer Befragung ihrer Mitglieder ermittelt (Abbildung 36).

Häufigkeit der manuellen Kontrollen	Umfang gemäß IDW[164]
jährlich	1
vierteljährlich	1-2
monatlich	2-3
wöchentlich	4-10
täglich	10-25
mehrmals täglich	15-40

Abbildung 36: Umfang der Funktionsprüfung bei Jahresabschlussprüfungen nach IDW

Die Umfänge bilden eine Orientierung, wie oft eine Kontrolle getestet werden sollte, um sie als wirksam zu betrachten. Bei einer monatlich durchgeführten Kontrolle wird also aus einer Grundgesamtheit mit einem Gesamtumfang von zwölf eine Stichprobe von 2-3 Kontrollen gezogen (bspw. die Abstimmung der Banksalden der Monate Februar, Mai und Dezember). Zu den ausgewählten Stichproben fordert der Prüfer dann die entsprechenden Nachweise an. Dies kann bei der Abstimmung der Banksalden bspw. die Dokumentation dieser Kontrollaktivität sein. Kann der

163 Vgl. IDW, Fragen und Antworten: Zur Durchführung einer repräsentativen Auswahl (Stichprobe) nach ISA 530 bzw. IDW EPS 310 oder einer bewussten Auswahl nach ISA 500 bzw. IDW EPS 300 n.F., 2016, Tz. 9.3. Siehe dazu auch weiterführend WP Handbuch, Wirtschaftsprüfung und Rechnungslegung, 17. Aufl. 2021, Kap. L, Tz. 337.

164 Vgl. IDW, Fragen und Antworten: Zur Durchführung einer repräsentativen Auswahl (Stichprobe) nach ISA 530 bzw. IDW EPS 310 oder einer bewussten Auswahl nach ISA 500 bzw. IDW EPS 300 n.F., 2016, Tz. 9.3.

Prüfer aufgrund der Nachweise bestätigen, dass die Kontrolle auch jeweils tatsächlich durchgeführt wurde, ist die Kontrolle als wirksam anzusehen. Die weiteren Dokumentationen müssen nicht mehr eingesehen werden.[165]

Bei einer Kontrolle, die mehrmals täglich stattfindet, bspw. die interne sachliche und rechnerische Prüfung von Eingangsrechnungen, werden 15-40 Stichproben gezogen, an denen man die tatsächliche Durchführung dieser Kontrolle erkennen kann. Zu diesen Eingangsrechnungen schaut sich der Prüfer nun an, ob die Dokumentation der Prüfung der sachlichen und rechnerischen Richtigkeit erfolgt ist.

Anzumerken ist, dass in Abbildung 36 jeweils eine Bandbreite angegeben ist, da die Bestimmung des Umfangs stets im prüferischen Ermessen des jeweiligen Prüfers liegt. Die Bestimmung des Umfangs orientiert sich zudem nicht nur an der Häufigkeit der Kontrollen, sondern auch danach, ob Fehler in dem Bereich erwartet werden, wie hoch Relevanz und Verlässlichkeit der Prüfungsnachweise sind oder ob bereits aus anderen Prüfungshandlungen Prüfungssicherheit in diesem Bereich erlangt wurde (ISA [DE] 330, A28). Wird bspw. im Bereich Beschaffung ein höheres Risiko erwartet, weil es dort in letzter Zeit viele Personalwechsel gab, würde der Prüfer aufgrund des höheren Risikos einen höheren Umfang an Kontrollen testen.

MERKE: Der Umfang der Funktionstests richtet sich nach der Häufigkeit der Kontrollen, den erwarteten Fehlern sowie Relevanz, Verlässlichkeit und Prüfungssicherheit der Prüfungsnachweise.

Wichtig ist nicht nur der Umfang der Funktionsprüfung, sondern auch die **Streuung** über den zu prüfenden Zeitraum. Es sollten bspw. nicht 30 Stichproben aus dem Januar ausgewählt werden, wenn die Wirksamkeit einer Kontrolle über das ganze Jahr gewährleistet werden soll. Da es sich bei den Einzelkontrollen um eine homogene Grundgesamtheit handelt und jeder Einzelkontrolle dieselbe Wahrscheinlichkeit der Auswahl zukommen soll, eignet sich insbesondere eine Zufallsauswahl.

Sind von der zu prüfenden Einheit betriebliche Funktionen auf externe Dienstleister ausgelagert (z.B. IT-Dienstleistungen, Buchführung, Personalabrechnungen) ist für die erforderlichen Kontrollen zusätzlich ISA [DE] 402 zu beachten.[166]

MERKE: Die Wirksamkeit der Kontrollen muss über den gesamten Prüfungszeitraum hinweg gegeben sein.

---

[165] Kann der Prüfer die Wirksamkeit der Kontrolle nicht nachvollziehen, sollte er die Stichprobe ausweiten und sehen, ob es sich ggf. um einen Einzelfall ohne Auswirkung auf das gesamte interne Kontrollsystem handelt.

[166] ISA [DE] 402: „Überlegungen bei der Abschlussprüfung von Einheiten, die Dienstleister in Anspruch nehmen".

3.3.3 Beurteilung des IKS

Bei der Jahresabschlussprüfung müssen die im Rahmen des internen Kontrollsystems **eingerichteten Kontrollen identifiziert und auf ihre Angemessenheit und Wirksamkeit geprüft** werden. Die Informationen können im Rahmen der Jahresabschlussprüfung für Risikobeurteilungen und -schätzungen genutzt werden (ISA [DE] 315, Tz. A74).[160] Wenn das interne Kontrollsystem wirksam ist, sinkt die Wahrscheinlichkeit (das Risiko) von unrichtigen Darstellungen im Jahresabschluss mit wesentlichen Auswirkungen auf die VFE-Lage. Der Umfang von Einzelfallprüfungen kann dann reduziert werden. Relevante Kontrollsysteme finden sich dabei nicht nur in der Buchhaltung. Auch Kontrollen in den anderen Bereichen, die Daten für die Rechnungslegung und den Jahresabschluss bereitstellen, sind zu berücksichtigen, bspw. im Bereich Beschaffung oder Personal.

Das Ergebnis der Beurteilung des IKS kann jeweils in den Kontrollmatrizen festgelegt werden. Auf diese Weise wird auch transparent dokumentiert, in welchen Bereichen der Prüfer Prüfungssicherheit aus dem IKS zieht, um anschließend den Umfang der aussagebezogenen Prüfungshandlungen zu bestimmen.

Die Beurteilung des IKS hat also zusammengefasst folgende Auswirkungen auf die weiteren notwendigen Prüfungshandlungen:

- Ein **funktionierendes IKS** reduziert das Risiko möglicher Fehler und führt dazu, dass aufgrund der Ergebnisse einer vorzunehmenden Aufbau- und Funktionsprüfung des internen Kontrollsystems der Umfang aussagebezogener **Prüfungshandlungen** unter Umständen erheblich **reduziert** werden kann, ohne die Zuverlässigkeit der Urteilsbildung einzuschränken.
- Wird das **IKS** dagegen **nicht als angemessen und wirksam** eingeschätzt, müssen **mehr Prüfungshandlungen** aus dem Bereich der aussagebezogenen Prüfungshandlungen durchgeführt werden, um die nötige Prüfungssicherheit zu erlangen.

Bereich Personal				
Prozessschritt	**Erfassen und Verstehen**	**Angemessenheitsprüfung**	**Wirksamkeitsprüfung**	**Teilergebnis**
Allgemeine Voraussetzungen	Funktionstrennungen/ Unterschriftenregelungen			
Einstellung	Korrekte Unterzeichnung der Verträge			
	Anlage von Personalstammdaten			
	Übernahme von Personaldaten in die Abrechnung			
Laufende Verbuchung	Übernahme von Abrechnungsdaten in die FiBu			
Rückstellung	Korrekte Übernahme der Daten zur Bildung von Urlaubs-, Überstunden-, Pensionsrückstellungen			
Austritt von Mitarbeitern	Sicherstellung, dass alle Beteiligten vom Austritt erfahren			
	Umgang mit Stammdaten			
	Berücksichtigung des Austritts im Zahllauf			
Zusätzliche interne Prüfungen	Interne Revision			
Zusätzliche externe Prüfungen	Lohnsteuer-/Sozialversicherungsprüfung			
Inanspruchnahme von Dienstleistern	Sicherstellung einer korrekten Übernahme der Daten durch den Dienstleister			
Ergebnis: o **Geringe Verlässlichkeit des IKS → Es sind in vollem Umfang aussagebezogene Prüfungshandlungen durchzuführen.** o **Mittlere Verlässlichkeit des IKS → Es sind in mittlerem Umfang aussagebezogene Prüfungshandlungen durchzuführen.** o **Hohe Verlässlichkeit des IKS → Es sind in niedrigem Umfang aussagebezogene Prüfungshandlungen durchzuführen.**				

Abbildung 37: Beurteilung des IKS[167]

167 In Anlehnung an Katczynski, S., Die Prüfung des Internen Kontrollsystems im Rahmen der kommunalen Abschlussprüfung, 2008, S. 11 und S. 12 und ergänzt anhand WP Handbuch, Wirtschaftsprüfung und Rechnungslegung, 17. Aufl. 2021, Kap. L, Tz. 812.

MERKE: Ein funktionierendes internes Kontrollsystem reduziert das Risiko von falschen Darstellungen und ermöglichet einen geringeren Umfang aussagebezogener Prüfungshandlungen.

Die Analyse des internen Kontrollsystems ist in **Gebietskörperschaften** gleichzeitig eine **Grundlage für die Beurteilung der Zweckmäßigkeit und Wirtschaftlichkeit des Verwaltungshandelns** (vgl. Kap. 12.6). So ist im Rahmen der Prüfung der Organisation zu prüfen, ob das interne Kontrollsystem die Ordnungsmäßigkeit und Wirtschaftlichkeit der Verwaltungsprozesse fördert und gleichzeitig keine überflüssigen Kontrollen vorhanden sind.[168]

Der Zahlungsverkehr und die Zahlungsanordnungen sind in Gebietskörperschaften durch spezielle Bewirtschaftungsbestimmungen bereits gesetzlich stark reglementiert (z.B. §§ 31, 32 KomHVO NRW, örtliche Dienstanweisungen zur Finanzbuchhaltung). Diese Regelungen sind zugleich wesentlicher Bestandteil des internen Kontrollsystems der Gebietskörperschaft. Die örtliche **Rechnungsprüfung** prüft bereits im Rahmen der unterjährigen Prüfung des Verwaltungshandelns die Einhaltung dieser Regelungen und damit die Funktionsfähigkeit des internen Kontrollsystems. Im Gegensatz zu einem externen Prüfer hat die örtliche Rechnungsprüfung den Vorteil, dass sie die internen Abläufe bereits verinnerlicht hat und auf den Erfahrungen vorheriger Prüfungen aufbauen kann.[169] Die **Prüfung kommunaler Jahresabschlüsse** stützt sich in der Praxis deshalb auch auf das Ergebnis dieser Prüfungen.

3.3.4 Festlegung der aussagebezogenen Prüfungshandlungen

Ausgehend von der Beurteilung des IKS entscheidet der Abschlussprüfer den Umfang der anschließend erforderlichen aussagebezogenen Prüfungshandlungen (analytische Prüfungshandlungen, Einzelfallprüfungen oder eine Kombination von beiden). Dies kann er bspw. wiederum anhand einer Kontroll-Matrix dokumentieren. Die folgende Übersicht zeigt zudem, für welche Bilanz- und GuV- bzw. Ergebnisrechnungsposten das jeweilige IKS Prüfungssicherheit geben kann.

168 In der kommunalen Prüfung kommt es nicht selten vor, dass gerade kleinere unkomplizierte Geschäftsvorfälle (z.B. die Verwaltung von geldwerten Drucksachen, die Ausgabe von Dienstfahrkarten etc.) zu gerne und zu häufig geprüft werden.

169 Vgl. Katczynski, S., Die Prüfung des Internen Kontrollsystems im Rahmen der kommunalen Abschlussprüfung, 2008, S. 3.

zugehörige IKS-Prüfung	zugehörige Posten der Bilanz	zugehörige Posten der GuV-/Ergebnisrechnung
Organisation des Rechnungswesens	alle, insbesondere Jahresabschlussbuchungen (Abgrenzungsposten, Rückstellungen)	alle
Anlagen- bzw. Investitionsmanagement	bebaute und unbebaute Grundstücke, Infrastruktur, BGA, techn. Anlagen etc. Sonderposten	planmäßige Abschreibungen, außerplanmäßige Abschreibungen, Auflösung Sonderposten
Einkauf	Verbindlichkeiten L+L, Vorräte, Rückstellungen für ungewisse Verbindlichkeiten	z.B. Aufwendungen für Sach- und Dienstleistungen
Erträge/Erlöse	Forderungen	z.B. Steuern, Gebühren, Beiträge, Verkaufserlöse
Personalmanagement	personalbezogene Rückstellungen und Verbindlichkeiten	Personalaufwand
Zahlungsverkehr	Bank, Verbindlichkeiten ggü. Kreditinstituten	Zinsaufwand, Zinsertrag

Abbildung 38: Auswirkung des IKS auf die aussagebezogenen Prüfungshandlungen

Selbst wenn Kontrollen nach der Prüfung als implementiert, angemessen und wirksam angesehen werden, können Fehler passieren, die zu den **Grenzen des IKS** führen. Beispiele lt. ISA [DE] 315, Tz. A54 ff. sowie IDW PS 261 n.F., Tz. 25 sind:

- menschliche Fehlleistungen bspw. aufgrund von Ablenkung oder Nachlässigkeit,
- selten vorkommende Geschäftsvorfälle, bei denen keine Routine besteht und die nicht oder nicht vollkommen vom IKS erfasst werden,
- die bewusste Umgehung des IKS (Management Override),
- die Nichtübernahme von Verantwortung für die Kontrollen durch die verantwortliche Person,
- die kurzzeitige Unwirksamkeit des IKS (Umweltbedingungen, Krankheit von Mitarbeitern an wichtigen Schnittstellen) sowie
- die Nichtbefolgung von notwendigen Maßnahmen aus Kostengründen.

Wegen dieser (unvermeidbaren) Grenzen der Wirksamkeit von internen Kontrollsystemen verlangt ISA [DE] 330, Tz. 18, dass der Abschlussprüfer – unabhängig von der Einschätzung des Risikos wesentlicher falscher Darstellungen – „**für alle wesentlichen Arten von Geschäftsvorfällen, Kontensalden sowie Abschlussangaben aussagebezogene Prüfungshandlungen zu planen und durchzuführen**“ hat. Er darf das Prüfungsurteil nicht nur auf das Ergebnis der Beurteilung der inhärenten Risiken und des internen Kontrollsystems stützen (ISA [DE] 330, Tz. A42).

3.4 Dokumentation und Kommunikation

Die gewonnenen Erkenntnisse über das IKS sowie die vorgenommenen Prüfungshandlungen einschließlich der Beurteilung der Prüfungsrisiken sind angemessen in den Arbeitspapieren zu dokumentieren. Da ein internes Kontrollsystem nicht jedes Jahr vollkommen neugestaltet wird, verringert sich der Aufwand nach der erstmaligen Prüfung. In den Folgejahren genügt es daher, die **wesentlichen Änderungen zu erfassen** und deren **Auswirkungen zu beurteilen**. Zur Dokumentation der Aufnahme des IKS, der Aufbau- und Funktionsprüfung sowie den sich daraus ergebenden Folgen für die aussagebezogenen Prüfungshandlungen können ebenfalls die Kontrollmatrizen genutzt werden.

Der Abschlussprüfer soll Mängel im IKS den für die Überwachung Verantwortlichen im Management mitteilen. Das heißt allerdings nicht, dass der Abschlussprüfer jeden auch noch so kleinen Verstoß melden muss. Die Einschätzung der Schwere des Mangels liegt in seinem pflichtgemäßen Ermessen. Ein Mangel wird in IDW PS 475 nochmals in „Mangel" und „bedeutsamer Mangel unterschieden. Die Bedeutsamkeit liegt auch dann vor, wenn eine falsche Darstellung aufgrund eines Mangels wahrscheinlich ist (IDW PS 475, Tz. A5).

Die Unterscheidung, ob es sich um einen Mangel oder einen bedeutsamen Mangel handelt, hat Auswirkung auf die Kommunikation der Mängel. So müssen **bedeutsame Mängel schriftlich** mitgeteilt werden (IDW PS 475, Tz. A9). Die Mitteilung kann im Prüfungsbericht und ggf. im Bestätigungsvermerk oder in einem sog. Management Letter (vgl. Kap. 11.1.2) erfolgen. Art und Umfang der Kommunikation hängen von verschiedenen Faktoren ab, bspw. der Größe und Komplexität der zu prüfenden Einheit, der Art des Mangels oder der Überwachungsstruktur der zu prüfenden Einheit (IDW PS 475, Tz. A12).

MERKE: Bei der Regelung des IDW PS 475, Tz. A12 handelt es sich um eine Kodifizierung der Skalierung.

4 Prüfung der Buchführung und der Inventur

4.1 Grundsätze der Buchführung und der Inventur

4.1.1 Überblick

Die Buchführung ist in die Prüfung des Jahresabschlusses einzubeziehen (§ 317 Abs. 1 Satz 1 HGB, im NKF: § 103 Abs. 2 Satz 1 GO NRW). Der Prüfer hat im Rahmen der Buchführungsprüfung die Einhaltung der gesetzlichen Vorschriften zur Buchführung (§§ 238 und 239 HGB, im NKF: § 28 KomHVO NRW), insbesondere die Einhaltung der Grundsätze ordnungsmäßiger Buchführung (GoB), auf die in den o.g. Regelungen verwiesen wird, zu untersuchen.[170]

Die GoB gelten nicht nur für die Buchführung, sondern für den gesamten Jahresabschluss (§ 243 Abs. 1 HGB, § 38 Abs. 1 KomHVO NRW) und damit indirekt auch für die Inventur (§ 241 Abs. 1 Satz 2 HGB, § 29 Abs. 1 KomHVO NRW). Für die GoB, die nachfolgend genauer betrachtet werden, lässt sich folgende Unterteilung vornehmen:

Grundsätze ordnungsmäßiger Buchführung (GoB)
Grundsätze ordnungsmäßiger Buchführung im engeren Sinne (Kap. 4.1.2)
Grundsätze ordnungsmäßiger Inventur – GoI (Kap. 4.2)
Grundsätze zur ordnungsmäßigen Führung und Aufbewahrung von Büchern, Aufzeichnungen und Unterlagen in elektronischer Form sowie zum Datenzugriff – GoBD (Kap. 4.1.3)
Grundsätze ordnungsmäßiger Bilanzierung – GoBil (Kap. 5.4.1)

Abbildung 39: Grundsätze ordnungsmäßiger Buchführung (GoB)

4.1.2 GoB im engeren Sinne

Die für die Prüfung der Buchführung relevanten GoB im engeren Sinne (oder auch Grundsätze ordnungsmäßiger Dokumentation) lassen sich weiter unterteilen in ma-

170 Die Prüfungspflicht bezieht sich hauptsächlich auf die Finanzbuchführung. Die anderen Zweige des betrieblichen Rechnungswesens (Kostenrechnung, Statistik und Vergleichsrechnung sowie Investitions- und Wirtschaftlichkeitsrechnung) sind nur insoweit zu beurteilen, als sie die Grundlage für die Wertermittlung einzelner Vermögensgegenstände oder Schulden bilden, wie z.B. bei der Berechnung der Herstellungskosten.

terielle (bspw. Vollständigkeit, Richtigkeit) und formelle GoB (bspw. Klarheit und Übersichtlichkeit).[171]

4.1.2.1 Materielle Grundsätze ordnungsmäßiger Buchführung

Als materielle Grundsätze ordnungsmäßiger Buchführung gelten:[172]

a) der Grundsatz der Vollständigkeit
b) der Grundsatz des Vorhandenseins,
c) der Grundsatz der Begründetheit,
d) der Grundsatz der Richtigkeit.

Zu a: Grundsatz der Vollständigkeit
Die Eintragungen in die Bücher müssen vollständig, richtig, zeitgerecht und geordnet vorgenommen werden (§ 239 Abs. 2 HGB), sodass die Geschäftsvorfälle in ihrer Entstehung und Abwicklung nachvollziehbar sind. Im Hinblick auf die Vollständigkeit muss der Prüfer nachvollziehen, ob die Anfangsbestände aller Aktiv- und Passivkonten übernommen wurden, alle Geschäftsvorfälle im laufenden Jahr lückenlos gebucht wurden sowie die Abschlussbuchungen erfolgten. Anhang und Lagebericht müssen ebenfalls vollständig sein.[173]

Zu b: Grundsatz des Vorhandenseins
Der Grundsatz des Vorhandenseins verlangt, dass keine Geschäftsvorfälle in der Buchführung berücksichtigt werden, die nicht tatsächlich stattgefunden haben.

Buchungen zu Geschäftsvorfällen, die nicht bestehen, können im Rahmen von Stichprobenprüfungen in den jeweiligen Prüffeldern auffallen. Wenn bspw. eine Buchung eines Vermögensgegenstandes im Anlagevermögen erfolgt und es dafür keine Rechnung, keinen Vertrag oder keine Zahlungsnachweise gibt bzw. der Vermögensgegenstand auch nicht im Rahmen einer Inaugenscheinnahme gefunden werden kann, gibt es keinen Nachweis, dass dieser Geschäftsvorfall tatsächlich existiert hat. Geschäftsvorfälle zu finden, die erst gar nicht bilanziert wurden, ist schwieriger, weil keine Buchungsunterlagen nachweisbar sind. Wichtige Prüfungshandlungen sind hier Gespräche mit der Geschäftsführung, analytische Prüfungshandlungen im Hinblick auf ungewöhnliche oder sich widersprechende Entwicklungen, Anforderungen von Rechtsanwalts- und Bankbestätigungen sowie Saldenbestätigungen zu Forderungen und Verbindlichkeiten.

---

[171] Vgl. Wöhe, G./Döring, U./Brösel, G., Einführung in die Allgemeine Betriebswirtschaftslehre, 27. Aufl. 2020, S. 670 f.

[172] Siehe dazu bspw. Selchert, F. W. Jahresabschlußprüfung der Kapitalgesellschaften, 2. Aufl. 1996, S. 224 ff.

[173] Vgl. Selchert, F. W., Jahresabschlußprüfung der Kapitalgesellschaften, 2. Aufl. 1996, S. 225 ff.

Zu c: Grundsatz der Begründetheit (Belegprinzip)
Jede Buchung muss durch einen **Beleg** begründet sein (vgl. auch § 28 Abs. 3 KomHVO NRW). Um das Belegprinzip zu erfüllen, muss ein Geschäftsvorfall nach IDW RS FAIT 1, Tz. 36 mit folgenden Informationen erfasst werden:

- Erläuterung des Vorgangs (z.B. Buchungstext),
- Buchungsbetrag,
- Belegdatum bzw. Bestimmung der Buchungsperiode,
- Autorisierung der buchenden Person.

Bei den meisten Geschäftsvorfällen liegt ein Beleg vor. So liegt z.B. beim Einkauf von Büromaterial eine Eingangsrechnung vor. Bei einer Steuerforderung der Gemeinde liegt ein Steuerbescheid vor. Manchen Geschäftsvorfällen liegt kein Beleg zugrunde, bspw. bei der Auflösung einer Rückstellung. In diesem Fall muss ein sog. **Eigenbeleg** erstellt werden.

MERKE: Es gilt der Grundsatz „keine Buchung ohne Beleg“.

Zu d: Grundsatz der Richtigkeit
Dem Grundsatz der Richtigkeit wird nach Selchert entsprochen, wenn sowohl eine qualitativ als auch eine quantitativ richtige Erfassung gewährleistet ist. Die qualitative Richtigkeit meint die Buchungen auf dem richtigen Sachkonto. Eine quantitativ richtige Buchung liegt vor, wenn der Betrag auf dem Beleg mit dem Betrag der Buchung übereinstimmt.[174]

Die kommunalrechtlichen Regelungen unterscheiden zwischen einer rechnerischen und sachlichen Richtigkeit. Die rechnerische Richtigkeit entspricht der o.g. quantitativen Richtigkeit, die sachliche Richtigkeit der qualitativen Richtigkeit. Im Rahmen der **örtlichen Rechnungsprüfung der Kommunen** erfolgt die Prüfung der Richtigkeit der Geschäftsvorfälle (auch: Prüfung der Belege) in **rechnerischer und sachlicher Hinsicht** (vgl. auch § 31 Abs. 2 KomHVO NRW). Was hier im Einzelnen inhaltlich zu prüfen ist, ist i.d.R. in der jeweiligen kommunalen Prüfungsverordnung oder in einer Dienstanweisung für die örtliche Rechnungsprüfung geregelt. Dazu gehören insbesondere die rechnerische und die sachliche Richtigkeit:

Prüfung auf rechnerische Richtigkeit
Diese Prüfung stellt u.a. fest, ob die Teil- und Endsummen der Rechnungen richtig ermittelt und Skonti und Rabatte richtig abgezogen worden sind. Soweit es sich um Akontozahlungen im Rahmen größerer Vergaben handelt und Einbehalte vereinbart worden sind, ist nachzurechnen, ob der Sicherheitseinbehalt korrekt ermittelt worden ist.

174 Vgl. Selchert, F. W., Jahresabschlußprüfung der Kapitalgesellschaften, 2. Aufl. 1996, S. 229.

Prüfung auf sachliche Richtigkeit
Dieser Teil der Prüfung stellt den schwierigsten und wichtigsten Teil dar; er muss Vorrang haben. Die sachliche Prüfung ist umfassend durchzuführen; sie erstreckt sich nicht nur auf die Feststellung der **formalen Richtigkeit** (z.B. Einhaltung der Unterschriftsregelungen, Bestätigung über Vorhandensein der Haushaltsmittel, eindeutige Bezeichnung des Zahlungspflichtigen oder Empfängers, der richtigen Kontonummern, Übereinstimmung mit den Beträgen gemäß der beigefügten Unterlagen) und der Einhaltung der Bestimmungen des Haushalts- und Rechnungswesens, sondern untersucht auch, ob die den Ein- und Auszahlungen zugrundeliegenden Sachverhalte ordnungsgemäß sind und den sonstigen gesetzlichen Vorschriften, Rechtsverordnungen, Satzungen oder Verwaltungsvorschriften entsprechen (vgl. auch Kap. 4.4: Prüfung der **Ordnungsmäßigkeit der Haushaltswirtschaft**). So ergeben sich unmittelbare Auswirkungen auf die Zahlen des Jahresabschlusses, wenn z.B. Leistungen zu Unrecht gewährt wurden, festgesetzte Steuern, Gebühren, Entgelte oder ähnliche Abgaben nicht beigetrieben wurden, Ersatzansprüche nicht geltend gemacht wurden oder die zeitliche Zuordnung zum Haushaltsjahr fehlerhaft war.

Die Prüfung der Richtigkeit der Geschäftsvorfälle von Gebietskörperschaften erfolgt dabei nicht erst im Rahmen der Jahresabschlussprüfung nach dem Ende des Haushaltsjahres, sondern im Regelfall unterjährig. Die Ergebnisse dieser Prüfungen sind jedoch im Prüfungsurteil zum Jahresabschluss zu berücksichtigen, wenn sie nicht unwesentlich sind oder von den Verantwortlichen nicht korrigiert wurden.

MERKE: Im öffentlichen Bereich wird der Grundsatz der Richtigkeit häufig in eine Prüfung der rechnerischen und sachlichen Richtigkeit unterteilt.

4.1.2.2 Formelle Grundsätze ordnungsmäßiger Buchführung

Zu den formellen Grundsätzen ordnungsmäßiger Buchführung gehören:

a) der Grundsatz der Klarheit,
b) der Grundsatz der Sicherheit.

Die Buchführung muss so beschaffen sein, dass sie einem sachverständigen Dritten innerhalb angemessener Zeit einen Überblick über die Geschäftsvorfälle und über die Lage des Unternehmens vermitteln kann (§ 238 Abs. 1 Satz 2 HGB). Die Geschäftsvorfälle müssen sich in ihrer Entstehung und Abwicklung verfolgen lassen (§ 238 Abs. 1 Satz 3 HGB).

Zu a: Grundsatz der Klarheit
Der Grundsatz der Klarheit bezieht sich bspw. auf:[175]

- Gestaltung von Buchführungssystem, Kontenplan und Verwendung von Kontenbezeichnungen,
- Verwendung von Symbolen und Symbolschlüsseln,
- Nummerierung und Aufbewahrung von Buchführungsunterlagen sowie
- Verweise zwischen Buchungen und Buchführungsunterlagen.

Für eine klare Buchführung muss das Hauptbuch eine **Journal- und eine Kontenfunktion** aufweisen (IDW RS FAIT 1, Tz. 41-51). Das Hauptbuch wird durch Nebenbücher ergänzt. Beispiele für die Nebenbuchführung sind die Anlagenbuchführung, die Lohn- und Gehaltsbuchführung und die Debitoren- und Kreditorenbuchführung. Im Fall solcher Nebenbuchführungen muss der Prüfer darauf achten, dass sie durch die vollständige Übertragung ihrer Salden in das Hauptbuch bzw. durch Abstimmungshandlungen lückenlos mit der Hauptbuchführung verbunden sind und somit ein in sich geschlossenes Gesamtsystem besteht.

Zu b: Grundsatz der Sicherheit
Nach dem Grundsatz der Sicherheit müssen z.B. folgende Anforderungen erfüllt sein:[176]

- Aufzeichnung in einer lebenden Sprache und mit den Schriftzeichen einer solchen (§ 239 Abs. 1 HGB),
- alle Geschäftsvorfälle sind zeitnah und möglichst in der richtigen zeitlichen Reihenfolge zu buchen (Kassenbewegungen täglich, alle anderen Geschäfte möglichst täglich) – § 239 Abs. 2 HGB,
- Aufzeichnung mit Mitteln, welche die Unverfälschbarkeit der Aufzeichnung gewährleisten,
- eine Eintragung oder eine Aufzeichnung darf nicht in einer Weise verändert werden, dass der ursprüngliche Inhalt nicht mehr feststellbar ist; auch solche Veränderungen dürfen nicht vorgenommen werden, deren Beschaffenheit es ungewiss lässt, ob sie ursprünglich oder erst später gemacht worden sind (§ 239 Abs. 3 HGB).

Die GoB gelten grundsätzlich auch bei IT-gestützter Buchführung. Weitere Besonderheiten bei IT-gestützter Buchführung ergeben sich aus § 239 Abs. 4 HGB bzw. § 28 Abs. 5 KomHVO NRW sowie aus den GoBD (Kap. 4.1.3). Die Prüfung der IT-gestützten Rechnungslegung wird ausführlicher in Kap. 4.3 dargestellt.

Die Grundsätze ordnungsmäßiger Bilanzierung werden in Kap. 5.4.1 behandelt. Die in ISA [DE] 315, Tz. 25b i.V.m. A129 aufgeführten **Aussagen zu Arten von**

---

175 Vgl. Selchert, F. W., Jahresabschlußprüfung der Kapitalgesellschaften, 2. Aufl. 1996, S. 230.

176 Vgl. Selchert, F. W., Jahresabschlußprüfung der Kapitalgesellschaften, 2. Aufl. 1996, S. 232.

Geschäftsvorfällen und Ereignissen sowie Aussagen zu Kontensalden und dazugehörige Angaben (vgl. Kap. 2.3.4) sind inhaltlich mit den o.g. materiellen und formellen Grundsätzen ordnungsmäßiger Buchführung vergleichbar. Sie beziehen sich aber auch auf einzelne Grundsätze ordnungsmäßiger Bilanzierung. Die deutschen Bezeichnungen weichen wegen der Übersetzung aus dem Englischen jedoch teilweise ab; so entspricht z.B. der Grundsatz der Richtigkeit den Aussagen über Genauigkeit (*accuracy*) und Kontenzuordnung (*classification*).[177]

4.1.3 GoBD

Die GoBD sind im sog. Schreiben betr. „Grundsätze zur ordnungsmäßigen Führung und Aufbewahrung von Büchern, Aufzeichnungen und Unterlagen in elektronischer Form sowie zum Datenzugriff (GoBD)" des Bundesministeriums für Finanzen (BMF) geregelt. Die letzte Fassung datiert vom 28. November 2019.[178] Obwohl die GoBD zunächst dem Bereich der Besteuerung zuzuordnen sind, haben sie als Untergruppe der GoB Auswirkungen auf alle Bilanzierungen und Prüfungen.

Auch Gebietskörperschaften haben die GoBD zu beachten. So enthält § 28 Abs. 5 KomHVO NRW einen Katalog von Anforderungen, die bei der IT-gestützten Rechnungslegung (DV-Buchführung) gewährleistet sein müssen und verweist dabei auf die GoBD. Es muss im Einzelnen sichergestellt werden, dass

- fachlich geprüfte Programme und freigegebene Verfahren eingesetzt werden,
- die Daten vollständig und richtig erfasst, eingegeben, verarbeitet und ausgegeben werden,
- nachvollziehbar dokumentiert ist, wer, wann, welche Daten eingegeben oder verändert hat,
- in das automatisierte Verfahren nicht unbefugt eingegriffen werden kann,
- die gespeicherten Daten nicht verloren gehen und nicht unbefugt verändert werden können,
- die gespeicherten Daten bis zum Ablauf der Aufbewahrungsfristen jederzeit in angemessener Frist lesbar und maschinell auswertbar sind,
- Berichtigungen der Bücher protokolliert und die Protokolle wie Belege aufbewahrt werden,
- elektronische Signaturen mindestens während der Dauer der Aufbewahrungsfristen nachprüfbar sind,

177 Ausführlicher zu den einzelnen Aussagen vgl. Kap. 5.1.

178 BMF, Grundsätze zur ordnungsmäßigen Führung und Aufbewahrung von Büchern, Aufzeichnungen und Unterlagen in elektronischer Form sowie zum Datenzugriff (GoBD) vom 28.11.2019 (BStBl. I S.2010).

- die Unterlagen, die für den Nachweis der richtigen und vollständigen Ermittlung der Ansprüche oder Zahlungsverpflichtungen sowie für die ordnungsgemäße Abwicklung der Buchführung und des Zahlungsverkehrs erforderlich sind, einschließlich eines Verzeichnisses über den Aufbau der Datensätze und die Dokumentation der eingesetzten Programme und Verfahren bis zum Ablauf der Aufbewahrungsfrist verfügbar bleiben,
- die Verwaltung von Informationssystemen und automatisierten Verfahren von der fachlichen Sachbearbeitung und der Erledigung von Aufgaben der Finanzbuchhaltung verantwortlich abgegrenzt wird.

Die Grundsätze des § 28 KomHVO NRW und der GoBD werden durch einen **Leitfaden des IDR zur einführungsbegleitenden IT-Prüfung rechnungslegungsrelevanter Verfahren** ergänzt. Der Leitfaden behandelt zunächst sechs Themenkomplexe:

- **Lizenzmanagement** unter Beachtung des § 75 GO NRW: Der Leitfaden mit dem Schwerpunkt Lizenzmanagement soll insbesondere dazu dienen Über- oder Unterlizenzierungen zu vermeiden. Dazu wird eine Checkliste mit Prüffragen empfohlen.[179]
- **Anwenderdokumentation und Schulung** zur Konkretisierung von § 28 KomHVO NRW und GoBD, Rz. 100 ff. und 151 ff.: Dieser Teil des Leitfadens berücksichtigt, dass die Einhaltung der technischen Vorgaben allein die Einhaltung des § 28 KomHVO NRW und der GoBD nicht sicherstellen kann. Vielmehr muss eine Verfahrensdokumentation alle notwendigen Informationen für die Anwender enthalten. Die Anwender müssen entsprechend geschult werden. Die im Leitfaden enthaltene Checkliste verweist dabei anhand von Leitfragen insbesondere auf IDW PS 330 und IDW RS FAIT 1, die in Kap. 4.3 näher betrachtet werden.[180]
- **Datenschutz** zur Konkretisierung der EU-Datenschutz-Grundverordnung (DS-GVO) vom 27. April 2016 und des Datenschutzgesetz Nordrhein-Westfalen (DSG NRW) vom 17.05.2018: Dieser Teil des Leitfadens betrachtet die DS-GVO anhand von Leitfragen.[181]
- **Datenmigration** zur Konkretisierung von § 28 KomHVO NRW, GoBD, DS-GVO, DSG NRW: Dieser Teil des Leitfadens befasst sich speziell mit der Thematik der Übernahme von Daten aus einem alten System in ein neues System. Dabei soll insbesondere die Vollständigkeit der Daten gewähr-

179 Siehe dazu weiterführend IDR, Leitfaden zur einführungsbegleitenden IT-Prüfung rechnungslegungsrelevanter Verfahren – Lizenzmanagement, 2021, S. 1-11.

180 IDR, Leitfaden zur einführungsbegleitenden IT-Prüfung rechnungslegungsrelevanter Verfahren – Anwenderdokumentation und Schulung, 2021, S. 1-7.

181 IDR, Leitfaden zur einführungsbegleitenden IT-Prüfung rechnungslegungsrelevanter Verfahren – Datenschutz, 2021, S. 1-16.

leistet sein (§ 28 Abs. 5 Nr. 2 KomHVO NRW). Der Leitfaden orientiert sich dabei an IDW PS 850.[182]

- **Test und Freigabe** zur Konkretisierung der §§ 28 und 32 KomHVO NRW sowie der GoBD (insb. Rz. 80 ff.): Dieser Teil des Leitfadens erläutert, wie Tests und Freigaben von Programm und Verfahren durchgeführt und dokumentiert werden können.[183]
- **Rollen und Berechtigungen** zur Konkretisierung der §§ 28 und 32 KomHVO NRW, GoBD, DSGVO, DSG NRW: Dieser Teil des Leitfadens erläutert das Berechtigungs- und Rollenkonzept. Es sind 15 Empfehlungen enthalten, die sich an den GoBD und an IDW PH 9.330.1 orientieren. Themen sind u.a., ob überhaupt ein Zugriffs- und Rollenkonzept besteht, Passwortzugang- und Passwortverwendung, Verantwortlichkeiten für die Berechtigungsvergabe, Verantwortlichkeit und Dokumentation der Passung zwischen Aufgabe und Berechtigung, Unterscheidung zwischen Lese-, Erstellungs- und Änderungsberechtigung, Berücksichtigung von Rollenkonflikten, Veränderungsprozesse, Aktualisierung von Rollen, Möglichkeit der Definition von Super-Usern sowie Möglichkeiten der Fernwartung.[184]

4.2 Grundsätze ordnungsmäßiger Inventur

Zum Schluss eines jeden Geschäfts- bzw. Haushaltsjahres ist ein **Inventar zu erstellen** (§ 240 HGB, § 91 Abs. 1 GO NRW, § 29 KomHVO NRW). Das Inventar ist ein detailliertes mengen- und wertmäßiges Verzeichnis aller Vermögensgegenstände und Schulden zu einem Stichtag.

Die Bestandsaufnahme kann als körperliche Inventur durch Zählen, Messen, Wiegen oder als sog. Buchinventur erfolgen. Die **Buchinventur** erfolgt bei Vermögensgegenständen, die **keiner körperlichen Bestandsaufnahme** unterzogen werden können. Beispiele für Vermögensgegenstände, die nur mittels einer Buchinventur geprüft werden können, sind Forderungen und Schulden. Vermögensgegenstände des Anlagevermögens können ebenfalls buchmäßig erfasst werden, sofern sie in einer ordnungsgemäß geführten **Anlagenkartei** verzeichnet sind. Die Anlagenkarte bzw. der entsprechende Datensatz muss u.a. folgende Angaben enthalten: Tag der Anschaffung oder Herstellung, Höhe der Anschaffungs- oder Herstellungskosten, Nutzungsdauer, jährliche Abschreibung und Restbuchwert. Bei Forderungen und Schulden erfolgt die buchmäßige Erfassung der Bestän-

[182] IDR, Leitfaden zur einführungsbegleitenden IT-Prüfung rechnungslegungsrelevanter Verfahren – Datenmigration, 2021, S. 1-7.

[183] IDR, Leitfaden zur einführungsbegleitenden IT-Prüfung rechnungslegungsrelevanter Verfahren – Test und Freigabe, 2021, S. 1-7.

[184] IDR, Leitfaden zur einführungsbegleitenden IT-Prüfung rechnungslegungsrelevanter Verfahren – Rollen und Berechtigungen, 2021, S. 1-7.

de in Form von Saldenlisten, die anhand der Salden der Debitoren- und Kreditorenkonten ermittelt werden. Diese sind u.a. mithilfe von Saldenbestätigungen zu prüfen.[185] Die Inventurverfahren sind in Band 1, Kap. A.4 dargestellt.

Im Hinblick auf die Inventur wurden die GoB konkretisiert.[186] Es gelten insbesondere die nachfolgenden Grundsätze:

- Grundsatz der Vollständigkeit der Bestandsaufnahme,
- Grundsatz der Richtigkeit der Bestandaufnahme,
- Grundsatz der Einzelerfassung der Bestände,
- Grundsatz der Dokumentation und Nachprüfbarkeit sowie
- Grundsatz der Wirtschaftlichkeit.

Grundsatz der Vollständigkeit der Bestandsaufnahme
Nach der Inventur muss ein vollständiges Verzeichnis aller Vermögensgegenstände und Schulden nach Mengen und Werten (Inventar) vorliegen. Der Prüfer gleicht während der Inventurarbeiten tatsächliche Bestände mit den bereits gezählten Beständen ab. Er prüft also, ob sich die Bestände in den Zähllisten zur Inventur wiederfinden.

Grundsatz der Richtigkeit der Bestandsaufnahme
Die Bestandsaufnahme muss richtig erfolgen. Dabei ist zu berücksichtigen, ob es sich um physisch erfassbare oder nicht physisch erfassbare Vermögensgegenstände handelt. Physisch erfassbare Gegenstände werden in der körperlichen Bestandsaufnahme mit berücksichtigt. Bei den weiteren Vermögensgegenständen und Schulden findet eine Buchinventur statt. Die Prüfung erfolgt mittels einer sog. Inventurbeobachtung.

Grundsatz der Einzelerfassung und Einzelbewertung der Bestände
Es ist sicherzustellen, dass alle Vermögensgegenstände und Schulden nach Art, Menge und Wert einzeln erfasst und bewertet werden. Stichprobeninventur, Festbewertung und Gruppenbewertung als Ausnahmen vom Grundsatz der Einzelerfassung und -bewertung sind zulässig. Der Prüfer muss sich vergewissern, dass grundsätzlich eine Einzelbewertung erfolgt. Bei Inanspruchnahme einer Bewertungsvereinfachung muss er prüfen, ob die spezifischen Voraussetzungen hierfür eingehalten werden.

185 Vgl. bspw. Graumann, M., Wirtschaftliches Prüfungswesen, 6. Aufl. 2020, S. 536.

186 Beruhend auf NKF-Handreichung, 7. Aufl. 2016, S. 1124 und ergänzt um die Prüfungshandlungen.

Grundsatz der Dokumentation und Nachprüfbarkeit
Die Durchführung der Inventur ist zu dokumentieren (Zähllisten etc.). Die Dokumentation muss für einen sachverständigen Dritten nachprüfbar sein. Der Prüfer bspw. nachvollziehen können, dass ein bestimmter Mitarbeiter an einem bestimmten Tag einen bestimmten Bestand gezählt sowie ggf. gemessen und gewogen hat und dieser Bestand auch anschließend in das Inventar übertragen wurde.

Grundsatz der Wirtschaftlichkeit
Der Aufwand für die Inventur muss in einem angemessenen Verhältnis zu den Ergebnissen stehen. Daher sollte stets darauf geachtet werden, mögliche Vereinfachungen wie das Festwertverfahren in Anspruch zu nehmen. Im NKF hat der Prüfer zu beachten, dass in der Regel alle fünf Jahre eine körperliche Bestandsaufnahme erfolgen muss (§ 29 Abs.1 Nr. 1 KomHVO NRW). Für **geringwertige Vermögensgegenstände** des Sachanlagevermögens können **Befreiungen** für die Inventur und die körperliche Bestandsaufnahme erteilt werden. Hier ist zu prüfen, ob die Voraussetzungen des § 30 Abs. 4 KomHVO NRW eingehalten wurden. Die einzelnen Prüfungshandlungen im Rahmen der Inventurprüfung sind überwiegend in Kap. 6.1.5 dargestellt.

4.3 Prüfung des IT-gestützten Rechnungslegungssystems

Eine besonders wichtige Aufgabe des Abschlussprüfers liegt in der Beurteilung, ob das IT-gestützte Rechnungslegungssystem den gesetzlichen Anforderungen an die **Ordnungsmäßigkeit der Buchführung** entspricht. Diese Prüfungsaufgabe ergibt sich aus §§ 238, 239 HGB, den Grundsätzen ordnungsmäßiger Buchführung (GoB) und den Grundsätzen zur ordnungsmäßigen Führung und Aufbewahrung von Büchern, Aufzeichnungen und Unterlagen in elektronischer Form sowie zum Datenzugriff (GoBD). Hierzu zählen Anforderungen an die **Sicherheit und Integrität**[187] der Daten sowie **spezifische Anforderungen an die Ordnungsmäßigkeit** (z.B. Vollständigkeit, Richtigkeit, Zeitgerechtheit, zeitliche Reihenfolge und sachliche Ordnung,[188] Nachvollziehbarkeit und Unveränderlichkeit).[189] Die Prüfungspflicht des IT-gestützten Rechnungslegungssystems ergibt sich auch aus der Tatsache,

---

[187] Gemäß IDW RS FAIT 1, Tz. 23 besteht eine Integrität für die geprüften IT-Systeme, wenn sowohl die Daten oder die IT-Infrastruktur als auch die IT-Anwendungen die Anforderungen der Vollständigkeit und Richtigkeit erfüllen. Es ist zudem erforderlich, dass diese ebenso vor Manipulationen und Änderungen geschützt sind. Um dies sicherzustellen, müssen sowohl organisatorische als auch technische Maßnahmen erfolgen, wie z.B. Test- und Freigabeverfahren, Firewalls sowie Virenscanner. Auch die weitere Infrastruktur muss einen festgelegten Zustand haben bzw. bei gewünschten Änderungen muss eine Autorisierung erfolgen.

[188] Bei der zeitlichen Reihenfolge und sachlichen Ordnung handelt es sich um die sog. Journal- und Kontenfunktion.

[189] Vgl. WP Handbuch, Wirtschaftsprüfung und Rechnungslegung, 17. Aufl. 2021, Kap. L, Tz. 653 ff.

dass die Buchführung, die nach § 317 Abs. 1 HGB in die Prüfung einzubeziehen ist, nahezu in allen Unternehmen und anderen Einheiten nicht mehr manuell erfolgt.

Das IT-gestützte Rechnungslegungssystem besteht aus den Elementen IT-Infrastruktur, IT-Anwendungen und IT-gestützte Geschäftsprozesse (IDW RS FAIT 1, Tz. 80 ff.):[190]

- **IT-Infrastruktur** umfasst insbesondere die Hardware, Betriebssysteme und Sicherheitssysteme.
- **IT-Anwendungen** betreffen selbst erstellte oder eingekaufte Software zur Abwicklung der Geschäftsprozesse.
- **IT-gestützte Geschäftsprozesse** umfassen sämtliche Geschäftstätigkeiten, bei denen IT zum Einsatz kommt, einschließlich der zugehörigen Datenflüsse.

Alle drei Elemente sind miteinander verbunden und beeinflussen sich gegenseitig. Sie bestimmen das **IT-Kontrollsystem**, das wiederum abhängig ist

- vom **IT-Umfeld** und
- der **IT-Organisation**.

Das IT-Kontrollsystem ist ein Teil des IKS. Es beinhaltet diejenigen Grundsätze, Verfahren und Maßnahmen, die vom Management zur Bewältigung der Risiken, die sich aus dem IT-Einsatz ergeben, eingerichtet sind (z.B. Eingabe-, Verarbeitungs- und Ausgabekontrollen sowie organisatorische Sicherungsmaßnahmen). Die im Unternehmen vorhandenen Rahmenbedingungen (z.B. IT-Sicherheitskonzepte, Leitlinien) bezeichnet man als IT-Umfeld. Die IT-Organisation beschreibt die Verantwortlichkeiten und Kompetenzen, die mit dem Einsatz von IT zusammenhängen.

Da es sich bei der Prüfung des IT-Kontrollsystems um eine **Systemprüfung** handelt, muss der Abschlussprüfer wiederum die Angemessenheit und die Wirksamkeit prüfen.[191] Die IT-Systemprüfung umfasst nach IDW PS 330, Tz. 29 die folgenden drei Stufen:

- Aufnahme (Risikoanalyse und Informationserhebung) des IT-Systems als Basis der Kenntnisse des Abschlussprüfers über das IT-Kontrollsystem,
- Prüfung des Aufbaus des IT-Kontrollsystems (Aufbauprüfung) sowie
- Prüfung der Funktion des IT-Kontrollsystems (Funktionsprüfung).

---

190 Stellungnahme zur Rechnungslegung: „Grundsätze ordnungsmäßiger Buchführung bei Einsatz von Informationstechnologie (IDW RS FAIT 1)“.

191 Vgl. IDW PS 330. Eine gesonderte Darstellung der Prüfungshandlungen zum IT-System erfolgt in den ISA [DE] nicht.

Das IDW hat zur Unterstützung für die Prüfung eines IT-Kontrollsystems eine **Checkliste** veröffentlicht, die sich gliederungsmäßig an IDW PS 330 orientiert. Die enthaltenen Prüfungshandlungen werden jeweils den drei Stufen der Systemprüfung zugeordnet und beziehen sich auf das IT-Umfeld, die IT-Organisation, die IT-Infrastruktur, IT-Anwendungen und IT-gestützte Geschäftsprozesse (vgl. IDW PH 9.330.1). Die Prüfung von IT-gestützten Geschäftsprozessen im Rahmen der Abschlussprüfung ist ergänzend in IDW PH 9.330.2 geregelt.

Neben der Aufnahme des internen IT-Systems muss sich der Prüfer auch einen Überblick über **ausgelagerte Bestandteile des IT-Systems** verschaffen. Die Prüfung von Einheiten mit einem eigenständigen Rechenzentrum erfordert eine andere Vorgehensweise als die Prüfung von Einheiten, deren IT-System ganz oder teilweise ausgelagert ist. Die Verantwortlichkeit des Prüfers erstreckt sich in jedem Fall auf das gesamte rechnungslegungsrelevante IT-System (IDW PS 330, Tz. 13).

Eine Übersicht zu den drei Stufen der IT-Systemprüfung gibt Abbildung 40 (Quelle: IDW PS 330, Tz. 29):

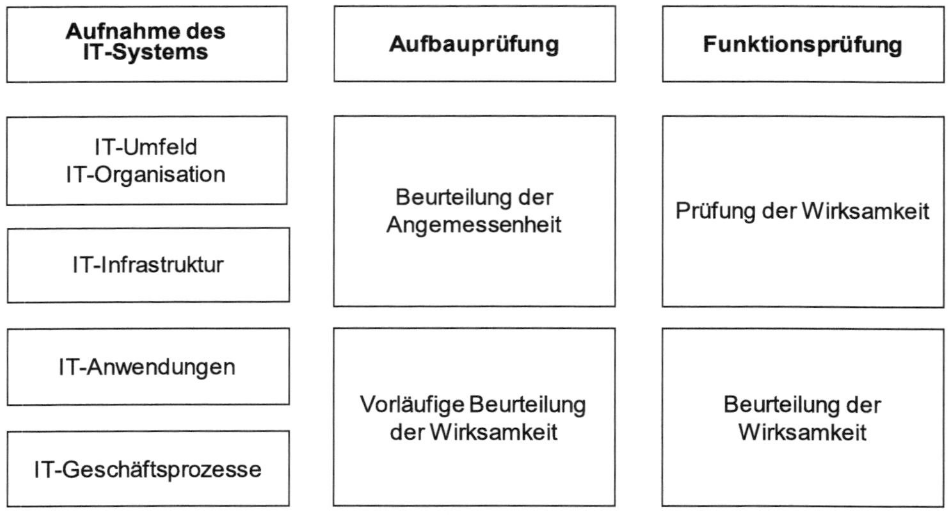

Abbildung 40: Prüfung der Wirksamkeit des IT-Kontrollsystems

Im **NKF** hat der Prüfer das **IT-gestützte Rechnungslegungssystem** daraufhin zu beurteilen, ob es den Anforderungen nach § 93 GO NRW i.V.m. §§ 28, 32 KomHVO NRW entspricht, um die geforderten Prüfungsaussagen über die **Ordnungsmäßigkeit der Buchführung** treffen zu können. Folglich ist es die Aufgabe des kommunalen Prüfers, das IT-System insoweit zu untersuchen, als dessen Elemente dazu dienen, Daten über Geschäftsvorfälle oder verwaltungsbetriebliche Aktivitäten zu verarbeiten, die entweder direkt in die IT-gestützte Rechnungslegung einfließen oder als Grundlage für Buchungen im Rechnungslegungssystem in elektronischer Form zur Verfügung gestellt werden (rechnungslegungsrelevante Daten).

Nach der haushaltsrechtlichen Vorschrift des **§ 93 GO NRW** hat die gemeindliche Finanzbuchhaltung die **Buchführung und die Zahlungsabwicklung der Gemeinde** zu erledigen. In der Finanzbuchhaltung sind daher alle Geschäftsvorfälle der Gemeinde systematisch und lückenlos nach bestimmten Regeln und Ordnungskriterien zu erfassen. Durch die gemeindliche Finanzbuchhaltung wird die Aufstellung des Jahresabschlusses ermöglicht, denn sie liefert die Daten für die Ergebnisrechnung, die Finanzrechnung, die Teilrechnungen und die Bilanz.

Nach § 94 GO NRW kann die Gemeinde ihre Finanzbuchhaltung ganz oder zum Teil von einer Stelle **außerhalb der Gemeindeverwaltung** erledigen lassen. Hierzu sind bestimmte Voraussetzungen zu erfüllen: Zum einen muss die ordnungsgemäße Erledigung und zum anderen die Prüfung der Finanzbuchhaltung gewährleistet sein. Es muss darüber hinaus ein Beschluss über die Auslagerung erfolgen. Weiterhin ist zu beachten, dass lediglich die **Durchführung** der Finanzbuchhaltung ausgelagert werden kann. Die **Verantwortung** für die Finanzbuchhaltung verbleibt bei der Gemeinde.

Die Durchführung der **Finanzbuchhaltung erfolgt mithilfe IT-gestützter Rechnungslegung** (DV-Buchführung). Die Prüfung der Programme vor ihrer Anwendung erfolgt im NKF durch die örtliche Rechnungsprüfung (§ 104 Abs. 1 Nr. 3 GO NRW). Die Prüfung der generellen Zulassung erfolgt seit dem 1.1.2021 durch die Gemeindeprüfungsanstalt (§ 94 Abs. 2 GO NRW) – ausführlicher vgl. Kap. 12.3.

4.4 Prüfung der Ordnungsmäßigkeit der Haushaltswirtschaft von Gebietskörperschaften

4.4.1 Regelungen zur Prüfung der Ordnungsmäßigkeit der kommunalen Haushaltswirtschaft

Die Bewirtschaftung öffentlicher Mittel muss gewährleisten, dass den Prinzipien der **Ordnungs- und Rechtmäßigkeit sowie Wirtschaftlichkeit** des Verwaltungshandelns entsprochen wird. Die staatliche Haushalts- und Wirtschaftsführung wird dabei von den Rechnungshöfen (Bundesrechnungshof, Landesrechnungshöfe) geprüft (vgl. Art. 114 GG, Art. 86 Abs. 2 LV NRW), die auch die Einhaltung von Gesetzen und sonstigen Bestimmungen überwachen. Entsprechende Regelungen gibt es im Gesetz über die Grundsätze des Haushaltsrechts des Bundes und der Länder (Haushaltsgrundsätzegesetz – HGrG) sowie in der Bundeshaushaltsordnung und in den Landeshaushaltsordnungen.

Bei der Aufstellung und Ausführung des Haushaltsplans sind nach (§ 6 Abs. 1 HGrG) die Grundsätze der **Wirtschaftlichkeit und Sparsamkeit** zu beachten.

Vergleichbare Regelungen gibt es ebenfalls in der Bundeshaushaltsordnung und in den einzelnen Landeshaushaltsordnungen (vgl. z.B. § 7 LHO NRW), aber auch in den kommunalrechtlichen Haushaltsvorschriften (vgl. z.B. § 75 Abs. 1 GO NRW).

Nach § 90 BHO (gleichlautend in den Landeshaushaltsverordnungen) erstreckt sich die **Prüfung** auf die Einhaltung der für die Haushalts- und Wirtschaftsführung geltenden Vorschriften und Grundsätze, und zwar insbesondere darauf, ob

- das Haushaltsgesetz und der Haushaltsplan eingehalten worden sind,
- die Einnahmen und Ausgaben begründet und belegt sind und die Haushaltsrechnung und die Vermögensrechnung ordnungsgemäß aufgestellt sind,
- wirtschaftlich und sparsam verfahren wird,
- die Aufgabe mit geringerem Personal- oder Sachaufwand oder auf andere Weise wirksamer erfüllt werden kann.

Vergleichbare inhaltliche Regelungen gibt es für die kommunale Jahresabschlussprüfung (vgl. Kap. 1.5.1). Zusätzlich ist hier noch zu prüfen, ob der Jahresabschluss ein den tatsächlichen Verhältnissen entsprechendes Bild der VFE-Lage der Gemeinde darstellt. Die Jahresabschlussprüfung einer Gebietskörperschaft (und damit auch einer Gemeinde) umfasst also die Prüfung der **Ordnungsmäßigkeit der Rechnungslegung** (Prüfung des Jahresabschlusses, der Buchführung inkl. IKS und IT-System sowie des Lageberichts), die Prüfung der **Ordnungsmäßigkeit des Verwaltungshandelns** bzw. der Verwaltungsführung (Prüfung der Rechtmäßigkeit des Verwaltungshandelns sowie einer sparsamen, zweckmäßigen und soliden Haushalts- und Wirtschaftsführung) und die Prüfung der **Wirtschaftlichkeit des Verwaltungshandelns**.[192]

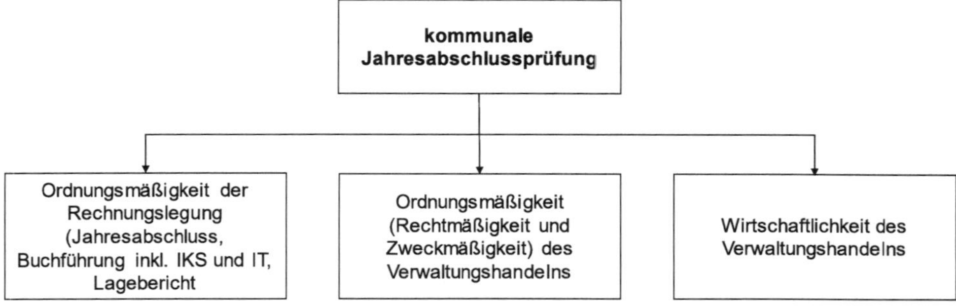

Abbildung 41: Inhalte der kommunalen Abschlussprüfung

Für die Begriffe Ordnungsmäßigkeit und Wirtschaftlichkeit des Verwaltungshandelns wird in einigen kommunalrechtlichen Regelungen sowie in verschiedenen

192 Vgl. u.a. ISSAI 100, Tz. 22, ISSAI 200, Tz. 4 u. 22, ISSAI 4000, Tz. 24, IDR L 260, Tz. 22, 33, 42, 49 ff. u. 60.

Prüfungsstandards der Oberbegriff **Ordnungsmäßigkeit der Haushaltswirtschaft** bzw. Ordnungsmäßigkeit der Haushaltsführung verwendet.[193]

IDW PS 720 regelt die Berichterstattung über die Erweiterung der Abschlussprüfung nach § 53 HGrG (vgl. Kap. 12.5). IDW PS 730 regelt die Prüfung des Jahresabschlusses und Lageberichts einer Gebietskörperschaft. IDW PS 731 behandelt spezieller die Prüfung der Ordnungsmäßigkeit der Haushaltswirtschaft als Erweiterung der Abschlussprüfung bei Gebietskörperschaften. Daneben gibt es die Prüfungsleitlinien des Instituts der Rechnungsprüfer „Berichterstattung bei kommunalen Abschlussprüfungen“ (IDR L 260) sowie „Ordnungsmäßigkeit der Haushaltswirtschaft“ (IDR L 720).

Der **Begriff Haushaltswirtschaft** umfasst nach § 1a Abs. 1 HGrG sowie IDW PS 731, Tz. 10

- die Planung und Aufstellung des Haushaltsplans,
- die Ausführung bzw. Bewirtschaftung (Organisation und Durchführung mit unterjähriger Berichterstattung) und
- die Abrechnung (Rechnungslegung).

Während die Rechnungslegung zum Teil Gegenstand der Jahresabschlussprüfung nach § 317 HGB ist, trifft dies jedoch nicht für die Erstellung von Haushaltssatzung und Haushaltsplan sowie die Bewirtschaftung zu.

Der **Begriff Ordnungsmäßigkeit** wird in IDW PS 731, Tz.17 definiert.[194] Er beschreibt die Gestaltung und Durchführung der Haushaltswirtschaft

- „in Übereinstimmung mit Gesetz, Satzung und sonstigen rechtlich bindenden Regelungen und Beschlüssen (Rechtmäßigkeit),
- in einer der Art, Komplexität und dem Umfang der übernommenen Aufgaben angepassten Art und Weise (Zweckmäßigkeit) sowie
- in Bezug auf die organisatorischen Maßnahmen zur Sicherstellung der Verhältnismäßigkeit des Mitteleinsatzes zum angestrebten Ergebnis (Maßnahmen, die der Wirtschaftlichkeit der Aufgabenerfüllung dienen sollen)“.[195]

---

193 Vgl. z.B. IDW PS 730, IDW PS 731, IDR L 260, IDR L 720.

194 Der Begriff „**Ordnungsmäßigkeit der Haushaltswirtschaft**“ geht über den Umfang einer Jahresabschlussprüfung hinaus und ist gesetzlich hinsichtlich Art und Umfang in den einzelnen Bundesländern uneinheitlich geregelt, weshalb hier die Prüfungsstandards zur Definition herangezogen werden. Zu den unterschiedlichen Regelungen vgl. IDW PS 731, Tz. 13. Die Definition entspricht auch den ISSAI.

195 Eine vertiefende Darstellung enthält Müller-Marqués Berger, T./Heiling, J., Prüfung der Ordnungsmäßigkeit der Haushalswirtschaft, in: Die Wirtschaftsprüfung 2017, S. 334 ff.

Die Prüfung der Ordnungsmäßigkeit der Haushaltswirtschaft i.S.d. IDW PS 731 beinhaltet daher die Prüfung der Rechtmäßigkeit vorgenommener Transaktionen, die Prüfung der Zweckmäßigkeit vor dem Hintergrund der gestellten Aufgaben und die Prüfung der organisatorischen Maßnahmen, die der Wirtschaftlichkeit der Aufgabenerfüllung dienen sollen (IDW PS 731, Tz. 18).

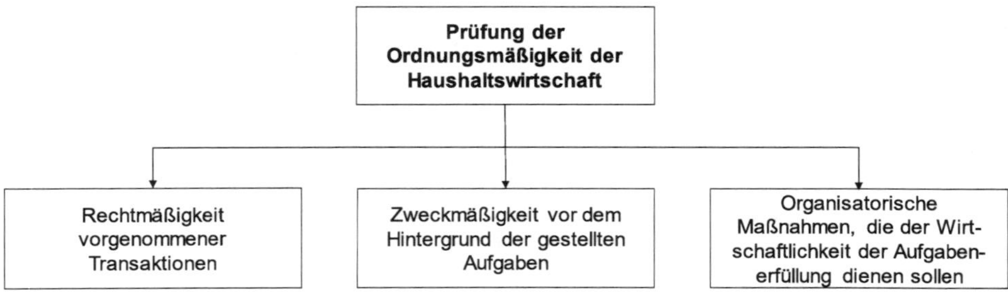

Abbildung 42: Prüfung der Ordnungsmäßigkeit der Haushaltswirtschaft

Rechtmäßigkeits- sowie Wirtschaftlichkeits-[196] und Zweckmäßigkeitsprüfungen erfolgen durch die örtliche Prüfung i.d.R. unterjährig und unabhängig von der Jahresabschlussprüfung (vgl. auch Kap. 12.1, 12.2 und 12.6). Sie dienen häufig der Vorbereitung der Jahresabschlussprüfung und können somit inhaltlich und organisatorisch in die Jahresabschlussprüfung integriert werden (IDR L 260, Tz. 35).

Festzustellen bleibt, dass die Jahresabschlussprüfung einer Gebietskörperschaft neben der Prüfung der Buchführung und des Jahresabschlusses (bestehend aus Bilanz, Ergebnis- und Finanzrechnung, Teilergebnis- und Teilfinanzrechnung und Anhang) sowie der Prüfung des Lage-/Rechenschaftsberichts ebenfalls **die Beurteilung der Ordnungsmäßigkeit der Haushaltswirtschaft inkl. der Rechtmäßigkeit, Zweckmäßigkeit und Wirtschaftlichkeit des Verwaltungshandelns** umfasst; anders ausgedrückt: Der Umfang der Jahresabschlussprüfung einer Gebietskörperschaft ist auf die Prüfung der wirtschaftlich-finanziellen Situation und des Verwaltungshandelns ausgerichtet. Das Verwaltungshandeln umfasst dabei nicht nur die unmittelbaren rechnungslegungsbezogenen Vorschriften, sondern **alle gesetzlichen Vorschriften, die sich auf die VFE-Lage auswirken**. So muss bei der Prüfung des kommunalen Jahresabschlusses auch untersucht werden, ob bei der Gewährung von Sozialhilfe der Aufwand nicht nur in der richtigen Höhe und auf dem richtigen Sachkonto ausgewiesen ist, sondern auch, ob die Leistung zu Recht gewährt wurde. Anhaltspunkten für Verstöße gegen tarifrechtliche Bestimmungen

196 Der Begriff Wirtschaftlichkeit umfasst hier auch den Begriff der Sparsamkeit. Zur genaueren Abgrenzung der Begriffe Wirtschaftlichkeit und Sparsamkeit vgl. Brixner/Harms/Noe, Verwaltungs-Kontenrahmen, 2003, S. 126; Henneke/Strobl/Diemert, Recht der kommunalen Haushaltswirtschaft, Doppik – Neue Steuerung, 2008, S. 12.

oder die Vorschriften zur Korruptionsprävention ist ebenfalls nachzugehen, da sich Auswirkungen auf die Zahlen des Jahresabschlusses ergeben können.

Eine **allgemeine Rechtmäßigkeitskontrolle**, d.h. ob die Gebietskörperschaft bei ihrem Handeln alle relevanten Gesetze und andere Rechtsvorschriften beachtet hat, ist **nicht** Gegenstand einer Jahresabschlussprüfung bzw. erweiterten Jahresabschlussprüfung (Ausnahme: Vorliegen der Voraussetzungen des § 321 Abs. 1 Satz 3 HGB). Die Prüfung der allgemeinen Rechtmäßigkeit des Handelns, das nicht die Rechnungslegung betrifft, gehört jedoch zu den weiteren Aufgaben der örtlichen Rechnungsprüfung bzw. kann ihr von der Gemeindevertretung übertragen werden (vgl. z.B. § 104 GO NRW).

MERKE: IDW PS 730 befasst sich mit der Prüfung der Ordnungsmäßigkeit des Jahresabschlusses und Lageberichts einer Gebietskörperschaft im Allgemeinen. IDW PS 731 beschäftigt sich mit der Prüfung der Ordnungsmäßigkeit der Haushaltswirtschaft als Erweiterung der Jahresabschlussprüfung bei Gebietskörperschaften. Das IDR hat die Prüfungsleitlinie 720 „Ordnungsmäßigkeit der Haushaltswirtschaft“ veröffentlicht. IDW PS 731 und IDR L 720 sind nahezu vergleichbar, wobei IDW PS 731 zusätzlich die Prüfungsintensität der einzelnen Inhalte betrachtet.

4.4.2 Durchführung durch einen Wirtschaftsprüfer

Der Gegenstand der Jahresabschlussprüfung richtet sich bei Beauftragung eines Wirtschaftsprüfers nach den im Auftrag getroffenen Vereinbarungen. Eine Abschlussprüfung im kommunalen Bereich, die nach Art und Umfang den §§ 317 ff. HGB entspricht, umfasst den Jahresabschluss mit seinen Bestandteilen Bilanz, Ergebnisrechnung, Finanzrechnung, Teilergebnis- und Teilfinanzrechnungen, Anhang sowie die zugrunde liegende Buchführung. Neben dem Jahresabschluss ist der Lagebericht (Rechenschaftsbericht) Gegenstand der Prüfung. Die Prüfung der Ordnungsmäßigkeit der Haushaltswirtschaft ist nur insoweit Gegenstand der Jahresabschlussprüfung, als sie sich auf die Ordnungsmäßigkeit der Rechnungslegung bezieht. In einigen landesgesetzlichen Vorschriften wird konkret gefordert, dass die Prüfung des kommunalen Jahresabschlusses über die Prüfung der Rechnungslegung nach §§ 317 ff. HGB hinausgeht und z.B. auch eine Prüfung der Einhaltung des Haushaltsplans umfasst (vgl. Kap. 1.5.1). Auch wenn in den einzelnen kommunalrechtlichen Bestimmungen somit keine eindeutigen Regelungen zur Prüfung der Ordnungsmäßigkeit der Haushaltswirtschaft existieren, kann von einer **gesetzlichen Erweiterung des Prüfungsauftrags** (ähnlich der gesetzlichen Erweiterung nach § 53 HGrG) ausgegangen werden. Inhaltlich dienen die Punkte des Fragenkataloges des IDW PS 731 als Orientierung für Wirtschaftsprüfer.

In IDW PS 731 wurde der **Fragenkatalog des IDW PS 720** erweitert um solche Fragen, die sich speziell auf die Haushaltswirtschaft einer Gebietskörperschaft beziehen. Im Interesse der Information der Adressaten der Berichterstattung über die Prüfung (Gemeindevertretung, Kommunalaufsicht, überörtliche Prüfung) ist über das Ergebnis der Prüfung der Ordnungsmäßigkeit der Haushaltswirtschaft zusammengefasst in einem gesonderten Abschnitt des Prüfungsberichts zu berichten.

Soweit **Wirtschaftsprüfer oder Wirtschaftsprüfungsgesellschaften** mit der Prüfung des Jahresabschlusses und Lageberichtes einer Gebietskörperschaft (z.B. Kommune) beauftragt werden, ist darauf zu achten, dass die Prüfung der Einhaltung der Vorschriften zur Ordnungsmäßigkeit der Haushaltswirtschaft, die nicht unmittelbar die Rechnungslegung betreffen, **nicht** Gegenstand der Abschlussprüfung nach IDW PS 730 sind (IDW PS 730, Tz. 16). Die entsprechende **Erweiterung** ist im Prüfungsauftrag zu vereinbaren (ISA [DE] 210, Tz. D.10.1). Voraussetzung ist aber, dass der Prüfer der Ordnungsmäßigkeit der Haushaltswirtschaft dabei auch die Abschlussprüfung durchführt (IDW PS 731, Tz. 1).

Zu beachten ist, dass im Rahmen der Auftragserweiterung nach IDW PS 731, Tz. 18 **keine Aussagen zur Wirtschaftlichkeit einzelner Transaktionen** getroffen werden (z.B. ob eine bestimmte Maßnahme mit einem geringerem Mitteleinsatz durchführbar gewesen wäre), sondern lediglich zu den organisatorischen Maßnahmen, welche die Wirtschaftlichkeit der Aufgabenerfüllung sicherstellen sollen (z.B. Einhaltung von Vergaberegelungen, Erstellen von Investitions- oder Wirtschaftlichkeitsrechnungen).

Art und Umfang der Prüfungshandlungen sind je nach zu prüfendem Sachverhalt bzw. je nach Frage unterschiedlich. Der Umfang der Beauftragung ist im **Prüfungsbericht** darzustellen (IDW PS 731, Tz. 18). Bei der Beauftragung kann der Fragenkatalog auch erweitert oder gekürzt werden, was aber im Prüfungsbericht zu beschreiben ist. Klarzustellen ist auch, dass der Wirtschaftsprüfer kein Gesamturteil zur Ordnungsmäßigkeit der Haushaltswirtschaft abgibt, sondern sich die Prüfungsaussagen nur auf konkrete Sachverhalte beziehen (IDW PS 731, Tz. 28).

Im **Bestätigungsvermerk** ist kein Urteil über das Ergebnis der Erweiterung abzugeben, wenn gesetzliche Vorschriften dies nicht vorsehen (die GO NRW enthält hierzu keine Regelung); entsprechende Aussagen dürfen **ausschließlich im Prüfungsbericht** erfolgen (IDW EPS 400 n.F., Tz. 22).

MERKE: Soweit Wirtschaftsprüfer einen kommunalen Jahresabschluss prüfen, bedarf es für die Prüfung der Ordnungsmäßigkeit der Haushaltswirtschaft einer Erweiterung des Prüfungsauftrages. Soweit die örtliche Rechnungsprüfung den kommunalen Jahresabschluss prüft, bedarf es hierzu keiner besonderen Vereinbarung.

4.4.3 Bearbeitung des Fragenkatalogs

Ergebnis der Prüfung ist die Beantwortung des Fragenkatalogs. Die Beantwortung sollte in einer Anlage zum Prüfungsbericht erfolgen. Die einzelnen Fragen und Unterfragen sind vor der Beantwortung stets zu wiederholen. Der Fragenkatalog des IDR L 720 ist inhaltlich nahezu mit dem Fragenkatalog des IDW PS 731 identisch. Letzterer ist jedoch mit seinem Stand vom 26.11.2020 aktueller. In beiden Fällen handelt es sich um Checklisten, die **keinen Anspruch auf Vollständigkeit** haben (IDR L 720, TZ. 14; IDW 731, Tz. 7)

Die **17 Fragenkreise des IDW PS 731** umfassen:

(1) Aufbau- und ablauforganisatorische Grundlagen,
(2) Tätigkeit von Organen,
(3) Steuerung anhand strategischer Vorgaben,
(4) Ziele und Kennzahlen,
(5) Haushaltssatzung und Haushaltsplan,
(6) Haushaltssicherungskonzept (sofern gesetzlich vorgeschrieben),
(7) a. Instrumente zur Erfassung und Bewertung von Risiken – Risiken der Haushaltswirtschaft,
b. Instrumente zur Erfassung und Bewertung von Risiken – Finanzinstrumente, andere Termingeschäfte, Fremdwährungsgeschäfte, Optionen und Derivate,
(8) Gebühren- und Beitragssatzung,
(9) Rechnungswesen, Informationssystem und Controlling,
(10) Interne Revision,
(11) Übereinstimmung der Rechtsgeschäfte und Maßnahmen mit den rechtlichen Grundlagen und Einhaltung der Bewirtschaftungsregeln,
(12) Durchführung von Investitionen,
(13) Einhaltung der Vergaberegelungen,
(14) Unterjährige Berichterstattung,
(15) Vermögen zur Aufgabenerfüllung,
(16) Finanzierung,
(17) Jahresergebnis, Haushaltsausgleich und Eigenkapitalausstattung.

Zur Bestimmung von Art und Umfang der Prüfungshandlungen wird je nach zu prüfender Aussage bzw. zu prüfendem Geschäftsvorfall bzw. je nach Frage zwischen einer „**Prüfung mit hinreichender Sicherheit**“, einer „**Prüfung mit begrenzter Prüfungssicherheit**“, einer „**sachverständigen Stellungnahme**“ und einer bloßen „**Wiedergabe, Zusammenstellung oder Aufbereitung von Informationen**“ unterschieden.

Die Abgabe eines Prüfungsurteils (mit hinreichender oder begrenzter Sicherheit) setzt voraus, dass es überhaupt geeignete Kriterien zur Prüfung gibt und dass der Prüfungsgegenstand durch das Einholen von ausreichenden und geeigneten Prüfungsnachweisen grundsätzlich prüfbar ist. Sind diese Voraussetzungen nicht gegeben, ist dem Prüfer nur eine sachverständige Stellungnahme bzw. Darstellung möglich. Bei Prüfungen mit begrenzter Sicherheit liegt im Gegensatz zu Prüfungen mit hinreichender Sicherheit eine weniger intensive Prüfung mit einem geringerem Umfang vor. Die Frage der Intensität hat Auswirkungen auf das Prüfungsurteil. So sind nur bei Prüfungen mit hinreichender (positives Urteil) oder begrenzter Prüfungssicherheit (negatives Urteil) Prüfungsurteile möglich.

Zur Abgrenzung wird auf IDW PS 731, Tz. 19-25 sowie die Anlage „Zuordnung der Fragen zu Aussagekategorien“ verwiesen. Aus der Formulierung der einzelnen Fragen des Fragenkatalogs lässt sich größtenteils erkennen, welche Aussagekategorie vorliegt. So deutet z.B. die Formulierung „Haben sich Anhaltspunkte ergeben, dass […] nicht eingehalten wurde?“ auf ein Prüfungsurteil mit begrenzter Sicherheit hin, während die Formulierung „Entspricht […] den gesetzlichen Vorgaben“ auf ein Urteil mit hinreichender Sicherheit hindeutet.[197] In IDR L 720 ist eine solche Abstufung zwar nicht vorgesehen, jedoch sind die einzelnen Fragen fast wortwörtlich ähnlich formuliert, sodass sich auch eine Zuordnung zu den Aussagekategorien vornehmen lässt. Es kann schließlich nicht erwartet werden, dass es der örtlichen Rechnungsprüfung möglich ist, für das gesamte Verwaltungshandeln eine Prüfung mit hinreichender Sicherheit vorzunehmen.[198] Aus wirtschaftlichen Gründen können auch nicht jedes Jahr alle Bereiche mit der gleichen Intensität geprüft werden; dies ist nur mit einer mehrjährigen Prüfungsplanung mit wechselnden Schwer punkten durchführbar.

Aussagekategorien und Prüfungsintensität[199]			
		intensiver	weniger intensiv
geeignete Kriterien zur Beurteilung vorhanden?	ja	Urteil mit hinreichender Sicherheit	Urteil mit begrenzter Sicherheit
	nein	sachverständige Stellungnahme	sachverständige Darstellung

Abbildung 43: Aussagekategorien und Prüfungsintensität

197 Vgl. Müller-Marqués Berger, T./Eulner, V., Erweiterung der Abschlussprüfung bei Gebietskörperschaften gemäß IDW PS 731, in: Die Wirtschaftsprüfung 2021, S. 716 ff.

198 So ist z.B. in § 155 Abs. 3 NKomVG speziell geregelt, dass das Rechnungsprüfungsamt nach pflichtgemäßem Ermessen die Prüfung beschränken und auf die Vorlage einzelner Prüfungsunterlagen verzichten kann.

199 In Anlehnung an: Müller-Marqués Berger, T./Eulner, V., Erweiterung der Abschlussprüfung bei Gebietskörperschaften gemäß IDW PS 731, in: Die Wirtschaftsprüfung 2021, S. 721.

5 Prüfung allgemeiner Grundsätze bei der Jahresabschlussprüfung

5.1 Überblick

Sowohl bei der Aufstellung als auch bei der Prüfung einer Bilanz sind stets folgende Fragen zu beantworten:

- **Bilanzierung** (Nachweis und Ansatz): Sind die Vermögensgegenstände/ Schulden vorhanden, vollständig, genau erfasst und abgegrenzt sowie wirtschaftlich zurechenbar (wirtschaftliches Eigentum)? – vgl. Kap. 5.2
- **Gliederung** (Ausweis): An welcher Stelle (der Bilanz) muss der Vermögensgegenstand oder die Schuld bilanziert werden? – vgl. Kapital 5.3
- **Bewertung**: In welcher Höhe sind die Vermögensgegenstände/Schulden zu bilanzieren? – vgl. Kap. 5.4

Der Abschlussprüfer muss diese Aspekte beurteilen, wenn er die Aussagen zu Geschäftsvorfällen und Ereignissen sowie Aussagen zu Kontensalden und dazugehörige Angaben prüft (vgl. ISA [DE] 315, Tz. 25b i.V.m. A129). Da es sich hier um allgemeine Aussagen handelt, die für jedes Prüffeld bzw. für jedem Jahresabschlussposten relevant sind, werden sie in den folgenden Unterkapiteln vorab dargestellt. In Kap. 5.5 erfolgt ein Exkurs zur erstmaligen Prüfung der Eröffnungsbilanz einer Gebietskörperschaft.

MERKE: Die Fragen nach der Bilanzierung, Gliederung und Bewertung können bei der Prüfung als grobe „Checkliste" genutzt werden. Zudem richtet sich auch die detaillierte Beschreibung der Prüfung der einzelnen Bilanzposten in Kap. 6 nach diesem Schema.

5.2 Prüfung der Bilanzierung

Die Frage nach dem Bilanzansatz soll klären, ob ein Vermögensgegenstand oder eine Schuld überhaupt in der Bilanz angesetzt werden (auch: **Prüfung des Ansatzes**), also ob diese überhaupt in der Bilanz erscheinen. Nach dem **Vollständigkeitsgebot** (§ 246 Abs. 1 HGB, im NKF: § 42 Abs. 1 KomHVO NRW) hat die Bilanz sämtliche Vermögensgegenstände, Schulden und Rechnungsabgrenzungsposten zu enthalten, soweit gesetzlich nichts anderes (Ansatzwahlrechte und Ansatzverbote) bestimmt ist.

Der Prüfer muss bei der Prüfung der Einhaltung des Vollständigkeitsgebots feststellen, ob sämtliche Vermögensgegenstände komplett erfasst wurden und ob alle ausgewiesenen Vermögensgegenstände tatsächlich vorhanden, genau erfasst und abgegrenzt sind sowie die entsprechenden Geschäftsvorfälle, Ereignisse oder andere Sachverhalte stattgefunden haben bzw. den tatsächlichen Gegebenheiten entsprechen (auch: **Prüfung des Nachweises**); das **Vorhandensein** lässt sich durch eine Inventurprüfung feststellen. Welche Vermögensgegenstände dem Betriebsvermögen zuzurechnen sind, hängt vom **wirtschaftlichen Eigentum** ab.

Das Vollständigkeitsgebot kann nur durch Ansatzwahlrechte und Ansatzverbote durchbrochen werden. Bei den Bilanzierungswahlrechten spielt in diesem Zusammenhang der **Grundsatz der Stetigkeit** (GoB) eine Rolle, wonach ein beliebiger Wechsel nicht und eine Änderung nur in begründeten Fällen möglich ist. In jedem Fall ist eine Änderung der Wahlrechtsausübung im Anhang zu erläutern (§ 284 Abs. 1 HGB, im NKF: § 45 Abs. 1 KomHVO NRW).

Der Prüfer muss demnach im Rahmen der Bilanzierungsprüfung die Einhaltung des **Vollständigkeitsgebots** sowie das Bestehen oder Nichtbestehen des **wirtschaftlichen Eigentums** überprüfen. Das wirtschaftliche Eigentum kann durch Prüfung der Vertragsunterlagen (Sicherungsübereignung, Eigentumsvorbehalt, Leasing, Factoring) beurteilt werden. Die Prüfung, ob alle Schulden vollständig bilanziert sind, stellt sich etwas schwieriger dar.

Beispiel:

Es ist schwierig zu prüfen, ob tatsächlich alle Rückstellungen bilanziert wurden. Zur Sicherung der Vollständigkeit können Einzelfallprüfungshandlungen beitragen. Der Prüfer bespricht mit dem Management mögliche Risiken. Im Rahmen von sog. „Rechtsanwaltsbestätigungen“ werden die Rechtsanwälte angeschrieben, die mit der zu prüfenden Einheit in einer Geschäftsbeziehung stehen. Diese sollen aus ihrer Sicht beurteilen, welche Risiken bestehen (z.B. Rechtsstreitigkeiten mit Dritten oder Beschäftigten).

5.3 Prüfung der Gliederung

Die Prüfung der Gliederung umfasst die Prüfung des korrekten Ausweises unter der jeweiligen Bilanzposition (auch: **Prüfung des Ausweises**). Zu den zu prüfenden gesetzlichen Vorschriften gehören die kodifizierten und nicht kodifizierten GoB (vgl. § 243 Abs. 1 HGB, im NKF: § 95 Abs. 1 GO NRW). Die Gliederung muss dabei zunächst dem Grundsatz der **Klarheit und Übersichtlichkeit** folgen (§ 243 Abs. 2 HGB). Im NKF ist die Bilanzgliederungsvorschrift des § 42 KomHVO

NRW zu beachten. Eine entsprechende Gliederungsübersicht, unterteilt nach Aktiva und Passiva findet sich in den Kapiteln 6.1.1 (Aktiva) und 6.1.2 (Passiva).

Bezüglich der **Aktiva** erfolgt zunächst eine Abgrenzung von Anlage- und Umlaufvermögen. Bei den meisten Vermögensgegenständen ist die Abgrenzung nicht problematisch. Als zentrale Vorschrift gilt § 247 Abs. 2 HGB. Demnach sind im Anlagevermögen nur die Gegenstände auszuweisen, die dazu bestimmt sind, dauernd dem Geschäftsbetrieb zu dienen. Die Vorschriften für Gebietskörperschaften enthalten ähnliche Regelungen. Als Anlagevermögen sind nach § 34 Abs. 1 Satz 2 KomHVO NRW nur die Gegenstände auszuweisen, die dazu bestimmt sind, dauernd der Aufgabenerfüllung der Kommune zu dienen.

Beispiel:

Schwierigkeiten bei der Abgrenzung ergeben sich z.B. bei Wertpapieren oder Grundstücken. Bei den Wertpapieren ist also zu beurteilen, ob diese dauerhaft dem Unternehmen oder der Gebietskörperschaft zu dienen bestimmt sind. Grundstücke können einerseits dem Bilanzierenden dauerhaft dienen (z.B. ein Rathaus) oder kurzfristig zum Verkauf bestimmt sein (z.B. zum Verkauf bestimmte Baugrundstücke). Der Prüfer hat hier Nachweise einzuholen, die eine dauernde oder nicht dauernde Zuordnung belegen. Ein Nachweis für eine Umgliederung eines Grundstücks in das Umlaufvermögen kann bspw. ein Beschluss der Gemeindevertretung zur Veräußerung eines Grundstücks oder eine öffentliche Bekanntmachung über die Veräußerungsabsicht sein.

Beim **Passiva** werden die Hauptkategorien Eigen- und Fremdkapital unterschieden. Hinzu kommen bei Gebietskörperschaften die Sonderposten, die sowohl Eigen- als auch Fremdkapitalcharakter haben. Ein negatives Eigenkapital ist auf der Aktivseite unter der Bezeichnung „Nicht durch Eigenkapital gedeckter Fehlbetrag" auszuweisen (§ 268 Abs. 3 HGB, im NKF: § 44 Abs. 7 KomHVO NRW).

Allgemeine Gliederungsvorschriften sind in § 265 HGB kodifiziert. Die acht Absätze des Paragrafen sind im Folgenden kurz inhaltlich skizziert und den Vorschriften der KomHVO NRW gegenübergestellt. Dabei zeigt sich, dass die Vorschriften des HGB nahezu wortgleich in die KomHVO NRW übernommen wurden. Insbesondere folgende Regelungen (Gliederung nach den Absätzen des § 265 HGB) sind maßgebend:

1. **Stetigkeit**: Die Form der Darstellung, vor allem die Gliederung aufeinander folgender Bilanzen, ist beizubehalten. Abweichungen sind im Anhang anzugeben und zu erläutern (§ 265 Abs. 1 HGB, § 42 Abs. 6 KomHVO NRW).
2. **Vergleichbarkeit**: Die Vorjahresbeträge der jeweiligen Posten in der Bilanz sind anzugeben (§ 265 Abs. 2 HGB, § 42 Abs. 5 KomHVO NRW). Nicht vergleichbare Beträge müssen im Anhang angegeben werden. Falls Vorjahreswerte

angepasst wurden, muss ebenfalls eine Erläuterung im Anhang erfolgen. Die Vergleichswerte mit den Vorjahresbeträgen können eine gute Basis für analytische Prüfungshandlungen sein.

3. **Mitzugehörigkeit:** Ein Vermögensgegenstand kann mehreren Posten der Bilanz zuordenbar sein. Die Mitzugehörigkeit zu anderen Posten ist bei dem Posten, unter dem der Ausweis erfolgt ist, zu vermerken oder im Anhang anzugeben (§ 265 Abs. 3 HGB, § 42 Abs. 7 KomHVO NRW).
4. **Gesamtgliederung**: Ist für mehrere Geschäftszweige eine abweichende Gliederung der Bilanz erforderlich, ist nach § 265 Abs. 4 HGB die Gliederung nach einem Geschäftszweig auszurichten und die für die anderen Geschäftszweige vorgeschriebene Gliederung zu ergänzen. Die Anpassungen müssen wiederum im Anhang erläutert werden.
5. **Hinzufügen von Posten**: Zudem können der (Bilanz-)gliederung neue Posten hinzugefügt werden. Bei Inanspruchnahme dieser Möglichkeit muss ebenfalls eine Erläuterung im Anhang erfolgen (§ 265 Abs. 5 HGB, § 42 Abs. 6 KomHVO NRW).
6. **Nummerierung**: Gliederung und Bezeichnung der mit arabischen Zahlen versehenen Posten der Bilanz und der GuV-Rechnung sind zu ändern, wenn dies wegen Besonderheiten der bilanzierenden Einheit zur Aufstellung eines klaren und übersichtlichen Jahresabschlusses erforderlich ist (§ 265 Abs. 6 HGB).
7. **Zusammenfassung von Posten**: Eine Zusammenfassung von Posten mit arabischen Zahlen ist nur unter zwei Voraussetzungen zulässig, nämlich
   - wenn diese einen **Betrag** enthalten, der für die Vermittlung eines den tatsächlichen Verhältnissen entsprechenden Bildes **unerheblich** ist oder
   - wenn durch die Zusammenfassung die **Klarheit** der Darstellung verbessert wird.

   Die zusammengefassten Posten müssen im Anhang gesondert ausgewiesen werden (§ 265 Abs. 7 HGB, § 42 Abs. 7 KomHVO NRW).
8. **Leerposten**: Leerposten müssen nicht ausgewiesen werden. Eine Ausnahme besteht lediglich, wenn im Vorjahr ein Betrag ausgewiesen wurde (§ 265 Abs. 8 HGB, § 42 Abs. 5 KomHVO NRW).

Zusätzlich bestehen zwei weitere Grundsätze bezüglich des Ausweises:

- **Saldierungsverbot**: Posten der Aktivseite dürfen nicht mit Posten der Passivseite (Bruttoprinzip) sowie Grundstücksrechte nicht mit Grundstückslasten verrechnet werden (§ 246 Abs. 2 HGB, § 42 Abs. 2 KomHVO NRW).
- **Mindestgliederung**: Die Mindestgliederungen für die Aktiv- und Passivseite der Bilanz sind ebenfalls im HGB (hier nur für Kapitalgesellschaften) und in der KomHVO vorgegeben (§ 266 HGB, § 42 Abs. 3 KomHVO NRW).

Der Prüfer hat zu untersuchen, ob sämtliche genannten Gliederungsvorschriften eingehalten wurden.

Der **Anhang** ist Pflichtbestandteil des Jahresabschlusses. Dort sind gemäß § 284 Abs. 1 HGB zunächst Angaben zu machen, die zu den einzelnen Posten der Bilanz oder der Erfolgsrechnung (GuV-Rechnung) vorgeschrieben sind. Im Anhang sind darüber hinaus die Angaben zu machen, die in Ausübung eines Wahlrechts nicht in die Bilanz oder in die Erfolgsrechnung aufgenommen wurden. Der Prüfer hat insbesondere beurteilen, ob diese Angaben **vollständig** sind und **mit Bilanz und Erfolgsrechnung übereinstimmen**. Die detaillierte Prüfung des Anhangs – insbesondere auch zu den Angaben im NKF - wird in Kap. 9.1 dargestellt.

MERKE: Grundsätzliche Fragestellungen zu allgemeinen Ausweisgrundsätzen sind: Werden alle Aktiva und Passiva entsprechend den gesetzlichen Gliederungsvorschriften sowie den Grundsätzen der Klarheit und Übersichtlichkeit ausgewiesen und erfolgen die Erläuterungspflichten, insbesondere im Anhang, vollständig und zutreffend?

5.4 Prüfung der Bewertung

5.4.1 Grundsätze ordnungsmäßiger Bilanzierung

Die für den Jahresabschluss geltenden GoB werden auch als Grundsätze ordnungsmäßiger Bilanzierung (GoBil) bezeichnet.[200] Sie umfassen Bilanzierungs- und Bewertungsregeln. Für die Abschlussprüfung ist die Einhaltung aller Bilanzierungs- und Bewertungsgrundsätze wichtig, weil der Prüfer die Übereinstimmung des Abschlusses mit den gesetzlichen Regelungen zu bestätigen hat. Es sind hier nach § 252 HGB (im NKF: § 91 Abs. 4 GO NRW i.V.m. § 33 KomHVO NRW) insbesondere zu prüfen:

- Grundsatz der Bilanzidentität,
- Grundsatz der Unternehmensfortführung,[201]
- Einzelbewertung,
- Stichtagsprinzip,
- Vorsichtsprinzip bzw. Wirklichkeitsprinzip,
- Imparitätsprinzip,
- Realisationsprinzip,
- Wertaufhellungsprinzip,
- Grundsatz der Periodenabgrenzung,
- Grundsatz der Bewertungsstetigkeit.

---

200 Für eine umfassendere Betrachtung der GoBil sei auf Moxter, A./Engel-Ciric, D., Grundsätze ordnungsgemäßer Bilanzierung, 2019, hingewiesen.

201 Der Grundsatz der Unternehmensfortführung wurde in mehreren kommunalen Haushaltsvorschriften nicht übernommen, da er für Gebietskörperschaften wegen ihrer Bestandsgarantie grds. keine Bedeutung hat.

Grundsatz der Bilanzidentität

Die Schlussbilanz des Vorjahres muss der Eröffnungsbilanz des Folgejahres entsprechen. Die Berücksichtigung erfolgt sowohl bei

- den Werten der einzelnen Bilanzposten
- als auch bei der Zuordnung einzelner Positionen zu den Bilanzposten.

Die Prüfung erfolgt zunächst im Rahmen der Prüfung des IT-gestützten Buchführungssystems, das die Werte „auf Knopfdruck" i.d.R. übernimmt. Trotzdem sollte der Prüfer im Rahmen von Einzelfallprüfungen die Werte der Schlussbilanz mit den Werten der Eröffnungsbilanz abstimmen (möglichst auf Kontenebene). Praktisch erfolgt dies meist durch einen Abgleich der Saldenlisten der Einzelkonten zum Ende des Vorjahres und zu Beginn des neuen Jahres, bspw. durch den Export in Excel.[202]

Einzelbewertung

Jeder Vermögensgegenstand muss grundsätzlich einzeln bewertet werden (§ 252 Abs. 1 Nr. 3 HGB). Die Bewertung jedes Vermögensgegenstandes und jeder Schuldenposition erfolgt zumindest zum Abschlussstichtag. Zur Prüfung der Einzelbewertung kann zunächst nur eine analytische Durchsicht auf Auffälligkeiten hin erfolgen. Ansonsten erfolgt die Prüfung der einzelnen Vermögensgegenstände und Schulden bei der Prüfung der jeweiligen Bilanzposten.

Stichtagsprinzip

Nach dem Stichtagsprinzip erfolgen Ermittlungen der Wertansätze des Vermögens und der Schulden unabhängig vom Zeitpunkt der Wertermittlung zum Schluss des Geschäfts-/Haushaltsjahres. Es sind alle Ereignisse zu berücksichtigen, die bis zum Stichtagszeitpunkt eingetreten sind, auch wenn sie erst später bekannt werden.[203] Zu beachten ist dieses Prinzip insbesondere bei der Prüfung der Rückstellungen. **Vor- oder Nachverlagerungen** der Abbildung von Geschäftsvorfällen im Rahmen von bilanzpolitischen Maßnahmen (z.B. zur Erhöhung, Verringerung oder Glättung des Jahresüberschusses) können auf eine bewusste Verletzung des Stichtagsprinzips hinweisen. Um z.B. Nachverlagerungen zu ermitteln, sollte der Prüfer zumindest die Buchungen am Anfang des neuen Jahres daraufhin untersuchen, ob sie bereits dem alten Jahr zuzuordnen gewesen wären.

Vorsichtsprinzip nach HGB bzw. Wirklichkeitsprinzip nach KomHVO NRW

Beim Vorsichtsprinzip werden Bewertungsspielräume derart ausgeübt, dass bei

- der Vermögensbewertung die Beträge möglichst nah der unteren Wertgrenze und
- bei der Schuldenbewertung die Beträge möglichst nah der oberen Wertgrenze festgelegt werden.

---

202 Zur Prüfung der Eröffnungsbilanzwerte bei Erstprüfungsaufträgen vgl. ISA [DE] 510.

203 Vgl. Beck'scher Bilanz-Kommentar, 12. Aufl. 2020, § 252, Tz. 27.

Es soll zu einer Verhinderung eines zu hohen Eigenkapitalausweises, der tatsächlich nicht vorhanden ist, kommen.

Im NKF gilt das sog. **Wirklichkeitsprinzip.**[204] § 91 Abs. 4 Nr. 3 GO NRW sagt aus, es sei wirklichkeitsgetreu zu bewerten. Vorhersehbare Risiken und Verluste, die bis zum Abschlussstichtag entstanden sind, sind zu berücksichtigen, selbst wenn diese erst zwischen dem Abschlussstichtag und dem Tag der Aufstellung des Jahresabschlusses bekannt wurden; Gewinne sind nur zu berücksichtigen, sofern sie am Abschlussstichtag realisiert sind. Dieselbe Aussage findet sich in § 33 Abs. 1 Nr. 3 KomHVO NRW. Dabei bedeutet das Wirklichkeitsprinzip nach der Gesetzesbegründung keine Bewertung zu Marktpreisen.[205] Jedoch wird in der Begründung ebenfalls betont, dass es einen Unterschied zum Vorsichtsprinzip des HGB gibt.[206] Der Unterschied zum HGB besteht darin, dass bei unterschiedlichen möglichen Werten der wirklichkeitsnähere und nicht, wie im HGB, der vorsichtigere Wert zu wählen ist.

Insbesondere bei der **Prüfung von sog. geschätzten Werten** (ISA [DE] 540), die häufig anfällig für Fehler und Manipulationen sind, zeigt sich der Gegensatz zwischen dem Vorsichts- und Wirklichkeitsprinzip. Zu den geschätzten Werten zählen z.B. der beizulegende Zeitwert oder der vernünftige kaufmännische Wert bei der Bemessung einer Rückstellungshöhe (§ 253 Abs. 1 HGB).[207] Bei der Prüfung von geschätzten Werten besteht die Besonderheit darin, dass nicht nur ein „richtiger" Wert existiert, sondern eine Bandbreite mehr oder weniger plausibler Soll-Werte vorliegt. Der Prüfer hat zu beurteilen, ob sich der von der zu prüfenden Einheit ermittelte Wert im Rahmen des Ermessens- bzw. Beurteilungsspielraums bewegt, der sich durch die maßgeblichen Rechnungslegungsgrundsätze ergibt.[208] Nach den GoB lt. HGB ist im Zweifel vorsichtig vorzugehen, d.h. bei einem Vermögensposten ist darauf zu achten, dass der Schätzwert nicht zu hoch ausfällt; umgekehrt ist es bei Schuldenposten. Nach dem Wirklichkeitsprinzip wäre in beiden Fällen ein neutraler Wert zu ermitteln. Zur Schätzung der Wahrscheinlichkeit der Inanspruchnahme bei einer Rückstellungsbilanzierung vgl. Kap. 6.2.4.

Realisationsprinzip

Beim Realisationsprinzip nach § 252 Abs. 1 Nr. 4, 2. HS HGB handelt es sich um eine Ausprägung des Vorsichts- bzw. Wirklichkeitsprinzips. Gewinne (Erträge) dürfen erst dann ausgewiesen werden, wenn sie durch Umsätze tatsächlich entstanden, also realisiert sind. Wertsteigerungen, die über die Anschaffungs- oder Her-

---

204 Das Wirklichkeitsprinzip gilt nach derzeitigem Stand auch in Baden-Württemberg und Sachsen.

205 Vgl. Landtag NRW Drucksache 17/3670 vom 11.9.2019, S. 86.

206 Vgl. Landtag NRW Drucksache 17/3670 vom 11.9.2019, S. 75.

207 Eine Auflistung konkreter Beispiele für geschätzte Werte in der Rechnungslegung ist in ISA [DE] 540, A1 enthalten.

208 Vgl. Marten, K.-U./Quick, R./Ruhnke, K., Wirtschaftsprüfung, 6. Aufl. 2020, S. 553.

stellungskosten hinausgehen, werden durch das Realisationsprinzip ausgeschlossen. **Die Anschaffungskosten dürfen nicht überschritten werden!** Aus dem Realisationsprinzip folgt damit das Prinzip der Bewertung höchstens zu AK/HK.[209]

Imparitätsprinzip

Nach dem Imparitäts- oder Verlustantizipationsprinzip dürfen Gewinne und Verluste nicht paritätisch behandelt werden. Im Gegensatz zu den Gewinnen, die erst berücksichtigt werden, wenn sie am Abschlussstichtag realisiert wurden, müssen alle vorhersehbaren Risiken und Verluste, die entstanden sind, unabhängig davon, ob sie zum Abschlussstichtag realisiert wurden, berücksichtigt werden (§ 252 Abs. 1 Nr. 4 HGB).

Wertaufhellungsprinzip

Wertaufhellende Informationen bezogen auf das abgelaufene Geschäftsjahr sind einzubeziehen. Es erfolgt eine Berücksichtigung von Risiken und Verlusten, die zwischen dem Abschlussstichtag und dem Tag der Aufstellung des Jahresabschlusses bekannt geworden sind. Der Entstehungszeitpunkt muss dabei vor dem Abschlussstichtag liegen.[210]

Grundsatz der Periodenabgrenzung

Aufwendungen und Erträge des Geschäftsjahrs sind unabhängig von den Zeitpunkten der entsprechenden Zahlungen im Jahresabschluss zu berücksichtigen. Die Berücksichtigung erfolgt grundsätzlich in der Periode, in welcher der Wertverzehr bzw. Wertzuwachs wirtschaftlich verursacht wurde. Die zeitliche Abgrenzung der Aufwendungen und Erträge erfolgt durch die Rechnungsabgrenzungs- und Rückstellungsbuchungen.

Grundsatz der Bewertungsstetigkeit

Die auf den vorhergehenden Jahresabschluss angewandten Bewertungsmethoden sind gemäß § 252 Abs. 1 Nr. 6 HGB beizubehalten. Dieser Grundsatz soll eine Vergleichbarkeit der Jahresabschlüsse fördern. Der Grundsatz der Bewertungsstetigkeit stellt eine Mussvorschrift dar. Im NKF ist diese Regelung eine Sollvorschrift (§ 91 Abs. 4 Nr. 5 GO NRW).

Abweichungen von den o. g. Bewertungsgrundsätzen sind in begründeten Ausnahmefällen möglich (Begrenzung allerdings durch das Willkürverbot).[211] Der Prüfer hat zu untersuchen, ob die Abweichungen im zulässigen Rahmen vorgenommen und angemessen dargestellt, erläutert und begründet wurden (§ 284 Abs. 2 Nr. 2 HGB).

[209] Vgl. im Einzelnen Beck'scher Bilanz-Kommentar, 12. Aufl. 2020, § 252, Tz. 29.

[210] Vgl. im Einzelnen Beck'scher Bilanz-Kommentar, 12. Aufl. 2020, § 252, Tz. 38.

[211] Vgl. im Einzelnen Beck'scher Bilanz-Kommentar, 12. Aufl. 2020, § 252, Tz. 55 ff.

5.4.2 Erstbewertung

5.4.2.1 Prüfung der Anschaffungskosten

Zu den Begriffen Anschaffungspreis, Anschaffungsnebenkosten, nachträgliche Anschaffungskosten und Anschaffungspreisminderungen wird auf Band 1, Kap. A.13.2.1 verwiesen.

Die Prüfung der Anschaffungskosten der Zugänge ist im Rahmen der Prüfung des Anlagevermögens üblicherweise die umfangreichste Prüfungshandlung. Die Jahreszugänge laut der Anlagendatei (Anlagenkartei) sind mit den Zugängen auf den Hauptbuchkonten und in der Bilanz zu vergleichen. Dabei erfolgt in der Regel keine Vollprüfung, sondern es wird eine **Stichprobe der Zugänge** gezogen. Als Prüfungsnachweise dienen die Kaufverträge, Lieferpapiere, Eingangsrechnungen sowie zusätzlich die Bankkontoauszüge. Auf die richtige und vollständige Ermittlung der Anschaffungskosten ist zu achten. Es müssen alle Zugänge aktiviert worden sein. Probleme bei der Prüfung können sich u.a. hinsichtlich der Auslegung des § 255 Abs. 2 Satz 1 HGB (im NKF: § 34 Abs. 2 KomHVO NRW) ergeben, wonach in die Anschaffungskosten nur Aufwendungen eingehen dürfen, die dem Vermögensgegenstand **einzeln** zugeordnet werden können.

Soweit Gesamtkaufpreise (z.B. für Grund und Boden und Gebäude) beim Erwerb von Vermögensgegenständen entrichtet wurden, ist die Plausibilität der Aufteilung zu prüfen. Bei einem Erwerb von Konzernunternehmen oder sonstigen **nahe stehenden natürlichen oder juristischen Personen** ist die Angemessenheit der Anschaffungspreise zu prüfen.

5.4.2.2 Prüfung der Herstellungskosten

Zu den Begriffen Herstellungskosten, Ansatzwahlrechte, Untergrenze und Obergrenze sowie Herstellungsaufwand und Erhaltungsaufwand sei auf Band 1, Kap. A.13.2.2 sowie IDW RS HFA 31, Tz. 23 ff. verwiesen. Die Bewertung zu Herstellungskosten kommt in der Regel nur in Betracht bei

- **selbst erstellten** Vermögensgegenständen des Anlagevermögens,
- Überholungen und Reparaturen bereits aktivierter Vermögenswerte, sofern diese zu einer **über den ursprünglichen Zustand hinausgehenden wesentlichen Verbesserung oder zu einer Erweiterung der Nutzungsmöglichkeiten** führen.

Die Prüfung der Herstellungskosten konzentriert sich ebenfalls regelmäßig auf die **Prüfung der Zugänge** im Anlagevermögen. Da das Anlagevermögen nicht angeschafft, sondern selbst hergestellt wurde, können nicht hauptsächlich externe

Nachweise in Form von Eingangsrechnungen, Bankkontoauszügen etc. als Prüfungsnachweise genutzt werden.

In einem ersten Schritt muss der Prüfer beurteilen, ob nur die **Bestandteile** in die Herstellungskosten einbezogenen wurden, die Pflichtbestandteile sind oder im Rahmen eines Wahlrechts einbezogen werden dürfen. Um die konkrete Bewertung der Einzelpositionen zu überprüfen, muss der Prüfer auf die Daten der Kostenrechnung zurückgreifen. Die **Ermittlung der Herstellkosten** erfolgt anhand einer Kostenträgerrechnung, wobei die gesetzlichen Regelungen (§ 255 Abs. 2 HGB, im NKF: § 34 Abs. 3 KomHVO NRW) auf das Verfahren der Zuschlagskalkulation abstellen. Hierzu sei auf Band 2, Kap. A.6.2.3 dieser Reihe verwiesen. Der Prüfer muss die Ermittlung der Herstellkosten nachvollziehen können; insbesondere muss er darauf achten, dass nicht unzulässige Overheadkosten, Leerkosten oder kalkulatorische Kosten, soweit diesen kein Aufwand gegenübersteht, als Gemeinkosten berücksichtigt sind. Soweit Fremdkapitalzinsen in die Herstellungskosten einbezogen wurden, sollte sich der Prüfer gleichzeitig davon überzeugen, ob darüber entsprechende Angaben im Anhang erfolgten. Ebenfalls ist auf die Aussonderung von Vertriebskosten zu achten, da diese nicht Bestandteil der Herstellungskosten sind.

Die **Beurteilung der Angemessenheit** angesetzter Kosten und der **Einhaltung der Ansatzpflichten** erfolgt ebenfalls anhand der Unterlagen der Kostenrechnung (Betriebsabrechnungsbogen). Zur Kostenrechnung insgesamt vgl. Band 2, Teil A. Der Grundsatz der Bewertungsstetigkeit gilt auch für die Ermittlung der Herstellungskosten.

5.4.3 Folgebewertung

5.4.3.1 Prüfung planmäßiger Abschreibungen

Im Hinblick auf die planmäßigen Abschreibungen muss der Prüfer stichprobenartig für die Zugänge überprüfen, ob Ausgangsbetrag (Anschaffungs- bzw. Herstellungskosten), zugrunde gelegte Nutzungsdauer,[212] Abschreibungsmethode sowie Berechnung der Abschreibung korrekt sind und den gesetzlichen Vorschriften/Bilanzierungsrichtlinien entsprechen. Bei der Nutzungsdauer und den Abschreibungsverfahren ist u.a. zu prüfen, ob diese den wirtschaftlichen Gegebenheiten entsprechen.

Planmäßige Abschreibungen unterliegen dem Stetigkeitsgebot, d.h. eine Änderung des Abschreibungsplans ist nur in begründeten Ausnahmefällen möglich. Zusätzlich ist im NKF darauf zu achten, dass Abweichungen von der standardmäßig vor-

[212] Bei der Nutzungsdauer handelt es sich um einen sog. geschätzten Wert außerhalb des beizulegenden Wertes, für den ebenfalls ISA [DE] 540 anzuwenden ist.

geschriebenen linearen Abschreibung sowie von der örtlichen Abschreibungstabelle bei der Festlegung der Nutzungsdauer von Vermögensgegenständen im Anhang angegeben und erläutert sind (§ 45 Abs. 2 Nr. 6 KomHVO NRW).

Des Weiteren sollte eine Abstimmung der in der GuV/Ergebnisrechnung ausgewiesenen Abschreibungsbeträge auf das Anlagevermögen mit dem **Anlagenspiegel** erfolgen. Durch analytische Prüfungshandlungen kann bestimmt werden, ob die planmäßige Abschreibung plausibel ist. Beispielsweise wären es Anhaltspunkte für Fehler bei der Abschreibung, wenn die planmäßigen Abschreibungen im Vergleich zum Vorjahr steigen, obwohl es nur geringe Zugänge/Umbuchungen/Aktivierungen im Anlagevermögen gab. Zu weiteren Informationen zu den Prüfungshandlungen sei auf Kap. 7.2 verwiesen.

5.4.3.2 Prüfung der außerplanmäßigen Abschreibungen

Ist eine Wertminderung im **Anlagevermögen** voraussichtlich **dauerhaft**, muss eine Abschreibung auf den niedrigeren beizulegenden Wert am Bilanzstichtag erfolgen (§ 253 Abs. 3 Satz 5 HGB, § 36 Abs. 6 Satz 1 KomHVO NRW).

Bei **Finanzanlagen** gilt das gemilderte Niederstwertprinzip. Danach besteht bei vorübergehender Wertminderung von Finanzanlagen ein Wahlrecht zur Abschreibung auf den niedrigeren beizulegenden Wert am Bilanzstichtag (§ 253 Abs. 3 Satz 6 HGB, § 36 Abs. 6 Satz 2 KomHVO NRW).

Vermögensgegenstände des **Umlaufvermögens** sind zunächst mit dem Börsen- oder Marktpreis bzw. dem auf andere Weise ermittelten beizulegenden Wert am Bilanzstichtag zu vergleichen und auf einen sich ergebenden niedrigeren Wert abzuschreiben. Es gilt das strenge Niederstwertprinzip, das sich aus dem Imparitätsprinzip ableitet, d.h. die Abschreibung ist unabhängig davon, ob die Wertminderung von Dauer ist, zwingend vorzunehmen (§ 253 Abs. 4 HGB, § 36 Abs. 8 KomHVO NRW).

Hinsichtlich des **beizulegenden Wertes** ist auf die Ausführungen in Band 1, Kap. A.15.2.8 hinzuweisen. Soweit eine exakte Ermittlung des Wertes nicht möglich ist, erfolgt unter entsprechender Beachtung des ISA [DE] 540 eine Schätzung. Bei der Prüfung der außerplanmäßigen Abschreibungen muss der Prüfer auf die rechnerische Richtigkeit der Ermittlung des Wertansatzes achten. Daneben muss er beurteilen, ob alle vorgenommenen außerplanmäßigen Abschreibungen zulässig und angemessen sowie alle vorzunehmenden außerplanmäßigen Abschreibungen erfolgt sind oder notwendige Abschreibungen bewusst unterlassen wurden. Weder dürfen beim Anlagevermögen unzulässige stille Reserven gebildet werden, noch ist eine Überbewertung erlaubt. Anhaltspunkte für vorzunehmende außerplanmäßige Abschreibungen können sich z.B. ergeben aus

- Geschäfts- und Prüfungsberichten,
- Jahresabschlüssen,
- Wertgutachten,
- Unterlagen für die Kaufpreisermittlung sowie
- niedrigeren Börsenkursen bei Finanzanlagen.

Gebietskörperschaften werden eher ein Interesse daran haben, keine außerplanmäßigen Abschreibungen vornehmen zu müssen, weil diese den Haushaltsausgleich belasten. Daher sollte in Gesprächen mit den Mitarbeitern der Gebietskörperschaft nach etwaigem Wertberichtigungsbedarf gefragt werden (bspw. nicht mehr nutzbares Anlagevermögen, kontaminierte Grundstücke, notwendige Instandhaltungen an Straßen, Gebäuden und Brücken, die wegen fehlender finanzieller Mittel nicht durchführbar sind). Zudem können evtl. externe Nachweise wie Rechtsanwaltsbestätigungen oder Gutachten als Prüfungsnachweise genutzt werden.

5.4.3.3 Wertaufholung

Fällt der Grund für eine außerplanmäßige Abschreibung weg, muss grundsätzlich eine Wertaufholung erfolgen. Nach § 253 Abs. 5 Satz 1 HGB dürfen niedrigere Wertansätze, die auf außerplanmäßigen Abschreibungen beruhen, nicht beibehalten werden, wenn die Gründe für die Abschreibung weggefallen sind. Eine Ausnahmeregelung gibt es für den entgeltlich erworbenen Geschäfts- oder Firmenwert (§ 253 Abs. 5 Satz 2 HGB).

Auch im NKF gilt nach § 36 Abs. 9 KomHVO NRW ein **grundsätzliches Wertaufholungsgebot**. Danach muss eine **Zuschreibung** erfolgen, wenn festgestellt wird, dass die Gründe für eine Wertminderung eines Vermögensgegenstandes des Anlagevermögens nicht mehr bestehen. Bei der Höhe der Zuschreibung sind Abschreibungen, die in der Zwischenzeit hätten vorgenommen werden müssen, zu berücksichtigen. Als **Obergrenze** für Zuschreibungen gelten die fortgeführten AK/HK nach planmäßiger Abschreibung (vgl. Band 1, Kap. 7.1.4). Eine Erläuterung der Zuschreibungen im Anhang ist notwendig. Wesentliche Zuschreibungen sind vom Prüfer im Rahmen von Einzelfallprüfungen zu untersuchen.

Beispiel:

Ein Wegfall des Grundes für die Wertminderung liegt vor, wenn bei einem Grundstück zunächst von einer dauerhaften Wertminderung ausgegangen wurde, weil es aufgrund einer Kontaminierung als nicht mehr nutzbar galt. Wird im nächsten Jahr durch ein Expertengutachten bestätigt, dass das Grundstück nicht kontaminiert ist, muss eine Zuschreibung erfolgen.

5.4.4 Prüfung der Bewertungsvereinfachungsverfahren

Für die Bewertung des Vorratsvermögens gelten die Verbrauchsfolgeverfahren (Lifo, Fifo), die ebenfalls im NKF zulässig sind. Daneben gibt es die in § 240 Abs. 3 und 4 HGB, § 35 KomHVO NRW geregelten Bewertungsvereinfachungsverfahren, die auch auf den Jahresabschluss angewandt werden dürfen. Die Verfahren sind in Band 1, Kapitel A.13.3 dieser Reihe dargestellt, nämlich

- Festwertverfahren sowie
- Gruppen- und Durchschnittsbewertung

Der Prüfer muss beim **Festwertverfahren** beurteilen, ob die gesetzlichen Bedingungen erfüllt sind. Bei Anwendung der **Gruppenbewertung** ist insbesondere auf die rechnerische Richtigkeit der Durchschnittspreise zu achten. Beim Wechsel von Einzelbewertung zur Gruppen- oder Festbewertung oder umgekehrt muss der Prüfer darauf achten, dass die Abweichung von der bisherigen Bewertungsmethode im Anhang angegeben oder begründet wird (§ 284 Abs. 2 Nr. 3 HGB, im NKF: § 45 Abs. 2 Nr. 3 KomHVO NRW). Weiterhin ist die rechnerische Richtigkeit der Fortentwicklung des Durchschnittspreises zu prüfen.

5.5 Besonderheiten der erstmaligen Prüfung der Eröffnungsbilanz einer Gebietskörperschaft

Eine Gebietskörperschaft hat zu Beginn des Haushaltsjahres, in dem sie erstmals ihre Geschäftsvorfälle nach dem System der doppelten Buchführung erfasst, eine **Eröffnungsbilanz** aufzustellen.

Die Eröffnungsbilanz einschließlich des Anhangs mit allen Anlagen unterliegt im NKF gemäß § 92 Abs. 3 GO NRW der **örtlichen Prüfung** nach §§ 101 bis 104 GO NRW. Nach § 92 Abs. 4 GO NRW muss die Eröffnungsbilanz zudem einschließlich des Anhangs mit allen Anlagen im Rahmen der **überörtlichen Prüfung** nach § 105 GO NRW geprüft werden.

Soweit in den öffentlichen Verwaltungen (bisher ist nur in einigen Landesverwaltungen die Doppik bereits ganz oder in Modellprojekten eingeführt) noch eine Umstellung auf die Doppik erfolgt, sollte die Prüfung der ersten Eröffnungsbilanz nicht erst nach dem Bilanzstichtag einsetzen, sondern begleitend zu der meist über Jahre dauernden Erstellung dieser ersten Bilanz erfolgen. Hierzu gibt es den IDW-Entwurf Stellungnahme zur Rechnungslegung: „Rechnungslegung der öffentlichen Verwaltung nach den Grundsätzen der doppelten Buchführung **(IDW ERS ÖFA 1)“.** Auf eine weitere Darstellung wird an dieser Stelle verzichtet. In jedem Fall ist es aber wichtig zu prüfen,

- ob sämtliche Vermögens- und Schuldenposten vollständig erfasst und auch tatsächlich vorhanden sind (Bilanzierung),
- sämtliche Aktiva und Passiva entsprechend den Gliederungsvorschriften an der richtigen Stelle ausgewiesen sind (Gliederung) und
- ob die Posten nach den gesetzlichen Vorschriften bewertet worden sind (Bewertung).

Bei der erstmaligen Prüfung der Bilanz einer Gebietskörperschaft besteht ein **erhöhtes Prüfungsrisiko**, weil der Abschlussprüfer nicht über eigene Prüfungsnachweise aus einer Vorjahresprüfung verfügt. Dennoch müssen die Eröffnungsbilanzwerte so intensiv geprüft werden, dass Prüfungsaussagen über diese Posten mit hinreichender Sicherheit getroffen werden können. Die Prüfungshandlungen müssen deshalb ggf. auf vorhergehende Jahre ausgedehnt werden. Ergibt sich bei der Aufstellung späterer Jahresabschlüsse, dass in der Eröffnungsbilanz Vermögensgegenstände, Sonderposten oder Schulden fehlerhaft angesetzt worden sind, so ist der Wertansatz zu berichtigen oder nachzuholen. Die Eröffnungsbilanz gilt dann als geändert. Eine Berichtigung konnte im NKF letztmals im vierten der Eröffnungsbilanz folgenden Jahresabschluss vorgenommen werden. Vorherige Jahresabschlüsse waren nicht zu berichtigen (§ 92 Abs. 5 GO NRW).

6 Prüfung der einzelnen Bilanzposten

6.1 Prüfung der Aktiva

6.1.1 Überblick

Bei der Prüfung der einzelnen Bilanzposten handelt es sich um eine sog. **abschlusspostenorientierte Prüfung**. Im Rahmen des **risikoorientierten Prüfungsansatzes** stellt der Prüfer die Anfälligkeit jedes einzelnen Bilanzpostens für das Auftreten von wesentlichen Fehlern fest (**inhärentes Risiko**). Das Risiko, dass wesentliche Fehler durch das interne Kontrollsystem nicht verhindert oder aufgedeckt und korrigiert werden, wird als **Kontrollrisiko** bezeichnet. Beide Risiken sind daraufhin zu beurteilen, ob sie als „gering, mittel oder hoch" eingeschätzt werden.[213]

Der Prüfer muss unter Einbeziehung der Risikobeurteilung Art und Umfang der durchzuführenden **Prüfungshandlungen** bestimmen. Bei einer abschlusspostenorientierten Prüfung stehen zwar Einzelfallprüfungen im Vordergrund, jedoch erfolgen auch Systemprüfungen und analytische Prüfungen. Je höher der Prüfer das Risiko einschätzt, umso mehr wird er **Einzelfallprüfungen** durchführen. Einzelfallprüfungen beinhalten Prüfungshandlungen zu den **Aussagen über Arten von Geschäftsvorfällen und Ereignissen** sowie zu den **Aussagen über Kontensalden** mit den dazugehörigen Abschlussangaben. Bei der abschlusspostenorientierten Prüfung sind insbesondere die einzelnen Aussagen über Kontensalden und die hiermit in Zusammenhang stehenden Abschlussinformationen nach ISA [DE] 315, Tz. A129b relevant (**Vorhandensein, Rechte und Verpflichtungen, Vollständigkeit, Genauigkeit, Bewertung und Zuordnung, Ausweis sowie Darstellung**). Einzelfallprüfungen erfolgen hautsächlich dann, wenn die Prüfung von internen Kontrollen und aussagebezogenen analytischen Prüfungshandlungen nicht ausreichend ist. Einzelfallprüfungen müssen deshalb nicht zwingend durchgeführt werden. Die in diesem Kapitel dargestellten Prüfungshandlungen sind nicht vollständig, sondern stellen eine Auswahl von infrage kommenden Einzelfallprüfungen dar.

Außer den in der **Bilanz** enthaltenen Posten bezieht der Prüfer die Posten der **GuV/Ergebnisrechnung** in die Prüfung ein, in denen sich aufwands- oder ertragsmäßige Wirkungen der Vermögensgegenstände niederschlagen. Bei der kommunalen Jahresabschlussprüfung werden zusätzlich die Posten der **Finanzrechnung** und der produktorientierten **Teilrechnungen** in die Prüfung einbezogen. Bei

[213] Inhärentes Risiko und Kontrollrisiko müssen nicht unbedingt getrennt ermittelt werden; es ist auch eine kombinierte Beurteilung der „Risiken wesentlicher falscher Darstellungen" möglich (ISA [DE] 200, Tz. A42).

der Ergebnisrechnung, der Finanzrechnung und den Teilrechnungen sind die Aussagen zu Arten von Geschäftsvorfällen und Ereignissen (**Eintritt, Vollständigkeit, Genauigkeit, Periodenabgrenzung und Kontenzuordnung**) relevant. Zweckmäßig ist es, in diesem Zusammenhang auch die erforderlichen **Anhangangaben** und eventuelle Auswirkungen auf die Darstellung im **Lagebericht** mitzuprüfen. Die einzelnen Posten werden im Folgenden in erster Linie im Hinblick auf Prüfungen im kommunalen Bereich (hier: im NKF) dargestellt.

Die **Aktivseite** der Bilanz einer Gebietskörperschaft wird ganz wesentlich durch das Sachanlagevermögen und die Finanzanlagen bestimmt. Vorräte, Forderungen, liquide Mittel und die aktiven Rechnungsabgrenzungsposten sind in Gebietskörperschaften wertmäßig in der Regel von geringerer Bedeutung. Der Prüfungsumfang hängt jedoch nicht nur von der wertmäßigen Größe eines Postens ab, sondern auch von den Risiken in einem Posten. Das gilt zum Beispiel für die Forderungen: obwohl wertmäßig (vermutlich) weniger bedeutsam, sind in diesem Posten erhebliche Risiken zu vermuten. Daher wird die Prüfung der Forderungen immer ein Prüfungsschwerpunkt sein.

1. Anlagevermögen
1.1 Immaterielle Vermögensgegenstände
1.2 Sachanlagen
1.3 Finanzanlagen
2. Umlaufvermögen
2.1 Vorräte
2.2 Forderungen und sonstige Vermögensgegenstände
2.3 Wertpapiere des Umlaufvermögens
2.4 Liquide Mittel
3. Aktive Rechnungsabgrenzung
4. Nicht durch Eigenkapital gedeckter Fehlbetrag

Abbildung 44: Aktivseite der Bilanz nach § 42 Abs. 3 KomHVO NRW

Die **Prüfung einzelner Bilanzposten** erfolgt in diesem Kapitel nach dem folgenden **Ablaufschema,** das die Aussagen gemäß ISA [DE] 315, Tz. A129b berücksichtigt:

- prüfungsvorbereitende Analyse der inhärenten Risiken und Kontrollrisiken,
- Prüfung des **Nachweises**, d.h. des tatsächlichen **Bestands** nach Art und Menge (Vorhandensein, Vollständigkeit, Genauigkeit) und des **Ansatzes**, d.h. des Vorliegens wirtschaftlichen Eigentums beim Bilanzierenden (Rechte und Verpflichtungen); die Prüfung von Nachweis und Ansatz wird auch als **Bilanzierungsprüfung** bezeichnet,[214]

[214] Vgl. Selchert, F. W., Jahresabschlußprüfung der Kapitalgesellschaften, 2. Aufl. 1996, S. 281.

- Prüfung des richtigen **Ausweises** (einschl. Zuordnung und Darstellung) unter der jeweiligen Bilanzposition (Frage nach der **Gliederung**) inklusive der Abgrenzungsfragen zu möglichen Ausweisalternativen (z.B. Anlage- oder Umlaufvermögen, Rückstellungen oder Verbindlichkeiten) – **Ausweisprüfung**,
- Prüfung der **Bewertung**, gegliedert nach (erstmaliger) Bewertung beim Zugang sowie nach der Bewertung in Folgeabschlüssen (richtige Wertfortführung) – **Bewertungsprüfung**,
- Prüfung der Angaben im **Anhang** und mögliche Auswirkungen auf den **Lagebericht**.

Die zugehörigen Aufwendungen und Erträge, Auszahlungen und Einzahlungen (bei Buchung auf Finanzkonten) sowie die erforderlichen Anhangangaben werden sinnvollerweise in Zusammenhang mit den jeweiligen Bilanzposten geprüft (z.B. Abschreibungen beim Sachanlagevermögen, sonstiger betrieblicher Aufwand bei den Rückstellungen), obwohl sie in den nachfolgenden Kapiteln gesondert behandelt werden. Bei der Prüfung der einzelnen Bilanzposten wird der Prüfer üblicherweise nach der **retrograden** Methode vorgehen, d.h. er wird den Inhalt dieser Posten ggf. bis hin zu den dazugehörigen Belegen verfolgen.

MERKE: Eine risikoorientierte Prüfung steht nicht im Widerspruch zu einer Prüfung, die an den Abschlussposten ansetzt. Auch die abschlusspostenorientierte Prüfung erfolgt grundsätzlich risikoorientiert. Risikoorientierte und abschlusspostenorientierte Prüfung ergänzen sich damit.

Im Rahmen einer abschlusspostenorientierten Prüfung werden häufig **Standardprüfungsprogramme** in Form von **Checklisten** verwandt. Sie sind zwar schematisch und kreativitätshemmend, können aber dem Prüfer Anregungen für einzelne Prüfungsaktivitäten geben.[215]

6.1.2 Prüfung der immateriellen Vermögensgegenstände

Gegenstand der Prüfung der immateriellen Vermögensgegenstände sind die im Bilanzschema nach § 266 Abs. 2 Buchst. A I HGB angegebenen Positionen

1. selbst geschaffene gewerbliche Schutzrechte und ähnliche Rechte und Werte,
2. entgeltlich erworbene Konzessionen, gewerbliche Schutzrechte und ähnliche Rechte und Werte sowie Lizenzen an solchen Rechten und Werten,
3. Geschäfts- oder Firmenwert sowie
4. geleistete Anzahlungen.

[215] Vgl. Marten, K.-U./Quick, R./Ruhnke, K., Wirtschaftsprüfung, 6. Aufl., 2020, S. 520.

Für eine risikoorientierte Analyse sind vorläufige analytische Prüfungshandlungen in Form von **Zeitvergleichen** sinnvoll (Vergleich der Beträge aktuelles Jahr mit Vorjahren, absolute und prozentuale Abweichung), wobei ein Vergleich zumindest drei Jahre umfassen sollte. Daneben sollte eine Auswertung von Jahresabschlusskennzahlen erfolgen, die einen Bezug zu den immateriellen Vermögensgegenständen beinhalten (z.B. immaterielle Vermögensgegenstände/Anlagevermögen oder immaterielle Vermögensgegenstände/Bilanzsumme). Das **inhärente Risiko** und das **Kontrollrisiko** bestimmt sich bei den immateriellen Vermögensgegenständen primär nach der Geschäftstätigkeit des Unternehmens. Im öffentlichen Rechnungswesen haben immaterielle Vermögensgegenstände nur eine geringe Bedeutung, sodass auf eine Darstellung der einzelnen Risiken hier verzichtet wird.[216]

Der ausgewiesene Bilanzwert der immateriellen Vermögensgegenstände muss sich durch die Sachkonten, die Anlagenkartei und den Anlagenspiegel (zur Prüfung von Anlagenkartei und Anlagenspiegel vgl. Kap. 6.1.3) nachweisen lassen. Dies gilt auch für die Zugänge, Abgänge, Abschreibungen und Zuschreibungen. Für das tatsächliche Vorhandensein kommt bei immateriellen Vermögensgegenständen nur eine **Buchinventur** in Betracht.

Im Hinblick auf den **Ansatz** ist bei der Prüfung von immateriellen Vermögengegenständen zwischen **selbst erstellten** und **entgeltlich erworbenen Vermögensgegenständen** zu unterscheiden. In der **staatlichen Doppik** und im **NKF** gilt die alte HGB-Regelung, dass die ausgewiesenen immateriellen Vermögensgegenstände entgeltlich erworben werden müssen. Für immaterielle Vermögensgegenstände des Anlagevermögens, die nicht entgeltlich erworben oder selbst hergestellt werden, darf ein Aktivposten nicht angesetzt werden (vgl. Ziff. 5.1.1 SsD, § 44 Abs. 1 KomHVO NRW). Daher ist in Bezug auf die Aktivierung etwaiger selbst erstellter Vermögensgegenstände zu prüfen, dass diese tatsächlich **nicht aktiviert** wurden.

Mögliche Prüfungshandlungen sind Befragungen und eine Durchsicht der Sachkonten im Hinblick auf Buchungstexte, die auf immaterielle Vermögensgegenstände schließen lassen. In den Bilanzen von Gebietskörperschaften sind in den meisten Fällen nur wenige immaterielle Vermögengegenstände enthalten, wobei es sich hauptsächlich um **geleistete Investitionszuschüsse/-zuweisungen**[217] sowie entgeltlich erworbene **Softwarelizenzen**[218] (wenn die IT nicht ausgelagert ist) handeln dürfte.

---

216 Zu inhärenten Risiken und zu Kontrollrisiken bei immateriellen Vermögensgegenständen vgl. Graumann, M., Wirtschaftliches Prüfungswesen, 6. Aufl. 2020, S. 438 f.

217 Zu geleisteten Investitionszuschüssen/-zuweisungen vgl. Band 1, Kap. B.2.4.2 und B.4.1.2.

218 Zur Abgrenzung von Anschaffungskosten, Herstellungskosten und Aufwand für Schulung, Wartung etc. vgl. Schreiben des Bundesministeriums der Finanzen v. 18. November 2005, IV B 2 – S 2172 – 37/05; zum Erwerb von Software vgl. IDW RS HFA 11 „Bilanzierung entgeltlich erworbener Software beim Anwender".

Ist der mengenmäßige Umfang des Bilanzpostens nicht wesentlich, reicht es aus, über eine Belegprüfung wesentliche Veränderungen zu prüfen. Bei **geleisteten Anzahlungen**, die absolut oder relativ von Bedeutung sind, ist der Nachweis durch Saldenbestätigungen oder Zahlungsnachweise zu erbringen. Bei geleisteten Investitionszuschüssen ist zu prüfen, ob der Begünstigte entsprechende Verwendungsnachweise vorgelegt hat, die von den Fachabteilungen überprüft wurden. Bei zuwendungswidriger Mittelverwendung müssen die erforderlichen Maßnahmen eingeleitet worden sein (z.B. Rückforderung der Zuwendung).

Im Hinblick auf den **Ausweis** dürfte wegen der eindeutigen Postenbezeichnungen der immateriellen Vermögensgegenstände die Abgrenzung von den materiellen Vermögensgegenständen (Sachanlagen) unproblematisch sein. Zweifelhaft kann dagegen die Abgrenzung zum Umlaufvermögen sein, da die Zugehörigkeit eines Vermögensgegenstandes zum Anlagevermögen von seiner Zweckbestimmung abhängt (§ 247 Abs. 2 HGB).

Bei entgeltlich erworbenen immateriellen Vermögensgegenständen ist die **Bewertung** i.d.R. unproblematisch, weil nach den Anschaffungskosten zu bilanzieren ist. Die Prüfung der Bewertung zielt insbesondere auf die Abschreibung der immateriellen Vermögensgegenstände. Da die tatsächlichen Werte teilweise nur schwer feststellbar sind und sich oft schnell verflüchtigen, sollte die Abschreibungsdauer dem Vorsichtsprinzip (im NKF: dem Wirklichkeitsprinzip) entsprechen.

Zu den weiteren Prüfungshandlungen bezüglich der korrespondierenden Aufwendungen und Erträge sowie Einzahlungen und Auszahlungen und der Anhangangaben vgl. Kap. 6.1.3. Zusätzliche kommunale Prüfungsschwerpunkte ergeben sich aus Ziffer 1.1 der NKF-Prüfungscheckliste (siehe Anlage 1).

6.1.3 Prüfung der Sachanlagen

Das Sachanlagevermögen stellt in den Bilanzen von Gebietskörperschaften zumeist den **betragsmäßig größten Posten** dar. Gemeinden und Städte bilanzieren bspw. Straßen, Grundstücke, Brücken, Tunnel, Schulen etc. Für eine Risikoanalyse sind wie bei den immateriellen Vermögensgegenständen vorläufige analytische Prüfungshandlungen in Form von **Zeitvergleichen** sowie Auswertungen von **Jahresabschlusskennzahlen** sinnvoll, die einen Bezug zu den Sachanlagen beinhalten (z.B. Sachanlagenintensität, Abschreibungsquote, Investitionsquote).

Inhärente Risiken können sich ergeben, wenn z.B.

- für bestimmte Sachanlagen die Anzahl der möglichen Lieferanten begrenzt ist (u.a. bei Spezialfahrzeugen der Feuerwehr) und dadurch ggf. eine Machtstellung der Lieferanten oder eine Abhängigkeit von einem oder wenigen Lieferanten erwächst,

- die Möglichkeit des Wiederverkaufs von Anlagen eingeschränkt ist,
- bestimmte Sachanlagen gegenüber Unterschlagung, Diebstahl, Manipulation, Fehlbedienung oder Ausfall anfällig sind,
- Sachanlagen nahe stehenden Personen oder Unternehmen unentgeltlich zur Nutzung überlassen und somit nicht in der Buchführung erfasst werden,
- ein Investitionsstau vorliegt und hohe Ausgaben für die Wartung und Instandsetzung bereits abgeschriebener Anlagen drohen oder bereits entstanden sind,
- die Umweltverträglichkeit von Anlagen nicht gewährleistet ist,
- eine angespannte Finanzlage besteht und daher die Motivation vorhanden ist, Aufwendungen im Sachanlagenbereich möglichst zu aktivieren (Abgrenzung Erhaltungs- und Herstellungsaufwand!) oder notwendige Abschreibungen auf das Folgejahr zu verschieben,
- der mit komplexen Berechnungen zusammenhängende Komponentenansatz (im NKF bei Gebäuden, Straßen, Wegen und Plätzen) angewandt wird.

Der Prüfer begutachtet das anlagenbezogene IKS, um das **Kontrollrisiko** einschätzen zu können. Hier ist z.B. zu klären, ob[219]

- durch Buchungsanweisungen, Bilanzierungsrichtlinien oder in sonstiger Weise sichergestellt ist, dass die gesetzlichen Vorschriften zur Rechnungslegung beachtet werden,
- die verantwortlichen Mitarbeiter im Rechnungswesen über die erforderlichen Fachkenntnisse verfügen,
- die mit der Anschaffung bzw. Veräußerung sowie mit dem Betrieb von Sachanlagen befassten Mitarbeiter ausreichend qualifiziert sind,
- für das Anlagevermögen eine Anlagenkartei (manuell oder maschinell) geführt wird und die Daten mit dem Anlagenspiegel und den Sachkonten der Finanzbuchhaltung regelmäßig abgestimmt werden,
- der Buchbestand der Anlagenkartei regelmäßig durch körperliche Bestandsaufnahme überprüft wird,
- sichergestellt ist, dass das nachgewiesene Anlagevermögen erforderlich ist und genutzt wird (Auslastung?),
- bei den aktivierten Eigenleistungen die Herstellungskosten aus der Kostenrechnung, den Arbeitsnachweisen und Materialentnahmescheinen oder aus anderen nachvollziehbaren Kalkulationsunterlagen ableitbar sind und insbesondere keine kalkulatorischen Kosten berücksichtigt werden,
- gewährleistet ist, dass bei Anlagen im Bau rechtzeitig eine Meldung an die Finanzbuchhaltung über den Zeitpunkt der Inbetriebnahme erfolgt, damit zeitnah auf das jeweilige Aktivkonto umgebucht werden kann,

219 In Anlehnung an Graumann, M., Wirtschaftliches Prüfungswesen, 6. Aufl. 2020, S. 440 f.

- sichergestellt ist, dass Herstellungs- und Erhaltungsaufwand bei Gebäuden richtig abgegrenzt und damit entweder aktiviert oder als Aufwand gebucht werden,
- gewährleistet ist, dass die Abgrenzung zwischen Gebäuden und selbständigen Gebäudeteilen, die nicht in einem Nutzungs- und Funktionszusammenhang mit den Gebäuden stehen (Betriebsvorrichtungen), richtig erfolgt,
- gesichert ist, dass Zu- und Abgänge vollständig und zeitnah der Buchführung gemeldet werden,
- beim Erwerb von Anlagen deren Qualität überprüft wird,
- Zugangsrechnungen vor Buchung und Bezahlung sachlich und rechnerisch überprüft und mit den Bestellungen und Lieferscheinen abgeglichen werden,
- Verlagerungen von Anlagegütern zwischen selbständig bilanzierenden Einheiten (z.B. im Konzern) kontrolliert und dokumentiert werden,
- Ermächtigungsregelungen für den Erwerb, die Veräußerung, das Leasing und die Belastung der Vermögensgegenstände bestehen und diese angemessen sind,
- Funktionstrennungen insbesondere zwischen Erwerb, Buchung und Zahlungsanweisung bestehen,
- ausreichender Versicherungsschutz für Sachanlagen besteht,
- besonders wertvolle Anlagegüter hinreichend gesichert sind,
- GWG sowie zu Fest- und Gruppenwerten bilanzierte Sachanlagen auf gesonderten Konten erfasst sind,
- die zu prüfende Einheit über ein angemessenes und wirksames Anlagencontrolling (Kennzahlensystem zur Anlagenwirtschaft) verfügt,
- eine angemessene Instandhaltungs- und Ersatzstrategie besteht,
- vor dem Erwerb im notwendigen Umfang Vergleichsangebote eingeholt bzw. vorgeschriebene Vergabekriterien eingehalten werden,
- vor dem Erwerb von Sachanlagen ab einer festgesetzten Investitionssumme (im NKF: vgl. § 13 KomHVO NRW) geeignete Verfahren der Investitionsrechnung eingesetzt werden,
- bei der Investitionsplanung das Investitionsrisiko berücksichtigt wird, indem z.B. Sensitivitätsanalysen gefertigt oder kritische Werte zwischen Investitionsalternativen berechnet werden,
- im Rahmen der Investitionsplanung eine laufende Plankontrolle und/oder Plananpassung an geänderte Verhältnisse stattfindet,
- bei Erwerb oder Herstellung von Sachanlagen regelmäßig überprüft wird, ob ggf. Investitionszuweisungen oder -zuschüsse gewährt werden können,
- bei Verkauf von Sachanlagegegenständen an nahe stehende Personen, verbundene Unternehmen und Mitarbeiter auf angemessene Verkaufserlöse geachtet wird,
- der Wert der Sachanlagen regelmäßig im Hinblick auf außerplanmäßige Abschreibungen untersucht wird.

Der **Bestand** des Sachanlagevermögens lässt sich durch Fortschreibung nachvollziehen. Ausgehend vom Anfangsbestand gemäß der Eröffnungsbilanz werden die Zu- und Abgänge, die Zu- und Abschreibungen auf die einzelnen Anlagegegenstände sowie die Umbuchungen berücksichtigt. Es ist ausreichend, wenn sich der Wertansatz des einzelnen Anlagegegenstandes aus der Anlagenbuchführung (Anlagenkartei) ergibt. Für jeden Anlagegegenstand müssen eine Anlagenkarteikarte oder ein gesonderter Datensatz geführt werden. Ein jährlicher Vergleich mit den tatsächlichen Beständen ist nicht erforderlich, wenn die Zuverlässigkeit der Anlagenbuchführung gegeben ist. Zu prüfen ist, ob aus der Anlagenkartei für jeden Gegenstand ersichtlich ist:

- die genaue Bezeichnung des Gegenstandes,
- der Tag der Anschaffung oder Herstellung,
- die Höhe der Anschaffungs-/Herstellungskosten,
- die Abschreibungsmethode und die Nutzungsdauer,
- der Bilanzwert am Abschlussstichtag,
- der Tag des Abgangs sowie
- Zuschreibungen und außerplanmäßige Abschreibungen.[220]

Der Prüfer hat im Rahmen des ordnungsmäßigen Nachweises der Sachanlagen nicht nur den Ist-Bestand zu überprüfen, sondern zumindest stichprobenartig auch den **Zustand und den betrieblichen Einsatz** zu hinterfragen. Hieraus können sich Anhaltspunkte für die Prüfung der **Nutzungsdauer** sowie der Notwendigkeit von außerplanmäßigen Abschreibungen ergeben. So ist z.B. zu prüfen, ob für das Infrastrukturvermögen der Gebietskörperschaften geeignete (ingenieurtechnische) Verfahren zur Zustandsbewertung und Wertermittlung eingesetzt werden.

Für die **Bilanzierung** von Sachanlagen gilt das Prinzip der wirtschaftlichen Zurechenbarkeit (vgl. Kap.5.2). Bei Bauten auf fremden Grundstücken ist zusätzlich der Pachtvertrag heranzuziehen. Die Frage der Bilanzierung und damit die Frage der Zurechnung des wirtschaftlichen Eigentums ist beim **Leasing** problematisch. Bei vorliegenden Leasingverträgen ist zu hinterfragen, ob die Aktivierung des Leasinggegenstandes beim Leasinggeber oder beim Leasingnehmer erfolgen muss.[221] Wenn Umbuchungen von der Position „**Geleistete Anzahlungen oder Anlagen im Bau**“ vorliegen, ist darauf zu achten, dass diese gerechtfertigt sind. Voraussetzung dafür wäre z.B. der Besitz-, Nutzen- und Lastenübergang im Geschäftsjahr oder die Fertigstellung des Baus. Umgekehrt ist z.B. zu untersuchen, ob eine ausgewiesene Anlage im Bau tatsächlich noch nicht fertiggestellt war. In Eigenleistung hergestellte unfertige Anlagen sind – nach dem jeweiligen Stand der Arbeiten zum Bilanzstichtag – zu den Herstellungskosten anzusetzen.

---

220 Die Mindestangaben der Anlagenkartei sind in R 5.4 Abs. 4 EStR aufgeführt.

221 Vgl. hierzu Band 1, Kap. A.7.7 dieser Reihe.

Beim **Neuerwerb oder Verkauf** von Grundstücken (wobei die wirtschaftliche Zurechenbarkeit und nicht die Eintragung im Grundbuch relevant ist), hat der Prüfer u.U. den Zeitpunkt des Nutzen- und Lastenübergangs anhand des notariellen Kaufvertrages festzustellen. Zusätzlich kann er Grundbuchauszüge als externe Dokumente prüfen.

Beim Bestand der technischen Anlagen und Maschinen sowie der Betriebs- und Geschäftsausstattung ist eine lückenlose Prüfung wegen der Vielzahl der Vermögensgegenstände oft unmöglich. Der Prüfer muss sich hier mit Stichproben behelfen und auf die **Vollständigkeitserklärung** der gesetzlichen Vertreter vertrauen (vgl. § 320 Abs. 2 HGB, im NKF: § 102 Abs. 7 GO NRW). Ansonsten erfolgt die Prüfung grundsätzlich wie in Kap. 5.2 (Prüfung des Ansatzes) und Kap. 4.1.3 (Grundsätze ordnungsgemäßer Inventur) beschrieben. Um ggf. weiteres, nichtaktiviertes Sachanlagevermögen zu identifizieren, sollten Sachkonten im Bereich Instandhaltungsaufwand etc. ebenfalls durchgesehen werden.

Hinsichtlich des **Ausweises** der Sachanlagen von Unternehmen wird auf Band 1, Kap. A.12.2.2 dieser Reihe verwiesen. Grundsätzlich ist die **Zweckbestimmung** am Bilanzstichtag entscheidend. Für unbebaute Grundstücke gilt:

- bei klaren und eindeutigen Zweckbestimmungen sind sie als Anlagevermögen auszuweisen,
- bei Weiterveräußerungsabsicht (z.B., wenn die Gemeindevertretung entsprechende Verkaufsabsichten beschlossen hat) sind sie als Umlaufvermögen auszuweisen.

Für Gebietskörperschaften gelten beim Sachanlagevermögen detailliertere Ausweisregelungen als im HGB. Der Prüfer hat festzustellen, ob die Sachanlagen entsprechend den gesetzlichen Vorschriften gegliedert sind. Beim Sachanlagevermögen sind ebenfalls zu prüfen:

- die Bestandsführung (Inventarisierung),
- die ursprünglichen Anschaffungs- oder Herstellungskosten,
- die Zu- und Abgänge,
- die Zu- und Abschreibungen.

Zudem sollte eine **Abstimmung mit dem Passivkonto „Sonderposten“** erfolgen. Hier ist z.B. zu untersuchen, ob eine automatische Verknüpfung eines Sonderpostens für Investitionen mit einer Sachanlage im System hinterlegt ist. So muss u.a. gewährleistet sein, dass bei planmäßigen und außerplanmäßigen Abschreibungen gleichzeitig eine entsprechende planmäßige bzw. außerplanmäßige Auflösung des Sonderpostens erfolgt. Treffen im Ausnahmefall mehrere Sonderposten für eine Investition zusammen (z.B. Zweckzuweisungen, Erschließungsbeiträge und Pauschalzuweisungen), so ist darauf zu achten, dass die Sonderposten nicht höher sind als die Anschaffungskosten bzw. der Buchwert der Anlage.

Die **Aufzeichnungspflicht** (§ 240 HGB, im NKF: § 91 Abs. 1 GO NRW, § 29 KomHVO NRW) gilt grundsätzlich als erfüllt, wenn der Wertansatz des einzelnen Anlagegegenstandes aus den Aufzeichnungen festgestellt werden kann. Dies erfolgt in der Praxis durch eine IT-gestützte Anlagenbuchhaltung. Die Werte sind **mit dem Anlagenspiegel abzustimmen**. Zusätzlich sind die Zugänge lt. Anlagenbuchhaltung mit den Zugängen auf den Hauptbuchkonten und in der Bilanz abzustimmen.

Bei der Prüfung von Anlagenzugängen anhand von Belegen (Einzelfallprüfungen) gilt gemäß dem risikoorientierten Prüfungsansatz:

- Ist der Prüfer nach Beurteilung des IKS und verschiedener Plausibilitätsprüfungen (zum Beispiel Abgleich der Anlagenzugänge mit Investitionsplänen) zu dem Ergebnis gekommen, dass Anlagenzugänge und Instandhaltungsaufwendungen plausibel sind, kann die Belegprüfung in eingeschränktem Umfang erfolgen.
- Haben IKS-Prüfung und/oder Plausibilitätsprüfungen nicht zu zufriedenstellenden Ergebnissen geführt, muss die fehlende Sicherheit verstärkt über eine Belegprüfung erreicht werden.

Hinsichtlich der **Bewertung** bei Anlagenzugängen im abgelaufenen Geschäfts-/Haushaltsjahr sollte der Prüfer auf die **richtige Ermittlung der Anschaffungs- oder Herstellungskosten** achten, indem er z.B. Kaufverträge, Lieferpapiere, Rechnungen und Kontoauszüge sichtet oder bei den aktivierten Eigenleistungen hinterfragt, ob die Herstellungskosten aus der Betriebsabrechnung ableitbar sind. Ggf. (Wahlrecht im NKF!) zusätzlich angesetzte Gemeinkosten für Material, Fertigung und Verwaltung müssen angemessen sein (§ 34 Abs. 3 KomHVO NRW). Beim Kauf von Sachanlagevermögen sollte der Prüfer ebenfalls auf die richtige Aktivierung der Anschaffungsnebenkosten achten. Bei bebauten Grundstücken ist die Aufteilung auf Grund und Boden und Gebäude zu prüfen. Zur Abgrenzung zwischen Anschaffungskosten, Herstellungskosten und Erhaltungsaufwand sei auf Band 1, Kap. A.13.2.2 verwiesen.[222] Bei einer Anwendung des **Komponentenansatzes** muss sich der Prüfer mit höheren Ermessens- und Beurteilungsspielräumen des Bilanzierenden auseinandersetzen. Besondere Prüfungsprobleme können sich bei **Festwertansätzen** ergeben; hier ist zu untersuchen, ob die gesetzlichen Voraussetzungen eingehalten wurden (vgl. Kap. 5.4.4).

Beim **Verkauf von Anlagegegenständen** an nahe stehende Personen (z.B. Mitarbeiter) oder Unternehmen kann die Prüfung der Angemessenheit des Verkaufserlöses angebracht sein. Das trifft insbesondere dann zu, wenn der Verkaufserlös den Restbuchwert unterschreitet.

[222] Im NKF sind die Regelungen in § 36 KomHVO NRW enthalten.

Zusätzlich sind die Sachanlagen auf etwaigen Wertberichtigungsbedarf hin zu untersuchen. Anhaltspunkte ergeben sich aus technischen Defekten, übermäßigem Verschleiß etc.

Bei der **Prüfung der Abschreibungen** der Sachanlagen achtet der Prüfer neben der Abschreibungsmethode auf den vorgegebenen Rahmen der Abschreibungstabelle und auf die Angemessenheit der örtlich bestimmten Nutzungsdauern (im NKF: § 36 Abs. 4 KomHVO NRW). Die planmäßigen Abschreibungen unterliegen dem Stetigkeitsgebot; eine Änderung ist nur in begründeten Ausnahmefällen möglich, worauf der Prüfer zu achten hat. Bei außerplanmäßigen Abschreibungen bildet sich der Prüfer von der Zulässigkeit sowie der Notwendigkeit und Angemessenheit ein eigenes Urteil. Festzustellen ist auch, ob bei in Vorjahren vorgenommenen außerplanmäßigen Abschreibungen die Gründe hierfür noch bestehen oder ob eventuell eine Zuschreibung erfolgen muss. Weder eine Überbewertung eines Gegenstandes noch die Bildung stiller Reserven sind vertretbar.

Für Sachanlagen sind zahlreiche **Anhangangaben** vorgeschrieben (vgl. z.B. § 277 Abs. 3 Satz 1, § 284 Abs. 2 Nr. 1 – 4, § 285 Nr. 3, 13, 21, 22, 25, 28, 31, 32, 33 HGB, Anlage 3 SsD, § 45 KomHVO NRW). Der Prüfer hat zu kontrollieren, ob die erforderlichen Angaben erfolgt sind. Daneben sind mittelgroße und große Kapitalgesellschaften sowie Gebietskörperschaften zur Aufstellung eines **Anlagenspiegels** verpflichtet. Im Anlagenspiegel (§ 284 Abs. 3 HGB, § 46 KomHVO NRW) ist die Entwicklung der einzelnen Posten des Anlagevermögens darzustellen. Der Prüfer hat hierbei u.a. zu untersuchen, ob[223]

- der Anlagenspiegel gemäß der gesetzlichen Mindestgliederung der Aktivseite gegliedert ist,
- der Anlagenspiegel alle erforderlichen Angaben enthält. Dies sind nach § 284 Abs. 3 HGB, § 46 Abs. 2 KomHVO NRW:
  - gesamte Anschaffungs- und Herstellungskosten,
  - Zugänge des Geschäftsjahres,
  - Abgänge, Umbuchungen, Zuschreibungen des Geschäftsjahres,
  - Abschreibungen des Geschäftsjahres,
  - Abschreibungen in gesamter Höhe zu Beginn des Geschäftsjahres (sog. kumulierte Abschreibungen), Änderungen in den Abschreibungen,
  - Buchwerte des vorherigen und aktuellen Abschlussstichtags,
  - Betrag der im Geschäftsjahr aktivierten Zinsen (falls dieses Wahlrecht ausgeübt wurde),
- Zugänge und Abgänge zu historischen Werten aufgeführt werden,
- bei Umbuchungen neben den historischen Anschaffungskosten auch die kumulierten Abschreibungen und Zuschreibungen umgebucht werden und der Saldo der Umbuchungen stets null ergibt,

223 In Anlehnung an: Graumann, M., Wirtschaftliches Prüfungswesen, 6. Aufl. 2020, S. 483 f.

- die im Anlagenspiegel dargestellten Abschreibungen und Zuschreibungen des Geschäftsjahres mit den jeweiligen GuV-Positionen übereinstimmen,
- eine korrekte Verbuchung der außerplanmäßigen Abschreibungen vorgenommen wird sowie
- bei Einbezug von Fremdkapitalzinsen in die Herstellungskosten für jeden Posten des Anlagevermögens die Angabe des Betrages erfolgt.

Über die Reihenfolge und die Form der Darstellung der Angaben enthält das HGB keine Vorschriften. Der Prüfer kann die Darstellung nur beanstanden, wenn der Grundsatz der Bilanzklarheit nicht gewährleistet ist. Für die **staatliche Doppik** gilt das Muster lt. Anlage 2 SsD. Im **NKF** ist für den Anlagenspiegel die Gliederung gemäß Anlage 24 VV Muster zur GO und KomHVO NRW zu beachten.

Prüfungsunterlagen für Sachanlagen sind u.a.:

- Anlagenbuchhaltung, Anlagenspiegel,
- Inventurrichtlinien, Inventuranweisungen, Inventurunterlagen,
- Abschreibungstabellen,
- Grundbuchauszüge, Notarverträge, Katasterunterlagen bei Grundstücken,
- Verträge über Eigentumsvorbehalte und Sicherungsübereignungen,
- Bestandskonten der Sachanlagen sowie zugehörige Erfolgskonten,
- Listen der Zu- und Abgänge zu den Sachanlagen,
- Aufstellung über selbsterstellte Anlagen, stillgelegte Anlagen und Reserveanlagen, Unterlagen über die Ermittlung der Herstellungskosten,
- Belege für die Anlagenzugänge und Anlagenabgänge wie z.B. Kaufverträge, Rechnungen, Lieferscheine, Frachtbriefe etc.,
- Bewertungsgutachten, Bewertungsrichtlinien,
- Nachweise über Versicherungsschutz und gezahlte Versicherungsprämien,
- Leasingverträge.

Die Sachanlagen können als ein Prüffeld zusammen mit aktivierten Eigenleistungen, Abschreibungen, Sonderposten und den Erträgen aus der Auflösung der Sonderposten geprüft werden. Es ist insbesondere zu untersuchen, ob die jeweiligen **Aufwendungen und Erträge** vollständig erfasst und periodengerecht ausgewiesen sind. Gleiches gilt für die korrespondierenden **Auszahlungen und Einzahlungen** im Rahmen der Prüfung der **Finanzrechnung** von Gebietskörperschaften.

Weitere kommunale Prüfungsschwerpunkte ergeben sich aus Ziffer 1.2 der NKF-Prüfungscheckliste.

6.1.4 Prüfung der Finanzanlagen

Im Rahmen der **Risikoanalyse** setzt sich der Prüfer mit dem inhärenten Risiko sowie dem Kontrollrisiko bei den Finanzanlagen auseinander. Das **inhärente Risiko** betrifft die Fehleranfälligkeit der Finanzanlagen. Anhaltspunkte können die Anteile der einzelnen Posten des Finanzanlagevermögens am gesamten Finanzanlagevermögen bzw. an der Bilanzsumme oder die Höhe der außerplanmäßigen Abschreibungen liefern. Ein inhärentes Risiko kann sich auch bei ungewöhnlichen Transaktionen (z.B. Verkauf von Anteilen), ungewöhnlichen Konditionen (z.B. unübliche Preise oder Zinssätze), aus Geschäftsvorfällen, für deren Abschluss es keinen vernünftigen Grund gibt oder aus Transaktionen mit verbundenen Unternehmen oder nahe stehenden Personen ergeben.

Im Rahmen des **Kontrollrisikos** begutachtet der Prüfer die Wirksamkeit des IKS hinsichtlich der Finanzanlagen. Der Prüfer beurteilt u.a., ob

- durch Buchungsanweisungen, Bilanzierungsrichtlinien oder in sonstiger Weise sichergestellt ist, dass die gesetzlichen Vorschriften zur Rechnungslegung beachtet werden,
- für die Finanzanlagen eine Anlagenkartei oder ein Bestandsverzeichnis (manuell oder maschinell) geführt wird und die Daten mit dem Anlagenspiegel und den Konten der Finanzbuchhaltung regelmäßig abgestimmt werden,
- bei verbrieften Anteilen, die bei Dritten verwahrt werden, Depotbescheinigungen eingeholt werden,
- ein wirksames Beteiligungscontrolling existiert,
- eine regelmäßige Überprüfung der Beteiligungswerte durch speziell qualifizierte Mitarbeiter oder durch sachverständige Dritte erfolgt,
- im öffentlichen Bereich der Beteiligungsbericht ordnungsgemäß erstellt wird (im NKF: § 117 GO NRW).

Die Prüfung der Vollständigkeit der Bilanzansätze erfolgt grundsätzlich in analoger Weise wie bei den Sachanlagen. Ausgangspunkt ist das Bestandsverzeichnis (Anlagenkartei) sowie Zu- und Abgangslisten. Sind keine detaillierten Angaben zu den Zu- und Abgängen enthalten, muss der Prüfer zusätzlich die Erstellung entsprechender Verzeichnisse verlangen, die Angaben über die Rechtsform des Beteiligungs- bzw. verbundenen Unternehmens, die Höhe der Beteiligung (nominal und prozentual), den Anschaffungszeitpunkt, die Anschaffungskosten und den Buchwert am Bilanzstichtag beinhalten müssen.

Der Prüfer muss sich davon überzeugen, dass die als Bestand laut Inventarverzeichnis und als **Zugänge** des Geschäftsjahres ausgewiesenen Vermögensgegenstände am Bilanzstichtag tatsächlich vorhanden waren und die Entwicklung korrekt auf den Sachkonten und im Anlagenspiegel dargestellt ist. Der **Nachweis** (Vorhandensein) der Anteile an verbundenen Unternehmen sowie Beteiligungen kann anhand von Handelsregisterauszug, Beherrschungsvertrag, Gesellschafts- oder Kaufvertrag oder Betriebssatzung (bei Eigenbetrieben) erfolgen. Die Bilanzierung von Ausleihungen wird anhand von Saldenlisten, Saldenbestätigungen und Darlehensverträgen geprüft. Abzustimmen ist auch die vertraglich vereinbarte Verzinsung und Tilgung mit dem tatsächlichen Zahlungseingang. Die richtige Übernahme dieser Angaben aus den Darlehensverträgen sollte der Prüfer zumindest für wesentliche Neuzugänge lückenlos prüfen. Ferner sind nachträgliche Änderungen zu berücksichtigen. Wertpapiere des Anlagevermögens werden durch Depotauszüge oder Verwahrbestätigungen der Banken nachgewiesen. Analog zu den Regelungen zum Sachanlagevermögen sind alle Finanzanlagen nach dem Vollständigkeitsgebot zu bilanzieren, wenn sie im **wirtschaftlichen Eigentum** des Bilanzierenden stehen.

Der **Ausweis** der Finanzanlagen wird daran festgemacht, ob sie für **dauerhafte Anlagezwecke** bestimmt sind. Dies muss der Prüfer kritisch hinterfragen, da sowohl Wertpapiere als auch Unternehmensanteile im Umlaufvermögen (Posten B. III.1. in § 266 Abs. 2 HGB) oder im Anlagevermögen bilanziert werden können. Es handelt sich um Investitionen, die der Bilanzierende außerhalb des eigenen Geschäftsbereiches tätigt. Als Unterscheidungsmerkmal dient damit nicht in erster Linie die rechtlich orientierte Aufteilung in Sachen und Rechte, sondern die betriebswirtschaftliche Zuordnung des Mitteleinsatzes. Forderungen aus Lieferungen und Leistungen – auch wenn sie langfristig sind – werden stets dem Umlaufvermögen zugeordnet. Die **Gliederung** der Finanzanlagen ist in § 266 Abs. 2 A.III. HGB vorgegeben:

- Anteile an verbundenen Unternehmen,
- Ausleihungen an verbundene Unternehmen,
- Beteiligungen,
- Ausleihungen an Unternehmen, mit denen ein Beteiligungsverhältnis besteht,
- Wertpapiere des Anlagevermögens sowie
- sonstige Ausleihungen.

Die Gliederung für die **staatliche Doppik** ist fast identisch, sieht aber zusätzlich den Posten „Sondervermögen ohne eigenverantwortliche Betriebsleitung“ vor (vgl. Anlage 1 SsD).

Die **kommunalen Finanzanlagen** untergliedern sich im **NKF** wie folgt:

- Anteile an verbundenen Unternehmen,
- Beteiligungen,
- Sondervermögen,
- Wertpapiere des Anlagevermögens sowie
- Ausleihungen.

Die Prüfung des korrekten Ausweises erfolgt mithilfe eines **Konzernorganigramms**, aus dem sämtliche Konzernbeziehungen hervorgehen oder bei Kommunen anhand des Beteiligungsberichtes (§ 117 GO NRW, § 53 KomHVO NRW), wenn kein Konzern- bzw. Gesamtabschluss erstellt wird. Es empfiehlt sich außerdem, die Buchungs- und Bilanzierungsrichtlinien zu den Finanzanlagen daraufhin zu überprüfen, ob sie eine richtige Zuordnung zu den einzelnen Bilanzposten gewährleisten.

Anteile an verbundenen Unternehmen
Verbundene Unternehmen sind Unternehmen, die gemäß § 290 HGB aufgrund der **Möglichkeit eines beherrschenden Einflusses** als Mutter- oder Tochterunternehmen nach den Vorschriften der Vollkonsolidierung in einen Konzernabschluss einzubeziehen sind (§ 271 Abs. 2 HGB, § 51 Abs. 2 KomHVO NRW). Im öffentlichen Bereich kommen Unternehmen infrage,

- die unter der einheitlichen Leitung der Gebietskörperschaft stehen,
- an denen der Gebietskörperschaft die Mehrheit der Stimmrechte zusteht,
- bei denen der Gebietskörperschaft das Recht zusteht, die Mehrheit der Mitglieder des Verwaltungs-, Leitungs- oder Aufsichtsrates zu bestellen oder abzuberufen und sie gleichzeitig Gesellschafter ist oder
- bei denen der Gebietskörperschaft das Recht zusteht, einen beherrschenden Einfluss aufgrund eines abgeschlossenen Beherrschungsvertrages oder aufgrund einer Satzungsbestimmung auszuüben.

Beteiligungen
Beteiligungen sind in Anlehnung an § 271 Abs. 1 HGB Anteile an Unternehmen und Einrichtungen mit der Absicht, eine **dauernde Verbindung** zu jenen Unternehmen oder Einrichtungen aufzubauen oder zu halten. Als Beteiligung gelten in der Regel Anteile, die insgesamt den fünften Teil des Nennkapitals an dem Unternehmen oder einer anderen juristischen Person überschreiten und die nicht verbundene Unternehmen sind (> 20 % und ≤ 50%). Anteile an Personengesellschaften kommen als kommunale Beteiligung wegen der uneingeschränkten Haftung nicht in Betracht (vgl. § 108 GO NRW). Damit scheiden im NKF BGB-Gesellschaft, OHG, KG und nicht rechtfähiger Verein als Rechtsformen grundsätzlich aus. Als Beteiligungen kommen in Betracht:

- Körperschaften (z.B. Zweckverbände) und Anstalten des öffentlichen Rechts,
- Anteile an Kapitalgesellschaften (AG, GmbH),
- stille Beteiligungen.

Sondervermögen
Unter diesem Bilanzposten sind die wirtschaftlichen Unternehmen einer Kommune ohne eigene Rechtspersönlichkeit (§ 114 GO NRW) und die organisatorisch ver-

selbstständigten nichtwirtschaftlichen Einrichtungen (§ 107 Abs. 2 GO NRW) ohne eigene Rechtspersönlichkeit gesondert anzusetzen. Es handelt sich hier um Eigenbetriebe und eigenbetriebsähnliche Einrichtungen, die als Sondervermögen errichtet werden und die wirtschaftlich und verwaltungsmäßig selbstständig sind (vgl. Eigenbetriebsverordnung). Für sie werden Sonderrechnungen und eigene Jahresabschlüsse verlangt. Zu prüfen ist hier insbesondere, ob die Sondervermögen vollständig ausgewiesen sind.

Ausleihungen

Ausleihungen sind Forderungen aus Kapitalhingabe im Gegensatz etwa zu Forderungen aus Lieferungen und Leistungen oder Forderungen ohne eine Gegenleistung. Bei Kapitalhingabe muss also die Absicht bestanden haben, dem Empfänger – i.d.R. für eine bestimmte Zeit – Kapital zur Verfügung zu stellen. Beteiligungen ≤ 20 %, soweit sie keine Wertpapiere sind, zählen ebenfalls zu den Ausleihungen. Im öffentlichen Bereich werden Ausleihungen auch als **Förder- und Zweckdarlehen** gewährt, mit denen eine öffentliche Aufgabe erfüllt oder ein öffentlicher Zweck erreicht werden sollen. Diese Darlehen kommen u.a. im Rahmen sozialer Aufgaben oder der Wirtschaftsförderung infrage. Die Ausleihung muss langfristig sein; dazu ist nach herrschender Meinung eine Orientierung an einer Grenze von mindestens einem Jahr vertretbar.

Die Ausleihungen sind nach Adressaten zu untergliedern, damit die finanziellen Verflechtungen zwischen dem Bilanzierenden und den verselbstständigten Aufgabenbereichen (verbundene Unternehmen, Beteiligungen und Sondervermögen) offengelegt werden. Für die Ausleihungen sind nachvollziehbare Akten mit den Verträgen, eventuellen Urkunden, Hypotheken, Grundbuchauszügen etc. zu führen.

Wertpapiere des Anlagevermögens

Hierzu zählen Wertpapiere, die zur dauernden oder langfristigen Anlage gehalten werden, ohne dass – bei Wertpapieren mit Mitgliedschaftsrechten – die Absicht besteht, an dem anderen Unternehmen mit unternehmerischer Gestaltungsabsicht beteiligt zu sein. Die dauerhafte Zweckbindung besteht in der Absicht, nachhaltige Finanzerträge zu erzielen. Ist diese dauerhafte Absicht nicht gegeben, hat ein Ausweis im Umlaufvermögen zu erfolgen. So kann eine Daueranlage z.B. vorliegen, wenn Mittel eines Pensionsfonds in Wertpapieren angelegt sind.

Zu den Wertpapieren des Anlagevermögens gehören Dividendenpapiere (Beteiligungswertpapiere wie Aktien oder Anteile an offenen Immobilienfonds, Genussscheine sowie Investmentanteile) und die festverzinslichen Wertpapiere (Forderungswertpapiere wie z.B. Obligationen, Zerobonds, Pfandbriefe, Anleihen von Bund, Ländern und Gemeinden).

Bei der Prüfung der ordnungsmäßigen Abgrenzung von Wertpapieren ist der Prüfer gezwungen, sich bezüglich der Zweckbestimmung in der Regel auf die Angaben des Bilanzierenden zu verlassen. Es muss ein schriftlich dokumentierter Beschluss vorliegen, aus dem sich die Zuordnung zum AV oder UV ergibt. Es muss glaubhaft gemacht werden, dass die Wertpapiere dauerhaft dem Geschäftsbetrieb dienen sollen. In jedem Fall hat der Prüfer die Zuordnung der Wertpapiere zum Anlagevermögen oder eine Umbuchung vom Umlauf- in das Anlagevermögen kritisch zu hinterfragen; wirtschaftlich ungesunde Unternehmen und Gebietskörperschaften werden ein Interesse an einem Ausweis im Anlagevermögen haben, um außerplanmäßige Abschreibungen vermeiden zu können. Anteile, die zwar mit dauerhaftem Interesse, aber ohne unternehmerische Gestaltungsabsicht, sondern insbesondere zur verzinslichen Kapitalanlage gehalten werden, gehören zwar zum Finanzanlagevermögen, nicht jedoch zu den Beteiligungen; sie werden unter „Sonstige Ausleihungen“ oder „Wertpapiere“ bilanziert.

Prinzipiell gelten für Finanzanlagen die allgemeinen **Grundsätze der Bewertung zu Anschaffungskosten**, soweit nicht außerplanmäßige Abschreibungen (§ 253 Abs. 3 Satz 3 HGB, § 36 Abs. 6 KomHVO NRW) vorzunehmen oder in Erwägung zu ziehen sind. Die Anschaffungskosten bilden die **Wertobergrenze** für Folgebewertungen. Für **Folgebewertungen** von Beteiligungen und Unternehmensanteilen können die **Verfahren der Unternehmensbewertung** (z.B. Ertragswert-, Discounted Cashflow-Verfahren) zur Ermittlung eines niedrigeren beizulegenden Wertes herangezogen werden.[224] Börsennotierte Wertpapiere des Anlagevermögens sind zum aktuellen Kurswert anzusetzen; ansonsten sind für Folgebewertungen die allgemeinen Bewertungsgrundsätze anzuwenden. Bei Lieferungen und Leistungen innerhalb eines Konzerns muss der Prüfer die Verrechnungspreise (zu hoch bzw. zu niedrig im Vergleich zu den jeweiligen Marktpreisen) kritisch hinterfragen, da sie die Höhe des Ertragswertes beeinflussen.

Außerplanmäßige Abschreibungen sind bei Vermögensgegenständen des Anlagevermögens immer dann vorzunehmen, wenn eine voraussichtlich dauernde Wertminderung vorliegt. Bei Finanzanlagen können sie auch bei einer voraussichtlich nicht dauernden Wertminderung vorgenommen werden, um diese mit dem niedrigeren Wert anzusetzen, der ihnen am Abschlussstichtag beizulegen ist. Da Ausleihungen normalerweise durch Tilgungen seitens des Schuldners ausgeglichen werden, kommt eine dauerhafte Wertminderung hier lediglich in Betracht, wenn der Schuldner keine Tilgungsleistungen mehr erbringen kann; ist eine Ausleihung ausreichend rechtlich gesichert (z.B. durch eine Hypothek oder Grundschuld), ist eine Abschreibung nicht gerechtfertigt. Außerplanmäßige Abschreibungen sind im Anhang zu erläutern. Besondere Bewertungsregeln gibt es für sog. **Bewertungseinheiten** (§ 254 HGB, § 35a KomHVO NRW). Planmäßige Abschreibungen sind bei Finanzanlagen nicht möglich, da sie nicht abnutzbar sind.

224 Vgl. IDW S 1: Grundsätze zur Durchführung von Unternehmensbewertungen.

Gründe für außerplanmäßige Abschreibungen auf Anteile an verbundenen Unternehmen, Beteiligungen und Wertpapiere können z.B. anhaltende Verluste oder Insolvenzverfahren bei Beteiligungsunternehmen, gesunkene Börsenkurse oder eine durch Gutachten nachgewiesene Minderung des Ertragswertes sein. Der Prüfer kann jedoch u.U. nicht erkennen (Entdeckungsrisiko), ob eine tatsächlich dauernde Wertminderung vorliegt, die jedoch als vorübergehende Wertminderung dokumentiert wurde, um vom Abschreibungserfordernis absehen zu können. Aufgrund der Vielzahl der Fälle und der umfangreichen Berechnungsschritte kann der Prüfer nicht in allen Fällen den beizulegenden Wert aller Finanzanlagen nachvollziehen. Er wird sich auf eine risikoorientierte stichprobenweise Prüfung stützen, um außerplanmäßige Abschreibungen dem Grunde und der Höhe nach zu beurteilen.

Unternehmen bzw. Gebietskörperschaften sollten für ihre Finanzanlagen möglichst **Grundregeln** in Bezug auf das Vorliegen einer dauernden Wertminderung aufstellen, um zum einzelnen Abschlussstichtag möglichst objektiv eine willkürfreie Entscheidung treffen zu können. Es kann auch eine Bagatellgrenze festgelegt werden, sodass nur oberhalb dieser Wertgrenze bestehende Größenordnungen zu berücksichtigen sind.

Da für Finanzanlagen ein generelles **Wertaufholungsgebot** besteht (§ 253 Abs. 5 HGB, § 36 Abs. 9 KomHVO NRW), muss sich der Prüfer davon überzeugen, ob für eine erfolgte Zuschreibung ein entsprechender Grund vorliegt bzw. ob die vorgebrachten Gründe für die bisherigen Wertminderungen noch tatsächlich fortbestehen. Eine Verrechnung von vorherigen Abschreibungen mit aktuellen Zuschreibungen ist aufgrund des Saldierungsverbots nicht zulässig. Die ursprünglichen Anschaffungskosten als Wertobergrenze dürfen nicht überschritten werden.

Bei **Ausleihungen** an verbundene Unternehmen, Beteiligungen und Sondervermögen ist zu prüfen, ob die vertraglich vereinbarten Tilgungen tatsächlich eingehen und die Zinsen angemessen sind. Wird auf Zinsen verzichtet oder sind niedrigere als die marktüblichen Zinsen vereinbart, ist der ausgezahlte Betrag abzuzinsen (**Barwert als Anschaffungskosten**) und danach jährlich bis zum Rückzahlungszeitpunkt aufzuzinsen, wobei die jeweiligen Aufzinsungsbeträge den Finanzanlagen zuzuschreiben sind. Der gewählte Zinssatz ist zu hinterfragen. Stellt der Unterschiedsbetrag zwischen Auszahlungsbetrag und Barwert ein Entgelt für einen gewährten Vorteil dar, der dem Gläubiger zugutekommt, so ist zu prüfen, ob dieser Vorteil als aktivierungsfähiger Vermögenswert (immaterieller Vermögensgegenstand) zu bilanzieren ist. Auf Band 1, Kap. A.9.3 dieser Reihe wird verwiesen.

Soweit **Haftungsverhältnisse** vorliegen, ist zu prüfen, ob Verbindlichkeiten oder Rückstellungen notwendig werden (z.B. drohende Verlustübernahme gegenüber Eigenbetrieben/Anstalten des öffentlichen Rechts).

Geschäfte mit nahe stehenden Personen, Unternehmen oder Eigen- und Beteiligungsgesellschaften begründen besondere Prüfungspflichten, da solche Geschäfte oft nicht zu marktüblichen Konditionen erfolgen oder ein nachvollziehbarer Grund für den Geschäftsabschluss nicht besteht.[225] Zu prüfen sind also die Konditionen sowie die planmäßige Tilgung.

Bei **Unternehmen** sind im Rahmen der Prüfung folgende Positionen der GuV-Rechnung nach dem Gesamtkostenverfahren heranzuziehen (die Klammerangaben beziehen sich auf das Umsatzkostenverfahren):

- § 275 Abs. 2 (Abs.3) Nr. 4 (Nr.6) HGB: Sonstige betriebliche Erträge,
- Nr. 8 (Nr.7) Sonstige betriebliche Aufwendungen,
- Nr. 9 (Nr.8) Erträge aus Beteiligungen,
- Nr. 10 (Nr.9) Erträge aus anderen Wertpapieren und Ausleihungen des Finanzanlagevermögens,
- Nr. 12 (Nr.11) Abschreibungen auf Finanzanlagen und auf Wertpapiere des Umlaufvermögens.

Im **NKF** sind im Rahmen der Prüfung folgende Positionen der Ergebnisrechnung zu berücksichtigen:

- § 2 Abs. 1 Nr. 7 KomHVO NRW: Sonstige ordentliche Erträge,
- § 2 Abs. 1 Nr. 15 KomHVO NRW: Sonstige ordentliche Aufwendungen,
- § 2 Abs. 1 Nr. 16 KomHVO NRW: Finanzerträge,
- § 2 Abs. 1 Nr. 17 KomHVO NRW: Zinsen u. sonstige Finanzaufwendungen.

Für Finanzanlagen sind zahlreiche **Anhangangaben** vorgeschrieben (vgl. z.B. § 277 Abs. 3, § 285 Nr. 3, 18, 21, 23, 25, 26, 28 HGB). Der Prüfer hat zu kontrollieren, ob die erforderlichen Angaben erfolgten.

Folgende **Prüfungsunterlagen** sind u.a. zur Verfügung zu stellen:

- Anlagenspiegel,
- Bestandsnachweise der Beteiligungen und Wertpapiere,
- Aufnahmeprotokoll der am Bilanzstichtag selbst verwahrten Wertpapiere,
- Depotauszüge und sonstige Verwahrbestätigungen,
- Saldenlisten, Darlehensverträge bei Ausleihungen,
- Zugangs- und Abgangslisten von Finanzanlagen,
- Belege über Zu- und Abgänge von Finanzanlagen,
- Gesellschafts- und Unternehmensverträge,
- Hypothekenbriefe, Grundbuchauszüge, notarielle Urkunden,

[225] Vgl. ISA [DE] 550: Nahe stehende Personen; IDW PS 255: Beziehungen zu nahe stehenden Personen im Rahmen der Abschlussprüfung.

- Handelsregisterauszüge,
- Bewertungsunterlagen für Beteiligungen (z.B. Ertragswertermittlungen), Jahresabschlüsse, Berichte aus Vorjahren über Prüfungen der Jahresabschlüsse von Beteiligungsunternehmen,
- Aufstellung über grundpfandrechtliche Sicherheiten für die Ausleihungen,
- Belege über Gewinn- und Zinszahlungen,
- Unterlagen über Belastung der Wertpapiere durch Verpfändung, Sicherungsübereignung oder andere Titel,
- Abhängigkeitsberichte, Beteiligungsberichte,
- Berichte des Managements und der Aufsichtsorgane.

Weitere Prüfungsschwerpunkte siehe Ziffer 1.3 der NKF-Prüfungscheckliste.

6.1.5 Prüfung der Vorräte

Vermögensgegenstände sind dem Umlaufvermögen zuzuordnen, wenn sie dazu bestimmt sind, dem Geschäftsbetrieb nicht dauernd zu dienen, sondern gebraucht, verbraucht oder veräußert (i.d.R. innerhalb des Geschäftsjahres) werden sollen. Im Rahmen der **Risikoanalyse** wird der Prüfer zunächst die Bedeutung der Vorräte für den Jahresabschluss beurteilen. Hier wertet er die entsprechenden **Kennzahlen zum Jahresabschluss** (z.B. Vorratsintensität, Umschlagsdauer der Vorräte, Materialaufwandsquote) im Zeitvergleich aus und beurteilt die vorratsbezogenen **inhärenten Risiken** und deren Wesentlichkeit. Das **Kontrollrisiko** bemisst sich nach der Wirksamkeit des vorratsbezogenen IKS.[226] Zur Prüfung, ob alle bei den Vorräten auszuweisenden Vermögensgegenstände aktiviert wurden und alle ausgewiesenen Vorräte am Bilanzstichtag tatsächlich vorhanden waren, werden die Ergebnisse der Prüfung der Inventur herangezogen. Die Inventur dient als Nachweis für das tatsächliche Vorhandensein (Bestand), die vollständige Erfassung (Vollständigkeit) und die Beschaffenheit der Vorräte.

Insbesondere sind die **Zulässigkeit des jeweils gewählten Verfahrens und die Erfassung der Bestände durch die Inventur** zu prüfen. Bei dieser Gelegenheit sollte der Prüfer auch die Inventurrichtlinien und -anweisungen kritisch beurteilen sowie untersuchen, ob die Bedingungen für die Anwendung der jeweiligen **Inventurmethode** gegeben sind, d.h. das **vorratsbezogene interne Kontrollsystems** ist auf Angemessenheit (Aufbauprüfung) und Wirksamkeit (Funktionsprüfung) der angewandten Methode zu prüfen.

---

226 Einzelheiten zu vorratsbezogenen Risiken werden hier nicht dargestellt, da Vorräte im kommunalen Bereich oft von untergeordneter Bedeutung sind. Ausführliche Checklisten zu den inhärenten Risiken und Kontrollrisiken sind in Graumann, M., Wirtschaftliches Prüfungswesen, 6. Aufl. 2020, S. 507 sowie in Niemann, W., Jahresabschlussprüfung, Arbeitshilfen zur Qualitätssicherung, 4. Aufl. 2011 enthalten.

Nach ISA [DE] 501, Tz. A4 sind die **Inventurrichtlinien** des Managements im Hinblick auf die folgenden Gesichtspunkte zu würdigen :

- angewandte Kontrollverfahren (Sind z.B. die Regelungen zum Verfahren der Bestandszählung sowie zum Rücklauf und zur Weiterverarbeitung der ausgefüllten und der nicht verwendeten Erfassungsunterlagen angemessen?),
- Kategorisierung der Vorräte (Sind z.B. die Regelungen zur Feststellung des jeweiligen Grads der Fertigstellung bei unfertigen Erzeugnissen, der schwer verkäuflichen, veralteten oder beschädigten Posten und von im Eigentum Dritter stehenden Vorräten angemessen?),
- Erfassung von Vorratsbewegungen (Sind z.B. die Regelungen in Bezug auf Bewegungen von Vorräten zwischen verschiedenen Lagerorten sowie über Zu- und Abgänge von Vorräten vor und nach dem Inventurstichtag angemessen?).

Die folgende Übersicht stellt die einzelnen **Prüfungshandlungen** bei Prüfung der Vorratsinventur im Rahmen des risikoorientierten Ansatzes dar. Der Abschlussprüfer legt auf der Grundlage der dabei gewonnenen Prüfungsfeststellungen die Art und den erforderlichen Umfang von ggf. stichprobenweise durchzuführenden Einzelfallprüfungen als aussagebezogene Prüfungshandlungen fest.

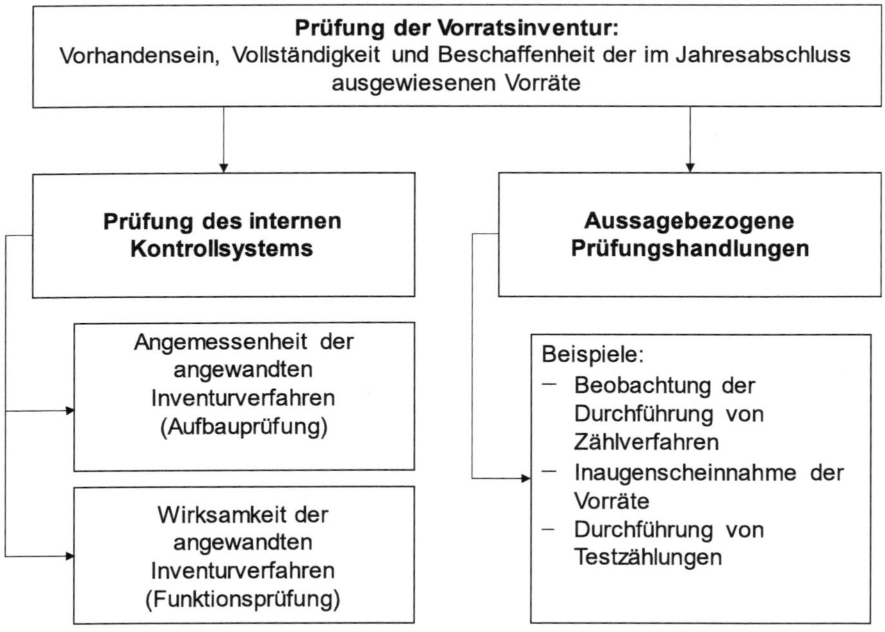

Abbildung 45: Prüfungshandlungen im Rahmen der Vorratsinventur[227]

[227] IDW PS 301 Tz. 7 mit Ergänzungen nach ISA [DE] 501, Tz. 4.

Falls im Rahmen der Inventur der Vorräte eine Mengenschätzung erfolgt (z.B. Streusalz in einem kommunalen Bauhof), muss der Prüfer die Plausibilität der Schätzungen beurteilen (ISA [DE] 501, Tz. A4).

Entsprechend der Ergebnisse der Aufbau- und Funktionsprüfung im Bereich des vorratsbezogenen internen Kontrollsystems müssen **aussagebezogene Prüfungshandlungen** vorgenommen werden, indem der Abschlussprüfer die in den Inventuraufzeichnungen aufgeführten Ist-Bestände überprüft und durch **Stichprobenzählungen** das Ergebnis der körperlichen Bestandsaufnahme kontrolliert. Umgekehrt ist stichprobenweise nachzuhalten, ob die gelagerten Vorräte mit den in der Inventurliste aufgeführten Mengenangaben übereinstimmen. Der Umfang der aussagebezogenen Prüfungshandlungen hängt von dem bei der Prüfung des internen Kontrollsystems ermittelten Risikos wesentlicher falscher Darstellungen und der Wesentlichkeit der jeweiligen Vorratsbestände ab. Die im Rahmen der Prüfung des internen Kontrollsystems durchgeführten Kontrollzählungen können als aussagebezogene Prüfungshandlungen ebenfalls berücksichtigt werden. Soweit sich Hinweise auf betrügerische Handlungen bezüglich der mengenmäßigen Bestände ergeben, sollte eine unangekündigte Prüfung bzw. bei mehreren Lagerorten eine gleichzeitige Prüfung aller Lagerorte erfolgen (ISA [DE] 240, A38).

Der Abschlussprüfer hat – wenn es praktisch möglich ist – bei der Inventur anwesend zu sein, falls die Vorräte für den Abschluss **wesentlich** sind (ISA [DE] 501, Tz. 4). Die Anwesenheit bei der Inventur umfasst gemäß ISA [DE] 501, Tz. A2:

- Inaugenscheinnahme der Vorräte, Durchführung von Testzählungen,
- Beobachtung, ob die Anweisungen des Managements eingehalten und wie die Verfahren zur Aufzeichnung und Kontrolle der Inventurergebnisse durchgeführt werden sowie
- Erlangung von Prüfungsnachweisen zur Verlässlichkeit der Zählverfahren des Managements.

Der Abschlussprüfer hat die **endgültigen Bestandslisten** auf Übereinstimmung mit der tatsächlichen Bestandsaufnahme zu untersuchen. Zur Prüfung der ordnungsmäßigen **Periodenabgrenzung (Cut-off-Prüfung)** sind die Wareneingangs- und Ausgangsscheine sowie die Lieferscheine, um den Inventurstichtag mit den entsprechenden Eingangs- und Ausgangsrechnungen abzugleichen. Durchgeführte Buchungen von Inventurdifferenzen sollten kritisch hinterfragt werden.

ISA [DE] 501 und IDW PS 301 enthalten differenzierte Regeln für die **Inventurprüfung** bei Anwendung besonderer Inventurverfahren:[228]

[228] Vgl. ISA [DE] 501, Tz. 5 und Tz. 8, A9-A11 und A16; IDW PS 301, Tz. 24 ff.

- ausgeweitete Stichtagsinventur,
- vor- und nachverlegte Stichtagsinventur,
- permanente Inventur,
- Inventur bei vollautomatischen Lagersystemen,
- Stichprobeninventur,
- Festbewertung als Inventurverfahren sowie
- von Dritten verwahrte und verwaltete Vorräte.

Zur Prüfung der Ordnungsmäßigkeit der Inventurverfahren wird auf Band 1, Kap. A.4.2 verwiesen. Die Prüfung des **Ausweises** der Vorräte richtet sich nach den Bilanzgliederungsvorschriften (§ 266 Abs. 2 B.I. HGB, Anlage 1a SsD, im NKF: § 42 Abs. 3 Nr. 2.1 KomHVO NRW). Zur Abgrenzung wird auf Band 1, Kap. A.12.3.1 und Kap. B.2.2.4 verwiesen. Zu klären ist zunächst, ob die bei den Vorräten ausgewiesenen Vermögensgegenstände tatsächlich in das Umlaufvermögen und nicht in das Anlagevermögen gehören (Zweckbestimmung?). Maßgebend ist primär der Wille des Bilanzierenden zum Bilanzstichtag.

Zur **Bewertung** der Vorräte wird auf Band 1, Kap. A.13 verwiesen. Der Abschlussprüfer muss beurteilen, ob die Bewertung korrekt ist. Dazu wird er ebenfalls auf Stichproben zurückgreifen. Bei Roh-, Hilfs- und Betriebsstoffen sowie Waren wird regelmäßig ein Abgleich der Anschaffungskosten mit der Eingangsrechnung möglich sein. Bei der Bewertung von **unfertigen Erzeugnissen und Leistungen** sowie der **fertigen Erzeugnisse und Waren** ist dagegen die richtige Ermittlung der Herstellungskosten zu prüfen.

Der Bestand der unfertigen und fertigen Erzeugnisse am Abschlussstichtag ist dem Vorjahresbestand gegenüberzustellen. Der Unterschiedsbetrag ist beim Gesamtkostenverfahren mit dem Posten „Bestandsveränderungen" in der GuV bzw. Ergebnisrechnung abzustimmen.

Wurden Vorräte oder Erzeugnisse von einer **Konzerneinheit** bezogen, die mit dem Mutterunternehmen zum Konsolidierungskreis gehört, ist zu hinterfragen, ob die verrechneten Preise marktgerecht sind.

Neben einer Einzelbewertung sind zur Ermittlung der Anschaffungskosten **Bewertungsvereinfachungsverfahren** wie Festbewertung, Gruppenbewertung oder Verbrauchsfolgeverfahren (Fifo, Lifo) zulässig. Wurden diese Verfahren angewandt, ist zu prüfen, ob die Anwendungsvoraussetzungen (noch) erfüllt sind.

Ist am Bilanzstichtag der Börsen- oder Marktpreis bzw. der beizulegende Wert niedriger ist als der Buchwert, muss nach dem **strengen Niederstwertprinzip** eine außerplanmäßige Abschreibung für die Folgebewertung erfolgen (**Niederstwerttest** gem. § 253 Abs. 4 HGB, im NKF: § 36 Abs. 8 KomHVO NRW); die Dauerhaftigkeit der Wertminderung ist hier unbeachtlich. Der Prüfer muss sich davon überzeugen, ob die Vergleichswerte korrekt angesetzt sind. Gemäß dem Imparitätsprinzip sind Vorräte so zu bewerten, dass bei einem Verkauf nach dem Abschlussstichtag kein Verlust mehr entsteht (**Grundsatz der verlustfreien Bewertung**).[229] Gründe für einen niedrigeren Wertansatz können sich aus einem gesunkenen Gebrauchswert oder aus wirtschaftlicher bzw. technischer Überalterung ergeben.

Für die Prüfung der geleisteten Anzahlungen auf Vorräte gelten sinngemäß die Grundsätze über die Prüfung von Forderungen.

In unmittelbarer Verbindung mit den im Umlaufvermögen zu bilanzierenden Vorräten steht der Güter- und Leistungsverkehr. Er erstreckt sich von der Vorrätebeschaffung bis zum Verkauf. Wegen der Verbindung zwischen Vorrätebestand sowie Güter- und Leistungsverkehr liegt es nahe, die buchhalterische Erfassung des Güter- und Leistungsverkehrs und die auf ihn zurückgehenden Posten der GuV/ Ergebnisrechnung ebenfalls in das Prüfgebiet einzubeziehen. Dies sind z.B. die Posten

- Umsatzerlöse (privatrechtliche Leistungsentgelte),
- Erhöhung oder Verminderung des Bestands an fertigen und unfertigen Erzeugnissen,
- sonstige betriebliche/ordentliche Erträge,
- Materialaufwand (Aufwand für Sach- und Dienstleistungen),
- sonstige betriebliche/ordentliche Aufwendungen.

Es ist insbesondere zu prüfen, ob die jeweiligen **Aufwendungen und Erträge** vollständig erfasst und periodengerecht ausgewiesen sind. Gleiches gilt für die korrespondierenden **Auszahlungen und Einzahlungen** im Rahmen der Prüfung der **Finanzrechnung** von Gebietskörperschaften.

Für Vorräte sind beispielhaft die folgenden **Anhangangaben** relevant: § 284 Abs. 2 Nr. 1, 3, 4, 5; § 285 Nr. 3, 21 HGB. Die Prüfung der Vollständigkeit der Anhangangaben erfolgt üblicherweise anhand von Checklisten.

Prüfungsunterlagen sind u.a.:

- Inventurrichtlinien,
- Aufzeichnungen über Inventurvereinfachungen,
- unterschriebene Originalaufnahmebelege,
- Inventurzusammenstellungen und Inventurprotokolle mit Nachweis der Inventurdifferenzen,

229 Vgl. WP Handbuch, Wirtschaftsprüfung und Rechnungslegung, 17. Aufl. 2021, Kap. L, Tz. 964.

- Zusammenstellungen der Vorräte, die von Dritten verwahrt und verwaltet werden,
- Inventurbestätigungen für Außenlager,
- Pläne und Protokolle über die Bestandsaufnahme im Rahmen der permanenten Inventur,
- Belege über Güterein- und Güterausgänge, Lagerzu- und Lagerabgänge,
- Unterlagen über die Buchbestände,
- Bewertungsunterlagen, Kalkulationsunterlagen für fertige und unfertige Erzeugnisse,
- Buchungsunterlagen zu den in das Prüfgebiet einbezogenen Positionen.

In der staatlichen Doppik und in kommunalen Bilanzen spielen Vorräte im Vergleich zu den Sachanlagen nur eine untergeordnete Rolle.

Weitere Prüfungsschwerpunkte für Kommunen siehe Ziffer 1.4 (Vorräte) der NKF-Prüfungscheckliste.

6.1.6 Prüfung der Forderungen und sonstigen Vermögensgegenstände

Die Prüfung von Forderungen beginnt wiederum mit einer Risikoanalyse. Der Umfang der weiteren Prüfungshandlungen richtet sich dann nach dem Ergebnis dieser Analyse. Die Prüfung der Forderungen dürfte jedoch immer ein Prüfungsschwerpunkt sein, da in diesem Posten generell **erhebliche Risiken** zu vermuten sind.

Inhärente Risiken können bei Kommunen besonders darin bestehen, dass Forderungen nicht vollständig erfasst sind, weil sie in unterschiedlichen Bereichen verwaltet werden. Im sozialen Bereich (z.B. Unterhaltsverpflichtungen, Rückzahlungen) oder bei den Benutzungsgebühren (z.B. Rettungsdienstgebühren) können inhärente Risiken bestehen, da es hier oft nur geringe Möglichkeiten der Beitreibung säumiger Forderungen gibt bzw. die Geltendmachung von Forderungen nicht mit Nachdruck betrieben wird. Inhärente Risiken bestehen auch, wenn Zahlungspflichtige (z.B. bei Liquiditätsengpass aufgrund rückläufiger Konjunktur) nicht mehr oder erst wesentlich später zahlen.

Da es sich bei den Forderungen um einen Bilanzposten handelt, der aus vielen Einzelelementen besteht, die nicht vollständig geprüft werden können, ist die **Prüfung der Wirksamkeit bzw. Funktionsfähigkeit des IKS** hier besonders wichtig, um das **Kontrollrisiko** einschätzen zu können. Das IKS muss insbesondere zur Überwachung der Forderungen geeignet und wirksam sein, damit größere Außenstände vermieden werden. Im Rahmen der IKS-Prüfung sind bei Forderungen und sonstigen Vermögensgegenständen u.a. folgende Fragen relevant:[230]

[230] In Anlehnung an Graumann, M., Wirtschaftliches Prüfungswesen, 6. Aufl. 2020, S. 535.

- Ist durch Buchungsanweisungen, Bilanzierungsrichtlinien oder in sonstiger Weise sichergestellt, dass die gesetzlichen Vorschriften zur Rechnungslegung beachtet werden?
- Werden die Debitorenkonten, Saldenlisten und die Konten der Hauptbuchhaltung regelmäßig abgestimmt, auch zum Bilanzstichtag?
- Nach welchem System werden die Debitoren geführt (z.B. IT-Einsatz, Offene-Posten-Buchführung)?
- Werden die Saldenlisten mit Angabe des Altersaufbaus der Forderungen regelmäßig der Geschäftsführung bzw. Verwaltungsleitung vorgelegt?
- Werden Warenausgänge, Abgabenbescheide und Zahlungen zeitnah auf den Debitorenkonten gebucht?
- Ist sichergestellt, dass die Buchungen mit den versandten Rechnungen bzw. Bescheiden übereinstimmen?
- Verfügt die Debitorenbuchhaltung über qualifiziertes/zuverlässiges Personal?
- Werden bestehende besondere Kontrollanforderungen beim angewandten Buchführungssystem beachtet?
- Ist die notwendige Funktionstrennung gewährleistet?
- Ist gewährleistet, dass für alle abrechnungsfähigen Leistungen eine Ausgangsrechnung bzw. bei öffentlich-rechtlichen Forderungen bei hinreichender Konkretisierung des Anspruchs ein Bescheid erstellt, dass dieser versandt und eine Forderungen eingebucht wird?
- Ist im öffentlichen Bereich sichergestellt, dass alle Abgabepflichtigen (z.B. Steuern- und Gebührenpflichtige) erfasst sind und die Rechtmäßigkeit von zugrundeliegenden Steuer- oder Gebührensatzungen gewährleistet ist?
- Ist ebenfalls sichergestellt, dass im öffentlichen Bereich nicht aus politischen Gründen eine Veranlagung (z.B. bei Erschließungs- und Ausbaubeiträgen nach dem KAG) der betroffenen Bürger verschoben wird, um negative Auswirkungen (z.B. auf Wahlergebnisse) zu vermeiden?
- Ist gewährleistet, dass keine Kunden beliefert werden oder Leistungen erhalten, die wegen größerer Zahlungsrückstände „gesperrt" sind?
- Werden regelmäßig Mahnungen bei überfälligen Forderungen verschickt?
- Werden Beitreibungsmaßnahmen bei erfolglosen Mahnungen eingeleitet?
- Werden Zinsen, Mahn- und Vollstreckungs- bzw. Beitreibungskosten berechnet?
- Werden Sachverhalte, die zu Wertberichtigungen führen (z.B. Rechtsstreitigkeiten, eingeleitete Insolvenzverfahren) zeitnah und vollständig der Buchhaltung gemeldet?
- Gibt es Standards oder Anweisungen zur Durchführung von Einzelwertberichtigungen bzw. pauschalen Einzelwertberichtigungen (in welchen Fällen?) und Pauschalwertberichtigungen (welche Forderungsgruppen?)

- Entspricht im kommunalen Bereich die jeweilige Dienstanweisung zu Stundung, Niederschlagung und Erlass von Forderungen den gesetzlichen Vorgaben und ist deren korrekte Anwendung sichergestellt?
- Ist sichergestellt, dass Ausbuchungen oder Abschreibungen von Forderungen nur von den ausdrücklich ermächtigten Personen vorgenommen werden?
- Werden Lieferungs- und Leistungsbeziehungen innerhalb des Konzerns zu marktüblichen Konditionen abgewickelt und entsprechen sie den vereinbarten Bedingungen?
- Finden regelmäßig Abgleiche der bestehenden Forderungen und Verbindlichkeiten innerhalb des Konzerns statt?
- Wird für bestimmte Posten zumindest stichprobenartig geprüft, ob der Kunde/Bürger tatsächlich existiert und die unterstellten Gegebenheiten den Tatsachen entsprechen?

Im **Sozialbereich einer Gemeinde** ist bspw. zu prüfen, ob folgende Sachverhalte als Forderungen erfasst wurden:

- darlehensweise gewährte Hilfen,
- geltend gemachte Ersatzansprüche,
- gewährte Vorschüsse, die mit laufenden Hilfen verrechnet werden,
- auf den Sozialleistungsträger übergegangene Unterhaltsansprüche – jedoch unter Berücksichtigung des wahrscheinlichen Eingangs.

Darüber hinaus ist zu prüfen, ob mögliche Ersatzansprüche gegen Dritte vollständig und zeitnah geltend gemacht wurden.

Art und Umfang der erforderlichen Einzelfallprüfungen zur Feststellung der Richtigkeit der Aussagen über Geschäftsvorfälle und Kontensalden sowie dazugehörige Abschlussangaben ergeben sich aus dem Ergebnis der **Prüfung des IKS** sowie der erfolgten **analytischen Prüfungshandlungen**. Als analytische Prüfungshandlungen bieten sich z.B. eine Analyse des Altersaufbaus der Forderungen sowie der Entwicklung der Abschreibungen und Wertberichtigungen auf Forderungen an; dabei kommen nicht nur Vergleiche zu Vorjahren, sondern im kommunalen Bereich auch mit anderen Gemeinden, in Betracht. Anschließend wird sich der Prüfer einen Überblick darüber verschaffen, welche Forderungen zwischen Bilanzstichtag und Prüfungszeitpunkt bereits durch Zahlung beglichen wurden. In einem weiteren Schritt könnten zum Prüfungszeitpunkt noch bestehende, ausgewählte, alte und betragsmäßig wesentliche Forderungen anhand von Offene-Posten-Listen untersucht werden. Bei der Prüfung von Gebietskörperschaften sollten ergänzend z.B. die Abgabenforderungen stichprobenartig mit den vorliegenden Steuer- und Gebührenbescheiden abgeglichen werden.

Bei der Abstimmung der Saldenliste mit den Salden der Debitoren- und Kreditorenkonten sollte der Prüfer auch die Abwicklung der Salden im neuen Geschäftsjahr stichprobenartig untersuchen und vermerken, ob Beträge am Prüfungstag noch nicht ausgeglichen sind. Diese Prüfung dient – wie auch die Analyse des Altersaufbaus der Forderungen – der Vorbereitung der Bonitätsprüfung und damit der Frage nach außerplanmäßigen Abschreibungen auf Forderungen.[231]

Zur Prüfung, ob alle Forderungen am Bilanzstichtag tatsächlich vorhanden und auch in der Bilanz erfasst sind, ist zunächst das **Forderungsinventar** (Debitoren-Saldenliste) mit der entsprechenden Bilanzposition abzustimmen.

Die Forderungen und sonstigen Vermögensgegenstände bestehen bei Gebietskörperschaften oft aus vielen sehr kleinen Einzelforderungen (häufig auch gegen Privatpersonen). Das Einholen von **Saldenbestätigungen** der einzelnen Debitoren (Einzelfallprüfung) – wie es bei Unternehmensprüfungen oft erfolgt, um das tatsächliche Bestehen einer Forderung nachzuweisen – kann trotzdem auch für Gebietskörperschaften bei der **Prüfung privatrechtlicher Forderungen** gegenüber dem privaten Bereich sinnvoll sein. Eine solche Saldenbestätigungsaktion braucht jedoch nicht lückenlos zu sein, sondern kann in Abhängigkeit von der Höhe der Forderung, der Ergebnisse der Prüfung des IKS und von aussagebezogenen analytischen Prüfungshandlungen durch bewusste Auswahl erfolgen.

Einen besonderen Schwerpunkt bildet das Einholen von **Saldenbestätigungen** bei den Forderungen gegenüber verbundenen Unternehmen, Sondervermögen und übrigen Beteiligungen, vornehmlich wegen deren Bedeutung für die Aufstellung des Konzern- bzw. Gesamtabschlusses. So können etwaige Abweichungen vor Aufstellung des Konzern- bzw. Gesamtabschlusses identifiziert werden.

Es sollte beachtet werden, dass Versendung und Rücklauf von Saldenbestätigungen unter der Kontrolle des Abschlussprüfers stehen. Zudem ist bei Saldenbestätigungen zu Forderungen an Privatpersonen zu berücksichtigen, dass diese mit der Methodik nicht vertraut sind und die Bestätigung häufig nicht bearbeiten werden. Es ist daher bereits bei der Prüfungsplanung zu bedenken, dass Zeit für die Erinnerung der angeschriebenen Personen und für sog. **alternative Prüfungshandlungen** eingeplant werden muss. Falls eine Saldenbestätigung nicht eingeht, hat sich der Abschlussprüfer in anderer Weise ein Urteil über diesen Posten zu bilden. Die alternativen Prüfungshandlungen könnten darin bestehen, dass der Prüfer die Zusammensetzung der Forderung gegenüber dem jeweiligen Debitor oder einzelne Ausgangsrechnungen/Bescheide und Bankkontoauszüge für zwischenzeitlich erfolgte Zahlungseingänge kontrolliert. Ungewöhnliche Salden bei Gebietskörperschaften, wie z.B. Forderungen gegenüber Gemeindevertretern, Bürgermeistern,

231 Vgl. WP Handbuch, Wirtschaftsprüfung und Rechnungslegung, 17. Aufl. 2021, Kap. L, Tz. 9

Mitarbeitern, verbundenen Unternehmen, Sondervermögen und Beteiligungen, sollten kritisch hinterfragt werden.

Es ist ebenfalls darauf zu achten, dass die Forderungen der richtigen Periode zugeordnet sind. Dies gilt insbesondere, wenn die Buchungen kurz vor dem Bilanzstichtag erfolgen. Ein sog. **Window dressing** hat der Prüfer offenzulegen. Einer kritischen Prüfung bedürfen auch die Forderungskonten, die am Abschlussstichtag eine Verbindlichkeit aufweisen (**kreditorische Debitoren)**; Hier sollte das Zustandekommen der Verbindlichkeit aufgeklärt werden. Die Prüfung des **Ausweises** der Forderungen und sonstigen Vermögensgegenstände richtet sich nach den Bilanzgliederungsvorschriften (§ 266 Abs. 2 B.II. HGB, Anlage 1 SsD B.II, im NKF: § 42 Abs. 3 Nr. 2.2 KomHVO NRW). Zur Abgrenzung wird auf Band 1, Kap. A.12.3.2 und Kap. B.2.4.4 verwiesen. § 268 Abs. 4 HGB verlangt die Angabe des Betrags der Forderungen mit einer Restlaufzeit von mehr als einem Jahr bei jedem gesondert ausgewiesenen Posten.

Die **Bewertung** der Forderungen und sonstigen Vermögensgegenstände richtet sich nach den allgemeinen Bewertungsvorschriften. Die Prüfung der Bewertung kann wegen der Masse nicht lückenlos, sondern nur in **Stichproben** erfolgen. Insbesondere ist zu prüfen, ob

- Forderungen und sonstige Vermögensgegenstände zum Nennwert angesetzt sind (z.B. durch Abstimmung mit den jeweiligen Abgabenbescheiden, Aufträgen oder Ausgangsrechnungen),
- für uneinbringliche und zweifelhafte Forderungen außerplanmäßige Abschreibungen (Einzelwertberichtigungen) vorzunehmen sind,
- zusätzlich zu den Einzelwertberichtigungen Pauschalwertberichtigungen für das allgemeine Ausfallrisiko in zulässiger Weise gebildet werden,
- Einzel- und Pauschalwertberichtigung in der Höhe angemessen sind,
- bei Pauschalwertberichtigungen die eventuelle Veränderung des prozentualen Schätzwertes gegenüber dem Vorjahr nachvollziehbar begründet ist,
- mittel- und langfristig unverzinsliche oder gering verzinsliche Forderungen mit einem normalisierten Zinssatz auf den Barwert abgezinst werden,
- Fremdwährungsforderungen korrekt umgerechnet werden bzw. aufgrund sinkender Kurse abgewertet werden müssen.[232]

Die Forderungen des Umlaufvermögens sind grundsätzlich mit dem **Nennbetrag** anzusetzen. Er entspricht den Anschaffungs- bzw. Herstellungskosten und stellt den Ausgangsbetrag bzw. die Obergrenze der Bewertung dar. Rabatte und sonstige Preisnachlässe (nicht jedoch Skonti, die Erlösschmälerungen darstellen) werden vom Nennbetrag abgezogen. Bei umsatzsteuerpflichtigen Lieferungen und Leistungen ergibt sich der Nennbetrag aus der Rechnungssumme einschließlich Umsatz-

232 Vgl. Graumann, M., Wirtschaftliches Prüfungswesen, 6. Aufl. 2020, S. 547.

steuer, bei nicht umsatzsteuerpflichtigen Leistungen von Gebietskörperschaften z.B. aus dem Abgabenbescheid.

Der Prüfer hat festzustellen, ob eine Forderung noch mit den Anschaffungskosten bzw. dem Nennwert angesetzt werden kann oder ob eine außerplanmäßige Abschreibung nach dem **strengen Niederstwertprinzip** erfolgen muss. Gründe können spezielle Risiken einzelner Forderungen (Einzelwertberichtigungen) oder das allgemeine Forderungsrisiko (Pauschalwertberichtigung) sein. Der Prüfer muss die Gründe für die Wertberichtigungen anhand der entsprechenden Unterlagen nachvollziehen können. Ist eine **Forderung uneinbringlich**, so ist sie **in voller Höhe abzuschreiben**. Uneinbringlich heißt, dass die Durchsetzung des Forderungsanspruchs nicht mehr möglich oder nicht mehr wahrscheinlich ist; diese Voraussetzung ist z.B. bei Gebietskörperschaften gemäß dem Abgabenrecht erfüllt bei

- (unbefristeter) Niederschlagung und
- Erlass (vollständig oder teilweise).[233]

Um die Notwendigkeit von **Einzelwertberichtigungen** beurteilen zu können, muss der Prüfer mit Risiken behaftete Forderungen identifizieren, indem er sich ein Bild von der Zahlungswilligkeit und Zahlungsfähigkeit der einzelnen Debitoren macht. Da dies i.d.R. wegen des Umfangs der Debitoren nicht umfassend möglich sein wird, sollte der Prüfer bei der kritischen Durchsicht der Debitoren z.B. auf den Ausgleich von Forderungen, die Altersstruktur des Forderungsbestands, Erhöhungen des Bestands, fehlende Bewegungen auf Konten mit negativen Salden, Überschreitung von Zahlungszielen, Eröffnung von Insolvenzverfahren oder die Anzahl notwendiger Mahnungen bis zur Zahlung achten. Im Rahmen der Einzelwertberichtigung können zur Vereinfachung unter Bezug auf § 240 Abs. 4 HGB Forderungen, die gleichartig oder annähernd gleichwertig – vor allem risikobehaftet – sind, „jeweils zu einer Gruppe zusammengefasst“ und mit einem durchschnittlich ermittelten Abwertungssatz bewertet werden (**pauschale Einzelwertberichtigung**).

Die **Pauschalwertberichtigung** wird durch einen prozentualen Abschlag auf den gesamten Forderungsbestand, abzüglich der bereits einzelwertberichtigten Forderungen, vorgenommen. Die Höhe der Pauschalwertberichtigung ist anhand von Prognosen und Erfahrungswerten zu schätzen. Die Angemessenheit ist anhand der tatsächlichen Forderungsausfälle und der Eingänge auf abgeschriebene Forderungen der Vorjahre zu beurteilen. Bei der Bemessung der Einzel- und Pauschalwertberichtigungen sind auch die Kosten der Einziehung der Forderungen zu berücksichtigen. Forderungen einer Gebietskörperschaft gegenüber anderen öffentlich-

[233] Vgl. hierzu Siemonsmeier, U., Rettler, S., Kummer, L., Rothermel, M., Kowalewski, S., Ehrbar-Wulfen, S., Kommentar zum Gemeindehaushaltsrecht Nordrhein-Westfalen, § 36 Abs. 8 i.V.m § 27 Abs. 2 und 3 KomHVO NRW.

rechtlichen Körperschaften sollten von der Pauschalwertberichtigung ausgeschlossen bleiben, weil ihr Ausfall eher unwahrscheinlich ist.

Die durch die Bewertung bedingten **Aufwendungen und Erträge** müssen auch entsprechend in der GuV/Ergebnisrechnung berücksichtigt sein. Abschreibungen und Wertberichtigungen auf Forderungen sind üblicherweise als „sonstige betriebliche (ordentliche) Aufwendungen" zu buchen. Eingänge auf bereits abgeschriebene Forderungen sind „sonstige betriebliche (ordentliche) Erträge". Die Einzel- und Pauschalwertberichtigungskonten müssen zum Jahresabschluss vollständig aufgelöst sein (Bilanzausweis bei Kapitalgesellschaften und Gebietskörperschaften nicht zulässig!).

Bei den Forderungen, die schon in der vorhergehenden Bilanz mit demselben unter den Anschaffungskosten liegenden Wert wie in der zu prüfenden Bilanz angesetzt worden sind, hat sich der Prüfer davon zu überzeugen, ob dieser Wertansatz noch zulässig ist. Dieser niedrigere Wert ist dann nicht mehr gerechtfertigt, wenn die **Gründe für eine außerplanmäßige Abschreibung nicht mehr bestehen**. Hat der Bilanzierende einen unter den Anschaffungskosten liegenden Wertansatz aus der letzten Bilanz nach oben korrigiert, so bedarf auch eine solche Wertänderung der Prüfung. Auf jeden Fall muss der Prüfer darauf achten, dass bei der Bewertung die Anschaffungskosten der Forderungen als Obergrenze nicht überschritten werden.

Besonderheiten ergeben sich bei **Forderungen in fremder Währung** (§ 256a HGB) und bei **Bewertungseinheiten** i. S. des § 254 HGB.[234]

Neben den allgemeinen **Anhangangaben** nach § 284 Abs. 2 HGB sind bezüglich der Forderungen u.a. die folgenden weiteren Angaben zu überprüfen: § 265 Abs. 3; § 268 Abs. 4; § 285 Nr. 3, 3a, 9c, 21 HGB.

Prüfungsunterlagen sind u.a.:

- Saldenlisten und Saldenbestätigungen,
- Altersstrukturliste der Forderungen, Forderungsspiegel,
- Ermittlung der Wertberichtigungen,
- Schriftverkehr zu zweifelhaften Forderungen,
- Forderungsabtretungen, Verträge bei Forderungsverkauf,
- Übersicht über die Entwicklung von Darlehensforderungen (Stand am Anfang des Jahres, Zugänge, Tilgungen, Stand am Abschlussstichtag, Zinssätze und Zinsbeträge, Sicherheiten),
- im öffentlichen Rechnungswesen: interne Regelungen zu Stundung, Niederschlagung und Erlass von Forderungen.

[234] Vgl. hierzu: WP Handbuch, Wirtschaftsprüfung und Rechnungslegung, 17. Aufl. 2021, Kap. L, Tz. 982 und 1062; Graumann, M., Wirtschaftliches Prüfungswesen, 6. Aufl. 2020, S. 552 ff.

Weitergehende kommunale Prüfungserfordernisse ergeben sich im NKF aus dem Forderungsspiegel (§ 47 KomHVO NRW) und Ziffer 1.5 (Forderungen und sonstige Vermögensgegenstände) der NKF-Prüfungscheckliste.

6.1.7 Prüfung der Wertpapiere des Umlaufvermögens

Wie bei den vorhergehenden Bilanzposten sind **Nachweis, Ansatz** sowie **Ausweis** zu prüfen, wobei die Abgrenzung zum Anlagevermögen nachvollziehbar sein muss. Entscheidend ist der beabsichtigte zukünftige Zweck, der mit der Wertpapierhaltung verbunden ist. Für Gebietskörperschaften spielen Wertpapiere des Umlaufvermögens wegen des Spekulationsverbots nur eine untergeordnete Rolle. Zur Ermittlung der inhärenten und Kontrollrisiken wird deshalb auf die Fachliteratur verwiesen.[235]

Die Prüfung der **Bewertung** der Wertpapiere des Umlaufvermögens erfolgt nach den allgemeinen Vorschriften (vgl. Kap. 5.4). Zusätzlich sind die Ausführungen zur Prüfung der Bewertung der Wertpapiere des Finanzanlagevermögens unter der Einschränkung zu beachten, dass im Umlaufvermögen das strenge und im Anlagevermögen das gemilderte Niederstwertprinzip gilt (Abschreibung auf einen niedrigeren beizulegenden Wert?). Um die Einhaltung des **strengen Niederstwertprinzips** sicherzustellen, ist ein Vergleich mit dem Börsenkurs am Bilanzstichtag erforderlich; liegt dieser unter den Anschaffungskosten, ist auf den niedrigeren Wert abzuschreiben. Bei Zuschreibungen ist darauf zu achten, dass die historischen Anschaffungskosten nicht überschritten werden. Die Systematik zeigt Abbildung 46:[236]

Wertminderung Zuordnung zum	dauerhaft	vorübergehend
Anlagevermögen	Abschreibungspflicht: § 253 Abs. 3 Satz 5 HGB/§ 36 Abs. 6 Satz 1 KomHVO NRW	Abschreibungswahlrecht bei Finanzanlagen: § 253 Abs. 3 Satz 6 HGB/§ 36 Abs. 6 Satz 2 KomHVO NRW
Umlaufvermögen	Abschreibungspflicht: § 253 Abs. 4 Satz 1 und 2 HGB/§ 36 Abs. 8 KomHVO NRW	Abschreibungspflicht: § 253 Abs. 4 Satz 1 und 2 HGB/§ 36 Abs. 8 KomHVO NRW)

Abbildung 46: Abschreibung der Wertpapiere des AV und UV

235 Vgl. z.B. Graumann, M., Wirtschaftliches Prüfungswesen, 6. Aufl. 2020, S. 564 ff., Niemann, W., Jahresabschlussprüfung, Arbeitshilfen zur Qualitätssicherung, 4. Aufl. 2011, S. 396 ff.

236 In Anlehnung an: Graumann, M., Wirtschaftliches Prüfungswesen, 6. Aufl. 2020, S. 574.

Sollte der Prüfer feststellen, dass kurz vor dem Bilanzstichtag Wertpapiere in das Anlagevermögen umgebucht wurden, kann dies ein Anhaltspunkt für die Vermeidung einer zwingend erforderlichen Abschreibung sein; denn Wertpapiere des Anlagevermögens müssen bei einer vorübergehenden Wertminderung nicht zwingend abgeschrieben werden. Insofern muss der Prüfer auf eine nachvollziehbare Begründung der Umbuchung bestehen.

Im Rahmen der Prüfung der Wertpapiere des Umlaufvermögens hat der Prüfer auch festzustellen, ob sämtliche **Erträge und Aufwendungen** (z.B. Bankgebühren, Zinserträge) belegt, gebucht und in die betreffenden Posten der **GuV/Ergebnisrechnung** gelangt und ob die auf den Belegen ausgewiesenen Erträge auch tatsächlich realisiert sind. Es ist auch zu prüfen, ob die jeweiligen Aufwendungen und Erträge vollständig erfasst und periodengerecht ausgewiesen sind. Gleiches gilt für die korrespondierenden **Auszahlungen und Einzahlungen** im Rahmen der Prüfung der **Finanzrechnung** von Gebietskörperschaften.

Als **Prüfungsnachweise** dienen u.a. Wertpapierbuch bzw. Wertpapierverzeichnis, Depotbescheinigungen der Bank, Bewertungsunterlagen (Jahresabschlüsse, Börsenkurse), Belege über Zu- und Abgänge sowie Zins- und Dividendenzahlungen.

Für Wertpapiere sind die allgemeinen **Anhangangaben** nach § 284 Abs. 2 HGB zu überprüfen. Dies gilt speziell für § 284 Abs. 2 Nr. 3 HGB, wenn Bewertungsvereinfachungsverfahren angewandt wurden. Im NKF gibt es vergleichbare Angabepflichten (vgl. § 45 Abs. 1 und Abs. 2 Nr. 3 KomHVO NRW).

Weitere Prüfungsschwerpunkte siehe Ziffer 1.6 (Wertpapiere des Umlaufvermögens) der NKF-Prüfungscheckliste.

6.1.8 Prüfung der liquiden Mittel

Bei der Prüfung der liquiden Mittel ist primär darauf zu achten, dass diese **vollständig erfasst wurden**. Insgesamt ist durch eine angemessene Liquiditätsplanung (**Liquiditätsmanagement**) die Zahlungsfähigkeit sicherzustellen, d.h. es muss so viel Liquidität wie nötig verfügbar sein, um den anstehenden Zahlungsverpflichtungen nachzukommen, aber so wenig Liquidität wie möglich, um Zinsen aus angelegten Mitteln zu erzielen. Fehlplanungen bei der Liquidität stellen wesentliche Risiken dar. Das IKS muss Wertgrenzen zur Meldung von bevorstehenden Auszahlungen vorsehen. Von besonderer Bedeutung sind die folgenden Einzelbestände:

- **Schecks**

Schecks (Bar- und Verrechnungsschecks) dürfen nur ausgewiesen werden, wenn sie hereingenommen, aber noch nicht zur Gutschrift bei der Bank eingereicht wurden. Sind sie zur Einlösung eingereicht worden, aber noch nicht gutgeschrieben, erfolgt der Nachweis anhand von Scheckeinreichungsbestätigungen der Bank. Es ist sicherzustellen, dass alle eingegangenen Schecks unverzüglich bei der Bank eingereicht werden und die Wertstellung der Scheckgutschriften kontrolliert wird.

- **Kassenbestand**

Zum Kassenbestand zählen sämtliches am Bilanzstichtag in Haupt- und Nebenkassen befindliches Bargeld einschließlich ausländischer Sorten, nicht verbrauchte Markenbestände (z.B. Briefmarken) sowie nicht verbrauchte Werte von Frankiermaschinen.

- **Guthaben bei Kreditinstituten und Bundesbankguthaben**

Hierzu gehören neben Euro-Guthaben bei Kreditinstituten und der Europäischen Zentralbank auch Fremdwährungsguthaben und Festgelder. Bausparguthaben sind wegen der besonderen Zweckbindung als sonstige Vermögensgegenstände oder als langfristige Ausleihungen zu bilanzieren.

Im Rahmen der Prüfung der Bilanzierung von Guthaben bei Kreditinstituten ist zu prüfen, ob der tatsächliche Bestand ausgewiesen wurde. Dazu wird der ausgewiesene Bestand mit **externen Belegen** (z.B. Bankbestätigungen, Abschlussnachrichten, Kontoauszüge) abgeglichen. Abweichungen können entweder aus Buchungsfehlern oder zeitlichen Verschiebungen bei den Buchungen resultieren. Sie sind anhand einer vom Bilanzierenden zu erstellenden **Übergangsrechnung** nachzuweisen. Ausgewählte Unterlagen mit den zugehörigen Belegen über Ein- und Auszahlungen sind stichprobenartig mit den Kontoauszügen und den entsprechenden Buchungen in der Hauptbuchhaltung abzustimmen. Zahlungsausgänge kurz vor oder nach dem Bilanzstichtag sind besonders kritisch zu untersuchen.

Bankbestätigungen sollten für alle Bankkonten eingeholt werden, wobei auch bestätigt werden sollte, dass über die angegebenen Konten hinaus keine weiteren Guthaben oder Verbindlichkeiten bestehen (vgl. Kap. 2.4.2).

Hinsichtlich der Guthaben bei Kreditinstituten und Bundesbankguthaben hat der Prüfer über die Saldenabstimmung hinaus auf die **periodengerechte Buchung der Zinsen und Spesen**, die das abgelaufene Geschäftsjahr betreffen, zu achten.

Beim **Kassenbestand** ist das **inhärente Risiko** wegen der großen Gefahr von Unterschlagungen i.d.R. hoch, weshalb hier häufig der Schwerpunkt der Prüfung liegt, falls der Anteil der Bargeschäfte wesentlich ist. Zur Beurteilung der **Kontrollrisiken** bei den liquiden Mitteln ist die Wirksamkeit und Funktionsfähigkeit des IKS zu beurteilen. Zu prüfen ist z.B., ob sichergestellt ist, dass[237]

[237] In Anlehnung an § 16 Sächsische Kommunalprüfungsverordnung sowie Graumann, M., Wirtschaftliches Prüfungswesen, 6. Aufl. 2020, S. 566.

- der Zahlungsverkehr ordnungsgemäß abgewickelt wird und die Einzahlungen und Auszahlungen rechtzeitig und vollständig eingehen oder geleistet werden,
- die Belege vollständig vorhanden sind und nach Form und Inhalt den Vorschriften entsprechen,
- die Kassenmittel ordnungsgemäß bewirtschaftet werden, insbesondere die Zahlungsbereitschaft der Kasse ständig gewährleistet ist und der tägliche Bestand an Bargeld und der Bestand auf den für den Zahlungsverkehr bei Kreditinstituten errichteten Konten den notwendigen Umfang nicht überschreiten,
- verwahrte Wertgegenstände und andere von der Kasse verwahrte oder verwaltete Gegenstände ordnungsgemäß aufbewahrt werden,
- die Kassensicherheit gewährleistet ist,
- die Kassengeschäfte im Übrigen ordnungsgemäß erledigt werden,
- das Kassenpersonal regelmäßig und ausreichend auf Zuverlässigkeit geprüft wird,
- eine Unterschlagungsversicherung mit ausreichendem Deckungsschutz besteht,
- Funktionskollisionen durch Funktionstrennungen vermieden werden (z.B. Kassenführung und Buchhaltung, Buchhaltung und Rechnungserstellung, Kassenführung und Bankvollmacht).

Die Ordnungsmäßigkeit der **Kassenbuchführung**[238] ist besonders bedeutsam und wird häufig als Maßstab für die Ordnungsmäßigkeit der gesamten Buchführung angesehen. Grundlage der **Prüfung des Kassenbestands** ist das **Kassenaufnahmeprotokoll**, in dem sämtliche Bestände der verschiedenen Kassen, Markenbestände und Freistempelguthaben aufgeführt sein müssen. Der Prüfer hat sich davon zu überzeugen, dass das Protokoll vom Kassenverwalter und dem Aufnehmenden, der nicht in die Kassenführung einbezogen sein darf, unterschrieben wurde. Der durch Inventur nachgewiesene Bestand muss mit dem Saldo des Kassenbuchs und des Hauptbuchkontos übereinstimmen. Im öffentlichen Bereich muss darüber hinaus sichergestellt sein, dass keine verbotenen Verwandtschaftsverhältnisse bestehen (vgl. z.B. § 93 Abs. 5 GO NRW).

Um die Verlässlichkeit des Kassenbuchs zu prüfen, nimmt der Prüfer eine **Kassenverkehrsprüfung** vor. Diese soll ihm zeigen, dass sich der Kassenbestand aus den aufgezeichneten Kassenvorgängen ableiten lässt. In die Prüfung ist in gewissem Umfang auch die **Kontierung** mit einzubeziehen. Kassenbewegungen um den Bilanzstichtag bzw. kurz vor dem Prüfungsstichtag sind – wie bei anderen

238 Die Ordnungsmäßigkeit der Kassenbuchführung bezieht sich auch auf vorgelagerte Systeme wie Registrierkassen, Waagen mit Registrierkassenfunktion, PC-Kassensysteme oder Taxameter. Diese Systeme unterliegen denselben Aufzeichnungs- und Aufbewahrungspflichten wie die eigentlichen Buchführungssysteme.

Zahlungsverkehrsprüfungen auch – erhöhte Aufmerksamkeit zu schenken. Zu Beginn der Kassenverkehrsprüfung sollte eine überraschende Aufnahme der Kassenbestände vorgenommen werden, bei der nach Möglichkeit alle Kassen gleichzeitig erfasst werden. Vor der Bestandsaufnahme ist das Kassenbuch durch einen Vermerk des Prüfers zu sperren, um weitere Eintragungen zu verhindern. Anschließend lässt sich der Prüfer alle Bestände vorzählen und hält diese ähnlich der Inventur in einem Aufnahmeprotokoll fest. Dieses Protokoll ist mit dem Kassenbuch abzustimmen. Bei der Bestandsaufnahme muss der Prüfer auch auf unverbuchte Belege achten. Zettelwirtschaft und Buchungsrückstände sind zu beanstanden. Bei der eigentlichen Verkehrsprüfung stimmt der Prüfer die Ein- und Auszahlungsbelege eines bestimmten Zeitraums lückenlos mit dem Kassenbuch ab. **Allen Buchungen muss ein Beleg zugrunde liegen**. Die Belege sind dabei hinsichtlich ihrer sachlichen und rechnerischen Richtigkeit zu untersuchen. In seiner **Dokumentation** hat der Prüfer nicht nur das Ergebnis seiner Prüfung festzuhalten, sondern auch, ob die Bestandsaufnahme unangemeldet oder nach vorheriger Ankündigung erfolgte. Eine Verkehrsprüfung erfolgt auch bei den Guthaben bei Kreditinstituten.

Die **Bewertung** der liquiden Mittel richtet sich nach dem Nennwert, solange nach dem strengen Niederstwertprinzip kein niedrigerer Wert anzusetzen ist. Der niedrigere Wert hat bei den liquiden Mitteln nur Bedeutung für Bestände in Fremdwährung, wobei der Devisenkassamittelkurs am Abschlussstichtag maßgebend ist.

Weiterhin ist auf eine Abstimmung der liquiden Mittel mit dem Ergebnis der **Finanzrechnung** hinzuweisen. In diesem Zusammenhang ist ebenfalls zu prüfen, ob die Ein- und Auszahlungen ordnungsgemäß den Konten der Finanzrechnung zugeordnet wurden.

Prüfungsunterlagen sind u.a.:

- Tagesauszüge zum Abschlussstichtag,
- Bankbestätigungen und Kontoauszüge,
- Übergangsrechnungen für zeitliche Buchungsunterschiede,
- Schriftverkehr mit den Banken,
- Unterlagen zur Fremdwährungsumrechnung,
- Liste der Unterschriftsbefugnisse und Unterschriftenregelungen (Wer darf was unterschreiben?),
- Anweisungen zur Bestandsaufnahme von Kassenbeständen,
- Verzeichnis der Haupt- und Nebenkassen,
- unterzeichnete Aufnahmeprotokolle zum Abschlussstichtag und anderen Stichtagen im Laufe des Jahres,
- im NKF: Dienstanweisung zur Finanzbuchhaltung (§ 32 KomHVO NRW).

Weitere kommunale Prüfungsschwerpunkte siehe Ziffer 1.7 (Liquide Mittel) der NKF-Prüfungscheckliste.

6.1.9 Prüfung der aktiven Rechnungsabgrenzung

Als aktive Rechnungsabgrenzungsposten sind vor dem Abschlussstichtag geleistete Ausgaben[239] auszuweisen, soweit sie Aufwand für eine bestimmte Zeit nach diesem Tag darstellen (§ 250 Abs. 1 HGB, im NKF: § 43 Abs. 1 Satz 1 KomHVO NRW). Der Tatbestand „**bestimmte Zeit**" ist grundsätzlich zeitraumbezogen zu verstehen, d.h. es müssen Anfangs- und Endzeitpunkt bestimmt werden können. Die Prüfung der Bilanzierung der aktiven Rechnungsabgrenzungsposten dient der Feststellung, ob die Erfassung der ausgewiesenen Abgrenzungsposten zulässig ist und ob alle bilanzierungspflichtigen Abgrenzungsposten berücksichtigt sind. Dazu hat der Prüfer zunächst zu untersuchen, ob im Vorjahr gebildete Abgrenzungen korrekt aufgelöst wurden. Die **Vollständigkeit** der Rechnungsabgrenzungsposten ist anhand einer vom Bilanzierenden vorzulegenden Einzelaufstellung aller Abgrenzungsposten und über eine Auswahl der fraglichen Erfolgskonten zu prüfen. Die Summe lt. Einzelaufstellung muss mit dem Saldo des Rechnungsabgrenzungskontos übereinstimmen. Für eine Abgrenzung kommen regelmäßig wiederkehrende Aufwendungen und Erträge wie Miete, Zinsen, Leasing, Versicherungen, Steuern etc. infrage.

Bei der Prüfung des Verzeichnisses hat der Prüfer im Hinblick auf den **Ausweis** auch darauf zu achten, dass keine antizipativen Rechnungsabgrenzungsposten (sonstige Forderungen, sonstige Verbindlichkeiten) enthalten sind.

Da die Möglichkeit besteht, eine Wesentlichkeitsgrenze festzulegen, ab der eine Rechnungsabgrenzung zu erfolgen hat, sollte der Prüfer beurteilen, ob die fixierte Wertgrenze nachvollziehbar und akzeptabel ist.

Ein Aktivierungswahlrecht besteht für das **Disagio** (vgl. § 250 Abs. 3 HGB, § 43 Abs. 2 KomHVO NRW). Zur Prüfung der korrekten Disagio-Abgrenzung greift der Prüfer auf die entsprechenden Kreditverträge zurück. Das Wahlrecht darf nur im Jahr der Auszahlung der Verbindlichkeit ausgeübt werden. Außerdem muss sich der Prüfer davon überzeugen, ob ein aktiviertes Disagio in der Bilanz oder im Anhang separat angegeben wird.

Hinsichtlich der **Bewertung** sollte der Prüfer zumindest stichprobenartig die Berechnung der Abgrenzungen nachvollziehen. Im NKF besteht eine Aktivierungspflicht bei geleisteten Zuwendungen, die mit einer mehrjährigen zeitbezogenen Gegenleistungsverpflichtung verbunden sind (z.B. bei Zuschüssen zu Kindergärten und Altenheimen).[240]

---

[239] Bei den Ausgaben handelt es sich um eine Verringerung des Geldvermögens. Auf Band 1, Kap. A.3 wird verwiesen.

[240] Vgl. § 44 Abs. 2 KomHVO NRW.

Aktive Rechnungsabgrenzungsposten
– im Dezember gezahlte Beamtenbesoldung für den Januar des Folgejahres, – im Dezember gezahlte Sozialleistungen für den Januar des Folgejahres, – Honorarvorauszahlungen für eine bestimmte Zeit, – gezahlte Leasinggebühren, Lizenzgebühren für eine bestimmte Zeit im Voraus, – im Voraus gezahlte Kraftfahrzeugsteuer, – im Voraus gezahlte Miete, Pacht, – im Voraus gezahlte Beiträge, – im Voraus gezahlte Provisionszahlungen (z.B. für schwebende Geschäfte), – im Voraus gezahlte Versicherungsprämien, – im Voraus gezahlte Zinsen, – im Voraus gezahlte Investitionszuschüsse mit mehrjähriger Gegenleistungsverpflichtung, – Unterschiedsbeträge zwischen Ausgabe- und Rückzahlungsbetrag von Verbindlichkeiten.

Abbildung 47: Beispiele aktiver Rechnungsabgrenzungsposten

Prüfungsunterlagen sind z.B.:

- Leasing- und Mietverträge,
- Versicherungsverträge,
- Kreditverträge,
- Rechnungen.

Weitere kommunale Prüfungsschwerpunkte siehe Ziffer 1.8 (Aktive Rechnungsabgrenzung) der NKF-Prüfungscheckliste.

Das Wahlrecht für die **Aktivierung latenter Steuern** (§ 274 Abs. 1 Satz 2 HGB) wird an dieser Stelle nicht behandelt, da es für Gebietskörperschaften i.d.R. keine bzw. nur eine geringe Bedeutung hat.[241]

241 Zu den erforderlichen Prüfungshandlungen vgl. WP Handbuch, Wirtschaftsprüfung und Rechnungslegung, 17. Aufl. 2021, Kap. L, Tz. 1006 ff.

6.2 Prüfung der Passiva

6.2.1 Überblick

Auch bei der Prüfung der Passiva sind im Rahmen des **risikoorientierten Prüfungsansatzes** inhärentes Risiko und Kontrollrisiko einzuschätzen. Der Prüfer bestimmt wiederum Art und Umfang der durchzuführenden **Prüfungshandlungen** und beurteilt, ob Ansatz, Ausweis und Bewertung gemäß den Aussagen über Geschäftsvorfälle und Ereignisse sowie über Kontensalden und hiermit zusammenhängende Abschlussinformationen (ISA [DE] 315, Tz. 25b i.V.m. A129) korrekt erfolgt sind. Den Aufbau der Passiva im NKF nach § 42 Abs. 4 KomHVO NRW zeigt Abbildung 48 (verkürzte Darstellung):

1. Eigenkapital
1.1 Allgemeine Rücklage
1.2 Sonderrücklagen
1.3 Ausgleichsrücklage
1.4 Jahresüberschuss/Jahresfehlbetrag
2. Sonderposten
2.1 für Zuwendungen
2.2 für Beiträge
2.3 für den Gebührenausgleich
2.4 Sonstige Sonderposten
3. Rückstellungen
3.1 Pensionsrückstellungen
3.2 Rückstellungen für Deponien und Altlasten
3.3 Instandhaltungsrückstellungen
3.4 Sonstige Rückstellungen nach § 37 Absatz 5 und 6
4. Verbindlichkeiten
4.1 Anleihen
4.2 Verbindlichkeiten aus Krediten für Investitionen
4.3 Verbindlichkeiten aus Krediten zur Liquiditätssicherung
4.4 Verbindlichkeiten aus Vorgängen, die Kreditaufnahmen wirtschaftlich gleichkommen
4.5 Verbindlichkeiten aus Lieferungen und Leistungen
4.6 Verbindlichkeiten aus Transferleistungen
4.7 Sonstige Verbindlichkeiten
4.8 Erhaltene Anzahlungen
5. Passive Rechnungsabgrenzung

Abbildung 48: Passivseite der Bilanz nach § 42 Abs. 4 KomHVO NRW

Die Struktur der Darstellung und das Ablaufschema entsprechen dem Vorgehen bei der Prüfung der Aktiva.

6.2.2 Prüfung des Eigenkapitals

Die Gliederung des Eigenkapitals in der Bilanz hängt von der Rechtsform des bilanzierenden Unternehmens ab. Bei **Kapitalgesellschaften** umfasst das Eigenkapital gemäß § 266 Abs. 3 A. HGB folgende Posten:

- Gezeichnetes Kapital,
- Kapitalrücklage,
- Gewinnrücklagen,
- Gewinnvortrag/Verlustvortrag sowie
- Jahresüberschuss/Jahresfehlbetrag

Zur Darstellung der unterschiedlichen Posten sei auf Band 1, Kap. A.12.6 verwiesen. Es lassen sich je nach seiner Veränderlichkeit konstante und variable Eigenkapitalkonten unterscheiden, wobei das gezeichnete Kapital als konstantes und die anderen Posten des Eigenkapitals als variable Kapitalkonten bezeichnet werden.

Grundsätzlich stellt das Eigenkapital eine Sicherheit zur Deckung laufender Verluste und damit zur Vermeidung der Überschuldung dar. Eine Überschuldung ist umso unwahrscheinlicher, je höher die **Eigenkapitalquote** (Verhältnis des Eigenkapitals zum Gesamtkapital) ist. Eine hohe Eigenkapitalquote verringert auch die Abhängigkeit von Kreditgebern.

Da es wesentliche Unterschiede in der Eigenkapitalzusammensetzung nicht nur zwischen Unternehmen und Gebietskörperschaften, sondern auch zwischen den Gebietskörperschaften in den einzelnen Bundesländern gibt, wird hier nur die Gliederung des Eigenkapitals nach § 42 Abs. 4 Nr. 1 KomHVO NRW dargestellt. Das Eigenkapital im NKF gliedert sich in:

- Allgemeine Rücklage,
- Sonderrücklagen,
- Ausgleichsrücklage sowie
- Jahresüberschuss, Jahresfehlbetrag

Bei einem niedrigen Eigenkapital oder einem Verzehr des Eigenkapitals durch andauernde Verluste ist das **inhärente Risiko** höher einzuschätzen, da ein Anreiz zu einer ergebniserhöhenden Bilanzpolitik bzw. eventuell sogar zu Bilanzmanipulationen bestehen könnte (vgl. hierzu Band 1, Kap. A.16). **Kontrollrisiken** beim Eigenkapital ergeben sich im NKF in erster Linie daraus, ob sichergestellt ist, dass die gesetzlichen Voraussetzungen zur Bildung der einzelnen Eigenkapitalposten eingehalten werden und der Eigenkapitalspiegel rechnerisch und sachlich richtig erstellt wird.

Allgemeine Rücklage
Dieser Posten weist den Wert aus, der sich aus der Differenz der Aktiva und der übrigen Passivposten einschließlich der Ausgleichs- und Sonderrücklagen als Überschuss ergibt. Die Höhe der Allgemeinen Rücklage ist in der Eröffnungsbilanz als Residualgröße hauptsächlich von der Bewertung der übrigen Bilanzposten abhängig. Ist die Saldogröße negativ, bedeutet dies, dass das Bestandskonto „Allgemeine Rücklage" anstelle des üblichen Überschusses im Haben einen Überschuss im Soll ausweist. Dieses Bestandskonto ist aufgrund des Sollbestandes anstelle des Postens „Allgemeine Rücklage" nunmehr dem Posten „Nicht durch Eigenkapital gedeckter Fehlbetrag" zuzuordnen.

Im Falle einer vorgesehenen Verringerung der allgemeinen Rücklage hat der Abschlussprüfer sich zu vergewissern, ob tatsächlich eine **Genehmigung** der Aufsichtsbehörde vorliegt. Die Genehmigung gilt als erteilt, wenn die Aufsichtsbehörde nicht innerhalb eines Monats nach Eingang des Antrages der Gemeinde eine andere Entscheidung trifft. Ferner hat der Abschlussprüfer zu beurteilen, ob die Verpflichtung der Gemeinde zur Aufstellung eines **Haushaltssicherungskonzepts** gegeben ist (§ 75 Abs. 4 GO NRW).

Sonderrücklagen
Als Sonderrücklagen werden im NKF z.B. Zuwendungen für Investitionen passiviert, deren ertragswirksame Auflösung der Zuwendungsgeber ausdrücklich ausgeschlossen hat. Diese werden direkt in die Sonderrücklage eingebucht. Durch den Ausschluss der Auflösung bekommen diese Zuwendungen Eigenkapitalcharakter. Unter anderem hat der Prüfer festzustellen, ob die Voraussetzungen für die Bildung einer Sonderrücklage eingehalten und ausreichend dokumentiert wurden. Daneben ist bei Betriebsbereitschaft der Vermögensgegenstände die ordnungsmäßige Auflösung der Sonderrücklage durch Umschichtung in die allgemeine Rücklage zu prüfen (§ 44 Abs. 4 KomHVO NRW). Soweit eine Sonderrücklage für zukünftige Investitionsbedarfe gebildet wurde, ist zu prüfen, ob diese Bildung durch entsprechende Beschlüsse der Gemeindevertretung begründet ist.

Ausgleichsrücklage
Sie entspricht einem handelsrechtlichen Ergebnisvortrag. Die Ausgleichsrücklage hat im Rahmen des Haushaltsausgleichs die Funktion eines Puffers für Schwankungen des Jahresergebnisses. Ihr können Mittel durch Beschluss über die Verwendung des Jahresüberschusses zugeführt werden, soweit die allgemeine Rücklage einen Bestand in Höhe von mindestens 3 % der Bilanzsumme des Jahresabschlusses aufweist (§ 75 Abs. 3 Satz 3 GO NRW). Im Rahmen der **Prüfung der Ausgleichsrücklage** sollte der Prüfer darauf achten, dass diese so bemessen ist, dass die Gemeinde auch nach einer vollständigen Inanspruchnahme ihre Aufgaben noch stetig erfüllen kann. Außerdem ist die genannte Obergrenze (auch bei Zuführungen aus Jahresüberschüssen) zu überprüfen.

Jahresüberschuss/Jahresfehlbetrag
Dieser Posten ist die Gegenbuchungsposition beim Abschluss des Ergebnisrechnungskontos. Es wird ein Jahresüberschuss oder ein Jahresfehlbetrag ausgewiesen. Der Prüfer muss feststellen, dass der Posten mit der entsprechenden Position in der Ergebnisrechnung übereinstimmt und evtl. Vorträge korrekt abgewickelt wurden.

MERKE: Über die Verwendung des Überschusses bzw. über die Behandlung des Fehlbetrages ist gem. § 96 Abs. 1 GO NRW ein Beschluss der Gemeindevertretung erforderlich.

Einer gesonderten Bewertungsprüfung bedarf es beim Eigenkapital nicht, da die einzelnen Posten grundsätzlich von der Bewertung der Aktivposten bzw. vom Abschluss der Ergebnisrechnung abhängig sind.

Um die Veränderungen/Entwicklungen der einzelnen Eigenkapitalposten besser nachvollziehen zu können, ist dem **Anhang** im NKF ein **Eigenkapitalspiegel** beizufügen (§ 45 Abs. 3 KomHVO NRW). Zu prüfen ist, ob der Eigenkapitalspiegel entsprechend dem Muster (Anlage 26 VV Muster zur GO und KomHVO) aufgebaut und rechnerisch richtig ist sowie mit den Konten der Finanzbuchhaltung übereinstimmt. Wesentliche Veränderungen der Zusammensetzung des Eigenkapitals gegenüber dem Vorjahr sollten dabei untersucht werden.

Weitere kommunale Prüfungsschwerpunkte siehe Ziffer 1.9 (Eigenkapital) der NKF-Prüfungscheckliste.

6.2.3 Prüfung der Sonderposten

Die auffälligste Abweichung einer Bilanz einer Gebietskörperschaft von der Handelsbilanz ist der sog. Sonderposten. Sonderposten werden als Bilanzposten zwischen dem Eigenkapital und den Rückstellungen gebildet (vgl. Anlage 1 SsD, im NKF: § 44 Abs. 5 KomHVO NRW). Hierdurch soll unterstrichen werden, dass weder ein eindeutiger Eigenkapitalcharakter noch ein eindeutiger Fremdkapitalcharakter vorliegt.

Im Rahmen der **Risikoanalyse** wird der Prüfer zunächst die Bedeutung der Sonderposten für den Jahresabschluss betrachten. Hier wird er die entsprechenden **Kennzahlen zum Jahresabschluss** (z.B. Drittfinanzierungsquote) im Zeitvergleich auswerten und die **inhärenten Risiken** und deren Wesentlichkeit beurteilen.

Im Rahmen des **Kontrollrisikos** hat der Prüfer die Wirksamkeit des IKS hinsichtlich der Sonderposten zu untersuchen. Der Prüfer hat u.a. abzuklären, ob

- sichergestellt ist, dass alle für die Bilanzierung des Sonderpostens erforderlichen Sachverhalte der Finanzbuchhaltung gemeldet werden,

- gewährleistet ist, dass erhaltene Investitionszuschüsse im öffentlichen Rechnungswesen nicht von den Anschaffungs- und Herstellungskosten abgezogen werden,
- nur solche Beträge in Sonderposten eingestellt werden, welche die gesetzlichen Voraussetzungen für eine Passivierung erfüllen,
- eine sachgerechte Zuordnung entsprechend dem Zuwendungszweck erfolgt,
- die Ermittlung der Wertansätze der Sonderposten schlüssig ist,
- durch Plausibilitätsprüfungen sichergestellt ist, dass der Wert eines Sonderpostens nicht über dem Anschaffungswert der bezuschussten Investition liegen kann und sowohl planmäßige als auch außerplanmäßige Abschreibungen zu einer entsprechenden Verringerung des Sonderpostens führen,
- die als Sonderposten passivierten Investitionszuweisungen und -zuschüsse den betreffenden Gegenständen des Sachanlagevermögens zugeordnet werden,
- nachvollziehbare interne Regelungen bestehen, wie pauschalierte Investitionszuwendungen Vermögensgegenständen zugeordnet werden und diese Regelungen eingehalten werden,
- bei einer Sachspende/-schenkung in Höhe des aktivierten Zeitwertes des erhaltenen Vermögensgegenstandes in gleicher Höhe ein Sonderposten bilanziert wird,
- der Auflösungszeitraum des Sonderpostens der Nutzungsdauer des jeweiligen Vermögensgegenstandes entspricht,
- beim Ausscheiden eines bezuschussten Vermögensgegenstandes eine Auflösung des Sonderpostens erfolgt,
- Sonderregelungen bestehen, wie bei Sonderposten für Beiträge und Gebührenausgleich zu verfahren ist und diese Regelungen eingehalten werden sowie den gesetzlichen Vorschriften entsprechen,
- sichergestellt ist, dass der Sonderpostenspiegel ordnungsgemäß geführt wird und die Zahlen sich aus der Buchführung ableiten lassen.

Die Buchung einer **Zuwendung** als Sonderposten darf erst mit der Aktivierung des Vermögensgegenstandes erfolgen, damit auch gleichzeitig mit der Abschreibung des zugehörigen Vermögensgegenstandes die ertragswirksame Auflösung des Sonderpostens erfolgen kann. Solange hierbei der Anschaffungs- oder Herstellungsvorgang nicht abgeschlossen ist, stellen die zugeflossenen Finanzierungsmittel eine erhaltene Anzahlung dar. Es werden Zuwendungen und Beiträge passiviert, die im Rahmen einer **Zweckbindung** bewilligt bzw. gezahlt werden und insofern von der Gebietskörperschaft nicht frei verwendet werden dürfen. Daher besteht in den meisten Fällen ein direkter **Zusammenhang mit dem Sachanlagevermögen**, sodass diese Posten zusammen in einem Prüffeld geprüft werden sollten.

In Verbindung mit der Abschreibung der Vermögensgegenstände, zu deren Finanzierung sie dienen, sind die Sonderposten – **erfolgswirksam** über die Ergebnisrechnung – **aufzulösen**; hierdurch wird die laufende Belastung der Ergebnisrechnung (**Abschreibungsaufwand**) neutralisiert. Zu prüfen ist, ob der Anfangsbestand der Sonderposten zu Beginn des Jahres, die laufenden Auflösungen sowie der Bestand des Sonderpostens am Jahresende nachvollziehbar sind. Die Auflösungen haben mit den Abschreibungen für die Sachanlage zeitlich konform zu erfolgen.

Ferner sind die rechnerische Richtigkeit der Aufstellungen über die Sonderposten (**Sonderpostenspiegel**) sowie die Ermittlung der Zuführungen und Auflösungen zu prüfen (Saldierungsverbot beachten!). Die Angaben im Sonderpostenspiegel müssen mit den entsprechenden Buchungen übereinstimmen. Die Prüfung der Sonderposten sollte retrograd und progressiv erfolgen.

Auf der Passivseite werden die Sonderposten im NKF wie folgt ausgewiesen:

- Sonderposten für Zuwendungen,
- Sonderposten für Beiträge,
- Sonderposten für Gebührenausgleich,
- Sonstige Sonderposten.

Bei der Prüfung des **Ausweises** der Sonderposten sollte untersucht werden, ob sämtliche Sonderposten untereinander richtig abgegrenzt und die Zugänge des Berichtsjahres richtig ausgewiesen sind. Im Hinblick auf die planmäßige Auflösung des Sonderpostens muss geprüft werden, ob die korrekte Nutzungsdauer hinterlegt ist. Sind außerplanmäßige Abschreibungen beim bezuschussten Vermögensgegenstand durchgeführt worden, ist zu prüfen, ob auch der Sonderposten entsprechend aufgelöst wurde (§ 44 Abs. 5 Satz 2 KomHVO NRW). Bei **Sachschenkungen** ist darauf zu achten, dass ein Sonderposten in Höhe des Zeitwertes des aktivierten Vermögensgegenstandes gebildet wird.

Die Sonderposten aus Zuwendungen sind daraufhin zu prüfen, ob der Zuwendungsgeber die ergebniswirksame Auflösung des Sonderpostens im Bewilligungsbescheid ausgeschlossen hat (§ 44 Abs. 4 KomHVO NRW).

Bei den Sonderposten für Gebührenausgleich ist zu untersuchen, ob alle kostenrechnenden Einrichtungen berücksichtigt wurden, die mit einer Kostenüberdeckung abgeschlossen haben, welche nach § 6 Abs. 2 KAG auszugleichen ist (§ 44 Abs. 6 KomHVO NRW).

Einer gesonderten **Bewertungsprüfung** bedarf es bei den Sonderposten nicht, da sie der Höhe nach grundsätzlich von der Bewertung der Aktivposten bzw. von anderen Faktoren (bspw. vom Ergebnis der Kostenrechnung beim Sonderposten für Gebührenausgleich) abhängig sind.

Bezüglich spezieller **Anhangangaben** zu Kostenunterdeckungen im Bereich der Benutzungsgebühren, die ausgeglichen werden sollen, wird auf § 44 Abs. 6 Satz 2

KomHVO NRW verwiesen. Noch nicht erhobene Beiträge aus fertiggestellten Erschließungsmaßnahmen sind gemäß § 45 Abs. 2 Nr. 7 KomHVO NRW anzugeben und zu erläutern.

Als externe **Prüfungsnachweise** für die Sonderposten dienen Eingangsrechnungen zu den korrespondierenden Vermögensgegenständen des Anlagevermögens sowie Zuwendungs- und Beitragsbescheide mit entsprechenden Zahlungsnachweisen (Bankkontoauszüge).

Weitere kommunale Prüfungsschwerpunkte siehe Ziffer 1.10 (Sonderposten) der NKF-Prüfungscheckliste.

6.2.4 Prüfung der Rückstellungen

Rückstellungen werden gebildet für Verbindlichkeiten und verschiedene Aufwendungen, die dem Grunde und/oder der Höhe nach ungewiss sind. Durch eine Rückstellungsbildung werden die später zu leistenden Auszahlungen als Aufwand den Geschäfts-/Haushaltsjahren periodengenau zugerechnet, in welchen sie wirtschaftlich verursacht wurden. Hinsichtlich der Bildung und Bewertung von Rückstellungen besteht ein **besonderes Risiko von Verstößen**. Die Sachverhalte, für die Rückstellungen zu bilden sind, sind oft noch gar nicht in der Finanzbuchhaltung erfasst und die Höhe einer Rückstellung lässt sich wegen der erheblichen Schätz- und Prognoseprobleme oft nicht einfach ermitteln. Daneben besteht das Risiko einer absichtlichen Unterbewertung, einer ungerechtfertigten Auflösung oder des Ansatzes nicht zulässiger Rückstellungen.

Rückstellungsprüfungen sollten überwiegend als **Einzelfallprüfungen** durchgeführt werden. Ergänzend bieten sich **analytische Prüfungshandlungen** in Form von Plausibilitätsprüfungen (z.B. Vergleiche zu Vorjahren) an.

Es gibt unterschiedliche **inhärente Risiken**, die sich auf die jeweilige Rückstellungsart beziehen. Der Prüfer hat z.B. einzuschätzen,[242]

- in welchem Umfang Pensionszahlungen zu erwarten sind,
- in welchem Umfang langfristige Geschäfte und Dauerschuldverhältnisse abgeschlossen wurden,
- ob die Sachanlagen besondere Wartungs- und Instandhaltungsmaßnahmen erfordern,
- wie alt die Sachanlagen sind und in welchen Zustand sie sich befinden,
- ob beim Betrieb von Anlagen Umweltgefahren bestehen,

---

242 Ausführlicher zu den rückstellungsbezogenen inhärenten Risiken vgl. Graumann, M., Wirtschaftliches Prüfungswesen, 6. Aufl. 2020, S. 603.

- ob Schadensersatzforderungen bestehen oder bedeutende Prozesse anhängig sind oder
- ob der Leistungsprozess bzw. die Aufgabenerfüllung mit besonderen konjunkturellen oder arbeitsmarktabhängigen Risiken verbunden ist.

Im Rahmen der Einschätzung des **Kontrollrisikos** verschafft sich der Prüfer einen Eindruck darüber, ob durch interne Kontrollen bereits wesentliche Fehler im laufenden Geschäftsbetrieb durch die zu prüfende Einheit selbst verhindert oder aufgedeckt werden können. Er hat sich u.a. zu vergewissern, ob[243]

- durch Buchungsanweisungen, Bilanzierungsrichtlinien oder in sonstiger Weise sichergestellt ist, dass sämtliche rückstellungspflichtige Sachverhalte ermittelt und aus den Fachbereichen und Abteilungen an die Finanzbuchhaltung weitergeleitet werden,
- die Rückstellungen in der richtigen Höhe gebildet werden,
- ein Rückstellungsverzeichnis (Rückstellungsspiegel) regelmäßig erstellt wird, in dem die Rückstellungen nach Rückstellungsart und wertmäßiger Entwicklung im Laufe der Jahre aufgeführt sind,
- die auf den Bilanzkonten (im NKF: 25er bis 28er Konten) gebuchten Beträge mit den Beträgen im Rückstellungsspiegel übereinstimmen,
- der Rückstellungsspiegel unterjährig fortgeführt wird,
- das Saldierungsverbot zwischen Zuführung und Auflösung von Rückstellungen eingehalten wird,
- wertaufhellende Erkenntnisse bei Bilanzierung der Rückstellungen berücksichtigt werden,
- zumindest zum Jahresabschluss regelmäßig das weitere Bestehen der Gründe für in den Vorjahren gebildete Rückstellungen untersucht wird,
- das der Berechnung der **Pensionsrückstellungen** zugrunde liegende Mengengerüst (Zusammenstellung der Anspruchsberechtigten) vollständig ist und laufend fortgeschrieben wird,
- für die Berechnung der Pensionsrückstellungen entsprechende Bewertungsgutachten nach versicherungsmathematischen Grundsätzen angefertigt werden,
- für die Pensionsauszahlungen regelmäßig aktuelle Daten der Meldebehörden vorliegen und Zahlungen an Verstorbene ausgeschlossen werden können,
- die personelle Besetzung der Rechtsabteilung sowie die Qualifikation ihrer Mitarbeiter angemessen ist, damit eine vollständige und der Höhe nach nachvollziehbare Ermittlung der **Prozesskostenrückstellungen** erfolgt,
- die Einschätzung des Ausgangs wichtiger Rechtsstreitigkeiten in der Vergangenheit weitgehend bestätigt wurde,

243 In Anlehnung an Graumann, M., Wirtschaftliches Prüfungswesen, 6. Aufl. 2020, S. 604. Dort ist eine ausführliche Checkliste zu den rückstellungsbezogenen Kontrollrisiken enthalten.

- bedeutende Prozesse anhängig sind, welche die Verletzung von gesetzlichen Vorschriften betreffen,
- Regelungen zur Überprüfung sämtlicher **schwebenden Geschäfte** im Hinblick auf drohende Verluste vorliegen,
- alle geschlossenen Verträge erfasst sind (zentrales Vertragsmanagement) und Risiken aus Verträgen erkannt und bewertet werden,
- nachvollziehbare Unterlagen über **Instandsetzungsmaßnahmen** und Instandhaltungsbedarf (Instandsetzungspläne) vorhanden sind,
- die vom Unternehmen bzw. der Gebietskörperschaft verfolgte Investitions-, Wartungs- und Instandhaltungsstrategie angemessen ist,
- Instandhaltungsrückstellungen aufgelöst werden, wenn die Instandhaltung nicht mehr in Betracht kommt.

Die gesetzlichen Vorschriften im HGB, die kommunalrechtlichen Regelungen sowie die Standards staatliche Doppik geben verschiedene Tatbestände vor, für die Rückstellungen gebildet werden müssen. Im **NKF** gibt es gemäß § 88 GO NRW Passivierungspflichten für

- ungewisse Verbindlichkeiten,
- drohende Verluste aus schwebenden Geschäften oder laufenden Verfahren sowie
- hinsichtlich ihrer Höhe oder des Zeitpunktes ihres Eintritts unbestimmte Aufwendungen.

Der Prüfer muss daher zunächst ermitteln, ob für alle Sachverhalte, welche die genannten Tatbestände erfüllen, Rückstellungen vollständig, richtig, nachvollziehbar, klar und übersichtlich dargestellt und der zu prüfenden Einheit zurechenbar angesetzt worden sind. Der **Nachweis** erfolgt durch **Buchinventur**, da es sich bei Rückstellungen um nicht-körperliche Gegenstände handelt. Anhaltspunkte für Rückstellungen können sich auch aus der nach § 317 Abs. 2 Satz 2 HGB bzw. § 102 Abs. 5 GO NRW vorzunehmenden Risikoberichterstattung ergeben. Der Prüfer kann jedoch nicht davon ausgehen, dass im **Risikobericht** die Risiken vollständig erfasst sind. Die Prüfung der Vollständigkeit kann **progressiv** (ausgehend von der Geschäftstätigkeit, wenn vermutet wird, dass nicht alle rückstellungspflichtigen Tatbestände erfasst wurden) oder **retrograd** (ausgehend vom Bilanzausweis, wenn der Verdacht besteht, dass eine Rückstellung nur aus dem Grund einer bevorzugten Darstellung einer pessimistischen wirtschaftlichen Lage bilanziert wurde) erfolgen.[244] Ratsam ist, dass der Prüfer eine ausdrückliche Angabe zu den Rückstellungen in die **Vollständigkeitserklärung** aufnehmen lässt.

---

[244] Vgl. Brösel, G./Freichel, C./Toll, M./Buchner, R.: Wirtschaftliches Prüfungswesen, 3. Aufl. 2015, S. 268. Im letzten Fall spricht man auch von einer „Luftbuchung“.

Der Prüfer hat sich anhand des **Rückstellungsspiegels** einen Überblick über die **bisher gebildeten Rückstellungen** (für jede Rückstellungsart) zu verschaffen, indem er anhand der Buchungsunterlagen folgende Schritte nachvollzieht:

Vortrag der jeweiligen Rückstellung am Stichtag der Eröffnungsbilanz
./. Inanspruchnahme im Geschäfts-/Haushaltsjahr
./. Auflösung im Geschäfts-/Haushaltsjahr
\+ Neuzuführung im Geschäfts-/Haushaltsjahrjahr

= Stand der Rückstellungen am Bilanzstichtag

Sind die Rückstellungen im abgelaufenen Geschäfts-/Haushaltsjahr unverändert geblieben, ist zu untersuchen, ob der Rückstellungsgrund weiterhin besteht oder ob evtl. neue Erkenntnisse vorliegen, die eine Auflösung, Verminderung oder Erhöhung der Rückstellung notwendig machen.

Für den **Ansatz** ist von folgenden Abgrenzungen ausgehen:

- Rückstellungen dienen der bilanziellen Vorsorge für konkrete Verpflichtungen, seien es Verpflichtungen gegenüber Dritten (Außenverpflichtungen) oder planungsbedingte Verpflichtungen;
- von Verbindlichkeiten unterscheiden sich Rückstellungen durch die Ungewissheit bezüglich des Grundes und/oder der Höhe der Verpflichtung, bzw. Aufwandsrückstellungen durch das Fehlen einer Drittverpflichtung;
- passive Rechnungsabgrenzungsposten dienen einer periodengerechten Zuordnung von Erträgen, Rückstellungen dagegen einer verursachungsgerechten Aufwandsabgrenzung.

Ergänzend hat der Prüfer zu beachten, dass der Ansatz von Rückstellungen nur in Betracht kommt, wenn ernsthaft mit einer Inanspruchnahme zu rechnen ist. Bei der **Schätzung der Wahrscheinlichkeit der Inanspruchnahme** besteht ein beträchtlicher Ermessensspielraum. Die steuerrechtlichen Regelungen (R 5.7 Abs. 6 EStR) fordern, dass mehr Gründe für als gegen eine Inanspruchnahme sprechen müssen. Handelsrechtlich lässt sich daraus aber nicht ableiten, dass die Eintrittswahrscheinlichkeit über 50% liegen muss. Nach dem **Vorsichtsprinzip** ist auch bei einer geringeren Wahrscheinlichkeit eine Rückstellung zu bilden.

Anders ist dies nach dem sog. **Wirklichkeitsprinzip** (§ 91 Abs. 4 Nr. 3 GO NRW, § 33 Abs. 1 Nr. 3 KomHVO NRW) zu beurteilen, welches das handelsrechtliche Vorsichtsprinzip einschränkt. Hier ist in analoger Anwendung des IAS 37 erst ab einer Eintrittswahrscheinlichkeit von über 50 % eine Rückstellung zu bilden.[245]

---

[245] Im Steuerrecht gilt gemäß R 5.7 Abs. 6 EStR: Die Wahrscheinlichkeit, dass das Ereignis eintritt, muss größer sein als die Wahrscheinlichkeit, dass es nicht eintritt; diese größere Eintrittswahrscheinlichkeit bemisst sich danach, ob „mehr dafür als dagegen spricht".

Im Unterschied zu den Rückstellungen stellen die unter der Bilanz oder im Anhang anzugebenden Eventualverbindlichkeiten (**Haftungsverhältnisse** – vgl. §§ 251, 268 Abs. 7 HGB) lediglich eine rechtlich mögliche Belastung dar, mit der aber tatsächlich nicht ernsthaft zu rechnen ist. Wenn eine Inanspruchnahme aus dem der Rückstellung zugrunde liegenden Sachverhalt sowohl dem Grunde als auch der Höhe nach sicher wird (z.B. rechtskräftiger Abschluss eines Prozesses), ist die Rückstellung in eine **Verbindlichkeit umzubuchen** (Passivtausch). Ein Doppelausweis ist unzulässig. Zu unterscheiden ist, ob die Rückstellung

- der Höhe nach richtig bemessen wurde – dann ist sie bei Eintritt der Inanspruchnahme erfolgsneutral aufzulösen,
- zu hoch bemessen wurde – dann ist der zu hoch bemessene Teil als sonstiger betrieblicher/ordentlicher Ertrag auszubuchen,
- zu niedrig bemessen wurde – dann stellt die Differenz einen sonstigen betrieblichen/ordentlichen Aufwand dar.

Für die Rückstellungsbildung ist es unbeachtlich, ob die Verpflichtung ihren Grund in einer vertraglichen Vereinbarung oder in einer gesetzlichen Vorschrift hat und ob eine Geld-, Sach- oder Dienstleistung zugrunde liegt.

Der **Bilanzausweis im NKF** orientiert sich an dem Schema des § 42 Abs. 4 KomHVO NRW. Auszuweisen sind:

- Pensionsrückstellungen,
- Rückstellungen für Deponien und Altlasten,
- Instandhaltungsrückstellungen sowie
- Sonstige Rückstellungen nach § 37 Abs. 5 und 6.

Eine **weitere Untergliederung** der Posten muss der Prüfer akzeptieren (§ 265 Abs. 5 HGB, § 42 Abs. 6 KomHVO NRW); ebenso ist eine **Zusammenfassung** von Rückstellungsposten zulässig, wenn sie einen Betrag enthalten, der für die Vermittlung eines den tatsächlichen Verhältnissen entsprechenden Bildes der VFE-Lage nicht erheblich ist oder durch die Zusammenfassung die Klarheit der Darstellung vergrößert wird (§ 265 Abs. 7 HGB, § 42 Abs. 7 KomHVO NRW). Die Prüfungsnachweise und Prüfungshandlungen mit den Bilanzierungs- und Bewertungsfragen sind je nach Rückstellungsart unterschiedlich; deshalb erfolgt in den weiteren Ausführungen eine getrennte Darstellung:

➢ Prüfung der Bilanzierung und Bewertung von Pensionsrückstellungen

Gebietskörperschaften haben hier in erster Linie die **unmittelbaren Verpflichtungen** gegenüber den aktiven (Beamte mit Anwartschaften) und passiven Beamten (derzeitige Pensionäre) zu bilanzieren, da diese einen gesetzlichen Anspruch gegenüber ihrem Dienstherrn auf Zahlung von Pensionen haben.[246] Die Pensionsrückstellungen werden regelmäßig anhand eines externen versicherungsmathematischen Gutachtens ermittelt. Es handelt sich hier um die Arbeit eines **externen Sachverständigen** i.S. des ISA [DE] 620 und IDW PS 322. Zunächst muss der Prüfer sich vergewissern, dass der gewählte Sachverständige über die Kompetenz, Fähigkeiten und Objektivität verfügt, die notwendig sind. Nachdem er die Angemessenheit[247] der Tätigkeit des Sachverständigen beurteilt hat, erfolgt eine **Abstimmung** der Werte des Gutachtens mit den Positionen der Bilanz (Pensionsrückstellung) und der Ergebnisrechnung (Personalaufwand).

Erfolgte die Bildung der Pensionsrückstellungen nach einem versicherungsmathematischen Gutachten, hat der Prüfer darauf zu achten, dass der Gutachter seine Berechnungen anhand der Daten ermittelt hat, die ihm von der zu prüfenden Einheit vorgelegt wurden. Bevor der Prüfer weitere Untersuchungen anstellt, sollte er sich davon überzeugen, dass das **Verzeichnis der Pensionsverpflichtungen** formell ordnungsgemäß ist und alle Anspruchsberechtigten enthält. Ein solches Verzeichnis kann er verlangen, da die Pensionsverpflichtungen in die Inventur einfließen und somit im Inventar ihren Niederschlag finden. Werden nicht alle berechtigten Personen in die Berechnung einbezogen, würde es dazu führen, dass die Rückstellungen **zu niedrig** ausfallen.

Die Inventuraufzeichnungen sollten so genau und umfassend sein, dass dem Prüfer jeder einzelne aufgeführte Rückstellungsgrund hinreichend deutlich wird. In das Verzeichnis der Pensionsverpflichtungen gehören z.B. – getrennt nach Pensionsanwärtern und laufenden Pensionsbeziehern – mindestens folgende Angaben:

- Personal-Nr., Name, Geburtsdatum, Familienstand und Geschlecht der Pensionsanwärter/Pensionäre,
- Eintrittsdaten, aktueller Status bzw. Zeitpunkt der Statusänderung,
- Datum und ggf. wertmäßige Höhe der Pensionszusage,
- Pensionierungsalter,
- Stand der Pensionsrückstellung zu Beginn des Geschäfts-/Haushaltsjahrs,
- Zuführungen und Auflösungen für das Geschäfts-/Haushaltsjahr,
- Wertansatz für die Pensionsrückstellung am Bilanzstichtag.

---

[246] Vgl. hierzu IDW Stellungnahme zur Rechnungslegung: Bilanzierung und Bewertung von Pensionsverpflichtungen gegenüber Beamten und deren Hinterbliebenen (IDW RS HFA 23).

[247] Zu den Kriterien zur Beurteilung der Angemessenheit der Tätigkeit vgl. ISA [DE] 620, Tz. 12.

Die Angaben sollten **stichprobenartig mit den Personalakten sowie den Unterlagen der Lohn- und Gehaltsbuchhaltung abgeglichen** werden. Dies ist erforderlich, da der externe Gutachter i.d.R. nur die ihm vorgelegten Daten berücksichtigt. Auf eventuelle Sonderfälle, wie z.B. Abordnungen, Entsendungen zu anderen Konzernunternehmen oder Beurlaubungen ohne Zahlung von Bezügen ist ebenfalls zu achten. Außerdem sollte sich der Prüfer davon überzeugen, dass regelmäßig **Lebensnachweise** von den Pensionären eingeholt werden. Zu beachten ist zusätzlich, dass unter dem Bilanzposten „Pensionsrückstellungen" bei Gebietskörperschaften keine Verpflichtungen nach den Versorgungslastenverteilungsgesetzen[248] angesetzt sind. Diese sind als Rückstellungen für sonstige ungewisse Verbindlichkeiten zu bilanzieren. Besondere Aufmerksamkeit ist angebracht, wenn in Einzelfällen Sondervereinbarungen getroffen worden sind; es stellt sich dann z.B. die Frage, ob diese Abweichungen nach den beamtenrechtlichen Vorschriften zulässig sind.

Der Prüfer muss die sachliche Richtigkeit der Berechnungen durch **Plausibilitätskontrollen** nachvollziehen. Dies kann z.B. durch überschlägige Berechnungen der Höhe der Rückstellung in Einzelfällen nach den „**Richttafeln von Heubeck**" erfolgen. Zumindest hat sich der Prüfer darüber zu informieren, nach welchen Bewertungsmethoden vorgegangen wurde, welche Sterbetafeln oder welcher Lohn- und Gehaltstrend unterstellt wurden.[249] Die rechnerische Richtigkeit des Gutachtens ist für den Prüfer meist schwer nachvollziehbar, da sie umfassende mathematische Kenntnisse voraussetzt. Bei der Plausibilitätskontrolle überprüft er u.a. anhand von Stichproben, ob für jeden Pensionsberechtigten eine Einzelbewertung, basierend auf seinen persönlichen Daten, durchgeführt wurde und ob es wesentliche Veränderungen im Vergleich zu Vorjahren gibt. Da es in der Praxis oft üblich ist, dass Pensionsgutachten jeweils zwei bis drei Monate vor dem Bilanzstichtag erstellt werden, muss der Prüfer darauf bestehen, dass Änderungen bei der Anzahl der Berechtigten oder den zugrunde gelegten Bewertungsparametern bis zum Bilanzstichtag, die zu wesentlichen Abweichungen führen, noch berücksichtigt werden.

Gemäß § 253 Abs. 1 Satz 2 HGB hat der Ansatz jeglicher Rückstellungen und somit auch der Pensionsrückstellungen zum „**nach vernünftiger kaufmännischer Beurteilung notwendigen Erfüllungsbetrag**" zu erfolgen, was die Einbeziehung von Annahmen über künftige Preissteigerungen und Kostenentwicklungen in Form von Gehalts- und Rententrends erfordert. Zudem bestimmt § 253 Abs. 2 Satz 1 HGB, Rückstellungen mit einer Laufzeit von über einem Jahr abzuzinsen. Auch wenn § 88 GO NRW lediglich von der Bildung von Rückstellungen **„in angemessener Höhe"** spricht, dürfen die künftigen Preis- und Kostenentwicklungen nicht außer Acht bleiben; dem Erfordernis der Angemessenheit würde ansonsten nicht

[248] Vgl. z.B. Gesetz zur Verteilung der Versorgungslasten (Versorgungslastenverteilungsgesetz - VLVG) vom 18. November 2008 (GV. NRW. S. 706).

[249] Vgl. WP Handbuch, Wirtschaftsprüfung und Rechnungslegung, 17. Aufl. 2021, Kap. L, Tz. 1029.

Rechnung getragen. Zur Ermittlung der Höhe des Zinsfußes zur Abzinsung enthält das HGB detaillierte Regelungen in § 253 Abs. 2.[250] Im NKF gilt davon abweichend ein Zinsfuß von 5 % nach § 37 Abs. 1 KomHVO NRW.

Für die Verteilung der Mittelansammlung sind verschiedene versicherungsmathematische Bewertungsmethoden anerkannt, nämlich:

- das Teilwertverfahren sowie
- das Gegenwartswert- bzw. Anwartschaftsbarwertverfahren.

Im Handelsrecht sind beide Verfahren zulässig, im NKF (wie im Steuerrecht) ist das **Teilwertverfahren** vorgeschrieben. Beide Verfahren berechnen die Höhe der Zuführung als Differenz zwischen den Barwerten der zukünftigen Pensionsleistungen von zwei aufeinanderfolgenden Bilanzstichtagen und gehen davon aus, dass sich der Pensionsberechtigte den Pensionsanspruch während seiner aktiven Dienstzeit verdient. Während beim Teilwertverfahren unterstellt wird, dass sich der Beschäftigte seinen Pensionsanspruch vom Diensteintritt an verdient, erfolgt die Zuführung beim **Gegenwartswertverfahren** erst ab dem Zeitpunkt der Pensionszusage. Beide Verfahren führen jedoch zum identischen Endwert zum Zeitpunkt der erstmaligen Pensionsauszahlung. Bei beiden Methoden bestimmen der Zinsfuß, statistisch ermittelte Sterbewahrscheinlichkeiten oder Invaliditätsrisiken, vorgesehene Altersgrenze sowie Lohn-, Gehalts- und Karrieretrends den Wert. Mögliche Zahlungen an Hinterbliebene sind ebenfalls in die Berechnung einzubeziehen.

Soweit bei Pensionsrückstellungen eine **Saldierung mit Planvermögen** erfolgt (§ 246 Abs. 2 HGB), ist zu überprüfen, dass nur solche Vermögensgegenstände im Planvermögen erfasst werden, die dem Zugriff aller übrigen Gläubiger entzogen sind und ausschließlich der Erfüllung von Schulden aus Altersversorgungsverpflichtungen dienen. Zu prüfen ist weiterhin die Zeitwertbewertung des Planvermögens zum Abschlussstichtag und die Beachtung der Ausschüttungssperre im Falle eines aktiven Unterschiedsbetrages aus der Vermögensverrechnung. Im **NKF** ist eine Saldierung mit Planvermögen **nicht** vorgesehen.

MERKE: Die Prüfung der Pensionsrückstellungen vollzieht sich i.d.R. in folgenden Schritten:

- Prüfung der Eignung des Gutachters bei Beauftragung eines Sachverständigen,
- Prüfung des versicherungsmathematischen Gutachtens auf Vollständigkeit und Richtigkeit der Personaldaten,
- Prüfung der verwendeten Methode und der getroffenen Annahmen,
- Prüfung der richtigen Übernahme der Gutachtenwerte in die Sachkonten.

---

[250] Die Abzinsungszinssätze werden gemäß der sog. Rückstellungsabzinsungsverordnung von der Deutschen Bundesbank für Laufzeiten von einem bis 50 Jahre ermittelt und auf der Internetseite der Deutschen Bundesbank bekanntgemacht.

Beihilfen oder ähnliche Ansprüche können im NKF zur Vereinfachung als prozentualer Anteil im Verhältnis zu den durchschnittlichen Versorgungszahlungen der letzten drei dem Jahresabschluss vorangegangenen Jahre berechnet werden. Andere Berechnungen sind ebenfalls zulässig (§ 37 Abs. 1 Satz 5 bis 9 KomHVO NRW). Der Prüfer muss feststellen, ob die Berechnungen rechnerisch korrekt sind (Barwertermittlung) und die gesetzlichen Vorgaben eingehalten sind.

➢ **Prüfung der Bilanzierung und Bewertung von Rückstellungen für Deponien und Sanierung von Altlasten**

Werden z.B. Rückstellungen für die Beseitigung von Umweltschutzlasten gebildet, muss der Prüfer eine Bilanzierung akzeptieren, wenn von der zu prüfenden Einheit eine Belastung nachgewiesen werden kann und deren Beseitigung in einer Rechtsvorschrift (z.B. Kreislaufwirtschafts- und Abfallgesetz) vorgesehen ist. Eine Deponie ist nach Abschluss der Verfüllung vom Deponiebetreiber zu rekultivieren. Die während der Deponienutzung erhobenen Entgelte sollten die Kosten der Nachsorge für mindestens 30 Jahre abdecken. Damit dieser spätere Aufwand geleistet werden kann, ist eine Rückstellung sukzessive während der Verfüllzeit der Deponie zu bilden.

Zudem ist vom Prüfer kritisch zu hinterfragen, ob es Fälle gibt, für die noch keine Rückstellungen gebildet wurden. Dazu kann er das Sachanlagevermögen auf Deponien etc. durchsehen und Befragungen durchführen. Um einen externen Nachweis zu erlangen, kann der Prüfer **Rechtsanwaltsbestätigungen** anfordern, um Hinweise auf bestehende Rechtsstreitigkeiten über Altlasten zu sammeln.

Im **NKF** sind Rückstellungen in Höhe der zu erwartenden Gesamtkosten bezogen auf den voraussichtlichen Zeitpunkt der Rekultivierungs- und Nachsorgemaßnahmen anzusetzen. Der Wortlaut der Vorschrift ergibt, dass zukünftige Preissteigerungen bereits heute zu berücksichtigen sind. Die Rückstellungen werden während der Betriebszeit der Deponie entsprechend dem Verfüllungsgrad jährlich gebildet, sodass mit dem Betriebsende (Verfüllungsende) die Rückstellung den Wert der notwendigen Rekultivierungsaufwendungen erreicht hat. Anders als bei den Pensionsrückstellungen ist nach dem Wortlaut des § 37 Abs. 3 KomHVO NRW keine Abzinsung vorgesehen.

Bei der **Sanierung von Altlasten** (z.B. stillgelegte Aufhaldungen mit umweltgefährlichen Stoffen, von denen eine Gefahr für die öffentliche Sicherheit und Ordnung ausgeht) wird nach dem gleichen Prinzip wie bei den Deponierückstellungen verfahren. Voraussetzung für eine Rückstellungsbildung ist, dass die zu prüfende Einheit zur Beseitigung der Altlast grundsätzlich verpflichtet ist. Sanierungsverpflichtungen können sich aus öffentlichem Recht (Landesabfall-, Wasserhaushalts-, Bodenschutz-, Immissionsschutzgesetze) oder aus Zivilrecht (Vertrag) ergeben.

Der Prüfer sollte also feststellen, ob

- die Rückstellungsbildung auf Grundlage von Unterlagen über Deponieflächen und Altlasten (Altlastenkataster, Kostenkalkulationen für Nachsorgemaßnahmen) erfolgt,
- die vorhandenen Daten vollständig, plausibel und richtig sind,
- die zur Bewertung der Rückstellung zugrunde gelegten Berechnungen sachlich und rechnerisch zutreffend sind,
- sich die Berechnung der Rückstellung für Rekultivierung von Deponien am Verfüllmengenanteil unter Berücksichtigung der bisherigen Verfüllmenge orientiert,
- die Gesamtkosten, der Verteilungsschlüssel und die erwartete Preisentwicklung berücksichtigt werden sowie
- die Rückstellungen für die Sanierung von Altlasten korrekt gebildet sind.

➢ **Prüfung der Bilanzierung und Bewertung von Rückstellungen für unterlassene Instandhaltung**

Bei den im Geschäfts-/Haushaltsjahr unterlassenen Aufwendungen für Instandhaltung handelt es sich um Innenverpflichtungen. Sie müssen daher den Aufwandsrückstellungen und nicht den Rückstellungen für ungewisse Verbindlichkeiten zugeordnet werden. Stellt der Prüfer jedoch fest, dass eine Drittverpflichtung vorliegt, muss er auf eine Rückstellungsbildung unter den **ungewissen Verbindlichkeiten** bestehen.

Der Begriff „**Instandhaltung**" umfasst alle Maßnahmen, mit denen die Funktionsfähigkeit betrieblicher Vermögensgegenstände erhalten werden soll. Dabei kann es sich um Wartungsarbeiten, Inspektionen oder Reparaturen handeln. Um eine Unterlassung beurteilen zu können, muss der Prüfer Einsicht in die betrieblichen Wartungs- und Instandhaltungspläne sowie ggf. Organbeschlüsse und Sitzungsprotokolle nehmen, welche die Absicht oder Durchführung von Instandhaltungsmaßnahmen dokumentieren. Ansonsten ist er in seiner Beurteilung auf die Nachweise des Bilanzierenden angewiesen. Da dazu meist technische Kenntnisse erforderlich sind, ist es sinnvoll, den Rat eines Sachverständigen einzuholen, wenn den Aufwendungen eine hohe Bedeutung zukommt.

Im NKF muss der Prüfer beurteilen, ob die folgenden Voraussetzungen zur Bildung einer Rückstellung für unterlassene Instandhaltung gemäß § 37 Abs. 4 KomHVO NRW erfüllt sind:

- die Rückstellungssachverhalte sind einzeln bestimmt und wertmäßig beziffert,
- die Nachholabsicht der Instandhaltung aller Einzelmaßnahmen ist konkret ersichtlich und
- die Instandhaltung gilt als bisher unterlassen.

Besonders bei den unterlassenen Aufwendungen für Instandhaltung hat der Prüfer sicherzustellen, dass es sich nicht um einen aktivierungspflichtigen Erhaltungsaufwand handelt. Eine Rückstellungsbildung wäre in diesem Fall nicht zulässig. Eine Aktivierung muss erfolgen, wenn der entsprechende Vermögensgegenstand erweitert oder über seinen ursprünglichen Zustand hinaus wesentlich verbessert wurde (vgl. § 255 Abs. 2 HGB, § 34 Abs. 3 KomHVO NRW).

Wird bei Instandhaltungsrückstellungen die Instandhaltung von Dritten durchgeführt, sind die bereits angefallenen oder noch anfallenden Aufwendungen für die Höhe der Rückstellung maßgeblich. Der Prüfer kann sich zur Ermittlung des Wertansatzes auf die vorliegenden Angebote beziehen.

Bei Instandhaltungsarbeiten, die selbst durchgeführt werden, ist der Prüfer auf die internen Kalkulationsunterlagen angewiesen. Hierbei sollte er auf Materialentnahmescheine und benötigte Arbeits- und Maschinenstunden bei der Ermittlung des Wertansatzes zurückgreifen. Die Bewertung der Aufwandsrückstellungen hat grds. auf Basis von **Vollkosten** zu erfolgen. Eine Bewertung zu **Teilkosten** kommt nur bei Unterauslastung der eigenen Werkstätten/Einrichtungen in Betracht. Die Kostenkalkulationen sind zu überprüfen.

➢ **Prüfung der Bilanzierung und Bewertung der sonstigen Rückstellungen**

Sonstige Rückstellungen sind z.B. zu bilden für:

- drohende Verluste aus schwebenden Geschäften,
- drohende Verluste aus laufenden Verfahren,
- Abbruchverpflichtungen und Abraumbeseitigung mit rechtlicher Verpflichtung,
- Altersteilzeitverträge,
- ausstehende Rechnungen,
- dem Grunde nach feststehende Leistungsverpflichtungen am Bilanzstichtag,
- Beteiligung an künftigen Versorgungslasten bei Dienstherrenwechsel,
- Devisengeschäfte,
- Jahresabschluss- und Prüfungskosten,
- Jubiläumsaufwendungen,
- Lohnfortzahlung im Krankheitsfall,
- Mutterschutz,
- Prozesskosten,
- Schadensersatzverpflichtungen,
- Steuernachzahlungen,
- Überstunden- und Urlaubsverpflichtungen.

Darüber hinaus **können** (Wahlrecht) im **NKF** Rückstellungen gebildet werden für unbestimmte Aufwendungen in künftigen Haushaltsjahren für die **erhöhte Heranziehung zu Umlagen** (z.B. Kreis- und Landschaftsverbandsumlage) aufgrund von ungewöhnlich hohen Steuereinzahlungen des Haushaltsjahres (vgl. § 37 Abs. 5 KomHVO).

Um sicherzustellen, dass die sonstigen Rückstellungen vollständig erfasst sind, müssen die leitenden Mitarbeiter über alle möglichen Rückstellungsarten[251] informiert sein und die entsprechenden Daten der Finanzbuchhaltung übermitteln. Hierfür sind Checklisten für potenziell rückstellungspflichtige Sachverhalte hilfreich.

Bei der Prüfung der **Prozesskosten- und Schadensersatzrückstellungen** ist es ratsam, über die Erklärungen der Rechtsabteilung hinaus Rechtsanwaltsbestätigungen einzuholen, die Aufschluss über den Stand der Angelegenheit, die Erfolgsaussichten und Kosten des Rechtsstreits geben. Anhaltspunkte können sich auch aus der nach § 289 Abs. 1 HGB, § 49 KomHVO NRW zu prüfenden **Risikoberichterstattung** (§ 317 Abs. 2 Satz 2 HGB) ergeben. Die Risiken sind, soweit möglich und wirtschaftlich vertretbar, nach Eintrittswahrscheinlichkeiten und Schadenshöhe zu quantifizieren. Wird die zu prüfende Einheit verklagt, so ist darauf zu achten, dass neben den Kosten (z.B. Gerichts-, Anwalts-, Zeugen-, Sachverständigen-, Fahrt- und Personalkosten) auch die wahrscheinlichen Leistungsverpflichtungen zu berücksichtigen sind. Weiterhin ist zu prüfen, ob die Rechtsabteilung über alle laufenden und drohenden Prozesse von den Fachabteilungen informiert wurde.

Durch die Bildung von **Rückstellungen für Überstunden und nicht in Anspruch genommenen Urlaub** werden künftige Personalaufwendungen erfasst, denen keine Arbeitsleistung gegenübersteht, da der Arbeitnehmer diese Arbeitsleistung im abgelaufenen Geschäftsjahr gewissermaßen vorgeleistet hat. Sobald die Beschäftigten ihren Resturlaub nehmen oder Freizeitausgleich erhalten, werden die Rückstellungen aufgelöst. Sie werden am Jahresende erneut gebildet, wenn wieder Ansprüche zu übertragen sind. Rückstellungen für nicht genommenen Urlaub und Überstunden können im NKF mit dem gewogenen Durchschnitt angesetzt werden (§ 35 Satz 2 i.V.m. § 29 Abs. 1 Nr. 3 KomHVO NRW).

Rückstellungen für ungewisse Verbindlichkeiten erfassen zukünftige Aufwendungen, denen keine zukünftigen Erträge gegenüberstehen. Demgegenüber erfassen **Drohverlustrückstellungen** (Rückstellungen für drohende Verluste aus schwebenden Geschäften und aus laufenden Verfahren) solche zukünftigen Aufwendungen, die im Zusammenhang mit zukünftigen Erträgen stehen. Bei den Drohverlustrückstellungen ist im Gegensatz zu den anderen Rückstellungen, bei denen die ungewissen Verbindlichkeiten grundsätzlich in vollem Umfang zu bilanzieren sind,

---

[251] Ein ABC der Rückstellungen ist enthalten in: WP Handbuch, Wirtschaftsprüfung und Rechnungslegung, 17. Aufl. 2021, Kap. F, Tz. 638 ff.

lediglich der Saldo zukünftiger Aufwendungen und Erträge, d.h. der zu erwartende Verpflichtungsüberschuss zu bilanzieren.

Schwebende Geschäfte stellen zwar eine zweiseitige vertragliche Verpflichtung dar, es mangelt jedoch an der Erfüllung der vertraglichen Verpflichtung. Der Grund für die fehlende Erfüllung ist für die Rückstellungsverpflichtung gleichgültig. Solche schwebenden Geschäfte sind auch denkbar bei Rahmenlieferverträgen mit Mindestabnahmeverpflichtungen zu Festpreisen. Der drohende Verlust kann u. U. entstehen, wenn der Wert der Vermögensgegenstände aufgrund technischer Weiterentwicklung oder höherer Sicherheitsstandards sinkt. Durch die Verpflichtung zur Erfüllung aus dem Rahmenvertrag entsteht aber eine höhere Zahlungsverpflichtung gegenüber dem Dritten als der Wert der Vermögensgegenstände tatsächlich ausmacht. Für die Differenz zwischen Zahlungsverpflichtung und tatsächlichem Vermögenswert ist ab Bekanntwerden eine sonstige Rückstellung zu bilden.

Zu Ansatz und Bewertung von Drohverlustrückstellungen sei im Einzelnen auf IDW RS HFA 4 verwiesen. Der Prüfer hat zu untersuchen, ob Einkaufs-, Verkaufs- oder Dienstleistungsverträge bestehen, aus denen derartige Verluste entstehen können.

Finanzderivate (z.B. Zinsswaps), die z.B. zur Absicherung eines Zinsrisikos abgeschlossen werden, sind gemeinsam mit dem Grundgeschäft (z.B. Schuldscheindarlehen) als Bewertungseinheit zusammenzufassen; die Bildung einer Drohverlustrückstellung unterbleibt (§ 254 HGB, § 35a KomHVO NRW).

Verluste aus **laufenden Verfahren** können drohen, wenn z.B. ein Bürger gegen einen belasteten Verwaltungsakt (VA) Widerspruch oder Klage eingereicht hat, der VA noch nicht rechtskräftig geworden ist und die Behörde möglicherweise zu Erstattungszahlungen verpflichtet wird. Eine Berichtigung der Forderung der Gebietskörperschaft erfolgt also noch nicht – diese dürfte erst nach Bestandskraft des VA (z.B. durch Urteil) erfolgen.

Rückstellungen für ungewisse Verbindlichkeiten sind nach h.M. zu **Vollkosten** anzusetzen. Neben den Einzelkosten sind auch die notwendigen Gemeinkosten zu berücksichtigen. Für die Bewertung einer Rückstellung sind die voraussichtlichen Preisverhältnisse, die auf begründeten und objektiven Erwartungen beruhen, zum Zeitpunkt des Anfalls der Aufwendungen maßgebend (IDW RS HFA 34, Tz. 25). Gleichzeitig ist nach § 253 Abs. 2 Satz 1 HGB der Nominalbetrag der Verpflichtung mit einem durchschnittlichen Marktzinssatz abzuzinsen, wobei dieser Marktzinssatz i.d.R. ebenfalls künftige Preis- und Kostenänderungen reflektiert (IDW RS HFA 34, Tz. 26). Im NKF werden nur die Pensionsrückstellungen mit dem vorgeschriebenen Zinssatz von 5 % abgezinst (§ 37 Abs. 1 KomHVO NRW).

Eine Abzinsung der anderen Rückstellungen erfolgt nicht.[252] Bei der Ermittlung der vorhersehbaren Preis- und Kostenänderungen sind in erster Linie unternehmens- und branchenspezifische Daten zugrunde zu legen. In zweiter Linie sind Trendzahlen (z.B. aktuelles Inflationsziel) der Deutschen Bundesbank bzw. Europäischen Zentralbank verwendbar (IDW RS HFA 34, Tz. 27).

MERKE: Die Prüfung der Rückstellungen stellt hohe Anforderungen an die Risikoanalyse, die der Prüfer durchzuführen hat. Er muss vor allem beurteilen, ob die ausgewiesenen Rückstellungen vollständig und korrekt berechnet sind. Dabei ist insbesondere zu prüfen,

- ob die gesetzlich vorgeschriebenen (Pflicht-) Rückstellungen in richtiger Höhe gebildet wurden,
- ob Sachverhalte vorliegen, für die Rückstellungen gebildet werden müssten, eine entsprechende Buchung jedoch unterblieben ist,
- ob Ermessen fehlerfrei ausgeübt wurde und Schätzungen plausibel sind.

Bei der Prüfung der Zuordnung der durch die Bildung von Rückstellungen bedingten Aufwendungen zu den **Aufwandspositionen der GuV/Ergebnisrechnung** muss der Prüfer davon ausgehen, dass der rückstellungsbedingte Aufwand jeweils unter derjenigen Aufwandsposition der Erfolgsrechnung ausgewiesen werden muss, die infrage gekommen wäre, wenn der entsprechende Vorgang schon im abgelaufenen Geschäfts-/Haushaltsjahr zu Ausgaben geführt hätte. Rückstellungen für nicht genommenen Urlaub wären demnach bspw. dem Personalaufwand zuzuordnen, Rückstellungen für Instandhaltung dagegen den Aufwendungen für bezogene Leistungen bzw. für Sach- und Dienstleistungen. Falls kein spezielles Konto vorhanden ist, erfolgt eine Buchung zu Lasten der sonstigen betrieblichen/ordentlichen Aufwendungen. Außerdem sollten die Sachkonten zu den Rechts- und Beratungskosten in die Prüfung einbezogen werden, um die Vollständigkeit der sonstigen Rückstellungen zu beurteilen.

Erträge aus der Auflösung von ganz oder zum Teil nicht mehr benötigten Rückstellungen sind in der **GuV/Ergebnisrechnung** unter der Position „**sonstige betriebliche/ordentliche Erträge**" auszuweisen. Rückstellungen dürfen nur **aufgelöst** werden, soweit der Grund hierfür entfallen ist (§ 249 Abs. 2 Satz 2 HGB, im NKF: § 88 Abs. 2 GO NRW). Dies ist der Fall, wenn aufgrund geänderter Marktverhältnisse, Rechtslage oder sonstiger Informationen mit einer Inanspruchnahme aus der Rückstellung nicht mehr zu rechnen ist, z.B. bei rechtskräftiger Klageabweisung oder Verzicht.

Es ist insbesondere zu prüfen, ob die jeweiligen Aufwendungen und Erträge vollständig erfasst und periodengerecht ausgewiesen sind. Gleiches gilt für die korres-

[252] Vgl. NKF-Handreichungen, 7. Aufl. 2016, S. 1010.

pondierenden Auszahlungen und Einzahlungen im Rahmen der Prüfung der **Finanzrechnung** von Gebietskörperschaften.

Gemäß § 285 Nr. 24 HGB sind **Anhangangaben** hinsichtlich des herangezogenen versicherungsmathematischen Berechnungsverfahrens bei den Rückstellungen für **Pensionen** und ähnlichen Verpflichtungen sowie Annahmen über Gehaltstrends, Zinssatz und zugrunde gelegte Sterbetafeln zu machen.[253] Bei den Rückstellungen für **ungewisse Verbindlichkeiten und drohende Verluste aus schwebenden Geschäften** ist die verwendete Kalkulationsmethode zu erläutern. Ansonsten sind die **sonstigen Rückstellungen** zu erläutern, wenn sie einen nicht unerheblichen Umfang haben (§ 285 Nr. 12 HGB); hierbei ist auch der Maßstab zur Festlegung des Wesentlichkeitskriteriums anzugeben. Vergleichbare Verpflichtungen zu Anhangangaben im NKF ergeben sich aus § 45 Abs. 2 Nr. 4 und 5 KomHVO NRW.

Prüfungsunterlagen sind u.a.:

- Konten,
- Übersicht (Rückstellungsspiegel) über die Aufteilung und Entwicklung der Rückstellungen im Geschäftsjahr (Anfangsbestand, Inanspruchnahme, Auflösung, Zuführung, Endbestand),
- Gutachten über Pensionsrückstellungen, Altersteilzeit,
- Unterlagen über Versorgungseinrichtungen,
- Übersichten über nicht übertragene Urlaubstage, Überstundenaufstellungen, Arbeitsteilzeitvereinbarungen,
- Berechnungen und sonstige Unterlagen, die zum Jahresende für die einzelnen Rückstellungen erstellt wurden,
- Belege, Bescheide, Verträge, Protokolle,
- Prozessakten, Rechtanwaltsbestätigungen,
- langfristige Abnahme- und Lieferverträge,
- Unterlagen über Devisentermingeschäfte,
- Wartungs-, Instandhaltungs- und Inspektionspläne.

Weitere kommunale Prüfungsschwerpunkte siehe Ziffer 1.11 (Rückstellungen) der NKF-Prüfungscheckliste.

6.2.5 Prüfung der Verbindlichkeiten

Verbindlichkeiten sind Schulden, die sowohl dem Grunde als auch der Höhe nach feststehen. Es handelt sich um Verpflichtungen zu einer Geld-, Dienst- oder Sachleistung. Rückstellungen sind im Gegensatz dazu Schulden, die dem Grund und/oder der Höhe nach nicht feststehen, also ungewiss sind. Für die Darstellung

[253] Hinsichtlich weiterer Berechnungsparameter wird auf IDW RS HFA 30, Tz. 51 ff. verwiesen.

der Finanzlage durch Jahresabschlusskennzahlen und die Beurteilung der Bonität sind die Verbindlichkeiten von zentraler Bedeutung.[254]

Das **inhärente Risiko** beschreibt die Fehleranfälligkeit eines Prüffeldes. Bei stark verschuldeten Unternehmen und Gebietskörperschaften ergeben sich hier erhöhte Risiken.

Das **Kontrollrisiko** beurteilt die auf die Verbindlichkeiten bezogene Wirksamkeit des IKS. Der Prüfer wird z.B. beurteilen, ob[255]

- durch Buchungsanweisungen, Bilanzierungsrichtlinien oder in sonstiger Weise sichergestellt ist, dass die gesetzlichen Vorschriften zur Rechnungslegung beachtet werden,
- eine zuverlässige Liquiditätsplanung zur Steuerung der Zahlungsfähigkeit vorliegt,
- der Verbindlichkeitenspiegel gemäß den gesetzlichen Regelungen (im NKF: § 48 KomHVO NRW) geführt wird,
- ein funktionierendes IKS innerhalb des Konzerns besteht und Lieferungs- und Leistungsbeziehungen sowie Kreditgeschäfte zu marktüblichen Bedingungen erfolgen,
- es sonstige ungewöhnliche Geschäftsvorfälle gibt (z.B. zu ungewöhnlichen Konditionen, ohne schlüssigen Grund, die in ungewöhnlicher Weise abgewickelt wurden, oder nicht gebuchte Geschäftsvorfälle, wie z.B. unentgeltliche Nutzung oder Bereitstellung von Dienstleistungen),
- durch das Führen einer zentralen Vertragsdatenbank gewährleistet ist, dass alle Verbindlichkeiten der Einheit vollständig erfasst sind,
- sichergestellt ist, dass das Vier-Augen-Prinzip beim Eingehen von Verpflichtungen, bei Zahlungen, Bankvollmachten, der Kassenführung und bei Bestellung von Sicherheiten etc. durchgängig beachtet wird,
- für am Kapitalmarkt aufgenommene **Anleihen** übersichtliche Akten (mit notariellen Urkunden, Verträgen, Beschlüssen der Organe, Börsenprospekte, Abrechnungen der Emissionsbanken, Tilgungspläne etc.) geführt werden,
- für **Kreditverbindlichkeiten** ein Verzeichnis (Kreditakte) geführt wird, das Gläubiger, ursprünglichen Kreditbetrag, Zinssatz, Zinstermine, rückständige Zinszahlungen, Rückzahlungsraten, Rückzahlungstermine, rückständige Tilgungen, Jahresendsaldo sowie gegebene Sicherheiten enthält und eine Abstimmung mit den Konten erfolgt,
- die externen und internen Regelungen bezüglich der Aufnahme von Krediten, der Nutzung von Zinsderivaten, der Vereinbarung von kreditähnlichen

---

[254] Verbindlichkeitsbezogene Kennzahlen sind z.B. statischer und dynamischer Verschuldungsgrad, Anlagendeckungsgrad sowie Liquidität I, II und III (vgl. hierzu Band 1, Kap. A.17).

[255] In Anlehnung an Graumann, M., Wirtschaftliches Prüfungswesen, 6. Aufl. 2020, S. 641.

Rechtsgeschäften wie Öffentlich-Private-Partnerschaften oder Leasing eingehalten werden (im NKF z.B. Krediterlass des zuständigen Ministeriums[256]),

- Ermächtigungen, Genehmigungen oder Vollmachten zur Eingehung von Krediten vorliegen und die Aufnahme von Krediten zu plausiblen und marktüblichen Konditionen (ggf. Nachweis von verschiedenen Angeboten, Abgleich mit Marktzinsen) erfolgt,
- die Kreditbedingungen eingehalten werden, insbesondere ob die Soll-Verzinsung dem gebuchten Zinsaufwand entspricht und Zinsaufwendungen korrekt abgegrenzt werden,
- die Kontostände regelmäßig mit den Bankauszügen abgeglichen werden und die Zahlungen zeitnah und richtig gebucht werden,
- im NKF eine gesonderte Erfassung der **Verbindlichkeiten gegenüber verbundenen Unternehmen**, gegenüber Unternehmen, mit denen ein Beteiligungsverhältnis besteht, gegenüber Sondervermögen und gegenüber dem öffentlichen Bereich sichergestellt ist,
- Anhaltspunkte vorliegen, dass bei Beschaffungsgeschäften bestimmte **Lieferanten oder Leistungserbringer** begünstigt werden,
- ein Unterschlagungsrisiko besteht, dass Lieferungen nicht in die zu prüfende Einheit gelangen,
- Bestellbelege, Auftragsbestätigungen, Lieferscheine und Rechnungen abgestimmt werden,
- gewährleistet ist, dass Rechnungen nicht doppelt bezahlt werden können (z.B. Zahlung nur auf Basis der Originalrechnung) und eine ordnungsgemäße Entwertung der Belege erfolgt („Bezahlt"-Stempel o.ä.),
- bei Beschaffungen regelmäßig Vergleichsangebote eingeholt werden,
- eingeräumte Zahlungsziele ausgenutzt werden sowie sichergestellt ist, dass Skontoabzüge bei Bezahlung der Verbindlichkeiten wahrgenommen werden,
- Eingangsrechnungen sofort bei Eingang und nicht erst nach Prüfung der sachlichen und rechnerischen Richtigkeit erfasst werden,
- bestehende Verbindlichkeiten (z.B. für erbrachte Beraterleistungen), für die noch keine Rechnungen vorliegen, erkannt und gebucht werden,
- mit den Geschäftspartnern eine zeitnahe Abrechnung der bis zum 31.12. erbrachten Leistungen vereinbart wird,
- Abgrenzungen beachtet werden,
- eine automatische Verrechnung von Anzahlungen erfolgt,
- das Saldierungsverbot von Forderungen und Verbindlichkeiten beachtet wird.

[256] Vgl. RdErl. des Ministeriums für Inneres und Kommunales v. 16.12.2014, zuletzt geändert durch RdErl. v. 4.6.2020 (MBl. NRW, S. 309).

Das Vorgehen bei der Prüfung der Verbindlichkeiten entspricht weitgehend dem Vorgehen bei der Prüfung der Forderungen. Es erstreckt sich auf Zulässigkeit und Vollständigkeit der Bilanzierung (Nachweis/Ansatz), die Richtigkeit der angesetzten Werte (Bewertung) und den ordnungsgemäßen Ausweis in der Bilanz.

Die Verbindlichkeiten werden durch Buchinventur nachgewiesen. **Prüfungsnachweise** für Verbindlichkeiten sind insbesondere Saldenbestätigungen, Sachkonten, Kreditorenkonten, Saldenlisten, Kontoauszüge, Rechnungen sowie Bestellungen und Lieferscheine (bei Verbindlichkeiten aus Lieferungen und Leistungen) oder Bewilligungsbescheide bzw. sonstige Unterlagen, die eine Leistungspflicht begründen (bei Verbindlichkeiten aus Transferleistungen der Gebietskörperschaften). Der Prüfer hat sich zu vergewissern, ob die genannten Voraussetzungen für die Bilanzierung vorliegen. Hilfreich ist die Einsichtnahme in Verträge, Rechnungen oder Aktenvorgänge, welche die Verbindlichkeit begründen. Die Bestätigungen müssen mit den Salden laut Saldenliste und diese wiederum mit den Salden auf den Kontokorrentkonten abgestimmt werden. Hinsichtlich der Abstimmung gelten die Ausführungen zur Prüfung der Forderungen analog. Die Salden der in der Saldenliste ausgewiesenen debitorischen Kreditoren sollten lückenlos abgestimmt und ihre Entstehungsursache geprüft werden. Sie könnten z.B. dadurch entstanden sein, dass Eingangsrechnungen zwar bezahlt, jedoch nicht gebucht wurden.

Im Hinblick auf die Verbindlichkeiten gegenüber Kreditinstituten werden als externe Nachweise Kreditverträge, Bankbestätigungen und Kontoauszüge geprüft. Die Nachweise können zudem direkt zur Nachkalkulation des Zinsaufwands und zur Frage, ob Zinsen abgegrenzt werden müssen, genutzt werden.

Grundsätzlich ist beim **Ansatz** der Verbindlichkeiten zu prüfen, ob nur solche Ansprüche berücksichtigt worden sind, die auf Leistungsverpflichtungen gegenüber Dritten beruhen und deren Vorhandensein und Höhe im Unterschied zu den Rückstellungen am Bilanzstichtag zweifelsfrei feststehen. Typischerweise sind zur Erfüllung dieser Verpflichtungen Zahlungen zu leisten (Zahlungsverpflichtungen). Lediglich in Ausnahmefällen (z.B. bei erhaltenen Anzahlungen oder Tauschgeschäften) beziehen sich die Leistungsverpflichtungen auf das Erbringen von Sach- oder Dienstleistungen. Bei **Leasingverträgen** ist zu prüfen, ob entsprechend der Vertragsgestaltung die Passivierung einer Verbindlichkeit notwendig ist (vgl. Band 1, Kap. A.7.7). Die Leasingverbindlichkeiten sind als **Verbindlichkeiten aus kreditähnlichen Geschäften** in Höhe der insgesamt eingegangenen Verpflichtung (= Leasingsumme) abzüglich der bis zum Ende des Berichtszeitraumes geleisteten Tilgungen auszuweisen.

Bei den Verbindlichkeiten ist zu beachten, dass diese nicht mit Forderungen verrechnet werden dürfen (**Verrechnungs- oder Saldierungsverbot** lt. § 246 Abs. 2 Satz 1 HGB). Ausnahmen vom Saldierungsverbot darf der Prüfer nur zulassen, wenn folgende Voraussetzungen erfüllt sind:

- Personenidentität von Gläubiger und Schuldner,
- die Gegenstände von Leistung und Gegenleistung müssen gleichartig sein,
- annähernd übereinstimmende Fälligkeitszeitpunkte der Verbindlichkeit und der Forderung sowie
- gegenseitige Aufrechnungsfähigkeit nach § 387 BGB.[257]

Die Verbindlichkeiten müssen entsprechend der vorgegebenen Gliederung der Passivseite ausgewiesen werden. Der Prüfer hat die Einhaltung der dort angegebenen Untergliederung zu überprüfen. Gemäß **§ 266 Abs. 3 HGB** sind beim **Ausweis** der Verbindlichkeiten folgende Untergliederungen vorgesehen:

- Anleihen (mit „davon"-Vermerk der konvertiblen Anleihen),
- Verbindlichkeiten gegenüber Kreditinstituten,
- erhaltene Anzahlungen auf Bestellungen,
- Verbindlichkeiten aus Lieferungen und Leistungen,
- Verbindlichkeiten aus der Annahme gezogener und Ausstellung eigener Wechsel,
- Verbindlichkeiten gegenüber verbundenen Unternehmen,
- Verbindlichkeiten gegenüber Beteiligungsunternehmen,
- sonstige Verbindlichkeiten (mit „davon"-Vermerken der Steuerverbindlichkeiten sowie der Verbindlichkeiten im Rahmen der sozialen Sicherheit).

Im **NKF** sind die Verbindlichkeiten nach § 42 Abs. 4 Nr. 4 KomHVO NRW wie folgt zu unterteilen:[258]

- Anleihen (für Investitionen, zur Liquiditätssicherung),
- Verbindlichkeiten aus Krediten für Investitionen (von verbundenen Unternehmen, von Beteiligungen, von Sondervermögen, vom öffentlichen Bereich, von Kreditinstituten),
- Verbindlichkeiten aus Krediten zur Liquiditätssicherung,
- Verbindlichkeiten aus Vorgängen, die Kreditaufnahmen wirtschaftlich gleichkommen (kreditähnliche Geschäfte),
- Verbindlichkeiten aus Lieferungen und Leistungen,
- Verbindlichkeiten aus Transferleistungen,
- sonstige Verbindlichkeiten,
- erhaltene Anzahlungen.

Bei den **Anleihen** ist die Einhaltung der Zins- und Tilgungsbedingungen zu prüfen. Dabei erfolgt sinnvollerweise gleichzeitig die Prüfung der Zinsaufwendungen, wo-

---

257 Vgl. Beck´scher Bilanzkommentar, 12. Aufl. 2020, Tz. 106 zu § 246 HGB.

258 Zu den einzelnen Unterscheidungskriterien wird auf Band 1, Kap. B.2.4.8 verwiesen.

bei die vereinbarten Zinsen den tatsächlich gezahlten Zinsen gegenüberzustellen sind. Hieraus ergibt sich auch, ob ggf. Zinsaufwand abzugrenzen ist.

Den wesentlichsten Posten bilden bei Gebietskörperschaften regelmäßig die **Verbindlichkeiten gegenüber Kreditinstituten**. Hier muss der Prüfer darauf achten, dass **nur der jeweils in Anspruch genommene Kredit** und nicht die von dem Kreditinstitut zur Verfügung gestellte Kreditlinie ausgewiesen wird. **Kontokorrentkredite** haben grundsätzlich den Charakter kurzfristiger Kredite (Restlaufzeit unter einem Jahr). Selbst wenn sie dem Bilanzierenden in Höhe eines bestimmten Bodensatzes länger zur Verfügung stehen, muss der Prüfer darauf bestehen, dass sie bei den Verbindlichkeiten mit einer Restlaufzeit bis zu einem Jahr vermerkt werden. Auch hier ist die Einhaltung der Kreditbedingungen zu überprüfen; die vereinbarten Zinsen sind den tatsächlich gezahlten Zinsen gegenüberzustellen. Bei Gebietskörperschaften ist zusätzlich zu prüfen, ob Kredite ausschließlich für folgende Zwecke aufgenommen wurden:

- für Investitionen und zur Umschuldung (im NKF: § 86 Abs. 1 GO NRW),
- zur Liquiditätssicherung bis zu dem in der Haushaltssatzung festgelegten Höchstbetrag (§ 89 Abs. 2 GO NRW).

Bei der Einhaltung des **Höchstbetrages für die Kredite zur Liquiditätssicherung** ist darauf zu achten, dass hier nicht nur die Verhältnisse am Bilanzstichtag maßgeblich sind, sondern der Höchstbetrag im ganzen Haushaltsjahr einzuhalten ist. Daneben ist zu untersuchen, ob die Kredite zu günstigen Konditionen beschafft worden sind oder ob bei Krediten zur Liquiditätssicherung lediglich das Girokonto im Rahmen eines Kontokorrentkredites überzogen wurde, ohne günstigere Angebote einzuholen.[259] Im Übrigen sollte der Prüfer untersuchen, ob und ggf. warum die Verbindlichkeiten aus Krediten im Vergleich zum Vorjahr **unverhältnismäßig stark angestiegen** sind.

Bei den **Verbindlichkeiten aus Lieferungen und Leistungen** handelt es sich wie bei den Forderungen aus Lieferungen und Leistungen um gewöhnliche Geschäftsvorfälle. In welchem Umfang Einzelprüfungen erforderlich sind, beurteilt der Prüfer nach dem Ergebnis der Prüfung des internen Kontrollsystems. Der Prüfer hat abzuwägen, ob er Bestätigungen Dritter als aussagebezogene Prüfungshandlungen einholt, um das Bestehen der Verbindlichkeiten nachzuweisen. Die Bestätigungen müssen mit den Salden laut Saldenliste und diese mit den Salden auf den Personenkonten abgestimmt werden. Bei **kreditorischen Debitoren** (Überzahlungskonten) sind die Ursachen für den Ausweis zu prüfen. Bei debitorischen Kreditoren ist der Ausweis unter den sonstigen Vermögensgegenständen sicherzustellen (**Saldierungsverbot**).

---

[259] Es handelt sich hier um eine Prüfungsaufgabe im Rahmen der Ordnungsmäßigkeit der Haushaltswirtschaft gemäß IDW PS 731 (Fragenkreis 16).

Nicht selten werden in der Praxis Verbindlichkeiten erst mit dem Rechnungseingang gebucht, und nicht selten werden Rechnungen für erbrachte Dienstleistungen – vor allem von Handwerksbetrieben – erst im Folgejahr verschickt. Deshalb sind die Buchungen im Folgejahr daraufhin zu untersuchen, ob sie Lieferungen und Leistungen vor dem Bilanzstichtag betreffen. In beiden Fällen liegt ein Verstoß gegen den **Vollständigkeitsansatz von Verbindlichkeiten** vor. Bei Unsicherheit über die Rechnungshöhe ist eine **Rückstellung für ausstehende Rechnungen** zu bilden. Liegt die Rechnung am Jahresende noch nicht vor, ist die Rechnungshöhe jedoch bekannt, muss eine sonstige Verbindlichkeit gebucht werden. Der Prüfer sollte sich bestätigen lassen, ob und in welcher Höhe es zum Abschlussstichtag noch nicht abgerechnete Leistungen gibt.

Verbindlichkeiten aus Transferleistungen resultieren aus öffentlichen Finanzbeziehungen, wobei kein Leistungs-/Gegenleistungsverhältnis besteht, z.B. Sozialleistungsverbindlichkeiten an Dritte, Verbindlichkeiten aus dem vertikalen und horizontalen Finanzausgleich, Verbindlichkeiten aus Zuschüssen (Subventionen und Förderungen für Unternehmen und Haushalte). Sie entstehen, wenn die Zahlungspflicht an Dritte am Bilanzstichtag dem Grunde und der Höhe nach feststeht, aber noch keine Zahlung erfolgt ist. Bei Sozialleistungen und Zuschüssen ist anhand der Bescheide oder sonstigen Unterlagen stichprobenartig ist zu prüfen, ob die Voraussetzungen gegeben sind.

Die **sonstigen Verbindlichkeiten** bilden einen Sammelposten für nicht unter den anderen Posten auszuweisende Verbindlichkeiten. Hierzu zählen z.B. Verbindlichkeiten gegenüber den Finanzbehörden, Sozialversicherungsträgern und Mitarbeitern oder von Nichtbanken erhaltene Darlehen. Antizipative Abgrenzungsposten (z.B. Miet- und Zinsabgrenzungen) sind ebenfalls unter diesem Posten auszuweisen. Durch **„davon"-Vermerke** sind gemäß § 266 Abs. 3 C.8. HGB Steuerverbindlichkeiten sowie Verbindlichkeiten im Rahmen der sozialen Sicherheit gesondert anzugeben (im NKF ist der Vermerk nicht vorgesehen). Die Verbindlichkeiten aus der Lohnsteuer und Sozialversicherung sind mit den Unterlagen der Personalabteilung abzustimmen. In diesem Zusammenhang sollte der Prüfer sich die Ergebnisse von eventuellen **Außenprüfungen von Dritten** vorlegen lassen und prüfen, ob diese Ergebnisse im Abschluss berücksichtigt sind.

Die Prüfung der **erhaltenen Anzahlungen** unterscheidet sich nicht wesentlich von der Prüfung der Verbindlichkeiten aus Lieferungen und Leistungen. Zusätzlich ist zu prüfen, ob die Anzahlungen weiterhin auszuweisen sind oder eine Aufrechnung trotz erfolgter Lieferung oder Leistung versehentlich vergessen wurde.

Die **Bewertung** einer Verbindlichkeit richtet sich gemäß § 253 Abs. 1 Satz 2 HGB nach ihrem Erfüllungsbetrag. Auf **Rentenverpflichtungen beruhende Verbindlichkeiten**, für die eine Gegenleistung nicht mehr zu erwarten ist, sind analog zu den Rückstellungen gemäß § 253 Abs. 2 Satz 1–3 HGB mit ihrem **Barwert** anzusetzen. Für Schulden, also auch für Verbindlichkeiten, ist grundsätzlich eine **Gruppenbewertung** zulässig (§ 240 Abs. 3 HGB).

Der **Erfüllungsbetrag** ist derjenige Geldbetrag, der vereinbarungsgemäß zum Tilgungszeitpunkt zu leisten ist, um die am Bilanzstichtag bestehende Verbindlichkeit vollständig zurückzuzahlen. Der Prüfer kann diesen Betrag i.d.R. relativ einfach durch Einsichtnahme in die Verpflichtungsdokumente ermitteln. Durch Vergleich dieses Betrages mit dem Wertansatz im Verzeichnis der Verbindlichkeiten kann der Prüfer leicht beurteilen, ob unzulässige Wertkorrekturen vorgenommen wurden.

Verbindlichkeiten, die **in fremder Währung** zurückzuzahlen sind (Valutaverbindlichkeiten), müssen ebenfalls mit dem Erfüllungsbetrag angesetzt werden. Der Prüfer hat darauf zu achten, dass die Valutaverbindlichkeiten mit dem **Devisenkassamittelkurs** am Abschlussstichtag bewertet werden (§ 256 a HGB). Bei der Bildung von **Bewertungseinheiten** ist § 256 a HGB nicht anzuwenden (§ 254 HGB, im NKF: § 35 a KomHVO NRW).

Anhangangaben:

Nach § 268 HGB sind Angaben zu machen über

- den Betrag der Verbindlichkeiten mit einer Restlaufzeit von bis zu einem Jahr zu jedem gesondert ausgewiesenen Posten (Abs. 5 Satz 1),
- wesentliche Verbindlichkeitsbeträge, die rechtlich erst nach dem Abschlussstichtag entstanden sind (Abs. 5 Satz 3),
- ein nach § 250 Abs. 3 HGB als aktiver Rechnungsabgrenzungsposten ausgewiesenes Disagio (Abs. 6),
- die in § 251 HGB bezeichneten Haftungsverhältnisse unter Angabe der gewährten Pfandrechte und sonstigen Sicherheiten und zu den Haftungsverhältnissen gegenüber verbundenen Unternehmen (Abs. 7).

§ 285 Nr. 1 HGB verlangt die Angabe des Gesamtbetrags der

- Verbindlichkeiten mit einer Restlaufzeit von mehr als fünf Jahren sowie
- Verbindlichkeiten, die durch Pfandrechte oder ähnliche Rechte gesichert sind, unter Angabe der Art und Form der Sicherheiten.

Die Angaben können gemeinsam mit der Darstellung der kurzfristigen Verbindlichkeiten nach § 268 Abs. 1 HGB auch in einem sog. **Verbindlichkeitenspiegel** erfolgen. Im **NKF** ist ein solcher Verbindlichkeitenspiegel in § 48 KomHVO NRW vorgeschrieben.[260] Hiernach sind alle Verbindlichkeiten mit einer Restlaufzeit bis zu einem Jahr, von einem bis fünf Jahren und von mehr als fünf Jahren nach einem

[260] Vgl. Muster Verbindlichkeitenspiegel lt. § 48 KomHVO NRW (Anlage 27 VV Muster zur GO NRW und KomHVO NRW).

verbindlichen Muster gesondert anzugeben. Ebenfalls angabepflichtig sind die Haftungsverhältnisse aus der Bestellung von Sicherheiten. Weitere Anhangangaben bezüglich der Verbindlichkeiten sind in § 285 Nr. 3, 3a, 19, 21, 23, 25 und 27 HGB aufgeführt.

In der **GuV/Ergebnisrechnung** sind im Zusammenhang mit den Verbindlichkeiten folgende Erfolgskomponenten zu berücksichtigen:

- Aufwendungen bzw. Erträge aus der erfolgswirksamen Verrechnung eines Disagios bzw. eines unter den passiven Rechnungsabgrenzungsposten ausgewiesenen Unterschiedsbetrags,
- Aufwendungen aus der Begebung von Anleihen,
- Zinsen sowie
- Erträge aus dem Erlass und der Auflösung von Verbindlichkeiten.

Es ist insbesondere zu prüfen, ob die jeweiligen Aufwendungen und Erträge vollständig erfasst und periodengerecht ausgewiesen sind. Bei den korrespondierenden Auszahlungen und Einzahlungen im Rahmen der Prüfung der **Finanzrechnung** von Gebietskörperschaften ist auf die richtige Kontenzuordnung zu achten.

Prüfungsunterlagen sind u.a.:

- Verbindlichkeitenspiegel,
- Saldenlisten und Saldenbestätigungen,
- Rechnungen, Bestellungen, Lieferscheine, Schriftwechsel mit Lieferanten (bei Verbindlichkeiten aus Lieferungen und Leistungen),
- Bescheide, Berechnungen etc., die Transferverbindlichkeiten belegen,
- Kontoauszüge, Bankabrechnungen,
- Zins- und Tilgungspläne bei Krediten,
- Darlehensverträge und Kreditzusagen,
- Besicherung von Bankverbindlichkeiten,
- Kreditversicherungen,
- Zusammenstellung der Bürgschafts- und Gewährleistungsverträge,
- Angaben über eingegangene Haftungsverhältnisse.

Weitere kommunale Prüfungsschwerpunkte siehe Ziffer 1.12 (Verbindlichkeiten) der NKF-Prüfungscheckliste.

6.2.6 Prüfung der passiven Rechnungsabgrenzungsposten

Auf der Passivseite sind als Rechnungsabgrenzungsposten Einnahmen[261] vor dem Abschlussstichtag auszuweisen, soweit sie einen Ertrag für eine bestimmte Zeit nach diesem Tag darstellen (§ 250 Abs. 2 HGB, im NKF: § 43 Abs. 3 KomHVO NRW). Die in der Bilanz enthaltenen Rechnungsabgrenzungsposten müssen **zulässig und vollständig erfasst** sein. Der Prüfer sollte sich eine vom Bilanzierenden zu erstellende Liste aller Abgrenzungsposten vorlegen lassen. Diese Liste sollte den Grund für die Rechnungsabgrenzung und den Zeitraum (Anfangs- und Endpunkt) enthalten, auf den sich der einzelne Rechnungsabgrenzungsposten bezieht. Die Summe der einzelnen Posten muss mit dem Bilanzausweis übereinstimmen. Stichprobenartig sollte der Prüfer die sachliche und rechnerische Richtigkeit der angesetzten Beträge untersuchen. Er sollte sich vor allem auf betragsmäßig wichtige Posten konzentrieren. Als Unterlagen sind die Buchungsbelege und die Vertragsunterlagen heranzuziehen. Aus den Verträgen oder Bescheiden kann die zeitliche Verteilung der Erfolgswirksamkeit der abgegrenzten Beträge ersehen werden.

Beispiel:

Die Gemeinde erhebt für 20, 25 oder 30 Jahre eine Grabnutzungsgebühr im Voraus. Es darf nur der auf das jeweilige Rechnungsjahr entfallende Betrag ertragswirksam gebucht werden. Die für die Folgejahre gezahlten Beträge sind als passiver Rechnungsabgrenzungsposten zu bilanzieren.

Bei einer Auflösung eines Rechnungsabgrenzungspostens sollte sich der Prüfer davon überzeugen, dass diese über die entsprechenden Positionen in der GuV/ Ergebnisrechnung gebucht wurde. Beispiele für passive Rechnungsabgrenzungsposten bei Gebietskörperschaften sind:

Passive Rechnungsabgrenzungsposten
– erhaltene Vorauszahlungen von Miete oder Pacht, – im Voraus erhaltene Gebühren oder Beiträge, – im Voraus erhaltene Zinsen, – im Voraus erhaltene Grabpflegeentgelte, – im Voraus erhaltene Entgelte für ein Theater-Abo im neuen Jahr – im Voraus erhaltene Lehrgangsentgelte einer Verwaltungsschule.

Abbildung 49: Beispiele passiver Rechnungsabgrenzungsposten

Kommunale Prüfungsschwerpunkte siehe Ziffer 1.13 (Passive Rechnungsangrenzung) der NKF-Prüfungscheckliste.

261 Der Begriff „Einnahmen“ umfasst neben den Einzahlungen auch Forderungszugänge und Verbindlichkeitsabgänge.

7 Prüfung der Erfolgsrechnung/Ergebnisrechnung und der Teilergebnisrechnungen

7.1 Grundlegende Prüfungen

Ergänzend zur Bilanzprüfung erfolgt die **Prüfung der Erfolgsrechnung/Ergebnisrechnung** (GuV-Rechnung) als weiterer Prüfungsgegenstand. Die Geschäftsvorfälle zu den einzelnen Positionen sind in Anlehnung an ISA [DE] 315, A129 zu überprüfen auf:

- Vorkommen, d.h. ob die in den Büchern aufgezeichneten Geschäftsvorfälle tatsächlich passiert sind und der Einheit zugerechnet werden können;
- Vollständigkeit, d.h. ob sämtliche vorgekommenen Geschäftsvorfälle in den Jahresabschluss der zu prüfenden Einheit aufgenommen wurden;
- Genauigkeit, d.h. ob die Geschäftsvorfälle richtig, also willkürfrei erfasst wurden und den tatsächlichen Gegebenheit entsprechen;
- Periodenabgrenzung, d.h. ob die angesprochenen Geschäftsvorfälle der richtigen Periode, also dem richtigen Geschäftsjahr, zugeordnet wurden;
- Kontenzuordnung, d.h. ob die Geschäftsvorfälle auf den richtigen Konten erfasst sind;
- Darstellung, d.h. ob die Darstellungsform den gesetzlichen Anforderungen entspricht.

Insbesondere muss der Prüfer feststellen, ob die **vorgeschriebene Gliederung** (vgl. § 275 HGB, für die staatliche Doppik: Anlage 1b SsD, im NKF: § 39 i.V.m. § 2 KomHVO NRW) eingehalten wurde. Bei einer abweichenden Gliederung ist die Zulässigkeit zu beurteilen.

Zur Beurteilung des **sachgemäßen Ausweises** ist eine Prüfung der Herleitung der betreffenden Position der Erfolgsrechnung erforderlich: Geschäftsvorfall – Kontierung – Buchung – Überleitung des Kontos in eine GuV-Position. Eine genaue Prüfung ist insbesondere bei Sammelpositionen wie den sonstigen betrieblichen/ordentlichen Erträgen und Aufwendungen sowie ggf. (im NKF) den außerordentlichen Erträgen und Aufwendungen erforderlich. Hier ist zu untersuchen, ob die Geschäftsvorfälle nicht anderen Positionen zugeordnet werden müssen.

Der **periodengerechte Ausweis** hängt mit dem sachgemäßen Ausweis zusammen. Bei allen Erträgen und Aufwendungen ist auf die richtige zeitliche Einordnung zu achten, unabhängig vom Zeitpunkt ihrer Einnahme und Ausgabe. Beurteilungsmaßstäbe bei der Prüfung sind das Realisations- und Imparitätsprinzip sowie der Grundsatz der Periodenabgrenzung (vgl. Kap. 5.4.1).

Bei der inhaltlichen Prüfung der einzelnen Positionen der Erfolgs-/Ergebnisrechnung liegt der Schwerpunkt vor allem bei denjenigen Aufwendungen und Erträgen, die im Zusammenhang mit der Bilanzprüfung überhaupt nicht sinnvoll (z.B. Personalaufwendungen) oder nicht abschließend (z.B. die sonstigen betrieblichen/ordentlichen Aufwendungen oder Erträge) beurteilt werden konnten. Den überwiegenden Teil der Aufwendungen und Erträge sollte der Prüfer bereits im Rahmen den einzelnen Bilanzposten oder in Verbindung mit der Prüfung des Zahlungsverkehrs bearbeitet haben oder diese Prüfungen erfolgten bereits **unterjährig** durch die kommunale Rechnungsprüfung (vgl. Kap. 12.1 und 12.2). Im Wesentlichen geht es hier also nur noch um eine **Gesamtabstimmung und nochmalige kritische Durchsicht** der Buchungen. Art und Umfang der ergänzenden Prüfungshandlungen sind wiederum abhängig vom Risiko wesentlicher falscher Darstellungen.

Für eine Vorabanalyse sollte der Prüfer analytische Prüfungshandlungen anhand von **Zeit-, Plan/Ist- und Kennzahlenvergleichen** durchführen, um auffällige Abweichungen festzustellen. Ebenfalls ist es sinnvoll Einzelaufstellungen zu den einzelnen Posten durchzusehen, um die vollständige, periodengerechte und sachlich richtige Erfassung zu überprüfen. Erfolgten in einer Vielzahl von Fällen **Ertragsbuchungen im Soll** oder **Aufwandsbuchungen im Haben**, hat der Prüfer die Ursachen zu erforschen. Sollte es sich überwiegend um Korrekturbuchungen handeln, könnte dies auf eine Fehleranfälligkeit in der Buchhaltung hindeuten.

Bestimmte Aufwands- und Ertragsarten sollten außerdem auf **Plausibilität mit den korrespondierenden Werten** bei den entsprechenden Bilanzposten geprüft werden, wie z.B.

- öffentlich-rechtliche Leistungsentgelte zu öffentlich-rechtlichen Forderungen,
- Aufwendungen für Sach- und Dienstleistungen zu Vorräten,
- bilanzielle Abschreibungen zum Sachanlagevermögen,
- Zinsaufwendungen zu Verbindlichkeiten aus Krediten.

Da sich kommunale Ergebnisrechnung und GuV-Rechnung nach § 275 HGB teilweise in wesentlichen Punkten unterscheiden, soll in diesem Kapitel nur die Prüfung der kommunalen Ergebnisrechnung behandelt werden. Die gesetzlichen Grundlagen beziehen sich wiederum auf NRW, die Regelungen zur Ergebnisrechnung in den anderen kommunalen Haushaltsverordnungen der einzelnen Bundesländer sind jedoch überwiegend vergleichbar.

Aus der Sicht der Abschlussprüfung ist das gesetzlich verankerte Recht zu weiterer **Untergliederung** der Posten i.d.R. problemlos. Der Prüfer hat lediglich zu beurteilen, ob der Bilanzierende die Untergliederung nur innerhalb der vorgeschriebenen Gliederung vornimmt und ob darunter Klarheit und Übersichtlichkeit der Erfolgsrechnung nicht leiden. Soweit diese Bedingungen nicht erfüllt sind, muss er die abweichende Gliederung beanstanden.

Auch das Recht, **neue Posten** in die Erfolgsrechnung aufzunehmen, verursacht i.d.R. keine Prüfungsprobleme. Der Prüfer kann solche Posten allerdings nur zulassen, wenn ihr Inhalt nicht von einem vorgeschriebenen Posten gedeckt wird (§ 265 Abs. 5 Satz 2 HGB). Die folgenden Ausführungen in Kap. 7.2 orientieren sich an der im NKF festgelegten Reihenfolge. Zu den inhaltlichen Abgrenzungen der einzelnen Posten sei auf Band 1, Kap. B.4 verwiesen.

Bewertungsfragen sind im Allgemeinen bei der Prüfung der Erfolgsrechnung nicht zu untersuchen. Soweit Bewertungen zu beurteilen sind (z.B. bei Abschreibungen, Zuführungen zu Rückstellungen oder Wertberichtigungen) werden diese meistens im Rahmen der Prüfung der entsprechenden Bilanzposten untersucht.

MERKE: Bei der Prüfung von Aufwendungen und Erträgen geht es im Wesentlichen um die Fragen, ob die Aufwendungen und Erträge tatsächlich vorgekommen, vollständig, genau, in der richtigen Periode und auf den richtigen Konten erfasst sowie klar dargestellt sind.

7.2 Prüfung der Posten gemäß § 2 Abs. 1 KomHVO NRW

Nr. 1 Steuern und ähnliche Abgaben

Steuern gehören zu den Kommunalabgaben (§ 1 Abs. 1 KAG NRW). Nach § 3 Abs. 1 Satz 1 AO handelt es sich hierbei um *„Geldleistungen, die nicht eine Gegenleistung für eine besondere Leistung darstellen und von einem öffentlich-rechtlichen Gemeinwesen zur Erzielung von Einnahmen allen auferlegt werden, bei denen der Tatbestand zutrifft, an den das Gesetz die Leistungspflicht knüpft."*

Zu den in diesem Posten zu erfassenden **kommunalen Steuern** zählen die Realsteuern des § 3 Abs. 2 AO (**Gewerbesteuer, Grundsteuer A und B**). Daneben werden die Gemeindeanteile an Gemeinschaftssteuern (Gemeindeanteil an der Einkommensteuer, Gemeindeanteil an der Umsatzsteuer) und sonstige Steuern (Vergnügungs-, Hunde-, Zweitwohnungssteuer) hier gebucht. Weiterhin werden steuerähnliche Erträge wie bspw. Fremdenverkehrsabgaben und Abgaben von Spielbanken erfasst.

Da der Posten **viele Einzelpositionen** umfasst, ist die Prüfung des IKS hier besonders wichtig und darf nicht entfallen. Die IKS-Prüfung kann in einem Prüffeld mit den Forderungen erfolgen. Dabei ist es wirtschaftlich, analytische Prüfungshandlungen durchzuführen.

Der Prüfer muss u.a. darauf achten, ob

- die gesetzlichen Vorschriften für die Abgabenerhebung beachtet wurden,
- Steuererträge ggf. periodengerecht abgegrenzt werden mussten,
- das Wertaufhellungsprinzip berücksichtigt wurde,
- bei Rückzahlungen von Abgaben oder abgabenähnlichen Entgelten für Vorjahre gem. § 24 Abs. 4 KomHVO NRW eine Absetzung von den Erträgen erfolgte.

Zusätzlich müssen in **Stichproben** Steuerbescheide und Zahlungsnachweise geprüft werden. Bezüglich der Gemeinschaftssteuern sollten die Zuteilungsbescheide kontrolliert werden. Da es sich hier meist um höhere Beträge handelt, besteht zusätzlich der Vorteil, dass eine hohe betragsmäßige Abdeckung erreicht werden kann. Zu beachten ist, dass es sich bei der Ergebnisrechnung um eine **Zeitraumrechnung** (im Gegensatz zur Bilanz als Zeitpunktrechnung) handelt. Demnach sollten für die Stichprobe nicht nur die Beträge geprüft werden, die am Bilanzstichtag noch als Forderung bestehen – vielmehr muss die Stichprobe aus den gesamten Forderungen des Jahres gezogen werden.

Nr. 2 Zuwendungen und allgemeine Umlagen
Erträge aus Zuweisungen und Zuschüssen sind Übertragungen, die den Charakter einer Finanzhilfe haben. Oberbegriff dafür ist der Terminus „**Zuwendungen**“. Geber und Empfänger von Zuweisungen sind juristische Personen des öffentlichen Rechts. Im Gegensatz hierzu sind Zuschüsse Übertragungen vom öffentlichen an den privaten Bereich oder umgekehrt. Zuwendungen dienen der Erfüllung kommunaler Aufgaben, wobei es nicht darauf ankommt, ob eine Kostendeckung oder eine Pauschalierung vorliegt.

Allgemeine Zuwendungen und Zuwendungen für laufende (konsumtive) Zwecke oder Aufwendungen sind entsprechend ertragswirksam zu vereinnahmen. Sie sind periodengerecht abzugrenzen, soweit sie auch Folgejahre betreffen (passive Rechnungsabgrenzungsposten). Zu den allgemeinen Umlagen gehören im NKF u.a. Kreis- und Landschaftsverbandsumlagen.

Der Prüfer muss bspw. darauf achten, ob

- nur konsumtive Zuwendungen, Zuschüsse und Schenkungen berücksichtigt wurden,
- bei Investitionszuwendungen nur die Erträge aus der ertragswirksamen Auflösung von Sonderposten für abnutzbare Vermögensgegenstände periodengerecht ausgewiesen sind,
- bei Sachschenkungen der Zeitwert aktiviert und gleichzeitig ein Sonderposten passiviert wurde und die Abschreibungs- und Auflösungsbeträge des Sonderpostens gleich hoch (ergebnisneutral) ausgewiesen sind.

Als Prüfungshandlungen eignen sich insbesondere **Einzelfallprüfungen**. Es können die Bescheide der Zuwendungen und die Bankkontoauszüge zu den Einzahlungen geprüft werden.

Nr. 3 Sonstige Transfererträge
Sonstige Transfererträge betreffen in erster Linie Erstattungen Dritter, die auf geleistete Transferaufwendungen der Kommune (im Wesentlichen Sozialleistungen) zurückzuführen sind. Darüber hinaus stellen Schuldendiensthilfen vom Bund, Land etc. Transfererträge der Kommune dar.

Die Kontengruppe 42 „Sonstige Transfererträge" weist zur Erfassung der Erträge die folgenden Kontenarten aus:

- Ersatz von sozialen Leistungen außerhalb von Einrichtungen,
- Ersatz von sozialen Leistungen in Einrichtungen,
- Schuldendiensthilfen,
- andere sonstige Transfererträge z.B. Erstattung des Landes im Rahmen der Grundsicherung, Elternbeiträge.

Als Prüfungshandlungen sind auch hier primär **Einzelfallprüfungen** geeignet. Sie sollten sich insbesondere darauf konzentrieren, ob Erstattungsansprüche rechtzeitig und mit Nachdruck von der Kommune geltend gemacht sowie erfasst und gebucht wurden.

Nr. 4 Öffentlich-rechtliche Leistungsentgelte
Die öffentlich-rechtlichen Leistungsentgelte bestehen hauptsächlich aus folgenden Positionen:

- Verwaltungsgebühren,
- Benutzungsgebühren,
- zweckgebundene Abgaben (z.B. Kurbeiträge),
- Erträge aus Auflösung von Sonderposten für Beiträge,
- Erträge aus Auflösung von Sonderposten für Gebührenausgleich,
- sonstige Entgelte (z.B. Parkgebühren, Pflegesatzentgelte von Krankenhäusern, Alten- und Pflegeheimen),
- Eintrittsgelder zu kulturellen oder sportlichen Veranstaltungen,
- Entgelte für Grabpflege.

Die **Gebühren und zweckgebundenen Abgaben** werden unter Beachtung der Periodenabgrenzung als Erträge gebucht. Bei der Prüfung von Benutzungsgebühren ist festzustellen, ob eine nach den Vorschriften des Kommunalabgabengesetzes ordnungsgemäße **Kostenrechnung** (gegliedert nach Kostenarten-, Kostenstellen- und Kostenträgerrechnung) vorliegt und die Kosten dabei vollständig erfasst sind.

Einen Prüfungsschwerpunkt sollten insbesondere Bereiche mit hohen Ausfällen (z.B. bei Feuerwehr- und Rettungsdienstgebühren) bilden.

Da es sich bei den **Beiträgen** definitionsgemäß um Geldleistungen zur Finanzierung von Investitionen handelt, kommt eine direkte Erfassung dieser Leistungen als Ertrag nicht infrage. Beiträge sind nach dem NKF zu behandeln wie Investitionszuwendungen. Zunächst erfolgt dabei eine Passivierung des Beitrags als **Sonderposten**. Die ertragswirksame Auflösung dieses Sonderpostens über die Konten der Kontengruppe 43 wird anteilig über die Nutzungsdauer der mit dem Beitrag finanzierten öffentlichen Einrichtungen oder Anlage durchgeführt.

Problematisch bei der buchungsmäßigen Behandlung der Beiträge ist der Zeitpunkt der Erfassung dieser Beiträge. Da zwischen der Fertigstellung der Anlagen und der Veranlagung der Beitragspflichten häufig ein erheblicher Zeitraum liegt, sind noch nicht erhobene Beiträge aus fertig gestellten Erschließungsmaßnahmen im Anhang anzugeben und zu erläutern. Aufgrund des Realisationsprinzips dürfen diese „Forderungen" allerdings erst mit der Veranlagung aktiviert werden.

Nr. 5 Privatrechtliche Leistungsentgelte
Der Posten umfasst u.a.:

- Erträge aus Verkauf,
- Mieten und Pachten,
- sonstige privatrechtliche Leistungsentgelte.

Da es sich bei den kommunalen Verkäufen etc. meist um Einzelsachverhalte handelt, ist eine Belegprüfung im Rahmen von **Einzelfallprüfungen** zielführend.

Bei periodisch wiederkehrenden Erträgen, wie z.B. Mieten und Pachten, sollte auf die vollständige periodengerechte Erfassung geachtet werden.

Im Hinblick auf den Ausweis ist der Posten insbesondere von den sonstigen ordentlichen Erträgen abzugrenzen. **Erträge aus der Veräußerung von Anlagevermögen** gehören nicht zu den privatrechtlichen Leistungsentgelten. Sie stellen **sonstige ordentliche Erträge** dar, sofern sie (wie im NKF) nicht mit der Allgemeinen Rücklage zu verrechnen sind.

Soweit eine Gebietskörperschaft in Einzelbereichen umsatzsteuerpflichtig ist, sollte der Prüfer einen Abgleich der gebuchten Erträge mit der Umsatzsteuer-Voranmeldung vornehmen.

Nr. 6 Kostenerstattungen und Kostenumlagen
Erstattungen erhält die Gebietskörperschaft für Aufwendungen, die sie z.B. aufgrund einer Delegation für eine andere Stelle erbracht hat. Die Gebietskörperschaft handelt in diesen Fällen im Auftrag eines Dritten.

Der Posten kann ebenfalls durch die Abstimmung extern erteilter Bescheide über die Erstattungen und Umlagen im Rahmen von **Einzelfallprüfungen** untersucht werden.

Nr. 7 sonstige ordentliche Erträge
Zu den sonstigen ordentlichen Erträgen gehören alle Erträge aus der **gewöhnlichen Verwaltungstätigkeit**, die nach dem Gliederungsschema nicht gesondert ausgewiesen werden müssen und für die darüber hinaus kein spezieller Posten zu bilden ist oder zulässigerweise gebildet wurde:

- Erträge aus dem Verkauf von Vermögensgegenständen des Anlagevermögens, sofern sie nicht mit der Allgemeinen Rücklage zu verrechnen sind,
- Bußgelder, Säumniszuschläge, Verzinsung Gewerbesteuer,
- Erträge aus Auflösung von sonstigen Sonderposten der Passivseite,
- nicht zahlungswirksame ordentliche Erträge (aus Auflösung oder Herabsetzung von Wertberichtigungen auf Forderungen oder von Rückstellungen),
- andere sonstige ordentliche Erträge (z.B. periodenfremde Erträge).

Soweit bei den sonstigen ordentlichen Erträgen kein unmittelbarer Sachzusammenhang zu Bilanzposten besteht, bedarf dieser Sammelposten einer expliziten Prüfung.

Anhand des Kontenplans, der Kontierungsrichtlinien und Abschlussanweisungen informiert sich der Prüfer darüber, welche einzelnen Ertragskonten in diesem Posten zusammengefasst sind. Sofern diese Vorgaben, die Kontenbezeichnungen und die Buchungstexte keinen Zweifel an der Zulässigkeit der vorgenommenen Kontenzusammenfassung aufkommen lassen, genügt die **stichprobenweise Prüfung betragsmäßig bedeutsamer Buchungen** zur Überprüfung der korrekten Zuordnung. Geben die Buchungstexte in den Konten nicht hinreichend Auskunft über die Art der verbuchten Erträge, dann ist der Prüfer gehalten, sich durch Einsichtnahme in die Belege Klarheit zu verschaffen und erforderlichenfalls weitere Auskünfte einzuholen. Stichprobenartig sollte untersucht werden, ob die Erträge angemessen sind (z.B. bei Verkauf von Vermögensgegenständen), rechtzeitig vor einer Verjährung geltend gemacht worden sind (z.B. Bußgelder, Verwarnungsgelder) und den gesetzlichen Bestimmungen entsprechen.

Der Prüfer muss sich davon überzeugen, dass im NKF nur Erträge aus der gewöhnlichen Verwaltungstätigkeit bei den sonstigen ordentlichen Erträgen zum Ausweis kommen. Erträge, die in hohem Maße ungewöhnlich sind und selten oder unregelmäßig vorkommen (nicht planbar), kann er nicht bei den sonstigen ordentlichen Erträgen akzeptieren. Sie müssen im NKF im Gegensatz zu den Regelungen des § 275 Abs. 2 HGB oder dem Gliederungsschema für die staatliche Doppik gemäß Anlage 1b SsD bei den außerordentlichen Erträgen ausgewiesen werden.

Bei der Auflösung von Rückstellungen ist darauf zu achten, dass wegen des Verrechnungsverbots (§ 246 Abs. 2 HGB, § 39 Abs. 1 KomHVO NRW) keine Verrechnung mit den Aufwandsposten zulässig ist, zu deren Lasten eine Rückstellung ehemals gebildet wurde.

Nr. 8 aktivierte Eigenleistungen
Der Posten „**aktivierte Eigenleistungen**" nimmt den Saldo des betreffenden Ertragskontos auf, auf dem die Gegenbuchungen aus der Aktivierung selbst erbrachter Leistungen im Anlagevermögen erfolgen. Der Prüfer muss sichergehen, dass in dem Posten nur solche Beträge zum Ansatz kommen, denen Aufwendungen gegenüberstehen.

Im Hinblick auf den Ausweis stellt er fest – wenn dies nicht bereits bei der Prüfung des Anlagevermögens geschehen ist – ob nicht Anzahlungen in den Ertragsposten eingegangen sind. Auch von Dritten erworbene Anlagegüter dürfen nicht in den aktivierten Eigenleistungen verbucht werden, es sei denn, sie wurden zur Eigenerstellung von Anlagegütern eingesetzt und deshalb als Aufwand verrechnet.

Nr. 9 Bestandsveränderungen
Auch dieser Posten ist i.d.R. bereits in Verbindung mit der Prüfung der Vorräte bearbeitet. Die Prüfung des Postens der Ergebnisrechnung erfolgt durch die Abstimmung der Bestandsveränderung mit der Entwicklung der fertigen und unfertigen Erzeugnisse. Die korrekte Berechnung der Herstellungskosten ist anhand der Unterlagen der Kostenrechnung nachzuvollziehen.

Nr. 10 Personalaufwendungen
Die Personalaufwendungen haben bei Gebietskörperschaften üblicherweise den höchsten Anteil an den gesamten Aufwendungen. Es zählen alle auf der Arbeitgeberseite anfallenden Aufwendungen für das aktive Personal dazu sowie Aufwendungen, die aufgrund von sonstigen arbeitnehmerähnlichen Vertragsformen oder gesetzlichen Regelungen geleistet werden.

Aufwandswirksam sind die Bruttobeträge einschließlich des Urlaubs- und Weihnachtsgeldes. Ebenso sind Personalnebenkosten, wie z.B. die Beiträge zu den Sozialversicherungsträgern und den Berufsgenossenschaften zu berücksichtigen. Einzelne Positionen sind

- Dienstaufwendungen u. dgl. für Beamte und sonstige Beschäftigte,
- Beiträge zu Versorgungskassen (Umlagezahlungen),
- Beiträge zur gesetzlichen Sozialversicherung,

- Beihilfen und Unterstützungsleistungen,
- Aufwendungen für Pensionsrückstellungen (für aktive Beamte),
- Aufwendungen für Rückstellungen für nicht genommenen Urlaub, Überstunden (soweit Aufwand entsteht) und Altersteilzeit,
- Pauschalierte Lohnsteuer.

Die Prüfung des Personalaufwands lässt sich sachlich zwar mit der Prüfung der Pensionsrückstellungen sowie der sonstigen Verbindlichkeiten, insbesondere solcher im Rahmen der sozialen Sicherheit, verbinden; sinnvoll ist jedoch, erst bei der Prüfung der Ergebnisrechnung intensiv darauf einzugehen.

Die **IKS-Prüfung** im Bereich Personal ist in der Praxis besonders bedeutsam. Hier ist beispielhaft zu untersuchen, ob

– sichergestellt ist, dass als Personalaufwendungen keine anderen Positionen wie z.B. Aufsichtsratvergütungen, Reisekosten, Aus- und Fortbildungskosten oder Honorare ausgewiesen werden,
– gewährleistet ist, dass keine Auszahlungen an ausgeschiedene oder an Personen ohne Entgeltsanspruch erfolgen,
– für jeden Mitarbeiter eine Personalakte geführt wird und die Personalakten vollständig und durchnummeriert sind, damit kein unbefugtes Entfernen oder Einfügen von Unterlagen möglich ist,
– die ausgewiesenen Personalaufwendungen den Angaben der Personalbuchhaltung und den Personalakten entsprechen,
– die Lohn- und Gehaltsabrechnung von der Eingabe von Personalstammdaten organisatorisch getrennt ist (Vier-Augen-Prinzip),
– die Beträge laut Lohn-, Gehalts- und Besoldungslisten mit den entsprechenden Aufwandskonten übereinstimmen,
– die ausgezahlten Beträge einschließlich Zusatzvergütungen sowie die Entgeltabzüge den gesetzlichen, tariflichen oder vertraglichen Regelungen entsprechen,
– die in den Lohn-, Gehalts- und Besoldungslisten aufgeführten Mitarbeiter tatsächlich existieren und zur geprüften Einheit in einem Arbeits- oder Dienstverhältnis stehen und die Daten mit den Anstellungsverträgen, Lohnsteuerkarten und Sozialversicherungsnachweisen übereinstimmen,
– die Berechnung und Abführung der Steuern und Sozialversicherungsbeiträge korrekt und rechtzeitig erfolgt,
– Zuwendungen und Zulagen an Beschäftigte (insbesondere an Verwaltungsleiter/Geschäftsführer) den gesetzlichen Regelungen bzw. den tarif- oder einzelvertraglichen Vereinbarungen entsprechen,
– Rückstellungen für Überstunden und Urlaubsverpflichtungen gebildet werden,

- bei den Zuführungen zu den Pensionsrückstellungen alle diesbezüglichen Sachverhalte korrekt und vollständig berücksichtigt sind (vgl. auch Kap. 6.2.4).

Der Personalbereich eignet sich in Bezug auf **analytische Prüfungshandlungen** besonders gut, weil er vergleichsweise geringen Schwankungen unterliegt. Lohn- und Gehaltserhöhungen der Tarif-/Besoldungsgruppen sind bei Gebietskörperschaften öffentlich. Die Anzahl der Mitarbeiter ist relativ konstant oder kann leicht anhand der neuen Einstellungsnachweise nachvollzogen werden. Der Prüfer kann Zeitvergleiche und Plan-Ist-Vergleiche anstellen. Er kann zudem nach der Anzahl der Mitarbeiter und der tariflichen oder gesetzlichen Lohn- und Gehaltssteigerung einen Erwartungswert für die Höhe der Personalaufwendungen errechnen.

Beispiel:

Der Personalaufwand der Gemeinde A betrug im Vorjahr 01 700.000 EUR. Der Prüfer stellt fest, dass im Jahr 01 vierzehn Mitarbeiter in Vollzeit beschäftigt waren. Zum 01.01.02 haben zwei weitere Mitarbeiter mit derselben Einstufung ihren Dienst aufgenommen. Es gab zum 01.01.02 eine Gehaltserhöhung von 5 %. Daher erwartet der Prüfer einen Personalaufwand in Höhe von 840.000 EUR.

Werden auf der Grundlage der analytischen Prüfungshandlungen **Besonderheiten/ Abweichungen** nicht festgestellt, so kann unterstellt werden, dass die indirekt geprüften Bereiche wahrscheinlich keine Auffälligkeiten oder Unregelmäßigkeiten aufweisen. Werden dagegen Abweichungen festgestellt, so versagen die analytischen Prüfungshandlungen, weil die Ursachen der Abweichung regelmäßig nicht lokalisiert werden können. Es müssen dann andere Prüfungshandlungen vorgenommen werden.

Die Personalabrechnung wird in kleineren Gebietskörperschaften häufig auf externe Dritte **ausgelagert**. In diesem Fall muss sichergestellt werden, dass die Kontrollen beim **externen Dienstleister** erfolgen. Soweit im Berichtszeitraum eine Prüfung durch das **Finanzamt** oder **Sozialversicherungsträger** erfolgte, sollte der Abschlussprüfer auf mögliche Hinweise für seine Prüfung achten. Weitere Prüfungserfordernisse ergeben sich aus ISA [DE] 402 und IDW PS 331.

Nr. 11 Versorgungsaufwendungen

Hierzu gehören alle vom Arbeitgeber zu tragenden Aufwendungen für das passive Personal oder deren Angehörige. Aufwandswirksam sind die Bruttobezüge einschließlich des Weihnachtsgeldes. Ebenso sind Versorgungsnebenaufwendungen (z.B. Beiträge zur Sozialversicherung und Beihilfen) zu berücksichtigen. Im Einzelnen gehören dazu:

- Versorgungsaufwendungen für Beamte und sonstige Beschäftigte,
- Beiträge zur gesetzlichen Sozialversicherung,
- Beihilfen und Unterstützungsleistungen,
- Zuführungen zu Pensionsrückstellungen (für Pensionäre).

Auch hier muss sich der Prüfer u.a. von der Ordnungsmäßigkeit des Ausweises und der richtigen mengen- und wertmäßigen Erfassung überzeugen. Natürlich kann sich die Prüfung der materiellen Richtigkeit der Aufwandserfassung nur auf Stichproben erstrecken. Insbesondere ist darauf zu achten, dass im Versorgungsaufwand nur Aufwendungen für nicht mehr aktiv beschäftigte Beamte enthalten sind.

Nr. 12 Aufwendungen für Sach- und Dienstleistungen
Zu den Aufwendungen für Sach- und Dienstleistungen zählen alle Aufwendungen, die mit dem Verwaltungshandeln („Betriebszweck") bzw. Umsatz- oder Verwaltungserlösen wirtschaftlich zusammenhängen:

- Aufwendungen für Fertigung, Vertrieb, Waren,
- Aufwendungen für Energie/Abwasser/Wasser,
- Aufwendungen für Unterhaltung/Bewirtschaftung des Anlagevermögens,
- weitere Verwaltungs- und Betriebsaufwendungen (z.B. Schülerbeförderungskosten, Lernmittel),
- Kostenerstattungen (an Bund, Land, Gemeinden und Gemeindeverbände, Unternehmen etc.),
- sonstige Aufwendungen für Dienstleistungen (z.B. Honorare für nebenamtliche Referenten).

Der Prüfer hat u.a. darauf zu achten, ob

- bei Reparaturen und Instandhaltungen die richtige Abgrenzung von aktivierungspflichtigem Herstellungsaufwand und erfolgswirksamen Erhaltungsaufwand erfolgte (soweit nicht bereits bei Prüfung des Anlagevermögens vorgenommen),
- im Vorjahr gebildete Rückstellungen für unterlassene Instandhaltung nach Erledigung der Reparatur aufgelöst wurden,
- keine Aufwendungen für Reparaturen gebucht wurden, für die bereits Rückstellungen gebildet sind,
- sich durch Zeitvergleiche auffällige Veränderungen zu Vorjahren ergeben,
- im Falle der Aktivierung von größeren Instandhaltungen gemäß § 36 Abs. 5 KomHVO NRW die gesetzlichen Voraussetzungen beachtet wurden,
- beim Einkauf von Sach- und Dienstleistungen die Grundsätze der Sparsamkeit und Wirtschaftlichkeit sowie ggf. vergaberechtliche Regelungen eingehalten wurden.

Nr. 13 Bilanzielle Abschreibungen
Die Abschreibungen stellen den Wertverzehr (Ressourcenverbrauch) des Anlagevermögens dar und sind i.d.R. linear auf die Nutzungsdauer des angeschafften oder hergestellten Anlagegutes zu verteilen. In Nr. 13 werden im NKF gemäß den Zuordnungsvorschriften (Anlage 18 VV Muster zur GO und KomHVO NRW) nutzungsbedingte Wertminderungen in Form von planmäßigen und außerplanmäßigen Abschreibungen erfasst. Sie beziehen sich auf:

- immaterielle Vermögensgegenstände des Anlagevermögens,
- Gebäude und Gebäudeeinrichtungen,
- Infrastrukturvermögen,
- technische Anlagen und Maschinen,
- andere Anlagen, BGA und geringwertige Wirtschaftsgüter,
- Finanzanlagen,
- Umlaufvermögen – ohne Forderungen – (nur außerplanmäßige Abschreibung).

Zu beachten ist, dass in der staatlichen Doppik und im HGB Abschreibungen auf Finanzanlagen dem Finanzergebnis zugeordnet werden.

Grundsätzlich sollte sich der Prüfer mit den Abschreibungen bereits bei der Prüfung der Bewertung der (abzuschreibenden) Vermögensgegenstände beschäftigt haben. Insoweit kann er auf seine Dokumentation zum Anlage- und Umlaufvermögen zurückgreifen.

Bei der Prüfung der Ergebnisrechnung kann er sich deshalb auf eine Ausweisprüfung und auf betragsmäßige Abstimmungen mit dem Anlagenspiegel beschränken. Fälle, in denen von der linearen Abschreibung abgewichen und degressiv bzw. leistungsabhängig abgeschrieben wurde, müssen im Anhang erläutert sein.

Zudem können im Bereich der bilanziellen Abschreibungen analytische Prüfungshandlungen durchgeführt werden (zur Prüfung der planmäßigen und außerplanmäßigen Abschreibungen vgl. Kap. 5.4.3).

Nr. 14 Transferaufwendungen
Transferaufwendungen sind größtenteils Zahlungen der Gebietskörperschaft an private Haushalte (Sozialtransfers) oder an Unternehmen (Subventionen) ohne dass ein Anspruch auf eine Gegenleistung besteht. Transferaufwendungen stellen einseitige Geschäftsvorfälle dar, die nicht auf einem Leistungsaustausch beruhen. Hierzu gehören:

- Aufwendungen für geleistete Zuweisungen und Zuschüsse für laufende konsumtive Zwecke (ohne konkreten Gegenleistungsanspruch),
- Schuldendiensthilfen,

- Sozialtransferaufwendungen (z.B. Sozialhilfe, Grundsicherung),
- Aufwendungen wegen Steuerbeteiligungen etc. (z.B. Gewerbesteuerumlage),
- allgemeine Umlagen (an Land, Gemeinden, Gemeindeverbände),
- Aufwendungen aus Verlustübernahmen,
- sonstige Transferaufwendungen.

Der Prüfer hat im Rahmen der **IKS-Prüfung** u.a. darauf zu achten, ob

- bei Aufwendungen in Form von Zuweisungen und Zuschüssen danach unterschieden wird, ob es sich um investive bzw. konsumtive Zuweisungen und Zuschüsse handelt,
- bei Bestehen einer Gegenleistungsverpflichtung des Zuwendungsempfängers im Rahmen einer konsumtiven Zuwendung diese Verpflichtung des Empfängers entsprechend den Vorgaben periodengerecht berücksichtigt wird,
- sichergestellt ist, dass durch interne Kontrollen oder andere Maßnahmen die gesetzlichen Voraussetzungen bei der Gewährung von Sozialleistungen beachtet werden.

Auch im Bereich der Transferaufwendungen können analytische Prüfungshandlungen eingesetzt werden. Zudem sollten vor allem höhere Beträge im Rahmen von Einzelfallprüfungen durch die Prüfung von Auszahlungsnachweisen (Bankkontoauszüge) und Bescheiden (bspw. Gewerbesteuerumlage, Sozialhilfegewährung) untersucht werden. Bei den Aufwendungen für geleistete Zuwendungen ist stichprobenartig abzuklären, ob die Voraussetzungen tatsächlich gegeben waren und entsprechende glaubwürdige Nachweise des Empfängers vorliegen. Bei Sozialtransferaufwendungen ist es ratsam für ausgewählte Fälle zu prüfen, ob der Leistungsempfänger tatsächlich existiert bzw. sich tatsächlich im Geltungsbereich der Gebietskörperschaft aufhält (Einholung einer Auskunft, Blick ins Melderegister, Überprüfung vor Ort u.a.). Hier sollte zweckmäßigerweise auch auf unterjährige Prüfungsergebnisse außerhalb der Jahresabschlussprüfung zurückgegriffen werden.

Nr. 15 Sonstige ordentliche Aufwendungen

Im Zusammenhang mit der Bearbeitung der Bilanzposten dürfte der Prüfer auf diesen Sammelposten bereits mehrfach gestoßen sein, und zwar immer dann, wenn im Zusammenhang mit den Bilanzposten Aufwendungen angefallen sind, für die kein spezieller Posten der Ergebnisrechnung vorgeschrieben ist.

Soweit die sonstigen Aufwendungen bereits bei Prüfung der Bilanzposten untersucht wurden, bleibt dem Prüfer folglich nur noch

- die Abstimmung des in der Ergebnisrechnung angesetzten Betrags mit dem betreffenden Hauptbuchkonto bzw. mit den dazu geführten Unterkonten,

- die Klärung, ob die noch nicht geprüften Aufwendungen auf diesen Konten ordnungsgemäß gebucht sind und unter keinem anderen Aufwandsposten auszuweisen sind,
- die Überprüfung, ob die Aufwendungen z.B. als Anschaffungsnebenkosten bzw. als Bestandteile der Herstellungskosten (im NKF gilt nur für die Einzelkosten eine Aktivierungspflicht) oder als Rechnungsabgrenzungsposten zu aktiveren gewesen wären.

Sinnvoll ist es, stichprobenartig die Reise- und Bewirtungskosten sowie die **Rechts- und Beratungskosten**, die zu sonstigen ordentlichen Aufwendungen zählen, zu prüfen. Gerade die Rechts- und Beratungskosten vermitteln dem Prüfer einen Überblick über die von der Gebietskörperschaft in Anspruch genommenen Dienstleister (Wirtschaftsprüfer, Steuerberater, Rechtsanwälte). Deren Rechnungen geben wichtige **Hinweise auf mögliche Risiken**.[262] Zu untersuchen ist auch das Verhältnis der Ausgabenhöhe für die Rechts- und Beratungskosten zur erhaltenen Leistung.

Geschäftsaufwendungen sollten in einem angemessenen Verhältnis zur Größe der Gebietskörperschaft stehen; auch hier ist stichprobenartig zu prüfen, ob die Grundsätze der Sparsamkeit und Wirtschaftlichkeit eingehalten wurden.

Bei **regelmäßig wiederkehrenden Aufwendungen**, insbesondere Miet- und Versicherungsaufwendungen sollten die gebuchten Aufwendungen überschlägig mit dem Sollaufwand abgestimmt werden, wie er nach dem zugrunde liegenden Vertrag zu erwarten ist. Bei der Prüfung der **Reise- und Bewirtungskosten** ist auf ordnungsgemäße Belege, entsprechende Genehmigungen, auf die Art und Höhe der aufgeführten Beträge und die Übereinstimmung mit dem Reisekostenrecht zu achten.

Im kommunalen Bereich ist auf die korrekte Buchung von **geleisteten Investitionszuweisungen** zu achten. Sie sind im NKF nach speziellen Regelungen zu buchen. Hier kommt es u.a. darauf an, ob der Zuwendungsempfänger wirtschaftlicher Eigentümer des geförderten Vermögensgegenstandes wird und mit der Zuwendung eine zeit- bzw. mengenbezogene Gegenleistungsverpflichtung verbunden ist. Die unterschiedlichen Buchungen im NKF sind in Band 1, Kap. B.4.2.6 dargestellt.

Nr. 16 Finanzerträge

Die detaillierte Gliederung gemäß § 275 Abs. 2 Nr. 9 – 11 HGB ist im NKF nicht vorgeschrieben. Insofern sind die dort genannten Posten zusammengefasst und umfassen somit sämtliche Erträge aus Beteiligungen, aus Zinsen (z.B. aus Wertpapieren des Umlaufvermögens) und ähnliche Erträge (z.B. aus Aufzinsung von unverzinslichen und niedrig verzinslichen Forderungen oder aus einem Disagio).

---

[262] Vgl. hierzu auch ISA [DE] 501, Tz. 9.

Soweit die Prüfung bereits in Verbindung mit der Prüfung der Finanzanlagen erfolgte, sind diesbezüglich nur noch Abstimmungsarbeiten notwendig.

Nr. 17 Zinsen und sonstige Finanzaufwendungen
Unter den Zinsen und sonstigen Finanzaufwendungen sind diejenigen Aufwendungen zu erfassen, die von der Gebietskörperschaft für das aufgenommene Fremdkapital im abgelaufenen Haushaltsjahr zu entrichten waren. Als solche Aufwendungen kommen vor allem in Betracht: Zinsen für aufgenommene Kredite (z.B. Zinsen für Bankkredite, Hypotheken, Schuldverschreibungen, Schuldscheindarlehen, Darlehen und Lieferantenkredite), Verzugszinsen, Kredit-, Überziehungs-, Bereitstellungs-, Bürgschafts- und Avalprovisionen, Kreditbereitstellungsgebühren, Vermittlungsprovisionen sowie Abschreibungen auf ein aktiviertes Disagio.

Wenn der Prüfer die Zinsen und zinsähnlichen Aufwendungen bereits im Rahmen der Prüfung der Verbindlichkeiten und Rechnungsabgrenzungsposten bearbeitet hat, verbleibt auch hier lediglich eine abschließende Abstimmung mit den jeweiligen Hauptbuchkonten. Zudem können analytische Prüfungshandlungen erfolgen. Wenn sich Gebietskörperschaften hauptsächlich durch langfristige Bankkredite mit festen oder leicht bestimmbaren Zinssätzen finanzieren, kann sehr zielgerichtet ein Erwartungswert des Zinsaufwands einer Periode ermittelt werden.

Auf eine genaue Abgrenzung zu den sonstigen ordentlichen Aufwendungen (Nr. 15) ist zu achten. Ebenso hat der Prüfer zu beanstanden, wenn Abzinsungsbeträge aus der Forderungsbewertung, Kundenskonti und nicht ausgeschöpfte Lieferantenskonti in die Zinsaufwendungen des Postens 17 eingehen. Kundenskonti mindern als Preisnachlässe die Umsatzerlöse, nicht in Anspruch genommene Lieferantenskonti erhöhen die aktivierungspflichtigen Anschaffungskosten, Abzinsungsbeträge sind sonstige ordentliche Aufwendungen.

Nr. 18 Außerordentliche Erträge
Im Gegensatz zur Gliederung der handelsrechtlichen GuV-Rechnung werden nach dem Gliederungsschema der NKF-Ergebnisrechnung außerordentliche Erträge und Aufwendungen noch separat ausgewiesen. Es handelt sich dabei um Vorgänge, die in hohem Maße ungewöhnlich sind. Ein Vorkommen kann nicht erwartet werden, sie treten selten oder unregelmäßig ein, d.h. sie fallen nicht ständig an bzw. sind nicht wiederkehrender Natur und somit nicht planbar. Diese Voraussetzungen müssen kumulativ erfüllt sein. Beispiele sind erhaltene hohe Spenden, Erträge aus der Veräußerung von Vermögen, sofern der Vorgang für die jeweilige Gebietskörperschaft **selten und ungewöhnlich sowie von einiger finanzieller Bedeutung** (wesentlich) ist (für NRW gilt die Spezialvorschrift des § 44 Abs. 3 KomHVO).

Bei den o.g. Vorgängen ist stets auf die „Verhältnisse des Einzelfalls" abzustellen. Es ist möglich, dass ein Ereignis, das für eine Gemeinde zur laufenden Verwaltungstätigkeit gehört, für eine andere Gemeinde ein außerordentliches Ereignis darstellt.

Was „**wesentlich**" heißt, ist im Gesamtvolumen des Ergebnisplanes zu sehen. Hier gilt der Grundsatz, dass ein abweichender Ausweis nicht zu einer veränderten Einschätzung der Ertragslage führen darf. Unwesentliche außergewöhnliche Beträge sind unter dem jeweils dafür vorgesehenen Posten der Ergebnisrechnung auszuweisen.

Außerordentliche Erträge müssen hinsichtlich ihres Betrages und ihrer Art im **Anhang** erläutert werden.

In der Ergebnisrechnung wird der Saldo der außerordentlichen Erträge und der außerordentlichen Aufwendungen als „Außerordentliches Ergebnis" ausgewiesen.

Die Prüfung der außerordentlichen Erträge erfolgt als **Einzelfallprüfung** anhand der Belege.

Nr. 19 Außerordentliche Aufwendungen
Auf die Ausführungen zu Nr. 18 wird verwiesen. Im Zweifel sollte der Prüfer darauf achten, dass der Ausweis bei den ordentlichen Erträgen und Aufwendungen erfolgt. Das gilt insbesondere für außerplanmäßige Abschreibungen, Forderungsverluste und Anlagenabgänge. Außerordentliche Erträge bzw. Aufwendungen dürfen nur auf seltene Ausnahmefälle beschränkt sein. Auf die Erläuterungspflichten im Anhang ist hinzuweisen.

Die Prüfung der außerordentlichen Aufwendungen erfolgt als **Einzelfallprüfung** anhand der Belege.

Nr. 20 Jahresergebnis
Es ist zu prüfen, ob Jahresüberschuss bzw. Jahresfehlbetrag in der Bilanz mit dem in der Ergebnisrechnung ausgewiesenen Jahresergebnis übereinstimmen.

Bei den **Teilergebnisrechnungen** sind die einzelnen Summen mit der gesamten Ergebnisrechnung abzustimmen. Stichprobenartig sollte auch untersucht werden, ob die Aufwendungen und Erträge den richtigen Teilplänen zugeordnet wurden. Zu prüfen ist ebenfalls, ob die Erträge und Aufwendungen aus internen Leistungsbeziehungen sich insgesamt ausgleichen. Für die Ermittlung der internen Leistungsverrechnungen muss eine nachvollziehbare Kostenrechnung oder Kalkulation vorliegen. Die ausgewiesenen Verrechnungspreise müssen realistisch sein. Eine „künstliche" Verbesserung oder Verschlechterung von Teilergebnissen ist zu beanstanden.

Weitere kommunale Prüfungsinhalte siehe NKF-Checkliste zur Prüfung der Ergebnisrechnung (Ziffer 2).

8 Prüfung der Finanzrechnung und der Teilfinanzrechnungen

Die Finanzrechnung ist die Zusammenstellung der tatsächlichen Ein- und Auszahlungen der Gebietskörperschaft, in der die Zahlungen getrennt nach laufender Verwaltungs-, Investitions- und Finanzierungstätigkeit ausgewiesen werden. Im NKF ist bei der Erstellung der Finanzrechnung keine Rückrechnung aus dem in der Ergebnisrechnung ausgewiesenen Jahresergebnis zulässig (§ 28 Abs. 4 KomHVO NRW).

Bei der Prüfung der Finanzrechnung und der Teilfinanzrechnungen sind nur in geringem Maße zusätzliche materielle Prüfungshandlungen notwendig. Zu prüfen ist vielmehr, ob die Darstellungsform der kommunalen Finanzrechnung und der Teilfinanzrechnungen den gesetzlichen Anforderungen entspricht. Der Inhalt der einzelnen Posten der Finanzrechnung sollte dagegen bereits bei der Prüfung der Bilanz und der Ergebnisrechnung sowie bei der Prüfung des Zahlungsverkehrs bearbeitet worden sein bzw. die kommunale Rechnungsprüfung hat diese Prüfungen bereits **unterjährig** durchgeführt (vgl. Kap. 12.1 und 12.2). Im Wesentlichen geht es somit um eine Gesamtabstimmung und nochmalige kritische Durchsicht der eingezahlten und ausgezahlten Beträge.

Art und Umfang ergänzender Prüfungshandlungen sind wiederum abhängig vom Risiko wesentlicher falscher Darstellungen. Das Risiko wesentlicher falscher Darstellungen wird dabei wahrscheinlich als gering einzuschätzen sein, wenn die Finanzrechnung regelmäßig mit den Summensalden der Konten abgestimmt wird. Der Prüfer sollte hier untersuchen, auf welche der bestehenden Kontrollen er sich stützen kann.

Neben der formellen Prüfung ist bei der **Finanzrechnung** u.a. zu untersuchen, ob

- sich die Ist-Zahlungen im Rahmen der Haushaltsplanung bewegen (Vergleich mit dem Finanzplan),
- die Planabweichungen ausreichend begründet sind,
- das Saldierungsverbot gemäß § 40 KomHVO NRW beachtet wird,
- Auszahlungen für die Tilgung von Krediten zur Liquiditätssicherung separat ausgewiesen sind,
- für durchlaufende Finanzmittel und haushaltsfremde Vorgänge gesonderte Nachweise geführt werden (§ 28 Abs. 6 KomHVO NRW),
- Preisnachlässe wie Skonto und Rabatt richtig abgezogen werden,

- die Unterschiedsbeträge zwischen Einzahlungen und Auszahlungen in der Finanzrechnung und Ertrag und Aufwand in der Ergebnisrechnung schlüssig sind,
- es eine angemessene Liquiditätsplanung zur Sicherstellung der Zahlungsfähigkeit gibt (§ 89 GO NRW, § 31 KomHVO NRW),
- das Ergebnis der Finanzrechnung mit dem Betrag der „liquiden Mittel" laut Bilanz übereinstimmt.

Grundsätzlich lassen sich mit der Prüfung von Bilanz und Ergebnisrechnung die meisten **Ein- und Auszahlungen abgleichen**, weil in der Regel die für die Finanzrechnung relevanten Daten von der Finanzsoftware automatisch mitgebucht werden.

Im Rahmen der **IT-Systemprüfung** sollte der Prüfer die Funktionalität der zur Erstellung der Finanzrechnung eingesetzten Software prüfen und z.B. klären, ob sichergestellt ist, dass die Ein- und Auszahlungsbuchungen den richtigen Ein- und Auszahlungskonten zugeordnet werden. Weiterhin sollte er sich anschauen, ob IT-gestützte Kontrollen hinterlegt wurden, wie z.B. eine Zuordnung von Sachkonten der Bilanz und Ergebnisrechnung zu Posten der Finanzrechnung.

Bei der Prüfung der **Teilfinanzrechnungen** sind im Rahmen der Prüfungshandlungen u.a. folgende Grundfeststellungen zu treffen:

- Die Informationen der Teilrechnungen sind richtig (hierzu gehört auch der Nachweis einzelner Investitionsmaßnahmen oberhalb der festgesetzten Wertgrenzen).
- Abweichungen gegenüber den Informationen in den Teilhaushalten sind zutreffend erläutert.
- Das Budgetrecht der Gemeindevertretung wird eingehalten.
- Die Finanzrechnung entspricht der Summe der Beträge der Teilfinanzrechnungen.

Weitere kommunale Prüfungsinhalte siehe NKF-Checkliste zur Prüfung der Finanzrechnung und der Teilrechnungen (Ziffer 3).

9 Prüfung des Anhangs und des Lageberichts

9.1 Prüfung des Anhangs

9.1.1 Prüfungsaufgabe

Die Prüfung des Jahresabschlusses gemäß § 316 Abs. 1 Satz 1 HGB hat sich auch auf den Anhang zu erstrecken, der gemäß § 264 Abs. 1 Satz 1 HGB „mit der Bilanz und der Gewinn- und Verlustrechnung eine Einheit (den Jahresabschluss) bildet". Bei der Prüfung des Anhangs ist allgemein zu beurteilen, ob dieser nach § 264 Abs. 2 Satz 1 HGB zusammen mit der Bilanz und der GuV-Rechnung „unter Beachtung der Grundsätze ordnungsmäßiger Buchführung ein den **tatsächlichen Verhältnissen entsprechendes Bild der Vermögens-, Finanz- und Ertragslage**" vermittelt. Im NKF gibt es nahezu gleichlautende Regelungen (vgl. § 95 Abs. 1 und 2 sowie § 102 Abs. 1 und 3 GO NRW).

Der Prüfungsschwerpunkt liegt vor allem bei denjenigen geforderten Anhangangaben, die im Zusammenhang mit der Bilanzprüfung und der Prüfung der GuV bzw. Ergebnis- und Finanzrechnung nicht oder nicht abschließend beurteilt werden konnten. Den Großteil der Angabepflichten dürfte der Prüfer deshalb bereits untersucht haben, sodass hier vor allem die noch offenen Angaben zu bearbeiten sind. Es geht also im Wesentlichen nur noch um eine Gesamtabstimmung und nochmalige kritische Durchsicht der bereits geprüften Anhangangaben.

Im Einzelnen ist zu untersuchen,[263]

- ob der Anhang sämtliche notwendigen Angaben enthält (Prüfung der **Vollständigkeit**),
- ob die im Anhang enthaltenen Angaben gerechtfertigt und inhaltlich ordnungsgemäß sind (Prüfung der **Begründetheit und Richtigkeit**),
- ob die Angaben so ausgestaltet sind, dass der Anhang seine Informationsfunktion erfüllt (Prüfung der **Klarheit und Übersichtlichkeit**).

Bei der Prüfung der **Vollständigkeit** ist zu klären, ob für sämtliche angabepflichtigen Sachverhalte entsprechende Angaben im Anhang enthalten sind. Aufgrund der vielfältigen Anhangangaben und wegen ihrer unübersichtlichen Anordnung im Ge-

---

263 Der Anhang ist eine Abschlussinformation i.S.v. ISA 315. Nach ISA [DE] 315, Tz. A 129 sind die Darstellungen hinsichtlich Eintritt (Vorhandensein), Rechte und Pflichten, Vollständigkeit, Ausweis und Verständlichkeit sowie Genauigkeit und Bewertung zu prüfen.

setz ist die Verwendung von **Checklisten** zur Vollständigkeitskontrolle unverzichtbar.

Sowohl bei Kapitalgesellschaften als auch bei Gebietskörperschaften gehören dazu die **Pflichtangaben** gemäß § 264, 284, 285 HGB (im NKF: § 45 KomHVO NRW), und zwar insbesondere

- die Angaben der verwendeten Bilanzierungs- und Bewertungsmethoden zu den Posten der Bilanz und GuV/Ergebnisrechnung,
- Abweichungen vom Grundsatz der Einzelbewertung und von bisher angewandten Bewertungs- und Bilanzierungsmethoden,
- Abweichungen von den Gliederungen der Bilanz und der GuV/Ergebnisrechnung des Vorjahres,
- Aufgliederung des Postens „Sonstige Rückstellungen",
- bei Fremdwährungen der Kurs der Währungsumrechnung,
- die Erläuterung der Haftungsverhältnisse,
- Vorgänge von besonderer Bedeutung nach Schluss des Geschäfts-/Haushaltsjahres (unvorhersehbare Kostensteigerungen, Ausgang wichtiger Rechtsstreitigkeiten, Einfluss neuer Gesetze oder sonstiger Vorschriften, Zinsmarktentwicklungen, Tarifverhandlungen),
- besondere Umstände, die dazu führen, dass der Jahresabschluss nicht ein den tatsächlichen Verhältnissen entsprechendes Bild der VFE-Lage vermittelt.

Sonstige Pflichtangaben aus **weiteren gesetzlichen Vorschriften** ergeben sich im **NKF**[264] z.B. aus

- § 44 Abs. 6 KomHVO NRW => Ausgleich von Kostenunterdeckungen bei kostenrechnenden Einrichtungen,
- § 42 Abs. 5 KomHVO NRW => Vergleichbarkeit der Bilanzbeträge Vorjahr und abgeschlossenes Jahr,
- § 42 Abs. 6 KomHVO NRW => Hinzufügen von Bilanzposten,
- § 42 Abs. 7 KomHVO NRW => Zusammenfassung von Bilanzposten,
- § 36 Abs. 9 KomHVO NRW => Erläuterung von Zuschreibungen,
- § 36 Abs. 6 KomHVO NRW => Erläuterung außerplanmäßiger Abschreibungen.

Bei der Prüfung der **Begründetheit und Richtigkeit** der Angaben des Anhangs ist zu ermitteln, ob die enthaltenen Angaben auf entsprechenden Sachverhalten beruhen und ob die Angaben des Anhangs insbesondere i.V.m. den gewählten Bilanzie-

---

264 In anderen Bundesländern sind teilweise zusätzliche Angaben vorgeschrieben. So sind z.B. in Niedersachsen erhebliche Abweichungen der Jahresergebnisse von den Haushaltsansätzen zu erläutern (§ 56 Abs. 1 S. 2 KomHKVO).

rungs- und Bewertungsmethoden insgesamt ein den **tatsächlichen Verhältnissen** entsprechendes Bild der VFE-Lage widerspiegeln. Die Zahlenangaben im Anhang sind mit den Posten der Bilanz und der GuV bzw. Ergebnis- und Finanzrechnung abzustimmen. In die Prüfung des Anhangs sind neben den Pflichtangaben auch die ohne gesetzliche Verpflichtung aufgenommenen freiwilligen Angaben einzubeziehen.

Da bezüglich der Gliederung des Anhangs keine ausdrücklichen gesetzlichen Regelungen bestehen, kann der Prüfer deshalb keine bestimmte Gliederung der Anhangangaben verlangen. Entsprechend dem Grundsatz der **Klarheit und Übersichtlichkeit** muss er aber darauf bestehen, dass die Angaben nach sachlichen Kriterien strukturiert sind, um den Adressaten des Jahresabschlusses einen schnellen und direkten Zugriff auf die gewünschten Informationen zu ermöglichen. Hinsichtlich der Darstellungsform ist der **Grundsatz der (formellen) Stetigkeit** gemäß § 265 Abs. 1 HGB zu beachten. Insbesondere hinsichtlich der Prüfung der Angaben zu den angewandten **Bilanzierungs- und Bewertungsmethoden** hat sich der Prüfer davon zu überzeugen, dass es dem Leser des Anhangs möglich sein muss, sich ein eigenes Urteil zur Bilanzierung und Bewertung bilden zu können. Auch müssen Abweichungen von Bilanzierungs- und Bewertungsmethoden angegeben, begründet und in ihren Wirkungen auf die VFE-Lage zutreffend erläutert sein.

9.1.2 Prüfungshandlungen, Prüfungsfeststellungen und deren Dokumentation

Der Anhang ist Bestandteil des Jahresabschlusses und hat die Aufgabe, Bilanz und GuV bzw. Ergebnisrechnung und Finanzrechnung zu ergänzen. Dies bedingt, dass die Prüfung des Anhangs nicht als eigenständige Teilprüfung neben der Prüfung der übrigen Bestandteile des Jahresabschlusses durchgeführt werden sollte. Die Prüfung des Anhangs kann wirtschaftlich vielmehr nur dann zu einem fundierten Urteil führen, wenn sie in die Prüfung der einzelnen Posten von Bilanz und GuV bzw. Ergebnisrechnung und Finanzrechnung einbezogen wird.

Der Prüfer sollte daher bereits **bei der Bearbeitung der einzelnen Prüffelder** die für die Prüfung des Anhangs notwendigen Prüfungshandlungen durchführen und die getroffenen Feststellungen hinreichend spezifiziert in den Arbeitspapieren vermerken. Durch die so gewonnenen Erkenntnisse ist er in der Lage zu beurteilen, ob Sachverhalte vorliegen, die zu Pflichtangaben im Anhang führen. Durch Einsichtnahme in den Anhang kann der Prüfer dann feststellen, ob die notwendigen **Pflichtangaben** enthalten sind.

Ferner kann der Prüfer aufgrund der bei der Bearbeitung der einzelnen Prüffelder gewonnenen Erkenntnisse feststellen, ob Inhalt und Form der Angaben (Umfang, Ausführlichkeit, Aussagegehalt, Verständlichkeit etc.) dazu geeignet sind, unter

Beachtung der Grundsätze ordnungsmäßiger Buchführung einem sachverständigen Dritten den geforderten Einblick in die tatsächlichen Verhältnisse zu ermöglichen, d.h. der Forderung nach Klarheit und Übersichtlichkeit gerecht zu werden.

Die **Gliederung des Anhangs** für die **staatliche Doppik** ergibt sich aus Anlage 3 SsD. Diese Gliederung ist **auch für Kommunen sinnvoll**. Auf Band 1, Kap. A.15 wird verwiesen.

Im **NKF** ist auf folgende Pflichtanlagen hinzuweisen, wobei der Prüfer zu untersuchen hat, ob die gesetzlichen Anforderungen (einschließlich der Formvorschriften) erfüllt sind:

- Anlagenspiegel (§ 95 Abs. 4 Nr. 1 GO NRW/§ 46 KomHVO NRW),
- Forderungsspiegel (§ 95 Abs. 4 Nr. 2 GO NRW/§ 47 KomHVO NRW),
- Eigenkapitalspiegel (§ 95 Abs. 4 Nr. 3 GO NRW),
- Verbindlichkeitenspiegel (§ 95 Abs. 4 Nr. 4 GO NRW/§ 48 KomHVO NRW),
- Übersicht über die in das folgende Jahr übertragenen Haushaltsermächtigungen (§ 95 Abs. 4 Nr. 5 GO NRW).

Am Schluss des kommunalen Anhangs sind im **NKF** für die Mitglieder des Verwaltungsvorstandes, soweit dieser nicht zu bilden ist, für den Bürgermeister und den Kämmerer, sowie für die Gemeindevertreter, auch wenn die Personen im Haushaltsjahr ausgeschieden sind, die folgenden Angaben zu machen (vgl. § 95 Abs. 3 GO NRW):

1. Familienname mit mindestens einem ausgeschriebenen Vornamen,
2. ausgeübter Beruf,
3. Mitgliedschaft in Aufsichtsräten und anderen Kontrollgremien i.S.d. § 125 Abs. 1 Satz 5 AktG,
4. Mitgliedschaft in Organen von verselbständigten Aufgabenbereichen der Gemeinde in öffentlich-rechtlicher oder privatrechtlicher Form,
5. Mitgliedschaft in Organen sonstiger privatrechtlicher Unternehmen.

Zu prüfen ist, ob die Angaben den gesetzlichen Erfordernissen entsprechen.

Weitere kommunale Prüfungsschwerpunkte siehe Ziffer 4 (Prüfung des Anhangs) der NKF-Prüfungscheckliste.

9.2 Prüfung des Lageberichtes

9.2.1 Prüfungsaufgabe

Gegenstand und Umfang der Prüfung des Lageberichts[265] richten sich zunächst nach § 317 HGB bzw. im NKF nach § 102 Abs. 5 GO NRW. Der Abschlussprüfer hat hiernach zu prüfen und sich ein Urteil darüber zu bilden, ob

- der Lagebericht mit dem Jahresabschluss sowie mit den bei der Prüfung gewonnenen Erkenntnissen des Abschlussprüfers **in Einklang** steht (§ 317 Abs. 2 Satz 1 Hs. 1 HGB, § 102 Abs. 5 Satz 1 Hs. 1 GO NRW),
- der Lagebericht insgesamt ein **zutreffendes Bild** von der Lage des Unternehmens (bzw. der Gebietskörperschaft) vermittelt (§ 317 Abs. 2 Satz 1 Hs. 2 HGB, § 102 Abs. 5 Satz 1 Hs. 2 GO NRW),
- die **Chancen und Risiken der künftigen Entwicklung** zutreffend dargestellt sind (§ 317 Abs. 2 Satz 2 HGB, § 102 Abs. 5 Satz 2 GO NRW) sowie
- die **gesetzlichen Vorschriften** zur Aufstellung des Lageberichts beachtet wurden (§ 317 Abs. 2 Satz 3 HGB, § 102 Abs. 5 Satz 3 GO NRW).

Da der Lagebericht häufig qualitative, subjektive Einschätzungen und Erwartungen der gesetzlichen Vertreter der zu prüfenden Einheit enthält, sind an seine Prüfung besondere Anforderungen zu stellen.

Die Berichterstattung muss in der Weise erfolgen, dass ein den tatsächlichen Verhältnissen entsprechendes Bild vermittelt wird. Sie orientiert sich somit nicht an dem handelsrechtlichen Vorsichtsprinzip, sondern eher an dem in einigen Bundesländern geltenden Wirklichkeitsprinzip. In der Fachliteratur sind zur Berichterstattung sog. **Grundsätze ordnungsmäßiger Lageberichterstattung** (GoL) entwickelt worden. Die Grundsätze finden sich sinngemäß auch im Deutschen Rechnungslegungsstandard Nr. 20 „Konzernlagebericht“ (**DRS 20**), der zwar gemäß § 342 Abs. 1 Nr. 1 i.V.m. Abs. 2 HGB formell nur für Konzernlageberichte (§ 315 HGB) gilt, für den Lagebericht nach § 289 HGB aber wegen der weitgehend gleichlautenden Anforderungen von § 289 und § 315 HGB zur Anwendung empfohlen wird (DRS 20.2). In diesem Rahmen sind die folgenden Grundsätze, die in DRS 20.12 – 20.35 aufgeführt sind, zu prüfen:

- **Vollständigkeit** (enthält der Lagebericht sämtliche gesetzlich notwendigen Angaben?),
- **Verlässlichkeit und Ausgewogenheit** (sind die Informationen im Lagebericht zutreffend und nachvollziehbar und sind Tatsachen, Meinungen bzw. Behauptungen für die Adressaten erkennbar? Sind die Informationen plausibel und stehen sie nicht im Widerspruch – sondern „in Einklang“ – zum Jahresabschluss, zu anderen Unterlagen der zu prüfenden Einheit und zu all-

[265] In einigen Bundesländern wird der Lagebericht als Rechenschaftsbericht bezeichnet.

gemein bekannten wirtschaftlichen Tatsachen? Sind i.S.d. Ausgewogenheit keine Aspekte einseitig zu positiv oder negativ dargestellt?)

- **Klarheit und Übersichtlichkeit** (ist der Lagebericht in verständlicher Sprache geschrieben, durch Überschriften in inhaltlich abgegrenzte Abschnitte gegliedert, angemessen detailliert und von Jahr zu Jahr stetig unter Angabe von Vorjahreszahlen aufgebaut?)
- **Vermittlung der Sicht der Unternehmensleitung** (sind die Informationen, Einschätzungen und Beurteilungen aus Sicht der Unternehmensleitung dargestellt?)
- **Wesentlichkeit** (konzentriert sich der Lagebericht auf wesentliche Informationen?)
- **Informationsabstufung** (sind Ausführlichkeit und Detaillierungsgrad der Informationen abhängig von den spezifischen Gegebenheiten des Unternehmens wie Geschäftstätigkeit, Größe u.a. Merkmale?)

IDW PS 350 n.F., Tz. A12 verwendet für die Beurteilung von Risiken möglicher falscher Darstellungen im Lagebericht die Begriffe:[266]

- Vollständigkeit, d.h. der Lagebericht muss alle Sachverhalte enthalten, die anzugeben sind,
- Richtigkeit, d.h. die Sachverhalte sind korrekt beschrieben bzw. die entsprechenden Zahlenangaben sind vorhanden und richtig sowie
- Darstellung, d.h. die Sachverhaltsangaben befinden sich an der richtigen Stelle des Lageberichts, sie sind auf angemessene Weise zusammengefasst bzw. aufgeschlüsselt sowie relevant und verständlich.

Die Begriffe decken die oben beschriebenen Aspekte in gleicher Weise ab.[267] Im Gegensatz zum Jahresabschluss bezieht sich der Lagebericht nicht auf den Bilanzstichtag, sondern auf den Zeitpunkt seiner Erstellung, der i.d.R. nach dem Bilanzstichtag liegt. Es sind somit auch Tatsachen aufzunehmen, die erst nach dem Bilanzstichtag aufgetreten sind (d.h. Beachtung sowohl des Wertaufhellungs- als auch des Wertbegründungsprinzips).[268]

Eine vorläufige Beurteilung der Lage der zu prüfenden Einheit sollte der Prüfer bereits zu Beginn der Abschlussprüfung anhand der zur Verfügung stehenden Informationen vornehmen, um vor allem Prüfungsrisiken zu identifizieren, Prüfungsschwerpunkte festzusetzen und das geeignete Prüfungsvorgehen zu bestimmen. Ein

266 Der Lagebericht ist eine Abschlussinformation i.S.v. ISA 315. Nach ISA [DE] 315, Tz. A 129 sind die Darstellungen hinsichtlich Eintritt (Vorhandensein), Rechte und Pflichten, Vollständigkeit, Ausweis und Verständlichkeit sowie Genauigkeit und Bewertung zu prüfen.

267 Vgl. IDW PS 350 n.F., Tz. A11; F & A zu IDW PS 350 n.F., Abschn. 3.2.

268 Vgl. Brösel, G./Freichel, C./Toll, M./Buchner, R., Wirtschaftliches Prüfungswesen, 3. Aufl. 2015, S. 415; Graumann, M., Wirtschaftliches Prüfungswesen, 6. Aufl. 2020, S. 685.

frühzeitiger Beginn der Prüfung des Lageberichts ist insofern sinnvoll. Der Prüfer sollte deshalb mit der zu prüfenden Einheit vereinbaren, dass ihm bereits der Entwurf des Berichtes zur Verfügung gestellt wird.

9.2.2 Inhalt des Lageberichtes

Neben der Prüfung der Grundsätze der Lageberichterstattung erfolgt eine inhaltliche Prüfung. Der Inhalt des Lageberichts ist in § 289 HGB geregelt. Im Einzelnen sind darzustellen:

- der Geschäftsverlauf einschließlich des Geschäftsergebnisses,
- die Lage unter Einbeziehung der für die Geschäftstätigkeit bedeutsamsten finanziellen Leistungsindikatoren,
- die voraussichtliche Entwicklung mit ihren wesentlichen Chancen und Risiken, wobei die der Beurteilung und Erläuterung zugrunde liegenden Annahmen anzugeben sind,
- Angaben zu Preisänderungs-, Ausfall- und Liquiditätsrisiken, Risikomanagementzielen und -methoden in Bezug auf die Verwendung von Finanzinstrumenten,
- der Bereich Forschung und Entwicklung sowie
- Angaben zu bestehenden Zweigniederlassungen.

Zur Strukturierung des Lageberichtes gibt es – wie beim Anhang – keine konkreten gesetzlichen Vorgaben. Es lässt sich aber aus § 289 eine Aufteilung des Lageberichtes in die Teile **Wirtschaftsbericht** (Geschäftsverlauf und Lage), **Prognose- und Risikobericht, Forschungs- und Entwicklungsbericht** sowie **Zweigniederlassungsbericht** herleiten. Für Gebietskörperschaften spielen die letzten beiden Berichtsteile eine untergeordnete Rolle; sie werden daher in den folgenden Ausführungen nicht behandelt.[269]

9.2.3 Darstellung des Geschäftsverlaufs und der Lage

Zum Geschäftsverlauf und zur wirtschaftlichen Lage (Wirtschaftsbericht) einer Gebietskörperschaft sind z.B. darzustellen:[270]

- Analyse der gesamtwirtschaftlichen Rahmenbedingungen,
- Analyse der spezifischen Erfolgsfaktoren (z.B. Erfolge in der Wirtschaftsförderungs- bzw. Ansiedlungspolitik),

---

269 Zu Forschungs- und Entwicklungsbericht sowie Zweigniederlassungsbericht vgl. DRS 20 sowie WP Handbuch, Wirtschaftsprüfung und Rechnungslegung, 17. Aufl. 2021, Kap. F, Tz. 1410 ff.

270 Vgl. hierzu auch DRS 20, Tz. 59 ff.

- Entwicklung von Aufwendungen, Erträgen, Rücklagen,
- produktorientierte Ziele und deren Erreichung, Kennzahlen,
- Investitionen,
- Finanzierungsmaßnahmen bzw. -vorhaben (z.B. ist hier neben den Angaben im Anhang auf Strategien zur Absicherung von Währungs-, Zins- und Kursrisiken sowie auf Geschäfte mit derivativen Finanzinstrumenten und Leasingverpflichtungen einzugehen),
- Abschreibungen auf Sachanlagen,
- Abschluss wichtiger Verträge, Einfluss von Gesetzesänderungen,
- Erwerb und Veräußerung bedeutender Beteiligungen,
- Kooperationsvorhaben,
- Ausgang wichtiger Rechtsstreitigkeiten,
- bedeutsame Forderungsausfälle,
- besondere Verluste/Fehlbeträge,
- Vermögenslage (Darstellung der Kennzahlen zur Vermögensstruktur),
- Finanzlage (Darstellung der horizontalen und vertikalen Kennzahlen zur Kapitalstruktur und zur Liquidität – inkl. Cashflow-Kennzahlen),
- Ertragslage (Analyse der Erfolgs- und Aufwandstruktur, Rentabilität)
- beabsichtigte bedeutende Vorhaben,
- ausstehende Projekte, Strukturreformen,
- Entwicklungstendenzen (z.B. demografische und soziokulturelle Entwicklung der Gebietskörperschaft),
- Umweltschutzmaßnahmen, Altlasten und Rekultivierung, Abfälle, Umweltrisiken,
- Angaben zum Personalwesen (Personalentwicklung, Zahl der Mitarbeiter, Fortbildungsmaßnahmen, Struktur des Personalaufwands, betriebliche Sozialleistungen wie z.B. Altersversorgung und Beihilfen, Produktivität der Mitarbeiter, Ausfallzeiten, Krankenstand, Qualifikation der Führungskräfte, Zuführung zu Pensionsrückstellungen, Zahl der Auszubildenden, Zahl der Teilzeitbeschäftigten).

Insbesondere bei der Prüfung der jahresabschlussrelevanten Kennzahlen zur VFE-Lage (vgl. Band 1, Kap. A.17) sollte der Prüfer deren Entwicklung im Zeitablauf analysieren und so weit wie möglich einen Branchenvergleich herstellen (im kommunalen Bereich bietet sich ein Vergleich mit anderen Kommunen gleicher Größenordnung an). Zu prüfen ist auch, ob die Berechnung der Kennzahlen anerkannten Standards und Definitionen entspricht und nachvollziehbar ist.

9.2.4 Darstellung der voraussichtlichen Entwicklung sowie der Chancen und Risiken

Zur voraussichtlichen Entwicklung sowie zu Chancen und Risiken einer Gebietskörperschaft (Prognose-, Chancen- und Risikobericht) sind z.B. darzustellen:[271]

- Erwartungen zur Entwicklung des Personalbestands und der Personalausgaben,
- Erwartungen zur Entwicklung des Steuer- und Gebührenaufkommens und der zu erwartenden Zuweisungen,
- Erwartungen zur Entwicklung des Schuldenstandes,
- Entwicklung der einzelnen Posten des Eigenkapitals,
- nachhaltige Verluste mit der Folge eines Aufzehrens des Eigenkapitals,
- drohendes Haushaltssicherungskonzept,
- Verschlechterung von Kreditkonditionen,
- überalterte Anlagen, Investitionsstau, Fehlinvestitionen,
- kurzfristige Finanzierung langfristiger Vermögenswerte,
- bedeutende Haftungsrisiken,
- Bestandsrisiken bei den Forderungen.

Die einzelnen Chancen und Risiken sind nach Art und Ausmaß zu beschreiben und ihre möglichen Konsequenzen zu erläutern; bestandsgefährdende Risiken sind als solche ausdrücklich zu bezeichnen; die wesentlichen Risiken sind einzeln darzustellen und zu quantifizieren. Dazu bietet es sich an, die **Eintrittswahrscheinlichkeit** und die **potenziellen Auswirkungen** aufzuzeigen.[272] Als **Risiken** sind hier mögliche künftige Entwicklungen oder Ereignisse zu verstehen, die zu einer negativen Prognose- bzw. Zielabweichung führen können. Als **Chancen** sind mögliche künftige Entwicklungen oder Ereignissen zu bezeichnen, die zu einer positiven Prognose- bzw. Zielabweichung führen können (DRS 20.11). Hinsichtlich der Risikoberichterstattung wird auf DRS 20.148 ff. verwiesen. Es ist darauf zu achten, dass Chancen und Risiken nicht saldiert wurden (**Saldierungsverbot**). Ebenfalls sollte der Prüfer darauf achten, ob die zukunftsorientierten Angaben im Lagebricht der mittelfristigen Ergebnis- und Finanzplanung der Gebietskörperschaft entsprechen.

IDR L 260 des Instituts der Rechnungsprüfer (IDR) befasst sich mit der Berichterstattung bei Abschlussprüfungen und trifft zur Lage der Kommune und zu Chancen und Risiken für die künftige Entwicklung ebenfalls Aussagen, die sich inhaltlich an IDW PS 350 anlehnen.[273]

---

271 Vgl. hierzu auch DRS 20, Tz. 118 ff.

272 Vgl. WP Handbuch, Wirtschaftsprüfung und Rechnungslegung, 17. Aufl. 2021, Kap. L, Tz. 1203.

273 Vgl. IDR L 260: „Leitlinien zur Berichterstattung bei kommunalen Abschlussprüfungen".

9.2.5 Sonstige Prüfungsgegenstände

Im Hinblick auf die **Verwendung von Finanzinstrumenten** ist im Lagebericht einzugehen auf

- die **Risikomanagementziele und -methoden** einschließlich ihrer Methoden zur Absicherung aller wichtigen Arten von Transaktionen, die im Rahmen der Bilanzierung von Sicherungsgeschäften erfasst werden,
- die **Preisänderungs-, Ausfall- und Liquiditätsrisiken** und die Risiken aus Zahlungsstromschwankungen,

sofern dies für die Beurteilung der Lage oder der voraussichtlichen Entwicklung von Belang ist (§ 289 Abs. 2 Nr. 1 HGB).

Zu den Angaben zur **Forschung und Entwicklung** (§ 289 Abs. 2 Nr. 2 HGB) sowie zu bestehenden **Zweigniederlassungen** (§ 289 Abs. 2 Nr. 3 HGB) wird auf DRS 20 verwiesen. Für den **Lagebericht einer Gebietskörperschaft** sind diese Angaben **nicht relevant** (vgl. z.B. Anlage 3 SsD, § 49 KomHVO NRW).

Nichtfinanzielle Leistungsindikatoren müssen zusätzlich bei großen Kapitalgesellschaften i.S.d. § 267 Abs. 3 HGB angegeben werden (§ 289 Abs. 3 HGB). Es handelt sich hier z.B. um Angaben über Umwelt- und Arbeitnehmerbelange, soweit sie für das Verständnis des Geschäftsverlaufs oder der Lage von Bedeutung sind.

Die Bedeutung von nichtfinanziellen Leistungsindikatoren zeigt sich auch in weiteren Regelungen (§§ 289b, 289c HGB), wonach große kapitalmarktorientierte Kapitalgesellschaften, die im Durchschnitt mehr als 500 Mitarbeiter beschäftigt haben, eine Erklärung im Lagebericht (sog. **nichtfinanzielle Erklärung**) aufzunehmen haben, die das Geschäftsmodell beschreibt und die Aspekte über Umwelt-, Arbeitgeber- und Sozialbelange sowie Angaben zur Achtung der Menschenrechte und Bekämpfung von Korruption und Bestechung beinhaltet (sog. **CSR-Belange**). Der Abschlussprüfer ist nur verpflichtet zu prüfen, ob diese Erklärung vorgelegt wurde; eine inhaltliche Prüfung der Angaben erfolgt nicht (§ 317 Abs. 2 Satz 4 HGB).

Wenn neben den gesetzlich vorgeschriebenen Pflichtangaben sowie den standardmäßigen Angaben nach DRS 20 zusätzlich sog. **lageberichtsfremde Angaben** (z.B. zum Nachhaltigkeitsmanagement oder zur Steuerung des Unternehmens) im Lagebericht enthalten sind, sind sie grundsätzlich in die Prüfung einzubeziehen. Sie sind jedoch dann nicht Pflichtbestandteil der Prüfung, wenn sie im Lagebericht eindeutig abgegrenzt sind.[274]

---

274 Was unter „eindeutiger Abgrenzung" zu verstehen ist, wird in IDW PS 350 n.F., Tz. 20(g) erläutert. Zu lageberichtsfremden Angaben vgl. auch ISA [DE] 720 (Revised).

Kapitalmarktorientierte Kapitalgesellschaften i.S.d. § 264d HGB sind verpflichtet, im Lagebericht die **wesentlichen Merkmale des internen Kontroll- und des Risikomanagementsystems** im Hinblick auf den Rechnungslegungsprozess zu beschreiben (§ 289 Abs. 4 HGB). Die Beschreibung ist nicht auf das gesamte IKS und das gesamte interne Risikomanagementsystem auszudehnen, sondern beschränkt sich auf den **Rechnungslegungsprozess**. Die Darstellungen zum internen Kontrollsystem bezogen auf die Rechnungslegungsprozesse können gemäß DRS 20.K175 f. je nach der Rechnungslegungsebene eingehen auf:

Ausführungen zum internen Kontrollsystem bezogen auf die Rechnungslegungsprozesse der einbezogenen Unternehmen	**Ausführungen zum internen Kontrollsystem bezogen auf die Konsolidierung**
Bilanzierungsrichtlinien Organisation und Kontrolle der Buchhaltung, Ablauf der Abschlusserstellung Grundzüge der Funktionstrennung zwischen den Abteilungen Aufgabenzuordnung bei der Erstellung der Abschlüsse (z.B. Abstimmung von Forderungen und Verbindlichkeiten durch Saldenbestätigungen) Mitwirkung externer Dienstleister am Abschlusserstellungsprozess Zugriffsregelungen im IT-System Aufgaben im Zusammenhang mit der Rechnungslegung, die von der Internen Revision wahrgenommen werden Kontrollprozesse hinsichtlich der Rechnungslegung (Vier-Augen-Prinzip)	Konzerninterne Richtlinien zur Abstimmung konzerninterner Liefer- und Leistungsbeziehungen Aufgabenzuordnung bei der Erstellung der Konzernabschlüsse (z.B. Abstimmung konzerninterner Salden, Kapitalkonsolidierung, Überwachung der Berichtsfristen und der Berichtsqualität in Bezug auf die Daten der einbezogenen Unternehmen) Tätigkeiten im Rahmen der Konzernabschlusserstellung, die von externen Dienstleistern wahrgenommen werden Expertenstellungnahmen, die Eingang in die Konzernrechnungslegungsprozeduren finden Zugriffsvorschriften im Konsolidierungs-IT-System Aufgaben im Zusammenhang mit der Konzernrechnungslegung, die von der Internen Revision wahrgenommen werden Kontrollprozesse hinsichtlich der Konzernrechnungslegung (z.B. Vier-Augen-Prinzip)

Abbildung 50: Ausführungen zum Kontrollsystem nach DRS 20

Bei einer **börsennotierten Aktiengesellschaft** ist gemäß § 317 Abs. 4 HGB außerdem im Rahmen der Prüfung zu beurteilen, ob der Vorstand geeignete Maßnahmen getroffen hat, insbesondere ein Überwachungssystem eingerichtet hat, damit den Fortbestand der Gesellschaft gefährdende Entwicklungen früh erkannt werden (sog.

Risikofrüherkennungssystem).[275] Der Abschlussprüfer hat darauf zu achten, ob die dortigen Angaben über Risiken auch mit den im Lagebricht aufgeführten Risiken übereinstimmen. Dies gilt ebenfalls, sofern ein solches Risikofrüherkennungssystem freiwillig eingerichtet wurde. [276]

Börsennotierte Aktiengesellschaften haben eine **Erklärung zur Unternehmensführung** (Corporate Governance Erklärung, vgl. § 289f HGB) in ihren Lagebericht als gesonderten Abschnitt aufzunehmen oder diese auf der Internetseite der Gesellschaft öffentlich zugänglich zu machen. Die Erklärung zur Unternehmensführung nach § 289f HGB ist **nicht Bestandteil der Prüfung** des Lageberichts. Der Abschlussprüfer muss jedoch im Rahmen der Prüfung feststellen, ob diese Angaben gemacht wurden und ggf. feststellen, ob die Internetseite besteht und öffentlich zugänglich ist (§ 317 Abs. 2 S. 6 HGB, IDW PS 350 n.F., Tz. 84).[277]

Soweit von bestimmten Gesellschaften oder Gebietskörperschaften dem Lagebericht als Anlage ein **Bericht zur Gleichstellung und Entgeltgleichheit** beizufügen ist (§ 22 Abs. 4 EntTransG), ist dieser **nicht Gegenstand der Abschlussprüfung** (IDW PS 350 n.F., Tz. 88). Der Entgeltbericht ist nicht Bestandteil des Lageberichts. Im NKF sind im Anhang Angaben zum Gleichstellungsplan zu machen (vgl. § 45 Abs. 2 KomHVO NRW). Die Prüfung beschränkt sich darauf, ob die Angaben gemacht wurden. Zu den weiteren Prüfungshandlungen bei den sonstigen Prüfungsgegenständen wird auf die Fachliteratur verwiesen.[278]

MERKE: Im Rahmen der Gesamtwürdigung des Lageberichts hat der Abschlussprüfer zu beurteilen,

- ob der Lagebericht mit dem Jahresabschluss und den bei der Prüfung gewonnenen Erkenntnissen in Einklang steht,
- ob insgesamt ein zutreffendes Bild von der Lage vermittelt wird,
- ob die Chancen und Risiken der künftigen Entwicklung zutreffend dargestellt sind (ein irreführender Eindruck darf nicht entstehen) sowie
- ob der Lagebericht sämtliche gesetzlich geforderten Angaben enthält, die wesentlich sind.

---

275 Auch Eigenbetriebe und Anstalten des öffentlichen Rechts haben ein Risikofrüherkennungssystem einzurichten (vgl. z.B. § 10 Abs. 1 EigVO NRW, § 9 KUV NRW).

276 Zur Erweiterung des Prüfungsauftrags zur Prüfung eines freiwillig eingerichteten Risikofrüherkennungssystems vgl. WP Handbuch, Wirtschaftsprüfung und Rechnungslegung, 17. Aufl. 2021, Kap. O, Tz. 18 f. Eine umfassende Darstellung der Prüfung des Risikofrüherkennungssystems ist enthalten in: Graumann, M., Wirtschaftliches Prüfungswesen, 6. Aufl. 2020, S. 727 ff.

277 Grundzüge des Vergütungssystems einer börsennotierten Aktiengesellschaften für die Bezüge der Mitglieder des Vorstands, des Aufsichtsrats oder anderer Funktionsträger sind ab 1. 1. 2021 nicht mehr im Lagebericht der Gesellschaft zu beschreiben, sondern in einem gesonderten Vergütungsbericht nach § 162 Aktiengesetz vorzunehmen.

9.2.6 Konsequenzen für Prüfungsbericht und Bestätigungsvermerk

Wenn der Abschlussprüfer zu dem Urteil gelangt, dass Grundsätze der Lageberichterstattung nicht beachtet worden sind, muss er beurteilen, ob sich daraus **Konsequenzen für den Prüfungsbericht und für den Bestätigungsvermerk** ergeben (IDW PS 350 n.F., Tz. 5). Im Prüfungsbericht und im Bestätigungsvermerk ist wie folgt auf den Lagebericht einzugehen:

- Im **Prüfungsbericht** ist vorweg auf Grundlage der geprüften Unterlagen und des Lageberichts zur Beurteilung der Lage durch die gesetzlichen Vertreter Stellung zu nehmen (sog. Vorwegberichterstattung), wobei insbesondere auf die Beurteilung des Fortbestands und der zukünftigen Entwicklung einzugehen ist (§ 321 Abs. 1 S. 2 HGB).
- Ferner ist im Hinblick auf die Berichtspflicht nach § 321 Abs. 2 Satz 1 HGB zu prüfen, ob der Lagebericht den gesetzlichen Vorschriften sowie ggf. den ergänzenden gesellschaftsvertraglichen bzw. satzungsmäßigen Bestimmungen entspricht.
- Im **Bestätigungsvermerk** muss der Prüfer beurteilen, ob der Lagebericht mit dem Jahresabschluss in Einklang steht, die gesetzlichen Vorschriften zu seiner Aufstellung beachtet wurden, der Lagebericht insgesamt ein zutreffendes Bild von der Lage des Unternehmens vermittelt und ob die Chancen und Risiken der zukünftigen Entwicklung zutreffend dargestellt sind (§ 322 Abs. 6 HGB). Sind diesbezüglich Einwendungen zu erheben, ist der Bestätigungsvermerk einzuschränken. Sofern der Lagebericht ein falsches Bild von der Lage der zu prüfenden Einheit vermittelt, ist ein **Versagungsvermerk** zu erteilen.
- Außerdem ist im Bestätigungsvermerk auf im Rahmen der Prüfung festgestellte bestandsgefährdende Risiken gesondert einzugehen (§ 322 Abs. 2 S. 3 HGB).

Die Prüfung der Angaben im Lagebericht hat nach den gleichen Grundsätzen und mit der gleichen Sorgfalt wie beim Jahresabschluss zu erfolgen.

Weitere kommunale Prüfungsschwerpunkte siehe Ziffer 5 (Prüfung des Lageberichts) der NKF-Prüfungscheckliste. Zur Analyse der Haushaltswirtschaft und der wirtschaftlichen Lage der Kommune siehe NKF-Kennzahlenset NRW.[279]

---

[278] Vgl. WP Handbuch, Wirtschaftsprüfung und Rechnungslegung, 17. Aufl. 2021, Kap. L, Tz. 1209 ff; Graumann, M., Wirtschaftliches Prüfungswesen, 6. Aufl. 2020, S. 724 ff.

[279] Vgl. Runderlass des Innenministeriums NRW vom 1.10.2008–34–48.04.05/01–2323/08.

10 Prüfung des kommunalen Konzernabschlusses (Gesamtabschluss)

10.1 Inhalte der Gesamtabschlussprüfung

Die Prüfung des **kommunalen Konzernabschlusses (im NKF: Gesamtabschluss)**[280] ist Pflichtaufgabe der örtlichen Rechnungsprüfung und Voraussetzung für die Bestätigung des Gesamtabschlusses durch die Gemeindevertretung sowie für die Entlastung des Bürgermeisters (§ 116 Abs. 9 i.V. m. § 96 Abs. 1 und § 59 Abs. 3 GO NRW). Die Prüfungspflicht ist an die Pflicht zur Aufstellung eines Konzernabschlusses gebunden. Inhalt und Durchführung der Prüfung sind in § 102 GO NRW geregelt, der gemäß § 102 Abs. 11 GO NRW auch für den Gesamtabschluss entsprechend anzuwenden ist. Die Prüfung ist nach § 102 Abs. 3 Satz 3 GO NRW so anzulegen, dass Unrichtigkeiten und Verstöße, die sich auf die Darstellung des sich nach § 95 Abs. 1 Satz 4 ergebenden Bildes der Vermögens-, Finanz- und Ertragsgesamtlage wesentlich auswirken, bei gewissenhafter Berufsausübung erkannt werden (vgl. auch § 317 Abs. 1 Satz 3 HGB).

Die Prüfung ist wie beim Einzelabschluss so zu planen und durchzuführen, dass die erforderlichen Prüfungsaussagen mit hinreichender Sicherheit getroffen werden können. Dementsprechend ist das **Prüfungsrisiko**, nämlich das Risiko der Abgabe eines fehlerhaften Prüfungsurteils für den Konzernabschluss auf ein akzeptables Maß zu begrenzen (IDW PS 261 n.F., Tz. 5). Um die Risiken zu identifizieren, muss der Konzernabschlussprüfer ein **Verständnis** für den Konzern und seiner in den Konzernabschluss einzubeziehenden Tochterunternehmen (Teilbereiche) einschließlich der konzernweiten Kontrollen erlangen (ISA [DE] 600, Tz. 12).[281] Dadurch soll es ihm möglich sein, seine Prüfungsschwerpunkte auf die **bedeutsamen Teilbereiche**[282] des Konzerns zu verlagern.

[280] Die Darstellung der kommunalen Konzernabschlussprüfung orientiert sich wiederum an den Regelungen in NRW, die sich jedoch auf andere Bundesländer unter Beachtung einiger Besonderheiten überwiegend übertragen lassen.

[281] ISA [DE] 600, A23 i.V.m. Anlage 2 und IDW PS 320 n.F., Anhang 1 enthalten Beispiele für Sachverhalte, von denen sich das Konzernprüfungsteam ein Verständnis verschafft.

[282] Zur Frage der Ermittlung wirtschaftlich bedeutsamer Teilbereiche vgl. ISA [DE] 600, A5 sowie WP Handbuch, Wirtschaftsprüfung und Rechnungslegung, 17. Aufl. 2021, Kap. L, Tz. 1304 f.

Folgende Anzeichen können u.a. auf Risiken wesentlicher falscher Angaben im Konzernabschluss hindeuten:[283]

- komplexe Konzernstruktur,
- intransparente Entscheidungsprozesse,
- schwache Ausgestaltung des konzernweiten Kontrollsystems,
- komplexe, schwer verständliche Finanzinstrumente,
- Abstimmungsprobleme mit den verbundenen Teilbereichen,
- ungewöhnliche Transaktionen und Beziehungen zwischen den Teilbereichen oder
- unvollständige Konsolidierungsbuchungen.

Im Rahmen des **Kontrollrisikos** hat der Prüfer die Wirksamkeit des IKS hinsichtlich der Konzernrechnungslegung zu begutachten. Hierzu gehört die Prüfung, ob

- ein funktionierendes Beteiligungsmanagement mit den notwendigen Angaben über die Beteiligungen vorliegt,
- ein einheitliches und für die Konsolidierung zweckmäßiges Formularwesen (Reporting Package) existiert,
- einheitliche Kontenpläne sowie zweckmäßige Kontierungs- und Konsolidierungsrichtlinien (Konzernbilanzierungsanweisung) bestehen,
- sichergestellt ist, dass konzerninterne Lieferungen und Leistungen sowie Zwischenerfolge gesondert erfasst werden,
- gewährleistet ist, dass konzerninterne Aufwendungen und Erträge sowie konzerninterne Forderungen und Verbindlichkeiten auf separaten Konten gebucht werden,
- eine Konsolidierungsstelle eingerichtet ist, deren Tätigkeit von der Internen Revision überwacht wird.

Die Prüfung des kommunalen Konzernabschlusses erstreckt sich darauf, ob die gesetzlichen Vorschriften und die sie ergänzenden Satzungen und sonstigen ortsrechtlichen Bestimmungen beachtet wurden (analoge Regelung zu § 317 Abs. 1 S. 2 HGB). Der **Konzernlagebericht (im NKF: Gesamtlagebericht)** ist daraufhin zu prüfen, ob er mit dem Gesamtabschluss sowie mit den bei der Prüfung gewonnenen Erkenntnissen in Einklang steht, ob er insgesamt ein zutreffendes Bild von der Gesamtlage vermittelt und ob die gesetzlichen Vorschriften zur Aufstellung des Konzernlageberichts beachtet worden sind. Dabei ist auch zu prüfen, ob die Chancen und Risiken der künftigen Entwicklung zutreffend dargestellt sind (§ 317 Abs. 2 HGB). In die vorzunehmende Prüfung sind alle Bestandteile des Gesamtabschlusses sowie die dazugehörigen Anlagen einzubeziehen. Der Gesamtabschlussprüfer

[283] ISA [DE] 600, A30 i.V.m. Anlage 3 und IDW PS 320 n.F., Anhang 2 enthalten eine Vielzahl von Beispielen für Gegebenheiten oder Ereignisse, die auf Risiken wesentlicher falscher Angaben im Konzernabschluss hindeuten können.

hat sich deshalb einen Überblick über die rechtlichen und die wirtschaftlichen Verhältnisse zu verschaffen. Aus seiner abschließenden Einschätzung ist dann ein Prüfungsprogramm zu entwickeln. Besondere Bedingungen seitens der zu prüfenden Einheit sind dabei zu beachten. Allgemeine Grundsätze für Konzernabschlussprüfungen finden sich in ISA [DE] 600 und IDW PS 320 n.F. Prüfungshinweise speziell für kommunale Konzernabschlüsse enthält die IDR-Prüfungsleitlinie 300.[284]

10.2 Gegenstand und Umfang der Gesamtabschlussprüfung

Die kommunale Konzernabschlussprüfung umfasst neben den Bestandteilen des Gesamtabschlusses (Gesamtbilanz, Gesamtergebnisrechnung, Gesamtanhang, Kapitalflussrechnung, Eigenkapitalspiegel) den Gesamtlagebericht sowie die Prüfung, ob die dafür geltenden haushaltsrechtlichen Vorschriften sowie die ergänzenden Bestimmungen von Gesellschaftsverträgen und gemeindlichen Satzungen beachtet wurden. Der Gesamtabschluss muss ein den tatsächlichen Verhältnissen entsprechendes Bild der Vermögens-, Ertrags- und Finanzgesamtlage unter Beachtung der Grundsätze ordnungsmäßiger Buchführung vermitteln. Der Prüfer hat neben Aussagen zur Einhaltung der geltenden gesetzlichen und ortsrechtlichen Bestimmungen die Aussagekraft bzw. Richtigkeit und Angemessenheit der Darstellung der Lage der Gebietskörperschaft zu beurteilen sowie zu überprüfen, inwieweit der Gesamtlagebericht in Einklang mit dem Gesamtabschluss steht. Daneben gehört zu einer Konzernabschlussprüfung auch die Prüfung

- der in den Konzernabschluss einbezogenen Einzelabschlüsse,
- der korrekten und stetigen Abgrenzung des Konsolidierungskreises,
- der Anpassungen an die konzerneinheitlichen Rechnungslegungsgrundsätze und -methoden sowie
- der Einhaltung der Vorschriften über die Konsolidierungsmaßnahmen.

Auch wenn in § 317 Abs. 1 Satz 1 HGB die **Konzernbuchführung** nicht als Gegenstand der Prüfung aufgeführt ist, besteht faktisch eine Verpflichtung zur Prüfung, da ohne einen Nachweis des Zusammenhangs von Einzel- und Konzernabschluss eine sachgerechte Konzernabschlussprüfung nicht möglich ist.[285] Dies gilt sinngemäß auch für die Gesamtabschlussprüfung von Gebietskörperschaften.

Die in den jeweiligen Landesgesetzen enthaltenen Regelungen zur Prüfung des kommunalen Konzernabschlusses bestimmen nicht, wie die Prüfung durchzuführen ist. Somit liegt es im **pflichtgemäßen Ermessen** des Prüfers, Art und Umfang der Prüfungsdurchführung festzulegen. Da die landesgesetzlichen Regelungen zu Um-

284 IDR L 300: Leitlinien zur Durchführung von kommunalen Gesamtabschlussprüfungen, Stand: 28.3.2012.

285 Vgl. Marten, K.-U./Quick, R./Ruhnke, K., Wirtschaftsprüfung, 6. Aufl. 2020, S. 859.

fang und Inhalt der kommunalen Konzernabschlussprüfung mit den Regelungen des HGB, insbesondere den §§ 316 ff. HGB, teilweise inhaltlich übereinstimmen, können für einzelne Aspekte die HGB-Vorschriften, die HGB-Kommentierungen sowie die ISA- und IDW-Verlautbarungen für kommunale Konzernabschlussprüfungen genutzt werden.

10.2.1 Verwertung von Prüfungsergebnissen Dritter

Der Abschlussprüfer des Konzernabschlusses hat auch die im Konzernabschluss zusammengefassten Jahresabschlüsse, insbesondere die konsolidierungsbedingten Anpassungen zu prüfen. Sind die Jahresabschlüsse von einem anderen Abschlussprüfer geprüft worden, hat der Konzernabschlussprüfer dessen Arbeit zu **überprüfen** und dies zu **dokumentieren** (§ 317 Abs. 3 HGB). Dies gilt sinngemäß ebenfalls für die kommunale Konzernabschlussprüfung.

Da der Konzern- bzw. Gesamtabschlussprüfer die volle Verantwortung für das Prüfungsurteil und den konsolidierten Bestätigungsvermerk trägt, muss er eigenverantwortlich entscheiden und dokumentieren, inwieweit er eigene Prüfungshandlungen im Hinblick auf die Jahresabschlüsse der Konzerneinheiten vornimmt bzw. die Prüfungsergebnisse der **Teilbereichsprüfer**[286] berücksichtigt. Dabei ist ein Zusammenhang mit den eigenen Prüfungshandlungen herzustellen, sodass das Ausmaß der Verwertung zutreffend abgewogen werden kann. Insofern erfolgt eine eigenverantwortliche „**Verwertung**" der Arbeiten eines anderen externen Prüfers; eine bloße „Übernahme" ist nicht zulässig. Art und Umfang der Überprüfung hängen damit von den Risikobeurteilungen des Konzernabschlussprüfers, dem Verständnis des Konzernabschlussprüfers von den Teilbereichsprüfern und der Bedeutung des jeweiligen Teilbereichs (Tochterunternehmen)[287] ab.

Die Überprüfung der Arbeit eines Teilbereichsprüfers umfasst auch dessen fachliche Qualifikation sowie die Einhaltung der maßgeblichen Berufspflichten (insb. die Unabhängigkeit).[288]

Bei der eigenverantwortlichen Verwertung der Arbeiten von Teilbereichsprüfern sind die **Grundsätze der Wesentlichkeit und der Wirtschaftlichkeit** zu beachten. Diese Grundsätze kommen vor allem darin zum Ausdruck, dass bei Teilbereichen,

---

286 Teilbereichsprüfer sind Prüfer, die für Zwecke der Konzernabschlussprüfung in einem Tochterunternehmen oder anderem Bereich Prüfungshandlungen durchführen; vgl. IDW PS 320 n.F. „Besondere Grundsätze für die Durchführung von Konzernabschlussprüfungen (einschließlich der Verwertung der Tätigkeit von Teilbereichsprüfern)", Tz. 9(c).

287 Teilbereich ist eine Einheit oder Geschäftstätigkeit, für die das Konzern- oder Teilbereichsmanagement Rechnungslegungsinformationen (Finanzinformationen) erstellt, die in den Konzernabschluss einzubeziehen sind (vgl. ISA [DE] 600, Tz. 9(a), IDW PS 320 n.F., Tz. 9(a).

288 Zu den Einzelheiten vgl. ISA [DE] 600, Tz. 19, A32 ff; IDW PS 320 n.F., Tz. 11 und 16 ff.

deren Rechnungslegungsinformationen in den Konzernabschluss eingehen, zwischen bedeutsamen und nicht bedeutsamen differenziert wird:

- bei **nicht bedeutsamen Teilbereichen** kann es ausreichend sein, sich auf die Durchführung analytischer Prüfungshandlungen zu beschränken;
- demgegenüber erfordern **bedeutsame Teilbereiche** stets weitergehende Beurteilungen (ISA [DE] 600, Tz. 26 ff.).

Die Entscheidung, ob ein Teilbereich wegen seines wirtschaftlichen Gewichts als bedeutsam (signifikant) anzusehen ist, liegt im pflichtgemäßen Ermessen des Konzernabschlussprüfers. So kann ein bestimmter Prozentsatz einer Bezugsgröße (z.B. Summe der Vermögenswerte, Gewinn, Cash-Flow oder anderer Wert) als Auswahlkriterium angewandt werden.[289]

Die dem Konzernabschlussprüfer vorgelegten Jahresabschlüsse müssen für ihn nachvollziehbar und akzeptabel sein. Dies gilt u.a. für die Überleitung der Jahresabschlüsse der Tochterunternehmen (Handelsbilanzen I – HB I) in die den Ansatz und Bewertungsregeln der Muttergesellschaft angepassten Handelsbilanzen II (HB II) gemäß § 308 Abs. 1 HGB. In den Fällen, in denen sich jedoch Zweifel an der Ordnungsmäßigkeit der einbezogenen Jahresabschlüsse ergeben, muss der Konzernabschlussprüfer ggf. zusätzliche Prüfungshandlungen und eventuell unter Berücksichtigung der Wesentlichkeitsgrenzen eine Korrektur vornehmen.

10.2.2 Konsolidierungskreis

Bei der **Prüfung des Konsolidierungskreises** soll festgestellt werden, ob der Kreis der in den Gesamtabschluss einzubeziehenden Teilbereiche vollständig und richtig abgeleitet wurde und die Teilbereiche auch tatsächlich einbezogen wurden. In diesem Rahmen hat der Prüfer insbesondere zu beurteilen, ob das Mutterunternehmen bzw. die Gebietskörperschaft eine zutreffende Beurteilung hinsichtlich des Vorliegens der **Beherrschung** als Voraussetzung für eine Konsolidierung vorgenommen hat (§ 290 HGB, § 51 KomHVO NRW). Gleiches gilt im Zusammenhang mit einer At-Equity-Einbeziehung bei Vorliegen eines **maßgeblichen Einflusses** auf die betroffenen Beteiligungsunternehmen (§ 311 HGB, § 51 Abs. 3 KomHVO NRW). Ebenfalls ist zu prüfen, ob die gesetzlichen Regelungen zum **Einbeziehungswahlrecht wegen untergeordneter Bedeutung** eingehalten wurden. Bei Erstprüfungen muss der Nachvollzug der vom Mutterunternehmen (MU) getroffenen Abgrenzung umfassender sein als bei Wiederholungsprüfungen, wo sich die Prüfung weitgehend auf die Veränderungen im Kreis der Tochterunternehmen beschränken kann.

---

[289] Vgl. ISA [DE] 600, Tz. 9(m), A5; IDW PS 320 n.F., Tz. 24 ff.

Nach der im Konzernrecht geltenden **„Einheitstheorie"** sind die Vermögensgegenstände und Schulden im Konzernabschluss einheitlich, und zwar grundsätzlich nach den für das MU (hier: die Kommune) geltenden Regeln zu bilanzieren und zu bewerten. Weicht die Bewertung in den Einzelabschlüssen (Handelsbilanzen I) der einbezogenen Teilbereiche hiervon ab, müssen diese – bevor eine Konsolidierung erfolgt – ihren Jahresabschluss an die konzerneinheitlichen Bilanzierungs- und Bewertungsregeln, die für das MU gelten, anpassen. Abweichungen von den auf den Jahresabschluss des MU angewandten Methoden sind im Konzernanhang anzugeben und zu begründen (§ 308 Abs. 1 HGB). Die Anpassungen werden in Form einer **Handelsbilanz II** bzw. **Kommunalbilanz II** (als Ergänzungsrechnung) vorgenommen, wobei bei Unwesentlichkeit auf eine Anpassung verzichtet werden kann (§ 308 Abs. 2 Satz 3 HGB). In der Praxis werden die Anforderungen anhand von verbindlichen **Konzernbilanzierungsanweisungen** (im NKF: **Gesamtabschlussrichtlinie**) sichergestellt. Hier trifft das MU Regelungen zur organisatorischen Zuständigkeit, zum zeitlichen Ablauf der Aufstellung des Konzernabschlusses sowie zu einheitlichen **Bilanzierungs- und Bewertungsmethoden**. Daneben wird häufig das MU einen standardisierten und auf den Konzernbilanzierungsanweisungen basierenden Formularsatz (**Reporting Package**) erstellen, der für die Berichterstattung zu verwenden ist.

10.2.3 Konsolidierungsmaßnahmen

Die Aufstellung des Konzernabschlusses sowie die Durchführung der Konsolidierungsbuchungen erfolgt meist mit Hilfe einer **Konsolidierungssoftware**. Der Konzernabschlussprüfer muss prüfen, ob Ordnungsmäßigkeit und Sicherheit gewährleistet sind.[290]

Nachdem der Konzernabschlussprüfer die Einhaltung der Konzernbilanzierungsanweisungen überprüft hat, untersucht er die **Konsolidierungsmaßnahmen**. Hier ist zu prüfen, ob die Konsolidierung korrekt ausgeführt wurde, d.h. dass die zur Entwicklung der Handelsbilanz II notwendigen Summen- und Saldenbildungen vollständig und richtig sind und die gesetzlichen Vorschriften zur Durchführung der Kapital-, Schulden-, Ertrags- und Aufwandskonsolidierung sowie der Zwischenerfolgseliminierung beachtet wurden. Zwischenergebnisse können dann entstehen, wenn von einem Teilbereich Leistungen an eine andere Konzerneinheit erbracht werden.

Bei der **Kapitalkonsolidierung** sind insbesondere die sachgerechte Anwendung der Konsolidierungsmethode, der Zeitpunkt der Kapitalkonsolidierung, die Erstkonsolidierung mit Ermittlung des Unterschiedsbetrages aus der Konsolidierung

[290] Vgl. IDW RS FAIT 4: „Anforderungen an die Ordnungsmäßigkeit und Sicherheit IT-gestützter Konsolidierungsprozesse".

sowie die Minderheitenanteile zu prüfen. Im Rahmen der Prüfung der Erstkonsolidierung untersucht der Konzernabschlussprüfer insbesondere, ob die Unterschiedsbeträge aus der Konsolidierung plausibel sind und ob die aus den Unterschiedsbeträgen resultierenden Konsequenzen zutreffend im Konzernabschluss abgebildet wurden (IDR L 300, Tz. 2.3.10).

Bei der **Schuldenkonsolidierung** sind insbesondere die Aufrechnungsdifferenzen bezüglich deren Ursachen und Behandlung zu prüfen. Es ist üblich, Differenzen aus der Schuldenkonsolidierung auf sog. Differenzenkonten zu erfassen, die als sonstige Forderungen oder Verbindlichkeiten in der Konzernbilanz berücksichtigt sind. Aus der Analyse der Differenzenkonten können sich oft Rückschlüsse auf die Qualität der Schuldenkonsolidierung ergeben (IDR L 300, Tz. 2.3.13). Der Prüfer hat u.a. darauf zu achten, dass ein einmal gewähltes Verfahren zur Verrechnung von Aufrechnungsdifferenzen grundsätzlich beibehalten wird. Für eine Schuldenkonsolidierung kommen u.a. folgende Bilanzposten bzw. Konten infrage:

- geleistete/erhaltene Anzahlungen,
- Ausleihungen an verbundene Unternehmen,
- Forderungen/Verbindlichkeiten gegen verbundene Unternehmen,
- Rechnungsabgrenzungsposten,
- Rückstellungen.

Bei der **Aufwands- und Ertragskonsolidierung** sind deren Ablauf, die Identifizierung von konsolidierungspflichtigen Sachverhalten sowie die Anwendung von Eliminierungswahlrechten zu prüfen. Ebenfalls sind Plausibilitätsprüfungen durchzuführen. Die Analyse von Differenzenkonten lässt auch hier Rückschlüsse auf die Qualität der Aufwands- und Ertragskonsolidierung zu (IDR L 300, Tz. 2.3.14).

MERKE: Differenzen bei der Schulden- und bei der Aufwands- und Ertragskonsolidierung lassen sich vermeiden, wenn die Geschäftsvorfälle zwischen den Konzerneinheiten regelmäßig abgestimmt werden.

10.2.4 Wesentlichkeitsgrenzen

Die Prüfung des kommunalen Konzernabschlusses und Konzernlageberichtes ist so zu planen und durchzuführen, dass wesentliche Unrichtigkeiten und Verstöße mit hinreichender Sicherheit aufgedeckt werden (§ 102 Abs. 3 i.V.m. Abs. 11 GO NRW). Unrichtigkeiten und Verstöße gelten als wesentlich, wenn sie wegen ihrer Größenordnung oder Bedeutung einen Einfluss auf den Aussagewert der Rechnungslegung für die Abschlussadressaten haben bzw. ihre wirtschaftlichen Entscheidungen beeinflussen können (IDR L 300, Tz. 3.1).

Soweit in einzelnen Bundesländern Regelungen zur Bestimmung der Wesentlichkeitsgrenze existieren, sind diese zu beachten (vgl. auch Kap. 2.1.3).

ISA [DE] 600, Tz. 21 ff. unterscheidet verschiedene Wesentlichkeitsgrenzen:

- die Wesentlichkeitsgrenze für den Konzernabschluss als Ganzes (**Konzernwesentlichkeit**),
- spezifische Wesentlichkeitsgrenzen für bestimmte Arten von Geschäftsvorfällen, Kontensalden oder Abschlussangaben (**Wesentlichkeitsgrenzen auf Ebene der Konzernaussagen**),
- die Teilbereichswesentlichkeiten, für die für Zwecke der Prüfung des Konzernabschlusses eine Prüfung oder prüferische Durchsicht erfolgt (**Wesentlichkeitsgrenzen auf Ebene der Teilbereiche**),
- die Schwelle, unterhalb derer falsche Darstellungen als „zweifelsfrei unbeachtlich" für den Konzernabschluss anzusehen sind **(Nichtaufgriffsgrenze)**.[291]

Zur Gesamtabschlussprüfung gehört auch die Festlegung der Teilbereiche, denen im Hinblick auf den Konzernabschluss eine **untergeordnete Bedeutung** zukommt (§ 296 Abs. 2 HGB, § 116b GO NRW). Die Anwendung dieser Ausnahmeregelung ist im Konzernanhang zu begründen.

10.3 Die einzelnen Prüfungsgegenstände des Gesamtabschlusses

Prüfungsgegenstände des Gesamtabschlusses im NKF sind

- die Gesamtbilanz,
- die Gesamtergebnisrechnung,
- der Gesamtanhang,
- die Kapitalflussrechnung und
- der Eigenkapitalspiegel.

Zum Prüfungsgegenstand gehört auch der beizufügende Gesamtlagebericht.

10.3.1 Gesamtbilanz

Die Gesamtbilanz ist der Konzernbilanz nachgebildet. Sie soll Auskunft über das gesamte Vermögen und die gesamten Schulden der Gebietskörperschaft geben. Der Aufbau der Gesamtbilanz berücksichtigt die wichtigsten Bilanzposten, die nach § 42 KomHVO NRW auch in der Bilanz der Gemeinde enthalten sind (§ 50 Abs. 3

---

[291] Vgl. ISA [DE] 600, Tz. 21 ff, A42 ff; IDW PS 320 n.F., Tz. 19.

KomHVO NRW). Die Gesamtbilanz muss im NKF entsprechend der Anlage 29 VV Muster zur GO NRW und KomHVO NRW aufgebaut sein.

10.3.2 Gesamtergebnisrechnung

Die Gesamtergebnisrechnung entspricht der handelsrechtlichen Konzern-GuV, wobei jedoch kommunale Besonderheiten berücksichtigt sind. Nach § 50 Abs. 3 KomHVO NRW findet für die Gesamtergebnisrechnung die Vorschrift über die gemeindliche Ergebnisrechnung nach § 39 KomHVO NRW Anwendung. Anlage 30 VV Muster zur GO NRW und KomHVO NRW regelt den Aufbau und die Gliederung der Rechnung im NKF. Die Bezifferung von Ertrags- und Aufwandspositionen sowie von Summen und Salden ist von der Gemeinde unter Berücksichtigung der örtlichen Gegebenheiten eigenverantwortlich festzulegen.

10.3.3 Gesamtanhang

Der Gesamtanhang entspricht dem Konzernanhang. In ihm finden sich die erforderlichen zusätzlichen Erläuterungen zum Gesamtabschluss, z.B. die Darstellung der nicht in den Gesamtabschluss einbezogenen verselbstständigten Aufgabenbereiche. Die Erläuterungen im Gesamtanhang sind so zu fassen, dass sachverständige Dritte die Wertansätze beurteilen können. Für die äußere Gestaltung des Anhangs, seinen Aufbau und den Umfang gibt es keine besonderen Formvorgaben, jedoch gelten die allgemeinen Grundsätze ordnungsmäßiger Berichterstattung, wie z.B. Klarheit und Übersichtlichkeit, Vollständigkeit, Wesentlichkeit und Darstellungsstetigkeit.

Für Aufbau und Gliederung bietet es sich z.B. an, mit allgemeinen Angaben zum aufgestellten Gesamtabschluss, zum Konsolidierungskreis und zu den verwendeten Bilanzierungs- und Bewertungsmethoden zu beginnen, um daran anknüpfend spezielle Erläuterungen zur Gesamtbilanz und zur Gesamtergebnisrechnung zu geben.[292]Am Schluss des Gesamtanhangs sind im NKF Angaben zu den Verantwortlichen in der Gemeinde zu machen (§ 116 Abs. 7 GO NRW).

MERKE: Der Gesamtanhang ist daraufhin zu prüfen, ob die gesetzlich geforderten Angaben vollständig und zutreffend sind.

Die Prüfungshandlungen zu Gesamtbilanz, Gesamtergebnisrechnung und Gesamtanhang entsprechen weitgehend den für den Jahresabschluss dargestellten Handlungen.

[292] Eine tabellarische Übersicht der gesetzlichen Angabepflichten für den Konzernanhang ist enthalten in: WP Handbuch, Wirtschaftsprüfung und Rechnungslegung, 17. Aufl. 2021, Kap. G, Tz. 650.

10.3.4 Gesamtkapitalflussrechnung

Im Gesamtabschluss ist die nach § 52 Abs. 3 KomHVO NRW geforderte Gesamtkapitalflussrechnung unter Beachtung des Deutschen Rechnungslegungsstandards Nr. 21 (**DRS 21**) in der vom Bundesministerium der Justiz (BMJ) nach § 342 Abs. 2 HGB bekannt gemachten Form aufzustellen. Die Gesamtkapitalflussrechnung stellt zeitbezogen die Zahlungsströme des „Konzerns Gemeinde" dar, die zur Veränderung des Zahlungsmittelbestandes führen. Die Gesamtkapitalflussrechnung ist als zusätzliches Instrument für den Gesamtabschluss nur brauchbar, wenn sie sich auch auf dessen festgelegten Konsolidierungskreis bezieht. Außerdem dürfen nach dem beim Gesamtabschluss geltenden Grundsatz der Einheit alle Zahlungsströme zwischen der Kernverwaltung der Gemeinde und den in den Gesamtabschluss einbezogenen Einheiten sowie zwischen diesen Einheiten nicht in der Gesamtkapitalflussrechnung enthalten sein. Es dürfen also nur Zahlungsströme erfasst werden, die mit außerhalb des Gesamtabschlusses stehenden Dritten bestehen. Eine Kapitalflussrechnung beinhaltet die Zahlungsströme aus

- laufender Geschäftstätigkeit,
- Investitionstätigkeit und
- Finanzierungstätigkeit.

Im Gegensatz zu den Zahlungsströmen aus der Investitions- und Finanzierungstätigkeit, welche grundsätzlich nach der **direkten Methode** ermittelt werden, ist bei der Ermittlung der Zahlungsströme aus der laufenden Geschäftstätigkeit die Anwendung der direkten oder indirekten Methode möglich. Bei der direkten Methode (originäre Ermittlung) werden die Zahlungsströme unmittelbar aus den Buchungen in der Finanzbuchhaltung abgeleitet. Die Anwendung der originären Ermittlung der Zahlungsströme erfordert, dass den Buchungen spezielle Buchungsschlüssel beigefügt werden, die eine korrekte Zuordnung zu den einzelnen Ein- und Auszahlungspositionen gewährleisten müssen. Die Prüfung kann in diesem Fall weitgehend als Systemprüfung erfolgen.

Die **indirekte Methode** (derivative Ermittlung) der Ableitung der Zahlungsströme aus der laufenden Geschäftstätigkeit baut auf dem aufgestellten Gesamtabschluss bzw. den einzelnen Jahresabschlüssen auf. Die Angaben müssen um zahlungsunwirksame Vorgänge (z.B. Abschreibungen, Zuführungen und Auflösungen von Rückstellungen) bereinigt werden. Von der Ordnungsmäßigkeit der Kapitalflussrechnung kann sich der Prüfer überzeugen, indem er in die Unterlagen zur Herleitung der Rechnung, in Organisationsanweisungen sowie in die Überleitungsrechnung aus dem Jahresabschluss Einsicht nimmt. Der Prüfer kann fast jede Position der Kapitalflussrechnung mit denen der Bilanz und der Ergebnisrechnung abgleichen. Er wird hier sowohl eine Systemprüfung als auch einzelfallbezogene Prüfungshandlungen vornehmen.

Zu prüfen ist insbesondere, ob die Ausgestaltung der Kapitalflussrechnung den Vorgaben des DRS 21 entspricht und die Rechnung inhaltlich richtig und vollständig ist. **Prüfungsschwerpunkte** sind zum einen die Abgrenzung des sog. Finanzmittelfonds sowie zum anderen die sinnvolle und stetige Zuordnung der Ein- und Auszahlungen auf die drei Bereiche laufende Geschäftstätigkeit, Investitionstätigkeit und Finanzierungstätigkeit. Die einzelfallbezogenen Prüfungshandlungen erfolgen sinnvollerweise bereits im Rahmen der prüffeld- bzw. abschlusspostenorientierten Jahresabschlussprüfung. Die Zahlungsströme aus Investitionstätigkeit kann der Prüfer u.a. bereits im Rahmen der Prüfung des Anlagenspiegels identifizieren.

10.3.5 Gesamteigenkapitalspiegel

Prüfungshandlungen zum Gesamt- bzw. Konzerneigenkapitalspiegel (**Eigenkapitalveränderungsrechnung**) haben das Ziel, die Veränderungen des Eigenkapitals zu untersuchen. Im Rahmen der Prüfung der Vollständigkeit ist im NKF zu beurteilen, ob alle Angaben entsprechend dem vorgeschriebenen Muster (Anlage 31 VV Muster zur GO und KomHVO NRW) erfolgten. Die einzelnen ausgewiesenen Beträge sind auf ihre Richtigkeit zu überprüfen. Da es keine gesetzlichen Regelungen zur Ausgestaltung des Konzerneigenkapitalspiegels gibt, sind hier die Empfehlungen des DRS 22 „Konzerneigenkapital" anzuwenden.

10.3.6 Gesamtlagebericht

Der Gesamtlagebericht ist vergleichbar mit dem handelsrechtlichen Konzernlagebericht (§ 315 HGB). Im Gesamtlagebericht ist das durch den Gesamtabschluss zu vermittelnde Bild der Vermögens-, Ertrags- und Finanzgesamtlage der Kommune einschließlich der verselbstständigten Aufgabenbereiche (Teilbereiche) zu erläutern. Dazu sind in einem Überblick der **Geschäftsablauf** mit den wichtigsten Ergebnissen des Gesamtabschlusses und die Gesamtlage in ihren tatsächlichen Verhältnissen darzustellen. Der Gesamtlagebericht hat außerdem eine Analyse der Haushaltswirtschaft der Kommune unter Einbeziehung der verselbstständigten Teilbereiche und der Gesamtlage der Kommune zu enthalten. Die Analyse soll auch produktorientierte Ziele und Kennzahlen, soweit sie bedeutsam für das Bild der Vermögens-, Ertrags- und Finanzgesamtlage sind, enthalten und erläutern. Der Gesamtlagebericht muss zudem auf die notwendigen Erläuterungen zu den **Chancen und Risiken** der zukünftigen Entwicklung der Gemeinde eingehen; zu Grunde liegende Annahmen sind anzugeben. Außerdem müssen zu sämtlichen verselbstständigten Aufgabenbereichen in öffentlich-rechtlicher und privatrechtlicher Form die Angaben nach § 53 Abs. 1 bis 3 KomHVO NRW enthalten sein (§ 52 Abs. 1 KomHVO NRW).

Zu prüfen ist insbesondere, ob der Gesamtlagebericht mit dem Gesamtabschluss und den Erkenntnissen des Prüfers in Einklang steht. Die Angaben im Gesamtlagebericht dürfen nicht eine falsche Vorstellung von der Vermögens-, Schulden-, Ertrags- und Finanzgesamtlage der Gemeinde erwecken. Ebenfalls ist zu prüfen, ob mit dem Gesamtlagebericht aussagekräftige Auskünfte zu den künftigen Chancen und Risiken der Gemeinde gegeben werden. Ansonsten gleichen die Prüfungshandlungen für den Gesamtlagebericht denen der Prüfung des Lageberichts für den Einzelabschluss.

Die einzelnen Lageberichte der in den Gesamtabschluss einbezogenen Teilbereiche sind nicht durch den Konzernabschlussprüfer zu prüfen. Dies hat seinen Grund darin, dass der Gesamtlagebericht nicht als eine Zusammenfassung der einzelnen Lageberichte zu verstehen ist, sondern einen Überblick über den Geschäftsverlauf und die Lage der Kommune als wirtschaftliche Einheit gibt.[293]

10.3.7 Zusammenfassung

Die Bestandteile des gemeindlichen Gesamtabschlusses im NKF mit dem Gesamtlagebericht sowie die erforderlichen Prüfungen werden nachfolgend in einer Übersicht aufgezeigt:[294]

Bestandteile des Gesamtabschlusses	
Gesamtergebnisrechnung	
Prüfungsauftrag:	
Entspricht die Gesamtergebnisrechnung den Anforderungen und enthält mindestens die vorgesehenen Positionen mit den Ist-Ergebnissen? Wird das vorgeschriebene Muster beachtet?	§ 116 Abs. 2 GO NRW i.V.m. § 50 Abs. 1 Nr. 1 und Abs. 3 KomHVO NRW
Gesamtbilanz	
Prüfungsauftrag:	
Entspricht die Gliederung der Gesamtbilanz den Anforderungen und enthält mindestens die vorgesehenen Positionen mit den Ist-Ergebnissen? Wird das vorgeschriebene Muster beachtet?	§ 116 Abs. 2 GO NRW i.V.m. § 50 Abs. 1 Nr. 2 und Abs. 3 KomHVO NRW
Gesamtanhang	
Prüfungsauftrag:	
Enthält der Gesamtanhang ausreichende Erläuterungen zu den Posten der Gesamtbilanz und der Gesamtergebnisrechnung? Grundsätze ordnungsmäßiger Berichterstattung beachtet?	§ 116 Abs. 2 GO NRW i.V.m. § 50 Abs. 1 Nr. 3 und § 52 Abs. 2 und 3 KomHVO NRW

293 Vgl. WP Handbuch, Wirtschaftsprüfung und Rechnungslegung, 17. Aufl. 2021, Kap. L, Tz. 1357.

294 In Anlehnung an: Innenministerium NRW, NKF-Handreichungen, 7. Aufl. 2016, S. 1593.

Kapitalflussrechnung	
Prüfungsauftrag:	
Wird der Finanzmittelfonds zutreffend dargestellt und ist er zutreffend ermittelt worden? Wird DRS 21 beachtet?	§ 116 Abs. 2 GO NRW i.V.m. § 50 Abs. 1 Nr. 4 und § 52 Abs. 3 KomHVO NRW
Eigenkapitalspiegel	
Prüfungsauftrag:	
Sind die Bestandteile des Eigenkapitals nach dem vorgeschriebenen Muster zutreffend dargestellt und ermittelt worden?	§ 116 Abs. 2 GO NRW i.V.m. § 50 Abs. 1 Nr. 5 KomHVO NRW
Gesamtlagebericht	
Prüfungsauftrag:	
Wird ein den tatsächlichen Verhältnissen entsprechendes Bild der Vermögens-, Schulden-, Ertrags- und Finanzlage der Kommune einschließlich der verselbstständigten Teilbereiche gegeben? Werden die übrigen Anforderungen erfüllt?	§ 116 Abs. 2 GO NRW i.V.m. § 50 Abs. 2 und § 52 Abs. 1 KomHVO NRW

Abbildung 51: Gesamtabschlussunterlagen der Gemeinde

10.4 Weitere prüfungsrelevante Sachverhalte

10.4.1 Die Prüfung von Zwischenabschlüssen

Der Konzernabschluss soll die zusammengefasste wirtschaftliche Lage aufzeigen, die sich für das Mutterunternehmen (MU) mit ihren verselbstständigten Teilbereichen zum Abschlussstichtag so ergibt, als ob sie eine Einheit wären. Auch Teilbereiche, die ein **vom Kalenderjahr abweichendes Geschäftsjahr** haben, müssen berücksichtigt werden.

Der Konzernabschluss ist gemäß § 299 Abs. 1 HGB auf den Stichtag des Jahresabschlusses des MU aufzustellen. Die Jahresabschlüsse der in den Konzernabschluss einbezogenen Teilbereiche **sollen** auf den Stichtag des Konzernabschlusses aufgestellt werden. Liegt der Abschlussstichtag eines Teilbereichs um mehr als drei Monate vor dem Stichtag des Konzernabschlusses, so muss dieser Teilbereich auf Grund eines auf den Stichtag und den Zeitraum des Konzernabschlusses aufgestellten Zwischenabschlusses in den Konzernabschluss einbezogen werden (§ 299 Abs. 2 HGB). Erfolgt dies nicht, so sind **Vorgänge von besonderer Bedeutung** für die VFE-Lage eines in den Konzernabschluss einbezogenen Teilbereichs, die zwischen dem Abschlussstichtag dieses Teilbereichs und dem Abschlussstichtag des Konzernabschlusses eingetreten sind, in der Konzernbilanz und der Konzern-GuV-Rechnung zu berücksichtigen oder im Konzernanhang anzugeben (§ 299 Abs. 3 HGB).

Ein solcher Zwischenabschluss muss zwar orientiert an den Erfordernissen des Jahresabschlusses des betreffenden Teilbereichs aufgestellt werden, bei seiner Aufstellung müssen jedoch bereits die **für den Konzernabschluss geltenden Bilanzierungs- und Bewertungsmethoden** zur Anwendung kommen, auch wenn der Zwischenabschluss aus den Büchern des Teilbereichs zu entwickeln ist. Der Zwischenabschluss stellt daher keinen unterjährigen Jahresabschluss dar, denn seine Ableitung bzw. Aufstellung dient ausschließlich der Erstellung des Konzernabschlusses.

Der Zwischenabschluss unterliegt nicht der Prüfungspflicht des Teilbereichsprüfers. Im NKF kann die Prüfung des Zwischenabschlusses aber dem Jahresabschlussprüfer des betreffenden Teilbereichs nach § 104 Abs. 6 GO NRW übertragen werden. Wegen seiner konzernabschlussbezogenen Aufstellung hat der Konzernabschlussprüfer jedoch die Prüfungsverantwortung.

10.4.2 Die Prüfung der Entbehrlichkeit des Gesamtabschlusses im NKF

Seit 2019 ist eine **größenabhängige Befreiung** der Gemeinden in NRW **von der Aufstellung eines Gesamtabschlusses** möglich. Die Gemeindeprüfungsanstalt hat hierzu Dokumentationshilfen zur Verfügung gestellt.[295]

Eine Gemeinde ist von der Pflicht befreit, einen Gesamtabschluss und einen Gesamtlagebericht aufzustellen, wenn am Abschlussstichtag ihres Jahresabschlusses und am vorhergehenden Abschlussstichtag jeweils mindestens zwei der nachstehenden Merkmale zutreffen (§ 116a GO NRW):

1. die Bilanzsummen in den Bilanzen der Gemeinde und der einzubeziehenden verselbständigten Aufgabenbereiche nach § 116 Abs. 3 übersteigen insgesamt nicht mehr als 1.500.000.000 Euro,

2. die der Gemeinde zuzurechnenden Erträge aller vollkonsolidierungspflichtigen verselbstständigten Aufgabenbereiche nach § 116 Abs. 3 machen weniger als 50 Prozent der ordentlichen Erträge der Ergebnisrechnung der Gemeinde aus,

3. die der Gemeinde zuzurechnenden Bilanzsummen aller vollkonsolidierungspflichtigen verselbständigten Aufgabenbereiche nach § 116 Abs. 3 machen insgesamt weniger als 50 Prozent der Bilanzsumme der Gemeinde aus.

Über das Vorliegen der Voraussetzungen für die Befreiung von der Pflicht zur Aufstellung eines Gesamtabschlusses entscheidet die Gemeindevertretung für jedes Haushaltsjahr bis zum 30. September des auf das Haushaltsjahr folgenden Jahres. Das Vorliegen der Voraussetzungen ist gegenüber der Gemeindevertretung anhand geeigneter Unterlagen nachzuweisen. Die Entscheidung ist der Aufsichtsbehörde jährlich mit der Anzeige des durch die Gemeindevertretung festgestellten Jahresabschlusses vorzulegen.

[295] Vgl. www. gpanrw.de/service/downloadcenter.

Sofern eine Gemeinde von der größenabhängigen Befreiung im Zusammenhang mit der Erstellung eines Gesamtabschlusses Gebrauch macht, ist ein **Beteiligungsbericht** gemäß § 117 GO NRW zu erstellen.

Bei einzelnen Gemeinden können besondere Fallgestaltungen im Rahmen ihrer Beteiligungen vorliegen, die dazu führen, dass für die Gemeinde die Aufstellung eines Gesamtabschlusses entbehrlich wird. Ein solcher Sachverhalt liegt z.B. vor, wenn die Gemeinde (Mutter) über keinen voll zu konsolidierenden Teilbereich (Tochter) verfügt.

Die Aufstellung eines Gesamtabschlusses ist aber auch dann für die Gemeinde entbehrlich, wenn zwar ein Mutter-Tochter-Verhältnis besteht, die Tochtereinheiten jedoch nur als Teilbereiche von **untergeordneter Bedeutung** zu klassifizieren sind (§ 116b GO NRW). In solchen Fällen erlischt für die Gemeinde jedoch nicht die ausdrückliche haushaltsrechtliche Pflicht zur Prüfung des Gesamtabschlusses. Sie ist dann in der Art und Weise auszuüben, dass vom Rechnungsprüfungsausschuss zu prüfen ist, ob die Voraussetzungen für einen Verzicht auf die Aufstellung des gemeindlichen Gesamtabschlusses örtlich tatsächlich vorliegen.

In diese örtliche Prüfung ist auch die örtliche Abwägung einzubeziehen. Der Rechnungsprüfungsausschuss soll unter Berücksichtigung der tatschlichen örtlichen Verhältnisse prüfen, ob die Entscheidung der Gemeinde, auf die Aufstellung eines Gesamtabschlusses zu verzichten, sachgerecht und zutreffend ist. Das Ergebnis der Prüfung sollte in einem speziellen Vermerk zusammengefasst werden.

10.5 Prüfungshandlungen, Prüfungsaussagen und Prüfungsbericht

10.5.1 Prüfungshandlungen

Die **risikoorientierte Prüfung** eines Konzernabschlusses wird in ISA [DE] 600 beschrieben. Sie lässt sich **in drei Schritte** unterteilen:[296]

- **Risikoidentifikation und -beurteilung**
  Der Abschlussprüfer und das Konzernprüfungsteam[297] haben sich ein Verständnis vom Konzern, seinen Teilbereichen, dem Umfeld sowie dem Konsolidierungsprozess zu verschaffen, um die Risiken wesentlicher falscher Darstellungen zu identifizieren und zu beurteilen (ISA [DE] 600, Tz. 17). Zum **Verständnis** des Konsolidierungsprozesses sind in Anlage 2.3 des Standards Sachverhalte beschrieben, die sich auf die maßgeblichen Rechnungslegungsgrundsätze, den Konsolidierungsprozess und die Konsolidierungsbuchungen beziehen. Hierzu zählt auch, dass sich das Prüfungsteam

[296] Vgl. Marten, K.-U./Quick, R./Ruhnke, K., Wirtschaftsprüfung, 6. Aufl. 2020, S. 870.

[297] Zum Begriff Konzernprüfungsteam vgl. die Definition in ISA [DE] 600, Tz. 9(i).

mit den Anweisungen des Konzernmanagements an die Teilbereiche (**Konzernrichtlinie bzw. Konzernbilanzierungsanweisung**) und den Berichtspaketen (**reporting packages bzw. Überleitung der Jahresabschlüsse auf die für das MU geltenden Regelungen in Form der sog. HB II**) befasst, die die einzubeziehenden Teilbereiche übermitteln. Das gewonnene Verständnis soll auch der Beurteilung oder Anpassung der Wesentlichkeitsgrenzen dienen.

Zu prüfen ist, ob die Konzernrichtlinie im Hinblick auf gesetzesentsprechende konzerneinheitliche Bilanzierung und Bewertung geeignet ist. Die in der Berichterstattung enthaltenen **Finanzinformationen**[298] müssen identisch sein mit den Daten, die in den Konzernabschluss einbezogen werden. Soweit **Teilbereichsprüfer** eingebunden werden sollen, ist deren Unabhängigkeit und fachliche Kompetenz zu beurteilen (ISA [DE] 600, Tz. 19).

- **Reaktionen auf die beurteilten Fehlerrisiken**
  Das Ergebnis der Risikobeurteilungen bestimmt Art und Umfang der weiteren Prüfungshandlungen (ISA [DE] 600, Tz. 24 ff.). Unterschieden wird hierbei nach Prüfungshandlungen in Bezug auf Teilbereiche (ISA [DE] 600, Tz. 26-31) sowie in Bezug auf den Konsolidierungsprozess (ISA [DE] 600, Tz. 32-37).

  Da die einheitliche Bilanzierung und Bewertung aller Konzerneinheiten zu beurteilen ist, empfiehlt es sich, dass die Prüfung der Anpassungsbuchungen vom jeweiligen Teilbereichsprüfer vorgenommen wird. Der Konzernabschlussprüfer sollte in diesem Fall bezüglich der Prüfung der Handelsbilanzen II (Kommunalbilanz II) **Prüfungsvorgaben bzw. -anweisungen (audit instructions)** zur Prüfungsplanung, zu Art und Umfang der Prüfungshandlungen und zur Berichterstattung bereitstellen.[299]

  Der Konsolidierungsprozess ist hierbei auf Angemessenheit, Vollständigkeit und Genauigkeit der Konsolidierungsbuchungen und der Umgliederungen zu überprüfen.

298 Finanzinformationen, die in den Konzernabschluss einbezogen werden, ergeben sich aus dem Jahresabschluss (Vermögen, Schulden, Eigenkapital), der Erfolgsrechnung (Aufwendungen, Erträge) und weiteren erläuternden Angaben der MU oder der TU.

299 Zu den Mindestanforderungen an den Inhalt der Prüfungsvorgaben vgl. ISA [DE] 600, Tz. 40 f, A57 ff. sowie IDW PS 320 n.F., Tz. 37. Die Anlage 5 zu ISA [DE] 600 enthält erläuternde Hinweise zu verpflichteten und weiteren Themen, die in audit instructions aufgenommen werden können.

- **Gesamtwürdigung der erlangten Prüfungsnachweise**
  Hier ist zunächst zu beurteilen, ob die Berichterstattung der Teilbereichsprüfer sowie die von ihnen durchgeführten Prüfungshandlungen angemessen sind. Ebenfalls ist zu beurteilen, ob die insgesamt erlangten Prüfungsnachweise ausreichend und geeignet sind, um zu einem Prüfungsurteil zu kommen (ISA [DE] 600, Tz. 42-45).

10.5.2 Die Prüfungsaussagen

Die Abschlussprüfung soll ermöglichen, Prüfungsaussagen unter Beachtung des Grundsatzes der **Wesentlichkeit** und des Grundsatzes der **Wirtschaftlichkeit** treffen zu können. Wenn der Abschlussprüfer eines Teilbereichs seinen Bestätigungsvermerk eingeschränkt oder versagt hat, muss der Konzernabschlussprüfer eigene Prüfungsfeststellungen treffen, ob und ggf. in welchem Umfang die Ordnungsmäßigkeit des Konzernabschlusses betroffen ist. Dies kann ggf. dazu führen, dass auch der Bestätigungsvermerk zum Konzernabschluss einzuschränken ist.

Für seine Urteilsbildung kann der Konzernabschlussprüfer Prüfungsfeststellungen bei den Teilbereichen treffen, die in den Konzernabschluss einbezogen werden. Dem Konzernabschlussprüfer steht gemäß § 320 Abs. 3 Satz 2 i.V.m. Abs. 3 HGB ein Auskunftsrecht gegenüber den Prüfern aller einbezogenen Aufgabenbereiche zu (vgl. auch § 102 Abs. 7 S. 3 GO NRW). Er kann von den Teilbereichsprüfern auch die für die Gesamtabschlussprüfung notwendigen Nachweise und Informationen verlangen (§ 116 Abs. 6 S. 2 GO NRW). Ohne die Rechte, notwendige Nachweise und Informationen zu erhalten, ist eine sorgfältige Prüfung nicht gewährleistet.

10.5.3 Der Prüfungsbericht

Der Gesamtabschlussprüfer im NKF hat wie der Abschlussprüfer über Art und Umfang der Prüfung sowie über das Ergebnis der Prüfung einen Prüfungsbericht zu erstellen und den Bestätigungsvermerk in den Prüfungsbericht aufzunehmen. Gemäß § 102 Abs. 8 GO NRW gelten die Bestimmungen der §§ 321 und 322 HGB entsprechend. **Aufbau und Gliederung** eines Konzernprüfungsberichts entsprechen im Wesentlichen der Gliederung eines Berichts über die Jahresabschlussprüfung (vgl. Kap. 11.1). Es sind jedoch weitere **konzernspezifische Angaben** zu machen, wie z.B. zum Konsolidierungskreis, zum Konzernstichtag sowie zur Prüfung der in den Konzernabschluss einbezogenen Abschlüsse.[300]

---

[300] Zum Prüfungsbericht zur Konzernabschlussprüfung vgl. IDW PS 450, Tz. 118 ff. Zu weiteren Angaben bei (Mutter-) Unternehmen von öffentlichem Interesse (PIE) vgl. WP Handbuch, Wirtschaftsprüfung und Rechnungslegung, 17. Aufl. 2021, Kap. M, Tz. 558 f.

10.5.4 Bestätigungsvermerk

Die Regelungen zum Bestätigungsvermerk gemäß § 322 HGB gelten sowohl für Jahres- wie auch für Konzernabschlussprüfungen. Dies gilt insbesondere für Aufbau, Gliederung, Inhalt und Erteilung des Bestätigungsvermerks (vgl. hierzu Kap. 11.2).[301] Konzernspezifische Besonderheiten sind in § 322 Abs. 2 Satz 4 HGB aufgeführt. Hiernach braucht auf Risiken, die den Fortbestand eines Tochterunternehmens gefährden, nicht eingegangen werden, wenn das Tochterunternehmen für die Vermittlung eines den tatsächlichen Verhältnissen entsprechenden Bildes der VFE-Lage des Konzerns nur von untergeordneter Bedeutung ist. Formulierungsbeispiele für modifizierte Bestätigungsvermerke bei Konzernabschlussprüfungen sind in ISA [DE] 600, Anlage D.1 und Anlage 1 enthalten. Ein Formulierungsbeispiel für einen uneingeschränkten Bestätigungsvermerk ist in der Anlage zu IDW EPS 400 n.F. (04.2021) – Beispiel 3 – enthalten.

10.6. Der Zeitraum der Gesamtabschlussprüfung

Der Gesamtabschluss und der Gesamtlagebericht sind gemäß § 116 Abs. 8 GO NRW innerhalb der ersten **neun Monate** nach dem Abschlussstichtag aufzustellen; § 95 Abs. 5 GO NRW findet entsprechende Anwendung. Für die Prüfung des Gesamtabschlusses und des Gesamtlageberichtes gilt § 59 Abs. 3 GO NRW entsprechend. Die Gemeindevertretung bestätigt den geprüften Gesamtabschluss durch Beschluss; § 96 Abs. 1 Satz 1, 4 und 7 und Abs. 2 GO NRW finden entsprechende Anwendung.

301 Zu Besonderheiten, die zu beachten sind, vgl. WP Handbuch, Wirtschaftsprüfung und Rechnungslegung, 17. Aufl. 2021, Kap. M, Tz. 1144 ff.

11 Berichterstattung und Dokumentation

11.1 Prüfungsbericht

Die Prüfung wird mit folgenden Handlungen abgeschlossen:

- Erstellung des Prüfungsberichts,
- Erteilung des Bestätigungsvermerks,
- ggf. Erstellung eines Management Letters.

Prüfungsnormen zum Prüfungsbericht sind §§ 321, 321a HGB sowie im NKF § 102 Abs. 8 GO NRW ergänzt durch IDW PS 450 n.F., ISSAI 400 und IDR L 260. Für Unternehmen von öffentlichem Interesse i.S.d. § 319a Abs. 1 Satz 1 HGB (*sog. Public Interest Entities – „**PIE**“*) gilt die EU-APrVO. Für die Prüfung von solchen Unternehmen von öffentlichem Interesse ist ein **zusätzlicher Bericht an den Prüfungsausschuss** mit zusätzlichen Angaben und Erklärungen vorgeschrieben.

Gegenstand, Art und Umfang sowie die Feststellungen und Ergebnisse der Prüfung werden in einem Prüfbericht zusammengefasst (IDW PS 450 n.F., Tz. 1). Durch den Prüfungsbericht kann der Prüfer auch seine gesamte Prüfungsdurchführung dokumentieren und so den Nachweis erbringen, seine Pflichten ordnungsgemäß erfüllt zu haben. Adressaten des Prüfungsberichts sind nach § 321 Abs. 5 Satz 1 HGB die gesetzlichen Vertreter.

11.1.1 Allgemeine Grundsätze der Berichterstattung

Der Prüfungsbericht über die Jahresabschlussprüfung muss im Wesentlichen

- dem Grundsatz der Unparteilichkeit,
- dem Grundsatz der Vollständigkeit,
- dem Grundsatz der Wahrheit sowie
- dem Grundsatz der Klarheit genügen.[302]

[302] Zur ausführlichen Darstellung der allgemeinen Grundsätze vgl. WP Handbuch, Wirtschaftsprüfung und Rechnungslegung, 17. Aufl. 2021, Kap. M, Tz. 133 f. ISSAI 400, Tz. 59 fordert, dass der Prüfungsbericht vollständig, zutreffend, objektiv, überzeugend, klar und so kurz und knapp ist wie möglich.

Grundsatz der Unparteilichkeit	Unparteilichkeit i.S.v. § 321 Abs. 1 HGB ist gegeben, wenn der Abschlussprüfer alle getroffenen Feststellungen unter Berücksichtigung aller verfügbaren Informationen sachlich und unvoreingenommen darlegt. Er hat sich einer persönlichen oder einseitigen Kritik zu enthalten. Auf abweichende Auffassungen der gesetzlichen Vertreter hat der Abschlussprüfer hinzuweisen (IDW PS 450 n.F., Tz. 11).
Grundsatz der Vollständigkeit	Eine gewissenhafte Berichterstattung beinhaltet, dass der Bericht vollständig ist und alle wesentlichen Ergebnisse und Feststellungen gemäß den gesetzlichen Vorschriften enthält. Wesentlich sind dabei solche Tatsachen, die für eine ausreichende Information der Berichtsadressaten notwendig sind (IDW PS 450 n.F., Tz. 10).
Grundsatz der Wahrheit	Entspricht die Berichterstattung nach der Überzeugung des Abschlussprüfers den tatsächlichen Gegebenheiten und/oder den vom ihm festgestellten Sachverhalten, so ist eine wahrheitsgetreue Berichterstattung gewährleistet. Im Prüfungsbericht ist deutlich zu machen, ob und inwieweit sich die Beurteilungen des Abschlussprüfers auf nicht selbst durchgeführte Prüfungshandlungen, sondern auf Nachweise Dritter (z.B. Gutachten von Sachverständigen, Prüfungen der Internen Revision) stützen (IDW PS 450 n.F., Tz. 16).
Grundsatz der Klarheit	Eine klare Berichterstattung umfasst eine verständliche, eindeutige und problemorientierte Darlegung der Sachverhalte sowie eine übersichtliche Gliederung des Berichts. Die Berichterstattung hat sich auf das Wesentliche zu beschränken. Die Gliederung soll in ihrer Form bei Folgeprüfungen beibehalten werden (zeitliche Berichtsstetigkeit). Der Bericht ist so zu abzufassen, dass er von den jeweiligen Berichtsadressaten verstanden werden kann, wobei von einem Grundverständnis für die wirtschaftlichen Gegebenheiten der zu prüfenden Einheit und für die Grundlagen der Rechnungslegung ausgegangen werden kann. Der Bericht muss sich flüssig lesen lassen und so formuliert sein, dass die Leser nicht zu Fehlinterpretationen verleitet werden (IDW PS 450 n.F., Tz. 12-15).

Abbildung 52 : Allgemeine Grundsätze der Berichterstattung

11.1.2 Gliederung des Prüfungsberichts

Für Gliederung und Aufbau des Prüfungsberichts gibt es zumindest für Kapitalgesellschaften gesetzliche Regelungen in § 321 HGB, die gemäß § 102 Abs. 8 GO NRW unmittelbar auch für die Prüfung von NKF-Abschlüssen gelten.

Konkretisiert werden Ausgestaltung und Aufbau eines Prüfungsberichts in IDW PS 450. Die folgende Gliederungsempfehlung eines HGB-Prüfungsberichts ergibt sich aus IDW PS 450 n.F., Tz. 12 und den nachfolgenden Überschriften der Abschnitte:

Gliederung eines HGB-Prüfungsberichtes nach IDW PS 450:[303]

1. Prüfungsauftrag
2. Grundsätzliche Feststellungen („Vorwegfeststellungen" nach § 321 Abs. 1 S. 2 HGB)
   - 2.1 Lage des Unternehmens
     - 2.1.1. Stellungnahme zur Lagebeurteilung der gesetzlichen Vertreter
     - 2.1.2. Entwicklungsbeeinträchtigende oder bestandsgefährdende Tatsachen
   - 2.2 Unregelmäßigkeiten
     - 2.2.1. Unregelmäßigkeiten in der Rechnungslegung
     - 2.2.2. Sonstige Unregelmäßigkeiten
3. Gegenstand, Art und Umfang der Prüfung (besonderer Teil)
4. Feststellungen und Erläuterungen zur Rechnungslegung (Hauptteil)
   - 4.1. Ordnungsmäßigkeit der Rechnungslegung
     - 4.1.1. Buchführung und weitere geprüfte Unterlagen
     - 4.1.2. Jahresabschluss
     - 4.1.3. Lagebericht
   - 4.2. Gesamtaussage des Jahresabschlusses
     - 4.2.1. Feststellung der Gesamtaussage des Jahresabschlusses
     - 4.2.2. Bewertungsgrundlagen
     - 4.2.3. Änderungen in den Bewertungsgrundlagen
     - 4.2.4. Sachverhaltsgestaltende Maßnahmen
     - 4.2.5. Aufgliederungen und Erläuterungen
5. Feststellungen zum Risikofrüherkennungssystem
6. Feststellungen aus Erweiterungen des Prüfungsauftrags
7. Wiedergabe des Bestätigungsvermerks
8. Anlagen zum Prüfungsbericht

Abbildung 53: Gliederung des Prüfungsberichts nach IDW PS 450 n.F.

303 In Anlehnung an die Überschriften sowie an das Inhaltsverzeichnis des IDW PS 450 n.F.

1. Prüfungsauftrag

Bei der gesetzlich vorgeschriebenen Jahresabschlussprüfung ergibt sich der Empfänger des Prüfungsberichts aus § 321 HGB. In Rechnungsprüfungsordnungen oder Dienstanweisungen kann für den kommunalen Bereich eine genauere Regelung getroffen sein, an wen der Bericht konkret zu adressieren ist. Im Prüfungsauftrag sind einleitende Angaben zur geprüften Einheit und dem Abschlussstichtag zu machen. Dazu gehören auch die Hinweise, dass es sich um eine Abschlussprüfung handelt und dass der entsprechende Prüfungsstandard bei der Berichterstattung angewandt wurde (IDW PS 450 n.F., Tz 22-24). Gemäß § 321 Abs. 4a HGB hat der Abschlussprüfer im Prüfungsbericht seine **Unabhängigkeit** zu bestätigen, wodurch sichergestellt werden soll, dass diese während der gesamten Dauer der Abschlussprüfung gewährleistet ist.

Soweit Wirtschaftsprüfer mit der Prüfung des Jahresabschlusses einer **Gebietskörperschaft** beauftragt werden, sollte in diesem Abschnitt erwähnt werden, dass zur Prüfung der **Ordnungsmäßigkeit der Haushaltswirtschaft** eine Erweiterung des Prüfungsauftrages vereinbart wurde.

2. Grundsätzliche Feststellungen (Vorwegbericht)

In einer vorangestellten Berichterstattung gemäß § 321 Abs. 1 Satz 2 HGB (sog. „**Vorwegberichterstattung**") hat der Prüfer in einer in sich geschlossenen Darstellung insbesondere zur Prüfung der **Lagebeurteilung der gesetzlichen Vertreter** sowie über **entwicklungsbeeinträchtigende oder bestandsgefährdende Tatsachen** Stellung zu nehmen, um die Berichtsadressaten auf wichtige Sachverhalte aufmerksam zu machen (IDW PS 450 n.F., Tz. 28 ff.).

Gemäß § 321 Abs. 1 Satz 3 HGB hat der Abschlussprüfer außerdem über festgestellte **Unrichtigkeiten und Verstöße gegen gesetzliche Vorschriften** sowie über bei der Prüfung festgestellte Tatsachen zu berichten, die **schwerwiegende Verstöße von gesetzlichen Vertretern oder von Arbeitnehmern** gegen Gesetz, Gesellschaftsvertrag oder Satzung erkennen lassen (IDW PS 450 n.F., Tz. 42 ff.).

Es handelt sich hier um die sog. **Redepflicht** des Abschlussprüfers. Die Redepflicht bezieht sich nach dem Wortlaut des Gesetzes nur auf Tatsachen, die „**bei der Durchführung der Prüfung**" festgestellt wurden. Es ist daher nicht notwendig, die Prüfung auf die Feststellung von o.g. Tatsachen auszurichten, jedoch können sich die Prüfungsschwerpunkte und -intensitäten verändern, insbesondere bei Unternehmen oder Gebietskörperschaften mit angespannten wirtschaftlichen Verhältnissen und bei festgestellten Mängeln des internen Kontrollsystems. Es können somit u.U. Tatsachen festgestellt werden, die ohne eine intensivere Prüfung nicht erkannt worden wären.

Die Pflicht zur Berichterstattung über **Unrichtigkeiten oder Verstöße** gegen gesetzliche Vorschriften bezieht sich bei HGB-Prüfungen auf **rechnungslegungsbezogene Vorschriften**, die für die Aufstellung des Jahresabschlusses oder des Lageberichtes gelten. Die Berichterstattung über **schwerwiegende Verstöße** von gesetzlichen Vertretern oder von Arbeitnehmern gegen Gesetz, Gesellschaftsvertrag oder Satzung betreffen solche Vorschriften, die sich nicht unmittelbar auf die Rechnungslegung beziehen (IDW PS 450 n.F., Tz. 48); es handelt sich hierbei also um **außerhalb der Rechnungslegung** begangene Verfehlungen (z.B. Verstöße gegen Steuer-, Vergabe-, Wettbewerbs-, Arbeits- oder Umweltrecht).

Der Abschlussprüfer hat nur eine Berichtspflicht, wenn er bei ordnungsmäßiger Durchführung der Abschlussprüfung berichtspflichtige Tatsachen oder Unregelmäßigkeiten festgestellt hat. Ist dies nicht der Fall, ist keine Negativerklärung im Prüfungsbericht erforderlich. Der Abschlussprüfer darf jedoch nicht positiv bestätigen, dass keine berichtspflichtigen Tatsachen vorliegen.[304] Unrichtigkeiten und Verstöße im Jahresabschluss und Lagebericht sind **grundsätzlich nicht mehr berichtspflichtig, wenn sie im Verlauf der Prüfung behoben wurden** (IDW PS 450 n.F., Tz. 47).

3. Gegenstand, Art und Umfang der Prüfung

Nach § 321 Abs. 3 HGB sind Gegenstand, Art und Umfang der Prüfung und somit die Begründung der Prüfungsfeststellungen in einem besonderen Abschnitt zu erläutern. Die Prüfungsgegenstände ergeben sich aus § 317 HGB und umfassen die Buchführung, den Jahresabschluss, den Lagebericht und ggf. das nach gesetzlichen Vorschriften einzurichtende Risikofrüherkennungssystem (z.B. bei börsennotierten Aktiengesellschaften oder kommunalen Eigenbetrieben).[305] Anzugeben ist auch, nach welchen **maßgebenden Rechnungslegungsgrundsätzen** (im kommunalen Bereich die jeweiligen Gemeinde- und Haushaltsvorschriften) der Jahresabschluss aufgestellt wurde (IDW PS 450 n.F., Tz. 51).

Zur Abgrenzung der Verantwortlichkeiten sollte im Prüfbericht darauf hingewiesen werden, dass die gesetzlichen Vertreter für die Rechnungslegung und die Aufstellung des Jahresabschlusses verantwortlich sind. Aufgabe des Abschlussprüfers ist es hingegen, diese Angaben unter Einbeziehung der Buchführung im Rahmen der Prüfung gemäß der berufsüblichen Sorgfalt zu beurteilen (IDW PS 450 n.F., Tz. 53).

Zur Erläuterung von Art und Umfang der Prüfung hat der Prüfer die angewandte Prüfungsstrategie und die Prinzipien darzulegen, nach denen er die Prüfung unter

---

304 Vgl. IDW PS 450 n.F., Tz. 39 u. 43. Zu einzelnen berichtpflichtigen Prüfungsinhalten vgl. IDW PS 450 n.F., Tz. 57.

305 Die Prüfungsgegenstände im NKF ergeben sich aus § 95 Abs. 2 GO NRW i.V.m. § 38 KomHVO NRW (vgl. Kap. 1.5.1).

Beachtung der Grundsätze ordnungsmäßiger Abschlussprüfung durchgeführt hat.[306] Nach § 321 Abs. 2 Satz 6 HGB ist im Prüfungsbericht auch darzustellen, ob die gesetzlichen Vertreter die verlangten Aufklärungen und Nachweise gemäß § 320 HGB erbracht haben.

Soweit nichts anderes bestimmt ist (z.B. bei Erweiterung des Prüfungsauftrags), hat sich die Prüfung nicht darauf zu erstrecken, ob der Fortbestand des geprüften Unternehmens oder die Wirksamkeit und Wirtschaftlichkeit der Geschäftsführung zugesichert werden kann (§ 317 Abs. 4a HGB). Im Prüfungsbericht soll hierauf hingewiesen werden (IDW PS 450 n.F., Tz. 56).

Nach IDW PS 450 n.F., Tz. 57 gehören zu den berichtspflichtigen Inhalten z.B.

- Prüfungsstrategie,
- Prüfungsschwerpunkte,
- Prüfung des rechnungslegungsbezogenen IKS,
- Wesentlichkeitsgrenzen,
- Auswahlverfahren (Vollerhebung, bewusste Auswahl, Stichprobe),
- Lageberichtsangaben, insb. im Prognosebericht,
- zusätzliche Prüfungshandlungen aufgrund von Täuschungen und Vermögensschädigungen,
- Verwertung von wesentlichen Arbeiten anderer externer Prüfer, Teilbereichsprüfer oder der Internen Revision.

4. Feststellungen und Erläuterungen zur Rechnungslegung

4.1. Ordnungsmäßigkeit der Rechnungslegung

Im Prüfungsbericht muss festgestellt werden, ob die Buchführung, der Jahresabschluss und die weiteren geprüften Unterlagen sowie der Lagebericht den gesetzlichen Vorschriften und den ergänzenden Bestimmungen entsprechen (§ 321 Abs. 2 Satz 1 HGB). Die vergleichbare Formulierung für das NKF findet sich in § 102 Abs. 3 GO NRW.

Buchführung und weitere geprüfte Unterlagen: Der Prüfer muss die Ordnungsmäßigkeit der Buchführung (Haupt- und Nebenbuchhaltungen) und der weiteren geprüften Unterlagen (z.B. wichtige Verträge, Kostenrechnung, Betriebsabrechnungen, Planungsrechnungen) feststellen. Zudem hat er zu beurteilen, ob die aus den Unterlagen gewonnen Erkenntnisse die Buchführung, den Jahresabschluss sowie den Lagebericht etc. ordnungsgemäß im Hinblick auf **Vollständigkeit, Eigentum, Bestand, Bewertung, Ausweis und Genauigkeit** abbilden. Wenn der Ab-

[306] Soweit ein risikoorientierter Prüfungsansatz angewendet wurde, sollte dieser kurz erläutert werden; vgl. WP Handbuch, Wirtschaftsprüfung und Rechnungslegung, 17. Aufl. 2021, Kap. M, Tz. 308.

schlussprüfer die Verlässlichkeit der im Jahresabschluss und Lagebericht enthaltenen Informationen bestätigen soll, muss er auch die Sicherheit der rechnungslegungsrelevanten Daten und der entsprechenden IT-Systeme beurteilen. Bestehende Mängel sind in den Prüfungsbericht aufzunehmen, auch wenn sie nicht zur Einschränkung oder Versagung des Bestätigungsvermerks führen; selbst über wesentliche zwischenzeitlich behobene Mängel in der Buchführung ist zu berichten, da eine Aussage über die Ordnungsmäßigkeit während des gesamten Geschäftsjahres zu treffen ist (IDW PS 450 n.F., Tz. 63 f.). Über wesentliche Mängel in den nicht rechnungslegungsbezogenen Teilen von IKS oder IT-System ist ebenfalls zu berichten, soweit sie im Rahmen der Prüfung festgestellt wurden (IDW PS 450 n.F, Tz. 50a).

Jahresabschluss: Zur Ordnungsmäßigkeit des Jahresabschlusses muss der Prüfer feststellen, ob im Jahresabschluss alle für die Rechnungslegung geltenden gesetzlichen Vorschriften sowie Satzungen beachtet wurden. Zu berichten ist auch über das Ergebnis einer Erweiterung der Abschlussprüfung, wenn die Erweiterung den Jahresabschluss betrifft (vgl. Kap. 1.5.1). Zur Ordnungsmäßigkeit von Bilanz und Erfolgsrechnung ist festzustellen, ob diese nachvollziehbar aus der Buchführung abgeleitet wurden und ob die jeweiligen **Ansatz-, Ausweis- und Bewertungsvorschriften** eingehalten wurden. Die Ordnungsmäßigkeit der Angaben im Anhang, über die nicht woanders bereits berichtet wurde, sollte in einer gesonderten Stellungnahme gewürdigt werden (IDW PS 450 n.F, Tz. 67 f.). Zur Frage, ob **unterlassene oder fehlerhafte Anhangangaben** als wesentlich anzusehen sind, sei auf ISA [DE] 450, Tz. D. A23.1 verwiesen. Hier ist zu untersuchen, ob es sich um Angaben handelt, die originär nur im Anhang zu machen sind oder ob die Angabe dem besseren Verständnis eines Bilanz- oder GuV-Postens dient. Bei der Prüfung eines kommunalen Jahresabschlusses ist zusätzlich zu Bilanz, Ergebnisrechnung und Anhang über die Finanzrechnung sowie die Teilrechnungen zu berichten.

Lagebericht: Gegenstand und Umfang der Prüfung des Lageberichts ergeben sich aus § 317 HGB (im NKF: § 49 KomHVO NRW). Zu berichten ist, ob

- die gesetzlichen und sonstigen Vorschriften zur Aufstellung des Lageberichts eingehalten wurden,
- der Lagebericht mit dem Jahresabschluss und den bei der Prüfung gewonnenen Erkenntnissen in Einklang steht,
- insgesamt eine zutreffende Vorstellung von der Lage vermittelt wird sowie
- die wesentlichen Chancen und Risiken der künftigen Entwicklung zutreffend darstellt sind.

4.2.Gesamtaussage des Jahresabschlusses

Feststellung der Gesamtaussage des Jahresabschlusses: Der Jahresabschluss muss insgesamt unter Beachtung der Grundsätze ordnungsmäßiger Buchführung ein den tatsächlichen Verhältnissen entsprechendes Bild der VFE-Lage (sog. **Generalnorm**) vermitteln (§ 321 Abs. 2 Satz 3 HGB, im NKF: § 95 Abs. 1 Satz 4 GO NRW). Dies ist im kommunalen Bereich durch eine entsprechende Darstellung der einzelnen Bestandteile (Bilanz, Ergebnisrechnung, Anhang, Finanzrechnung, Teilrechnungen) zu gewährleisten. Das Ergebnis der Beurteilung, ob und inwieweit die vermittelte Gesamtaussage mit allen Anforderungen übereinstimmt, muss im Bericht gesondert dargestellt werden. Bei der Feststellung der Ordnungsmäßigkeit der Gesamtaussage des Jahresabschlusses sind ggf. weitere Erläuterungen in den Bericht aufzunehmen, die zum Verständnis der Gesamtaussage erforderlich sind (IDW PS 450 n.F, Tz. 72 f.). Dies gilt bspw. auch, wenn die **anzuwendenden Rechnungslegungsgrundsätze** (z.B. im kommunalen Bereich) erhebliche Abweichungen von den handelsrechtlichen Vorschriften aufweisen und sich hierdurch insgesamt für die unterschiedlichen Adressaten des Jahresabschlusses ein irreführendes Bild der VFE-Lage ergeben kann, falls im Anhang keine entsprechenden Erläuterungen gemäß § 264 Abs. 2 Satz 2 HGB gemacht werden.[307]

Bewertungsgrundlagen: Die Bewertungsgrundlagen sind besonders relevant für die Darstellung der VFE-Lage. Zu den Bewertungsgrundlagen gehören die Bilanzierungs- und Bewertungsmethoden sowie andere für die Bewertung von Vermögensgegenständen und Schulden maßgebliche Faktoren (Parameter, Annahmen und Ausübung von Ermessensspielräumen). Entscheidend ist dabei die Ausübung von Bilanzierungs- und Bewertungswahlrechten, da hierdurch die Gesamtaussage des Jahresabschlusses beeinflusst werden kann. **Annahmen** sind subjektive Faktoren der Wertbestimmung. **Ermessensspielräume,** die auf unsicheren Erwartungen beruhen, entstehen bei der Bestimmung von **Schätzgrößen** und den ihnen zugrundeliegenden Annahmen, die eine Bandbreite möglicher Werte zulassen. Einer Erläuterung bedürfen nur die **wesentlichen Bewertungsgrundlagen**, die für die Adressaten einen besonders hohen Informationsgehalt aufweisen. Insbesondere sind Hinweise oder Erläuterungen bei erheblichen Spielräumen anzubringen, da hierdurch eine Beeinflussung der Gesamtaussage des Jahresabschlusses möglich ist (IDW PS 450 n.F, Tz. 78 f.).

Änderungen in den Bewertungsgrundlagen: Die gewählten Bewertungsmethoden sind grundsätzlich beizubehalten. Ansatzwahlrechte und Ermessensspielräume dürfen nicht willkürlich ausgeübt werden. Eine Durchbrechung der Ansatz- und Bewertungsstetigkeit muss im Anhang angegeben und begründet werden. Die Auswirkungen dieser Durchbrechung müssen erläutert werden, da die Änderungen sowohl Änderungen der Bilanzierungs- und Bewertungsmethoden sowie Änderungen der wertbestimmenden Faktoren, insbesondere Ermessensspielräume, betreffen

[307] So gilt z.B. in einigen Bundesländern ein Passivierungsverbot für Pensionsrückstellungen, wenn eine Kommune Mitglied eines kommunalen Versorgungsverbandes ist. Die Schulden sind somit unvollständig ausgewiesen. Zu den anzuwendenden Rechnungslegungsgrundsätzen vgl. auch Kap. 11.2.1.

können. Berichtspflicht besteht bei Änderungen der Bewertungsgrundlagen, wenn sie eine wesentliche Auswirkung auf die Gesamtaussage des Jahresabschlusses und somit auf das vermittelte Bild der VFE-Lage haben (IDW PS 450 n.F, Tz. 89 f.).

Sachverhaltsgestaltende Maßnahmen: Die Gesamtaussage des Jahresabschlusses muss sich ebenfalls auf sachverhaltsgestaltende Maßnahmen beziehen. Sachverhaltsgestaltende Maßnahmen wirken sich auf Ansatz und/oder Bewertung von Vermögensgegenständen und Schulden aus, wenn sie von der üblichen Gestaltung abweichen. Dabei sind Abweichungen von den Einschätzungen des Prüfers, die auf die Interessen der Adressaten abzielen, von den Abweichungen mit wesentlicher Auswirkung auf die Gesamtaussage des Jahresabschlusses zu unterscheiden (IDW PS 450 n.F, Tz. 94). Zu berichten ist über Sachverhaltsgestaltungen, wenn sie die Darstellung der VFE-Lage wesentlich beeinflussen können. Je nach Maßnahme kann dabei entweder die Vermögens-, die Finanz- oder die Ertragslage im Vordergrund stehen. Ein Beispiel für eine sachverhaltsgestaltende Maßnahme ist das sog. **Window dressing** als abschlussstichtagsbezogene Beeinflussung der Gesamtaussage des Jahresabschlusses (IDW PS 450 n.F, Tz. 95).[308]

Aufgliederungen und Erläuterungen: Zur besseren Information des Adressaten des Prüfungsberichts zum Verständnis der Gesamtaussage des Jahresabschlusses und zur Erläuterung der Bewertungsgrundlagen und sachverhaltsgestaltenden Maßnahmen ist eine Aufgliederung der Posten des Jahresabschlusses vorzunehmen, sofern die entsprechenden Erläuterungen nicht ausreichend im Anhang enthalten sind (§ 321 Abs. 2 Satz 5 HGB). Es besteht auch die Möglichkeit über gesetzliche Anforderungen hinaus weitere einzelne Aufgliederungen vorzunehmen. Diese Möglichkeit kann sich beispielsweise durch die Erwartungen der Gremien mit Überwachungsfunktion (z.B. Aufsichtsrat, Gemeindevertretung) ergeben. Weitergehende Darstellungen durch betriebswirtschaftliche Auswertungen wie Strukturbilanzen oder Tabellen können für den Adressaten ebenfalls hilfreich sein. Hierzu kann zur Verständnisvertiefung auch eine Analyse jedes einzelnen Jahresabschlusspostens und eine Ertragsanalyse der GuV ergänzt durch Kennzahlen zur Ergebnis-, Kapital- und Vermögensstruktur gehören (IDW PS 450 n.F, Tz. 97 f.); der Wortlaut des § 321 HGB enthält jedoch keine gesetzliche Verpflichtung zur allgemeinen Darstellung der VFE-Lage im Prüfungsbericht.

5. Feststellungen zum Risikofrüherkennungssystem

Sofern ein Risikofrüherkennungssystem als Überwachungssystem nach § 317 Abs. 4 HGB eingerichtet werden muss, ist in einem gesonderten Abschnitt des Prüfungsberichts darzulegen, ob das gewählte System in geeigneter Form eingerichtet

308 Zu sachverhaltsgestaltenden Maßnahmen zählen im Einzelnen u.a. Forderungsverkäufe, PPP-Projekte, der Übergang von Kauf zu Leasing, SWAP-Geschäfte und Geschäfte mit nahe stehenden Personen oder Unternehmen.

ist und ob es seine Aufgaben erfüllen kann.[309] Ist der Prüfer der Meinung, dass Verbesserungsmaßnahmen erforderlich sind, hat er dies entsprechend zu vermerken. Vom Prüfer kann jedoch nicht die Erstellung eines detaillierten Organisationsgutachtens verlangt werden (IDW PS 450 n.F, Tz. 104).

Gelangt der Prüfer nach der durchgeführten Prüfung zu der Beurteilung, dass ein **funktionsfähiges** Risikofrüherkennungssystem eingerichtet worden ist, so reicht es aus, durch eine einfache Erklärung im Prüfungsbericht darzulegen, dass „der Vorstand die nach § 91 Abs. 2 AktG geforderten Maßnahmen, insb. zur Einrichtung eines Überwachungssystems, in geeigneter Weise getroffen hat und dass das Überwachungssystem in allen wesentlichen Belangen geeignet ist, Entwicklungen, die den Fortbestand der Gesellschaft gefährden, mit hinreichender Sicherheit frühzeitig zu erkennen" (IDW PS 340 n.F, Tz. 49; IDW PS 450 n.F, Tz. 105).

6. Feststellungen aus Erweiterungen des Prüfungsauftrags

Wurde der Auftrag zur Abschlussprüfung erweitert, so ist dieses Ergebnis in einem gesonderten Abschnitt aufzunehmen, soweit sich die Prüfungen nicht auf Jahresabschluss oder Lagebericht beziehen (IDW PS 450 n.F, Tz. 108). Die für Gebietskörperschaften wichtigsten Anwendungsfälle sind die **Prüfung der Ordnungsmäßigkeit der Geschäftsführung bei öffentlichen Unternehmen** nach § 53 HGrG (IDW PS 720) sowie die **Prüfung der Ordnungsmäßigkeit der Haushaltswirtschaft** als Erweiterung der Abschlussprüfung bei Gebietskörperschaften, wenn ein Wirtschaftsprüfer die Jahresabschlussprüfung durchführt (IDW PS 731).[310]

7. Wiedergabe des Bestätigungsvermerks

Der Vermerk über die Abschlussprüfung ist mit Angabe von Ort, Datum und Namen des unterzeichnenden Prüfers auch in den Prüfungsbericht aufzunehmen (§ 322 Abs. 7 HGB). Der im Prüfungsbericht wiedergegebene Bestätigungsvermerk bedarf keiner gesonderten Unterzeichnung (IDW PS 450 n.F, Tz. 109).

8. Anlagen zum Prüfungsbericht

Dem Prüfungsbericht sind der geprüfte Jahresabschluss sowie der Lagebericht beizufügen. Es können auch zusätzliche Anlagen (z.B. rechtliche und steuerliche Verhältnisse, Aufgliederungen und Erläuterungen der Posten der Bilanz und Erfolgsrechnung oder analysierende Darstellungen der VFE-Lage) zur Dokumentation oder Information ergänzend beigefügt werden (IDW PS 450 n.F, Tz. 110 ff.). Bei

309 Ein Risikofrüherkennungssystem ist auch für kommunale Eigenbetriebe und kommunale Unternehmen und Einrichtungen als Anstalten des öffentlichen Rechts nach sondergesetzlichen Regelungen (z.B. EigVO, KUV) vorgeschrieben.

310 Prüfen das Rechnungsprüfungsamt oder eine andere öffentliche Prüfungseinrichtung den Jahresabschluss, ist zur Ordnungsmäßigkeit der Haushaltswirtschaft unter Punkt 4.1 zu berichten.

einer Erweiterung des Prüfungsauftrags sind dem Prüfungsbericht ggf. weitere Unterlagen beizufügen (z.B. Fragenkatalog zu IDW PS 720 oder 731).

Die dargestellten Gliederungsempfehlungen lassen sich sinngemäß auch auf kommunale Prüfungsberichte übertragen.[311] Im Prüfungsbericht ist nicht jeder einzelne Posten der Bilanz, der Ergebnisrechnung bzw. der GuV-Rechnung und des Anhangs aufzugliedern und zu erläutern – nur die wesentlichen Posten sind anzusprechen. Der Abschnitt zum Prüfungsauftrag kann entfallen, wenn die entsprechenden Angaben auf dem Deckblatt des Prüfungsberichts gemacht werden. Die Abschnitte zu Feststellungen zum Risikofrüherkennungssystem und zu Feststellungen aus Erweiterungen des Prüfungsauftrags entfallen, wenn § 317 Abs. 4 HGB nicht zur Anwendung kommt bzw. mit dem Auftraggeber keine Erweiterungen des Prüfungsauftrags vereinbart wurde.

Während der Abschlussprüfung kann der Prüfer auf Verfahrensweisen stoßen, die er nicht in vollem Umfang akzeptieren kann, die jedoch im Grunde nicht falsch, aber für die Verwaltungsleitung oder Unternehmensführung bedeutsam sind. Er kann solche Feststellungen in den Prüfbericht aufnehmen oder diese Feststellungen, aber auch Verbesserungsvorschläge, in einem **Management Letter** für die gesetzlichen Vertreter (Management) zusammenfassen. Konkret kann der Management Letter u.a. folgende Punkte beinhalten:

- Beschreibung der festgestellten Schwachstellen (z.B. im internen Kontrollsystem),
- Empfehlungen zur Beseitigung,
- Stellungnahme der Verantwortlichen zu den aufgeführten Schwachstellen und den gegebenen Empfehlungen.

Sachverhalte, die die Ordnungsmäßigkeit der Rechnungslegung berühren oder zu berichtspflichtigen Veränderungen der wirtschaftlichen Lage führen können, sind von der Berichterstattung in einem Management Letter ausgeschlossen. Nicht Gegenstand eines Management Letters können ferner Sachverhalte sein, die die sog. **Redepflicht** des Abschlussprüfers gem. § 321 Abs. 1 Satz 3 HGB betreffen. Keinesfalls ist es zulässig, Pflichtteile des Prüfungsberichts im Management Letter und nicht im Prüfungsbericht abzuhandeln. Der Management Letter muss sich auf Sachverhalte beschränken, die für die formale Berichterstattung und das Gesamturteil unwesentlich sind.[312] Wesentliche Sachverhalte sind grundsätzlich immer im Prüfungsbericht darzustellen (vgl. auch IDW PS 450 n.F, Tz. 17).

---

[311] Zu Aufbau, Gliederung und Inhalt des Konzernprüfungsberichts vgl. WP Handbuch, Wirtschaftsprüfung und Rechnungslegung, 17. Aufl. 2021, Kap. M, Tz. 550 ff.

[312] Vgl. Selchert, F. W., Jahresabschlußprüfung der Kapitalgesellschaften, 2. Aufl. 1996, S. 844.

11.2 Bestätigungsvermerk

11.2.1 Allgemeine Grundsätze zum Bestätigungsvermerk

Gemäß § 322 Abs. 1 Satz 1 HGB ist über die Durchführung und das Ergebnis der Abschlussprüfung nach § 317 ein **Bestätigungsvermerk** zu erteilen. Gemäß § 102 Abs. 8 GO NRW gilt § 322 HGB unmittelbar auch für den Bestätigungsvermerk im NKF. Die IDW PS 400er-Reihe[313] enthält mehrere Prüfungsstandards zum Bestätigungsvermerk. Nach derzeitigem Stand bleiben sie wegen der nationalen Besonderheiten erhalten und werden nicht durch ISA [DE] ersetzt. IDW PS 400 regelt die Bildung eines Prüfungsurteils und die Erteilung eines Bestätigungsvermerks, IDW PS 401 behandelt die Mitteilung besonders wichtiger Prüfungssachverhalte im Bestätigungsvermerk, IDW PS 405 regelt Modifizierungen des Prüfungsurteils im Bestätigungsvermerk und IDW PS 406 behandelt die Aufnahme von Hinweisen in den Bestätigungsvermerk.

Der Bestätigungsvermerk enthält eine Gesamtbeurteilung der Prüfungsergebnisse, insbesondere hinsichtlich der Übereinstimmung von Buchführung, Jahresabschluss und Lagebericht mit den für die geprüfte Einheit geltenden rechtlichen Vorschriften. Der Bestätigungsvermerk wendet sich nicht nur an die gesetzlichen Vertreter, sondern an alle Interessenten, insbesondere auch an die Öffentlichkeit. Da diese Interessengruppen die Einzelergebnisse der Prüfung, insbesondere in Form des Prüfungsberichts, nicht kennen, erhalten sie mit dem Bestätigungsvermerk eine zusammengefasste Information, dass die Rechnungslegung den für die zu prüfende Einheit maßgebenden Vorschriften entspricht. Die Gesamtbeurteilung ergibt sich dabei jedoch nicht lediglich als Summe der Urteile zu den Teilgebieten des Prüfungsgegenstandes, sondern durch eine entsprechende Gewichtung der Einzelfeststellungen durch den Prüfer.

Bei den Rechnungslegungsgrundsätzen zur kommunalen Doppik handelt es sich grundsätzlich um **Rechnungslegungsgrundsätze für allgemeine Zwecke**[314] i.S.d. IDW EPS 400 n.F. (04.2021), Tz. 10(f), da sie allgemeine Informationen für unterschiedliche Adressaten (z.B. Bürger als Steuerzahler, Investoren, Lieferanten, Banken, Mitarbeiter, Gemeindevertretung) zum Inhalt haben (vgl. IDW Praxishinweis 1/2020, Tz. 5). Liegen Rechnungslegungsgrundsätze für allgemeine Zwecke vor und entsprechen Art und Umfang der Jahresabschlussprüfung den Erfordernissen nach §§ 317 ff. HGB, so hat der Abschlussprüfer sein Prüfungsurteil in einem Bestätigungsvermerk gemäß § 322 HGB zu formulieren. Der Inhalt des Prüfungsur-

[313] IDW PS 400, 401, 405 und 406 wurden in einer neuen Fassung n.F. (04.2021) an die Begrifflichkeiten aus den ISA [DE] angepasst und sind zum Zeitpunkt des Redaktionsschlusses für dieses Buch (30.06.2021) bisher nur als Entwürfe (EPS) veröffentlicht. Die Zitate der IDW PS 400er-Reihe im Text und in den Fußnoten beziehen sich jeweils auf die Fassung 04.2021.

[314] Daneben gibt es Rechnungslegungsgrundsätze für einen speziellen Zweck, die nur den Informationsbedürfnissen spezifischer Adressaten (z.B. Steuerbilanz nur für den Fiskus) dienen (vgl. IDW PS 480, Tz. 12(f)).

teils im Bestätigungsvermerk ist davon abhängig, ob es sich bei den für die geprüfte Einheit maßgebenden Rechnungslegungsgrundsätzen um

- Rechnungslegungsgrundsätze zur sachgerechten Gesamtdarstellung oder
- Rechnungslegungsgrundsätze zur Ordnungsmäßigkeit (Normentsprechung)

handelt (IDW EPS 400 n.F., Tz. 10(d). **„Rechnungslegungsgrundsätze zur sachgerechten Gesamtdarstellung“** liegen vor, wenn die maßgebenden Grundsätze vorschreiben, dass ein den tatsächlichen Verhältnissen entsprechendes Bild der VFE-Lage (sog. **Generalnorm**) vermittelt wird **und** zusätzliche Angaben im Anhang zu machen sind, wenn ohne diese Angaben keine sachgerechte Gesamtdarstellung erreicht wird (§ 264 Abs. 2 Satz 2 HGB). Hierzu zählen z.B. die für Kapitalgesellschaften geltenden Regelungen des HGB. **„Rechnungslegungsgrundsätze zur Ordnungsmäßigkeit“** bzw. zur Normentsprechung (vgl. ISA [DE] 200, Anlage D.2) liegen dagegen vor, wenn sie keine vergleichbaren Regelungen enthalten. Hierzu zählen u.a. die für alle Kaufleute geltenden Regelungen des HGB.[315]

Nicht alle kommunalen haushaltsrechtlichen Vorschriften der Bundesländer stellen jedoch Rechnungslegungsgrundsätze zur sachgerechten Gesamtdarstellung dar. Sie enthalten zwar überwiegend die Generalnorm, eine vergleichbare Regelung wie in § 264 Abs. 2 Satz 2 HGB – also die Notwendigkeit zusätzlicher Angaben im Anhang, wenn der Jahresabschluss nicht die Voraussetzungen der Generalnorm erfüllt – fehlt in vielen Bundesländern.[316] Die **NKF-Regelungen** in NRW[317] **entsprechen den Grundsätzen zur sachgerechten Gesamtdarstellung**, da der Jahresabschluss ein den tatsächlichen Verhältnissen entsprechendes Bild der VFE-Lage vermitteln muss (§ 95 Abs. 1 GO NRW); wird wegen besonderer Umstände ein solches Bild nicht vermittelt, sind im Anhang zusätzliche Angaben zu machen (§ 45 Abs. 2 KomHVO NRW). Gemäß § 102 Abs. 8 GO NRW i.V.m. § 322 HGB ist im Bestätigungsvermerk zu bescheinigen, ob ein solches Prüfungsurteil zur Generalnorm abgegeben werden kann.

Bei Verwendung der Generalnorm dürften die Adressaten des Bestätigungsvermerks wohl mehrheitlich davon ausgehen, dass insbesondere wegen der Wortgleichheit die kommunalrechtliche Generalnorm der handelsrechtlichen entspricht.

---

315 Zur Unterscheidung vgl. IDW EPS 400 n.F. (04.2021), Tz. A2 – A5 sowie Lickfett, Urte: Heterogene Bilanzierungsregeln im öffentlichen Sektor und Aussagekraft des Bestätigungsvermerks, in: Die Wirtschafsprüfung, Heft 2/2021, S. 102.

316 Vgl. IDW Praxishinweis 1/2020, Tz. 9.

317 Gemäß IDW Praxishinweis 1/2020, Tz. 9 f. trifft dies auch für die Regelungen in Bayern und Schleswig-Holstein zu. In der überwiegenden Anzahl der kommunalen Bestimmungen in den Bundesländern fehlt eine mit § 264 Abs. 2 Satz 2 HGB vergleichbare Regelung, sodass es sich nur um Rechnungslegungsgrundsätze zur Ordnungsmäßigkeit handelt; das Prüfungsurteil kann sich damit dort nur auf die Einhaltung der geltenden gesetzlichen Vorschriften und nicht auf die Generalnorm beziehen.

Da es aber selbst in den Bundesländern, deren Regelungen den Grundsätzen zur sachgerechten Gesamtdarstellung entsprechen, teilweise erhebliche Abweichungen von den handelsrechtlichen Regelungen gibt, ist im Bestätigungsvermerk eindeutig darauf hinzuweisen, dass die jeweiligen landesrechtlichen kommunalen Vorschriften zur Rechnungslegung angewandt wurden (und nicht die handelsrechtlichen) und auch für die Beurteilung der VFE-Lage gelten. Zusätzlich sollten gemäß den Grundsätzen der Wahrheit und Klarheit die wesentlichen vom Handelsrecht abweichenden Regelungen beschrieben und in ihren Auswirkungen auf das Gesamtbild des Jahresabschlusses beziffert werden, da es nicht generell vorausgesetzt werden kann, dass allen Adressaten die Abweichungen der angewandten landesrechtlichen Vorschriften zum kommunalen Rechnungswesen von den HGB-Vorschriften bekannt sind und welche Auswirkungen sich hieraus auf das Gesamtbild ergeben.[318] Im **NKF** betrifft dies z.B. **Hinweise**[319] auf folgende wesentliche Abweichungen:

- wirklichkeitsgetreue Bewertung (§ 33 Abs. 1 Nr. 3 KomHVO) und Auswirkungen auf das Gesamtbild,
- vorgeschriebener Abzinsungssatz von 5 % für Pensionsrückstellungen (§ 37 Abs. 1 Satz 4 KomHVO)
- Bildung von Rückstellungen für künftige Aufwendungen für die erhöhte Heranziehung zu Umlagen (§ 37 Abs. 5 Satz 3 KomHVO) und Auswirkungen auf das Gesamtbild,
- Ansatz einer aktiven Bilanzierungshilfe für besondere Haushaltsbelastungen infolge der COVID-19-Pandemie (§§ 5 und 6 NKF-Covid-19-Isolierungsgesetz – NKF-CIG) und Auswirkungen auf das Gesamtbild.[320]

Im Bestätigungsvermerk nach § 322 HGB sind anzugeben und zu beschreiben:

- Aufgabe und Verantwortung des Abschlussprüfers,
- Verantwortung der gesetzlichen Vertreter zur Aufstellung der Buchführung, des Jahresabschlusses und Lageberichts,
- Gegenstand, Art und Umfang der Prüfung,
- angewandte Rechnungslegungs- und Prüfungsgrundsätze,
- Beurteilung der Prüfungsergebnisse zum Jahresabschluss und zum Lagebericht,
- Gesamtbeurteilung der Prüfungsergebnisse in Form eines uneingeschränkten bzw. eingeschränkten Bestätigungsvermerks oder in Form eines Versagungsvermerks aufgrund von Einwendungen bzw. Prüfungshemmnissen,
- ggf. Risiken, die den Fortbestand des Unternehmens gefährden.

---

318 Vgl. Lickfett, Urte: Heterogene Bilanzierungsregeln im öffentlichen Sektor und Aussagekraft des Bestätigungsvermerks, in: Die Wirtschafsprüfung, Heft 2/2021, S. 104.

319 Zu Hinweisen im Bestätigungsvermerk, auf die der Abschlussprüfer in besonderer Weise aufmerksam machen möchte, vgl. § 322 Abs. 3 S. 2 bzw. Abs. 4 S. 3 HGB und IDW PS 406.

320 Die aufgeführten Abweichungen vom HGB sind ebenfalls nicht nach den IFRS zulässig.

Als Ausdruck des Gesamtprüfungsurteils darf sich der Bestätigungsvermerk nur auf den Jahresabschluss und den Lagebericht beziehen. Die Buchführung ist zwar in die Prüfung des Jahresabschlusses einzubeziehen (§ 317 Abs. 1 Satz 1 HGB), aber nicht als Prüfungsgegenstand in den Bestätigungsvermerk aufzunehmen; Ausführungen zur Buchführung erfolgen ausschließlich im Prüfungsbericht. Der Bestätigungsvermerk stellt **kein Urteil über die wirtschaftliche Lage und die Geschäftsführung der geprüften Einheit** dar (§ 317 Abs. 4a HGB). Deshalb hat der Prüfer den Bestätigungsvermerk auch dann zu erteilen, wenn die wirtschaftliche Lage zu ernster Besorgnis Anlass gibt, vorausgesetzt, Jahresabschluss, Buchführung und Lagebericht entsprechen Gesetz, Gesellschaftsvertrag und Satzung.

Wenn gesetzliche Regelungen eine Erweiterung der Prüfungsgegenstände, aber keine gleichzeitige Beurteilung im Bestätigungsvermerk vorsehen (z.B. in § 317 Abs. 4 HGB), so sind Aussagen hierzu nur im Prüfungsbericht darzustellen (IDW EPS 400 n.F. (04.2021), Tz. 22). Der Bestätigungsvermerk beinhaltet also z.B. kein Urteil über die Ordnungsmäßigkeit der Haushaltswirtschaft einer Gebietskörperschaft (vgl. Kap. 4.4) oder die Ordnungsmäßigkeit der Geschäftsführung i.S.d. § 53 HGrG (vgl. Kap. 12.5), sondern bezieht sich ausschließlich auf Jahresabschluss und Lagebericht. Der Prüfer hat zum Jahresabschluss und zum Lagebericht jeweils ein separates Prüfungsurteil abzugeben.

Als **besonders wichtige Prüfungssachverhalte** werden nach IDW EPS 401 n.F. (04.2021), Tz. 9 solche bezeichnet, die nach pflichtgemäßem Ermessen des Prüfers für die aktuelle Abschlussprüfung am bedeutsamsten waren. Sie sind für Abschlussprüfungen bei **Unternehmen von öffentlichem Interesse** i.S.d. § 319a Abs. 1 Satz 1 HGB (sog. PIE) in einem gesonderten Abschnitt im Vermerk über die Prüfung des Abschlusses zu beschreiben. Daneben kann mit der zu prüfenden Einheit eine schriftliche Vereinbarung getroffen werden, dass besonders wichtige Prüfungssachverhalte im Bestätigungsvermerk mitgeteilt werden (IDW EPS 400 n.F. (04.2021), Tz. 50 und 51).

Anzumerken ist, dass § 322 Abs. 2 Satz 2 HGB eine allgemeinverständliche und problemorientierte Beurteilung des Prüfergebnisses verlangt, die verdeutlicht, dass die gesetzlichen Vertreter den Jahresabschluss zu verantworten haben. Damit soll nicht die Erwartung verknüpft sein (sog. **Erwartungslücke**), das Testat sei eine Art Güte- oder Qualitätssiegel dafür, dass die geprüfte Einheit wirtschaftlich gesund ist oder die Geschäftsführung ordnungsgemäß war – auch wenn die Öffentlichkeit dies häufig von einer Abschlussprüfung erwartet.

Der Bestätigungsvermerk hat die rechtliche Wirkung, dass der Jahresabschluss erst nach erfolgter Abschlussprüfung festgestellt werden kann, d.h. sobald der Prüfungsbericht vorliegt, in den der Bestätigungsvermerk aufgenommen wurde (§ 316 Abs. 1 Satz 2 HGB). Für die gesetzlichen Vertreter der geprüften Einheit kann sich aus der nicht uneingeschränkten Erteilung des Bestätigungsvermerks eine Versagung ihrer Entlastung ergeben.

11.2.2 Aufbau und Bestandteile des Bestätigungsvermerks

Ein Bestätigungsvermerk enthält zwei Hauptabschnitte, die sich wiederum in für jeden Bestätigungsvermerk erforderliche Komponenten (sog. **Kernkomponenten**) und in fakultative Komponenten untergliedern lassen.[321] Die Bezeichnungen lassen sich überwiegend aus den Überschriften der Abschnitte des IDW PS 400 ableiten:

1. Überschrift
2. Empfänger
3. **Vermerk über die Prüfung des Abschlusses und ggf. des Lageberichts**
3.1. Prüfungsurteile
3.2. Grundlage für die Prüfungsurteile
3.3. ggf. wesentliche Unsicherheit im Zusammenhang mit der Fortführung der Unternehmenstätigkeit
3.4. ggf. Hinweis zur Hervorhebung eines Sachverhalts bzw. auf einen sonstigen Sachverhalt (IDW PS 406)
3.5. ggf. besonders wichtige Prüfungssachverhalte in der Prüfung des Abschlusses
3.6. ggf. sonstige Informationen
3.7. Verantwortung (der gesetzlichen Vertreter) für den Abschluss und ggf. für den Lagebericht
3.8. Verantwortung des Abschlussprüfers für die Prüfung des Abschlusses und ggf. des Lageberichts
3.9. Ort der Beschreibung der Verantwortung des Abschlussprüfers für die Prüfung des Abschlusses und ggf. des Lageberichts
4. **ggf. sonstige gesetzliche und andere rechtliche Anforderungen**[322]
5. ggf. Name des verantwortlichen Wirtschaftsprüfers
6. Ort der Niederlassung des Abschlussprüfers
7. Datum, Unterschrift und Erteilung des Bestätigungsvermerks.

Abbildung 54: Inhalte des Bestätigungsvermerks nach IDW EPS 400 n.F.

Da dem Bestätigungsvermerk eine Öffentlichkeitswirkung zukommt, sind Form und Inhalt möglichst einheitlich und unmissverständlich zu gestalten (IDW EPS 400 n.F. (04.2021), Tz. 5), wobei der Wortlaut nicht verbindlich vorgegeben ist. Zu den einzelnen Inhalten der Gliederungspunkte sei auf IDW PS 400 verwiesen.

---

321 Vgl. WP Handbuch, Wirtschaftsprüfung und Rechnungslegung, 17. Aufl. 2021, Kap. M, Tz. 771.

322 Bei Abschlussprüfungen von Unternehmen von öffentlichem Interesse (PIE) muss der Bestätigungsvermerk um Darlegungen zu den „bedeutsamsten beurteilten Risiken wesentlicher falscher Darstellungen“ (sog. key audit matters) erweitert werden. Daneben sind weitere Angaben zu machen und bestimmte Erklärungen abzugeben.

11.2.3 Formen des Bestätigungsvermerks nach § 322 HGB

11.2.3.1 Uneingeschränkter Bestätigungsvermerk

Der Abschlussprüfer hat sich ein Prüfungsurteil zum Jahresabschluss und ggf. zum Lagebericht zu bilden, wobei sich das Prüfungsurteil auf den einzelnen Prüfungsgegenstand, also den Jahresabschluss, den Lagebericht und/oder einen sonstigen Prüfungsgegenstand bezieht. Sämtliche Prüfungsurteile werden im Bestätigungsvermerk aufgenommen. Der Abschlussprüfer gibt ein **nicht modifiziertes Prüfungsurteil** (sog. uneingeschränkter Bestätigungsvermerk) zum Jahresabschluss ab, wenn er zu dem Ergebnis kommt, dass der Abschluss im Wesentlichen in Übereinstimmung mit den maßgebenden Rechnungslegungsgrundsätzen aufgestellt worden ist (IDW EPS 400 n.F. (04.2021), Tz. 23). Entsprechendes gilt für die Prüfung des Lageberichts und der sonstigen Prüfungsgegenstände (IDW EPS 400 n.F. (04.2021), Tz. 27-29). Der Lagebericht muss insgesamt ein zutreffendes Bild von der Lage der geprüften Einheit vermitteln sowie in allen wesentlichen Belangen mit dem Abschluss in Einklang stehen, den gesetzlichen Vorschriften entsprechen und die Chancen und Risiken der zukünftigen Entwicklung zutreffend darstellen (IDW EPS 400 n.F. (04.2021), Tz. 19).

IDW PS 400 gibt den Rahmen vor und regelt die Grundlagen für den Inhalt eines Bestätigungsvermerks mit nicht modifizierten Prüfungsurteilen. Sind die Prüfungsurteile ggf. zu modifizieren (d.h. einzuschränken, zu versagen oder deren Nichtabgabe zu erklären) ist IDW PS 405 anzuwenden.[323]

Der uneingeschränkte Bestätigungsvermerk muss die in § 322 Abs. 3 HGB normierte Form aufweisen (dies gilt gemäß § 102 Abs. 8 GO NRW auch für die Prüfung im kommunalen Bereich). Er ist ggf. zu ergänzen, sofern ein falscher Eindruck über den Inhalt der Prüfung und die Aussage des Bestätigungsvermerks vermieden werden soll (§ 322 Abs. 3 Satz 2 HGB). Er könnte im NKF wie folgt lauten:[324]

Bestätigungsvermerk des unabhängigen Abschlussprüfers

„Wir haben den Jahresabschluss der ... [Gemeinde] – bestehend aus der Bilanz zum ... [Datum], der Ergebnisrechnung, der Finanzrechnung und den Teilrechnungen für das Haushaltsjahr ... sowie dem Anhang, einschließlich der Darstellung der Bilanzierungs- und Bewertungsmethoden – geprüft. Darüber hinaus haben wir den Lagebericht der ... [Gemeinde] für das Haushaltsjahr ... geprüft.

323 Siehe hierzu die Einleitung in IDW EPS 400 n.F. (04.2021), Tz. 2.

324 Bestätigungsvermerk in Anlehnung an IDW EPS 400 n.F. (04.2021), Anlage 1.1: Beispiele für Bestätigungsvermerke sowie Gemeindeprüfungsanstalt NRW, Muster Bestätigungsvermerk, Stand: 19. November 2019, www.gpa.nrw/downloadcenter.

Nach unserer Beurteilung aufgrund der bei der Prüfung gewonnenen Erkenntnisse

- *entspricht der beigefügte Jahresabschluss in allen wesentlichen Belangen den gesetzlichen Vorschriften, insbesondere der Gemeindeordnung für das Land Nordrhein-Westfalen (GO NRW) sowie der Verordnung über das Haushaltswesen der Kommunen im Land Nordrhein-Westfalen (Kommunalhaushaltsverordnung Nordrhein-Westfalen – KomHVO NRW)*[325] *und vermittelt unter Beachtung der Grundsätze ordnungsmäßiger Buchführung ein den tatsächlichen Verhältnissen entsprechendes Bild der Vermögens, Ertrags- und Finanzlage der Gemeinde für das Haushaltsjahr ... und*
- *vermittelt der beigefügte Lagebericht insgesamt ein zutreffendes Bild von der Lage der Gemeinde. In allen wesentlichen Belangen steht dieser Lagebericht in Einklang mit dem Jahresabschluss, entspricht den gesetzlichen Vorschriften und stellt die Chancen und Risiken der zukünftigen Entwicklung zutreffend dar.*

Gemäß § 102 Abs. 8 GO NRW in Verbindung mit § 322 Abs. 3 Satz 1 HGB erklären wir, dass unsere Prüfung zu keinen Einwendungen gegen die Ordnungsmäßigkeit des Jahresabschlusses und des Lageberichts geführt hat.

Grundlage für die Prüfungsurteile

Wir haben unsere Prüfung des Jahresabschlusses und des Lageberichts in Übereinstimmung mit § 102 GO NRW in Verbindung mit § 317 HGB unter Beachtung der vom Institut der Wirtschaftsprüfer (IDW) festgestellten deutschen Grundsätze ordnungsmäßiger Abschlussprüfung durchgeführt. Unsere Verantwortung nach diesen Vorschriften und Grundsätzen ist im Abschnitt „Verantwortung des Abschlussprüfers für die Prüfung des Jahresabschlusses und des Lageberichts" unseres Bestätigungsvermerks weitergehend beschrieben. Wir sind von der Gemeinde unabhängig in Übereinstimmung mit den kommunalrechtlichen und berufsrechtlichen Vorschriften und haben unsere sonstigen Berufspflichten in Übereinstimmung mit diesen Anforderungen erfüllt. Wir sind der Auffassung, dass die von uns erlangten Prüfungsnachweise ausreichend und geeignet sind, um als Grundlage für unsere Prüfungsurteile zum Jahresabschluss und zum Lagebericht zu dienen.

Sonstige Informationen[326]

Der Bürgermeister als gesetzlicher Vertreter ist für die sonstigen Informationen verantwortlich. Die sonstigen Informationen umfassen... [Aufzählung der einschlägigen sonstigen Informationen].

---

325 Die angewandten Rechnungslegungs- und Prüfungsgrundsätze sind nach § 322 Abs. 1 Satz 2 HGB anzugeben. Dies ist erforderlich, um für die Adressaten klarzustellen, dass hier nicht die handelsrechtlichen Regelungen gelten, sondern die teilweise vom HGB abweichenden kommunalrechtlichen Regelungen (vgl. hierzu auch IDW Praxishinweis 1/2020 „Heterogene Bilanzierungsregeln der öffentlichen Hand und Aussagekraft des Bestätigungsvermerks").

326 Zur Prüfung der sonstigen Informationen vgl. ISA [DE] 720. Sonstige Informationen sind z.B. Erklärung zur Unternehmensführung, nicht geprüfte lageberichtsfremde Angaben, nichtfinanzielle(r) Erklärung/Bericht oder Bericht zur Gleichstellung und Entgeltgleichheit.

Unsere Prüfungsurteile zum Jahresabschluss und zum Lagebericht erstrecken sich nicht auf die sonstigen Informationen, und dementsprechend geben wir weder ein Prüfungsurteil noch irgendeine andere Form von Prüfungsschlussfolgerung hierzu ab.

Im Zusammenhang mit unserer Prüfung haben wir die Verantwortung, die sonstigen Informationen zu lesen und dabei zu würdigen, ob die sonstigen Informationen

- *wesentliche Unstimmigkeiten zum Jahresabschluss, zu den inhaltlich geprüften Lageberichtsangaben oder unseren bei der Prüfung erlangten Kenntnissen aufweisen oder*
- *anderweitig wesentlich falsch dargestellt erscheinen.*

Verantwortung des Bürgermeisters als gesetzlicher Vertreter und des Vertretungsorgans für den Jahresabschluss und den Lagebericht

Der Bürgermeister als gesetzlicher Vertreter ist verantwortlich für die Aufstellung des Jahresabschlusses, der den maßgeblichen gesetzlichen Vorschriften in allen wesentlichen Belangen entspricht, und dafür, dass der Jahresabschluss unter Beachtung der Grundsätze ordnungsmäßiger Buchführung ein den tatsächlichen Verhältnissen entsprechendes Bild der Vermögens-, Finanz- und Ertragslage der Gemeinde vermittelt. Ferner ist der Bürgermeister als gesetzlicher Vertreter verantwortlich für die internen Kontrollen, die er in Übereinstimmung mit den Grundsätzen ordnungsmäßiger Buchführung als notwendig bestimmt hat, um die Aufstellung eines Jahresabschlusses zu ermöglichen, der frei von wesentlichen – beabsichtigten oder unbeabsichtigten – falschen Darstellungen ist.

Bei der Aufstellung des Jahresabschlusses ist der Bürgermeister dafür verantwortlich, die Fähigkeit der Gemeinde zur Fortführung ihrer Tätigkeit, d.h. der stetigen Erfüllung der Aufgaben, zu beurteilen. Des Weiteren hat er die Verantwortung, Sachverhalte in Zusammenhang mit der Sicherung der stetigen Erfüllung der Aufgaben, sofern einschlägig, anzugeben.

Außerdem ist der Bürgermeister als gesetzlicher Vertreter verantwortlich für die Aufstellung des Lageberichts, der insgesamt ein zutreffendes Bild von der Lage der Gemeinde vermittelt sowie in allen wesentlichen Belangen mit dem Jahresabschluss in Einklang steht, den gesetzlichen Vorschriften entspricht und die Chancen und Risiken der zukünftigen Entwicklung zutreffend darstellt. Ferner ist der Bürgermeister als gesetzlicher Vertreter verantwortlich für die Vorkehrungen und Maßnahmen (Systeme), die er als notwendig erachtet hat, um die Aufstellung eines Lageberichts in Übereinstimmung mit den anzuwendenden gesetzlichen Vorschriften zu ermöglichen, und um ausreichende geeignete Nachweise für die Aussagen im Lagebericht erbringen zu können.

Das Vertretungsorgan ist verantwortlich für die Überwachung des Rechnungslegungsprozesses der Gemeinde zur Aufstellung des Jahresabschlusses und des Lageberichts.

Verantwortung des Abschlussprüfers für die Prüfung des Jahresabschlusses und des Lageberichts

Unsere Zielsetzung ist, hinreichende Sicherheit darüber zu erlangen, ob der Jahresabschluss als Ganzes frei von wesentlichen – beabsichtigten oder unbeabsichtigten – fal-

schen Darstellungen ist und ob der Lagebericht insgesamt ein zutreffendes Bild von der Lage der Gemeinde vermittelt sowie in allen wesentlichen Belangen mit dem Jahresabschluss sowie mit den bei der Prüfung gewonnenen Erkenntnissen in Einklang steht, den gesetzlichen Vorschriften entspricht und die Chancen und Risiken der zukünftigen Entwicklung zutreffend darstellt, sowie einen Bestätigungsvermerk zu erteilen, der unsere Prüfungsurteile zum Jahresabschluss und zum Lagebericht beinhaltet.

Hinreichende Sicherheit ist ein hohes Maß an Sicherheit, aber keine Garantie dafür, dass eine in Übereinstimmung mit § 102 GO NRW in Verbindung mit § 317 HGB unter Beachtung der vom Institut der Wirtschaftsprüfer (IDW) festgestellten deutschen Grundsätze ordnungsmäßiger Abschlussprüfung durchgeführte Prüfung eine wesentliche falsche Darstellung stets aufdeckt. Falsche Darstellungen können aus Verstößen oder Unrichtigkeiten[327] *resultieren und werden als wesentlich angesehen, wenn vernünftigerweise erwartet werden könnte, dass sie einzeln oder insgesamt die auf der Grundlage dieses Jahresabschlusses und Lageberichts getroffenen wirtschaftlichen Entscheidungen von Adressaten beeinflussen.*

(Die folgenden weiteren Beschreibungen der Verantwortung des Abschlussprüfers können nach IDW EPS 400 n.F., Tz. 64 auch in einer Anlage zum Bestätigungsvermerk erfolgen oder – falls die Prüfung durch einen Wirtschaftsprüfer erfolgt – es kann ein Verweis auf die Stelle der Website des IDW gemacht werden, an der diese Beschreibung zu finden ist.)

Während der Prüfung üben wir pflichtgemäßes Ermessen aus und bewahren eine kritische Grundhaltung. Darüber hinaus

- *identifizieren und beurteilen wir die Risiken wesentlicher – beabsichtigter oder unbeabsichtigter – falscher Darstellungen im Jahresabschluss und im Lagebericht, planen und führen Prüfungshandlungen als Reaktion auf diese Risiken durch sowie erlangen Prüfungsnachweise, die ausreichend und geeignet sind, um als Grundlage für unsere Prüfungsurteile zu dienen. Das Risiko, dass wesentliche falsche Darstellungen nicht aufgedeckt werden, ist bei Verstößen höher als bei Unrichtigkeiten, da Verstöße betrügerisches Zusammenwirken, Fälschungen, beabsichtigte Unvollständigkeiten, irreführende Darstellungen bzw. das Außerkraftsetzen interner Kontrollen beinhalten können.*

- *gewinnen wir ein Verständnis von dem für die Prüfung des Jahresabschlusses relevanten internen Kontrollsystem und den für die Prüfung des Lageberichts relevanten Vorkehrungen und Maßnahmen, um Prüfungshandlungen zu planen, die unter den gegebenen Umständen angemessen sind, jedoch nicht mit dem Ziel, ein Prüfungsurteil zur Wirksamkeit dieser Systeme der Gemeinde abzugeben.*

[327] § 102 GO NRW und § 317 HGB verwenden die Begriffe Verstöße oder Unrichtigkeiten; IDW EPS 400 n.F. (04.2021), TZ. A68 spricht von Irrtümern und dolosen Handlungen.

- *beurteilen wir die Angemessenheit der vom Bürgermeister als gesetzlichen Vertreter angewandten Rechnungslegungsmethoden sowie die Vertretbarkeit der vom Bürgermeister dargestellten geschätzten Werte und damit zusammenhängenden Angaben.*
- *ziehen wir Schlussfolgerungen auf der Grundlage der erlangten Prüfungsnachweise, ob eine wesentliche Unsicherheit im Zusammenhang mit Ereignissen oder Gegebenheiten besteht, die bedeutsame Zweifel an der Fähigkeit der Gemeinde zur Fortführung ihrer Tätigkeit, d.h. der stetigen Erfüllung der Aufgaben, aufwerfen können. Falls wir zu dem Schluss kommen, dass eine wesentliche Unsicherheit besteht, sind wir verpflichtet, im Bestätigungsvermerk auf die dazugehörigen Angaben im Jahresabschluss und im Lagebericht aufmerksam zu machen oder, falls diese Angaben unangemessen sind, unser jeweiliges Prüfungsurteil zu modifizieren. Wir ziehen unsere Schlussfolgerungen auf der Grundlage der bis zum Datum unseres Bestätigungsvermerks erlangten Prüfungsnachweise. Zukünftige Ereignisse oder Gegebenheiten können jedoch dazu führen, dass die Gemeinde die stetige Erfüllung der Aufgaben nicht sicherstellen kann.*
- *beurteilen wir die Gesamtdarstellung, den Aufbau und den Inhalt des Jahresabschlusses einschließlich der Angaben sowie ob der Jahresabschluss die zugrunde liegenden Geschäftsvorfälle und Ereignisse so darstellt, dass der Jahresabschluss unter Beachtung der Grundsätze ordnungsmäßiger Buchführung ein den tatsächlichen Verhältnissen entsprechendes Bild der Vermögens-, Finanz- und Ertragslage der Gemeinde vermittelt.*
- *beurteilen wir den Einklang des Lageberichts mit dem Jahresabschluss, seine Gesetzesentsprechung und das von ihm vermittelte Bild von der Lage der Gemeinde.*
- *führen wir Prüfungshandlungen zu den vom Bürgermeister als gesetzlichen Vertreter dargestellten zukunftsorientierten Angaben im Lagebericht durch. Auf Basis ausreichender geeigneter Prüfungsnachweise vollziehen wir dabei insbesondere die den zukunftsorientierten Angaben zugrunde gelegten bedeutsamen Annahmen nach und beurteilen die sachgerechte Ableitung der zukunftsorientierten Angaben aus diesen Annahmen. Ein eigenständiges Prüfungsurteil zu den zukunftsorientierten Angaben sowie zu den zugrunde liegenden Annahmen geben wir nicht ab. Es besteht ein erhebliches unvermeidbares Risiko, dass künftige Ereignisse wesentlich von den zukunftsorientierten Angaben abweichen.*

Wir erörtern mit den für die Überwachung Verantwortlichen unter anderem den geplanten Umfang und die Zeitplanung der Prüfung sowie bedeutsame Prüfungsfeststellungen, ein-

schließlich etwaiger bedeutsamer Mängel im internen Kontrollsystem, die wir während unserer Prüfung feststellen."

Weitere Formulierungsbeispiele in verschiedenen Fallkonstellationen sind der Anlage zu IDW EPS 400 n.F. (04.2021) zu entnehmen; die Beispiele betreffen uneingeschränkte Bestätigungsvermerke aufgrund einer

- gesetzlichen Abschlussprüfung bei einem nach §§ 242 bis 256a und 264 bis 289f HGB aufgestellten Jahresabschluss und Lagebericht eines Unternehmens von öffentlichem Interesse i.S.d. § 319a Abs. 1 Satz 1 HGB,
- gesetzlichen Abschlussprüfung bei einem nach §§ 290 bis 315 HGB aufgestellten Konzernabschluss und Konzernlagebericht eines Unternehmens, das kein Unternehmen von öffentlichem Interesse i.S.d. § 319a Abs. 1 Satz 1 HGB ist,
- gesetzlichen Abschlussprüfung, die ggf. unter ergänzender Beachtung der ISA durchgeführt wurde, bei einem nach § 315e HGB aufgestellten Konzernabschluss und Konzernlagebericht eines Unternehmens von öffentlichem Interesse i.S.d. § 319a Abs. 1 Satz 1 HGB,
- freiwilligen Abschlussprüfung bei einem nach HGB aufgestellten Jahresabschluss (ohne Lagebericht) einer Personenhandelsgesellschaft, die kein Unternehmen von öffentlichem Interesse i.S.d. § 319a Abs. 1 Satz 1 HGB ist,
- freiwilligen Abschlussprüfung bei einem nach HGB aufgestellten Jahresabschluss einer Kleinstkapitalgesellschaft,
- freiwilligen Abschlussprüfung, die unter ergänzender Beachtung der ISA durchgeführt wurde, bei einem nach den IFRS aufgestellten Konzernabschluss (ohne Konzernlagebericht) eines Unternehmens, das kein Unternehmen von öffentlichem Interesse i.S.d. § 319a Abs. 1 Satz 1 HGB und nicht kapitalmarktnotiert („non-listed") i.S.d. ISA ist,
- freiwilligen Abschlussprüfung, die unter ergänzender Beachtung der ISA durchgeführt wurde, bei einem nach den IFRS aufgestellten Konzernabschluss (ohne Konzernlagebericht) eines Unternehmens, das kein Unternehmen von öffentlichem Interesse i.S.d. § 319a Abs. 1 Satz 1 HGB, aber kapitalmarktnotiert („listed") i.S.d. ISA ist.

MERKE: Nach dem Inhalt des Bestätigungsvermerks ist ein Urteil über

- die Gesetzmäßigkeit von Jahresabschluss und ggf. Lagebericht,
- die Vermittlung eines den tatsächlichen Verhältnissen entsprechenden Bildes der Vermögens-, Finanz- und Ertragslage,
- die Vereinbarkeit von Lagebericht und Jahresabschluss sowie
- die Chancen und Risiken der zukünftigen Entwicklung abzugeben.

11.2.3.2 *Modifizierung von Prüfungsurteilen (eingeschränktes Prüfungsurteil, versagtes Prüfungsurteil, Erklärung der Nichtabgabe eines Prüfungsurteils)*

Hat der Prüfer nach dem abschließenden Ergebnis der Prüfung Einwendungen zu erheben, so ist der Bestätigungsvermerk einzuschränken oder zu versagen, d.h., das Prüfungsurteil ist zu modifizieren (§ 322 Abs. 4 HGB). Die Gründe für eine solche **Modifizierung des Prüfungsurteils** können sich ergeben aus:

- **Einwendungen** infolge von **wesentlichen** falschen Darstellungen im **Jahresabschluss**, Abweichungen des **Lageberichts** in wesentlichen Belangen von den maßgebenden Rechnungslegungsgrundsätzen, oder ein **sonstiger Prüfungsgegenstand** entspricht nicht bzw. nur mit Ausnahmen in allen wesentlichen Belangen den maßgebenden gesetzlichen Vorschriften,
- **Prüfungshemmnissen**, wenn der Abschlussprüfer nach Ausschöpfung aller angemessenen Möglichkeiten zur Klärung des Sachverhalts nicht in der Lage ist, ausreichende geeignete Prüfungsnachweise zu erlangen.[328]

Im Einzelnen können Einwendungen oder Prüfungshemmnisse auftreten durch Verstöße gegen die

- Ansatz-, Bewertungs- und Ausweisvorschriften für die Bilanz sowie die GuV/Ergebnisrechnung,
- Vorschriften zur Jahresüberschuss- und Rücklagenverwendung,
- Buchführungsvorschriften,
- Verstöße gegen gesetzliche und andere Vorschriften, die sich aus einer Erweiterung des Prüfungsauftrags ergeben,
- Vorschriften zu Angaben und Erläuterungen im Anhang und Lagebericht[329] sowie die
- Verpflichtung, alle verlangten Aufklärungen und Nachweise (vgl. § 320 Abs. 2 Satz 1 HGB, im NKF: § 102 Abs. 7 GO NRW) zu geben.[330]

---

328 Vgl. IDW EPS 405 n.F. (04.2021), Tz. 7 sowie WP Handbuch, Wirtschaftsprüfung und Rechnungslegung, 17. Aufl. 2021, Kap. M, Tz. 1035 f.

329 Unterlassene oder fehlerhafte Angaben und Erläuterungen (falsche Darstellungen) können sowohl quantitativer als auch qualitativer Art sein. Hierzu gehört auch eine Verletzung der Angabepflicht gemäß § 264 Abs. 2 Satz 2 HGB über die wesentlichen Abweichungen von den handelsrechtlichen Vorschriften über das vom Jahresabschluss vermittelte Bild der Vermögens-, Finanz- und Ertragslage. In den IDW F & A zu ISA 450 bzw. IDW PS 250 n.F., Abschn. 6.8 ist ein Schaubild enthalten, das einen Überblick über mögliche Fallkonstellationen gibt.

330 Eine umfassende Darstellung von Sachverhalten, die zu Einwendungen oder Prüfungshemmnissen führen, findet sich in: WP Handbuch, Wirtschaftsprüfung und Rechnungslegung, 17. Aufl. 2021, Kap. M, Tz. 1112 ff.

Liegen hingegen Verstöße gegen Vorschriften außerhalb der Rechnungslegung vor (z.B. umwelt-, steuer- oder strafrechtliche Vorschriften), sind Einwendungen zu erheben, wenn sich hierdurch wesentliche Rückwirkungen auf den Jahresabschluss, den Lagebericht oder einen sonstigen Prüfungsgegenstand ergeben (z.B., wenn wegen der Verstöße nicht die erforderlichen Rückstellungen gebildet werden).

Die Frage, ob je nach den festgestellten Mängeln ein Prüfungsurteil in Form einer Einschränkung ausreicht oder ein versagtes Urteil abgegeben bzw. die Nichtabgabe eines Prüfungsurteils erklärt werden muss, kann nur nach den jeweiligen **Verhältnissen des Einzelfalles** beantwortet werden.[331]

Zu beachten ist, dass das Prüfungsurteil zu einem Prüfungsgegenstand nur zu modifizieren ist, wenn zum Zeitpunkt der Beendigung der Prüfung der zur Modifizierung führende Tatbestand noch vorliegt, also noch nicht von den gesetzlichen Vertretern der geprüften Einheit korrigiert wurde.[332]

➢ **eingeschränktes Prüfungsurteil**

Ein **eingeschränktes Prüfungsurteil** ist abzugeben, wenn der Abschlussprüfer

- nach Erlangung ausreichender geeigneter Prüfungsnachweise zu dem Ergebnis kommt, dass die **Einwendungen** gegen den Abschluss, den Lagebericht oder einen sonstigen Prüfungsgegenstand **wesentlich, aber nicht umfassend** sind, oder
- bei Vorliegen von **Prüfungshemmnissen** zu dem Ergebnis kommt, dass deren mögliche Auswirkungen auf den Abschluss, den Lagebericht bzw. einen sonstigen Prüfungsgegenstand **wesentlich, aber nicht umfassend** sind (IDW EPS 405 n.F. (04.2021), Tz.10).

Einwendungen und Prüfungshemmnisse sind wesentlich, aber nicht umfassend, wenn sie sich auf **abgrenzbare Bereiche** der Buchführung oder der Rechnungslegung beziehen und nicht auf den Abschluss als Ganzes. Wesentlichkeit liegt insbesondere vor, wenn es sein könnte, dass durch **falsche oder fehlende Darstellungen** das Entscheidungsverhalten der Abschlussadressaten beeinflusst wird (ISA [DE] 320, Tz. 2). Um die relative Bedeutung abschätzen zu können, lassen sich z.B. Bezugsgrößen wie der Betrag des betroffenen Jahresabschlusspostens, das Jahresergebnis, das Eigenkapital oder die Bilanzsumme heranziehen (ISA [DE] 320, Tz. A4-A8).

---

331 Vgl. WP Handbuch, Wirtschaftsprüfung und Rechnungslegung, 17. Aufl. 2021, Kap. M, Tz. 1109.

332 Vgl. WP Handbuch, Wirtschaftsprüfung und Rechnungslegung, 17. Aufl. 2021, Kap. M, Tz. 1060.

Ein eingeschränkter Bestätigungsvermerk darf nach § 322 Abs. 4 Satz 4 HGB nur erteilt werden, wenn der geprüfte Abschluss unter Beachtung der vom Abschlussprüfer vorgenommenen, in ihrer Tragweite erkennbaren Einschränkung **noch ein den tatsächlichen Verhältnissen im Wesentlichen entsprechendes Bild der VFE-Lage vermittelt**.

Der Prüfer muss zudem bei der Einschränkung des Bestätigungsvermerks beachten, dass sich die Einwendungen so in den Bestätigungsvermerk einfügen lassen,

- dass sie entsprechend dem formelhaften Charakter des Bestätigungsvermerks möglichst kurz und klar sind,
- dass sie nicht getrennt vom positiven Teil des Bestätigungsvermerks stehen,
- dass sie nicht die Umkehrung des positiven Befunds in ein Negativurteil bewirken und
- dass sie den Empfängern des Bestätigungsvermerks eine sachgerechte Beurteilung der geprüften Einheit ermöglichen.[333]

Dabei sollte der Prüfer explizit das Wort „Einschränkung" verwenden. Ausdrücklich genannt werden sollte auch der zu beanstandende Sachverhalt, um der geforderten Begründung für die Einschränkung gerecht zu werden. Soweit wie möglich ist die Größenordnung der Einschränkung durch Zahlenangaben zu belegen, sodass deren Tragweite erkennbar ist (vgl. § 322 Abs. 4 Satz 3 und 4 HGB).

Wird ein eingeschränktes Prüfungsurteil zu einem Abschluss abgegeben, der in Übereinstimmung mit Rechnungslegungsgrundsätzen zur **sachgerechten Gesamtdarstellung** aufzustellen ist, ist weiterhin die Überschrift „Bestätigungsvermerk des unabhängigen Abschlussprüfers" zu verwenden (IDW EPS 405 n.F. (04.2021), Tz. 21). Lediglich die Überschrift zum Abschnitt „Prüfungsurteil zum Abschluss" ist in „Eingeschränktes Prüfungsurteil zum Jahres-/Konzernabschluss" abzuändern (IDW EPS 405 n.F. (04.2021), Tz. 23).

Betrifft die Einschränkung (bei Anwendung von Rechnungslegungsgrundsätzen zur **sachgerechten Gesamtdarstellung**) lediglich die **Ordnungsmäßigkeit des Abschlusses** muss das Prüfungsurteil zum Abschluss nach IDW EPS 405 n.F. (04.2021), Tz. 27 wie folgt lauten:[334]

„Nach unserer Beurteilung aufgrund der bei der Prüfung gewonnenen Erkenntnisse entspricht der beigefügte ... [Jahres-/Konzernabschluss] mit Ausnahme der Auswirkungen des im Abschnitt „Grundlage für das eingeschränkte Prüfungsurteil zum ... [Jahres-/Konzernabschluss]" beschriebenen Sachverhalts in allen wesentli-

333 Vgl. Selchert, F. W., Jahresabschlußprüfung der Kapitalgesellschaften, 2. Aufl. 1996, S. 832.

334 Das Prüfungsurteil zum Lagebericht ist in diesem Beispiel nicht eingeschränkt und entspricht der Formulierung in Kap. 11.2.3.1.

chen Belangen den ... [maßgebende Rechnungslegungsgrundsätze]. Der ... [Jahres-/Konzernabschluss] vermittelt unter Beachtung der [maßgebende Vorschriften][335] *ein den tatsächlichen Verhältnissen entsprechendes Bild der Vermögens- und Finanzlage ... [der Gesellschaft/des Konzerns] zum ... [Datum] sowie ... [ihrer/seiner Ertragslage] für das Geschäftsjahr vom ... [Datum] bis zum ... [Datum]."*

Betrifft die Einschränkung **neben der Ordnungsmäßigkeit auch das durch den Abschluss vermittelte Bild der VFE-Lage**, muss das Prüfungsurteil zum Abschluss nach IDW EPS 405 n.F. (04.2021), Tz. 28 lauten:

„Nach unserer Beurteilung aufgrund der bei der Prüfung gewonnenen Erkenntnisse entspricht der beigefügte ... [Jahres-/Konzernabschluss] mit Ausnahme der Auswirkungen des im Abschnitt „Grundlage für das eingeschränkte Prüfungsurteil zum ... [Jahres-/Konzernabschluss]" beschriebenen Sachverhalts in allen wesentlichen Belangen den ... [maßgebende Rechnungslegungsgrundsätze] und vermittelt mit Ausnahme dieser Auswirkungen unter Beachtung der ... [maßgebende Vorschriften] ein den tatsächlichen Verhältnissen entsprechendes Bild der Vermögens- und Finanzlage ... [der Gesellschaft /des Konzerns] zum ... [Datum] sowie ... [ihrer /seiner] Ertragslage für das Geschäftsjahr vom ... [Datum] bis zum ... [Datum]."

Für kommunale Prüfungen sind die Formulierungen entsprechend anzupassen. Zu anderen abgewandelten Prüfungsurteilen aufgrund von Einwendungen sei auf IDW EPS 405 n.F. (04.2021), Tz. 29 ff. verwiesen.

Den Anlagen 1 - 5 zum IDW EPS 405 n.F. sind Formulierungsbeispiele zu eingeschränkten Bestätigungsvermerken in verschiedenen Fallkonstellationen zu entnehmen; die Beispiele betreffen eingeschränkte Bestätigungsvermerke mit

- eingeschränktem Prüfungsurteil zum Jahresabschluss aufgrund wesentlicher falscher Darstellungen im Jahresabschluss, ohne Auswirkungen auf die sachgerechte Gesamtdarstellung,
- eingeschränktem Prüfungsurteil zum Jahresabschluss und mit eingeschränktem Prüfungsurteil zum Lagebericht aufgrund wesentlicher falscher Darstellungen im Jahresabschluss mit Auswirkungen auf die sachgerechte Gesamtdarstellung,
- eingeschränktem Prüfungsurteil zum Lagebericht aufgrund wesentlicher falscher Darstellungen im Lagebericht,
- Erklärung der Nichtabgabe eines Prüfungsurteils zum Lagebericht,

[335] „Maßgebende Vorschriften" sind hier die Grundsätze ordnungsmäßiger Buchführung.

- eingeschränktem Prüfungsurteil zum Jahresabschluss und mit eingeschränktem Prüfungsurteil zum Lagebericht aufgrund von Prüfungshemmnissen.

➢ **Versagtes Prüfungsurteil**

Ein **versagtes Prüfungsurteil** ist abzugeben, wenn der Abschlussprüfer nach Erlangung ausreichender und angemessener Prüfungsnachweise zu dem Schluss gelangt, dass **Einwendungen** gegen den Abschluss, Lagebericht bzw. einen sonstigen Prüfungsgegenstand so bedeutend oder zahlreich sind, dass ein eingeschränkter Bestätigungsvermerk nicht ausreicht. Die Einwendungen sind somit nicht nur wesentlich, sondern auch **umfassend** (IDW EPS 405 n.F. (04.2021), Tz. 12).

Der Begriff „umfassend" dient der Beschreibung der Auswirkung auf den Abschluss, den Lagebericht bzw. einen sonstigen Prüfungsgegenstand. Umfassende Auswirkungen können z.B. einen erheblichen Teil des Abschlusses, des Lageberichts bzw. der sonstigen Prüfungsgegenstände betreffen oder grundlegend für das Verständnis durch die Adressaten sein (vgl. IDW EPS 405 n.F. (04.2021), Tz. 7(i).

Bei einem versagten Prüfungsurteil ist der Bestätigungsvermerk als „**Versagungsvermerk des unabhängigen Abschlussprüfers**" zu bezeichnen (IDW EPS 405 n.F. (04.2021), Tz. 21).

Wird ein versagtes Prüfungsurteil zu einem Abschluss abgegeben, der in Übereinstimmung mit Rechnungslegungsgrundsätzen **zur sachgerechten Gesamtdarstellung** aufzustellen ist, muss das Prüfungsurteil zum Abschluss nach IDW EPS 405 n.F. (04.2021), Tz. 33 wie folgt lauten:

„Nach unserer Beurteilung aufgrund der bei der Prüfung gewonnenen Erkenntnisse entspricht der beigefügte ... [Jahres-/Konzernabschluss] wegen der Bedeutung des im Abschnitt „Grundlage für das versagte Prüfungsurteil zum Jahres-/Konzernabschluss" beschriebenen Sachverhalts nicht den ... [maßgebende Rechnungslegungsgrundsätze] und vermittelt kein unter Beachtung der [maßgebende Vorschriften] den tatsächlichen Verhältnissen entsprechendes Bild der Vermögens- und Finanzlage ... [der Gesellschaft/des Konzerns] zum ... [Datum] sowie der Ertragslage für das Geschäftsjahr vom ... [Datum] bis zum ... [Datum]."

Zu anderen abgewandelten versagten Prüfungsurteilen sei auf IDW EPS 405 n.F. (04.2021), Tz. 34 ff. verwiesen.

Den Anlagen 6 und 7 zum IDW EPS 405 n.F. sind Formulierungsbeispiele zu Versagungsvermerken in verschiedenen Fallkonstellationen zu entnehmen. In Einzelfällen kann es fraglich sein, ob vorliegende Einwendungen des Prüfers noch die Einschränkung des Bestätigungsvermerks gestatten oder bereits die Versagung des Bestätigungsvermerks verlangen. Letztlich muss der Prüfer diese Entscheidung eigenverantwortlich treffen. Die nachfolgende Abbildung enthält in der Zusammenfassung die Formen des Prüfungsurteils nach § 322 HGB:[336]

uneingeschränkter Bestätigungsvermerk	eingeschränkter Bestätigungsvermerk	Versagungsvermerk
Aufstellung von Buchführung und Jahresabschluss gemäß den gesetzlichen Vorschriften, Vermittlung eines den tatsächlichen Verhältnissen entsprechendes Bild der VFE-Lage, Einhaltung der gesetzlichen und sonstigen Vorschriften zur Aufstellung des Lageberichts, Lagebericht in Einklang mit dem Jahresabschluss sowie Vermittlung eines zutreffenden Bildes der Lage, zutreffende Darstellung der Chancen und Risiken der zukünftigen Entwicklung im Lagebericht.	Buchführungsmängel, Verstöße gegen Ansatz-, Ausweis- und Bewertungsvorschriften für den Jahresabschluss, Verstöße gegen gesetzliche, gesellschaftsvertragliche, satzungsmäßige oder sonstige rechnungslegungsbezogene Bestimmungen, Verletzung der Generalnorm des § 264 Abs. 2 HGB, Nichtbeachtung von Angabe- und Erläuterungspflichten im Anhang, Mängel der Lageberichterstattung, insbesondere unzutreffende Darstellung der Lage bzw. der Chancen und Risiken, Vorliegen wesentlicher Prüfungshemmnisse.	Gründe wie bei der Einschränkung, jedoch in der Gesamtwürdigung schwerwiegender.

Abbildung 55: Formen des Bestätigungsvermerks

➢ Erklärung der Nichtabgabe eines Prüfungsurteils

Der Abschlussprüfer muss die **Nichtabgabe eines Prüfungsurteils** erklären, wenn er zu dem Schluss gelangt, dass die möglichen Auswirkungen von Prüfungshemmnissen nicht nur wesentlich, sondern auch umfassend sein könnten (IDW EPS 405 n.F. (04.2021), Tz. 13) oder es nicht möglich ist, ein Prüfungsurteil zum Abschluss, zum Lagebericht bzw. zu den sonstigen Prüfungsgegenständen zu bilden (IDW EPS 405 n.F. (04.2021), Tz. 14). **Prüfungshemmnisse** können nach IDW EPS 405 n.F. (04.2021), Tz. A13 vorliegen bei

[336] In Anlehnung an: Graumann, M., Wirtschaftliches Prüfungswesen, 6. Aufl. 2020, S. 828.

- Umständen, die außerhalb der Kontrolle der zu prüfenden Einheit liegen (z.B. Vernichtung oder Beschlagnahme der Unterlagen zum Rechnungswesen),
- Umständen hinsichtlich Art oder zeitlicher Einteilung der Tätigkeit des Abschlussprüfers (z.B. Bestellung des Abschlussprüfers zu einem Zeitpunkt, zu dem dieser nicht (mehr) in der Lage ist, die Inventur zu beobachten) oder
- auferlegten Beschränkungen (z.B., wenn der Abschlussprüfer durch die gesetzlichen Vertreter daran gehindert wird, externe Bestätigungen einzuholen).[337]

Zu beachten ist, dass der Abschlussprüfer nach § 322 Abs. 5 HGB verpflichtet ist, alle angemessenen Möglichkeiten zur Klärung des Sachverhalts auszuschöpfen. Daher kann ein Prüfungshemmnis nur festgestellt werden, wenn es nachweislich nicht möglich war, durch alternative Prüfungshandlungen ausreichende und angemessene Prüfungsnachweise zu erlangen (IDW EPS 405 n.F. (04.2021), Tz. 16).

Die folgende Abbildung enthält eine Übersicht über die unterschiedlichen Sachverhalte, die zu einer Modifizierung des Prüfungsurteils führen und deren Auswirkungen:

Arten von modifizierten Prüfungsurteilen[338]		
Beurteilung des Abschlussprüfers Art des Sachverhalts	**falsche Darstellung ist wesentlich, aber nicht umfassend**	**falsche Darstellung ist wesentlich und umfassend**
Einwendung	eingeschränktes Prüfungsurteil	versagtes Prüfungsurteil
Prüfungshemmnis	eingeschränktes Prüfungsurteil	Erklärung der Nichtabgabe eines Prüfungsurteils

Abbildung 56: Arten von modifizierten Prüfungsurteilen

Wird ein versagtes Prüfungsurteil oder eine Erklärung zur Nichtabgabe eines Prüfungsurteils abgegeben, ist die Bezeichnung des Vermerks in der Überschrift anzupassen. Dies gilt auch, wenn das Prüfungsurteil zum Lagebericht versagt oder dessen Nichtabgabe erklärt wird. In Abhängigkeit von der Art des modifizierten Prüfungsurteils ergibt sich entsprechend IDW EPS 405 n.F. (04.2021), Tz. A 20 die **Überschrift des Bestätigungs- bzw. Versagungsvermerks** wie folgt:

337 Zu weiteren Beispielen vgl. WP Handbuch, Wirtschaftsprüfung und Rechnungslegung, 17. Aufl. 2021, Kap. M, Tz. 1114.

338 Abbildung in Anlehnung an IDW EPS 405 n.F. (04.2021), Tz. A1.

Prüfungsurteil zu(m)[339]			Überschrift
Abschluss	**Lagebericht**	**sonstigen Prüfungsgegenständen**	
uneingeschränkt/ eingeschränkt	uneingeschränkt/ eingeschränkt/ versagt/ Nichtabgabe erklärt	uneingeschränkt/ eingeschränkt/ versagt/ Nichtabgabe erklärt	„Bestätigungsvermerk des unabhängigen Abschlussprüfers“
versagt/ Nichtabgabe erklärt	uneingeschränkt/ eingeschränkt/ versagt/ Nichtabgabe erklärt	uneingeschränkt/ eingeschränkt/ versagt/ Nichtabgabe erklärt	„Versagungsvermerk des unabhängigen Abschlussprüfers“

Abbildung 57: Überschrift des Bestätigungs- bzw. Versagungsvermerks

Aus der Abbildung wird deutlich, dass die Überschrift „Versagungsvermerk des unabhängigen Abschlussprüfers“ lauten muss, wenn das Prüfungsurteil zum Abschluss versagt oder die Nichtabgabe eines Prüfungsurteils erklärt wird. In allen anderen Fällen wird die Überschrift „Bestätigungsvermerk des unabhängigen Abschlussprüfers“ verwandt (IDW EPS 405 n.F. (04.2021), Tz.21). Nur das Prüfungsurteil zum Abschluss bestimmt also, ob ein Versagungsvermerk erteilt wird.

MERKE: Ein modifizierter Bestätigungsvermerk kann auch wirtschaftliche Nachteile mit sich bringen, wie z.B. eine Verschlechterung der Kreditwürdigkeit oder des Ansehens bzw. Images der geprüften Einheit. Die verantwortlichen Organe sind deshalb bemüht, einen uneingeschränkten Bestätigungsvermerk zu erhalten.

11.2.4 Sonderfälle bei Erteilung des Bestätigungsvermerks

11.2.4.1 Erteilung unter aufschiebender Bedingung

Im Ausnahmefall kann ein Bestätigungsvermerk unter einer aufschiebenden Bedingung gemäß IDW EPS 400 n.F. (04.2021), Tz. 96 ff. erteilt werden, wenn

- der geprüfte Jahresabschluss Sachverhalte berücksichtigt, die erst nach Abschluss der Prüfung wirksam werden,
- der Sachverhalt auf den geprüften Abschluss zurückwirkt,
- die Bedingung in einem formgebundenen Verfahren bereits inhaltlich festgelegt ist und es ausschließlich formeller Akte bedarf und
- die Bedingung mit an Sicherheit grenzender Wahrscheinlichkeit erwartet wird.

[339] Quelle: IDW EPS 405 n.F. (04.2021), Tz. A 20.

Ein solcher Sachverhalt liegt z.B. vor, wenn der Jahresabschluss des Vorjahres noch nicht festgestellt wurde.[340] Der Bestätigungsvermerk wird also erst nach Eintritt der Bedingung wirksam; bis dahin gilt der Jahresabschluss als noch nicht geprüft. Das Unternehmen hat den Nachweis des Eintritts der Bedingung zu führen. Die aufschiebende Bedingung ist unmittelbar vor dem Wortlaut des Bestätigungsvermerks aufzuführen (IDW EPS 400 n.F. (04.2021), Tz. 98).

11.2.4.2 Nachtragsprüfung

Wenn Jahresabschluss oder Lagebericht nachträglich geändert werden, hat der Abschlussprüfer die betreffenden Unterlagen gemäß § 316 Abs. 3 HGB erneut zu prüfen, soweit es die Änderung erfordert (Nachtragsprüfung). Der ursprünglich erteilte Bestätigungsvermerk bleibt wirksam; er ist jedoch – wenn nötig – entsprechend zu ergänzen (ISA [DE] 560, Tz. D.12.1; IDW EPS 400 n.F. (04.2021), Tz. 88). Eine ähnliche Regelung ist in § 59 Abs. 4 und § 102 Abs. 1 GO NRW enthalten.

11.2.4.3 Widerruf des Bestätigungsvermerks

Grundsätzlich braucht sich der Prüfer nach Erteilung seines Bestätigungsvermerks nicht mehr um den geprüften Jahresabschluss kümmern. Erkennt er jedoch nach Erteilung des Bestätigungsvermerks, dass die Voraussetzungen hierfür nicht erfüllt waren (z.B., wenn der Prüfer getäuscht wurde oder wenn er selbst wesentliche Tatsachen übersehen hat) und ist die geprüfte Einheit nicht zu einer Änderung des geprüften Abschlusses oder Lageberichts und zur Information der jeweiligen Adressaten des Abschluss oder Lageberichts bereit, muss der Abschlussprüfer den Bestätigungsvermerk widerrufen (IDW EPS 400 n.F. (04.2021), Tz. 92). Der Widerruf kommt aber nur dann infrage, wenn der Prüfer über die wesentlichen Fehler bzw. wesentlichen Mängel gesicherte Erkenntnisse hat.

IDW EPS 400 n.F. (04.2021), Tz. 92 nennt auch Ausnahmen, in denen auf einen Widerruf verzichtet werden kann. So ist ein Widerruf bspw. nicht erforderlich, wenn ein falscher Eindruck über das Ergebnis der Abschlussprüfung bereits auf andere Art und Weise durch Informationen an die Adressaten des Bestätigungsvermerks vermieden wurde. Wird der Abschluss oder Lagebericht nach dem Widerruf des Bestätigungsvermerks geändert, sind die Änderungen von dem Abschlussprüfer im Rahmen einer Nachtragsprüfung i.S.d. § 316 Abs. 3 HGB zu prüfen. Erfolgt keine Änderung, muss ein neuer Bestätigungsvermerk unter Berücksichtigung der nachträglich gewonnenen Erkenntnisse erteilt werden (IDW EPS 400 n.F. (04.2021), Tz. 94-95).

---

[340] Vgl. WP Handbuch, Wirtschaftsprüfung und Rechnungslegung, 17. Aufl. 2021, Kap. M, Tz. 1252. Zu einem entsprechenden Formulierungsvorschlag vgl. Tz. 1254.

11.3 Kommunikation mit den Verantwortlichen, Schlussbesprechung und Berichtskritik

Falls in einer zu prüfenden Einheit ein **Prüfungsausschuss** eingerichtet ist (vgl. § 324 HGB), findet zwischen ihm und dem Abschlussprüfer ein Austausch statt. In anderen Fällen erfolgt eine **Kommunikation** mit den für die Überwachung Verantwortlichen (z.B. Aufsichtsrat).[341] Im kommunalen Bereich besteht in mehreren Bundesländern die gesetzliche Verpflichtung zur Einrichtung eines Prüfungsausschusses zur Prüfung des Jahresabschlusses und des Lageberichts (im NKF: vgl. § 57 Abs. 2 i.V.m. § 59 Abs. 3 GO NRW). Der Abschlussprüfer ist gesetzlich verpflichtet, an der sog. Bilanzsitzung teilzunehmen und über die Ergebnisse der Prüfung, insbesondere über wesentliche Schwächen des rechnungslegungsbezogenen internen Kontrollsystems, zu berichten. Unabhängig von dieser gesetzlichen Verpflichtung sollte sich der Abschlussprüfer bereits im Vorfeld mit dem Prüfungsausschuss oder einem anderen Aufsichtsorgan verständigen. Inhaltlich sollten hier z.B. abgestimmt werden:

- Grundsätze der Prüfungsplanung,
- bedeutsame während der Abschlussprüfung aufgetretene Probleme,
- bedeutsame Sachverhalte, die mit dem Management besprochen wurden oder Gegenstand des Schriftverkehrs mit diesem waren,
- Umstände, die sich auf die Form und den Inhalt des Bestätigungsvermerks auswirken,
- andere bedeutsame Sachverhalte, die für den Rechnungslegungsprozess relevant sind (IDW EPS 470 n.F. (04.2021), Tz. A18 ff.).

Nach der Erstellung des Berichtsentwurfs und der Formulierung des Bestätigungs- bzw. des Versagungsvermerks findet üblicherweise eine sog. **Schlussbesprechung**[342] oder ein Prüferabschlussgespräch statt. Dieses Gespräch vollzieht sich zwischen Vertretern der geprüften Einheit und Vertretern der Abschlussprüfung. Der Abschlussprüfer diskutiert seine Feststellungen aus der Prüfung und gibt den Betroffenen die Gelegenheit, ihre Sicht der Sach- und Rechtslage vorzubringen; er hat insofern auch die Möglichkeit, seine Auffassung zu revidieren und schützt sich dadurch vor dem sog. **ß-Fehler**, der irrtümlichen Annahme eines Fehlers, wo keiner ist.[343] Es ist üblich, den gesetzlichen Vertretern als Grundlage für die Schlussbesprechung ein sog. „**Vorwegexemplar**" zuzuleiten. Vorwegexemplare sind als

341 Der Deutsche Corporate Governance Kodex i.d.F. vom 7.2.2017 (Ziffer 5.3.2) sieht vor, dass der Aufsichtsrat einen Prüfungsausschuss einrichten soll.

342 Die Abhaltung einer formellen Schlussbesprechung mit den gesetzlichen Vertretern der zu prüfenden Einheit ist zwar nicht vorgeschrieben, entspricht aber den Gepflogenheiten.

343 Vgl. Fiebig, H./Zeis, A., Kommunale Rechnungsprüfung, 5. Aufl.2018, Rd.-Nr. 209.

solche z.B. durch den Aufdruck „Entwurf“ oder „Leseexemplar“ eindeutig zu kennzeichnen, um eine missbräuchliche Verwendung zu verhindern.[344]

Die Schlussbesprechung dient im Wesentlichen dazu, eine abschließende Abstimmung zu erreichen. Aus der Sicht der Abschlussprüfung dient die Schlussbesprechung in erster Linie dazu,

- das beabsichtigte Gesamtergebnis, vor allem einen negativen Befund und vorgesehene wesentliche Feststellungen vor der schriftlichen Berichterstattung vorzutragen,
- Begründungen für Teilergebnisse und das Gesamtergebnis der Prüfung sowie für wesentliche Feststellungen abzugeben und die Prüfungsergebnisse ebenso wie die wesentlichen Feststellungen zu erläutern,
- letzte Auskünfte und evtl. Nachweise zu erhalten, um andernfalls erforderlich werdende negative Feststellungen doch noch vermeiden zu können,
- Ratschläge, Empfehlungen und Hinweise zur Vermeidung von Schwierigkeiten bei Folgeprüfungen zu erteilen.[345]

Aus der Sicht der geprüften Einheit ist die Schlussbesprechung sinnvoll, um

- vorab Informationen zum Prüfungsergebnis und wesentlichen Feststellungen zu erhalten,
- Detailinformationen und Begründungen beabsichtigter negativer Feststellungen zu erhalten und
- letzte Begründungen für Verfahrensweisen zu geben und evtl. in der Prüfung nicht oder nicht hinreichend gewürdigte Nachweise und Erklärungen nochmals hervorheben zu können.[346]

Nach der Schlussbesprechung und einer evtl. Überarbeitung des Berichtsentwurfs empfiehlt sich eine Durchsicht des Berichtsentwurfs durch einen i.d.R. nicht an der Prüfung beteiligten Prüfer.[347] Diese Überarbeitungsphase wird allgemein als **Berichtskritik** bezeichnet.

Die Bedeutung einer Berichtskritik für die Berichterstattung über die Prüfung besteht in der Qualitätsverbesserung des zu erstattenden Prüfungsberichts. Eine hohe Qualität des Prüfungsberichts ist insbesondere erforderlich, weil dieser Bericht ein umfassendes Dokument über die Ergebnisse der Prüfung ist. Nach Abschluss der Berichtskritik wird der Prüfungsbericht in Reinschrift angefertigt.

---

344 Vgl. WP Handbuch, Wirtschaftsprüfung und Rechnungslegung, 17. Aufl. 2021, Kap. M, Tz. 541.

345 Vgl. Selchert, F. W., Jahresabschlußprüfung der Kapitalgesellschaften, 2. Aufl. 1996, S. 837.

346 Vgl. Selchert, F. W., Jahresabschlußprüfung der Kapitalgesellschaften, 2. Aufl. 1996, S. 837.

347 Vgl. IDW, QS 1 „Anforderungen an die Qualitätssicherung in der Wirtschaftsprüferpraxis“, Tz. 148 ff.

11.4 Ausfertigung und Übergabe

Der Prüfungsbericht ist gemäß § 321 Abs. 5 HGB vom Abschlussprüfer zu unterzeichnen und den gesetzlichen Vertretern vorzulegen.

Im kommunalen Bereich ist der Rechnungsprüfungsausschuss primär zuständig für die Prüfung des Jahresabschlusses und des Lageberichts unter Einbezug des Prüfungsberichtes (§ 59 Abs. 3 GO NRW). Er bedient sich hierbei der örtlichen Rechnungsprüfung oder eines Dritten gemäß § 102 Abs. 2 GO NRW. Diese Verantwortlichen haben an der Beratung über diese Vorlagen im Rechnungsprüfungsausschuss teilzunehmen und über die wesentlichen Ergebnisse ihrer Prüfung, insbesondere wesentliche Schwächen des internen Kontrollsystems bezogen auf den Rechnungslegungsprozess, zu berichten. Der Rechnungsprüfungsausschuss hat zu dem Ergebnis der Jahresabschlussprüfung schriftlich gegenüber der Gemeindevertretung Stellung zu nehmen. Am Schluss dieses Berichtes hat der Rechnungsprüfungsausschuss zu erklären, ob nach dem abschließenden Ergebnis seiner Prüfung Einwendungen zu erheben sind und ob er den vom Bürgermeister aufgestellten Jahresabschluss und Lagebericht billigt (§ 59 Abs. 3 GO NRW).

11.5 Prüfungsdokumentation (Arbeitspapiere)

Die Prüfungsdokumentation dient lt. ISA [DE] 230 Tz. 2-3 u.a.

- zum Nachweis einer ordnungsgemäßen Prüfungsdurchführung unter Beachtung der Prüfungsstandards und der rechtlichen Anforderungen,
- zur Unterstützung der Planung und Durchführung der Abschlussprüfung,
- zur Unterstützung der Überwachung der Prüfungstätigkeit,
- zur Dokumentation der Prüfungsnachweise zur Stützung der Prüfungsaussagen im Prüfungsbericht und im Bestätigungsvermerk,
- als Grundlage für die Erstellung des Prüfungsberichts,
- zur Unterstützung bei der Beantwortung von Rückfragen zur Prüfung,
- um Maßnahmen zur Qualitätssicherung und Auftragsprüfungen zu ermöglichen,
- als Nachweis bei Schadensersatzforderungen sowie
- zur Unterstützung bei der Vorbereitung und Durchführung von Folgeprüfungen.

Zur Prüfungsdokumentation gehören alle Aufzeichnungen und Unterlagen, die der Abschlussprüfer im Zusammenhang mit der Jahresabschlussprüfung selbst erstellt oder von der geprüften Einheit bzw. von Dritten als Ergänzung seiner eigenen Unterlagen zum Verbleib erhält. Die Prüfungsdokumentation kann in **Papierform** erfolgen oder auf **elektronischen oder anderen Medien** aufgezeichnet werden. Soweit zur Erlangung von Prüfungsnachweisen Prüfungsprogramme eingesetzt werden, gelten ebenfalls die allgemeinen Dokumentationsanforderungen. Nachfolgend sind die Anforderungen einer Prüfungsdokumentation im Überblick dargestellt:[348]

Zeitliche Erstellung der Prüfungsdokumentation (ISA 230, Tz. 7)

Der Abschlussprüfer hat die durchgeführte Abschlussprüfung in angemessener Weise und in angemessener Zeit zu dokumentieren.

Form, Inhalt und Umfang der Prüfungsdokumentation (ISA 230, Tz. 8 bis 11)

- Die Prüfungsdokumentation ist so zu erstellen, dass ein erfahrener Prüfer, der nicht mit der Prüfung befasst war, in angemessener Zeit sowohl das Prüfungsergebnis insgesamt als auch einzelne ausgewählte Prüfungsfeststellungen nachvollziehen kann.
- Bei der Dokumentation von Art, zeitlichem Ablauf und Umfang der durchgeführten Prüfungshandlungen hat der Abschlussprüfer aufzuzeichnen:
  - die kennzeichnenden Merkmale der geprüften Elemente oder Sachverhalte,
  - von wem die Prüfung durchgeführt und wann sie abgeschlossen wurde sowie
  - von wem, wann und in welchem Umfang die durchgeführten Prüfungstätigkeiten durchgesehen wurden.
- Gespräche mit dem Management, dem Aufsichtsorgan oder anderen Personen über bedeutsame Sachverhalte sind unter Nennung von Gesprächszeitpunkt und -partner sowie der besprochenen Thematik zu dokumentieren.
- Erlangt der Abschlussprüfer Informationen, die im Widerspruch zu seiner Beurteilung eines bedeutsamen Sachverhalts stehen, muss er dokumentieren, wie er diese Informationen bei seiner abschließenden Beurteilung berücksichtigt hat.

Abweichung von einer relevanten Anforderung (ISA 230, Tz. 12)

Hält es der Abschlussprüfer für erforderlich, von einer Anforderung eines Prüfungsstandards abzuweichen, muss dokumentiert werden, wie mit den durchgeführten alternativen Prüfungshandlungen das Ziel dieser Anforderung erreicht wird; die Gründe für die Abweichung sind anzugeben.

Sachverhalte nach dem Datum des Vermerks des Abschlussprüfers (ISA 230, Tz. 13)

Wenn im Ausnahmefall nach dem Datum des Vermerks neue oder zusätzliche Prüfungshandlungen durchgeführt oder neue Schlussfolgerungen gezogen werden, hat der Abschlussprüfer dies ebenfalls entsprechend zu dokumentieren; dabei sind die Auswirkungen auf den Vermerk des Abschlussprüfers anzugeben.

[348] Zu besonderen Dokumentationsanforderungen, die in anderen IDW PS und ISA [DE] enthalten sind, vgl. Anlage zu ISA 230.

Zusammenstellung der endgültigen Prüfungsakte (ISA 230, Tz. 14)

Die Prüfungsdokumentation ist in einer Prüfungsakte zusammenzustellen, die zeitgerecht (höchstens 60 Tage) nach dem Datum des Vermerks des Abschlussprüfers abzuschließen ist (ISA [DE] 230, A21).

Durch Standardisierung der Prüfungsdokumentation (Checklisten, Musterbriefe, Standardgliederung) kann deren Erstellung und Durchsicht effizient gestaltet werden. Standardisierte Prüfungsdokumentationen erleichtern es, die Arbeit zu delegieren und die Prüfungsqualität zu kontrollieren.

Für den Fall möglicher Folgeprüfungen empfiehlt der bisherige IDW PS 460 eine Unterteilung der Prüfungsdokumentation in eine fortlaufend zu aktualisierende Dauerakte und die laufenden Arbeitspapiere des jeweiligen Prüfungszeitraums:

- Die **Dauerakte** stellt eine systematische Sammlung derjenigen Unterlagen dar, die bei Folgeprüfungen immer wieder gebraucht werden. Hierzu gehören u.a. Unterlagen, um Kenntnisse über die Tätigkeit sowie das wirtschaftliche und rechtliche Umfeld der zu prüfenden Einheit zu gewinnen.
- Die **laufenden Arbeitspapiere** enthalten die für jede Prüfung speziellen Unterlagen, die die Buchführung, den Jahresabschluss und den Lagebericht sowie die Durchführung der Abschlussprüfung betreffen, soweit sie nicht in der Dauerakte abgelegt sind.

Die laufenden Arbeitspapiere können für den kommunalen Bereich nach einer Empfehlung des Instituts der Rechnungsprüfer (IDR) in Grund-, Posten- und Berichtsakte unterteilt werden. Nach IDR PH 2400 sollten im kommunalen Bereich folgende Unterlagen in die **Dauerakte** aufgenommen werden:[349]

Dauerakte
I. Rechtliche Verhältnisse
– Satzung, Urkunden zur Kommune (Handelsregisterauszug von rechtlich selbständigen Unternehmen) – Gesellschaftsverträge, Betriebssatzungen – Anteilseigner, Verbandsmitglieder, Gesellschafter – Rat, Kreistag, Gesellschaftsversammlungen/Beschlüsse und Protokolle – Ausschüsse/Aufsichtsrat/Beirat – Verwaltungsleitung/(Ober-)Bürgermeister/Landrat – Eigengesellschaften/Beteiligungen/Verbundene Unternehmen – Sondervermögen – wesentliche Miet-, Leasing- und Pachtverträge – Darlehensverträge – sonstige wesentliche Verträge – Grundbuchauszüge – Gerichtsurteile, Rechtsstreitigkeiten

349 IDR PH 2400 Anhang (Stand. 5.12.2008), mit eigenen Ergänzungen und Änderungen.

II. Wirtschaftliche Verhältnisse
– Haushaltsplan, laufendes Jahr und Vorjahre – bestehende Haushaltssicherungskonzepte (HSK) – Auflagen der Kommunalaufsicht
III. Organisation und EDV der Kommune
– Organisationsplan (Verwaltungsgliederungsplan) der Kommune – Organisationshandbuch – Prüfung der EDV
IV. Rechnungslegung
– Plan über Ablauf und Organisation des Rechnungswesens – Konten- und Kostenstellenplan
V. Steuerliche Verhältnisse
– zuständige Finanzämter – Betriebe gewerblicher Art/Steuerbilanz
VI. Personelle Verhältnisse
– Personal-Organigramme, Stellenplan – Besoldungs- und Tarifrecht, Tarifverträge – Pensionsplan – Telefonliste, E-Mail – Verwaltungsleitung, Geschäftsführer, Vorstand – Rat, Kreistag, Ausschüsse, Aufsichtsrat
VII. Das Verfahren des internen Kontrollsystems
(derzeit noch nicht Bestandteil der vorliegenden IDR–Version)
VIII. Prüfungsdurchführung
– längerfristig gültige Vereinbarungen mit dem Auftraggeber – Risikobeurteilungen – mehrjähriger Prüfungsplan unter Berücksichtigung des IKS – Hinweise für Folgeprüfungen – übergreifende Feststellungen vorhergehender Prüfungen – Ergebnisse steuerlicher Betriebsprüfungen (wenn in Einzelgebieten erfolgt)

Abbildung 58: Dauerakte

Die **Grundakte** beinhaltet Unterlagen zur Auftragsverwaltung, zur Prüfungsplanung und zu den Prüfungsfeststellungen sowie die nachvollziehbare Dokumentation des risikoorientierten Prüfungsansatzes mit den festgelegten Prüfungshandlungen. Im Einzelnen enthält die Grundakte[350]:

Grundakte
I. Bedingungen des Prüfungsauftrags (Auftragsbestätigung)
II. Prüfungsplanung und Prüfungsfeststellung
– Geschäftstätigkeit und rechtliches und wirtschaftliches Umfeld – erste analytische Prüfungshandlungen – Beurteilung des rechnungslegungsbezogenen internen Kontrollsystems – Zusammenfassende Risikoeinschätzung – "Risk Map" – Ermittlung der Wesentlichkeitsgrenze – Festlegung der Prüfungsstrategie – Prüffeldbezogene Risikobeurteilung

350 IDR PH 2400 Anhang (Stand. 5.12.2008), mit eigenen Ergänzungen und Änderungen.

– Aktualisierung der Prüfungsplanung und Prüfungsstrategie
III. Schriftverkehr
– laufender Schriftverkehr – Aktenvermerke, Memos
IV. Prüfungszeiten und Prüfungsdurchführung
– personelle und zeitliche Planung der Prüfung – Verzeichnis der zur Abschlussprüfung erwünschten Unterlagen
V. Offene Punkte
– offene Punkte der laufenden Prüfung – Punkte für Folgeprüfung
VI. Besprechungen
– Besprechungsprotokolle – Präsentationen – Verbesserungsvorschläge
VII. Prüfungsberichte anderer Stellen
– Prüfungsberichte anderer Stellen (GPA, Kommunalaufsicht, Finanzamt)

Abbildung 59: Grundakte

Die **Postenakte** enthält die Dokumentation der durchgeführten Prüfungshandlungen und die Untergliederung nach den einzelnen Prüffeldern des Jahresabschlusses und des Lageberichtes.

In der **Berichtsakte** sind die Entwürfe der Prüfungsberichte sowie begleitende Unterlagen abzulegen. Zur Vergleichbarkeit sollte auch der Vorjahresbericht vorhanden und dort abgelegt sein.

12 Weitere Aufgaben der kommunalen Rechnungsprüfung

Unabhängig von der Prüfung des Jahresabschlusses hat die örtliche Rechnungsprüfung weitere gesetzliche Aufgaben, die sich im NKF aus § 104 GO NRW ergeben. Einige wesentliche Aufgaben, die sich auf den kommunalen Jahresabschluss beziehen, sind im Folgenden dargestellt. Daneben gibt es noch Aufgaben der örtlichen Prüfung außerhalb der kommunalen Regelungen (z.B. die Aufgaben nach dem Korruptionsbekämpfungsgesetz oder im Rahmen der Grundsicherung), die hier nicht dargestellt sind.

12.1 Laufende Prüfung der Vorgänge der Finanzbuchhaltung zur Vorbereitung der Prüfung des Jahresabschlusses

Die laufende Prüfung der Vorgänge der Finanzbuchhaltung hat nach der Formulierung des § 104 Abs. 1 Nr. 1 GO NRW das Ziel, Vorarbeit für die Jahresabschlussprüfung zu leisten. Die laufende Prüfung erstreckt sich dabei nicht nur auf die Buchungen der Geschäftsvorfälle einschließlich der Erfassung der Belege und die Abwicklung der Zahlungen, sondern auch auf die **Einhaltung der relevanten rechtlichen und sonstigen Vorschriften**. Es handelt sich hierbei also um die erforderliche Rechtmäßigkeitsprüfung, die nicht nur im kommunalen, sondern auch im staatlichen Bereich erfolgen muss, um Rechenschaft über die Verwaltung der öffentlichen Gelder ablegen zu können.

Die laufende Prüfung der Finanzbuchhaltung erfolgt zeitnah zur Buchung. Als Teilbereich des internen Kontrollsystems erleichtert sie die Prüfung der Jahresrechnung und verhindert, dass am Ende des Haushaltsjahres im Rahmen der Abschlussprüfung sämtliche Unterlagen des Jahresabschlusses auf einmal daraufhin geprüft werden müssen, ob sie sachlich und rechnerisch vorschriftsmäßig begründet sind. Daneben lassen sich bereits unterjährig mögliche Fehler entdecken, die vor einer Aufstellung des Jahresabschlusses durch Korrekturen bereinigt werden können (vgl. Kap. 1.5.1).

Ohne eine laufende Prüfung der gemeindlichen Geschäftsvorfälle wäre eine effiziente und effektive Prüfung (und auch Aufstellung) des Jahresabschlusses kaum möglich. Der Umfang der Abschlussprüfung kann dadurch evtl. sogar vermindert werden. Die laufende Prüfung der Finanzbuchhaltung erfolgt sinnvollerweise gemeinsam mit der dauernden Überwachung der Zahlungsabwicklung.

12.2 Dauernde Überwachung der Zahlungsabwicklung, Vornahme der Prüfungen

Gemäß § 31 Abs. 5 KomHVO NRW ist die Zahlungsabwicklung mindestens einmal jährlich unvermutet zu prüfen. Überwacht die örtliche Rechnungsprüfung dauernd die Zahlungsabwicklung, kann von der unvermuteten Prüfung abgesehen werden.

Die laufende Prüfung der Finanzbuchhaltung nach Kap. 12.1 und die dauernde Überwachung unterscheiden sich grundsätzlich hinsichtlich ihrer Zielsetzung und Aufgabenstellung voneinander, auch wenn sich Überschneidungen hinsichtlich des Prüfungsstoffs ergeben.

Die **dauernde Überwachung** der Zahlungsabwicklung ist ebenfalls ein Instrument zur Beschleunigung, Erleichterung und Vorbereitung der Jahresabschlussprüfung. Es wird eine zeitnahe Prüfung erreicht, weil die Prüfung nicht erst nach Abschluss der Rechnungsperiode, sondern im Laufe des Jahres erfolgt, die Gemeinde also die Möglichkeit hat, ohne Zeitverlust zu reagieren und mögliche Einwendungen nicht nur auszuräumen, sondern auch Fehler zu beheben.[351]

Die **Vornahme der Prüfung** der Zahlungsabwicklung umfasst die Kassenprüfung, die bereits in Kap. 6.1.8 (Prüfung der liquiden Mittel) dargestellt wurde. Die laufende Überwachung der Zahlungsabwicklung und die Vornahme der Prüfung stellen zwei Bereiche dar; die Vornahme ist nicht als Teil der laufenden Überwachung zu sehen. Bei einer dauernden Überwachung der Zahlungsabwicklung kann auf die mindestens einmal jährlich vorzunehmende unvermutete Prüfung der Zahlungsabwicklung jedoch verzichtet werden (vgl. § 31 Abs. 5 Satz 2 KomHVO NRW).

12.3 Programmprüfung bei DV-Buchführung

Nach § 104 Abs. 1 Nr. 3 GO NRW gehört bei Durchführung der Finanzbuchhaltung mit Hilfe automatisierter Datenverarbeitung (IT-gestützte Rechnungslegung)[352] die Prüfung der Programme **vor** ihrer Anwendung zu den Pflichtaufgaben der örtlichen Rechnungsprüfung. Ab dem 01.01.2021 dürfen gemäß § 94 Abs. 2 GO NRW für die automatisierte kommunale Haushaltswirtschaft nur noch Fachprogramme verwendet werden, die von der Gemeindeprüfungsanstalt (gpaNRW) zugelassen sind (**Zulassungsprüfung**). Die Zulassungsprüfung ist erforderlich, wenn die gesamte Haushaltswirtschaft oder nur Teilbereiche wie z.B. Haushaltsplanung, Haushaltsbewirtschaftung, Buchführung, Zahlungsabwicklung (Kasse),

351 Vgl. Fiebig, H./Zeis, A., Kommunale Rechnungsprüfung, 5. Aufl. 2018, Rd.-Nr. 54.

352 Hier geht es um die Buchführungs- bzw. Rechnungslegungstechnik. In der Literatur oder in Gesetzten gibt es auch die synonymen Begriffe „IT-gestützte Buchführung" oder „DV-Buchführung".

Forderungs- und Vollziehungswesen, Jahresabschluss/Bilanz oder Anlagenbuchhaltung berührt sind.

Die Prüfungskriterien für die Zulassung der Fachprogramme ergeben sich aus der „Verwaltungsvorschrift zur Zulassung von Fachverfahren zur automatisierten Ausführung der Geschäfte der kommunalen Haushaltswirtschaft nach § 94 Absatz 2 der Gemeindeordnung Nordrhein-Westfalen (Verwaltungsvorschrift Zulassung von Fachverfahren VwV Zulassung Fachverfahren)“. Inhalte der Zulassungsprüfung sind u.a.:

- Allgemeine Anforderungen (z.B. Abbildung von Sachverhalten und Geschäftsvorfällen, Plausibilitätskontrollen, Datenspeicherung, Bescheidgestaltung, Zugriffsschutz, Datensicherung, Programmdokumentation, Schnittstellen) sowie
- Anforderungen des doppischen Finanzwesens (z.B. zur Kontensystematik, zu Ergebnis-, Finanz- und Teilplänen, zur Haushaltsbewirtschaftung, zur Buchführung in Haupt- und Nebenbuch, zur Zahlungsabwicklung, zum Forderungs- und Vollziehungsmanagement, zu Jahresabschluss/Bilanz sowie zur Anlagenbuchhaltung).

Die nach § 104 Abs. 1 Nr. 3 GO NRW bestehende Pflicht zur **Anwendungsprüfung** auf örtlicher Ebene baut auf den Ergebnissen dieser Zulassungsprüfung auf.

12.4 Wirksamkeit interner Kontrollen im Rahmen des internen Kontrollsystems

12.4.1 Überblick

Gemäß § 104 Abs. 1 Nr. 6 GO NRW hat die örtliche Prüfung die Aufgabe, die Wirksamkeit interner Kontrollen im Rahmen des internen Kontrollsystems (IKS) zu überprüfen.

Eine übergeordnete Kontroll- bzw. Überwachungsfunktion über die Verwaltung übt die Gemeindevertretung (in NRW als „Rat“ bezeichnet) gemäß § 55 GO NRW aus. Daneben haben Bürgermeister und Verwaltungsvorstand (bestehend aus den Beigeordneten, dem **Bürgermeister als gesetzlichen Vertreter der Gemeinde** in Rechts- und Verwaltungsgeschäften und dem Kämmerer) Kontroll- und Steuerungsaufgaben, die sich aus den §§ 61, 63, 70 und 73 GO NRW ableiten. Eine Überwachungsfunktion hat zudem der Bürgermeister im Rahmen seiner Dienstaufsicht – er ist Dienstvorgesetzter aller Bediensteten der Gemeinde. Aus der allgemeinen **Sorgfaltspflicht eines Dienstvorgesetzten** ergibt sich u.a. die Aufgabe, Maßnahmen zu implementieren, damit die Mitarbeiter die gesetzlichen Vorschriften sowie die internen Vorgaben befolgen (analog zu § 93 Abs. 1 AktG) und die Gemeinde ihre gesetzlichen Aufgaben jederzeit erfüllen kann. Damit ist der Bürgermeister primär verantwortlich für die **Einrichtung angemessener und wirksamer Corporate-Governance-Systeme**. Die konkreten Inhalte solcher Kontroll- bzw. Überwachungsaufgaben im kommunalen Bereich ergeben sich **nicht** aus den gesetzlichen Grundlagen. Hier werden üblicherweise Regelungen aus dem Aktiengesetz (§ 111 AktG), aus den Verlautbarungen des IDW (insb. PS 980 bis 983) und aus dem **Deutschen Public Corporate Governance-Musterkodex** (D-PCGM) herangezogen.[353] Zu den Kontroll- bzw. Überwachungsaufgaben gehören:

- Kontrolle der **Wirksamkeit** der Überwachungssysteme des örtlichen **Corporate-Governance-Systems**, das sich zusammensetzt aus dem
  - Internen Kontrollsystem (IKS),
  - Risikomanagementsystem (RMS) und
  - Internen Revisionssystem (IRS).
- Kontrolle, ob die geltenden gesetzlichen und die weiteren verwaltungsinternen Vorschriften eingehalten werden (**Compliance-System**).

MERKE: Eine allgemeine gesetzliche Verpflichtung zur Einrichtung aller Corporate-Governance-Systeme gibt es weder für Unternehmen noch für Gebietskörperschaften. Das „ob“ oder „wie“ bestimmt sich nach pflichtgemäßem Ermessen. Insbesondere kleinere Einheiten benötigen nicht alle Systeme.

Kapitalmarktorientierte Unternehmen, die keinen Aufsichts- oder Verwaltungsrat haben, sind nach § 324 Abs. 1 HGB verpflichtet, einen **Prüfungsausschuss** einzu-

353 Der Vorstand hat gemäß § 91 Abs. 2 AktG geeignete Maßnahmen zu treffen, insbesondere ein Überwachungssystem einzurichten, damit den Fortbestand der Gesellschaft gefährdende Entwicklungen früh erkannt werden. Der Aufsichtsrat (AR) hat nach der Generalklausel des § 111 Abs. 1 AktG den Vorstand zu überwachen, damit dieser seinen diesbezüglichen Pflichten nachkommt. § 107 Abs. 3 S. 2 AktG sieht vor, dass der AR aus seiner Mitte einen **Prüfungsausschuss** einrichten kann, der sich neben der Überwachung der Abschlussprüfung mit der Überwachung des Rechnungslegungsprozesses sowie der Wirksamkeit des internen Kontrollsystems (IKS), des Risikomanagementsystems (RMS) und des internen Revisionssystems (IRS) zu befassen hat. Zusätzlich hat der AR auch die Maßnahmen des Vorstands zu überwachen, die dieser ergriffen hat, um Risiken aus möglichen Verstößen gegen gesetzliche Vorschriften und interne Richtlinien (Compliance) zu begrenzen. Einrichtung, Ausgestaltung und Überwachung der Systeme sind Organisationsaufgaben, die der Vorstand im Rahmen seiner unternehmerischen Entscheidungen trifft. Auch **anderen Unternehmen** wird gemäß dem **„Deutschen Corporate Governance Kodex“** eine entsprechende Anwendung der aktienrechtlichen Regelungen zur Einrichtung eines Prüfungsausschusses zur Wahrnehmung der Überwachungsaufgaben empfohlen. Eine Anwendung der Regelungen für **Gebietskörperschaften** sieht der **„Deutsche Public Corporate Governance-Musterkodex“** (D-PCGM) in der Fassung vom 15. Januar 2021 vor. Zum „Public Corporate Governance Kodex“ des Bundes siehe weiterführend Ramge, S./Kerst, A., Vergleich des PCGK Bund mit dem DCGK, Zeitschrift für Corporate Governance 2020, S. 259-261.

richten, der sich insbesondere mit der **Prüfung der Wirksamkeit** der eingerichteten Corporate-Governance-Systeme befasst. Analog sollte der nach kommunalrechtlichen Vorschriften einzurichtende Rechnungsprüfungsausschuss, der primär für die Prüfung des Jahresabschlusses und des Lageberichts zuständig ist und sich dabei der örtlichen Prüfung oder eines Dritten bedient (im NKF: vgl. § 59 Abs. 3 GO NRW), auch für die o.g. Wirksamkeitsprüfungen eingesetzt werden.

Die Prüfung der Wirksamkeit der einzelnen Corporate-Governance-Systeme kann im Rahmen von Prüfungs- und Beratungstätigkeiten als Basis für die eigene Beurteilung des Aufsichtsorgans auf die Interne Revision übertragen werden (Ausnahme: Internes Revisionssystem, da hier eine Gefährdung durch Selbstprüfung entsteht). Insofern ist im kommunalen Bereich auch eine **teilweise Übertragung** der Wirksamkeitsprüfung der einzelnen Corporate-Governance-Systeme **auf die örtliche Rechnungsprüfung möglich**. In NRW gehört die Prüfung der Wirksamkeit interner Kontrollen im Rahmen der internen Kontrollsystems gemäß § 104 Abs. 1 Nr. 6 zu den Pflichtaufgaben der örtlichen Rechnungsprüfung. Die Prüfung weiterer Bereiche des Corporate-Governance-Systems wäre im Wege einer Übertragung nach § 104 Abs. 3 GO NRW möglich. Die Verantwortung für die Überwachung liegt jedoch nach wie vor bei den jeweiligen Aufsichtsorganen.

Der **Nutzen einer Wirksamkeitsprüfung** der Corporate-Governance-Systeme (CGS) nach den IDW-Prüfungsstandards liegt für Unternehmen und Gebietskörperschaften darin, dass sie einen objektiven Nachweis über die Wirksamkeit der CGS erhalten. Den gesetzlichen Vertretern, denen die Geschäftsleitung obliegt (Management, Bürgermeister), können rechtliche Konsequenzen (z.B. Schadensersatzansprüche) wegen schuldhafter Verletzung ihrer organschaftlichen Pflichten drohen.[354] Das gleiche gilt für die jeweiligen Überwachungsorgane. Sie können einem Haftungsrisiko ausgesetzt sein, wenn ein Schaden im Rahmen der Führung der Geschäfte entsteht. Die Überwachungsorgane sollten deshalb darauf achten, dass angemessene CGS-Systeme einrichtet sind, die Verstöße in besonders relevanten Bereichen wirksam verhindern.[355]

Das IDW hat vier Prüfungsstandards zur Prüfung von Corporate-Governance-Systemen veröffentlicht. Sie beziehen sich auf die Prüfung von:

- Compliance-Management-Systemen (CMS) – IDW PS 980,
- Risikomanagementsystemen (RMS) – IDW PS 981,
- IKS des internen und externen Berichtswesens – IDW PS 982 und
- Internen Revisionssystemen (IRS) – IDW PS 983.

---

354 Vgl. Institut der Wirtschaftsprüfer (Hrsg.) Assurance, 2. Aufl. 2021, Kap. L (Corporate-Governance-Systeme und deren Prüfung), Tz. 139.

355 Vgl. Institut der Wirtschaftsprüfer (Hrsg.) Assurance, 2. Aufl. 2021, Kap. L (Corporate-Governance-Systeme und deren Prüfung), Tz. 139.

Die nachfolgende Abbildung gibt vorab einen Überblick über die durch die genannten Corporate-Governance-Systeme abgedeckten Sachverhalte:[356]

Bezeichnung des Systems	**Prüfungsstandard**	**Vom System abgedeckte Sachverhalte: Verfahren und Maßnahmen**
Compliance-Management-System	**IDW PS 980**	Einhaltung von Regeln (gesetzliche Bestimmungen und interne Richtlinien) zur Verhinderung von Verstößen (IDW PS 980, Tz. 5 u. Tz. 6)
Risikomanagementsystem	**IDW PS 981**	interne Regelungen, die einen strukturierten Umgang mit Risiken sicherstellen (IDW PS 981, Tz. 18f)
Internes Kontrollsystem des internen und externen Berichtswesens	**IDW PS 982**	interne Regelungen, die die organisatorische und technische Umsetzung der Entscheidungen der gesetzlichen Vertreter zur ordnungsgemäßen Durchführung des Berichtswesens betreffen (IDW PS 982, Tz. 17b)
Internes Revisionssystem	**IDW PS 983**	gesamte Regelungen, um die Einrichtung einer internen Revisionsfunktion sowie die unabhängige und objektive Erbringung von Prüfungs- und Beratungsleistungen durch die Interne Revision sicherzustellen (IDW PS 983, Tz. 19c)

Abbildung 60: Abgedeckte Sachverhalte durch Corporate-Governance-Systeme

IDW PS 981 weist dabei einen breiten Anwendungsbereich auf. Das **RMS** umfasst auch Risiken, die die Wirksamkeit und Wirtschaftlichkeit der Geschäftstätigkeit betreffen (operative Risiken). Insofern ergeben sich Überschneidungen, da das **IKS** die gleiche Zielsetzung hat (vgl. ISA [DE] 315, Tz. 4c, A52; IDW PS 261 n.F., Tz. 19). IDW PS 982 bezieht sich auf Regelungen zum internen und externen Berichtswesen, die den Prozess zur Gewinnung, Verarbeitung, Weiterleitung und Darstellung von entscheidungsrelevanten Informationen beinhalten. Insofern stimmt dies mit der in ISA [DE] 315 und IDW PS 261 n.F. genannten Zielsetzung „Verlässlichkeit der Rechnungslegung" überein. Ebenfalls stimmt das Ziel eines **CMS**

356 In Anlehnung an: Almeling, C./Scharr, C., Wer prüft die Corporate Governance? in: Die

– die Einhaltung von Regeln und unternehmensinternen Richtlinien – mit der dritten in ISA [DE] 315, Tz. 4c, A52 und IDW PS 261 n.F., Tz. 19 genannten Zielsetzung eines IKS überein.[357]

MERKE: Die Abgrenzungen der Prüfungsgegenstände der einzelnen Corporate-Governance-Systeme sind nicht überschneidungsfrei.

Der **Abschlussprüfer** prüft im Rahmen der Jahresabschlussprüfung nur teilweise das Corporate-Governance-System und Compliance-System. Im Rahmen des risikoorientierten Prüfansatzes wird jedoch ein funktionsfähiges IKS vorausgesetzt. Der **Abschlussprüfer** prüft lediglich das rechnungslegungsbezogene IKS sowie zum Teil die Interne Revision, wenn diese im Zusammenhang mit der Rechnungslegung tätig wird, und – soweit vorgeschrieben – ob ein Risikofrüherkennungssystem eingerichtet wurde, das in der Lage ist, bestandsgefährdende Risiken rechtzeitig zu erkennen. Es ergeben sich somit wesentliche **Überwachungslücken**, die in geeigneter Weise durch Prüfer außerhalb der Abschlussprüfung zu schließen sind, und zwar

- hinsichtlich dem über die Rechnungslegung hinausgehenden IKS (IDW PS 982),
- hinsichtlich der Einrichtung (Implementierung) und Wirksamkeit eines Compliance-Systems (IDW PS 980),
- hinsichtlich der Einrichtung und Wirksamkeit eines Risikomanagement-Systems (IDW PS 981) sowie
- hinsichtlich der Arbeitsweise und Wirksamkeit der Internen Revision (IDW PS 983).

Nach den in den jeweiligen IDW Prüfungsstandards 980 – 983 nahezu vergleichbaren Regelungen ist Ziel einer **Wirksamkeitsprüfung,** dem Prüfer ein Urteil mit hinreichender Sicherheit darüber zu ermöglichen, ob

- die im geprüften Zeitraum implementierten Regelungen des jeweiligen Systems in der System-Beschreibung in Übereinstimmung mit den angewandten Grundsätzen in allen wesentlichen Belangen angemessen dargestellt sind sowie
- die dargestellten Regelungen in Übereinstimmung mit den angewandten Grundsätzen in allen wesentlichen Belangen während des geprüften Zeitraums geeignet und wirksam waren.[358]

Wirtschaftsprüfung 2018, S. 1477.

357 Vgl. Almeling, C./Scharr, C., Wer prüft die Corporate Governance? in: Die Wirtschaftsprüfung 2018, S. 1477.

358 Vgl. IDW PS 980, Tz. 14; IDW PS 981, Tz. 22; IDW PS 982, Tz. 21; IDW PS 983, Tz. 23.

Eine Wirksamkeitsprüfung umfasst dabei stets auch eine **Angemessenheitsprüfung;** letztere bezieht sich nur darauf, ob das jeweilige System angemessen dargestellt, geeignet und implementiert ist. Die Wirksamkeit des jeweiligen Systems ist gegeben, wenn die Regelungen in den laufenden Geschäftsprozessen von den hiervon Betroffenen nach Maßgabe ihrer Verantwortung eingehalten werden.[359]Die folgende Übersicht zeigt, welche Bereiche der Corporate-Governance-Systeme (CG-Bereiche) von der Abschlussprüfung erfasst sind:[360]

Bereiche	Abdeckung durch Abschluss-prüfung	Erläuterung
Rechnungslegungsprozess	ja	Voraussetzung für risikoorientierte Prüfung des Abschlusses und des Lageberichts.
Internes Kontrollsystem	zum Teil	Das IKS bezieht sich auf das gesamte Unternehmen. Der Abschlussprüfer hat das IKS nur insoweit zu beurteilen als es für den Abschluss und den Lagebericht relevant ist und er sich i.R.d. risikoorientierten Prüfungsansatzes auf dieses IKS stützt (vgl. IDW PS 261 n.F., Tz. 35; IDW PS 982, Tz. 12).
Risikomanagementsystem	zum Teil	Das Risikofrüherkennungssystem ist Gegenstand der Abschlussprüfung, soweit dessen Einrichtung gesetzlich vorgeschrieben ist (z.B. bei börsennotierten AG, kommunalen Eigenbetrieben und kommunalen Unternehmen und Einrichtungen als Anstalten des öffentlichen Rechts) und es sich auf bestandsgefährdende Risiken bezieht.
Internes Revisionssystem	zum Teil	Der Abschlussprüfer hat eine Einschätzung der Wirksamkeit der Internen Revision vorzunehmen, wenn er deren Ergebnisse als Teil der Befassung mit dem rechnungslegungsbezogenen IKS verwerten will (vgl. IDW PS 321, Tz. 16; IDW PS 983, Tz. 14).
Compliance Management System	nein	Die gesetzliche Abschlussprüfung umfasst grundsätzlich nicht das CMS. Ergibt sich jedoch bei Verstößen ein Bezug zur Rechnungslegung, erfolgt eine Berücksichtigung im Rahmen der Abschlussprüfung.

Abbildung 61: Durch die Abschlussprüfung erfasste CG-Bereiche

359 Vgl. IDW PS 980, Tz. 17; IDW PS 981, Tz. 24; IDW PS 982, Tz. 23; IDW PS 983, Tz. 25.

360 In enger Anlehnung an: Institut der Wirtschaftsprüfer (Hrsg.), Assurance, 2. Aufl. 2021, Kap. L (Corporate-Governance-Systeme und deren Prüfung), Tz. 9

MERKE: Ziel einer Prüfung gemäß IDW PS 980 – 983 ist es, zu beurteilen, ob die Regelungen des Unternehmens zu den einzelnen Corporate-Governance-Systeme in einer Beschreibung angemessen dargestellt, geeignet und implementiert sind (Angemessenheitsprüfung) bzw. wirksam sind (Wirksamkeitsprüfung).

12.4.2 Internes Kontrollsystem (IKS)

Unter einem **IKS** wird nach ISA [DE] 315, Tz. 4(c) ein Prozess verstanden, „der von den für die Überwachung Verantwortlichen, vom Management und von anderen Mitarbeitern konzipiert, eingerichtet und aufrechterhalten wird, um mit hinreichender Sicherheit die Ziele der Einheit im Hinblick

- auf die Verlässlichkeit der Rechnungslegung,
- die Wirksamkeit und Wirtschaftlichkeit der Geschäftstätigkeit sowie
- die Einhaltung der maßgebenden gesetzlichen und anderen rechtlichen Bestimmungen zu erreichen.“

Eine ähnliche Formulierung enthält IDW PS 261 n.F. (vgl. Kap. 3.1).

Die auf die Geschäftstätigkeit ausgerichteten Teile des internen Kontrollsystems sind z.T. Gegenstand der Prüfung des Jahresabschlusses. Die auf die Sicherung der Ordnungsmäßigkeit und Verlässlichkeit der Rechnungslegung (Buchführung, Abschluss und Lagebericht) gerichteten Teile des internen Kontrollsystems sind insgesamt für die Jahresabschlussprüfung relevant. Die auf die Einhaltung sonstiger gesetzlicher Vorschriften gerichteten Teile des internen Kontrollsystems sind für die Jahresabschlussprüfung insoweit von Bedeutung, als sich daraus üblicherweise Rückwirkungen auf den geprüften Abschluss und Lagebericht ergeben können (z.B. Einhaltung der Vorschriften des Steuer-, Sozialversicherungs- und Arbeitsrechts).[361]

Im Rahmen der **Jahresabschlussprüfung** hat der Abschlussprüfer die **Angemessenheit und Wirksamkeit des rechnungslegungsbezogenen IKS** zu prüfen. Er stützt sich hierbei auf Aufbau- und Funktionsprüfungen, um ein Verständnis für das IKS zu entwickeln (vgl. Kap. 3.3). Im Rahmen der kommunalen Jahresabschlussprüfung wird die Angemessenheit und Wirksamkeit des internen Kontrollsystems für die wesentlichen Geschäftsprozesse, die Einfluss auf das kommunale Haushalts- und Rechnungswesen haben, einer Prüfung unterzogen.

Die Prüfung der Wirksamkeit des IKS im Sinne des § 104 Abs. 1 Nr. 6 GO NRW (wozu – wie bereits erwähnt – auch die Prüfung der Angemessenheit gehört) ist

[361] Vgl. IDW PS 261 n.F., Tz. 22 ff.

umfassender und geht über die rechnungslegungsbezogene IKS-Prüfung, die für die Prüfung des Jahresabschlusses und des Lageberichts relevant ist, hinaus. Das IKS umfasst u.a. auch bauliche Zutrittskontrollen, Zugriffsbeschränkungen im IT-Bereich und Maßnahmen bei der Systempflege (u.a. Notfallpläne bei Systemausfällen), Richtlinien und Anweisungen für die Ablauforganisation und die Festlegung eindeutiger Zuständigkeiten, Kompetenzen und Entscheidungsbefugnisse sowie schriftliche Weisungen z.B. zur Sicherheit, zur Geheimhaltung von Dienst- und Betriebsgeheimnissen oder zur Kommunikation mit der Öffentlichkeit und Presse.[362] Diese Teile des IKS sind im Regelfall nicht für die Prüfung des Jahresabschlusses und des Lageberichts relevant.

Die **Verantwortung** für das interne Kontrollsystem (z.B. Konzeption, Implementierung, Aufrechterhaltung und Überwachung, Inhalte der IKS-Beschreibung und Dokumentation) liegt lt. IDW PS 982, Tz. 20 bei den gesetzlichen Vertretern des Unternehmens (in einer Gemeinde beim Bürgermeister). Zu prüfen sind die in der **IKS-Beschreibung** enthaltenen Aussagen zu den Regelungen des internen Kontrollsystems (mit und ohne Rechnungslegungsbezug), wozu die folgenden **Grundelemente (Komponenten)** nach IDW PS 982 gehören:

- Kontrollumfeld,
- IKS-Ziele,
- Risikobeurteilung,
- Kontrollaktivitäten,
- Information und Kommunikation,
- Überwachung des IKS.

Die einzelnen Komponenten sind im Wesentlichen auch in ISA [DE] 315, Tz. 14 ff., A77 ff. sowie in IDW PS 261 n.F., Tz. 29 dargestellt. Die Anlage 1 zu ISA [DE] 315 enthält weitere Erläuterungen zu einzelnen Komponenten (zum Kontrollfeld u.a. über Regelungen und Gepflogenheiten im Bereich Personalwesen). Spezielle Überlegungen zu kleineren Einheiten sind zudem in A85 – A87 aufgeführt.

Der IKS-Prüfer hat einen schriftlichen **IKS-Prüfungsbericht** anzufertigen und ein Prüfungsurteil über die in der IKS-Beschreibung getroffenen Aussagen abzugeben bzw. zu erklären, dass ein Prüfungsurteil nicht erteilt werden kann. IDW PS 982, Tz. 112 enthält konkrete Hinweise zu den Bestandteilen eines IKS–Prüfungsberichts. Die Anlagen zu IDW PS 982 enthalten Formulierungsbeispiele für IKS-Prüfungsberichte zur Wirksamkeitsprüfung des IKS, zur Wirksamkeitsprüfung mit Einschränkung und zur Angemessenheitsprüfung.

[362] Es handelt sich hier um Kontrollaktivitäten i.S.d. IDW PS 982, Tz. A20, die in manuelle und IT-Kontrollen unterschieden werden.

12.4.3 Internes Revisionssystem (IRS)

Das **Interne Revisionssystem** ist ebenfalls ein wesentlicher Bestandteil des Corporate Governance Systems. Es stellt die dritte Verteidigungslinie im Three-Lines-of-Defense-Modell dar (vgl. Kap. 1.2) und wird in der Regel durch die Interne Revision wahrgenommen. **Interne Revision** ist nach der Definition in ISA [DE] 610, Tz. 14a „eine Funktion einer Einheit, die Prüfungs- und Beratungstätigkeiten ausübt, die dazu konzipiert sind, die **Wirksamkeit der Überwachungs-, Risikomanagement- und internen Kontrollprozesse** der Einheit zu beurteilen und zu verbessern." Die Prüfung des IRS unterscheidet sich von der Beurteilung der Internen Revision im Rahmen von Jahresabschlussprüfungen. Will der Abschlussprüfer im Rahmen seiner Prüfung Ergebnisse der Internen Revision verwerten, muss er eine Einschätzung zur Wirksamkeit der Internen Revision vornehmen. Diese Einschätzung entspricht in Art und Umfang jedoch nicht einer Systemprüfung im Sinne des IDW PS 983 (IDW PS 983, Tz. 14).

Die **Verantwortung** für das Interne Revisionssystem (z.B. Konzeption, Implementierung, Aufrechterhaltung und Überwachung, Inhalte der IRS-Beschreibung und Dokumentation) liegt bei den gesetzlichen Vertretern (IDW PS 983, Tz. 22). Zu prüfen sind die in der **IRS-Beschreibung** enthaltenen Aussagen über das IRS. Die **Grundelemente** des Internen Revisionssystems sind nach IDW PS 983, Tz. A19:

- Revisionskultur,
- Organisation des IRS,
- Ziele des IRS,
- Revisionsplanung und -programm,
- Revisionsdurchführung,
- Revisionskommunikation,
- Revisionsüberwachung und -verbesserung.

Zur Gewährleistung einer einheitlichen Prüfungsqualität gibt es als Hilfsmittel einen Kriterienkatalog mit verbindlichen Elementen, die sich aus sog. **Internationalen Grundlagen für die berufliche Praxis der Internen Revision (IPPF)** ergeben. Hierzu gehören:[363]

- Organisation des IRS: Vorhandensein einer offiziellen schriftlichen, angemessenen Geschäftsordnung, Revisionsrichtlinie etc. (**Mindeststandard 1**),
- Organisation des IRS: Sicherstellung der Neutralität, der Unabhängigkeit von anderen Funktionen sowie eines uneingeschränkten Informationsrechts (**Mindeststandard 2**),

[363] Anlage 1 zum IDW PS 983 enthält einen detaillierten Kriterienkatalog mit 82 Einzelpositionen zur Prüfung. Die Mindeststandards sind speziell gekennzeichnet.

- Organisation des IRS: angemessene quantitative und qualitative Personalausstattung (**Mindeststandard 3**),
- Erstellung einer Revisionsplanung und eines Revisionsprogramms auf Grundlage eines standardisierten und risikoorientierten Planungsprozesses (**Mindeststandard 4**),
- einheitliche, sachgerechte und ordnungsgemäße Dokumentation von Art und Umfang der Prüfungshandlungen und -ergebnisse (**Mindeststandard 5**),
- Überwachung der Umsetzung der im Bericht dokumentierten Maßnahmen durch die Interne Revision in einem effektiven Follow-up-Prozess (**Mindeststandard 6**).

Die Bewertungen der einzelnen Kriterien erfolgen anhand einer Skalierung von 0 bis 3, wobei die Skalierung nach IDW PS 983, Anlage 2 folgende Bedeutung hat:

3 = voll erfüllt
2 = leichtes Verbesserungspotenzial
1 = deutliches Verbesserungspotenzial
0 = unzureichend
n.a. = nicht anwendbar

Der IRS-Prüfer hat einen schriftlichen **IRS-Prüfungsbericht** anzufertigen und ein Prüfungsurteil über die in der IRS-Beschreibung getroffenen Aussagen abzugeben bzw. zu erklären, dass ein Prüfungsurteil nicht erteilt werden kann. IDW PS 983, Tz. 108 enthält konkrete Hinweise zu den Bestandteilen eines IRS-Prüfungsberichts. Die Anlagen zu IDW PS 983 enthalten Formulierungsbeispiele für IRS-Prüfungsberichte zur Wirksamkeit, zur Wirksamkeit mit Einschränkung sowie zur Beurteilung der Angemessenheit des IRS.

In Kommunen werden die Aufgaben einer bereichsübergreifenden Internen Revision von der örtlichen Rechnungsprüfung neben den Aufgaben der Jahresabschlussprüfung wahrgenommen. Insoweit kann sich die örtliche Rechnungsprüfung hier nicht selbst überprüfen. Die Überwachung erfolgt deshalb unmittelbar durch die Gemeindevertretung oder dem von der Gemeindevertretung eingerichteten Prüfungsausschuss (vgl. z.B. §§ 57 und 59 GO NRW). Es gibt jedoch häufig zusätzlich in den einzelnen Produkt- oder Fachbereichen einer Kommune eine Interne Revision auf Fachbereichsebene, die von der örtlichen Rechnungsprüfung nach den o.g. Grundsätzen auf ihre Wirksamkeit geprüft werden kann.

12.4.4 Risikomanagementsystem (RMS)

Das **Risikomanagementsystem** umfasst alle Maßnahmen zur Erkennung, Analyse, Bewertung, Kommunikation, Überwachung und Steuerung von Risiken (IDW PS 981, Tz. 18). Es dient der Unterstützung der Führung eines Unternehmens oder einer Gebietskörperschaft. Unter Risiken werden allgemein die durch Ungewissheit bedingten möglichen negativen oder positiven Abweichungen zwischen Handlungsergebnissen und gesetzten Zielen verstanden. Im Rahmen des RMS erfolgt i.d.R. eine Beschränkung auf die negativen Abweichungen.

Das RMS erfordert ein **Risikofrüherkennungssystem**, welches Risikoidentifikation, Einzelrisikobewertung, Risikokommunikation, Risikoaggregation und Risikobericht umfasst, sowie ein **Risikoüberwachungssystem** und ein **Risikobewältigungssystem**. Das RMS beinhaltet damit im Gegensatz zum Risikofrüherkennungssystem i.S.d. § 317 Abs. 4 HGB auch Maßnahmen zur Risikoüberwachung und -bewältigung.

Für **Eigenbetriebe** sowie **kommunale Unternehmen und Einrichtungen als Anstalten des öffentlichen Rechts** ist ein Risikofrüherkennungssystem gesetzlich verpflichtend (§10 EigVO NRW, § 9 KUV NRW). Es ist auch Gegenstand der erweiterten Abschlussprüfung i.S.v. § 53 HGrG. Während für Tochterunternehmen im „Konzern" Kommune somit ein RMS teilweise gesetzlich vorgeschrieben ist, fehlt es an einer solchen verbindlichen Regelung für das Mutterunternehmen. Da es **keine explizite gesetzliche Verpflichtung für die Kernverwaltung** einer Kommune gibt, ein RMS einzurichten, ist die Einrichtung eines Risikomanagements damit auch kein gesetzlicher Gegenstand einer Prüfung durch die örtliche Rechnungsprüfung. Eine Übertragung einer RMS-Prüfung ist jedoch gemäß § 104 Abs. 3 und 4 GO NRW durch die Gemeindevertretung bzw. dem Bürgermeister möglich. Insbesondere bei der Implementierung eines RSM empfiehlt sich die Einbindung Dritter (z.B. Wirtschaftsprüfer). Die Notwendigkeit zur Einrichtung eines RMS lässt sich auch aus der allgemeinen Sorgfaltspflicht ableiten, die Organe und Management in Gebietskörperschaften oder Unternehmen zu beachten haben. Eine rechtsformunabhängige **mittelbare Verpflichtung** zur Einrichtung eines RMS lässt sich aus dem Erfordernis der Darstellung der Chancen und Risiken der künftigen Entwicklung im **Lagebericht** ableiten (§ 289 Abs. 1 Satz 4 HGB, im NKF: § 49 KomHVO NRW). Risikomanagement ist ein permanenter Prozess, der ausschnittweise und situativ im Risikobericht (als Teil des Lageberichts) abzubilden ist. Im öffentlichen Sektor sind u.a. Zinsrisiken, Liquiditätsrisiken und Risiken, die sich aus der Veränderung der Rahmenbedingungen rechtlicher, wirtschaftlicher oder gesellschaftlicher Natur ergeben, zu erwähnen.[364]

---

364 Kommunale Risiken können sich z.B. aus der Finanzentwicklung, dem demographischen Wandel, der geografischen Lage, der wirtschaftlichen Entwicklung, der Infrastruktur, aus steigenden Energie- und Rohstoffpreisen, aus Fachpersonalmangel oder aus der IT-Sicherheit ergeben.

Ziel einer RMS-Prüfung ist es zu beurteilen, inwieweit das Unternehmen bzw. die Gebietskörperschaft durch Einrichtung eines RMS Vorsorge getroffen hat, wesentliche strategische und operative Risiken, die dem Erreichen der festgelegten Ziele des RMS entgegenstehen, rechtzeitig zu identifizieren, zu bewerten, zu steuern und zu überwachen (IDW PS 981, Tz. 8). Nicht zu prüfen ist hingegen, ob einzelne eingeleitete oder durchgeführte Maßnahmen des Managements als Reaktion auf bestimmte Risiken geeignet oder wirtschaftlich sinnvoll sind.

Die **Verantwortung** für das RMS (z.B. Konzeption, Implementierung, Aufrechterhaltung und Überwachung, Inhalte der RMS-Beschreibung und Dokumentation) liegt wie beim IKS bei den gesetzlichen Vertretern (IDW PS 982 Tz. 21). Zu prüfen sind die in der **RMS-Beschreibung** enthaltenen Aussagen über das Risikomanagementsystem auf **Angemessenheit und Wirksamkeit**. Während sich die Angemessenheitsprüfung darauf bezieht, ob das jeweilige System angemessen dargestellt, geeignet und implementiert ist, zielt die Prüfung der Wirksamkeit des RMS auf die Beurteilung ab, ob die in der RMS-Beschreibung dargestellten Regelungen wie vorgesehen eingehalten wurden (IDW PS 981, Tz. 63). Die **Mindestinhalte einer RMS-Beschreibung** sind in IDW PS 981, Tz. 31 beschrieben und umfassen:[365]

- Risikokultur,
- Ziel des RMS,
- Organisation des RMS,
- Risikoidentifikation,
- Risikobewertung,
- Risikosteuerung,
- Risikokommunikation,
- Überwachung und Verbesserung des RMS.

Der RMS-Prüfer hat einen schriftlichen **RMS-Prüfungsbericht** anzufertigen und ein Prüfungsurteil über die in der RMS-Beschreibung getroffenen Aussagen abzugeben bzw. zu erklären, dass ein Prüfungsurteil nicht erteilt werden kann. IDW PS 981, Tz. 106 enthält konkrete Hinweise zu den Bestandteilen eines RMS-Prüfungsberichts. Die Anlagen zu IDW PS 981 enthalten Formulierungsbeispiele für RMS-Prüfungsberichte zur Wirksamkeit, zur Wirksamkeit mit Einschränkung sowie zur Beurteilung der Angemessenheit des RMS.

[365] Die acht Grundelemente sind auch in IDW PS 340 beschrieben.

12.4.5 Compliance-Management-System (CMS)

Unter einem **Compliance-Management-System (CMS)** sind die Grundsätze und Maßnahmen eines Unternehmens zu verstehen, die auf die Einhaltung der gesetzlichen Bestimmungen und der unternehmensinternen Richtlinien abzielen (IDW PS 980, Tz. 6).[366] Beim CMS geht es also darum sicherzustellen, dass **alle rechtlichen Gebote oder Verbote** von den gesetzlichen Vertretern und Mitarbeitern (ggf. auch von Dritten) eingehalten werden. CMS haben eine **Präventionsfunktion**, d.h. dass Risiken für Verstöße rechtzeitig erkannt und Verstöße verhindert werden sollen. Compliance Systeme beziehen sich dabei auf **abgegrenzte Teilbereiche**. So ist ein **Tax-Compliance-System**[367] in einem Unternehmen oder in einer Gebietskörperschaft besonders wichtig, um vor steuerstrafrechtlichen Folgen unterlaufener Fehler zu schützen. Dabei geht es um die Implementierung und Pflege eines Systems, mit dem die Befolgung steuerlicher Gesetze und die Vorgaben der Finanzverwaltung sichergestellt werden sollen. Die **Vergabe von Aufträgen** stellt einen weiteren bedeutsamen abgrenzbaren Teilbereich dar.

Eine CMS-Prüfung kann sich also niemals auf ein unabgegrenztes Compliance-System für das gesamte Unternehmen bzw. die gesamte Gebietskörperschaft mit allen denkbaren Regeln beziehen; die Prüfung aller möglichen Aspekte eines unternehmensweiten CMS wäre aufgrund des sehr hohen Aufwandes mit zu hohen Kosten verbunden und nicht angemessen darstellbar. Die öffentliche Verwaltung ist nach Art. 20 Abs. 3 GG an Gesetz und Recht gebunden – Regelkonformität und damit Compliance ist oberster Verfassungsgrundsatz.

CMS-Prüfungen haben für gesetzliche Vertreter und Verantwortliche in Leitungs- und Überwachungsfunktion folgenden Nutzen: Wenn Verstöße gegen zu beachtende Regeln auftreten, stellt sich die Frage der Verantwortung. Gesetzliche Vertreter und sonstige Verantwortliche können bei einem Schaden durch eine schuldhafte Pflichtverletzung zum Schadenersatz verpflichtet sein. Wenn im Rahmen einer CMS-Prüfung die Einrichtung eines wirksamen CMS bestätigt wurde, kann im Regelfall davon ausgegangen werden, dass sich dies positiv auf das mögliche **Haftungsrisiko** auswirkt.

Die gesetzlichen Vertreter haben die **Verantwortung** für das CMS und die Inhalte der **CMS-Beschreibung**. Sie sind auch für die Dokumentation des CMS verantwortlich. Gegenstand der Prüfung sind die in einer CMS-Beschreibung enthaltenen Aussagen über das CMS. Ziel einer CMS-Prüfung als Systemprüfung ist nicht das Erkennen von einzelnen Regelverstößen. Die Prüfung ist also nicht darauf ausge-

366 „To comply with the laws" bedeutet, in Übereinstimmung mit den Gesetzen zu handeln.

367 Zur Tax Compliance vgl. Institut der Wirtschaftsprüfer (Hrsg.), Assurance, 2. Aufl. 2021, Kap. M.

richtet, Prüfungssicherheit über die tatsächliche Einhaltung von Regeln zu erlangen.[368]

Ein angemessenes CMS weist sieben Grundelemente auf, die in die Geschäftsabläufe eingebunden sind. Die konkrete Ausgestaltung richtet sich nach den jeweiligen Compliance-Zielen und Größe, Art und Umfang der Geschäftstätigkeit (IDW PS 980, Tz. 23). Die **Grundelemente** umfassen:

- Compliance Kultur,
- Compliance Ziele,
- Compliance Risiken,
- Compliance Programm,
- Compliance Organisation,
- Compliance Kommunikation sowie
- Compliance Überwachung und Verbesserung.

Der Prüfer hat einen schriftlichen **CMS-Prüfungsbericht** zu verfassen und ein Prüfungsurteil über die in der CMS-Beschreibung getroffenen Aussagen abzugeben. IDW PS 980, Tz. 68 enthält konkrete Hinweise zu den Bestandteilen eines CMS-Prüfungsberichts. Die Anlagen zu IDW PS 980 enthalten Formulierungsbeispiele für CMS-Prüfungsberichte zur Wirksamkeit, zur Wirksamkeit mit Einschränkung, zur Konzeption sowie zur Beurteilung der Angemessenheit des CMS.

MERKE: Die Abgrenzung der einzelnen Corporate-Governance-Systeme und des Compliance-Systems ist nicht notwendigerweise überschneidungsfrei. Für die vollständige Prüfung der Angemessenheit und Wirksamkeit der einzelnen Systeme gibt es keine gesetzliche Verpflichtung. Für die Aufsichtsorgane und die gesetzlichen Vertreter sollte es jedoch von Interesse sein, die Systeme im Rahmen eines Sonderauftrages freiwillig prüfen zu lassen. Dies gilt auch für Gebietskörperschaften.

12.4.6 Zusammenhang zwischen den einzelnen Systemen

Vergleicht man die verschiedenen Systeme, sind einige Gemeinsamkeiten aber auch wesentliche Unterschiede festzustellen. Die Anforderungen an ein IKS werden u.a. im "**Internal Control Framework – COSO**" beschrieben. Es handelt sich um ein **Rahmenkonzept für die Gestaltung von internen Kontrollsystemen**, das 1992 vom Committee of Sponsoring Organizations of the Treadway Commission (COSO) veröffentlicht wurde. Hier werden Inhalt und Aufbau eines IKS in Kom-

368 Im Rahmen der Abschlussprüfung hat der Abschlussprüfer zwar die für diese Prüfung einschlägigen Gesetze und sonstigen Rechtsvorschriften zu berücksichtigen, er ist aber nicht dafür verantwortlich, Verstöße zu verhindern. Auch kann von ihm nicht die Aufdeckung der Verstöße gegen sämtliche Vorschriften erwartet werden.

ponenten gegliedert, deren Zusammenwirken ein Erreichen der Ziele des IKS gewährleisten und Unternehmen als Unterstützung für die Einrichtung und Verbesserung eines Kontrollsystems (insbesondere zur Finanzberichterstattung) dienen soll. Die Abbildung kann in einem sog. COSO-I-Würfel erfolgen, der zur Dokumentation, Analyse und Gestaltung des IKS dient. Die Darstellung gliedert sich in die drei Zielkategorien:

- operative (betriebliche) Ziele,
- Zuverlässigkeit der Finanzberichterstattung sowie
- Einhaltung der anzuwendenden Gesetze und Verordnungen (Compliance).

Die Bestandteile (Komponenten) des internen Kontrollsystems nach dem COSO-I-Modell sind:

- Kontrollumfeld,
- Risikobeurteilung,
- Kontrollaktivitäten,
- Information und Kommunikation sowie
- Überwachung des internen Kontrollsystems.

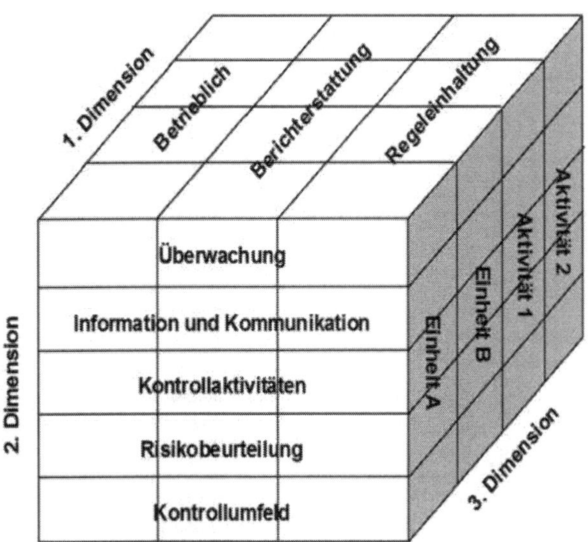

Abbildung 62: COSO-I-Würfel

IDW PS 261 n.F. zur Feststellung und Beurteilung von Fehlerrisiken dient ebenfalls der Beschreibung der Komponenten und der Ziele eines IKS-Systems und ist im Aufbau dem COSO-I-Würfel sehr ähnlich.[369]

369 Vgl. IDW PS 261 n.F., Tz. 34 sowie COSO, Internal Control – Integrated Framework, Stand: Mai 2013, S. 6, www.coso.org/pages/default.aspx.

2004 wurde das COSO-I-Konzept durch COSO-II “Enterprise Risk Management – Integrated Framework” (COSO-ERM) erweitert. Im COSO-ERM wird im Detail beschrieben, wie ein Risikomanagement im Unternehmen aufgebaut und betrieben werden kann. Zusätzlich werden hierzu die Elemente Zielfestlegung, Ereignisidentifikation und Risikosteuerung eingefügt. Abbildung 63 stellt dar, dass COSO I ein Bestandteil von COSO II ist und somit das IKS als integraler Bestandteil des Risikomanagementsystems eines Unternehmens anzusehen ist:[370]

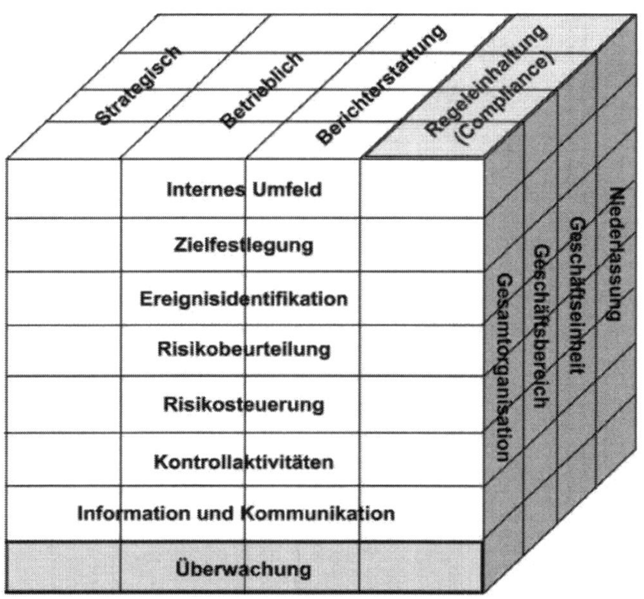

Abbildung 63: COSO-II-Würfel[371]

Die in COSO II enthaltenen Komponenten Zielfestlegung, Ereignisidentifikation, Risikobeurteilung und Risikosteuerung (Maßnahmen) sind in COSO I unter dem Begriff Risikobeurteilung zusammengefasst. Es gibt hier demnach Überschneidungen. Das IKS bezieht sich aber mehr auf die operationellen Risiken und deren Kontrollen, während das Risikomanagement verstärkt strategische Risiken betrachtet, die nicht durch Kontrollen abgedeckt werden können. Daneben überwacht das IKS die Umsetzung der im Risikomanagement definierten Maßnahmen.

370 2017 hat COSO eine Aktualisierung des Frameworks mit dem Titel „COSO ERM – Integrating with Strategy and Performance“ veröffentlicht. Nach wie vor hat für Unternehmen das bisherige Rahmenwerk eine praktische Bedeutung und ist auch strukturelle Grundlage für die Prüfungsstandards IDW PS 980 bis IDW PS 983 (vgl. ausführlicher: Institut der Wirtschaftsprüfer (Hrsg.), Assurance, 2. Aufl. 2021, Kap. L, Tz. 16). Es wird deshalb noch auf die ursprüngliche Fassung von 2004 Bezug genommen.

371 Quelle: http://www.coso.org/Documents/COSO-ERM-Executive-Summary-German.pdf.

Der sog. COSO-II-Würfel veranschaulicht die drei Dimensionen des Modells, wobei die acht Komponenten des Risikomanagements in den horizontalen Reihen des Würfels und die vier Zielkategorien in den vertikalen Spalten auf der Kopfseite des Würfels abgebildet sind. Die Unternehmensbereiche bilden die dritte Dimension.[372]

- **Komponenten des unternehmensweiten Risikomanagements**
  - Internes Unternehmensumfeld (Internal Environment),
  - Zielfestlegung bzw. Zielsetzungsprozess (Objective Setting),
  - Ereignisidentifikation (Event Identification),
  - Risikobeurteilung (Risk Assessment),
  - Risikoreaktion bzw. Risikosteuerung oder Maßnahmen (Risk Response),
  - Kontrollaktivitäten (Control Activities),
  - Information und Kommunikation (Information and Communication),
  - Überwachung (Monitoring).
- **Zielkategorien**
  - strategische Ziele (Strategic),
  - operative bzw. betriebliche Ziele (Operations),
  - Berichterstattungsziele (Reporting),
  - Compliance-Ziele (Compliance).
- **Organisationseinheiten**
  - Gesamtunternehmen (Entity-Level),
  - Geschäftsbereich bzw. Division (Division),
  - Geschäftseinheit (Business Unit),
  - Tochtergesellschaft, Niederlassung, Zweigstelle (Subsidiary).

Das IDW hat mit IDW PS 980, IDW PS 981, IDW PS 982 sowie IDW PS 983 die COSO-II-Komponenten für Zwecke der **Einrichtung von Corporate Governance Systemen** (CGS) analysiert und jeweils systemabhängig in sechs bis acht Grundelemente zusammengefasst, um die praktische Handhabung zu erleichtern. Der Zusammenhang zwischen den COSO-II-Komponenten und den Grundelementen der einzelnen CGS nach den obigen Prüfungsstandards wird in Abbildung 64 veranschaulicht:[373]

[372] Vgl. COSO-ERM-Executive-Summary-German.pdf, S. 3 ff., wobei dort auch eine Beschreibung der einzelnen Komponenten erfolgt.

[373] In enger Anlehnung an: Institut der Wirtschaftsprüfer (Hrsg.), Assurance, 2. Aufl. 2021, Kap. L (Corporate Governance Systeme und deren Prüfung), Tz. 30.

COSO II-Komponenten	**CMS-Grundelemente nach IDW PS 980**	**RMS-Grundelemente nach IDW PS 981**	**IKS-Grundelemente nach IDW PS 982**	**IRS-Grundelemente nach IDW PS 983**
internes Umfeld	Compliance-Kultur	Risikokultur	Kontrollumfeld	Revisionskultur
	Compliance-Organisation	Organisation des RMS		Organisation des IRS
Zielfestlegung	Compliance-Ziele	Ziele des RMS	IKS-Ziele	Ziele des IRS
Ereignis-identifikation	Compliance-Risiken	Risiko-identifikation	Risiko-beurteilung	
Risiko-beurteilung		Risiko-bewertung		
Risiko-steuerung	Compliance-Programm	Risikosteuerung		Revisions-planung und -programm
Kontroll-aktivitäten			Kontroll-aktivitäten	Revisions-durchführung
Information und Kommunikation	Compliance-Kommunikation	Risiko-kommunikation	Information und Kommunikation	Revisions-kommunikation
Überwachung	Compliance-Überwachung und Verbesserung	Überwachung und Verbesserung des RMS	Überwachung des IKS	Revisionsüberwachung und -verbesserung

Abbildung 64: COSO II-Komponenten und Grundelemente der einzelnen CGS

Die nachfolgende Abbildung enthält eine Zusammenfassung der einzelnen Ziele der Prüfungen der Teilbereiche des CGS mit den zugehörigen IDW PS. Es handelt sich hier um Aufgaben des Prüfungsausschusses (PrA) gemäß der Generalklausel des § 111 AktG, die jedoch in analoger Anwendung auch für die Überwachungsorgane in Gebietskörperschaften gelten sollten:[374]

[374] In enger Anlehnung an: Institut der Wirtschaftsprüfer (Hrsg.), Assurance, 2. Aufl. 2021, Kap. L (Corporate Governance Systeme und deren Prüfung), Tz. 12.

Corporate Governance Systeme	Ziele der Prüfungen
Compliance Management System (*IDW PS 980)*	Ziel einer CMS-Prüfung ist es zu beurteilen, ob die eingeführten Grundsätze und Maßnahmen, die auf die Sicherstellung eines regelkonformen Verhaltens der gesetzlichen Vertreter und Mitarbeiter abzielen, in der CMS-Beschreibung enthalten und in allen wesentlichen Belangen angemessen dargestellt und geeignet sind, um mit hinreichender Sicherheit sowohl Risiken für wesentliche Regelverstöße rechtzeitig zu erkennen als auch solche Regelverstöße zu verhindern. Im Rahmen einer CSM-Prüfung ist zusätzlich zu beurteilen, inwieweit die Grundsätze und Maßnahmen zu einem bestimmten Zeitpunkt implementiert und während eines bestimmten Zeitraums wirksam waren. Über die tatsächliche Einhaltung von Regeln wird keine Prüfungssicherheit erlangt (Tz. 14).
Risikomanagementsystem *(IDW PS 981)*	Ziel einer RMS-Prüfung ist es zu beurteilen, inwieweit durch die Einrichtung eines RMS sichergestellt ist, dass wesentliche Risiken erfasst, analysiert, bewertet, gesteuert und überwacht werden. Prüfungsziel ist es dagegen nicht, die eingeleiteten oder durchgeführten Maßnahmen auf Eignung und Wirtschaftlichkeit zu überprüfen oder den Fortbestand des geprüften Unternehmens bzw. die Wirksamkeit und Wirtschaftlichkeit der Geschäftsführung zu beurteilen (Tz. 8).
Internes Kontrollsystem des Berichtswesens *(IDW PS 982)*	Ziel einer IKS-Prüfung ist es zu beurteilen, ob – in Übereinstimmung mit den angewandten IKS-Grundsätzen – die Regelungen des IKS in der Beschreibung des IKS des Berichtswesens in allen wesentlichen Belangen angemessen dargestellt sind und die dargestellten Regelungen in allen wesentlichen Belangen geeignet und implementiert bzw. geeignet und wirksam waren. Gegenstand der IKS-Beschreibung und damit Beurteilungsgegenstand können dabei Regelungen einzelner oder mehrerer Prozesse bzw. Teilprozesse der internen und externen Unternehmensberichterstattung mit oder ohne Rechnungslegungsbezug sein (Tz. 13).
Internes Revisionssystem *(IDW PS 983)*	Ziel einer IRS-Prüfung ist es zu beurteilen, ob die Einrichtung der Internen Revision und deren unabhängige und objektive Erbringung von Prüfungs- und Beratungsdienstleistungen entsprechend dem Ethikkodex und den Grundprinzipien des IPPF erfolgte. Nicht beurteilt wird, ob Revisionsaufträge fehlerfrei durchgeführt wurden oder die gesetzlichen Vertreter bzw. andere Entscheidungsträger als Reaktion auf Feststellungen der Internen Revision geeignete oder wirtschaftlich sinnvolle Maßnahmen eingeleitet haben (Tz. 12).

Abbildung 65: Ziele der einzelnen Systemprüfungen

12.5 Prüfung der Geschäftsführung nach Haushaltsgrundsätzegesetz (HGrG)

12.5.1 Prüfungspflicht und Prüfer

Die **Prüfung der Geschäftsführung** ist eine Besonderheit bei öffentlichen Unternehmen und Genossenschaften. Sie ist kein Bestandteil der Prüfung nach § 317 HGB, sondern stellt eine Prüfung nach § 53 HGrG dar.

Wenn einer Gebietskörperschaft die Mehrheit der Anteile eines Unternehmens in einer Rechtsform des privaten Rechts (i.d.R. Kapitalgesellschaft) gehören, kann die Gebietskörperschaft verlangen, dass das zuständige Organ des Unternehmens seinen Abschlussprüfer mit der **Erweiterung** der Abschlussprüfung nach § 53 HGrG beauftragt.[375] Analoge Regelungen gelten für öffentlich-rechtliche Organisationsformen, und zwar für die wirtschaftlichen Unternehmen ohne Rechtspersönlichkeit (Eigenbetriebe) wie auch für kommunale Unternehmen und Einrichtungen als Anstalten des öffentlichen Rechts. Zudem haben sich auch kommunale Krankenhäuser den Grundsätzen der Geschäftsführungsprüfung zu unterziehen, soweit das Landesrecht dies bestimmt.

Die Notwendigkeit der Prüfung der Geschäftsführung ergibt sich aus einem übergeordneten öffentlichen bzw. gemeinwirtschaftlichen Interesse, denn die Geschäftsführer von Unternehmen im Anteilsbesitz von Gebietskörperschaften sind verpflichtet, besonders sorgsam mit den ihnen anvertrauten Mitteln umzugehen und die Funktionsfähigkeit des Unternehmens in öffentlicher Verantwortung nachhaltig aufrecht zu erhalten.[376] Zudem schreiben die kommunalrechtlichen Vorschriften (z.B. § 107 Abs. 1 GO NRW) häufig vor, dass

- ein öffentlicher Zweck die Betätigung erfordert,
- die Betätigung nach Art und Umfang in einem angemessenen Verhältnis zu der Leistungsfähigkeit der Gemeinde steht und
- bei einem Tätigwerden der öffentliche Zweck durch andere Unternehmen nicht besser und wirtschaftlicher erfüllt werden kann (Ausnahme: Wasserversorgung, öffentlicher Verkehr, Telekommunikation).

Die Prüfung ist dabei generell eine **Vorbehaltsprüfung**, d.h. sie ist Wirtschaftsprüfern und Wirtschaftsprüfungsgesellschaften vorbehalten. Lediglich bei **Eigenbetrieben** können auch länderspezifische öffentlich-rechtliche Einrichtungen (z.B. Gemeinde- oder Kommunalprüfungsämter, Gemeindeprüfungsanstalten oder Landesrechnungshöfe) als prüfende Instanz herangezogen werden. Für NRW gilt die

---

375 Gleiches gilt auch, falls eine Gebietskörperschaft mindestens ein Viertel der Anteile besitzt und sich darüber hinaus die Mehrheit der Anteile an diesem Unternehmen zusammen mit anderen Gebietskörperschaften in öffentlicher Hand befindet. (vgl. z.B. § 112 Abs. 2 GO NRW).

376 Vgl. Graumann, M., Wirtschaftliches Prüfungswesen, 6. Aufl. 2020, S. 765.

Regelung, dass die erweiterte Jahresabschlussprüfung auch durch die örtliche Rechnungsprüfung erfolgen kann, wenn die Buchführung des Eigenbetriebs nach den für Gemeinden geltenden Vorschriften geführt wird (§ 103 Abs. 2 GO NRW). Die Prüfung der sog. **eigenbetriebsähnlichen Einrichtungen** i.S.v. § 107 Abs. 2 GO NRW kann nach § 104 Abs. 2 Nr. 2 GO NRW ebenfalls der örtlichen Rechnungsprüfung übertragen werden.

12.5.2 Prüfungsgegenstände

Zusätzlich zu den obligatorischen Prüfungsinhalten nach den §§ 317 ff. HGB sind die **Ordnungsmäßigkeit der Geschäftsführung** sowie die **wirtschaftlichen Verhältnisse** Gegenstand der Pflichtprüfung des Jahresabschlusses.

Mit IDW PS 720[377] gibt es einen Prüfungsstandard zur Berichterstattung über die Erweiterung der Abschlussprüfung nach § 53 HGrG. Hier wird zuerst auf die Notwendigkeit der ausdrücklichen Auftragserweiterung hingewiesen; ein Abschlussprüfer ist weder verpflichtet noch berechtigt, eine solche Erweiterung des Prüfungsauftrags selbstständig vorzunehmen. Eine Ausnahme gilt für **Eigenbetriebe** und **kommunale Unternehmen und Einrichtungen als Anstalt des öffentlichen Rechts**, bei denen diese Erweiterung gesetzlich vorgeschrieben ist (§ 103 Abs. 3 GO NRW, § 9 KUV NRW) und es daher **keiner besonderen Beauftragung des Abschlussprüfers** bedarf (IDW PS 720, Tz. 2).

Der Prüfungsgegenstand „**Ordnungsmäßigkeit der Geschäftsführung**" (§ 53 Abs. 1 Nr. 1 HGrG) umfasst die Teilgebiete[378]

- Ordnungsmäßigkeit der Geschäftsführungsorganisation (z.B. innere Struktur und Aufgabenverteilung der Überwachungsorgane und der Geschäftsleitung),
- Ordnungsmäßigkeit des Geschäftsführungsinstrumentariums (z.B. Rechnungswesen, Planungswesen, Wirtschaftlichkeit von Investitionen, Interne Revision, Aufbau- und Ablauforganisation des Unternehmens einschließlich Zweckmäßigkeits- und Wirtschaftlichkeitsüberlegungen, Risikofrüherkennungssystem, Finanzinstrumente, Personalwesen) sowie
- Ordnungsmäßigkeit der Geschäftsführungstätigkeit (z.B. Übereinstimmung der Rechtsgeschäfte und Maßnahmen mit internen und externen Vorschriften, Einhaltung von Vergaberegelungen).

---

377 Berichterstattung über die Erweiterung der Abschlussprüfung nach § 53 HGrG (IDW PS 720) vom 09.09.2010.

378 Ausführliche Checklisten zur Überprüfung der einzelnen Teilgebiete sind enthalten in: Graumann, M., Wirtschaftliches Prüfungswesen, 6. Aufl. 2020, S. 774 ff.

Der Prüfungsgegenstand „**wirtschaftliche Verhältnisse**" (§ 53 Abs. 1 Nr. 2 HGrG) umfasst die Berichterstattung über

- die Entwicklung der VFE-Lage des Unternehmens (z.B. Finanzierung, Eigenkapitalausstattung, Gewinnverwendung, Rentabilität, Einhaltung des Wirtschaftlichkeitsprinzips),
- verlustbringende Geschäfte und die Ursachen der Verluste, wenn diese Geschäfte und die Ursachen für die Vermögens- und Ertragslage von Bedeutung waren, sowie
- die Ursachen eines in der GuV-Rechnung ausgewiesenen Jahresfehlbetrages und Maßnahmen zur Verbesserung der Ertragslage.

Die Prüfung erfolgt anhand eines **Fragenkatalogs zu IDW PS 720,** der vom IDW Fachausschuss für öffentliche Unternehmen und Verwaltungen (ÖFA) sowie Vertretern des BMF, des Bundesrechnungshofes und der Landesrechnungshöfe erarbeitet wurde. Der als Checkliste angelegte Fragenkatalog ist inhaltlich vergleichbar mit IDW PS 731 (Prüfung der Ordnungsmäßigkeit der Haushaltswirtschaft als Erweiterung der Abschlussprüfung bei Gebietskörperschaften), wobei letzterer umfangreicher ist, da u.a. zusätzlich über Fragen zu Haushaltssatzung, Haushaltsplan, Haushaltssicherungskonzept, Gebühren- und Beitragssatzungen sowie zum Haushaltsausgleich zu berichten ist (vgl. Kap. 4.4).

Der Fragenkatalog bezieht sich generell auf öffentliche Betriebe in unterschiedlichen Rechtsformen. Besonderheiten – wie etwa Größe oder Branche des zu prüfenden Betriebes – werden nicht berücksichtigt. Der Fragenkatalog ist deshalb nicht als abschließend zu betrachten und ggf. in geeigneter Form zu erweitern (IDW PS 720, Tz. 4). Auf der anderen Seite ist der Katalog so zu verstehen, dass ausdrücklich begründet werden muss, wenn eine oder mehrere Fragen für den zu prüfenden Betrieb nicht relevant sind (IDW PS 720, Tz. 6). Der Prüfer ist auch nicht verpflichtet, sämtliche Fragen jedes Jahr mit gleicher, hoher Intensität zu prüfen; vielmehr ist es zulässig, wechselnde Schwerpunkte im Laufe der Jahre zu formulieren (IDW PS 720, Tz. 5). Die Einzelbeantwortung sollte in der Anlage zum Prüfungsbericht erfolgen. Die einzelnen Fragen und Unterfragen des Katalogs sind – sofern ein gesamter Fragenkreis nicht einschlägig ist – vor der Beantwortung zu wiederholen.

Der Prüfungsstandard enthält ebenfalls Fragen zu einem eingerichteten **Risikofrüherkennungssystem** nach § 91 Abs. 2 AktG. Für bestimmte öffentliche Betriebe wie Eigenbetriebe ist eine solche Einrichtung gesetzlich vorgeschrieben (vgl. z.B. § 10 EigVO NRW). Im Rahmen der Prüfung der Ordnungsmäßigkeit der Geschäftsführung nach § 53 HGrG ist daher auch festzustellen, ob ein solches Risikofrüherkennungssystem eingerichtet ist und ob es geeignet ist, etwaige die Entwicklung beeinträchtigende Risiken frühzeitig zu erkennen (IDW PS 720, Tz. 8).

Um die Ordnungsmäßigkeit der Geschäftsführung und die wirtschaftlichen Verhältnisse beurteilen zu können, muss der Abschlussprüfer ein Verständnis von der zu prüfenden Einheit mit ihren jeweiligen Geschäftszweigen erwerben. Zusätzlich benötigt er zur sachgerechten Beurteilung öffentlicher Unternehmen auch Kenntnisse über mögliche Beziehungen zu den Gebietskörperschaften einschließlich entsprechender Kenntnisse des öffentlichen Rechts (insbesondere des Kommunalrechts). Bei der Prüfung der Geschäftsführung kann jedoch keine umfassende Auseinandersetzung des Abschlussprüfers mit der Geschäftspolitik und der Zweckmäßigkeit der unternehmenspolitischen Entscheidungen gefordert werden. Es geht hier in erster Linie um die Beurteilung der Ordnungsmäßigkeit der getroffenen Entscheidungen, d.h. es ist zu beurteilen, ob die gesetzlichen Vorschriften eingehalten wurden.[379]

Die Prüfung der wirtschaftlichen Verhältnisse, also der Vermögens-, Finanz- und Erfolgslage, richtet sich im Wesentlichen am **Wirtschaftlichkeitsprinzip** (interpretiert als sog. Minimalprinzip) aus, d.h. dass bezogen auf öffentliche Unternehmen zu prüfen ist, ob der beabsichtigte öffentliche Zweck mit möglichst geringem Aufwand zu erreichen ist.[380]

Die 16 Fragenkreise haben gem. IDW PS 720, Tz. 19 ff. folgende Überschriften:

- Tätigkeit von Überwachungsorganen und Geschäftsleitung sowie individualisierte Offenlegung der Organbezüge,
- Aufbau- und ablauforganisatorische Grundlagen,
- Planungswesen, Rechnungswesen, Informationssystem und Controlling,
- Risikofrüherkennungssystem,
- Finanzinstrumente, andere Termingeschäfte, Optionen und Derivate,
- Interne Revision,
- Übereinstimmung der Rechtsgeschäfte und Maßnahmen mit Gesetz, Satzung, Geschäftsordnung, Geschäftsanweisung und bindenden Beschlüssen des Überwachungsorgans,
- Durchführung von Investitionen,
- Vergaberegelungen,
- Berichterstattung an das Überwachungsorgan,
- Ungewöhnliche Bilanzposten und stille Reserven,
- Finanzierung,
- Eigenkapitalausstattung und Gewinnverwendung,
- Rentabilität/Wirtschaftlichkeit,
- Verlustbringende Geschäfte und ihre Ursachen,

379 Vgl. Marten, K.-U./Quick, R./Ruhnke, K., Wirtschaftsprüfung, 6. Aufl. 2020, S. 924.

380 Vgl. Brösel, G./Freichel, C./Toll, M./Buchner, R., Wirtschaftliches Prüfungswesen, 3. Aufl. 2015, S. 231.

- Ursachen des Jahresfehlbetrages und Maßnahmen zur Verbesserung der Ertragslage.

Über das **Ergebnis der Prüfung** nach § 53 HGrG ist im Prüfungsbericht in einem **gesonderten Abschnitt** zu berichten (vgl. Kap. 11.1.2).

Die Prüfung nach § 53 HGrG nimmt insgesamt an Bedeutung zu und wird häufig schon im privatwirtschaftlichen Bereich von Aufsichtsorganen durch eine Erweiterung des Prüfungsauftrags der Jahresabschlussprüfung verlangt. Kleinaktionäre oder sog. Passivinvestoren setzen sich aus unterschiedlichen Gründen nicht mit der Geschäftsleitung ihrer Beteiligungen auseinander oder haben keine Möglichkeit dazu. Es stellt sich daher die Frage, ob eine Ausweitung der Prüfungspflicht um eine Prüfung der Ordnungsmäßigkeit der Geschäftsführung in Anlehnung an § 53 HGrG auf alle großen Kapitalgesellschaften sinnvoll wäre. Die Diskrepanz zwischen den gesetzlichen Gegenständen der Jahresabschlussprüfung und der Erwartungshaltung der Öffentlichkeit über die Aussagefähigkeit der Jahresabschlussprüfung und des Bestätigungsvermerks (Erwartungslücke) ließe sich eventuell verringern.

12.6 Wirtschaftlichkeits- und Zweckmäßigkeitsprüfung

Nach den jeweiligen Vorschriften zur öffentlichen Haushaltsführung **ist** die Haushaltswirtschaft wirtschaftlich, effizient und sparsam zu führen (vgl. z.B. § 75 GO NRW). Hieraus ergibt sich für die kommunale örtliche Prüfung die Notwendigkeit einer Prüfung der Wirtschaftlichkeit und Zweckmäßigkeit[381] des Handels einer Gebietskörperschaft. In einzelnen Bundesländern ist die örtliche Rechnungsprüfung direkt verpflichtet, Wirtschaftlichkeits- und Zweckmäßigkeitsprüfungen im Rahmen der Jahresabschlussprüfung durchzuführen – in anderen Bundesländern kann sie diese Aufgaben außerhalb der Abschlussprüfung wahrnehmen (vgl. z.B. § 104 Abs. 2 Nr. 2 GO NRW). Nach der hier vertretenen Auffassung gehören Wirtschaftlichkeits- und Zweckmäßigkeitsprüfungen unabhängig der Formulierungen in den einzelnen Haushaltsverordnungen zu den Aufgaben einer örtlichen Jahresabschlussprüfung, da wirtschaftliches (und sparsames) Verwaltungshandeln gesetzlich vorgeschrieben ist und ein Verstoß gegen diese Grundsätze einen Rechtsverstoß darstellt. Da aber nicht alle Bereiche einer Gebietskörperschaft umfassend und regelmäßig hinsichtlich eines wirtschaftlichen und zweckmäßigen Handelns überprüft werden können, sind Schwerpunktprüfungen und mehrjährige Prüfungsplanungen notwendig und zulässig, um dem Wirtschaftlichkeitsgebot auch **im Rahmen der Jahresabschlussprüfung** gerecht zu werden. Daneben gehören Wirtschaftlichkeits- und Zweckmäßigkeitsprüfungen zu den Aufgaben einer **Internen**

---

381 In einigen Bundesländern wird Zweckmäßigkeit als Wirksamkeit bezeichnet. Beide Begriffe haben jedoch sinngemäß die gleiche Bedeutung, vgl. Duden.

Revision (vgl. Kap. 1.2), die im kommunalen Bereich von der örtlichen Prüfung im Rahmen ihrer Beratungs- und Unterstützungsfunktion wahrzunehmen sind. Zumindest für größere Investitionen oder Umstrukturierungen hat dies selbstverständlich bereits **vor einer Entscheidung** durch die zuständigen Organe (Bürgermeister, Gemeindevertretung) zu erfolgen.

Im Rahmen der **Prüfung der Wirtschaftlichkeit** ist z.B. zu untersuchen, ob

- bei Investitionen die Kosten, die Folgekosten, der Nutzen, die Notwendigkeit und günstigere Alternativen berücksichtigt werden,
- geeignete Investitionsrechnungen durchgeführt werden (vgl., hierzu Band 2, Kap. B.3 – B.9) und die notwendigen Daten (z.B. Auszahlungen, Leistungsmenge) zutreffend ermittelt sind,[382]
- die Entscheidung über die Durchführung einer Maßnahme nach dem Ergebnis der Wirtschaftlichkeitsuntersuchung getroffen wird,
- nach Durchführung einer Maßnahme eine Kontrollrechnung (Erfolgskontrolle) gefertigt wird, der vorgesehene Kostenrahmen eingehalten wird sowie das angestrebte Ergebnis erreicht wird,
- die angestrebte Maßnahme anderweitig nicht mit geringeren Kosten erreicht werden kann (z.B. Fremdvergabe statt Eigendurchführung) oder
- selbst durchgeführte Aufgaben kostengünstiger von anderen (innerhalb oder außerhalb der Verwaltung) erbracht werden können.

Zweckmäßigkeitsprüfungen erfolgen, um sowohl die Führungsaufgaben auf allen Ebenen einer Gebietskörperschaft als auch das Zusammenwirken aller Teilbereiche, Produktbereiche oder Produktgruppen unter dem Gesichtspunkt einer zweckmäßigen **Organisation** zu untersuchen. Die Bereiche müssen in ihrem Aufbau, ihrem Personalbestand und in ihren Abläufen sachgerecht und wirksam gestaltet sein. Es sollen durch eine Prüfung Schnittstellen, Doppelarbeiten und aufwändige Prozesse erkannt und dargestellt werden. Auf Basis der Prüfungen können dann Hinweise, Empfehlungen oder Prüfungsbemerkungen erfolgen.

Im Rahmen der **Prüfung der Zweckmäßigkeit** ist z.B. zu untersuchen, ob

- auf die Aufgabenerfüllung ganz oder teilweise verzichtet werden kann,
- Standardabsenkungen bei der Aufgabenerfüllung möglich sind,
- die Aufgabenerfüllung durch organisatorische Maßnahmen mit weniger Personal- und/oder Sachaufwand zu bewältigen ist (z.B. durch Zusammenlegung, Verlagerung, Technikeinsatz oder interkommunale Zusammenarbeit),
- durch eine Optimierung des Sachanlagevermögens (z.B. Prüfung, ob die Sachanlagen für den öffentlichen Zweck noch erforderlich sind) Abschrei-

[382] So ist die Kapitalwertmethode z.B. bei einem Vergleich von Kauf, Leasing oder Miete eine wirtschaftlich geeignete Methode zur Investitionsentscheidung.

bungen und Aufwendungen für Sach- und Dienstleistungen reduziert werden können,

- auch bei den Pflichtaufgaben (insb. Sozial- und andere Transferaufwendungen) alle Möglichkeiten einer Reduzierung ausgeschöpft sind, um eine kostengünstige Erfüllung der gesetzlichen Aufgaben zu erreichen,
- gesetzliche Ansprüche gegenüber Drittverpflichteten nicht nur geltend gemacht, sondern auch mit Nachdruck durchgesetzt werden,
- Zuweisungen und Zuschüsse für laufende Zwecke unbedingt geleistet werden müssen bzw. reduziert werden können, um eine Anpassung an schwierige Haushaltsverhältnisse zu ermöglichen,
- alle Möglichkeiten einer Reduzierung von Umlagen (z.B. an Zweckverbände) ausgeschöpft werden sowie die wirtschaftliche Aufgabenerledigung des Umlageempfängers sichergestellt ist,
- die Abdeckung von Verlusten der Eigenbetriebe, ähnlichen Einrichtungen oder verbundenen Unternehmen vermieden bzw. reduziert werden kann,
- die Inanspruchnahme von Rechten und Diensten (z.B. Beratungs- und Anwaltsleistungen) zwingend erforderlich und der Höhe nach angemessen ist, weil die Tätigkeiten nicht von eigenen Mitarbeitern erledigt werden können,
- der Aufwand für Versicherungen optimiert werden kann,
- eine sparsame Bewirtschaftung von Geschäftsaufwendungen erfolgt,
- Haushaltsüberschüsse zur Kredittilgung (ins. Kredite zur Liquiditätssicherung) eingesetzt werden, um die Zinslast zu reduzieren bzw. das Risiko einer Zinssteigerung zu minimieren,
- alle Möglichkeiten zur Erzielung von ordentlichen Erträgen ausgeschöpft sind sowie
- in den kostenrechnenden Einrichtungen bei Kostenunterdeckung die Gebühren oder Entgelte erhöht werden können.

MERKE: Wirtschaftlichkeits- und Zweckmäßigkeitsprüfungen gehören zum Gegenstand einer kommunalen Jahresabschlussprüfung.

12.7 Betätigungsprüfung

Die Betätigungsprüfung betrifft die Betätigung der Kommune bei Unternehmen und Einrichtungen in Privatrechtsform, an denen sie allein oder teilweise, unmittelbar oder mittelbar beteiligt ist. Hier wird nicht das Unternehmen, sondern die Betätigung der Gebietskörperschaft als Gesellschafterin, Aktionärin oder Mitglied eines Unternehmens geprüft. Die Prüfung der Betätigung bezieht sich auf die Einhaltung der Vorschriften des kommunalen Unternehmensrechts und die Wahrung der kommunalen Interessen in den Organen dieser Unternehmen.

Voraussetzung ist, dass sich die Gemeinde bei einer Beteiligung, bei der Hingabe eines Darlehens oder sonst die Prüfung der Betätigung vorbehalten hat (§ 104 Abs. 2 Nr. 3 GO NRW). Über jede Prüfung ist ein Prüfungsbericht zu fertigen.

Auf folgende Punkte ist im Prüfbericht einzugehen:[383]
1. Prüfungsauftrag
2. Stammdaten/bedeutende Fakten zur jeweiligen Beteiligung
2.1 Rechtsform/Gründungsdaten und Historie zur Firma
2.2 Beteiligungsverhältnisse
2.3 vertragliche Grundlagen
2.4 Organe
2.5 Buchführung
3. Einhaltung der Vorschriften des kommunalen Wirtschaftsrechts
3.1 Allgemeine Zulässigkeitsvoraussetzungen
3.2 Jahresabschluss
3.3 Lagebericht
3.4 Erweiterte Jahresabschlussprüfung
3.5 Steuerrecht
3.6 Eigenbetriebsrecht
3.7 Normierung sonstiger Rechte
4. Betätigung der Kommune als Gesellschafter
4.1 Beratungs- und Sitzungstätigkeit
4.2 Zustimmungsvorbehalte
4.3 Feststellung des Jahresabschlusses
5. mittelbare Beteiligungen
6. Organisation und Tätigkeit der Beteiligungsverwaltung
7. Steuerung und Überwachung
8. Zusammenfassung

Abbildung 66: Bestandteile des Prüfungsberichts zur Betätigungsprüfung

383 Ausführlicher siehe Checkliste zur Betätigungsprüfung, in: Der Gemeindehaushalt 12/2007, S. 278 sowie 1/2008, S. 18.

13 Ausblick

13.1 Entwicklungen in der Abschlussprüfung

Aus den bisherigen Ausführungen wird deutlich, dass sich die Regelungen zur kommunalen Rechnungsprüfung mittlerweile sehr stark an denen der privatwirtschaftlichen **Wirtschaftsprüfung orientieren**. Dies zeigt sich insbesondere durch

- eine stärkere Ausrichtung am risikoorientierten Prüfungsansatz,
- gesetzliche Verweise in den kommunalen Vorschriften auf die HGB-Regelungen zum Prüfungsbericht und zum Bestätigungsvermerk,
- eine Intensivierung der IKS-Prüfung und deren Stärkung in den gesetzlichen Regelungen zur Rechnungsprüfung,
- weitergehende Standardisierung, bspw. durch Veröffentlichung der IDR-Leitlinien zur Prüfung und aktualisierte Standards der IFAC sowie
- eine Nutzung des sog. Integrated Reporting und der Nachhaltigkeitsberichterstattung auch für den öffentlichen Sektor. Resultierend daraus, wird sich zukünftig die Frage stellen, inwiefern Informationen aus diesen Berichten geprüft werden können bzw. müssen.

Die Branche der Wirtschaftsprüfung sieht sich derzeit aber insbesondere mit den drei Themen Personalmangel, Professionalisierung und Regulierung sowie Digitalisierung konfrontiert.[384] Diese Themen zeigen sich auch im Bereich der kommunalen Rechnungsprüfung.

Der **Personalmangel** wird bereits durch Studien belegt.[385] Angehalten durch die Personalnot im öffentlichen Sektor gewinnt insbesondere die Personalentwicklung an Bedeutung. Es werden bereits neue Konzepte dazu erarbeitet.[386]

Die **Digitalisierung** erhält in der kommunalen Rechnungsprüfung einerseits dadurch Einzug, dass die Gebietskörperschaften, die geprüft werden, selbst immer mehr Prozesse digitalisieren und die Prüfer diese Prozesse im Rahmen der Beurtei-

---

384 Siehe dazu unter anderem Behrens/Kurte, Die Generation Y in der Wirtschaftsprüfungsbranche in Zeiten der Digitalisierung - Digitalisierung als Chance, sind veränderte Erwartungen neuer Generationen mit den Anforderungen der Branche zu vereinbaren? in: WP Praxis, 2019, S. 72.

385 Als Beispiel sei angeführt McKinsey, Die Besten, bitte: Wie der öffentliche Sektor als Arbeitgeber punkten kann, 2019, S. 5.

386 Siehe dazu bspw. Gourmelon/Hoffmann/Seidel, Personalentwicklungskonzepte in Zeiten von Personalnot, in: Verwaltungsrundschau 2020, S. 149 ff.

lung des IKS und des IT-Umfelds prüfen müssen. Andererseits setzt auch die Rechnungsprüfung Software für ihre Prüfung ein, bspw. für die Planung und Dokumentation der Prüfung. Zudem kann die Rechnungsprüfung bereits jetzt auf Fachsoftware zurückgreifen. Einen immer stärkeren Einfluss auf die gesamte Prüfungsstrategie erhält auch die Nutzung von Analysesoftware.

Eine weitere Entwicklung in der Rechnungslegung im Allgemeinen ist die Verpflichtung zur **nichtfinanziellen Berichterstattung**. Seit 2017 sind bereits große kapitalmarktorientierte Unternehmen, Kreditinstitute und Versicherungen in der EU zur nichtfinanziellen Berichterstattung verpflichtet. Eine Kapitalgesellschaft hat ihren Lagebericht um eine nichtfinanzielle Erklärung zu erweitern, wenn sie die folgenden Merkmale nach § 289b Abs. 1 HGB erfüllt:

- die Kapitalgesellschaft erfüllt die Voraussetzungen des § 267 Abs. 3 Satz 1 HGB; es handelt sich also um eine große Kapitalgesellschaft,
- die Kapitalgesellschaft ist kapitalmarktorientiert im Sinne des § 264d HGB und
- die Kapitalgesellschaft hat im Jahresdurchschnitt mehr als 500 Arbeitnehmer beschäftigt.

Am 21. April 2021 hat die Europäische Kommission einen Richtlinienentwurf zur nichtfinanziellen Berichterstattung veröffentlicht. Der Entwurf sieht eine Ausweitung des Kreises der berichtspflichtigen Unternehmen vor. Nach Umsetzung der Richtline sollen mehr Unternehmen eine nichtfinanzielle Berichterstattung vornehmen. Dies resultiert aus der Reduktion der Arbeitnehmergrenze von 500 auf 250 Arbeitnehmer. Eine Kapitalmarktorientierung ist nicht mehr erforderlich. Die Berichtsinhalte werden ausgeweitet und es ist eine Prüfungspflicht vorgesehen.[387] Auch bei dieser Entwicklung ist zu erwarten, dass sie Auswirkungen auf den öffentlichen Bereich haben wird.

13.2 Professionalisierung und Regulierung

Wirtschaftsprüfer[388] unterliegen einer starken Regulierung. Für sie gelten insbesondere umfassende Regelungen zur internen und externen Qualitätssicherung. Sie haben für ihre Praxis Regelungen zu schaffen, die die Einhaltung ihrer Berufspflichten gewährleisten, und deren Anwendung zu überwachen und durchzusetzen (§ 55b Abs. 1 Satz 1 WPO). Damit meint die Wirtschaftsprüferordnung (WPO) das

[387] Vgl. DRSC, DRSC Briefing Paper zur CSRD vom 21. April 2021, Kommissionsentwurf zur Neuaufstellung der Nachhaltigkeitsberichterstattung, 2021, S. 1 f.

[388] Soweit nicht anders bezeichnet, gelten die Aussagen sowohl für den Wirtschaftsprüfer als auch für den vereidigten Buchprüfer.

sog. **interne Qualitätssicherungssystem**. Diese Regelung ist für alle Wirtschaftsprüfer verpflichtend anzuwenden.

Hinzu kommen – je nach bestimmten Merkmalen – **externe Prüfungen** wie die Qualitätskontrolle, die Inspektion und die anlassbezogene Sonderuntersuchung. Bei einer externen Prüfung überprüft ein externer, berufsangehöriger Wirtschaftsprüfer oder eine staatliche, berufsstandsunabhängige Institution den Wirtschaftsprüfer. Darüber hinaus können bei Verfehlungen berufsgerichtliche Maßnahmen angeordnet werden. Die Einteilung der Maßnahmen zur Qualitätssicherung ist in der nachstehenden Abbildung dargestellt. Der Fokus soll im Folgenden auf der internen Qualitätssicherung liegen, weil die kommunale Rechnungsprüfung keiner direkten externen Prüfung ihres Qualitätssicherungssystems unterliegt.[389]

Maßnahmen zur Qualitätssicherung	**intern/extern**	**präventiv/nachgelagert**
Einrichtung und Unterhaltung eines Qualitätssicherungssystems	intern	präventiv
Qualitätskontrolle	extern	präventiv
Inspektion	extern	präventiv
Sonderuntersuchung	extern	nachgelagert
Berufsgerichtliche Maßnahmen	extern	nachgelagert

Abbildung 67: Einteilung der Maßnahmen zur Qualitätssicherung[390]

Wie genau ein internes Qualitätssicherungssystem ausgestaltet werden soll, dazu gibt die WPO wenig Anhaltspunkte. Die Berufssatzung für Wirtschaftsprüfer und vereidigte Buchprüfer sowie eine Verlautbarung des IDW – der IDW Qualitätssicherungsstandard 1 (IDW QS 1) – gehen stärker ins Detail. Dabei wird unterschieden in die Regelungen zur allgemeinen Praxisorganisation, die Regelungen zur Auftragsabwicklung (bspw. einer Jahresabschlussprüfung) sowie die Regelungen zur Nachschau. Der Standard IDW QS 1 wurde bisher noch nicht durch einen ISA [DE] ersetzt. Die internationalen Standards zur Qualitätssicherung, ISA 220 und ISQC 1, befinden sich derzeit im Prozess der Überarbeitung und werden voraussichtlich durch die weitaus detaillierteren Standards ISA 220 Revised sowie ISQM 2 ersetzt.

389 Zur externen Qualitätssicherung siehe WP Handbuch, Wirtschaftsprüfung und Rechnungslegung, 17. Aufl. 2021, Kap. E: Externe Kontrolle der Qualität von Wirtschaftsprüferleistungen. Zur Diskussion, ob eine externe Prüfung des Qualitätssicherungssystems auch in der kommunalen Rechnungsprüfung sinnvoll ist, siehe Erdmann, C., Risikoorientierte (Mehr) Jahresprüfungsplanung in der kommunalen Rechnungsprüfung, 2014, S. 58.

390 Dillkötter, K., Zur Skalierung der Prüfung des Qualitätssicherungssystems, 2019, S. 24.

Die Regelungen des IDW QS 1 können in Teilen **auch für die kommunale Rechnungsprüfung angewandt werden**. Dies gilt in jedem Fall, soweit die Prüfung durch einen Wirtschaftsprüfer durchgeführt wird. Speziell für Rechnungsprüfer besteht keine vergleichbare Regulierung.

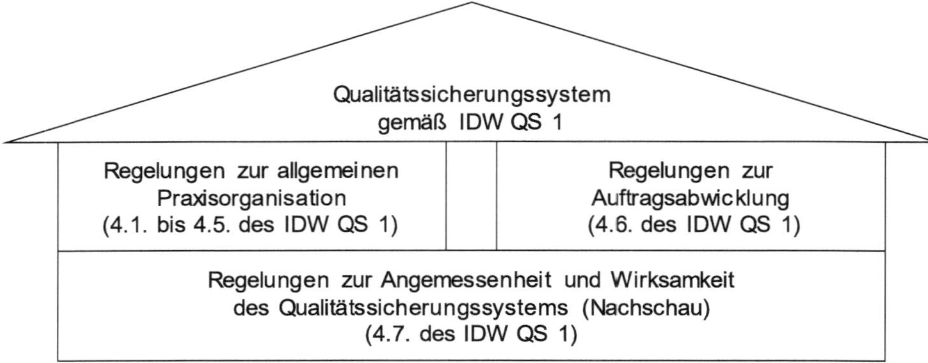

Abbildung 68: Bestandteile des Qualitätssicherungssystems[391]

Das Fundament der internen Qualitätssicherung bildet die **interne Nachschau**. Im Rahmen einer Nachschau wird das Qualitätssicherungssystem intern gewürdigt. Das heißt, ein Mitarbeiter der Wirtschaftsprüferpraxis[392] schaut sich die allgemeine Praxisorganisation sowie die Abwicklung ausgewählter Aufträge an und beurteilt, ob die Regelungen des internen Qualitätssicherungssystems von den Mitarbeitern bzw. Berufsträgern eingehalten wurden. Eine solche interne Nachschau ist **auch für die kommunale Rechnungsprüfung sinnvoll**.

Auch die **allgemeine Praxisorganisation** selbst ist für die Rechnungsprüfung relevant. Der Fokus soll hier auf der Einhaltung der allgemeinen Berichtspflichten und der Mitarbeiterentwicklung liegen. Im Hinblick auf die Berichtspflichten sind die Regelungen zur Unabhängigkeit, Unparteilichkeit und Vermeidung der Besorgnis der Befangenheit, Gewissenhaftigkeit, Verschwiegenheit, Eigenverantwortlichkeit sowie zum berufswürdigen Verhalten zu beachten. Im Hinblick auf die Mitarbeiterentwicklung sind besonders die Regelungen zur Einstellung von fachlich qualifizierten Mitarbeitern, zur Aus- und Fortbildung, zu Mitarbeiterbeurteilungen und zur Organisation der Fachinformation relevant.

---

391 Entnommen und aktualisiert aus Brösel, G./Freichel, C./Toll, M./Buchner, R., Wirtschaftliches Prüfungswesen, 3. Aufl, 2015, S. 147.

392 Unter bestimmten Voraussetzungen muss die Nachschau von einem externen Dritten durchgeführt werden.

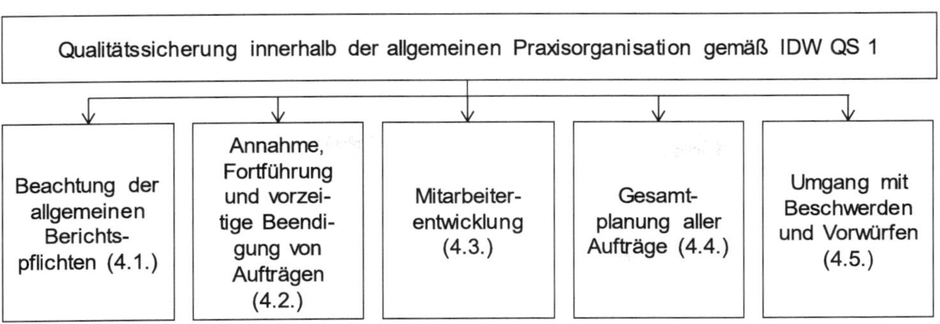

Abbildung 69: Allgemeine Praxisorganisation nach IDW QS 1[393]

Die Regelungen zur **Auftragsabwicklung** sind ebenfalls sinngemäß auf die kommunale Rechnungsprüfung anzuwenden. Die Hauptbestandteile der Qualitätssicherung bei der Auftragsabwicklung werden in der folgenden Abbildung dargestellt. Im Hinblick auf die kommunale Rechnungsprüfung sind insbesondere die Teilbereiche der Qualitätssicherung auszunehmen, die weiteres Personal erfordern (also insbesondere die laufende Überwachung der Auftragsabwicklung durch einen externen Dritten).

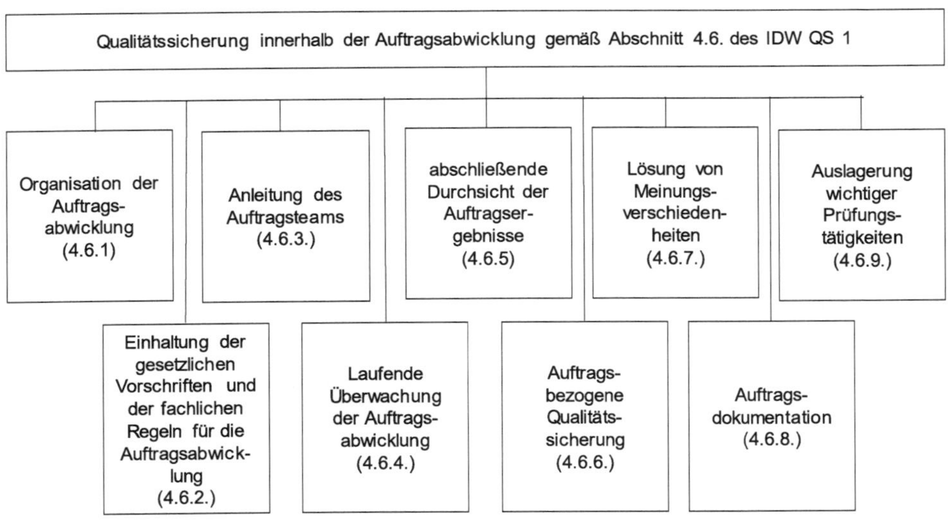

Abbildung 70: Auftragsabwicklung nach IDW QS 1[394]

393 Entnommen und aktualisiert aus Brösel, G./Freichel, C./Toll, M./Buchner, R., Wirtschaftliches Prüfungswesen, 3. Aufl. 2015, S. 147.

394 Entnommen und aktualisiert aus Brösel, G./Freichel, C./Toll, M./Buchner, R., Wirtschaftliches Prüfungswesen, 3. Aufl. 2015, S. 150.

Obwohl es keine verbindlichen Standards zur Qualitätssicherung für Rechnungsprüfer gibt, ist ein starker Trend hin zur Professionalisierung erkennbar. Speziell für die Qualitätssicherung in der kommunalen Rechnungsprüfung wurde im Jahr 2018 der Hinweis der Kommunalen Gemeinschaftsstelle für Verwaltungsmanagement (KGSt) mit dem Titel „Qualitätsmanagement in der kommunalen Rechnungsprüfung. Ein stufenweises Vorgehen – von der Selbstbewertung zum Peer Review (1/2018)" veröffentlicht.[395]

Um das Personal in der Rechnungsprüfung zu halten und zu qualifizieren, bieten Fortbildungsträger eine Qualifizierung zum „Zertifizierten Rechnungsprüfer" an. Das IDR selbst bietet Fachschulungen an, veranstaltet einen Rechnungsprüfertag zum fachlichen und persönlichen Austausch und entwickelt Standards und Prüfhilfen zur praktischen Prüfungsunterstützung.[396] Insgesamt geht somit eine Entwicklung hin zur stärkeren Qualifizierung, es besteht allerdings noch kein dem Berufsexamen des Wirtschaftsprüfers vergleichbares Berufsbild.[397]

Aufgrund der immer umfangreicheren Regulierung wurde die Prüfung von wenig komplexen Einheiten immer häufig als problematisch angesehen. Die Anwendung der umfangreichen Standards wurde oftmals nicht mehr als Hilfe, sondern als Schwierigkeit empfunden. Der internationale Standardsetter IAASB hat sich dieser Problematik angenommen. Um die Situation zu verbessern, wurden drei Wege vorgeschlagen:

- die umfangreiche Überarbeitung der ISA,
- die Neufassung eines separaten Standards sowie
- die Erstellung weiterer Orientierungshilfen für die Prüfer.

Der Hauptfokus liegt derzeit in der Entwicklung eines separaten Standards für die Prüfung von wenig komplexen Einheiten. Dieser soll kürzer und übersichtlicher werden. Nach aktuellem Stand soll im Juli 2021 ein Entwurf dieses Standards veröffentlicht werden.[398] Im Rahmen des Projektes soll auch geprüft werden, ob ein solcher Standard für den öffentlichen Bereich hilfreich ist. Im Einzelnen wird Folgendes geregelt:

395 KGSt, Qualitätsmanagement in der kommunalen Rechnungsprüfung. Ein stufenweises Vorgehen – von der Selbstbewertung zum Peer Review (1/2018), 2018.

396 Siehe dazu https://www.idrd.de/unsere-arbeit/fortbildungskonzept/.

397 Eine ergänzende Diskussion besteht auch dahingehend, welche Stellenbewertung mit der notwendigen Qualifikation einhergeht. Siehe dazu bspw. Richter, M., Leitbild einer modernen kommunalen Rechnungsprüfung - Gutachten zur Bewertung der Beamtenstellen in der kommunalen Rechnungsprüfung, 2013.

398 Vgl. IAASB, Audits of Less Complex Entities – Development of a Separate Standard, 2021, S. 1.

1. Grundlagen, Konzepte und allgemeine Prinzipien
Es werden grundlegende Konzepte und übergreifende Prinzipien dargelegt.
2. Qualitätsmanagement
Es werden Pflichten und Verantwortlichkeiten des Prüfers und des Auftragspartners für das Qualitätsmanagement bei einer Prüfung einer LCE dargelegt.
3. Prüfungsnachweise
Es werden die allgemeinen Anforderungen an Prüfungsnachweise, Kommunikation und Dokumentation sowie das Gesamtziel der Prüfung dargelegt.[399]

Die eigentliche Prüfungsdurchführung soll in folgende Schritte gegliedert werden.

1. Acceptance or Continuance of an Audit Engagement and Initial Engagements (Annahme oder Fortführung eines Prüfungsauftrags und eines Erstauftrags),
2. Planning (Planung),
3. Risk Identification and Assessment (Risikoidentifikation und -Beurteilung),
4. Responding to Risks of Material Misstatements (Adressieren der Risiken wesentlicher falscher Darstellungen),
5. Concluding (Abschluss der Prüfung),
6. Forming an Opinion and Reporting (Bestätigungsvermerk und Berichterstattung).[400]

13.3 Digitalisierung in der Rechnungsprüfung

Die Themen der Digitalisierung und Datenanalyse erhalten immer stärker Einzug in die Prüfungspraxis und damit auch in die entsprechenden Standards.[401] Das Institut der Rechnungsprüfer hat die Prüfungsleitlinie 113 mit dem Titel „Digitale Prüfungsunterstützung und Dokumentation der Rechnungsprüfung" veröffentlicht. Zudem wurde im Januar 2021 ein Leitfaden zur einführungsbegleitenden IT-Prüfung rechnungslegungsrelevanter Verfahren mit sechs Teilen zu den Bereichen „Datenschutz", „Datenmigration", „Rollen und Berechtigungen", „Lizenzmanagement", „Test und Freigabe" sowie „Anwenderdokumentation und Schulung" veröffentlicht. Checklisten zu den Themen „Notfallmanagement", „Schnittstellen", „Datensicherung (inkl. Archivierung)", „Technische Verfahrensdokumentation" und „Re-

399 Vgl. IAASB, Draft International Standard on Auditing for Audits of Financial Statements of Less Complex Entities (ISA for LCE), 2021, S. 6-25.

400 Vgl. IAASB, Draft International Standard on Auditing for Audits of Financial Statements of Less Complex Entities (ISA for LCE), 2021, S. 26-72.

401 In ISA 315 wird die Datenanalyse bspw. weitaus ausführlicher betrachtet als in den Vorgängerstandards. Siehe dazu: https://www.ifac.org/system/files/publications/files/ISA-315-Full-Standard-and-Conforming-Amendments-2019-.pdf.

levante Fragen zum Beschaffungsprozess“ werden derzeit vom Arbeitskreises Informationstechnologie der IDR-Landesgruppe NRW erarbeitet.[402]

Die Leitlinie 113 empfiehlt drei Teilbereiche zur digitalen Prüfungsunterstützung, die im Folgenden beschrieben werden: Prüfsoftware, Fachsoftware sowie Analysesoftware. Allerdings beschränkt sich diese Leitlinie darauf, den Einsatz von Prüfungssoftware **prinzipiell zu empfehlen** und den Einsatz von digitaler Unterstützung bei der Rechnungsprüfung in der beschriebenen Form zu **systematisieren** (vgl. IDR L 113, Tz. 7, 20, 21).

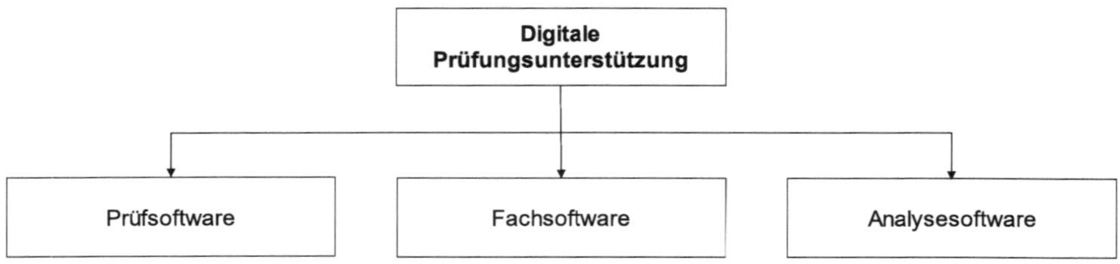

Abbildung 71: Digitale Prüfungsunterstützung[403]

Um die **digitale Prüfungsunterstützung** in Zukunft sinnvoll nutzen zu können, müssen Rechnungsprüfer auch in diesem Bereich weitergebildet werden.

Prüfsoftware ist schon seit Langem ein fester Bestandteil der Arbeit von Wirtschaftsprüfern. Die Prüfsoftware sorgt dafür, dass Prüfungshandlungen und die für die Aufträge wichtigen Daten dokumentiert werden. Sie haben für die Prüfer einen Mehrwert gegenüber einer schlichten Ablage in Ordnern oder einem Laufwerk, auf dem lediglich Unterlagen abgelegt werden. Ein Prüfungsansatz kann als Prozess in der Software dargestellt werden, sodass keine Bereiche vergessen werden. Spezifika für bestimmte Rechtsformen und Branchen können berücksichtigt werden. Beispielsweise kann durch die Vorauswahl der Rechtsform und der Art des Auftrags direkt eine Anpassung des allgemeinen Prüfungsvorgehens auf den jeweiligen Auftrag automatisch erfolgen; so erscheint z.B. bei Auswahl eines Mandats inkl. einer Prüfung nach HGrG automatisch eine Meldung, dass dieses mit vorgegebenen Prüfungsschritten gesondert geprüft wird. Für eine interne Nachschau wird der Prüfungsablauf direkt deutlich.

Mittlerweile gibt es speziell **auf kommunale Prüfungen bzw. Prüfungen im öffentlichen Bereich zugeschnittene Prüfsoftware** wie DATEV Prüfung ÖR 1 oder eine speziell entwickelte Version der Audicon Software für Kommunen. Teilweise berücksichtigt diese Prüfungssoftware bereits die jeweiligen rechtlichen Regelungen je nach Bundesland.

402 Siehe dazu insbesondere Kap. 4.1.4.

403 In Anlehnung an IDR L 113, Tz. 7, der auf IDW PS 330 zurückgreift.

Weitere Vorteile einer Prüfsoftware sind bspw.:

- stringente Dokumentation eines risikoorientierten Prüfungsansatzes,
- Hinterlegung einer mehrjährigen Prüfungsplanung,
- Darlegung der IKS-Prüfung,
- Verbindung von Risikobeurteilung und Beurteilung der Ergebnisse der IKS-Prüfung mit den weiteren notwendigen Prüfungshandlungen,
- erleichterte Darstellung der Prüfung von Gesamtabschlüssen sowie die
- Vorbereitung des Prüfungsberichts anhand der bereits eingegebenen Daten.

Fachsoftware unterstützt bspw. bei der IKS-Prüfung oder der Visualisierung von Prozessen.[404]

Der Einsatz von **Analysesoftware** beeinflusst den gesamten Prüfungsprozess. Die Wirtschaftsprüfung bzw. Rechnungsprüfung ist ein Gebiet, das auf viele unterschiedliche Bereiche mit hohen Datenmengen zurückgreifen muss. Die Mengen von Daten in Unternehmen und im Allgemeinen steigen stetig an.[405] In der Wirtschaftsprüfung wurde Analysesoftware zunächst im Rahmen des sog. **Journal Entry Testing** genutzt.[406] Dabei sollen alle Buchungssätze (Journal Entrys) als ein Datensatz analysebereit aus der Buchungssoftware entnommen werden. Wichtig ist hier die Prüfung der Vollständigkeit des Datensatzes durch den Prüfer vor der eigentlichen Analyse. Die Analyse der Daten erfolgt bspw. im Hinblick auf auffällige Buchungssätze, glatte Beträge, umfangreiche Stornierungen oder ungewöhnliche Buchungszeiten (Ausnahme: automatische Buchungen). Damit dient die Analyse auch als Prüfungshandlung zur Aufdeckung von Fraud.

Beispiel:

Mittels einer IT-gestützten Durchsuchung der Aufzeichnungen der Lohn- und Gehaltsbuchhaltung können doppelte Adressen, Personal- und Steuernummern oder doppelte Bankkonten ermittelt werden.

Eine häufig für das Jet Testing genutzte Software ist IDEA. IDEA (Interactive Data Extraction and Analysis) ist eine eingetragene Marke der CaseWare IDEA Inc.

Die folgende Abbildung zeigt den Zusammenhang der Journal Entry Tests zu den Abschlussaussagen nach dem Aussagenkonzept des ISA 315 (vgl. Kap. 2.3.4).

---

404 In Anlehnung an IDR L 113, Tz. 7, der auf IDW PS 330 zurückgreift.

405 Vgl. Satzger, G./Holtmann, C./Peter, S., Advanced Analytics im Controlling, Zeitschrift für Controlling, 2015, S. 229.

406 Vgl. WP Handbuch, Wirtschaftsprüfung und Rechnungslegung, 17. Aufl. 2021, Kap. L, Tz. 632.

Journal Entry Test	Zentrale Aussagen
Anzahl Buchungen pro Erfasser	Eintritt, Vollständigkeit, Vorhandensein, Zurechnung
Buchungen mit ungewöhnlichen Buchungstexten	Eintritt, Periodenabgrenzung, Vollständigkeit, Vorhandensein, Zurechnung
Buchungen zu unüblichen Zeiten (Ausnahme: automatische Buchungen)	Eintritt, Vollständigkeit, Vorhandensein
Zeitnahes Erfassen und Buchen	Periodenabgrenzung, Vollständigkeit
Gegenkontenanalyse	Eintritt, Kontenzuordnung, Periodenabgrenzung, Vorhandensein
Atypische Buchungen (z. B. häufige Stornobuchungen)	Eintritt, Periodenabgrenzung, Vollständigkeit, Vorhandensein, Zurechnung

Abbildung 72: Zusammenhang von Journal Entry Tests und Aussagenkonzept[407]

Einer besonderen Schwierigkeit sieht sich der Prüfer gegenüber, wenn er Prüfungshandlungen in Prüffeldern durchführen muss, die als sog. **Massenrisiken** gelten. Im Fall von Massenrisiken sind aussagebezogene Prüfungshandlungen allein nicht ausreichend. Es muss immer auch eine Systemprüfung erfolgen, weil selbst durch noch so umfangreiche aussagebezogene Prüfungshandlungen keine ausreichende Prüfungssicherheit erreicht werden kann.[408] In Produktionsunternehmen liegen solche Massentransaktionen häufig im Bereich der Forderungen und Verbindlichkeiten sowie den Umsatzerlösen und dem Materialaufwand vor. Beispiele für Massentransaktionen bei Gebietskörperschaften sind Gewerbesteuerbescheide in größeren Gemeinden oder der Personalaufwand bei vielen Mitarbeitern. Weitere mögliche Datenanalysen finden sich insbesondere in IDW PH 9.330.3 (Einsatz von Datenanalysen im Rahmen der Abschlussprüfung).

Mittlerweile ist bereits eine nahezu vollständige Auswertung von Massendaten möglich. Durch die **digitale Transformation** haben sich neue Möglichkeiten zur Analyse dieser Massendaten ergeben. Neuere Analyseprogramme gehen einen großen Schritt weiter und bilden selbst den risikoorientierten Prüfungsstoff ab. Programme wie „Halo for SAP“ analysieren die gesamten prüfungsrelevanten Daten automatisiert und geben nur den Buchungsstoff raus, der tatsächlich geprüft werden muss oder der nicht verarbeitet werden kann.

---

407 Entnommen und ergänzt aus Marten, K.-U./Quick, R./Ruhnke, K., Wirtschaftsprüfung, 6. Aufl. 2020, S. 678, basierend auf Droste, K. C./Tritschler, J., Journal Entry Testing, 2018, S. 39.

408 Vgl. Freichel, C., Skalierte Jahresabschlussprüfung, 2016, S. 135.

Solche Programme analysieren alle verfügbaren Daten und berichten dem Prüfer nur über den Anteil der Grundgesamtheit, der potenziell fehlerhaft ist. Dabei kann nicht nur der Buchungsstoff selbst analysiert werden, sondern auch das IKS, das zu den betreffenden Buchungen führt. Beispielsweise kann ermittelt werden, ob alle Transaktionen im Einkauf vorhanden sind, auf Bestellungen beruhen und tatsächlich im Unternehmen eingegangen sind. Weiterhin prüft das System, ob eine Rechnung vorliegt, die sowohl inhaltlich als auch der Höhe nach mit der Lieferung und der Bestellung übereinstimmt und darauffolgend die korrekte Buchung in der Finanzbuchhaltung erfolgt ist. Um auch die Position „Bank“ einzubeziehen, kann zusätzlich abgeglichen werden, ob eine passende Auszahlung erfolgt ist.[409]

Voraussetzung für dieses Vorgehen ist, dass die Mandanten ein System verwenden, das die Daten strukturiert zur Verfügung stellen kann und ein Datenabzug zentral möglich ist. Liegen die notwendigen Daten in verschiedenen Einzelsystemen vor, ist dieses Vorgehen nicht oder nur sehr aufwendig möglich.[410] Daher bietet sich diese Vorgehensweise hauptsächlich bei **ERP-Systemen** an. Der Schritt der Systemumstellung müsste daher vor der Umstellung auf neue Prüfungsarten erfolgen. Wichtig ist zudem eine Sicherstellung der Richtigkeit und Vollständigkeit der Datenerfassung und -verarbeitung durch den Prüfer.

Aber auch komplexere Themen wie die Prüfung von Schätzwerten und die Risikoanalyse zu Beginn und während der Prüfung können durch die Analyse von größeren Datenmengen erleichtert und zusätzlich objektiver werden.[411] Zudem bietet sich nun nicht mehr nur eine – nachträgliche – Prüfung an, sondern auch eine kontinuierliche Prüfung, bei der das System bei vermeintlichen Unregelmäßigkeiten (z.B. Bestellung und Rechnung passen nicht zusammen) direkt eine Meldung ausgibt und der Sachverhalt direkt geprüft wird.[412] In den zu prüfenden Bereichen ist entscheidend, dass die Datenqualität gewährleistet ist. Durch **künstliche Intelligenz und maschinelles Lernen** können sich Systeme auch selbst weiterentwickeln und verbessern. Doch der Digitalisierung der Prüfung sind Grenzen gesetzt. Die Erfahrung des Prüfers und der persönliche Kontakt zum Mandanten können nicht vollständig ersetzt werden. Die Ergebnisse der Analysen müssen interpretiert werden.[413]

---

[409] Vgl. WP Handbuch, Wirtschaftsprüfung und Rechnungslegung, 17. Aufl. 2021, Kap. L, Tz. 1382.

[410] Vgl. WP Handbuch, Wirtschaftsprüfung und Rechnungslegung, 17. Aufl. 2021, Kap. L, Tz. 1379 ff.

[411] Vgl. WP Handbuch, Wirtschaftsprüfung und Rechnungslegung, 17. Aufl. 2021, Kap. L, Tz. 1380 und 1384.

[412] Vgl. WP Handbuch, Wirtschaftsprüfung und Rechnungslegung, 17. Aufl. 2021, Kap. L, Tz. 1381–1382; Wagner, J. M., Empirische Studie zum Umsetzungsgrad von Continuous Auditing in deutschen Innenrevisionen, in: Zeitschrift Interne Revision, 52. Jg. (2017), S. 14-25.

[413] Vgl. WP Handbuch, Wirtschaftsprüfung und Rechnungslegung, 17. Aufl. 2021, Kap. L, Tz. 1385.

Anlage 1: Checkliste zur Prüfung des Jahresabschlusses nach NKF (Auszug)

Erstellt durch Mitarbeiter*innen einiger Rechnungsprüfungsämter in NRW, Stand: März 2006,
aktualisiert nach den Regelungen der Kommunalhaushaltsverordnung (KomHVO NRW) vom 12.12.2018 (GV.NRW. S. 708) mit eigenen Überarbeitungen und Ergänzungen[414]

1. Besondere Fragen zu einzelnen Bilanzpositionen

Aktiva

1.1 Immaterielle Vermögensgegenstände
1. Werden die Vertragsunterlagen und Belege über den entgeltlichen Erwerb von immateriellen Werten systematisch und übersichtlich gesammelt und gelangen sie zur Kenntnis der Buchhaltung?
2. Ist sichergestellt, dass keine nicht entgeltlich erworbenen oder selbst erstellten immateriellen Vermögensgegenstände aktiviert wurden (§ 44 Abs. 1 KomHVO NRW)?
3. Werden für die immateriellen Werte Konten in der Anlagenbuchhaltung geführt, die die für die Erstellung eines Anlagenspiegels erforderlichen Daten enthalten und wird hierbei sichergestellt, dass die nicht abnutzbaren immateriellen Vermögensgegenstände keiner Abschreibung unterliegen?
4. Ist sichergestellt, dass grundstücksgleiche Rechte (z.B. Erbbaurechte, Abbaurechte) nicht unter den immateriellen Vermögensgegenständen ausgewiesen werden?
5. Ist sichergestellt, dass Anzahlungen auf immaterielle Vermögensgegenstände innerhalb des Bilanzpostens der immateriellen Vermögensgegenstände ausgewiesen werden?
6. Werden immaterielle Vermögensgegenstände, deren Nutzung zeitlich begrenzt ist, planmäßig abgeschrieben?

1.2 Sachanlagen
Unbebaute Grundstücke und grundstücksgleiche Rechte, bebaute Grundstücke und grundstücksgleiche Rechte, Infrastrukturvermögen:
1. Werden die Vertragsunterlagen und Belege über den entgeltlichen Erwerb von Immobilienbesitz (Verträge, Grundbuchauszüge, Veränderungsnachweise, Lagepläne, u. ä.) systematisch und übersichtlich gesammelt und gelangen sie zur Kenntnis der Buchhaltung?
2. Wurde der Instandsetzungsaufwand unter Aktivierungsgesichtspunkten überprüft?
3. Wurde der Herstellungsaufwand ordnungsgemäß von nicht aktivierungsfähigem Instandsetzungsaufwand abgegrenzt?
4. Ist bei Immobilienleasing aufgrund der Vertragsregelung der Leasinggegenstand zu aktivieren (wirtschaftliches Eigentum, siehe Leasingerlasse für Immobilien)?

---

[414] Für die Ergänzungen wurde u.a. Prüfungskataloge und Arbeitshilfen verwandt aus: Diekhaus, B., Leitfaden kommunale Rechnungsprüfung in Niedersachsen, 3. Aufl. 2020 und Niemann, W., Jahresabschlussprüfung, 4. Aufl. 2011. Die Checkliste deckt nicht sämtliche Prüfungsfragen zu den einzelnen Bilanzposten ab, sondern fasst stellt nur relevante Fragen zusammen.

5. Im Fall der Aktivierung von Eigenleistungen: Wie wurden die Herstellungskosten ermittelt?
   - Sind die angesetzten Material-, Fertigungs- und Sonderfertigungskosten nach Eingangsrechnungen und Materialentnahmescheinen nachvollziehbar?
   - Sind die ggf. zusätzlich angesetzten Gemeinkosten für Material, Fertigung und Verwaltung (vgl. § 34 Abs. 3 KomHVO NRW) angemessen und verursachungsgerecht?
   - Liegen entsprechende nachvollziehbare Kalkulationsunterlagen vor?
   - Ist sichergestellt, dass insbesondere kalkulatorische Kosten nicht angesetzt wurden?
6. Erfolgte eine korrekte Aufteilung des Anschaffungswertes auf Grund und Boden und Gebäude, falls dies nicht aus den Vertragsunterlagen ersichtlich ist?
7. Wird regelmäßig überprüft, ob eine außerplanmäßige Abschreibung auf einen niedrigeren beizulegenden Stichtagswert (§ 36 Abs. 6 KomHVO NRW) erfolgen muss, liegen hierfür die Verfahren der Immobilien-Wertermittlungsverordnung – ImmoWertV zugrunde und entsprechen die Berechnungen den gesetzlichen Erfordernissen?
8. Wurden Anschaffungsnebenkosten und nachträgliche AK i.S.d. § 34 Abs. 2 KomHVO NRW zum Anschaffungswert zugerechnet bzw. Anschaffungspreisminderungen beim Anschaffungswert abgezogen?

Bauten auf fremden Grund und Boden
1. Ist sichergestellt, dass es sich nicht um gemietete oder gepachtete Bauten handelt, sondern um von der Gemeinde selbst errichtete Bauten (vor allem Betriebsvorrichtungen wie z.B. Trafostationen oder Druckreglerstationen) oder um Bauten, die die Gemeinde aufgrund von Sanierungen bestehender Gebäude oder zur vorübergehenden Unterbringung von Verwaltungspersonal, Schülern oder Kindergartenkindern auf fremden Grund und Boden errichtet hat?
2. Ist sichergestellt, dass diese Bauten tatsächlich auf fremden Grund und Boden stehen, d.h. dass es sich um Grundstücke handelt, die insbesondere gemietet oder gepachtet sind, sodass weder Eigentum der Kommune vorliegt noch ein grundstücksgleiches Recht (z.B. Erbbaurecht) besteht?

Kunstgegenstände. Kulturdenkmäler
1. Werden Abschreibungen nur bei den Kunstgegenständen vorgenommen, bei denen ein wirtschaftlicher oder ein technischer Werteverzehr eintritt, wie z.B. bei Gebrauchskunstgegenständen?
2. Besteht ein angemessener Versicherungsschutz und wird dieser bei wesentlichen Zu- oder Abgängen angepasst?

Maschinen und technische Anlagen, Fahrzeuge, Betriebs- und Geschäftsausstattung
1. Erfolgte die Zuordnung zu den Maschinen und technischen Anlagen nach dem Kriterium der unmittelbaren Verwendung zur gemeindlichen Leistungserstellung und sind insbesondere die Betriebsvorrichtungen erfasst, sofern sie nicht unter den unbebauten und bebauten Grundstücken oder dem Infrastrukturvermögen ausgewiesen werden? (Anm.: Betriebsvorrichtungen sind Maschinen und sonstige Vorrichtungen aller Art, die zu einer Betriebsanlage gehören, selbst wenn sie wesentliche Bestandteile eines Grundstücks oder Gebäudes sind, sowie selbständige Bauwerke oder Gebäudebestandteile, wenn durch diese die Verwaltungstätigkeit unmittelbar betrieben wird und sie somit eine ähnliche Funktion wie Maschinen haben, z.B. Lastenaufzüge, Autoaufzüge in Parkhäusern, Verkaufsautomaten, Tresoranlagen, Druckmaschinen)
2. Ist sichergestellt, dass bei den Fahrzeugen nicht nur die marktüblichen Fahrzeuge auszuweisen sind, sondern auch kommunalspezifische Spezialfahrzeuge (z.B. Lösch- oder Müllfahrzeuge)?
3. Erfolgten Ausweis und Bewertung korrekt?
4. Besteht ein angemessener Versicherungsschutz und wird dieser bei wesentlichen Zu- oder Abgängen angepasst?
5. Ist durch Ortsbesichtigung oder Hinzuziehung geeigneter Unterlagen (z. B. Kfz-Briefe) in Stichproben sichergestellt, dass
   - das Anlagenverzeichnis vollständig ist?
   - das nachgewiesene Anlagevermögen betrieblich genutzt wird?

6. Im Falle von geleasten Anlagen: Ist aufgrund der Vertragsregelung der Leasinggegenstand zu aktivieren (wirtschaftliches Eigentum, siehe Leasingerlasse)?
7. Ist sichergestellt, dass unter der Betriebs- und Geschäftsausstattung insbesondere alle Einrichtungsgegenstände von Büros, Labors, Schulen, Kindergärten und Werkstätten (z.B. Tische, Stühle, Schränke, Computer, Werkzeuge) ausgewiesen werden?
8. Wird beachtet, dass komplexeres technisches Gerät ggf. unter den Maschinen und technischen Anlagen ausgewiesen wird?
9. Ist sichergestellt, dass das Prinzip der Einzelbewertung für einen Vermögensgegenstand nur dann nicht gilt, wenn dieser Vermögensgegenstand einer selbständigen Nutzung nicht fähig ist, d.h. wenn er nach seiner betrieblichen Bestimmung nur zusammen mit anderen Vermögensgegenständen des Anlagevermögens genutzt werden kann und die Vermögensgegenstände aufeinander abgestimmt sind (z.B. Rechner, Monitor, Tastatur und Maus eines Computers oder die Zuschauersitze in Theatern sind nicht einzeln nutzbar und bilden deshalb eine Einheit; selbständig nutzbar sind dagegen z.B. die Bücher einer Bibliothek oder das Geschirr einer Kantine)?
10. Wird für die Betriebs- und Geschäftsausstattung statt einer Einzelbewertung eine Fest- oder Gruppenbewertung vorgenommen und wird diese korrekt durchgeführt?
11. Ist beachtet worden, dass ein Festwert bei der Betriebs- und Geschäftsausstattung die allgemeinen Voraussetzung für die Festwertbildung erfüllt
   - regelmäßiger Ersatz
   - nachrangige Bedeutung (Anhaltspunkt: Prüfung im Einzelfall erforderlich, jedoch muss auch die Summe aller Festwerte von nachrangiger Bedeutung sein; z.B. wird häufig ein Anteil von 5 % der Bilanzsumme als Orientierungshilfe für die Gesamtsumme aller Festwerte angesehen)?
   - geringe Bestandsveränderung in seiner Größe, seinem Wert und seiner Zusammensetzung und wurde im Einzelfall auch der Nutzen des Festwertverfahrens hinterfragt (mögliche Anwendungsbereiche für Festwerte sind Laboreinrichtungen, Ausstattung von Schulräumen und Kindergärten)?
12. Ist beachtet worden, dass ein Gruppenwert bei der Betriebs- und Geschäftsausstattung die allgemeinen Voraussetzung erfüllt, dass es sich um „andere gleichartige oder annähernd gleichwertige bewegliche Vermögensgegenstände handelt", d.h. insbesondere um Vermögensgegenstände, die in größeren Mengen vorhanden sind und sich lediglich unerheblich voneinander unterscheiden, z.B. Stühle, Schreibtische, Schränke?
13. Erfolgten Ausweis und Bewertung korrekt?

Geleistete Anzahlungen, Anlagen im Bau
1. Sind alle notwendigen Umbuchungen durchgeführt worden?
2. Sind alle Umbuchungen auf die richtigen Konten durchgeführt worden?
3. Sind die Umbuchungen berechtigt (Vorliegen des wirtschaftlichen Eigentums; keine höheren Umbuchungsbeträge als zuvor in der Position eingestellt etc.)?
4. Wird bei wesentlichen Anzahlungen auf bestehende Dienstanweisungen (Sicherheiten, Abschlagszahlungen etc.) und Vertragsbestimmungen geachtet? Ergeben sich bei Nichtbeachtung evtl. notwendige außerplanmäßige Abschreibungen (z. B. bei Überfälligkeit oder Ausfall der ausstehenden Leistungen i.V.m. der Schlussfolgerung, dass die geleistete Anzahlung risikobehaftet oder überhöht ist)?
5. Werden beim Eingang von Rechnungen die geleisteten Anzahlungen zutreffend verrechnet?
6. Wurden die Zugänge abgestimmt
   - mit den Vertrags- und Rechnungsunterlagen,
   - mit den in Betracht kommenden Konten?
7. Wurden als Anschaffungskosten die geleisteten Zahlungen angesetzt?
8. Liegen bei gebuchten Abgängen die sachlichen Voraussetzungen vor? Ist sichergestellt, dass die auf die Abgänge entfallenden aufgelaufenen Abschreibungen ausgebucht wurden und nicht mehr im Anlagenspiegel ausgewiesen werden?

9. Wie wurden die ggf. angesetzten Herstellungskosten ermittelt?
   - Sind die angesetzten Material-, Fertigungs- und Sonderfertigungskosten nach Eingangsrechnungen und Materialentnahmescheinen nachvollziehbar?
   - Sind die ggf. zusätzlich angesetzten Gemeinkosten (vgl.§ 34 Abs. 3 KomHVO NRW) angemessen und verursachungsgerecht?
   - Liegen entsprechende nachvollziehbare Kalkulationsunterlagen vor?
   - Ist sichergestellt, dass insbesondere kalkulatorische Kosten nicht angesetzt wurden?

10. Wurde der Herstellungsaufwand ordnungsgemäß von nicht aktivierungsfähigem Instandsetzungsaufwand abgegrenzt?
11. Ist sichergestellt, dass ausschließlich geleistete Anzahlungen für Sachanlagen in diesem Bilanzposten erscheinen?
12. Ist beachtet worden, dass Anzahlungen für ein beabsichtigtes, aber zum Bilanzstichtag nicht mehr vorgesehenes Lieferungs- oder Leistungsgeschäft einen Rückzahlungsanspruch bedeuten, der unter den sonstigen Vermögensgegenständen auszuweisen ist (vgl. ADS § 266 HGB Rn. 60)?
13. Wurden bei den Anlagen im Bau wertmindernde Umstände (z.B. Baumängel, Beschädigungen) berücksichtigt?

1.3 Finanzanlagen
Anteile an verbundenen Unternehmen, Beteiligungen. Sondervermögen, Wertpapiere des Anlagevermögens

1. Werden für die Anteile Konten in der Anlagenbuchhaltung oder ein Verzeichnis geführt, das vollständige Daten über
   - Firma und Rechtsform,
   - Grund- bzw. Stamm- oder Gesellschaftskapital,
   - Nennwert der Anteile,
   - prozentuale Anteile am Kapital,
   - Resteinzahlungsverpflichtungen,
   - Rechtsverhältnisse, wie Gewinnabführungsverträge, Organschaftsverhältnisse, Beherrschungsverträge enthält?

2. Wurde die Vollständigkeit des Anlagenspiegels mit den Konten oder dem Bestandsverzeichnis abgestimmt?
3. Werden für die einzelnen Gesellschaften, die ausgewiesen werden, systematische und übersichtliche Beteiligungsakten (mit Gründungsprotokollen und -berichten, Gesellschaftsvertrag, Kaufvertrag, Protokollen über Gesellschaftsversammlungen, Listen der Gesellschafter gemäß § 40 GmbHG, Handelsregisterauszüge, Treuhandverträge, Verträge mit den Beteiligungsgesellschaften, Zwischenabschlüsse, Jahresabschlüsse, Prüfungsberichte, Schriftwechsel u.ä.) geführt?
4. Werden die Zuständigkeitsregelungen für Erwerb und Veräußerung von Finanzanlagen eingehalten und liegen evtl. notwendige aufsichtsbehördliche Genehmigungen vor?
5. Erfolgt die Verwaltung und das Controlling von Finanzanlagen aufgrund örtlicher Richtlinien und werden diese eingehalten?
6. Wurde beim Ausweis zutreffend abgegrenzt zwischen der Bilanzierung von
   - Anteilen an verbundenen Unternehmen,
   - Beteiligungen,
   - Sondervermögen,
   - Wertpapieren des Anlagevermögens?

7. Erfolgte die Bewertung höchstens zu Anschaffungskosten?
8. Wurden die Zugänge daraufhin überprüft, ob die Voraussetzungen für die Aktivierung gegeben sind durch
   - Abstimmung des mengenmäßigen Zugangs an Anteilsrechten mit den entsprechenden Rechtsgrundlagen (z. B. Neugründung, Kauf, Kapitalerhöhung gegen Bar- oder Sacheinlagen)?
   - Feststellung, dass auch bei wirtschaftlicher Betrachtungsweise ein mengenmäßiger Zugang vorliegt (dies ist z. B. keine Kapitalerhöhung aus Gesellschaftsmitteln)?

- Feststellung, dass auch das wirtschaftliche Eigentum an den Gesellschaftsanteilen übertragen wurde, d.h. dass der Anteil an Substanz und Ertrag, die Chance einer eventuellen Wertsteigerung und die Gefahrtragung auf die Kommune übergegangen sind?

9. Wurde für die Abgänge des Berichtsjahres überprüft, ob die Voraussetzungen für die buchhalterische Ausbuchung gegeben sind durch
   - Abstimmung des mengenmäßigen Abgangs an Anteilsrechten mit den entsprechenden Rechtsgrundlagen (z. B. Liquidation oder sonstige Beendigung der Beteiligungsgesellschaft, Austritt aus der Gesellschaft, Verkauf, Kapitalrückzahlung etc.)?
   - Feststellung, dass auch bei wirtschaftlicher Betrachtungsweise ein mengenmäßiger Abgang vorliegt (z. B. nicht bei einer Kapitalherabsetzung zum Ausgleich von Verlusten)?
10. Liegen bei Verkauf von Anteilen an Gesellschafter keine Verstöße gegen gesetzliche Verbote (z.B. § 30 GmbHG) oder verdeckte Gewinnausschüttungen vor?
11. Ergeben sich Anhaltspunkte für die Notwendigkeit außerplanmäßiger Abschreibungen gemäß § 36 Abs. 6 KomHVO NRW aufgrund
    - der Geschäfts- und Prüfungsberichte,
    - der Jahresabschlüsse,
    - der Finanzpläne, Umsatz- und Ertragsschätzungen, der Unterlagen für eine Kaufpreisermittlung, sonstiger Nachweise für die künftige Entwicklung,
    - niedrigerer Börsenkurse,
    - politischer Risiken?
12. Sind im Fall einer außerplanmäßigen Abschreibung dementsprechende Wertanpassungen im Bereich anderer Bilanzpositionen, z. B. bei Dividendenforderungen, erforderlich und durchgeführt worden?
13. Haben Sie sich bei der Prüfung der Zuschreibungen überzeugt von der Vertretbarkeit des Grundes der Zuschreibung (Wegfall des Grundes für außerplanmäßige Abschreibungen nach § 36 Abs. 9 KomHVO NRW)?
14. Sind die Anschaffungskosten bei der Zuschreibung nicht überschritten worden?
15. Wurden die laufenden Finanzerträge, die Abschreibungen und die Zuschreibungen mit den in der Ergebnisrechnung verbuchten Beträgen abgestimmt?
16. Sind unter dem Bilanzposten **Sondervermögen** (vgl. § 97 GO NRW)
    - die wirtschaftlichen Unternehmen (§ 114 GO NRW) und organisatorisch verselbständigte Einrichtungen (§ 107 Abs. 2 GO NRW) ohne eigene Rechtspersönlichkeit,
    - das Vermögen der rechtlich unselbständigen örtlichen Stiftungen,
    - das Gemeindegliedervermögen und
    - die rechtlich unselbständigen Versorgungs- und Versicherungseinrichtungen angesetzt?
17. Entsprechen die Ansätze unter der Position **Wertpapiere des Anlagevermögens** folgender Definition? „Es liegt keine Beteiligung vor, die Anteile sind jedoch dazu bestimmt, dauernd der Gemeinde zu dienen."
18. Werden für Anteile an verbundenen Unternehmen oder Beteiligungen in Form von Aktien oder anderen Wertpapiere, die an einer Börse zum amtlichen Handel oder zum geregelten Markt zugelassen oder in den Freiverkehr einbezogen sind, nicht Ertrags- oder Substanzwerte, sondern Börsen- oder Marktpreise als Vergleichswerte zur Ermittlung des beizulegenden Zeitwertes am Bilanzstichtag herangezogen?
19. Werden für Wertpapiere, die nicht an einer Börse zum amtlichen Handel oder zum geregelten Markt zugelassen oder in den Freiverkehr einbezogen sind, korrekte Werte angesetzt?
20. Wird beim Ertragswertverfahren der Cashflow plausibel ermittelt und ist der Zinssatz zur Ermittlung des Barwertes akzeptabel?

Ausleihungen an verbundene Unternehmen. an Beteiligungen. an Sondervermögen sonstige Ausleihungen

1. Werden für die Ausleihungen Konten in der Anlagenbuchhaltung oder ein Verzeichnis geführt, das vollständige Daten enthält über
   - Ursprungsbetrag,

- Zinssatz, Zinstermine, rückständige Zinszahlungen,
- Rückzahlungsraten, Rückzahlungstermine, rückständige Tilgungsraten,
- Sicherheiten, davon Grundpfandrechte?

2. Werden für die Ausleihungen übersichtliche Akten (mit Verträgen, ggf. Grundbuchauszügen neuesten Datums, notariellen Urkunden, Hypotheken und Grundschuldbriefen etc.) geführt?
3. Werden die Zuständigkeitsregelungen der GO NRW bei Erwerb und Veräußerung von Finanzanlagen eingehalten?
4. Erfolgt die Verwaltung und das Controlling von Finanzanlagen aufgrund örtlicher Richtlinien und werden diese eingehalten?
5. Wurde beim Ausweis zutreffend abgegrenzt zwischen der Bilanzierung von
   - Ausleihungen an verbundene Unternehmen,
   - Ausleihungen an Beteiligungen,
   - Ausleihungen an Sondervermögen,
   - sonstige Ausleihungen abgegrenzt?
6. Wird die vertraglich vereinbarte Verzinsung und Tilgung mit dem tatsächlichen Zahlungseingang abgestimmt?
7. Wurden die Zugänge mit den zugrunde liegenden Verträgen abgestimmt?
8. Erfolgte zur Überprüfung der Abgänge eine Abstimmung der auf den Personenkonten verbuchten Tilgungen mit
   - den entsprechenden Ausweisen in den Konten der Anlagenbuchhaltung/dem Bestandsverzeichnis,
   - den vertraglichen Vereinbarungen?
9. Sind bei Ausleihungen an verbundene Unternehmen, Beteiligungen und Sondervermögen die Zinsen angemessen?
10. Ist bei der Prüfung der Anschaffungskosten darauf geachtet,
    - dass der ausgezahlte Betrag im Falle einer Zinslosigkeit oder niedrigen Verzinsung abzuzinsen ist?
    - dass evtl. Aufzinsungen als Zuschreibung zu erfassen sind?
11. Ergeben sich Anhaltspunkte für die Notwendigkeit außerplanmäßiger Abschreibungen gemäß § 36 Abs. 6 KomHVO NRW?
12. Sind im Fall einer außerplanmäßigen Abschreibung dementsprechende Wertanpassungen im Bereich anderer Bilanzpositionen, z. B. Zinsansprüche erforderlich und durchgeführt worden?
13. Wurden die laufenden Finanzerträge, die Abschreibungen und die Zuschreibungen mit den in der Ergebnisrechnung verbuchten Beträgen abgestimmt?

1.4 Vorräte

Roh-, Hilfs- und Betriebsstoffe, Waren

1. Ist der ausgewiesene Bilanzwert durch die Sachkonten und Inventurergebnisse nachgewiesen?
2. Werden Roh-, Hilfs- und Betriebsstoffe oder Waren ggf. bei Dritten verwahrt und liegt eine entsprechende Bestätigung vor?
3. Sind die Voraussetzungen eines eventuellen Festwerts gegeben (§ 29 Abs. 1 KomHVO NRW)?
4. Werden Menge und Wert für jede Festwertgruppe ordnungsgemäß dokumentiert? Wann wurden sie letztmalig überprüft?
5. Sind die Voraussetzungen eines eventuellen Durchschnittswerts gegeben (§ 29 Abs. 1 Nr. 3 KomHVO NRW)?
6. Werden Menge und Wert für jede Durchschnittswertgruppe ordnungsgemäß dokumentiert? Wann wurden sie letztmalig überprüft?
7. Erfolgte die Bewertung zu den nachgewiesenen Anschaffungs- und Herstellungskosten und wurden hierbei die
   - anzusetzenden Anschaffungskostenminderungen (§ 34 Abs. 2 S. 3 KomHVO NRW), wie z. B. Skonti, Boni und Rabatte,
   - aktivierungsfähigen Anschaffungsnebenkosten (§ 34 Abs. 2 S. 2 KomHVO NRW), wie z. B. Frachten, Transportversicherungen, Zölle, Provisionen berücksichtigt?

8. Wie wurden die Herstellungskosten bei selbst erstellten Erzeugnissen ermittelt?
   - Sind die angesetzten Material-, Fertigungs- und Sonderfertigungskosten nach Eingangsrechnungen und Materialentnahmescheinen nachvollziehbar?
   - Sind die ggf. zusätzlich angesetzten Gemeinkosten (vgl. § 34 Abs. 3 KomHVO NRW) angemessen und verursachungsgerecht?
   - Liegen entsprechende nachvollziehbare Kalkulationsunterlagen vor?
   - Ist sichergestellt, dass insbesondere kalkulatorische Kosten nicht angesetzt wurden?

9. Sind die Abschreibungen rechnerisch richtig ermittelt worden; wurde ggf. die zusätzliche Notwendigkeit von Abschreibungen auf einen niedrigeren Stichtagswert (insbesondere Marktpreis) gemäß § 36 Abs. 8 KomHVO NRW geprüft?

10. Liegt bei Zuschreibungen ein nachvollziehbarer Grund vor und wird die Anschaffungskostenbasis hierbei nicht überschritten?

11. Sind die Gegenbuchungen
   - der Bestandsveränderungen für Roh-, Hilfs- und Betriebsstoffe und Waren,
   - der Abschreibungen und Zuschreibungen

in den vorgesehenen Konten erfasst?

Geleistete Anzahlungen:

1. Ist bei geleisteten Anzahlungen sichergestellt, dass
   - die Lieferung der Vorräte noch aussteht?
   - die späteren Eingangsrechnungen um die geleisteten Anzahlungen gekürzt werden?
2. Wurden die Zugänge abgestimmt
   - mit den Vertrags- und Rechnungsunterlagen,
   - mit den in Betracht kommenden Konten?
3. Wurden als Anschaffungskosten die tatsächlich geleisteten Zahlungen angesetzt?
4. Sind Abschreibungen auf einen niedrigeren Stichtagswert gemäß § 36 Abs. 8 KomHVO NRW notwendig, bspw. da geleistete Anzahlungen risikobehaftet sind?
5. Sind alle notwendigen Umbuchungen durchgeführt worden?
6. Sind alle Umbuchungen auf die richtigen Konten durchgeführt worden?
7. Liegen bei gebuchten Abgängen die sachlichen Voraussetzungen vor?
8. Ist ein getrennter Ausweis von den geleisteten Anzahlungen des Anlagevermögens sichergestellt?

1.5 Forderungen und sonstige Vermögensgegenstände

1. Lassen sich die ausgewiesenen Forderungen abstimmen mit
   - den stichtagsbezogenen Saldenlisten,
   - den Sachkonten,
   - den Personenkonten
   - den ggf. eingeholten Saldenbestätigungen?
2. Liegt ein mit den Nachweisen abstimmbarer Forderungsspiegel (§ 47 KomHVO NRW) in der vorgesehenen Gliederungsform und unter Angabe der entsprechenden Restlaufzeiten vor?
3. Wurde ein Vergleich mit den Vorjahreszahlen durchgeführt? Sind Abweichungen plausibel zu erklären?
4. Eine Stichprobe ist nach anerkannten Methoden auszuwählen und insbesondere wie folgt abzustimmen:
   - Werden die Forderungen einzeln bewertet (Grundsatz der Einzelbewertung)?
   - Sind die Forderungen mit ihrem Nominalwert bewertet?
   - Liegen den Forderungen entsprechende Gebühren- Beitrags-, Steuer- oder sonstige Bescheide, Verträge und Ausgangsrechnungen zugrunde?
   - Ist bei Forderungen gegen verbundene Unternehmen die Gestaltung der Preis-, Zins- und Zahlungsbedingungen angemessen?
   - Ist die Buchung der einzelnen Forderungen ausgehend vom Beleg ordnungsgemäß?

- Ist sichergestellt, dass bis zum Stichtag beglichene Forderungen ordnungsgemäß ausgeziffert worden sind?
- Stimmen die Angaben zu Restlaufzeiten mit den zugrunde liegenden Vereinbarungen und Verträgen überein?
- Sind die Ursachen kreditorischer Debitoren (Überzahlungskonten) aufgeklärt worden?
- Wurde ggf. der Ausweis als Verbindlichkeit veranlasst und nachvollzogen?
- Ist die Umrechnung von Fremdwährungsposten nachvollziehbar?

5. Werden gestundete Forderungen angemessen verzinst (§ 27 Abs. 1 GemHVO NRW)?
6. Wurden Pauschalabschreibungen zur Berücksichtigung allgemeiner Ausfallrisiken gebildet und sind diese ausreichend?
7. Sind die ggf. vorgenommenen Wertberichtigungen vollständig, begründet und gerechtfertigt (z.B. Niederschlagungen, Erlasse)?
8. Gibt es Anhaltspunkte für nicht vorgenommene Wertberichtungen?

Eine Stichprobenauswahl, die jeweils das Gesamtengagement der debitorischen Schuldner berücksichtigen sollte, kann sich insbesondere auf folgende Bereiche beziehen:

- Gestundete Forderungen: Anspruch gefährdet?
- Rückstands-, Erinnerungs- und Mahnlisten: häufige Überschreitung des Zahlungszieles?
- Insolvenzverfahren: Forderungsquotierung und –ausfall?

9. Sind gebuchte Zuschreibungen hinsichtlich Grund und Höhe vertretbar?
10. Sind die Abschreibungen und Wertberichtigungen bzw. Zuschreibungen auf dem zutreffenden Aufwands- bzw. Ertragskonto gebucht worden?
11. Sind die Forderungen entsprechend der Bilanzgliederung (§ 42 Abs. 3 KomHVO NRW) getrennt ausgewiesen worden?

1.6 Wertpapiere des Umlaufvermögens

1. Lassen sich die ausgewiesenen Wertpapiere abstimmen mit
    - den Sachkonten und
    - den Nachweisen (Depotverzeichnis, Wertpapiernachweis)?

Sind die Nachweise vollständig?

2. Liegen die Voraussetzungen für einen Ausweis vor (Prüfung des wirtschaftlichen Eigentums)?
3. Sind die ausgewiesenen Wertpapiere zur Veräußerung oder als kurzfristige Anlage liquider Mittel bis zu einem Jahr bestimmt? Ist sichergestellt, dass die Papiere nicht dauerhaft der Aufgabenerfüllung dienen sollen und dem Anlagevermögen zuzurechnen sind?
4. Erfolgt die Bewertung
    - zu den nachgewiesenen Anschaffungskosten?
    - unter Berücksichtigung ggf. anzusetzender Anschaffungsnebenkosten und Anschaffungskostenminderungen?
    - unter Berücksichtigung von ggf. vereinbarten Zu- und Nachschüssen?
    - ohne Berücksichtigung erworbener Gewinn- oder Zinsansprüche (die als Forderungen auszuweisen sind)?
    - im Falle einer Sacheinlage zutreffend zum Zeitwert der eingebrachten Vermögensgegenstände?
5. Ergibt sich die Notwendigkeit von Abschreibungen auf einen niedrigeren beizulegenden Wert gemäß § 36 Abs. 8 KomHVO NRW (insbesondere aufgrund eines niedrigeren Börsenkurses)?
6. Sind gebuchte Zuschreibungen nach Grund und Höhe vertretbar? Wurde die Basis der historischen Anschaffungskosten hierbei nicht überschritten?
7. Sind Ab- und Zuschreibungen mit den Aufwands- und Ertragsbuchungen der Ergebnisrechnung abstimmbar? Wurde hierbei das Saldierungsverbot von Ab- und Zuschreibungen beachtet?
8. Wurden die Erträge aus den Wertpapieren (Gewinndividenden) in der Ergebnisrechnung vollständig erfasst?

1.7 Liquide Mittel

1. Liegen die erforderlichen Nachweise für die Einzelbestände vor?
   - Guthaben bei Banken: Bankkontoauszüge, Saldenbestätigungen der Banken, Übergangsrechnung mit Schwebeposten
   - Schecks: Scheckbuch, Übergangsrechnung mit schwebenden Posten
   - Kassenbestand: Kassenprotokoll, Niederschriften über Kassenbestandsaufnahmen
2. Lassen sich die ausgewiesenen liquiden Mittel abstimmen mit
   - den Bestandskonten sowie
   - den Nachweisen und
   - dem Ergebnis der Finanzrechnung?
3. Erfolgte die Bewertung der Bestände zum Nennwert?
4. Sind evtl. vorgenommene Abschreibungen, Wertberichtigungen und Zuschreibungen nach Grund und Höhe nachvollziehbar und entsprechend in der Ergebnisrechnung gebucht worden?
5. Wurde beachtet, dass Verbindlichkeiten und Guthaben nur bei rechtlicher Identität der Institute sowie gleicher Fälligkeit saldiert werden dürfen?
6. Wurden Zinsaufwendungen und Zinserträge zutreffend in der Ergebnisrechnung erfasst?

1.8 Aktive Rechnungsabgrenzung

1. Wurde die Auflösung der im Vorjahr gebildeten aktiven Rechnungsabgrenzungsposten überprüft?
2. Existiert eine Aufstellung sämtlicher aktiver Rechnungsabgrenzungsposten, durch die der Bilanzwert nachgewiesen wird, und wurde diese rechnerisch überprüft?
3. Sind die einzelnen aktiven Rechnungsabgrenzungsposten durch entsprechende Unterlagen nachgewiesen und rechnerisch richtig (Verteilung/Abgrenzung des Aufwandes)?
4. Wurde überprüft, ob die mit den aktiven Rechnungsabgrenzungsposten korrespondierenden Aufwandsbuchungen in der Ergebnisrechnung ordnungsgemäß ausgewiesen sind?
5. Wurde ein Vergleich mit den Vorjahreszahlen durchgeführt? Sind Abweichungen plausibel zu erklären?
6. Wird bei Aktivierung von Disagio der Rechnungsabgrenzungsposten richtig berechnet (Differenz vom Rückzahlungsbetrag zum Auszahlungsbetrag) und erfolgt die richtige Auflösung durch planmäßige Abschreibung gemäß § 43 Abs. 2 S. 2 KomHVO NRW?
7. Gibt es Anhaltspunkte für nicht gebildete, aber notwendige Rechnungsabgrenzungsposten, insbesondere bei wiederkehrenden Aufwendungen (z. B. Beamtenbesoldung für Januar des Folgejahres, Mietaufwendungen, Leasingsonderzahlungen)?
8. Werden die Sonderfälle des § 44 Abs. 2 KomHVO NRW (geleistete Zuwendung mit mehrjähriger Gegenleistungsverpflichtung) korrekt abgewickelt?

Passiva

1.9 Eigenkapital

Allgemeine Rücklage, Sonderrücklagen, Ausgleichsrücklage, Jahresüberschuss/ Jahresfehlbetrag

1. Liegt ein Eigenkapitalspiegel (§ 45 Abs. 3 KomHVO) vor, der
   - die Änderungen hinreichend erläutert,
   - rechnerisch richtig aufgestellt ist,
   - mit den Konten der Finanzbuchhaltung abgestimmt bzw. abstimmbar ist?
2. Wurden bei Zuführungen und –entnahmen der Eigenkapitalpositionen
   - die gesetzlichen Vorschriften sowie die Beschlüsse der Gemeindevertretung eingehalten,
   - die beschlossene Ergebnisverwendung der Vorjahresbilanz umgesetzt?
3. Liegt bei einer Entnahme aus der allgemeinen Rücklage die notwendige aufsichtsbehördliche Genehmigung vor (§ 75 Abs. 4 GO NRW) bzw. wurde die Entnahme unverzüglich angezeigt (§ 75 Abs. 5 GO NRW)?

4. Wurden bei den Sonderrücklagen folgende Nachweis- und Bewertungsprüfungen durchgeführt:
   - Sind neben den Sonderrücklagen für erhaltene Zuwendungen oder zukünftige Investitionsbedarfe (vgl. § 44 Abs. 4 KomHVO NRW) sonstige Sonderrücklagen gebildet worden und ist deren Bildung ausdrücklich durch Gesetz oder Verordnung zugelassen?
   - Sind die gebildeten Sonderrücklagen begründet (bspw. durch Investitionsbeschlüsse)?
   - Wurde die Vollständigkeit und richtige Erfassung der Sonderrücklagen progressiv überprüft (Zuwendungsbescheide, Beschlüsse der Gemeindevertretung usw.)?
   - Wurde überprüft, ob der Grund für die ausgewiesenen Sonderrücklagen noch besteht (Betriebsbereitschaft der Vermögensgegenstände)?
   - Ergibt sich bei Zuführungen für erhaltene Investitionszuwendungen aus allen zugrunde liegenden Zuwendungsbescheiden, dass eine ertragswirksame Behandlung nicht gewollt ist (vgl. § 44 Abs. 4 KomHVO NRW)?
   - Erwirbt die Gemeinde an den Vermögensgegenständen, für die Zuwendungen erhalten wurden, das wirtschaftliche Eigentum (zur Bildung entsprechender aktivischer Rechnungsabgrenzungsposten vgl. § 44 Abs. 2 S. 2 KomHVO NRW)?
   - Entspricht der passivierte Betrag der Sonderrücklage für erhaltene Zuwendungen dem Anteil der noch nicht aktivierten Vermögenswerte?
   - Wurde die Auflösung der Sonderrücklage für erhaltene Zuwendungen (zugunsten der allgemeinen Rücklage) für alle betriebsbereiten Vermögensgegenstände durchgeführt?
   - Wurde – bei nicht vorgeschriebener erfolgsneutraler Auflösung von Sonderrücklagen - der Auflösungsbetrag im Rahmen der Ergebnisverwendung zutreffend ausgewiesen?
5. Entspricht die Ausgleichsrücklage den gesetzlichen Vorgaben (§ 75 Abs. 3 GO NRW)?
6. Wurden bei den Zuführungen und Auflösungen die jeweiligen Gegenbuchungen zutreffend vorgenommen?
7. Wurden die jeweiligen Eigenkapitalbestandteile unter den vorgeschriebenen Bilanzpositionen (§ 42 Abs. 4 Nr. 1 GemHVO NRW) getrennt ausgewiesen?
8. Stimmt der ausgewiesene Bilanzposten Jahresüberschuss bzw. Jahresfehlbetrag mit der Ergebnisrechnung überein?
10. Bei Verbrauch des gesamten bilanziellen Eigenkapitals durch Verluste: Ist ein „nicht durch Eigenkapital gedeckter Fehlbetrag“ auf der Aktivseite ausgewiesen worden (§ 44 Abs. 7, § 42 Abs. 3 Nr. 4 KomHVO NRW)?
11. Sind die Einzel- und Pauschalwertberichtigungskonten zu den Forderungen vollständig aufgelöst worden (kein Bilanzausweis!)?

1.10 Sonderposten

Sonderposten für Zuwendungen, für Beiträge, für den Gebührenausgleich, Sonstige Sonderposten

1. Liegt zum Stichtag ein Bestandsverzeichnis (z. B. in Form eines Sonderpostenspiegels) vor und ist der Nachweis rechnerisch richtig aufgestellt?
2. Wurden die Werte des Sonderpostennachweises wie folgt abgestimmt:
   - der Stand zu Beginn des Haushaltsjahres mit den Konten der Eröffnungsbilanz,
   - die Zuführungen und Auflösungen in der Rechnungsperiode mit den Nebenrechnungen und der Finanzbuchhaltung,
   - Zuführungs- und Auflösungsbeträge mit dem in der Ergebnisrechnung ausgewiesenen Betrag,
   - der Stand am Ende des Haushaltsjahres mit dem zum Stichtag verbuchten Betrag?
3. Wurde die Sonderpostenbildung retrograd geprüft, insbesondere dass
   - jeweils eine Zweckbindung der erhaltenen Zuwendungen für Investitionen vorliegt,
   - keine Zuwendungen als Sonderposten passiviert worden sind, bei denen die ertragswirksame Auflösung vom Zuwendungsgeber ausgeschlossen worden ist (vgl. § 44 Abs. 4 KomHVO NRW),
   - keine Zuwendungen für konsumtive Zwecke passiviert worden sind?

4. Wurde die Sonderpostenbildung progressiv geprüft, beispielsweise in folgender Hinsicht:
    - Haben alle maßgeblichen gebührenrechnenden Einrichtungen bei der Bewertung der Kostenüberdeckungen nach § 6 KAG Berücksichtigung gefunden?
    - Ist sichergestellt, dass keine Zuwendungen von den Anschaffungs- und Herstellungskosten abgezogen worden sind?
    - Sind ausgewählte Kontenbereiche der Ergebnisrechnung auf passivierungspflichtige Zuweisungsvorgänge geprüft worden?
5. Wurde der zulässige Wertansatz für die Sonderposten nach den jeweiligen haushaltsrechtlichen Vorschriften (z. B. § 44 Abs. 5, 6 KomHVO NRW) beachtet?
6. Wurde der bei Sachschenkungen aktivierte Zeitwert des erhaltenen Vermögensgegenstandes gleichzeitig als Sonderposten passiviert?
7. Wurden die Sonderposten für Zuwendungen und Beiträge vollständig aufgelöst, soweit die zugrunde liegenden Vermögensgegenstände aus dem Vermögen ausgeschieden sind oder Sonderabschreibungen durchgeführt wurden?
8. Liegt ansonsten eine nutzungsdauer-kongruente Auflösung des Sonderpostens bei den Zuwendungen und Beiträgen entsprechend § 44 Abs. 5 S. 2 KomHVO NRW vor?
9. Wurde geprüft, ob ein gemäß KAG durchzuführender Gebührenausgleich durchgeführt und durch Inanspruchnahme des Sonderpostens abgebildet wurde?
10. Wurden die Sonderposten für Zuwendungen, Beiträge, Gebührenausgleich und sonstige Sonderposten getrennt (entsprechend § 42 Abs. 4 Nr. 2 KomHVO NRW) ausgewiesen?
11. Wurden die Gegenbuchungen zu den Sonderposten (Zuführungen und Auflösungen) zutreffend in der Ergebnisrechnung ausgewiesen (z. B. Zuwendungen und allgemeine Umlagen)?
12. Wurde das Saldierungsverbot von Zuführungen und Auflösungen zu den Sonderposten beachtet?

1.11 Rückstellungen

Pensionsrückstellungen, Rückstellungen für Deponien und Altlasten, Instandhaltungsrückstellungen, Sonstige Rückstellungen

1. Liegt zum Stichtag ein Bestandsnachweis (Rückstellungsspiegel oder sonstiger Berechnungsnachweis) vor und ist der Nachweis rechnerisch richtig aufgestellt?
2. Wurden die Werte des Rückstellungsnachweises wie folgt abgestimmt:
    - Stand am Beginn des Geschäftsjahres mit den Konten der Eröffnungsbilanz,
    - Verbrauch bzw. die Inanspruchnahme der einzelnen Rückstellungen durch Abstimmung von Buchung und Beleg,
    - Auflösungsbeträge bei Nichtinanspruchnahme von Restbeständen mit der Ergebnisrechnung (auszuweisender Ertrag),
    - Zuführungsbeträge mit der Ergebnisrechnung (auszuweisender Aufwand),
    - Abstimmung des nachgewiesenen Rückstellungsbetrages mit dem als Rückstellung verbuchten Betrag,
    - Prüfung von zutreffenden Aufwandskonten auf ggf. unterlassene Inanspruchnahme des Rückstellungsbetrages?
3. Liegen bei den Rückstellungssachverhalten die gesetzlichen Voraussetzungen (§ 37 KomHVO NRW) vor?
    - Zulässigkeit der Rückstellungsbildung,
    - Zuordnung des der Rückstellung zugrunde liegenden Sachverhaltes zum Haushaltsjahr oder einem früheren Haushaltsjahr (Vergangenheitsbezug der aufwandsverursachenden Gründe),
    - Objektive Eintrittswahrscheinlichkeit für die Aufwendungen zum Bilanzstichtag,
    - Grund oder Höhe der Verpflichtung sind zum Bilanzstichtag unbestimmt.
4. Wurde das Saldierungsverbot von Auflösung und Zuführung bei den einzelnen Rückstellungsarten beachtet?
5. Wurden die Gegenbuchungen zu der Auflösung, dem Verbrauch und der Zuführung zutreffend in der Ergebnisrechnung ausgewiesen?

6. Wurden die Rückstellungen jeweils getrennt in der vorgesehenen Gliederung ausgewiesen (§ 42 Abs. 4 Nr. 3 KomHVO NRW)?
7. Wurde die Rückstellungsbildung für Pensionen, Deponien und Altlasten sowie Instandhaltung progressiv geprüft auf der Grundlage von
   - Pensionszusagen (Betriebsvereinbarungen, tarifliche Versorgungsregelungen, gesetzliche Regelungen) sowie der Zahlungsunterlagen über Lohn, Gehalt und Bezüge,
   - Unterlagen über Altlasten und Deponieflächen (Altlastenkataster, Kostenkalkulationen für Nachsorgemaßnahmen),
   - Unterlagen über Instandsetzungsmaßnahmen (Instandhaltungspläne, Inspektionspläne und -hefte, statistische Daten über Instandhaltungsbedarf in der Vergangenheit, Inventurunterlagen zum Instandhaltungsbedarf, Protokolle der Organe über beabsichtigte Großreparaturen und Entsorgungsmaßnahmen)?
8. Bei der Nachweis- und Bewertungsprüfung der **Pensionsrückstellungen** (§ 37 Abs. 1 KomHVO) ist grundsätzlich sicherzustellen, dass
   - alle Pensionsansprüche nach beamtenrechtlichen Vorschriften (laufende Pensionen, Pensionsanwartschaften sowie fortgeltende Ansprüche nach dem Ausscheiden aus dem Dienst) ordnungsgemäß erfasst sind,
   - die der Berechnung zugrunde gelegten Daten mit den Personaldaten abgestimmt bzw. ordnungsgemäß fortgeschrieben worden sind,
   - bei der Berechnung der Rückstellung das Teilwertverfahren und ein interner Rechenzinsfuß von 5 % (vgl. § 37 Abs. 1 S. 4 KomHVO NRW) angewandt werden,
   - die Berechnung im Vergleich zum Vorjahr plausibel erscheint,
   - die Berechnung der Rückstellung mittels einer zertifizierten Software fachgerecht in der Kommune durchgeführt oder ein Sachverständiger hinzugezogen wurde.
9. Bei der Nachweis- und Bewertungsprüfung der **Rückstellungen für Deponien und Altlasten** ist grundsätzlich sicherzustellen, dass
   - die der Bemessung der Rückstellung zugrunde liegenden Berechnungen rechnerisch und inhaltlich zutreffend sind (Gesamtkosten, Verteilungsschlüssel, erwartete Preisentwicklung),
   - die Berechnung im Vergleich zum Vorjahr plausibel erscheint,
   - die zugrunde gelegten Daten vollständig und richtig sind.
10. Bei der Nachweis- und Bewertungsprüfung der **Rückstellungen für Instandhaltung** ist grundsätzlich sicherzustellen, dass
    - die Rückstellungssachverhalte einzeln bestimmt und wertmäßig beziffert sind,
    - aus den Unterlagen die Nachholabsicht aller Einzelmaßnahmen konkret ersichtlich ist und bisher als unterlassen gelten,
    - der zurückgestellte Betrag den voraussichtlichen Aufwendungen entspricht,
    - wertaufhellende Erkenntnisse zur Zeit der Bilanzierung sowie deren Einfluss auf die Rückstellungsbewertung berücksichtigt wurden.
11. Bei der Nachweis- und Bewertungsprüfung der **sonstigen Rückstellungen** für ungewisse Verbindlichkeiten und drohende Verluste ist grundsätzlich sicherzustellen, dass
    - die Berechnungsunterlagen anhand der in Betracht kommenden Verträge bzw. Rechtsgrundlagen nachvollziehbar sind,
    - bei Bewertungsprognosen die zugrunde liegenden Daten vollständig und richtig sind,
    - bei Pauschalbewertungen eine Plausibilisierung – insbesondere anhand von Vergangenheitswerten – möglich ist,
    - Wahrscheinlichkeiten im Hinblick auf die Höhe der Rückstellungen zutreffend berücksichtigt wurden,
    - Wertaufhellende Erkenntnisse zur Zeit der Bilanzierung in die Rückstellungsbewertung eingeflossen sind,
    - die anzuwendenden rechtlichen Vorgaben bei der Bewertung beachtet werden (vgl. bspw. zur Bewertung der Beihilfeansprüche § 37 Abs. 1 S. 5 ff KomHVO NRW).

12. Wurde die Rückstellungsbildung für **drohende Verluste** progressiv anhand folgender Unterlagen überprüft:
    - Verträge,
    - Unterlagen bestehender derivativer Finanzierungsgeschäfte (Stichtagsbewertung, Risikoanalysen),
    - abweichende Saldenbestätigungen,
    - Prozessakten und Schriftwechsel,
    - Kalkulationsunterlagen?
13. Wurde die Rückstellungsbildung für **ungewisse Verbindlichkeiten** progressiv wie folgt geprüft:
    - Durchsicht der Buchhaltung in neuer Rechnung auf Geschäftsvorfälle des alten Jahres,
    - Einzelverträge, wie Miet- und Pachtverträge, Anstellungsverträge mit Mitarbeitern, Ausbildungsverträge, Abnahme- und Lieferverträge, Bürgschaftsverträge, Erbpachtverträge,
    - Betriebsvereinbarungen, Tarifverträge,
    - Prozessakten,
    - Protokolle der Organe,
    - Bescheide der Berufsgenossenschaft, Pensionskasse (mögliche Nachschusspflichten) etc.,
    - Statistiken über Urlaubsinanspruchnahme und Überstunden,
    - Kalkulationen über die Kosten der Jahresabschlusserstellung,
    - Unterlagen über Devisengeschäfte, Finanzderivate,
    - Protokolle, Berichte über noch nicht abgeschlossene Steuerbetriebsprüfungen bei Betrieben gewerblicher Art?
14. Sind folgende „**Sonstige Rückstellungen**“ i.S.v. § 37 Abs. 5 bis 7 KomHVO NRW anhand von nachvollziehbaren Unterlagen ordnungsgemäß gebildet worden?
    - Abbruchverpflichtungen mit rechtlicher Verpflichtung,
    - Abraumbeseitigung mit rechtlicher Verpflichtung,
    - Altersteilzeitverträge,
    - Ausstehende Rechnungen,
    - Beihilfeansprüche,
    - Berufsgenossenschaftsbeiträge,
    - Bürgschaftsübernahmeverpflichtungen,
    - Devisengeschäfte,
    - Heranziehung zu Umlagen,
    - Jahresabschlusskosten,
    - Jubiläumsaufwendungen,
    - Kündigungsschutz,
    - Lohnfortzahlung,
    - Mutterschutz,
    - Prozesskosten,
    - Schadensersatzverpflichtungen,
    - Steuernachzahlungen bei Betrieben gewerblicher Art (insbesondere aufgrund aktueller Betriebsprüfungsergebnisse
    - Überstunden und
    - Urlaubsverpflichtungen.

1.12 Verbindlichkeiten

Generelle Fragen zu Verbindlichkeiten

1. Lagen Nachweise für die in der Bilanz ausgewiesenen Beträge vor (z.B. Saldenbestätigungen, Stichtagsauszüge, stichtagsbezogene Barwertberechnungen bei Leibrenten, Steuerberechnungen und -bescheide, sonstige Belege)?

2. Wurde eine Abstimmung der einzelnen Verbindlichkeiten mit

- den Sachkonten,
- der Saldenliste zum Stichtag,
- dem Verbindlichkeitenspiegel,
- den Personenkonten,
- den sonstigen Bestätigungen,
- der Inventaraufstellung gemäß § 91 Abs. 1 GO NRW

durchgeführt und wurde die rechnerische Richtigkeit insbesondere von Saldenliste und Verbindlichkeitenspiegel zum Stichtag überprüft?

3. Liegen Einzelnachweise mit Nachweis zum Entstehungsgrund, zu den Konditionen bzw. der Besicherung für die unter den jeweiligen Positionen bzw. in den jeweiligen Listen aufgeführten Beträgen vor?

4. Falls Differenzen zwischen den ausgewiesenen Bilanzwerten und den Einzelnachweisen (z.B. Saldenbestätigungen) vorliegen, konnten diese geklärt werden (bspw. Schwebeposten, die bereits in den Büchern der Kommune, nicht aber bei der Bank gebucht wurden) und existieren ggf. entsprechende Übergangsrechnungen?

5. Wurde progressiv überprüft, ob die Stichtagsverbindlichkeiten vollständig und richtig erfasst worden sind:

- durch Akteneinsicht,
- durch eine Überprüfung der Kontoauszüge der ersten Tage des folgenden Haushaltsjahres mit den jeweiligen Bankbelegen (Überweisungen, Lastschriften etc.)?

6. Wurde anhand der Unterlagen und Nachweise überprüft, ob

- Änderungen in den vertraglichen Grundlagen der Verbindlichkeiten eingetreten sind,
- ggf. erforderliche Meldungen an die Aufsichtsbehörde erfolgt sind,
- notwendige Genehmigungen der Aufsichtsbehörde vorliegen,
- die Bedingungen für die genehmigten Sicherheiten (vgl. § 86 Abs. 5 GO NRW sowie Verordnung über Ausnahmen vom Verbot der Bestellung von Sicherheiten zugunsten Dritter durch Gemeinden) eingehalten wurden?

7. Wurde überprüft, ob die ausgewiesenen Verbindlichkeiten zum Erfüllungsbetrag angesetzt sind? Wurde eine Überprüfung des Ausweises mit ggf. vorliegenden Kontoauszügen bzw. Bankbestätigungen durchgeführt?

8. Wurde das Aktivierungswahlrecht gemäß § 43 Abs. 2 KomHVO NRW für die Fälle beachtet, in denen der Rückzahlungsbetrag der Verbindlichkeit höher ist als der Auszahlungsbetrag (Disagio)?

9. Wurde im Falle der Ausbuchung von Verbindlichkeiten überprüft, ob Inanspruchnahmen tatsächlich ausgeschlossen sind und ob dies anhand entsprechender Belege nachgewiesen werden kann?

10. Sind, falls vorhanden, die Besonderheiten der Bewertung von Fremdwährungsverbindlichkeiten berücksichtigt worden?

11. Wurde überprüft, ob erfolgswirksame Buchungen (insbesondere Wertberichtigungen und Zinsaufwendungen) richtig ermittelt und korrespondierend in der Ergebnisrechnung erfasst sind?

12. Ist eine Abstimmung der Tilgungsbeträge mit den Konten bzw. Ergebnissen der Finanzrechnung durchgeführt worden?

13. Wurde die gemäß § 48 Abs. 2 KomHVO NRW für den Verbindlichkeitenspiegel vorgesehene Gliederung nach Restlaufzeiten anhand der zugrunde liegenden Unterlagen überprüft bzw. plausibilisiert?

14. Wurden die jeweiligen Verbindlichkeiten unter den vorgeschriebenen Bilanzpositionen (§ 42 Abs. 4 KomHVO NRW) ausgewiesen?

Anleihen und Verbindlichkeiten aus Krediten
Anleihen, Verbindlichkeiten aus Krediten für Investitionen: von verbundenen Unternehmen, von Beteiligungen, von Sondervermögen, vom öffentlichen Bereich, von Kreditinstituten, Verbindlichkeiten aus Krediten zur Liquiditätssicherung

1. Wurde überprüft, ob Kredite im Berichtsjahr ausschließlich zu folgenden Zwecken aufgenommen wurden:
    - für Investitionen und zur Umschuldung (vgl. § 86 Abs. 1 GO NRW),
    - zur Liquiditätssicherung bis zu dem in der Haushaltssatzung festgelegten Höchstbetrag (vgl. § 89 Abs. 2 GO NRW)?
2. Wurde bei Rückzahlungen überprüft, ob die ausgewiesenen Beträge mit den entsprechenden Bankauszügen übereinstimmen und ausnahmsweise bestellte Sicherheiten freigegeben wurden?
3. Wurde bei Zugängen von Anleihen die Genehmigung der Anleihevergabe durch die zuständigen Organe der Kommune und die entsprechende Vereinnahmung überprüft?
4. Ist die zeitliche Abgrenzung von Zinsen und Gebühren ordnungsgemäß durchgeführt worden?

Verbindlichkeiten aus Vorgängen, die Kreditaufnahmen wirtschaftlich gleichkommen

1. Liegen bei Leibrenten nachvollziehbare Barwertberechnungen zum Stichtag vor, und wurden ggf. bestehende Wertsicherungsklauseln berücksichtigt?
2. Wurde überprüft, ob die ausgewiesenen Leasingraten übereinstimmen mit
    - den ggf. vorliegenden Kontoauszügen
    - den vertraglichen Grundlagen?

Verbindlichkeiten aus Lieferungen und Leistungen

1. Sind die Verbindlichkeiten aus Lieferungen und Leistungen im Vergleich zum Vorjahr unverhältnismäßig stark angestiegen bzw. sind sie von der Höhe her bedeutend?
Wurden die Gründe für einen entsprechend hohen Bestand bzw. eine Erhöhung des Bestandes an Verbindlichkeiten aus Lieferungen und Leistungen überprüft?
2. Wurde insbesondere bei den Verbindlichkeiten aus Lieferungen und Leistungen mittels Stichproben überprüft, ob bei Warenlieferungen und Rechnungseingängen bis zum Zeitpunkt der Abschlussprüfung die jeweiligen Buchungen ordnungsgemäß durchgeführt worden sind?
3. Wurde überprüft, inwieweit eine Begleichung der einzelnen Verbindlichkeiten bis zum Prüfungszeitpunkt erfolgt ist?
4. Wurden die Ursachen für den Ausweis von kreditorischen Debitoren überprüft?
5. Sind debitorische Kreditoren zu den sonstigen Forderungen umgegliedert worden (Beachtung des Saldierungsverbotes)?

1.14 Passive Rechnungsabgrenzung

1. Existiert eine Aufstellung sämtlicher passiver Rechnungsabgrenzungsposten, durch die der Bilanzwert nachgewiesen wird, und wurde diese rechnerisch überprüft?
2. Sind die einzelnen passiven Rechnungsabgrenzungsposten durch entsprechende Unterlagen nachgewiesen?
3. Wurde anhand der Ergebnisrechnung überprüft, ob bei wiederkehrenden Erträgen (z. B. Mieterträgen) ggf. eine Buchung als passive Rechnungsabgrenzungsposten notwendig gewesen wäre?
4. Wurde überprüft, ob die Abgrenzung des zu verteilenden Ertrags ordnungsgemäß durchgeführt worden ist, bspw. bei den Gebühren für Grabnutzungsrechte?
5. Wurde ein Vergleich mit den Vorjahreszahlen durchgeführt? Sind Abweichungen plausibel zu erklären?
6. Wurde die Auflösung der im Vorjahr gebildeten Rechnungsabgrenzungsposten überprüft?
7. Ist die korrekte Abgrenzung zu den sonstigen Verbindlichkeiten bzw. Rückstellungen überprüft worden?
8. Wurde überprüft, ob die mit den passiven Rechnungsabgrenzungsposten korrespondierenden Ertragsbuchungen in der Ergebnisrechnung ordnungsgemäß ausgewiesen sind?

2 Checkliste zur Prüfung der Ergebnisrechnung

Generelle Fragen zur Ergebnisrechnung sind unter Ziffer 6.5 „Prüfung der Ergebnisrechnung" der Hinweise zur Prüfung des Jahresabschlusses nach neuem – doppischen – Gemeindehaushaltsrecht des Arbeitskreises der Leiter/-innen der Rechnungsprüfungsämter der größten deutschen Städte vom 16./17.11.2005 aufgeführt. Zusätzlich sind die Ausführungen im Anhang, die sich aus der Prüfung der Ergebnisrechnung und aus der Ausübung von Wahlrechten ergeben, zu beachten.

2.1 Ergebnis der laufenden Verwaltungstätigkeit

2.1.1 Ordentliche Erträge

Steuern und ähnliche Abgaben, Zuwendungen und allgemeine Umlagen, sonstige Transfererträge, öffentlich-rechtliche/privatrechtliche Leistungsentgelte, Kostenerstattungen und -umlagen:

1. Gab es bei den Bilanzpositionen, die mit den Erträgen in Verbindung stehen, Einwendungen, insbesondere
   - hinsichtlich von Zuweisungen, Zuschüssen und Schenkungen, Beiträgen und Gebühren,
   - bei fertigen Erzeugnissen und Waren im Zusammenhang mit der Prüfung des Warenausgangs,
   - bei Forderungen aus Lieferungen und Leistungen und
   - bei Forderungen gegen verbundene Unternehmen/Unternehmen, mit denen ein Beteiligungsverhältnis besteht?
2. Wurde bei Steuer- und Gebührenerträgen aus Nachzahlungen das Wertaufhellungsgebot beachtet?
3. Erfolgte im Berichtszeitraum eine Umsatzsteuerprüfung, mit welchen Ergebnissen und Konsequenzen (im Bereich Betriebe gewerblicher Art)?
4. Wurden die Rückzahlungen auf Abgaben, abgabeähnliche Erträge und Zuweisungen für Vorjahre bei den Erträgen abgesetzt (§ 24 Abs. 4 KomHVO NRW)?
5. Wurden nur konsumtive Zuweisungen, Zuschüsse und Schenkungen berücksichtigt?
6. Wurden konsumtive Zuwendungen periodengerecht ausgewiesen? (Ertrag, passiver Rechnungsabgrenzungsposten mit ertragswirksamer Auflösung oder sonstige Verbindlichkeit)
7. Wurden als Erträge für Investitionszuwendungen nur Erträge aus der ertragswirksamen Auflösung von Sonderposten (nicht gleich Sonderrücklage), die bezüglich abnutzbaren Vermögens gebildet wurden, ausgewiesen?
8. Wurde bei Sachschenkungen der Zeitwert des erhaltenen Vermögensgegenstandes als Anschaffungswert aktiviert und gleichzeitig als Sonderposten passiviert und sind die Beträge aus der Auflösung des Sonderpostens und aus der Abschreibung des Vermögensgegenstandes gleich hoch (ergebnisneutral)?

Sonstige ordentliche Erträge:

1. Gab es bei den Bilanzpositionen, die mit den Erträgen in Verbindung stehen, Einwendungen, insbesondere bei
   - Sach- und Finanzanlagen (Erträge aus dem Abgang/der Zuschreibung von Anlagevermögen),
   - Forderungen aus Lieferungen und Leistungen, sonstige Forderungen (Erträge aus Zuschreibung von Forderungen und aus der Herabsetzung der Pauschalwertberichtigung),
   - Rückstellungen (Erträge aus der Auflösung von Rückstellungen),
   - Sonstige Sonderposten (Erträge aus der Auflösung von sonstigen Sonderposten).
2. Wurde bei Erträgen aus Verkauf von Vermögensgegenständen darauf geachtet, dass nur die Differenz zwischen dem Buchwert und dem erzielten Erlös als Ertrag ausgewiesen wird bzw. direkt eine Verrechnung mit der Allgemeinen Rücklage erfolgt?

Aktivierte Eigenleistungen:
Gab es bei den Bilanzpositionen (Sachanlagen), die mit den Erträgen in Verbindung stehen, Einwendungen?

Bestandsveränderungen:
1. Gab es bei den Bilanzpositionen (insbesondere fertige und unfertige Erzeugnisse), die mit den Erträgen in Verbindung stehen, Einwendungen?
2. Erfolgte eine Abstimmung der Ergebnisrechnung mit den buchmäßigen Veränderungen der Bestände?

2.1.2 Ordentliche Aufwendungen
Personal- und Versorgungsaufwendungen:
1. Ist sichergestellt, dass als Personalaufwendungen keine anderen Positionen wie z.B. Aufsichtsratvergütungen, Ausbildungs- und Fortbildungskosten, Erstattungen von Spesen, Honorare ausgewiesen sind?
2. Gab es bei den Bilanzpositionen (insbesondere Rückstellungen und sonstige Verbindlichkeiten), die mit den Personal- und Versorgungsaufwendungen in Verbindung stehen, Einwendungen?
3. Sofern Streitigkeiten mit Beschäftigten bestehen, wurden hieraus erkennbare Risiken mittels Rückstellungen abgedeckt?
4. Erfolgte im Berichtszeitraum eine Prüfung durch Steuerbehörden oder Sozialversicherungsträger, mit welchen Ergebnissen und Konsequenzen?
5. Wurden zur Prüfung der vollständigen Erfassung der in der Buchhaltung ausgewiesenen Personal- und Versorgungsaufwendungen (laut Lohn-, Gehalts- und Besoldungslisten) diese mit den entsprechenden Aufwandskonten in der Finanzbuchhaltung abgestimmt?
6. Wurden zur Überprüfung der Personal- und Versorgungsaufwendungen die ausgezahlten Beträge einschl. Zusatzvergütungen mit den zugehörigen gesetzlichen, tariflichen bzw. vertraglichen Regelungen abgestimmt?
7. Wurden Entgeltabzüge nach den gesetzlichen, tariflichen bzw. vertraglichen Regelungen in zutreffender Höhe vorgenommen?
8. Wurde bei den Pensionsrückstellungen der vorgegebene Zinsfuß von 5 % berücksichtigt? (§ 37 Abs. 1 KomHVO NRW)

Aufwendungen für Sach- und Dienstleistungen, Transferaufwendungen:
1. Ist sichergestellt, dass als Aufwendungen keine anderen Positionen ausgewiesen sind?
2. Wurde bei Transferaufwendungen in Form von Zuweisungen und Zuschüssen danach unterschieden, ob es sich um investive bzw. konsumtive Zuweisungen und Zuschüsse handelt?
3. Wurde bei Bestehen einer Gegenleistungsverpflichtung des Zuwendungsempfängers im Rahmen einer konsumtiven Zuwendung diese Verpflichtung des Empfängers entsprechend den Vorgaben periodengerecht berücksichtigt?
4. Wurde bei der Prüfung des Aufwands für Reparaturen und Instandhaltungen darauf geachtet, ob Rückstellungen für noch nicht abgerechnete Arbeiten oder für rückständige Reparaturen, die im folgenden Geschäftsjahr nachgeholt werden, gebildet worden sind?
5. Wurde bei der Prüfung des Aufwands für Reparaturen und Instandhaltungen die richtige Abgrenzung von aktivierungspflichtigem Herstellungsaufwand und erfolgswirksamen Erhaltungsaufwand kontrolliert, soweit dies nicht schon bei der Prüfung des Anlagevermögens geschehen ist?
6. Wurden ggf. im Vorjahr gebildete Rückstellungen für unterlassene Instandhaltung nach Durchführung der Reparaturen aufgelöst?
7. Wurden keine Aufwendungen gebucht für Reparaturen, für die Rückstellungen gebildet wurden und die nun hätten verbraucht werden müssen?
8. Gab es bei den Bilanzpositionen (insbesondere hinsichtlich von Zuwendungen, aktive Rechnungsabgrenzungen, Umlaufvermögen, Rückstellungen und Verbindlichkeiten aus Lieferungen und Leistungen und Verbindlichkeiten gegenüber Unternehmen, mit denen ein Beteiligungsverhältnis besteht), die mit den Aufwendungen für Sach- und Dienstleistungen in Verbindung stehen, Einwendungen?

Bilanzielle Abschreibungen:
1. Entspricht die Abschreibungsdauer den Vorgaben bzw. ist sie nachvollziehbar?
2. Gab es bei den Bilanzpositionen (insbesondere Anlage- und Umlaufvermögen), die mit den bilanziellen Abschreibungen in Verbindung stehen, Einwendungen?
3. Wurden die ausgewiesenen Abschreibungen auf das Anlagevermögen mit dem Anlagenspiegel abgestimmt?
4. Wurden Fälle, in denen von der linearen Abschreibung abgewichen und degressiv bzw. leistungsabhängig abgeschrieben wurde, im Anhang erläutert?

Sonstige ordentliche Aufwendungen:
1. Gab es bei den Bilanzpositionen (insbesondere Sach- und Finanzanlagen, Umlaufvermögen, Sonderposten und Rückstellungen), die mit den sonstigen ordentlichen Aufwendungen in Verbindung stehen, Einwendungen?
2. Wurde bei Verlusten aus dem Abgang von Wirtschaftsgütern des Anlagevermögens nur die Differenz zwischen dem Buchwert und dem erzielten Erlös als Verlust ausgewiesen?
3. Wurden die Reise- und Bewirtungskosten in angemessenen Stichproben überprüft?
4. Werden nur solche Steuern ausgewiesen, für die die Stadt als Steuerschuldner aufzukommen hat, d.h. keine Steuern, die für Dritte zu entrichten sind?

2.2 Finanzergebnis

2.2.1 Finanzerträge
1. Gab es bei den Bilanzpositionen, die mit den Finanzerträgen in Verbindung stehen, Einwendungen, insbesondere Beteiligungen und Anteile an verbundenen Unternehmen?
2. Wurde darauf geachtet, dass die Zinserträge brutto d. h. inklusive erstattungsfähiger Steuern (Kapitalertragsteuer, Solidaritätszuschlag) ausgewiesen werden?
3. Wurde darauf geachtet, dass grundsätzlich alle Erträge aus Beteiligungen auf das Konto „Gewinnanteile aus Beteiligungen" zu buchen sind, außer den Erträgen aus Verkauf von Beteiligungen und Gewinnabführungen (diese entweder sonstiger ordentlicher oder außerordentlicher Ertrag).

2.2.2 Zinsen und sonstige Finanzaufwendungen
1. Wurden Bankspesen unter den sonstigen Finanzaufwendungen ausgewiesen?
2. Stehen den Zinsaufwendungen entsprechende Ansätze von Verbindlichkeiten in der Bilanz gegenüber?

2.3 Außerordentliches Ergebnis

außerordentliche Erträge und außerordentliche Aufwendungen:
1. Wurden lediglich seltene und ungewöhnliche Vorgänge von wesentlicher Bedeutung für die individuellen kommunalen Gegebenheiten als außerordentliche Erträge oder Aufwendungen erfasst?
2. Wurden die Erläuterungspflichten im Anhang beachtet?

2.4 Jahresergebnis
1. Stimmt das Jahresergebnis mit dem Jahresüberschuss/Jahresfehlbetrag in der Bilanz überein?
2. War der Haushalt ausgeglichen? (§ 75 Abs. 2 GO NRW: Ausgleich ist gegeben, wenn der Gesamtbetrag der Erträge die Höhe des Gesamtbetrages der Aufwendungen erreicht oder übersteigt (der Ausgleich gilt auch als erfüllt, wenn der Fehlbetrag in der Ergebnisrechnung durch die Inanspruchnahme der Ausgleichsrücklage gedeckt werden kann).

2.5 Produkt(bereichs)orientierte Teilergebnisrechnung
1. In den einzelnen Teilergebnisrechnungen sind die unter Ziffer 6.7 der Hinweise zur Prüfung des Jahresabschlusses nach neuem – doppischen – Gemeindehaushaltsrecht des Arbeitskreises der Leiter/-innen der Rechnungsprüfungsämter der größten deutschen Städte vom 16./17.11.2005genannten Prüfungsfragen zu klären.

2. Entspricht die Summe aller Teilergebnisrechnungen (ohne Berücksichtigung der Erträge und Aufwendungen aus internen Leistungsbeziehungen) den Werten der Gesamtergebnisrechnung (Plausibilitätsprüfung)?
3. Wurden die individuell durch die einzelnen Kommunen festgelegten Regelungen hinsichtlich Art, Umfang und Verfahren der Verrechnungen bei den Erträgen und Aufwendungen aus internen Leistungsbeziehungen (soweit sie erfasst werden) beachtet? (z. B. Verteilungsschlüssel für Kosten der Querschnittsämter)
4. Wurde beachtet, dass Leistungsbeziehungen zu Sondervermögen nicht in die internen Leistungsbeziehungen einzubeziehen sind?

3. Checkliste zur Prüfung der Finanzrechnung
Generelle Feststellungen zur Finanzrechnung siehe unter Ziffer 6.6 „Prüfung der Finanzrechnung" der Hinweise zur Prüfung des Jahresabschlusses nach neuem – doppischen – Gemeindehaushaltsrecht des Arbeitskreises der Leiter/-innen der Rechnungsprüfungsämter der größten deutschen Städte vom 16./17.11.2005.

3.1 Saldo aus der laufenden Verwaltungstätigkeit
Einzahlungen aus laufender Verwaltungstätigkeit: Steuern und ähnliche Abgaben, Zuwendungen und allgemeine Umlagen, sonstige Transfereinzahlungen, öffentlich-rechtliche/privatrechtliche Leistungsentgelte, Kostenerstattungen und -umlagen, sonstige Einzahlungen, Zinsen und sonstige Finanzeinzahlungen,
Auszahlungen aus laufender Verwaltungstätigkeit: Personalauszahlungen, Versorgungsauszahlungen, Sach- und Dienstleistungen, Zinsen und sonstige Finanzauszahlungen, Transferauszahlungen, sonstige Auszahlungen:
1. Sind alle Zahlungen vollständig, getrennt voneinander und zeitraumbezogen dokumentiert?
2. Sind alle Zahlungen den richtigen Positionen des Kontenplans zugewiesen?
3. Entsprechen die Zahlungen bei den jeweiligen Positionen den Erwartungen aufgrund der bestehenden gesetzlichen Regelungen bzw. vertraglichen Vereinbarungen (Vergleich mit dem Finanzplan)?
4. Sind die Planabweichungen gesondert festgestellt und ausgewiesen worden?
5. Sind Übertragungen der Ermächtigungen zur Leistung von Auszahlungen laut Übertragungslisten in der Finanzrechnung angegeben worden (vgl. § 22 Abs. 4 KomHVO NRW)?
6. Ist die gesonderte Erfassung und Ausweisung der fremden Finanzmittel gemäß § 15 Abs. 1 KomHVO NRW in der Finanzrechnung ordnungsgemäß (z. B. Kindergeld, Lohn- und Kirchensteuer, Solidaritätszuschlag etc.)?
7. Werden für durchlaufende Finanzmittel und haushaltsfremde Vorgänge entsprechend § 28 Abs. 6 KomHVO NRW gesonderte Nachweise geführt?
8. Wird das Saldierungsverbot von Zinseinzahlungen mit Zinsauszahlungen beachtet?
9. Wurden Skonti und Rabatte richtig abgezogen?
10. Ist der Unterschiedsbetrag zwischen Einzahlungen und Auszahlungen in der Finanzrechnung und Ertrag und Aufwand in der Ergebnisrechnung schlüssig?

3.2 Saldo aus Investitionstätigkeit
Einzahlungen: aus Zuwendungen für Investitionsmaßnahmen, aus der Veräußerung von Sach- und Finanzanlagen, von Beiträgen und ähnlichen Entgelten, sonstige Investitionseinzahlungen,
Auszahlungen: für den Erwerb von Grundstücken und Gebäuden, für Baumaßnahmen, für den Erwerb von beweglichem Anlagevermögen und Finanzanlagen, von aktivierbaren Zuwendungen, sonstige Investitionsauszahlungen:
1. Sind die Einzahlungen aus Kreditaufnahmen und die Auszahlungen für die Tilgungen von Krediten nachweisbar?
2. Ist die Abgrenzung von Zahlungen für den investiven Bereich gegenüber Maßnahmen für den konsumtiven Bereich gewährleistet?
3. Ist die Plausibilität zwischen Teil- und Gesamtfinanzrechnung mit der Gesamtergebnisrechnung gegeben?

3.3 Saldo aus Finanzierungstätigkeit
Einzahlungen aus der Aufnahme von Krediten für Investitionen und zur Liquiditätssicherung, Auszahlungen für deren Tilgung:
1. Ist die gesonderte Erfassung und Ausweisung der fremden Finanzmittel gemäß § 15 Abs. 1 KomHVO NRW in der Finanzrechnung ordnungsgemäß?
2. Sind die Einzahlungen aus Kreditaufnahmen und die Auszahlungen für die Tilgung von Krediten zur Liquiditätssicherung in der Finanzrechnung gesondert ausgewiesen worden (vergl. § 40 KomHVO NRW)?
3. Gibt es eine angemessene Liquiditätsplanung zur Sicherstellung der Zahlungsfähigkeit (§ 89 GO NRW, § 31 KomHVO NRW)?

3.4 Ergebnis
Stimmt das Ergebnis der Finanzrechnung mit der Bilanzposition „liquide Mittel" überein?

3.5 Teilfinanzrechnung
Plausibilitätsprüfung der Teilfinanzrechnung für die Gesamtfinanzrechnung:
1. Sind die dargestellten Investitionen den entsprechenden Produkten zugeordnet?
2. Entspricht die Summe der Teilfinanzpläne im investiven Bereich dem Gesamtfinanzplan?
3. Wurde die von der Gemeindevertretung festgelegte Wertgrenze für den Ausweis in der Teilfinanzrechnung beachtet?
4. Erfolgt die Darstellung der Investitionen oberhalb der Wertgrenze maßnahmenscharf?

4. Checkliste zur Prüfung des Anhangs

4.1 Vorbemerkung
Vor Prüfungsbeginn ist, zwecks Vermeidung von Doppelarbeit, festzulegen, ob vom Anhang oder von der Bilanz und Ergebnisrechnung ausgehend geprüft wird.

4.2 Generelle Angaben des Anhangs
Die bei der Prüfung zu treffenden Grundfeststellungen sind auch unter Ziffer 6.8 „Prüfung des Anhangs" der Hinweise zur Prüfung des Jahresabschlusses nach neuem – doppischen – Gemeindehaushaltsrecht des Arbeitskreises der Leiter/-innen der Rechnungsprüfungsämter der größten deutschen Städte vom 16./17.11.2005 aufgeführt.
1. Sind die angewandten Bilanzierungs- und Bewertungsmethoden (einschließlich der Abschreibungsmethode) vollständig dokumentiert und verständlich zum Ausdruck gebracht (§ 45 Abs. 1 KomHVO NRW)?
2. Sind die auf den Vorjahresabschluss angewandten Bilanzierungs- und Bewertungsmethoden geändert worden und wurde der Einfluss auf die VFE-Lage gesondert dargestellt (§ 45 Abs. 2 Nr. 3 KomHVO NRW)?
3. Wurden angewandte Vereinfachungsregelungen und Schätzungen im Anhang angegeben und erläutert (§ 45 Abs. 1 S. 3 KomHVO NRW)?
4. Wird ausnahmsweise wegen besonderer Umstände von der Gliederung der Bilanz oder Ergebnisrechnung des Vorjahres abgewichen und wenn ja wurden die Abweichungen im Anhang angegeben und erläutert?
5. Werden Abschlussposten der Bilanz oder der Ergebnisrechnung aus Gründen der Klarheit zusammengefasst und wenn ja wurden die zusammengefassten Posten im Anhang gesondert ausgewiesen?

4.3 Angaben des Anhangs bezüglich der Bilanz
1. Wurde die Ausübung von Wahlrechten angegeben und die dabei entstandenen wesentlichen Auswirkungen auf die Vermögens- und Schuldensituation erläutert?
2. Wurde vom Grundsatz der Einzelbewertung abgewichen und dieses im Anhang angegeben und erläutert (§ 45 Abs. 2 Nr. 3 KomHVO NRW)?

3. Wurde von der gesetzlich vorgeschriebenen Mindestgliederung der Bilanz i.S.v. § 42 KomHVO NRW abgewichen und falls ja wurde dies angegeben und erläutert?
4. Sind die Beträge der Posten der Bilanz mit den entsprechenden Vorjahresbeträgen vergleichbar und wenn nicht wurden die Gründe hierfür erläutert?
5. Wurden Vorjahresbeträge der Posten der Bilanz zur besseren Vergleichbarkeit angepasst und wenn ja wurde die gewählte Vorgehensweise erläutert?
6. Wurden für Vermögensgegenstände des Sachanlagevermögens, für Roh-, Hilfs- und Betriebsstoffe sowie für Waren Festwerte angesetzt (§ 29 KomHVO NRW) und wurden diese benannt und erläutert?
7. Wurden im Anhang Angaben dazu gemacht, ob Wirtschaftsgüter für die Festwerte gebildet wurden, von nachrangiger Bedeutung für die Kommune sind und ob der Bestand in seiner Größe seinem Wert und seiner Zusammensetzung nur geringen Schwankungen unterliegt?
8. Wurden im Anhang Angaben dazu gemacht, ob eine körperliche Bestandsaufnahme der o.g. Wirtschaftsgüter aufgrund des Ablaufs des drei Jahreszeitraums notwendig ist und ob diese auch durchgeführt wurde?
9. Erfolgt die Bewertung des Vorratsvermögens, der Rückstellungen (z.B. für nicht genommenen Urlaub, Überstunden, Garantien) ganz oder teilweise auf der Grundlage des Durchschnittsverfahrens und wurden diese aufgeführt und erläutert (§ 29 Abs. 1 Nr. 3 KomHVO NRW)?
10. Wurde erläutert welche geringwertigen Vermögensgegenstände wegen der wertmäßigen Bedeutung für das Gesamtvermögen zusammengefasst und aktiviert wurden?
11. Wurde bei einem Vermögensgegenstand oder einer Schuld, die unter mehrere Posten der Bilanz fällt, ein Mitzugehörigkeitsvermerk, sofern dies im Interesse der Klarheit und Übersichtlichkeit erforderlich ist, erstellt?
12. Wurde eine Ausgleichsrücklage i.S.v. § 75 GO NRW in der Bilanz zusätzlich zur allgemeinen Rücklage als gesonderter Posten des Eigenkapitals angesetzt und im Anhang erläutert?
13. Wurde die Ausgleichsrücklage im Haushaltsjahr in Anspruch genommen und wurde dies im Anhang erläutert?
14. Wurden Vorjahresüberschüsse durch Beschluss nach § 96 Abs. 1 S. 2 GO NRW der Ausgleichsrücklage zugeführt und wurde dies im Anhang erläutert?
15. entfällt
16. Wurde eine Sonderrücklage i.S.v. § 44 Abs. 4 KomHVO NRW gebildet und wurde diese im Anhang erläutert?
17. entfällt
18. Sind die Rückstellungen für unterlassene Instandhaltungen (§ 37 Abs. 4 KomHVO NRW) sowie die dazugehörigen Vermögensgegenstände des Anlagevermögens vollständig angegeben und erläutert worden (§ 45 Abs. 2 Nr. 4 KomHVO NRW)?
19. Werden die Sonstigen Rückstellungen nach § 37 Abs. 5 und 6 KomHVO NRW aufgegliedert und erläutert (§ 45 Abs. 2 Nr. 5 KomHVO NRW)?
20. Werden Sonstige Rückstellungsbeträge, die einen erheblichen Umfang haben, gesondert ausgewiesen und im Anhang angegeben und erläutert?
21. Wurde ein aktiviertes Disagio, welches in der Bilanz nicht gesondert ausgewiesen wurde, im Anhang angegeben und erläutert?
22. Wurden Kostenunterdeckungen der kostenrechnenden Einrichtungen, die nach § 6 KAG NRW innerhalb von drei Jahren ausgeglichen werden sollen, im Anhang angegeben (§44 Abs. 6 KomHVO NRW)?
23. Werden unter den Verbindlichkeiten Beträge größeren Umfangs ausgewiesen, die rechtlich erst nach dem Bilanzstichtag entstanden sind und wurden diese im Anhang erläutert?

4.4 Angaben des Anhangs bezüglich der Ergebnisrechnung

1. Sind die Beträge der Posten der Ergebnisrechnung mit den entsprechenden Vorjahresbeträgen vergleichbar und wenn nicht wurden die Gründe hierfür erläutert?
2. Wurden Vorjahresbeträge der Posten der Ergebnisrechnung zur besseren Vergleichbarkeit angepasst und wenn ja wurde die gewählte Vorgehensweise erläutert?

3. Werden Abschlussposten der Ergebnisrechnung aus Gründen der Klarheit zusammengefasst und wenn ja wurden die zusammengefassten Posten im Anhang gesondert ausgewiesen?
4. Werden in der Ergebnisrechnung außerordentliche Erträge oder Aufwendungen ausgewiesen und wurden diese ihrer Art und ihrer Höhe nach im Anhang angegeben und erläutert?
5. Wurde eine vorgenommene degressive Abschreibung und die Leistungsabschreibung im Anhang aufgeführt und wurde erläutert, warum hierdurch der Ressourcenverbrauch besser abgebildet wird (§ 36 Abs. 1 KomHVO NRW)?
6. Wurde eine vorgenommene außerplanmäßige Abschreibung im Anhang aufgeführt und wurde erläutert, warum eine voraussichtlich dauernde Wertminderung eingetreten ist (§ 36 Abs. 6 KomHVO NRW)?
7. Wurde eine außerplanmäßige Abschreibung von Grund und Boden, bedingt durch die Anschaffung oder Herstellung von Infrastrukturvermögen, linear bis zum Zeitpunkt der Inbetriebnahme des Infrastrukturvermögens verteilt und der Grund für die Abschreibung im Anhang erläutert (§ 36 Abs. 7 KomHVO NRW)?
8. Ist eine Zuschreibung geboten, da die Gründe für eine dauernde Wertminderung entfallen sind und wurde dies im Anhang erläutert (§ 36 Abs. 9 KomHVO NRW).
9. Wurde von den örtlichen Abschreibungstabellen abgewichen und wurden die Gründe hierfür im Anhang erläutert?
10. Wurden noch nicht erhobene Beiträge aus fertiggestellten Erschließungsmaßnahmen angegeben und im Anhang erläutert?
11. Wurden wesentliche periodenfremde Aufwendungen und Erträge im Anhang erläutert?

4.5 Weitere notwendige Angaben des Anhangs

1. Trägt der Anhang aufgrund der Angaben dazu bei, dass der Jahresabschluss ein den tatsächlichen Verhältnissen entsprechendes Bild der VFE-Lage vermittelt?
2. Wurde dargestellt, ob und wie sich die Vermögenslage der Stadt verändert hat?
3. Wurden Liquidationserfolge aus dem Verkauf von Anlagevermögen angegeben und im Anhang erläutert?
4. Sind Angaben zur Fremdwährungsumrechnung erforderlich und wenn ja wurden sie im Anhang erläutert?
5. Sind Verpflichtungen aus Leasingverträgen angegeben und erläutert worden?
6. Sind der Anlagenspiegel, der Forderungsspiegel und der Verbindlichkeitsspiegel dem Anhang beigefügt?
7. Ist der Anlagenspiegel gemäß § 42 Abs. 3 Nr. 1 KomHVO NRW gegliedert?
8. Ist der Anlagespiegel mit allen erforderlichen Angaben i.S.v. § 46 Abs. 2 KomHVO NRW erstellt?
9. Besitzt die Stadt Beteiligungen und wurden diese im Anlagespiegel ausgewiesen?
10. Ist der Forderungsspiegel gemäß § 42 Abs. 3 Nr. 2.2.1 und 2.2.2 KomHVO NRW gegliedert?
11. Ist der Forderungsspiegel mit allen erforderlichen Angaben i.S.v. § 47 Abs. 2 KomHVO NRW erstellt?
12. Werden unter den sonstigen Vermögensgegenständen Forderungen größeren Umfangs ausgewiesen, die rechtlich erst nach dem Bilanzstichtag entstanden sind?
13. Ist der Verbindlichkeitenspiegel gemäß § 42 Abs. 4 Nr. 4.1 – 4.8 KomHVO NRW gegliedert?
14. Sind die am Bilanzstichtag bestehenden Haftungsverhältnisse aus der Bestellung von Sicherheiten im Verbindlichkeitenspiegel (§ 48 Abs. 1 S. 2 KomHVO NRW) nachrichtlich angegeben und im Anhang erläutert?
15. Wurde der Verbindlichkeitenspiegel (Fristen, Zusicherungen) entsprechend § 48 Abs. 2 KomHVO NRW aufgegliedert?
16. Wurden am Schluss des Anhangs für die Mitglieder des Verwaltungsvorstandes, soweit dieser nicht zu bilden ist, für den Bürgermeister und den Kämmerer sowie für die Ratsmitglieder, auch wenn die Personen im Haushaltsjahr ausgeschieden sind, die folgenden Angaben nach § 95 Abs. 3 GO NRW gemacht?
    - Familienname mit mindestens einem ausgeschriebenen Vornamen,

- ausgeübter Beruf,
- Mitgliedschaft in Aufsichtsräten und anderen Kontrollgremien i.S.v. § 125 Abs. 1 Satz 5 des Aktiengesetzes,
- Mitgliedschaft in Organen von verselbständigten Aufgabenbereichen der Gemeinde in öffentlich-rechtlicher oder privatrechtlicher Form,
- Mitgliedschaft in Organen sonstiger privatrechtlicher Unternehmen.

5 Checkliste zur Prüfung des Lageberichts

5.1 Allgemeine Feststellungen

1. Ist der Bericht übersichtlich und verständlich aufgestellt?
2. Ist der Bericht vollständig mit nachfolgenden Bestandteilen:
   - Darstellung des Geschäftsverlaufs und der Lage (Wirtschaftsbericht),
   - Analysen der Haushaltswirtschaft und Vermögens-, Schulden-, Ertrags- und Finanzlage,
   - Darstellung der voraussichtlichen Entwicklung sowie der Chancen und Risiken.

5.2 Darstellung wichtiger Ergebnisse

Wurden wichtige Entwicklungen aufgezeigt und erläutert:

- bei der Kapitalverwendung (Anlagevermögen/Investitionstätigkeit und Umlaufvermögen/Liquidität),
- bei der Kapitalherkunft (Eigenkapital/Rücklagen, Rückstellungen und Verbindlichkeiten),
- beim Jahresergebnisses (Ertrags- und Aufwandsarten)?

5.3 Wichtige Vorgänge nach Schluss des Haushaltsjahres

Sind rechtliche, wirtschaftliche oder politische Ereignisse nach Schluss des Haushaltsjahres eingetreten, die sich wesentlich auf die Haushaltswirtschaft und Vermögens-, Schulden-, Ertrags- und Finanzlage auswirken (bspw. Steuergesetzgebung, Gemeindefinanzierungsregelungen des Landes, Kostenentwicklung bei Sozialleistungen, Zinsmarktentwicklungen, Tarifverhandlungen, Gewinn- und Verlustsituationen der Beteiligungen) und wurden diese im Lagebericht dargestellt?

5.4 Analysen

1. Enthält der Lagebericht umfassende, der Größe der Kommune angemessene Analysen der Haushaltswirtschaft und der Vermögens-, Schulden-, Ertrags- und Finanzlage?
2. Ergeben sich aus den Analysen perspektivische Betrachtungsmöglichkeiten bzw. relevante Steuerungsinformationen, z.B. durch den Zeitvergleich und werden sich ableitende Trends erläutert?
3. Wurden die erforderlichen produktorientierten Ziele und Kennzahlen unter Bezugnahme auf die im Jahresabschluss enthaltenen Ergebnisse dargestellt?
4. Sind die Kennzahlen aussagefähig und nachvollziehbar ermittelt worden?
5. Wurden in die Analysen die bedeutsamen und relevanten produktorientierten Ziele und Kennzahlen einbezogen?

5.5 Chancen und Risiken

1. Wie werden sich die herausragenden Aufwands- und Ertragsarten im Folgejahr entwickeln?
2. Gibt es maßgebliche Preis- oder Nachfrageänderungen und wie ist deren Weiterentwicklung zu prognostizieren?
3. Gibt es wesentliche Veränderungen bei Bürgschaften und Beteiligungen, die sich auf die Haushaltswirtschaft auswirken werden?
4. Sind aus wesentlichen Vorgängen nach Schluss des Haushaltsjahres die Chancen und Risiken abgeleitet und dargestellt worden?
5. Bestehen für die Beurteilung der Finanzlage bedeutsame sonstige finanzielle Verpflichtungen, die weder bilanziert noch als Haftungsverhältnisse unter der Bilanz vermerkt sind und wurden diese im Anhang angegeben und erläutert?

Anlage 2: Erläuterung angelsächsischer Begriffe

Im Rechnungs- und Prüfungswesen wie auch in der gesamten Betriebswirtschaft werden mittlerweile viele angelsächsische Begrifflichkeiten verwandt, die vielleicht den Beschäftigten in der öffentlichen Verwaltung noch nicht so geläufig sind. Die Begriffe haben Eingang in gesetzliche Vorschriften sowie in Prüfungsstandards gefunden.[415]

Assurance Engagement	Prüfungsauftrag
Audit Approach	Prüfungsansatz
Audit Conclusion	Prüfungsurteil
Audit Evidence	Prüfungsnachweis
Audit Instructions	Prüfungsvorgaben
Audit of Financial Statements	Abschlussprüfung
Audit Opinion	Bestätigungsvermerk
Audit Procedure	Prüfungshandlung
Audit Risk	Prüfungsrisiko
Badwill	Unterschiedsbetrag aus der Kapitalkonsolidierung in den Passiva
Benchmarking	Betriebsvergleich mit dem stärksten Wettbewerber in der Branche
Cashflow	Saldo von Ein- und Auszahlungen bzw. Einzahlungsüberschuss
Compliance Management System (CMS)	Gesamtheit der in einer Organisation (z.B. in einem Unternehmen) eingerichteten Maßnahmen, Strukturen und Prozesse, um Regelkonformität sicherzustellen, worunter rechtsverbindliche und ethische Regeln fallen können
Control Activities	Kontrollaktivitäten
Control Risk	Kontrollrisiko
Cooling-off-Period	Abschlussprüfer darf vor Ablauf von mindestens einem Jahr nach Einstellung der Tätigkeit als Abschlussprüfer keine zentrale Führungsposition in dem geprüften Unternehmen übernehmen oder

415 Ein ausführliches Glossar englischer Begriffe zur Jahresabschlussprüfung mit der jeweiligen deutschen Übersetzung ist in ISSAI 4200 zu finden.

	Mitglied eines Prüfungsausschusses, Aufsichtsrates oder ähnlichem Gremium werden.
Corporate Governance	Grundsätze der Unternehmensführung als rechtlicher und faktischer Ordnungsrahmen für die Leitung und Überwachung von Unternehmen
Corporate Social Responsibility (CSR)	Gesellschaftliche Verantwortung von Unternehmen im Sinne eines nachhaltigen Wirtschaftens
Cut-off-Prüfung	Prüfung der Periodenabgrenzung
Detection Risk	Entdeckungsrisiko
Due Diligence	Die im Verkehr erforderliche Sorgfalt eines Kaufmanns
EBIT (Earnings before interest and taxes)	Gewinn vor Zinsen und Steuern
EBITDA (Earnings before interest, taxes, depreciation and amortization)	Gewinn vor Zinsen, Steuern, Abschreibungen auf Sachanlagen und Abschreibungen auf immaterielle Vermögensgegenstände
Enforcement	Überwachung der Rechtmäßigkeit konkreter Jahresabschlüsse von Unternehmen durch die Deutsche Prüfstelle für Rechnungslegung (DPR) und BaFin
Entity-Level-Controls	Strategien, Maßnahmen und andere Vorgänge, die den Aufbau eines Unternehmens entscheidend bestimmen
Equity-Methode	Rechnungslegungsverfahren zur Bilanzierung von Anteilen an und Geschäftsbeziehungen zu assoziierten Unternehmen und Joint-Ventures im Einzel- und Konzernabschluss
European Public Sector Accounting Standards (EPSAS)	Europäische Rechnungslegungsstandards für den öffentlichen Sektor bzw. die öffentliche Verwaltung
External Confirmation	Bestätigungen Dritter
Fraud	Betrug, Täuschung, Unterschlagung
Going-Concern-Prinzip	Unternehmensfortführungsprinzip
Goodwill	Geschäftswert in den Aktiva
Governance	Steuerungs- und Regelungssystem (Aufbau- und Ablauforganisation) einer politisch-gesellschaftlichen Einheit wie

	Staat, Verwaltung, Gemeinde, privater oder öffentlicher Organisation. Häufig auch Steuerung oder Regelung einer jeglichen Organisation (etwa einer Gesellschaft oder eines Betriebes)
Group Audit Instructions	Bei Konzernprüfung: schriftliche Anweisungen des Konzernprüfungsteams (vgl. ISA [DE] 600 Anlage 5)
Hedge Accounting	Sicherungsgeschäfte
Higher-Level-Controls	Kontrollen, die oberhalb der Ebene eines einzelnen Prozesses durchgeführt werden und regelmäßig mehrere Prozesse betreffen (z.B. Richtlinien, Arbeitsanweisungen)
Inherent Risk	Inhärentes Risiko
Inquiry	Befragung
Inspection	Inaugenscheinnahme/Einsichtnahme
Internal Environment	Internes Unternehmensumfeld
International Auditing and Assurance Standards Board (IAASB)	Internationales Standardsetzungsgremium
International Federation of Accountants (IFAC)	Internationaler Zusammenschluss von Wirtschaftsprüfern
International Financial Reporting Standards (IFRS)	Internationale Rechnungslegungsvorschriften für Unternehmen, die vom International Accounting Standards Board (IASB) herausgegeben werden; sie sollen losgelöst von nationalen Rechtsvorschriften die Aufstellung international vergleichbarer Jahres- und Konzernabschlüsse regeln.
International Public Sector Accounting Standards (IPSAS)	Internationale Rechnungslegungsstandards für den öffentlichen Sektor bzw. die öffentliche Verwaltung
International Organisation of Supreme Audit Institutions	Internationale Organisation Oberster Rechnungskontrollbehörden
International Standards on Auditing (ISA)	Internationale Prüfungsstandards, die nach § 317 Abs. 5 HGB im Rahmen der Prüfung zugrunde zu legen sind.
International Standards of Supreme Audit Institutions (ISSAI)	Internationale Standards für Oberste Rechnungskontrollbehörden
Key Audit Matters (KAM)	Besonders wichtige Prüfungssachverhalte

Materiality	Wesentlichkeit
Monitoring	Überwachung
Observation	Beobachtung
Operating-Leasing	Form des Leasing, das der Miete weitgehend ähnlich ist
Public Interest Entity (PIE)	Unternehmen von öffentlichem Interesse
Qualified Conclusion	Eingeschränktes Prüfungsurteil
Reporting Package	Konsolidierungsformularsatz
Reasonable Assurance	Hinreichende Prüfungssicherheit
Re-Performance	Nachvollzug/Nachvollziehen
Review	Prüferische Durchsicht von Abschlüssen
Risk Assessment	Risikobeurteilung
Scope Limitation	Prüfungshemmnis
Shared Service Center	Organisationseinheit, die eine zuvor dezentral organisierte Dienstleistung zentral für das ganze Unternehmen bzw. einen gesamten Konzern bereitstellt
Shareholder	Eigentümer eines Unternehmens
Stakeholder	Beschäftigte, Unternehmensleitung, Kreditgeber, Kunden, Lieferanten eines Unternehmens und Fiskus
Subject Matter	Prüfungsgegenstand
Test of Controls	Funktionsprüfung
Test of Details	Einzelfallprüfung
True and Fair View	Den tatsächlichen Verhältnissen entsprechendes Bild der Vermögens-, Finanz- und Ertragslage

Literaturverzeichnis

Adler, H./Düring, W./Schmaltz, K.: Rechnungslegung und Prüfung der Unternehmen, neu bearbeitet von Forster, K.-H./Goerdeler, R./Lanfermann, J./Müller, H.-P./Siepe, G./Stolberg, K., 8 Bde., 6. Aufl., Stuttgart 1994.

Almeling, C./Scharr, C.: Wer prüft die Corporate Governance? in: Die Wirtschaftsprüfung, 71. Jg. (2018), S. 1472–1479.

Angermüller, N. O.: Interne Kontroll- und Revisionssysteme im öffentlichen Sektor, Zeitschrift für Interne Revision, 2020, S. 180–184.

Baetge, J./Kirsch, H.-J./Thiele, S.: Bilanzen, 14. Aufl., Düsseldorf 2017.

Ballwieser, W./Coenenberg, A. G./von Wysocki, K. (Hrsg): Handwörterbuch der Rechnungslegung und Prüfung, 3. Aufl., Stuttgart 2002.

Behrens, J./Kurte, S.: Die Generation Y in der Wirtschaftsprüfungsbranche in Zeiten der Digitalisierung – Digitalisierung als Chance, sind veränderte Erwartungen neuer Generationen mit den Anforderungen der Branche zu vereinbaren?, in: WP Praxis, 8. Jg. (2019), S. 72–77.

Berberich, H./Haaf, P.: § 11 Prüfung und Feststellung des Jahresabschlusses sowie Ergebnis- und Gewinnverwendung, in: Drinhausen, F./Eckstein, H.-M. (Hrsg.): Beck'sches Handbuch der AG, S. 805–840, 3. Aufl., München 2018.

Berwanger, J./Hahn, U.: Interne Revision und Compliance, 2. Aufl., Wiesbaden 2012.

Bitz, M./Schneeloch, D./Wittstock, W./Patek, G.: Der Jahresabschluss, 6. Aufl., München 2014.

Brixner, H.C./Harms, J./Noe, H.W.: Verwaltungs-Kontenrahmen, München 2003

Brösel, G./Freichel, C.: Prüfungsgrundsätze – Quo vadis?, in: WP Praxis, 7. Jg. (2018), S. 272–277.

Brösel, G./Freichel, C./Toll, M./Buchner, R.: Wirtschaftliches Prüfungswesen, 3. Aufl., München 2015.

Buchner, R.: Rechnungslegung und Prüfung der Kapitalgesellschaft, 3. Aufl., Stuttgart 1996.

Bundesfinanzministerium: Grundsätze zur ordnungsmäßigen Führung und Aufbewahrung von Büchern, Aufzeichnungen und Unterlagen in elektronischer Form sowie zum Datenzugriff (GoBD) vom 28.11.2019 (BStBl. I S.2010).

Bungartz, O.: Handbuch Interne Kontrollsysteme (IKS), 6. Aufl., Berlin 2020.

Canipa-Valdez, M./Velte, P.: Standardsetting internationaler Prüfungsnormen und deren Umsetzung, in: WP Praxis, 2. Jg. (2013), S. 197–203.

Contact Committee of Presidents of the SAIs of the European Union: Intosai: European Implementing Guidelines for the INTOSAI Auditing Standards, Luxemburg 1998.

Diekhaus, Berta, Leitfaden kommunale Rechnungsprüfung in Niedersachsen, 3. Aufl., Wiesbaden 2020

DIIR/RMA, Positionspapier Interne Revision und Risikomanagement, 2020.

Dillkötter, K.: Zur Skalierung der Jahresabschlussprüfung, Berlin 2019.

Dillkötter, K.: Die Neufassung des IDW PS 140, in: WP Praxis, 7. Jg. (2018), S. 189-193.

Dörner, D.: Prüfungsansatz, risikoorientierter, in: Ballwieser, W./Coenenberg, A. G./von Wysocki, K. (Hrsg.), Handwörterbuch der Rechnungslegung und Prüfung, 3. Aufl., Stuttgart 2002, Sp. 1744–1762.

Dresbach: Kommunale Finanzwirtschaft Nordrhein-Westfalen, 47. Aufl., Bergisch Gladbach 2020.

Droste, K. C./Tritschler, J.: Journal Entry Testing, Düsseldorf 2018.

DRSC: DRSC Briefing Paper zur CSRD vom 21. April 2021, Kommissionsentwurf zur Neuaufstellung der Nachhaltigkeitsberichterstattung, 2021, abrufbar unter: https://www.drsc.de/app/uploads/2021/04/210421_CSRD_Briefing-Paper.pdf

Erdmann, C.: Risikoorientierte (Mehr)Jahresprüfungsplanung in der kommunalen Rechnungsprüfung, Wiesbaden 2014.

Eulerich, M.: Das neue Three Lines Modell, Zeitschrift für Interne Revision, 2020, S. 208–216.

Farr, W.-M.: Bank- und Rechtsanwaltsbestätigungen als Prüfungsnachweis, in: Die Wirtschafsprüfung, 72. Jg. (2019), S. 753–759.

Fiebig, H./Zeis, A.: Kommunale Rechnungsprüfung, 5. Aufl., Berlin 2018.

Forum of Firms (Hrsg.): Constitution, Genf 2015.

Freichel, C.: Skalierte Jahresabschlussprüfung, Wiesbaden 2016.

Gourmelon, A./Hoffmann, B./Seidel, S.: Personalentwicklungskonzepte in Zeiten der Personalnot, Verwaltungsrundschau, Mai 2020, S. 149–157.

Graumann, M.: Wirtschaftliches Prüfungswesen, 6. Aufl., Herne 2020.

Heck, C./Strätling, A.: Das Wirklichkeitsprinzip gemäß § 91 Absatz 4 Satz 2 Nr. 3 GO NRW und der „Wirklichkeitstest" auf Bilanzposten, Gelsenkirchen 2019, abrufbar unter https://www.ifv.de/fileadmin/user_upload/ifV_-_P-2019-1-Heck-Straetling-190701.pdf.

Heidler, H. K.: Öffentliches Rechnungs- und Prüfungswesen, Band 1, Doppelte Buchführung, Jahresabschluss und Neues Kommunales Finanzmanagement, 2. Aufl., Berlin 2020.

Heidler, H. K.: Öffentliches Rechnungs- und Prüfungswesen, Band 2, Kosten- und Leistungsrechnung, Finanzierungs- und Wirtschaftlichkeitsrechnung, Berlin 2019.

Henneke, H. G./Strobl, H./Diemert, D.: Recht der kommunalen Haushaltswirtschaft, Doppik – Neue Steuerung, München 2008

Hoffmann, W.-D.: Skalierte Prüfung, in: Unternehmensteuern und Bilanzen, 14. Jg. (2012), S. 689–690.

Hömberg, R.: Stichprobenprüfung mit Zufallsauswahl, in: Ballwieser, W./Coenenberg, A. G./von Wysocki, K. (Hrsg.), Handwörterbuch der Rechnungslegung und Prüfung, 3. Aufl., Stuttgart 2002, Sp. 2287–2304.

IAASB: Draft International Standard on Auditing for Audits of Financial Statements of Less Complex Entities (ISA for LCE), Stand März 2021, abrufbar unter: https://www.ifac.org/system/files/meetings/files/20210315-IAASB-Agenda-Item-4A-Draft-ISA-for-LCE-Final.pdf.

IAASB: Audits of Less Complex Entities – Development of a Separate Standard, Stand März 2021, abrufbar unter: https://www.ifac.org/system/files/meetings/files/20210315-IAASB-Agenda-Item-4-LCE-Issues-Final.pdf.

IIA: IIA Position Paper, The Three Lines of Defense In Effective Risk Management and Control, 2013.

IIA: Das Drei-Linien-Modell des IIA, Übersetzung durch DIIR, 2020, abrufbar unter: https://www.diir.de/fileadmin/fachwissen/downloads/Three-Lines-Model-Updated-German.PDF.

Innenministerium NRW: NKF-Handreichungen für Kommunen, 7. Aufl., Düsseldorf 2016.

Institut der Wirtschaftsprüfer: Fragen und Antworten: Zur Beurteilung der festgestellten falschen Darstellungen nach ISA 450 bzw. IDW PS 250 n.F. (F & A zu ISA 450 bzw. IDW PS 250 n.F.), in: FN-IDW 2/2013, S. 115 ff., WPg Supplement 3/2013, S. 55 f., FN-IDW 9/2013, S. 417 f.

Institut der Wirtschaftsprüfer: Fragen und Antworten zur Festlegung der Wesentlichkeit und Toleranzwesentlichkeit nach ISA 320 bzw. IDW PS 250 n.F. (F & A zu ISA 320 bzw. IDW PS 250 n.F.), in: IDW-Fachnachrichten, 2013, S. 406–417.

Institut der Wirtschaftsprüfer: Fragen und Antworten: Zur Durchführung einer repräsentativen Auswahl (Stichproben) nach ISA 530 bzw. IDW EPS 310 oder einer bewussten Auswahl nach ISA 500 bzw. IDW EPS 300 n.F. (F & A zu ISA 530 bzw. IDW EPS 310 oder ISA 500 bzw. IDW EPS 300 n.F.), in: WPg Supplement 1/2014, S. 98 ff., FN-IDW 2/2014, S. 176 ff., WPg Supplement 4/2015, S. 30, IDW Life 11/2015, S. 615.

Institut der Wirtschaftsprüfer: Fragen und Antworten: Zur Durchführung einer repräsentativen Auswahl (Stichprobe) nach ISA 530 bzw. IDW PS 302 n.F. (F & A zu ISA 530 bzw. IDW PS 302 n.F.), in: IDW Life, o. Jg. (2016), S. 91–105.

Institut der Wirtschaftsprüfer: Fragen und Antworten: Zur Einholung von Bestätigungen Dritter nach ISA 505 bzw. IDW EPS 302 n.F. (F & A zu ISA 505 bzw. IDW EPS 302 n.F.), in: WPg Supplement 1/2014, S. 98 ff., FN-IDW 2/2014, S. 176 ff., WPg Supplement 4/2015, S. 30, IDW Life 11/2015, S. 615.

Institut der Wirtschaftsprüfer: Fragen und Antworten: Zur Prüfung des Lageberichts nach IDW PS 350 n.F. (F & A zu IDW PS 350 n.F.), in: IDW Life, o. Jg. (2019), S. 728.

Institut der Wirtschaftsprüfer (Hrsg.): Assurance, Vertrauensleistungen außerhalb der Abschlussprüfung, 2. Aufl., Düsseldorf 2021.

Institut der Wirtschaftsprüfer (Hrsg.) IDW Stellungnahme zur Rechnungslegung, IDW Standards, Loseblatt, Düsseldorf 2018 ff.

Institut der Wirtschaftsprüfer (Hrsg.): Prüfungspraxis, Leitfaden für Prüfungsmitarbeiter, 2. Aufl., Düsseldorf 2020.

Institut der Wirtschaftsprüfer (Hrsg.): WP Handbuch – Wirtschaftsprüfung und Rechnungslegung, 17. Auf., Düsseldorf 2021.

Katczynski, S.: Die Prüfung des Internen Kontrollsystems im Rahmen der kommunalen Abschlussprüfung, Handout zu den Bundesprüfertagen, 2008.

KGSt: Rechnungsprüfung im neuen Haushalts- und Rechnungswesen/Arbeitshilfen für die Prüfung kommunaler Jahresabschlüsse: Bericht 7/2007 Band 1: Grundlagen, Optionen, Vorgehensmodelle

KGSt: Qualitätsmanagement in der kommunalen Rechnungsprüfung. Ein stufenweises Vorgehen – von der Selbstbewertung zum Peer Review (1/2018), Köln 2018.

KGSt: Umsetzungsstand des kommunalen Risikomanagements. Ergebnisse einer Umfrage: Schlussfolgerungen und Handlungsempfehlungen (1/2019), 2019, URL: https://www.kgst.de/dokumentdetails?path=/documents/20181/2377291 /1-B-2019_Umfrage-Risikomanagement.pdf/23efd7f9-9ef7-8376-af32-dcf841956b07.

KPMG: Bericht über die unabhängige Sonderuntersuchung, Wirecard AG, 27. April 2020, München.

Lehwald, K. J.: Die Praktische Durchführung einer Jahresabschlussprüfung, 1. Auflage, Bonn 1999.

Lickfett, Urte: Heterogene Bilanzierungsregeln im öffentlichen Sektor und Aussagekraft des Bestätigungsvermerks, in: Die Wirtschafsprüfung, 74. Jg. (2021), S. 100–107.

Littkemann, J./Holtrup, M./Reinbacher, P., Jahresabschluss, 4. Aufl., Norderstedt 2016.

Marten, K.-U./Quick, R./Ruhnke, K.: Wirtschaftsprüfung, 6. Aufl., Stuttgart 2020.

McKinsey & Company: Die Besten, bitte: Wie der öffentliche Dienst als Arbeitgeber punkten kann, 2019.

Ministerium des Inneren des Landes Nordrhein-Westfalen: Neues Kommunales Finanzmanagement in Nordrhein-Westfalen, Handreichung für Kommunen, 7. Aufl., Düsseldorf 2016.

Mochty, L.: Zur theoretischen Fundierung des risikoorientierten Prüfungsansatzes, in: Fischer, T. R./Hömberg, R. (Hrsg.), Jahresabschluss und Jahresabschlussprüfung, Festschrift für Jörg Baetge zum 60. Geburtstag, Düsseldorf 1997, S. 731–780.

Moxter, A./Engel-Ciric, D.: Grundsätze ordnungsgemäßer Bilanzierung, Düsseldorf 2019.

Müller-Marqués Berger, T./Heiling, J.: Prüfung der Ordnungsmäßigkeit der Haushaltswirtschaft, in: Die Wirtschaftsprüfung, 70. Jg. (2017), S. 334–338.

Müller-Marqués Berger, T./Eulner, V.: Erweiterung der Abschlussprüfung bei Gebietskörperschaften gemäß IDW PS 731, in: Die Wirtschaftsprüfung, 74. Jg. (2021), S. 716–721.

Niemann, W.: Jahresabschlussprüfung, Arbeitshilfen zur Qualitätssicherung, 4. Aufl., München 2011.

Ramge, S./Kerst, A.: Vergleich des PCGK Bund mit dem DCGK, Zeitschrift für Corporate Governance 2020, S. 259–261.

Richter, M., Leitbild einer modernen kommunalen Rechnungsprüfung - Gutachten zur Bewertung der Beamtenstellen in der kommunalen Rechnungsprüfung, Potsdam 2013, abrufbar unter https://www.idrd.de/fileadmin/user_upload/idr/downloads/Gutachten/Stellenplangutachten_2013_06_30.pdf.

Ruhnke, K.: Verbesserte Berichterstattung des Abschlussprüfers – quo vadis?, in: WP Praxis, 3. Jg. (2014), S. 57–60.

Quick, R.: Die Risiken der Jahresabschlussprüfung, Düsseldorf 1996.

Satzger, G./Holtmann, C./Peter, S.: Advanced Analytics im Controlling, 27. Jg. (2015), Zeitschrift für Controlling, S. 229–235.

Schmidt, G.: Stichprobenprüfung mit bewusster Auswahl, in: Ballwieser, W./Coenenberg, A. G./von Wysocki, K. (Hrsg.), Handwörterbuch der Rechnungslegung und Prüfung, 3. Aufl., Stuttgart 2002, Sp. 2279–2287.

Schmidt, S.: Geschäftsverständnis, Risikobeurteilungen und Prüfungshandlungen des Abschlussprüfers als Reaktion auf beurteilte Risiken, in: Die Wirtschaftsprüfung, 58. Jg. (2005), S. 873–887.

Selchert, F. W.: Jahresabschlußprüfung der Kapitalgesellschaften, 2. Aufl., Wiesbaden 1996.

Siemonsmeier, U./Rettler, S./Kummer, L./Rothermel, M./Kowalewski, S., Ehrbar-Wulfen, S., Kommentar Kommunalhaushaltsrecht Nordrhein-Westfalen, Loseblattsammlung, Stand November 2019.

Stibi, E.: Prüfungsrisikomodell und Risikoorientierte Abschlußprüfung, Düsseldorf 1995.

Störk, U./Büssow, T.: § 252 HGB, in: Beck'scher Bilanz-Kommentar, 12. Aufl., München 2020.

Trips, M.: Risikomanagement in der öffentlichen Verwaltung, Zur Möglichkeit der Einführung eines Risikomanagementsystems im öffentlichen Sektor, NVwZ 2003, S. 804–811.

v. Wysocki, K.: Wirtschaftliches Prüfungswesen, Band I: Aufstellung und Prüfung des Jahresabschlusses nach dem Handelsgesetzbuch, 4. Auflage, München 2005.

v. Wysocki, K.: Wirtschaftliches Prüfungswesen, Band II: Aufstellung und Prüfung des Konzernabschlusses, 2. Auflage, München 1998.

v. Wysocki, K.: Wirtschaftliches Prüfungswesen, Band III: Prüfungsgrundsätze und Prüfungsverfahren nach den nationalen und internationalen Prüfungsstandards, München 2003.

Verhofen, V.: Konzernabschlusspolitik nach IFRS, Wiesbaden 2016.

Wagner, J. M.: Empirische Studie zum Umsetzungsgrad von Continuous Auditing in deutschen Innenrevisionen, in: Zeitschrift Interne Revision, 52. Jg. (2017), S. 14–25.

Wirtschaftsprüferkammer: Hinweis zur skalierten Prüfungsdurchführung auf Grundlage der ISA, Berlin 2012.

Wöhe, G./Döring, U./Brösel, G.: Einführung in die Allgemeine Betriebswirtschaftslehre, 27. Aufl., München 2020.

Zaeh, P. E.: Abschlussprüfung 2.0, in: Velte, P./Müller, S./Weber, S. C./Sassen, R./ Mammen, A. (Hrsg.), Rechnungslegung, Steuern, Corporate Governance, Wirtschaftsprüfung und Controlling, Festschrift für Carl-Christian Freidank, Wiesbaden 2018, S. 441–456.

Zaeh, P.E.: Die Planung der Prüfungsmethoden in einer problem- und risikoorientierten Abschlussprüfung, in: Zeitschrift für Planung, 10. Jg. (1999), S. 373.

IDR Leitlinien/Veröffentlichungen

IDR Prüfungsleitlinie L 111, "Die IKS-Prüfung in der Rechnungsprüfung", Stand 29.11.2018, abrufbar über: https://www.idrd.de/fileadmin/user_upload/idr/IDR_L_111_IKS-Pruefung.pdf, zuletzt abgerufen am 30. Juni 2021.

IDR Prüfungsleitlinie L 113 "Digitale Prüfungsunterstützung und Dokumentation der Rechnungsprüfung", Stand 29.11.2018, abrufbar über: https://www.idrd.de/fileadmin/user_upload/idr/IDR_L_113_Digital.pdf, zuletzt abgerufen am 30. Juni 2021.

IDR Prüfungsleitlinie L 200, " Leitlinien zur Durchführung von kommunalen Jahresabschlussprüfungen", Stand 17.02.2009, abrufbar über: https://www.idrd.de/fileadmin/user_upload/idr/IDR_L_200-Durchfuehrung-von-kommunalen-Jahresabschlusspruefungen.pdf, zuletzt abgerufen am 30. Juni 2021.

IDR Prüfungsleitlinie L 260, "Leitlinien zur Berichterstattung bei kommunalen Abschlussprüfungen", Stand 17.02.2009, abrufbar über: https://www.idrd.de/fileadmin/user_upload/idr/IDR_L_260-Berichterstattung-bei-kommunalen-Abschlusspruefungen.pdf, zuletzt abgerufen am 30. Juni 2021.

IDR Prüfungsleitlinie L 300, "Leitlinien zur Durchführung von kommunalen Gesamtabschlussprüfungen", Stand 28.03.2012, abrufbar über, https://www.idrd.de/fileadmin/user_upload/idr/IDR_L_300-Durchfuehrung-von-kommunalen-Gesamtabschlusspruefungen.pdfzuletzt abgerufen 30. Juni 2021.

IDR Prüfungsleitlinie L 720, "Ordnungsmäßigkeit der Haushaltswirtschaft", Stand 17.02.2009, abrufbar über: https://www.idrd.de/fileadmin/user_upload/idr/IDR_L_720-Pruefung-der-Ordnungsmaessigkeit-der-Haushaltswirtschaft. pdf, zuletzt abgerufen am 30. Juni 2021.

IDR, Prüfungshilfe PH 2400, "Hinweis zur Strukturierung der internen Arbeitspapiere", Stand 05.12.2008, abrufbar über: https://www.idrd.de/fileadmin/ user_upload/idr/IDR_H_2400-Strukturierung-der-Arbeitspapiere.pdf; zuletzt abgerufen am 30. Juni 2021.

IDR, Leitfaden zur einführungsbegleitenden IT-Prüfung rechnungslegungsrelevanter Verfahren, Rollen und Berechtigungen, Stand: 01/2021, abrufbar über: https://www.idrd.de/fileadmin/user_upload/idr/downloads/IT-Checklisten/Leitfaden_Berechtigungen_01_2021.pdf, zuletzt abgerufen am 30. Juni 2021.

IDR, Leitfaden zur einführungsbegleitenden IT-Prüfung rechnungslegungsrelevanter Verfahren, Test und Freigabe, Stand: 01/2021, abrufbar über: https://www.idrd.de/fileadmin/user_upload/idr/downloads/IT-Checklisten/Leitfaden_Test_Freigabe_01_2021.pdf, zuletzt abgerufen am 30. Juni 2021.

IDR, Leitfaden zur einführungsbegleitenden IT-Prüfung rechnungslegungsrelevanter Verfahren, Datenmigration, Stand: 01/2021, abrufbar über:

https://www.idrd.de/fileadmin/user_upload/idr/downloads/IT-Checklisten/Leitfaden_Datenmigration_01_2021.pdf, zuletzt abgerufen am 30. Juni 2021.

IDR, Leitfaden zur einführungsbegleitenden IT-Prüfung rechnungslegungsrelevanter Verfahren, Datenschutz, Stand: 01/2021, abrufbar über: https://www.idrd.de/fileadmin/user_upload/idr/downloads/IT-Checklisten/Leitfaden_Datenschutz_01_2021.pdf, zuletzt abgerufen am 30. Juni 2021.

IDR, Leitfaden zur einführungsbegleitenden IT-Prüfung rechnungslegungsrelevanter Verfahren, Anwenderdokumentation/Anwenderschulung, Stand: 01/2021, abrufbar über: https://www.idrd.de/fileadmin/user_upload/idr/downloads/IT-Checklisten/Leitfaden_Anwenderdokumentation_01_2021.pdf, zuletzt abgerufen am 30. Juni 2021.

IDR, Leitfaden zur einführungsbegleitenden IT-Prüfung rechnungslegungsrelevanter Verfahren, Lizenzmanagement, Stand: 01/2021, abrufbar über: https://www.idrd.de/fileadmin/user_upload/idr/downloads/IT-Checklisten/Leitfaden_Lizenzmanagement_01_2021.pdf, zuletzt abgerufen am 30. Juni 2021.

IDW PS

IDW PS 140: Die Durchführung von Qualitätskontrollen in der Wirtschaftsprüferpraxis, Stand: 09.06.2017, IDW Life 8/2017, S. 946 ff.

IDW PS 200: Ziele und allgemeine Grundsätze der Durchführung von Abschlussprüfungen, Stand: 03.06.2015, WPg 15/2000, S. 706 ff., FN-IDW 7/2000, S. 280 ff., WPg Supplement 3/2015, S. 1 f., FN-IDW 8/2015, S. 438

IDW PS 210: Zur Aufdeckung von Unregelmäßigkeiten im Rahmen der Abschlussprüfung, Stand: 12.12.2012, WPg 22/2006, S. 1422 ff., FN-IDW 11/2006, S. 694 ff., WPg Supplement 4/2010, S. 1 ff., FN-IDW 10/2010, S. 423 ff., WPg Supplement 1/2013, S. 7, FN-IDW 1/2013, S. 11

IDW PS 240: Grundsätze der Planung von Abschlussprüfungen, Stand: 09.09.2010, WPg 17/2000, S. 846 ff., FN-IDW 9/2000, S. 464 ff.; WPg 4/2006, S. 218, FN-IDW 1-2/2006, S. 1, FN-IDW 2/2011, S. 113 f., WPg Supplement 1/2011, S. 1

IDW PS 250 n.F.: Wesentlichkeit im Rahmen der Abschlussprüfung, Stand: 12.12.2012, WPg Supplement 1/2013, S. 1 ff., FN-IDW 1/2013, S. 4 ff.

IDW PS 255: Beziehungen zu nahe stehenden Personen im Rahmen der Abschlussprüfung, Stand: 24.11.2010, WPg Supplement 19/2003, S. 1069 ff., FN-IDW 10/2003, S. 476 ff., WPg Supplement 1/2007, S. 1 und FN-IDW 3/2007, S. 137, WPg Supplement 4/2010, S. 1 ff., FN-IDW 10/2010, S. 423 ff., FN-IDW 6/2011, S. 364

IDW PS 261 n.F.: Feststellung und Beurteilung von Fehlerrisiken und Reaktionen des Abschlussprüfers auf die beurteilten Fehlerrisiken, Stand: 15.09.2017, WPg Supplement 2/2012, S. 3 ff., FN-IDW 4/2012, S. 239 ff., WPg Supplement 3/2013, S. 13, FN-IDW 9/2013, S. 402, IDW Life 8/2016, S. 635, IDW Life 1/2018, S. 172 f.

IDW PS 300 n.F.: Prüfungsnachweise im Rahmen der Abschlussprüfung, Stand: 14.06.2016, IDW Life 8/2016, S. 624 ff.

IDW PS 301: Prüfung der Vorratsinventur, Stand: 24.11.2010, WPg 13/2003, S. 715 ff., FN-IDW 7/2003, S. 323 ff., FN-IDW 2/2011, S. 113 f., WPg Supplement 1/2011, S. 1

IDW PS 302: Bestätigungen Dritter, Stand: 10.07.2014, WPg Supplement 3/2014, S. 1 ff., FN-IDW 9/2014, S. 504 ff.

IDW PS 303 n.F.: Erklärungen der gesetzlichen Vertreter gegenüber dem Abschlussprüfer, Stand: 09.09.2009, WPg Supplement 4/2009, S. 19 ff., FN-IDW 10/2009, S. 445 ff.

IDW PS 310: Repräsentative Auswahlverfahren (Stichproben) in der Abschlussprüfung, Stand: 14.06.2016, IDW Life 8/2016, S. 636 ff.

IDW PS 312: Analytische Prüfungshandlungen. Stand: 13.03.2013, WPg 17/2001, S. 903 ff., FN-IDW 8/2001, S. 343 ff., WPg Supplement 2/2013, S. 1, FN-IDW 6/2013, S. 270, WPg Supplement 3/2013, S. 16, FN-IDW 9/2013, S. 402

IDW PS 320 n.F.: Besondere Grundsätze für die Durchführung von Konzernabschlussprüfungen (einschließlich der Verwertung der Tätigkeit von Teilbereichsprüfern), Stand: 10.07.2014, WPg Supplement 2/2012, S. 29 ff., FN-IDW 4/2012, S. 258 ff., WPg Supplement 3/2014, S. 11 f., FN-IDW 9/2014, S. 515 f.

IDW PS 322 n.F.: Verwertung der Arbeit eines für den Abschlussprüfer tätigen Sachverständigen, Stand: 15.09.2017, WPg Supplement 3/2013, S. 17 ff., FN-IDW 8/2013, S. 331 ff., IDW Life 1/2018, S. 173.

IDW PS 330: Abschlussprüfung bei Einsatz von Informationstechnologie. Stand 24.09.2002, WPg 21/2002, S. 1167 ff., FN-IDW 11/2002, S. 604 ff.

IDW PS 331 n.F.: Abschlussprüfung bei teilweiser Auslagerung der Rechnungslegung auf Dienstleistungsunternehmen. Stand 11.09.2015, WPg Supplement 4/2015, S. 1 ff., FN-IDW 10/2015, S. 522 ff.

IDW PS 350 n.F.: Prüfung des Lageberichts im Rahmen der Abschlussprüfung, Stand: 12.12.2017, IDW Life 2/2018, S. 225 ff.

IDW EPS 400 n.F.: Bildung eines Prüfungsurteils und Erteilung eines Bestätigungsvermerks, Stand: 29.04.2021, abrufbar unter: https://www.idw.de/blob/

130648/2b5ba786ae79e17726d9891c68a311f0/idw-eps-400-nf-04-2021-data.pdf.

IDW EPS 401 n.F.: Mitteilung besonders wichtiger Prüfungssachverhalte im Bestätigungsvermerk, Stand: 29.04.2021, abrufbar unter: https://www.idw.de/blob/130650/41d2064e1b7565842fff57f41f614982/idw-eps-401-nf-04-2021-data.pdf.

IDW EPS 405 n.F.: Modifizierungen des Prüfungsurteils im Bestätigungsvermerk, Stand: 30.11.2017, abrufbar unter: https://www.idw.de/blob/130652/c7fa88d838c3924a92c495ca91da32e5/idw-eps-405-nf-04-2021-data.pdf.

IDW PS 450 n.F.: Grundsätze ordnungsmäßiger Erstellung von Prüfungsberichten, Stand: 15.09.2017, IDW Life 1/2018, S. 101 ff.

IDW PS 460 n.F.: Arbeitspapiere des Abschlussprüfers, Stand: 09.09.2009, WPg Supplement 2/2008, S. 27 ff., FN-IDW 4/2008, S. 178 ff., WPg Supplement 4/2009, S. 1 ff., FN-IDW 11/2009, S. 533 ff.

IDW EPS 470: Grundsätze für die Kommunikation mit den für die Überwachung Verantwortlichen, abrufbar unter: https://www.idw.de/blob/130656/c88089b6ed9cd4ce7cd973d6f8680a4a/idw-eps-470-nf-04-2021-data.pdf.

IDW PS 475: Mitteilung von Mängeln im internen Kontrollsystem an die für die Überwachung Verantwortlichen und das Management, Stand: 26.09.2019, IDW Life 11/2019, S. 722 ff.

IDW PS 720: Berichterstattung über die Erweiterung der Abschlussprüfung nach § 53 HGrG, Stand: 09.09.2010, WPg 22/2006, S. 1452 ff., FN-IDW 11/2006, S. 749 ff., FN-IDW 2/2011, S. 113 f., WPg Supplement 1/2011, S. 1

IDW PS 730: Prüfung des Jahresabschlusses und Lageberichts einer Gebietskörperschaft, Stand: 30.03.2012, WPg Supplement 2/2012, S. 52 ff., FN-IDW 6/2012, S. 359 ff.

IDW PS 731: Prüfung der Ordnungsmäßigkeit der kommunalen Haushaltswirtschaft, Stand: 26.11.2020, IDW Life 1/2021, S. 48 ff.

IDW PS 850: Projektbegleitende Prüfung bei Einsatz von Informationstechnologie, Stand: 02.09.2008, WPg Supplement 4/2008, S. 12 ff., FN-IDW 10/2008, S. 427 ff.

IDW PS 980: Grundsätze ordnungsmäßiger Prüfung von Compliance Management Systemen, Stand: 11.03.201, WPg Supplement 2/2011, S. 78 ff., FN-IDW 4/2011, S. 203 ff.

IDW PS 981: Grundsätze ordnungsmäßiger Prüfung von Risikomanagementsystemen, Stand: 03.03.2017, IDW Life 4/2017, S. 380 ff.

IDW PS 982: Grundsätze ordnungsmäßiger Prüfung des internen Kontrollsystems des internen und externen Berichtswesens, Stand: 03.03.2017, IDW Life 4/2017, S. 415 ff.

IDW PS 983: Grundsätze ordnungsmäßiger Prüfung von Internen Revisionssystemen, Stand: 03.03.2017, IDW Life 4/2017, S. 448 ff.

IDW PH 9.330.2: Prüfung von IT-gestützten Geschäftsprozessen im Rahmen der Abschlussprüfung, Stand: 24.08.2010, WPg Supplement 1/2009, S. 27 ff., FN-IDW 1-2/2009, S. 39 ff., FN-IDW 2/2011, S. 113 f., WPg Supplement 1/2011, S. 1

IDW PH 9.330.3: Einsatz von Datenanalysen im Rahmen der Abschlussprüfung, Stand: 15.10.2010, FN-IDW 1/2011, S. 59 ff., WPg Supplement 1/2011, S. 35 ff.

IDW QS 1: Anforderungen an die Qualitätssicherung in der Wirtschaftsprüferpraxis, Stand: 09.06.2017, IDW Life 8/2017, S. 887 ff.

ISA [DE]

ISA [DE] 200 International Standard on Auditing 200: Übergeordnete Ziele des unabhängigen Prüfers und Grundsätze einer Prüfung in Übereinstimmung mit den International Standards on Auditing, Stand: 26.03.2020, IDW Life 11/2019, S. 649 ff.; IDW Life 6/2020, S. 509; IDW Life 12/2020, S. 996 ff.

ISA [DE] 230: International Standard on Auditing 230: Prüfungsdokumentation, Stand: 26.09.2019, IDW Life 11/2019, S. 658 ff.; IDW Life 6/2020; IDW Life 12/2020, S. 996 ff.

ISA [DE] 240: International Standard on Auditing 240: Verantwortlichkeiten des Abschlussprüfers bei dolosen Handlungen, Stand: 26.03.2020, IDW Life 11/2019, S. 660 ff.; IDW Life 6/2020, S. 509; IDW Life 12/2020, S. 998.

ISA [DE] 250: International Standard on Auditing 250: Berücksichtigung von Gesetzen und anderen Rechtsvorschriften bei einer Abschlussprüfung, Stand: 26.03.2020, IDW Life 11/2019, S. 664 ff.; IDW Life 6/2020, S. 509.

ISA [DE] 300: International Standard on Auditing 300 Planung einer Abschlussprüfung, Stand: 26.03.2020, IDW Life 11/2019, S. 667 ff.; IDW Life 6/2020, S. 509.

ISA [DE] 315: International Standard on Auditing 315 (Revised): Identifizierung und Beurteilung der Risiken wesentlicher falscher Darstellungen aus dem Verständnis von der Einheit und ihrem Umfeld, Stand: 26.03.2020, IDW Life 11/2019, S. 669 ff.; IDW Life 6/2020, S. 509.

ISA [DE] 320: International Standard on Auditing 320: Wesentlichkeit bei der Planung und Durchführung einer Abschlussprüfung, Stand: 26.03.2020, IDW Life 11/2019, S. 672 f.; IDW Life 6/2020, S. 509.

ISA [DE] 330: International Standard on Auditing 330: Reaktionen des Abschlussprüfers auf beurteilte Risiken, Stand: 26.03.20120, IDW Life 11/2019, S. 673 f.; IDW Life 6/2020, S. 509.

ISA [DE] 500: International Standard on Auditing 500: Prüfungsnachweise. Stand: 26.03.2020, IDW Life 11/2019, S. 680 ff.; IDW Life 6/2020, S. 509.

ISA [DE] 501: International Standard on Auditing 501: Prüfungsnachweise – Besondere Überlegungen zu ausgewählten Sachverhalten. Stand: 26.03.2020, IDW Life 11/2019, S. 682 ff.; IDW Life 6/2020, S. 509; IDW Life 12/2020, S. 999 ff.

ISA [DE] 505: International Standard on Auditing 505: Externe Bestätigungen. Stand: 26.03.2020, IDW Life 11/2019, S. 683 ff.; IDW Life 6/2020, S. 509.

ISA [DE] 510: International Standard on Auditing 510: Eröffnungsbilanzwerte bei Erstprüfungsaufträgen. Stand: 26.03.2020, IDW Life 11/2019, S. 686 ff.; IDW Life 6/2020, S. 509.

ISA [DE] 530: International Standard on Auditing 530: Stichprobenprüfungen, Stand: 26.03.2020, IDW Life 11/2019, S. 691 f.; IDW Life 6/2020, S. 509.

ISA [DE] 580: International Standard on Auditing 580: Schriftliche Erklärungen, Stand: 26.03.2020, IDW Life 11/2019, S. 699 ff.; IDW Life 6/2020, S. 509; IDW Life 12/2020, S. 1004 f.

ISA [DE] 600: International Standard on Auditing 600: Besondere Überlegungen zu Konzernabschlussprüfungen (einschließlich der Tätigkeit von Teilbereichsprüfern), Stand: 26.03.2020, IDW Life 11/2019, S. 702 ff.; IDW Life 6/2020, S. 509.

ISA [DE] 610: International Standard on Auditing 610: Nutzung der Tätigkeit interner Revisoren, Stand: 26.03.2020, IDW Life 11/2019, S. 709 ff.; IDW Life 6/2020, S. 509.

ISA [DE] 620: International Standard on Auditing 620: Nutzung der Tätigkeit eines Sachverständigen des Abschlussprüfers, Stand: 26.03.2020, IDW Life 11/2019, S. 712 ff.; IDW Life 6/2020, S. 509.

IDW RS

IDW RS FAIT 1: Grundsätze ordnungsmäßiger Buchführung bei Einsatz von Informationstechnologie, Stand: 24.09.2002, WPg Supplement 21/2002, S. 1157 ff., FN-IDW 11/2002, S. 649 ff.

IDW RS FAIT 4: Anforderungen an die Ordnungsmäßigkeit und Sicherheit IT-gestützter Konsolidierungsprozesse, Stand 08.08.2012, WPg Supplement 4/2012, S. 115 ff., FN-IDW 10/2012, S. 552 ff.

IDW RS FAIT 5: Grundsätze ordnungsmäßiger Buchführung bei Auslagerung von rechnungslegungsrelevanten Prozessen und Funktionen einschließlich Cloud Computing, Stand: 04.11.2015, IDW Life 1/2016, S. 35 ff.

IDW RS HFA 11 n. F.: Bilanzierung entgeltlich erworbener Software beim Anwender, Stand: 18.12.2017, IDW Life 2/2018, S. 268 ff.

IDW RS HFA 23: Stellungnahme zur Rechnungslegung: Bilanzierung und Bewertung von Pensionsverpflichtungen gegenüber Beamten und deren Hinterbliebenen, Stand: 03.03.2017, WPg Supplement 2/2009, S. 111 ff., FN-IDW 6/2009, S. 316 ff., IDW Life 4/2017, S. 525

IDW RS HFA 31 n.F.: Aktivierung von Herstellungskosten, Stand: 18.12.2017, IDW Life 2/2018, S. 273 ff.

IDW RS HFA 34: Einzelfragen zur handelsrechtlichen Bilanzierung von Verbindlichkeitsrückstellungen, Stand: 03.06.2015, WPg Supplement 1/2013, S. 123 ff., FN-IDW 1/2013, S. 53 ff., WPg Supplement 3/2015, S. 9 f., FN-IDW 7/2015, S. 380 f.

Sachverzeichnis